JN280823

エネルギー・環境キーワード辞典

— 分野別用語一覧付 —

社団法人 日本エネルギー学会 編

コロナ社

序　　文

　日本エネルギー学会（旧燃料協会）が設立されてから80年以上が経過した。この間，石炭から石油への転換，そしてオイルショックを経て，いまエネルギー問題そのものともいえる地球温暖化問題に直面している。人類は火という手段を手に入れることにより地球上における優占種となり，発展してきた。しかしその発展が，いまこのミレニアムにおいて持続的でありうるかは，今後どのようなエネルギー源を確保し，どのようにこれを使っていくかにかかっているといっても過言ではないだろう。高校教育においては，理科科目に理科総合が設けられ，エネルギー教育の重要性が教育の場でも認められつつある。

　いままで多くのエネルギー関連用語の辞典・事典類が発行されてきたが，取り上げられた用語に偏りが見られるものも多く，またその相互の関連も明確ではないものも多かった。このような観点から，日本エネルギー学会では，コンパクトで使いやすい辞典を目指して2001年から本書の編集を進め，今回発刊するに至った。

　キーワードとして約2700語を厳選し五十音順に解説するとともに，18のカテゴリー（大分類：全般，資源，転換，利用の順）に分類し，巻頭にそれぞれの分類の相互関係が一目でわかるよう，本書で採用したすべての用語を小分類ごとに集めた。これらのことにより，小分類内の関連する掲載用語を検索することができるようにした。また，最近ではさまざまな略語・英語が新聞・雑誌などで用いられることが多いが，本書では，巻末に略語を含めた英文索引を設け，対応する日本語で検索できるように工夫した。読者にとって使いやすい辞典となっていることを望むものである。

　本書の編集にあたり，森寺氏をはじめとする学会事務局，およびコロナ社関係者に，多大なご尽力をいただいた。記して感謝申し上げる次第である。

2005年4月

　　　　　　　　　　　　　　　エネルギー・環境キーワード辞典編集委員会

　　　　　　　　　　　　　　　　　　　　委員長　小島　紀徳

編集委員会

委員長
小島紀徳　成蹊大学

委員（五十音順）
鈴木達治郎*　(財)電力中央研究所
野田玲治*　東京農工大学
堀尾正靱**　東京農工大学
森原　淳*　(株)日立製作所
守本昭彦　東京都立砂川高等学校
山野優子　昭和大学
行本正雄*　JFEホールディングス(株)

（所属は編集当時）

(*は幹事，**は日本エネルギー学会出版委員長)

執筆者一覧 （五十音順）

阿部崇彦
安藤祐司
石田博之
一本松正道
井上　護
大河誠司
小笠原潤一
小川芳樹
折田寛彦
加藤和彦
川島裕之

四阿秀雄
荒川裕則
石川良文
石戸恒雄
井上友幸
大内俊明
大八木重治
小川卓史
小保方富夫
梶川武信
河合　肇

秋元孝之
秋新井雅隆
池田浩敬
泉名政信
稲葉　敦
遠藤茂寿
大屋正明
岡谷幸雄
押谷　一
鍵屋慎一
唐澤廣和

澤谷賢児
淳
天谷賢児
池上康之
石間経章
稲田経茂
梅田到昭
大橋和夫
岡田利男
荻須吉洋
海津信廣
加茂　徹

執筆者一覧

明雄　文也　夫也　也章明郎　公士　志立　爾哉郎之　土哉　樹人　輝隆　彦淳　史弘　一

高文能　竜刀　郁玉　欣西　信藤　博野　忠水　達觜　利内　仁　範哲　智瀬　一博　野目　安藤　和浦　祐宮　寛井　博持　明森　幸矢　純　山吉　澤

北村　清功　児斎　坂佐　清鈴　木鷹　竹谷　椿　冨中　成幡　原藤　本松　三持　森

雄久奈　徳一　淳信司　樹三之雄　幸郎　行陽　功治　聡信　彦秋烈人　哉則　充勉　雄生

暁船未　紀吾　島森　倉佐々木　眞田　誠村　善保　田　正宏中　屋健　舎利　城山　田坂　早坂　沢　重　政一秋　松井　永真　上　公弘　寺出　口　本正　和

北木工　小小坂　佐々木　眞島　鈴高竹田　土當　中　中野　早蛭　堀松　三村　森門山行米

健章毅男　良浩　正淳信司　樹三之雄　幸郎行　陽　功　聡信彦　秋烈　人哉　則

本下木工　越媚　山斉佐々木　土原　志賀　下　相馬　宝立　花森　阪中　長　濱平堀　松井下山丸　巻田角　両柳山

岸木工　越媚斉佐土志下相宝田寺中長濱松松丸森柳

仁拓光政　聖　岡誠　恭慶　行知紳幸　賢　徳聡　英　昭　義　眞利　賢文　教本山

章男　良浩　正宏一　聡浩一　之治　男　明好助　徳樹　昭策夫　治明雄　孝佳秀　永義

本健木工　越媚斉佐土志下相宝立田寺中長濱松松丸森柳

也明夫史男太郎一廣幸聡明加　彦郎之則幸弘彦人三樹治久昭修子昌

西村野本幹藤田脇村戸橋田生内藤野原田高津野尾村船橋本城野田

川北楠甲小斎作佐佐志瀬高武玉坪内長西濱日舩前松松三本守屋山

凡　　　例

1. 用語の配列は五十音順とし，各用語は用語，読み，分野記号（詳細は分野別用語一覧を参照），対応英語（英語以外の場合は，【仏】，【独】などと記した），解説の順に記した。
2. 英略語，ギリシャ文字，算用数字で始まる用語も読みの五十音順に配列した。アルファベットの読み方については，11.を参照。
3. 促音「っ」は「つ」，拗音「ゃ」，「ゅ」，「ょ」は「や」，「ゆ」，「よ」と同様に扱って配列した。
4. 用語の発音に長音がある場合は，長音を無視した配列とした。
5. 英略語がある場合は，対応英語の後に（　）書きで掲載した。
6. 各用語において，二つ以上の分野にまたがる場合で，対応英語が同一である場合は

　　　　用語－読み－対応英語－分野記号－解説－分野記号－解説－…

　の順に記した。
7. 各用語において，二つ以上の分野にまたがる場合で，対応英語が異なる場合は

　用語－読み－分野記号－対応英語－解説－分野記号－対応英語－解説－…

　の順に記した。
8. 用語の意味が特定される場合は，用語の後に（　）書きでその旨記した。
9. ⇨の後に参照用語を記し，本辞典に掲載された関連用語として参照できるようにした。
10. 必要に応じて，本辞典に掲載されていないあるいは解説のない同義語を，⑩の後に掲載した。
11. 用語のアルファベット読みは，以下で統一した。

A えい	**B** びー	**C** しー	**D** でぃー	**E** いー
F えふ	**G** じー	**H** えいち	**I** あい	**J** じぇい
K けい	**L** える	**M** えむ	**N** えぬ	**O** おう
P ぴー	**Q** きゅう	**R** あーる	**S** えす	**T** てぃー
U ゅー	**V** ぶぃー	**W** だぶりゅー	**X** えくす	**Y** わい
Z ぜっど				

分野別用語一覧

—大分類表—

1. [全] 全般,エネルギーシステム,評価,予測
2. [理] 物理・化学的エネルギー用語（単位を含む）
3. [生] 生物的エネルギー用語
4. [環] エネルギーにかかわる環境問題
5. [社] エネルギー関連の政治,経済,社会,法律など
6. [資] 資源,一次エネルギー全般
7. [自] 自然エネルギー（廃棄物以外のバイオマスも含む）
8. [石] 石油,石炭,天然ガスなどの化石エネルギー
9. [原] 原 子 力
10. [廃] 廃棄物からのエネルギー
11. [転] エネルギー転換・エネルギー輸送全般
12. [電] 電気・発電関係（送電,蓄電,高効率発電など）
13. [燃] 燃料（精製,LNG,新媒体などへの転換・燃焼）
14. [熱] 熱供給,廃熱利用
15. [利] エネルギー利用全般（省・節エネルギー全般を含む）
16. [民] 民生用エネルギー（省エネ家電・住宅など）
17. [産] 産業用エネルギー（物質製造や高炉などでの利用）
18. [輸] 輸送用エネルギー（鉄道,トラック,自家用車など）

分野別用語一覧

1. [全] 全般, エネルギーシステム, 評価, 予測

環　境：[全-環]
　LCI　　LCA　　ライフサイクルアセスメント
　ライフサイクルインベントリー
社　会：[全-社]
　IO表　　アメリカ機械学会　　一次エネルギー　　インベントリー
　エネバラ　　エネルギー回収年数　　エネルギー原単位　　エネルギー収支比
　エネルギーバランス表　　エネルギーペイバックタイム　　LCC
　国際エネルギー機関　　産業連関表　　新エネルギー技術　　二次エネルギー
　ムーンライト計画　　ライフサイクルエネルギー　　ライフサイクルコスト
理　学：[全-理]
　圧力スイング吸着法　　ガス吸収　　原動機　　固体電解質　　再　熱
　重金属
利　用：[全-利]
　高炉一貫製鉄所　　高炉ガス　　Bガス　　炉内圧力

2. [理] 物理・化学的エネルギー用語(単位を含む)

エネルギーに関する単位全般と統計・指標：[理-単]
　SI単位　　MKS単位系　　オンス　　カロリー　　キロワット　　ケルビン
　工学単位系　　CGS単位系　　ジュール　　絶対単位系　　力の単位
　ニュートン　　パスカル　　バレル　　BTU　　ワット
指　標：[理-指]
　カロリー単価　　原単位　　原単位評価　　示強変数　　示量変数
　石炭換算　　石油換算　　ワット時容量
科学的エネルギー用語全般：[理-科]
　アボガドロの法則　　永久機関　　エネルギー　　エネルギー消費係数
　エネルギー保存の法則　　温　度　　許容線量　　CEC　　仕事関数
　熱平衡　　ブドウ糖　　ブラウン運動
自　然：[理-自]
　宇宙線　　火山性エネルギー　　地　震　　全天日射量　　太陽エネルギー
　地熱エネルギー　　潮　力　　風力エネルギー　　マグマ
環　境：[理-環]
　海陸風　　山谷風　　大気のエクセルギー　　台　風
素　材：[理-素]
　非晶質　　誘電体
計　測：[理-計]
　吸光光度分析法　　ジルコニア式酸素計　　熱電対　　熱量計
　ユンカース熱量計　　レッドウッド粘度
解　析：[理-解]
　AHP法　　エネルギー換算係数　　階層分析法　　吸収線量
　蛍光X線分析法　　蛍光分光分析法　　原子吸光法　　元素分析　　物質収支

マテリアルフロー　　無灰無水基準　　遊離炭素　　ワイブル分布

分　析：[理-析]
オルザットガス分析装置　　ガスクロマトグラフ　　ガス分析
ヘンペル分析法

操　作：[理-操]
イオン交換膜法　　エバポレータ　　化学吸着　　乾留　　気液平衡分離
高周波加熱　　脱離　　抽出　　中和　　沈降分離　　沈殿
電気分解　　動粘度　　粘度　　濃縮操作　　粉砕　　分離操作
分留　　溶解　　溶融

物理的エネルギー用語全般：[理-物]
ウィーンの変位則　　気体　　気体定数　　気体分子運動　　凝結
クーロン力　　ケルビンの関係式　　黒体　　固体　　三重水素
三重点　　磁気エネルギー　　自由電子　　蒸発
ステファン・ボルツマンの式　　ストークスの式　　ゼーベック効果
超伝導　　超臨界　　電離　　電離エネルギー　　トムソン係数
波動エネルギー　　表面張力　　プラズマ　　平均自由行程　　ベクレル
水の過冷却　　レンツの法則　　レントゲン線

量　子：[理-量]
α 線　　エネルギー準位　　核エネルギー　　γ 線　　基底状態　　光子
質量欠損　　質量とエネルギーの等価性　　電子　　フェルミエネルギー
β 線　　ポンピング　　陽子　　量子化エネルギー　　励起状態

放射線：[理-放]
γ 線　　自己着火　　照射線量　　同位体　　熱放射　　β 線
放射エネルギー　　放射性同位元素　　放射性物質

光　学：[理-光]
アルゴンイオンレーザ　　アルゴンレーザ　　灰色体　　化学発光
可干渉性　　ガス放射　　吸収係数　　曲面集光方式　　蛍光　　光電効果
光電子増倍管　　固体レーザ　　紫外線　　色素レーザ　　照度センサ
赤外線　　発光ダイオード　　半導体レーザ　　光　　光エネルギー
光起電力　　プランクの放射法則　　YAG レーザ

力　学：[理-力]
安息角　　位置エネルギー　　運動エネルギー　　加速度　　慣性力
保存力　　ポテンシャルエネルギー　　力学的エネルギー

物　性：[理-性]
ハイドレートの結晶の単位構造　　包接構造

化学的エネルギー用語全般：[理-化]
アモルファス　　イオン伝導度　　化学エネルギー　　化学ポテンシャル
金属間化合物　　金属水素化物　　重水　　浸透圧　　正イオン　　熱分解
分圧　　ヘスの法則　　ヘンリーの法則　　陽イオン

反　応：[理-反]
一酸化炭素変成反応　　解離エネルギー　　化学蓄熱　　活性化エネルギー
気体反応の法則　　吸熱反応　　シフト反応　　水性ガスシフト
電気化学当量　　電気化学ポテンシャル　　電気分解　　熱化学方程式
発熱反応　　反応進行度　　反応熱　　メタノール合成　　連鎖反応

分 子: [理-分]
 イオン　イオン交換　化合水分　結合エネルギー(原子核内の)
 結合エネルギー(化合物の)　物質量　モル質量　モル体積　陽イオン
 溶液導電率法

物質名: [理-名]
 アセトアルデヒド　アルカン　アルケン　アンモニア　イソオクタン
 イソパラフィン　イソプロピルアルコール　エチレン　オキシダント
 オゾン　シクロアルカン　脂肪族炭化水素　ジメチルエーテル
 水素化物　セルロース　炭化水素　電解質　二酸化炭素ハイドレート
 ハイドレート　プロパン　プロパンハイドレート　芳香族
 芳香族炭化水素　ホルムアルデヒド

元 素: [理-元]
 硫 黄　酵 素　水 素

電池・電気化学: [理-池]
 アルカリ乾電池　一次電池　エネルギー密度　化学電池
 ガルバニ電池　乾電池　起電力　空気亜鉛電池　光電池
 固体高分子型燃料電池　電力量　二次電池
 ファラデーの電気分解の法則　ボルタの電池　マンガン乾電池
 ユングナー電池　リチウムイオン電池　リン酸型燃料電池

機械工学的エネルギー用語全般: [理-機]
 圧 力　機械的エネルギー　仕 事　仕事の原理
 振動におけるエネルギー　弾性エネルギー　トルク　モーメント

流 体: [理-流]
 圧力水頭　圧力損失　液 体　拡散係数　速度水頭　電離気体
 物質移動　ベルヌーイの定理

伝 熱: [理-伝]
 温度境界層　気化熱　凝縮伝熱　凝縮熱　グラスホフ数　顕 熱
 蒸発熱　潜 熱　対流伝熱　伝導伝熱　伝 熱　伝熱効率
 ヌッセルト数　熱拡散係数　熱伝達係数　熱伝導率　熱流束
 ふく射伝熱　沸 騰　沸騰伝熱　フーリエの法則

内燃機関: [理-内]
 オットーサイクル　最小点火エネルギー　サバテサイクル　着火温度
 ディーゼルサイクル　内燃機関の熱効率　リード蒸気圧
 レシプロエンジン

動 力: [理-動]
 圧縮ヒートポンプ　カルノー効率　カルノーサイクル　作動流体
 仕事率　自然放射能　湿り度　蒸気機関　正味熱効率　水蒸気
 スターリングサイクル　動 力　熱サイクル　熱収支　馬 力
 モリエ線図

電気工学,電子工学: [理-電]
 圧電効果　エレクトロルミネセンス　交 流　静電エネルギー
 直 流　抵 抗　電気抵抗　電気伝導率　電磁エネルギー
 熱電発電　ファラデー定数　レーザ送電　ローレンツ力

半導体：[理-半]
　正　孔　　電子熱伝導率　　半導体　　pn接合
熱工学：[理-熱]
　安息香酸　　エンタルピー　　エントロピー　　可逆サイクル
　ギブスの自由エネルギー　　クラウジウス積分　　仕事の熱当量
　シャルルの法則　　自由エネルギー　　ジュール熱　　準静的変化
　状態方程式　　セルシウス温度　　断熱圧縮　　断熱変化　　断熱膨張
　デバイの比熱式　　等圧変化　　等エンタルピー過程　　等エントロピー変化
　等温圧縮　　等温変化　　内部エネルギー　　熱　　熱エネルギー
　熱の仕事当量　　熱容量　　熱力学温度　　熱力学第一法則
　熱力学第三法則　　熱力学第二法則　　熱　量　　比エンタルピー
　比エントロピー　　比　熱　　比熱比　　比容積　　ファーレンハイト温度
　ファンデルワールス状態方程式　　ヘルムホルツの自由エネルギー
　ボイル・シャルルの法則　　飽和圧力　　飽和温度　　飽和蒸気　　モル比熱
　臨界圧力
燃料と火炎：[理-炎]
　アルコール　　一酸化炭素　　易燃性物質　　HC　　エタン
　エチルアルコール　　改質ガス　　火　炎　　固体燃料　　自然発火性物質
　DME　　火　　ブタン　　プロパン　　変性アルコール　　メタン
　メチルアルコール
燃焼工学：[理-燃]
　アルデヒド　　一酸化二窒素　　火炎速度　　拡散燃焼　　自然発熱
　生成熱　　断熱火炎温度　　当量比　　燃焼温度　　燃焼速度　　燃焼熱
　燃　速　　爆　発　　発熱量　　不完全燃焼　　冷　炎
燃焼炉：[理-炉]
　h-s線図　　乾き燃焼ガス　　還元炎　　高位発熱量　　高発熱量　　酸化炎
　湿り燃焼ガス　　蒸　気　　総発熱量　　低位発熱量　　T-s線図
　低発熱量　　ランキンサイクル
エネルギー変換：[理-変]
　アネルギー　　エクセルギー　　エクセルギー効率　　エクセルギー損失
　エネルギー変換　　エネルギー変換効率　　無効エネルギー
　有効エネルギー　　冷熱エクセルギー

3．[生] 生物的エネルギー用語

放射線：[生-放]
　γ線　　β線
化学物質：[生-化]
　アセチルCoA　　アデノシン5'-三リン酸　　グリコーゲン
　グルコース6リン酸　　クロロフィル　　酸　素
　スーパーオキシドジスムターゼ　　ダイオキシン　　チトクロームc
　ピルビン酸　　葉緑素
活　動：[生-活]
　基礎代謝　　筋収縮　　光合成　　呼　吸　　消　化　　食物連鎖　　代　謝

糖質代謝　　膜輸送
生物種: [生-種]
　好気性生物　　指標植物　　従属栄養生物　　植　物　　動　物
　独立栄養生物　　メタン細菌
性　状: [生-性]
　活性酸素　　電解質　　フリーラジカル
組　織: [生-組]
　ミトコンドリア　　葉緑体
その他: [生-他]
　発　酵　　微生物浄化　　ビール仕込粕　　リービッヒ法
反　応: [生-反]
　ATP合成　　解糖系　　クエン酸回路　　五単糖リン酸回路
　酸化的リン酸化　　TCAサイクル　　電子伝達系　　糖新生　　メタン発酵
病　気: [生-病]
　が　ん　　放射線治療

4. [環] エネルギーにかかわる環境問題

地球温暖化: [環-温]
　圧力スイング吸着法　　アミン吸収法　　エルニーニョ現象
　O_2/CO_2燃焼　　温室効果　　温室効果ガス　　海洋施肥　　共同実施
　共同実施活動　　クリーン開発メカニズム　　CO_2アクセプタ法
　CO_2ガス回収型ガスタービン発電システム　　CO_2固定化技術
　CO_2削減効果　　植　林　　森　林　　森林破壊
　水素分離型タービン発電システム　　生物固定　　ゼオライト
　総合等価温暖化因子　　ソフトエネルギー　　ソーラシステム　　炭酸ガス
　炭素同化作用　　炭素ニュートラル　　地球温暖化　　地球温暖化係数
　地球温暖化指数　　地球温暖化対策推進法　　地球温暖化の原因物質
　地球温暖化ポテンシャル　　地球環境　　地球環境問題　　地中貯留
　二酸化炭素　　二酸化炭素回収　　二酸化炭素隔離　　二酸化炭素貯留技術
　二酸化炭素の海洋固定　　二酸化炭素の分離技術　　二酸化炭素排出量
　二酸化炭素ハイドレート　　二酸化炭素リサイクル　　熱帯雨林の破壊
　熱帯林　　燃料転換　　バイオマス　　ミッシングシンク　　メタン排出量
LCA: [環-ラ]
　LCI　　LCIA　　LCA　　LCC　　$LCCO_2$　　LCSOx　　LCNOx
　ライフサイクルアセスメント　　ライフサイクルコスト
　ライフサイクルCO_2
ダオキシン他有機物: [環-ダ]
　コプラナPCB　　ダイオキシン　　ダイオキシン類
　ダイオキシン類の再合成　　ダイオキシン類の発生抑制
　ダイオキシン類の分析　　deacon反応　　デノボ合成　　PAH　　PCB
　VOC
他化学物質: [環-化]
　塩化ビニル　　クロルスルホン酸　　重金属元素　　ピリジン　　フェノール

フッ化水素　　ホスゲン　　　メルカプタン

窒素酸化物：[環-窒]

亜鉛還元ナフチルエチレンジアミン吸光光度法　　亜酸化窒素
アンモニア接触還元法　　一酸化窒素　　活性炭法　　乾式排煙脱硝法
揮発分 NOx　　サーマル NOx　　ザルツマン吸光光度法　　酸化窒素
湿式排煙脱硝法　　ゼルドビッチ機構　　ゼルドビッチ NOx　　窒素酸化物
低 NOx バーナ　　電子ビーム法　　二酸化窒素　　二段燃焼　　NOx
排煙脱硝法　　排ガス再循環　　フェノールジスルホン酸吸光光度法
フューエル NOx　　プロンプト NOx　　prompt-NOx　　無触媒還元法
炉内脱硝法

オゾン層：[環-オ]

オゾン層破壊　　オゾン層破壊係数　　オゾンホール
クロロフルオロカーボン　　ハイドロクロロフルオロカーボン
ハイドロフルオロカーボン　　パーフルオロカーボン

農　林：[環-農]

アルカリ土壌　　塩類集積　　里　山　　砂漠化　　酸性雨　　雑木林

水　質：[環-水]

栄養塩　　水質汚濁　　清澄ろ過　　TOC　　ばっ気　　複合汚染

エコ関連：[環-エ]

エコスクール　　エコタウン　　エコデザイン　　エコビジネス
エコマーク　　エコマテリアル　　エコミュージアム　　エコライフ
エコロジカルフットプリンティング分析　　ガイア仮説　　環境会計
環境家計簿　　環境教育　　環境共生住宅　　環境共生都市　　環境経済学
環境効率　　環境収容能力　　環境パフォーマンス　　環境ホルモン
環境容量　　環境ラベル

リサイクル他システム：[環-リ]

移床ストーカ　　エコセメント　　汚泥焼却炉　　環境調和型セメント
逆工場　　サーマルリサイクル　　重金属の溶出　　循環型社会　　焼却灰
静脈産業　　静電選別法　　石炭灰　　石膏ボード　　ゼロエミッション
低環境負荷型産業インフラストラクチャ　　有害元素の揮発
有害元素の溶出　　リサイクル型エネルギー　　リユース

粉　塵：[環-塵]

EP　　エアロゾル　　SPM　　遠心式集じん装置　　音波集じん装置
慣性力集じん装置　　高温集じん　　コットレル集じん器　　コロナ放電
サイクロン　　湿式集じん装置　　集じん装置　　集じん率
重力集じん装置　　スプレイ塔　　セラミックフィルタ　　洗浄集じん装置
ダスト濃度　　ダスト濃度自動計測器　　沈降分離　　電気集じん装置
煤　煙　　煤煙処理施設　　煤煙の着地濃度　　煤煙の排出基準
煤煙発生施設　　煤じん　　煤じん濃度　　煤じん濃度測定方法
煤じんの排出基準　　バグフィルタ　　PM(PM10, PM2.5)　　浮遊粉じん
浮遊粒子状物質　　ベンチュリスクラバ　　マルチサイクロン　　ミスト
粒子充てん層フィルタ　　リンゲルマン煤煙濃度表　　ろ過集じん装置
ロジン・ラムラー分布式

分野別用語一覧

都市・住宅：[環-都]
煙突効果　屋上緑化　環境配慮型建築　グリーンビル　計画換気
建築環境評価　人工軽量骨材　ゼロエネルギー住宅　ソーラハウス
都市気候　土壌汚染　都市緑化　排気セントラル換気方式
ヒートアイランド現象　BEMS　ペリメータゾーン　屋根空気集熱
ルーフポンドシステム

硫　黄：[環-硫]
亜硫酸ガス　硫黄酸化物　インジェクタ　エジェクタ　活性炭法
簡易脱硫　K値規制　サイロックス法　酸化硫黄　湿式ガス精製
湿式吸収法　湿式脱硫法　重油脱硫　水マグ法　スルフィノール法
石灰石膏法　セレクゾール法　全硫黄　総量規制　SOx
タカハックス法　電子ビーム法　二酸化硫黄　燃焼管式硫黄分試験法
燃焼性硫黄　フマックス法　ペトロコーク法　ベンフィールド法
ボンベ式硫黄分試験法　硫化水素　硫酸ミスト　炉内脱硫

スモッグ・煤煙：[環-ス]
アシッドスマット　1時間値　揮発性有機化合物　煙の上昇高さ
光化学オキシダント　光化学スモッグ　光学式煤煙濃度計
サットンの拡散式　スモークメータ　スモッグ　大気汚染
大気汚染源　大気汚染物質　大気拡散　ダウンウォッシュ
ダウンドラフト　白　煙　白煙防止　VOC　ボサンケの式
有効煙突高さ

国際協力等：[環-国]
IPCC　アジェンダ21　アースデイ　AOSIS
オゾン層保護に関するモントリオール議定書
温暖化抑制に関する京都議定書　気候変動に関する国際連合枠組条約
気候変動に関する政府間パネル　共同実施　京都議定書
クリーン開発メカニズム　国際環境自治体協議会　国際自然保護連合
COP　自主行動計画　持続可能な発展　ストックホルム宣言
成長の限界　生物多様性　生物多様性条約　地球温暖化防止京都会議
地球温暖化防止行動計画　地球再生計画　地球サミット　締約国会議
人間環境宣言　排出権取引　POPs　UNEP科学アセスメント
UNFCCC　リオ宣言　ローマクラブ

制度等：[環-制]
ISO14000シリーズ　閾　値　一般排出基準　上乗せ基準
汚染原因者負担の原則　汚染物質　家電リサイクル法　環境ISO
環境アセスメント　環境影響調査　環境影響評価　環境影響評価法
環境監査　環境基準　環境基本計画　環境基本法　環境税
環境評価　環境マネジメントシステム　緩和措置　グリーン購入法
グリーン税　グリーン調達　公　害　炭素税　DSD
デポジット制度　デュアルシステムドイッチェラント
特定化学物質(第一種, 第二種)　特定家庭用機器再商品化法
特別排出基準　特別要件施設　トップランナー方式
ナショナルトラスト　廃棄物ゼロ循環型社会　PRTR法　PPP
ミティゲーション　緑のマーク　有害大気汚染物質　有害物質

優先取組物質　　要監視項目　　容器包装リサイクル法
リスクコミュニケーション(化学物質の)

運輸・自動車：[環-輸]
アイドリングストップ　　エコステーション　　エコドライブ　　三元触媒
多環芳香族炭化水素　　低排出ガス車　　10・15モード
ハイブリッド自動車　　浮遊粒子状物質

悪臭・振動：[環-臭]
悪臭物質　臭気強度　臭気指数　臭気濃度　臭気排出強度　振動計
脱臭

5．[社] エネルギー関連の政治，経済，社会，法律など

全般・予測：[社-全]
エネルギー安全保障　　エネルギー経済学　　エネルギー消費の GDP 弾性値
エネルギー政策　　エネルギーミックス　　エネルギーをめぐる三つの E
価格弾力性　　広域エネルギー利用ネットワークシステム
国際エネルギー機関　　最適化モデル分析　　総合エネルギー統計
総合資源エネルギー調査会　　長期エネルギー需給見通し
燃料転換(エネルギー利用における)　　ファクター 4

価格・投資：[社-価]
アームズレングスプライス　　イニシャルコスト　　エネルギー回収年数
エネルギーペイバックタイム　　キャッシュフロー　　原価法　　CIF 価格
資本回収法　　償却年数　　単純回収年数　　トランスファプライス
内外価格差　　内部利益率　　年間コスト　　年間コスト法　　費用効果分析

企業活動：[社-企]
エネルギー管理　　エネルギー管理指定工場　　広域運営
コーポレートファイナンス　　最適運転　　最適制御　　次世代基準
スケジュールドメンテナンス　　日常点検　　プロジェクトファイナンス
プロジェクトマネジメント　　リスクアセスメント　　リスクマネジメント

経済・協力：[社-経]
エネルギー革命　　開発途上国　　外部性　　技術協力　　規制緩和
工業団地　　国際協力　　国内総生産　　産業革命　　地理情報システム
BOT　　プロメテウス　　ボランティア活動　　民活法　　モラルハザード

省エネ：[社-省]
エコ・エネ都市プロジェクト　　エコスクール　　エコデザイン　　エスコ
ESCO　　エネルギー需給構造改革投資促進税制　　エネルギー消費原単位
高気密・高断熱住宅　　国際エネルギースター制度　　省エネ基準値
省エネリサイクル支援法　　省エネルギーセンター
省エネルギー普及指導員制度　　省エネルギー法　　トップランナー基準
NAESCO　　パフォーマンス契約　　ライフスタイル

新・代エネ：[社-新]
R & D　　サンシャイン計画　　新エネ法　　新エネルギー財団
新エネルギー・産業技術総合開発機構　　新エネルギー導入大綱
新エネルギー導入ビジョン　　新エネルギーの分類表　　新エネルギー法

新エネルギー利用等の種類別の導入目標
新エネルギー利用等の促進に関する特別措置法　　石油節減効果
石油代替エネルギーの開発および導入の促進に関する法律
石油代替エネルギーの供給目標　　地域新エネルギービジョン策定等事業
NEDO　　NEF　　パイロットモデル事業

石油・ガス：[社-石]

API　　エコステーション　　ガス事業法　　揮発油税
石油および可燃性天然ガス資源開発法　　石油業法　　石油枯渇説
石油需給適正化法　　石油税　　石油備蓄法　　石油輸出国機構
第一次石油危機　　第二次石油危機　　Take or Pay　　湾岸危機

地域環境：[社-環]

ISO　　ISO 14001　　ISO14000シリーズ　　ISO 9000　　上乗せ基準
グリーンコンシューマ　　国際標準化機構　　最大地表濃度地点
最大着地濃度・距離　　持続可能な発展　　シックハウスシンドローム
シックビルディングシンドローム　　戦略的環境影響評価
ダイオキシン規制　　ダイオキシン対策　　ダイオキシン類対策特別措置法

地球温暖化：[社-温]

アメリカの離脱問題　　インベントリーとレジストリー
温室効果ガスユニット　　気候変動に関する国際連合枠組条約　　共同実施
京都メカニズム　　グリーンGNP　　国連環境開発会議
自主協定と自主行動計画　　炭酸ガスリサイクル　　炭素吸収源
地球温暖化の影響　　地球温暖化防止京都会議　　地球サミット
締約国会議　　発展途上国の参加問題　　附属書I国と非附属書I国
マラケシュアコード

電　力：[社-電]

9電力体制　　最大3日平均電力　　時間帯別料金制度　　水利権
長期電力需給見通し　　電気事業法　　電気料金　　電源開発促進税
電源三法　　電力化率　　電力負荷平準化対策　　認可最大出力　　発電原価
余剰電力購入制度　　利用率

規制緩和：[社-規]

IPP入札制度　　最終保障約款　　ストランデッドコスト　　託送制度
電力卸市場　　電力小売市場　　電力自由化　　特定供給　　発送電分離
部分自由化　　プライスキャップ制　　ヤードスティック査定

都　市：[社-都]

エコタウン　　交通需要マネジメント　　高度道路交通システム　　災害評価
次世代都市　　次世代都市整備事業　　第三セクタ
都市エネルギー活用システム　　都市型産業団地　　都市計画基礎調査
熱汚染　　熱供給事業　　保安規定　　防災安全街区支援システム
防災公園

廃棄物：[社-廃]

ごみ減量化　　ごみの広域処理化　　ごみの自区内処理　　再生資源利用法
資源有効利用促進法　　デポジット制度　　バーゼル条約　　不法投棄
リサイクル型社会システム　　リサイクルプラン21　　リサイクル法・条例
リサイクル率　　リユース

6. [資] 資源，一次エネルギー全般

全　般：[資-全]
エネルギー源　　エネルギー資源　　エネルギー賦存　　確認可採埋蔵量
確認埋蔵量　　確認埋蔵量　　可採年数　　可採埋蔵量　　資　源
資源寿命　　資源保全　　資源埋蔵量　　資源量　　推定究極埋蔵量
潜在賦存量　　代替エネルギー　　地域別の一次エネルギー生産量
天然資源　　バージン資源　　バージン資源税　　賦存量　　埋蔵量
無機資源　　有機資源　　リッチンガーの法則

物理・化学：[資-理]
MFA　　逆ランキンサイクル　　全水分

政治・経済・社会・法律：[資-社]
エネルギーミックス　　資源枯渇　　消費型資源　　第二次石油危機

自然エネルギー：[資-自]
再生可能エネルギー　　新エネルギー

化石燃料：[資-石]
化石燃料　　究極可採埋蔵量　　枯渇油ガス田　　再生不能エネルギー
在来型石油資源　　重質原油　　BP統計　　露天掘

原子力：[資-原]
原子力エネルギー　　中性子　　天然ウラン

廃棄物：[資-廃]
産業廃棄物発電　　分別技術

利　用：[資-利]
品　位　　分散型　　分散型エネルギー

7. [自] 自然エネルギー(廃棄物以外のバイオマスも含む)

全　般：[自-全]
WE-NETプロジェクト　　再生可能エネルギー　　自然エネルギー
新エネルギー　　ソフトエネルギーパス　　未利用エネルギー

太陽電池：[自-電]
アモルファス太陽電池　　宇宙太陽光発電システム　　宇宙発電
化合物太陽電池　　建材一体型太陽電池　　サブモジュール
産業用太陽光発電システム　　CIGS太陽電池　　色素増感太陽電池
住宅用太陽光発電導入基盤整備事業　　ソーラセル　　ソーラパネル
ソーラポンド発電　　太陽光発電システム　　太陽電池
多結晶シリコン太陽電池　　単結晶シリコン太陽電池　　PV　　量子効率

太陽熱：[自-熱]
高温太陽熱集光方式　　光学効率　　自然循環型温水器　　集光倍率
集熱効率　　太陽集熱器　　太陽熱　　太陽熱温水器　　太陽熱利用システム
太陽熱冷暖房・給湯システム　　太陽炉　　ダブル集光型　　タワー集光型
ディッシュ・スターリング発電　　パラボリックディッシュ型
パラボリックトラフ型　　複合放物面鏡型集熱器

分野別用語一覧

太陽一般：[自-太]
アクティブソーラシステム　夏期日射取得係数　散乱日射　全天日射
ソーラエネルギー　ソーラ水素　ソーラヒートポンプ　大気安定度
太陽定数　直達日射　日射強度　日射遮へい係数　日射量

風　力：[自-風]
安全要件(風車の)　ウインドファーム　大型風車　外部条件　風
環境インパクト　ダリウス風車　ハイブリッドシステム　ピッチ制御
風況シミュレーション　風況精査　風況データ　風況マップ　風車
風車クラス　風車の出力　風車の性能　風力発電機　プロペラ型風車
洋上風車

水　力：[自-水]
出水率　常時使用水量　自流式発電所　水力　水力発電所
水路式　水路式発電所　ダム　中空重力式コンクリートダム
中空重力ダム　中小水力発電　流込式発電所　フィルダム
プロペラ水車　平水量　ペルトン水車　変流量システム　変流量方式
豊水量　包蔵水力　包蔵水力エネルギー　ポンプ水車
マイクロ水力発電　有効貯水容量　有効落差　流況曲線　理論水力
理論包蔵水力

海　洋：[自-海]
海水濃度差発電　海洋エネルギー　海洋温度差発電　海流発電
潮汐発電　潮流発電　波力発電

地　熱：[自-地]
高温岩体発電　深層熱水　地中熱利用　地熱エネルギー
地熱エネルギー直接利用　地熱井　地熱探査　地熱地域　地熱兆候
地熱貯留層　地熱熱水　地熱発電　マグマ発電

バイオマス：[自-バ]
エネルギー植物　木屑だきボイラ　消化ガス発電　植物の光合成
森林バイオマス　中温発酵　バイオガス
バイオマスアルコール　バイオマスエネルギー
バイオマスエネルギープランテーション　バイオマス資源
バイオマス燃料　廃食用油　バガス　微生物分解　薪
木質系廃棄物　木炭　林業からのバイオマス

雪　氷：[自-雪]
氷室　氷室型農産物保冷庫　雪保存用雪山たい積　雪山　雪冷房

8. [石] 石油，石炭，天然ガスなどの化石エネルギー

全　般：[石-全]
硫黄分　エタノール合成　エマルジョン燃料　確認埋蔵量
可採埋蔵量　化石エネルギー　化石燃料　乾式脱硫法(ガスの)
究極可採埋蔵量　全硫黄　芳香族　埋蔵量

輸　送：[石-輸]
タンカー　タンクローリー

分野別用語一覧

環　境：[石-環]
SPM　　温暖化ガス

産　業：[石-産]
カーボンナノチューブ　　グラファイトナノファイバ　　石油コークス
非粘結炭　　フラーレン

燃　焼：[石-燃]
硫黄分　　石炭液化　　石炭液化油　　石炭転化率　　接触改質法
接触分解　　ソルベントナフサ　　低温乾留　　灰　分　　無灰無水基準
溶剤抽出水添液化

社　会：[石-社]
APIオイルセパレータ　　OPEC　　揮発油税　　石油税　　第一次石油危機

石　油：[石-油]
アップストリーム　　アラビア原油　　アラビアライト　　アルカン
アロマティック基原油　　イソオクタン　　イラン原油　　A重油
液化石油ガス　　SPM　　オイル　　オイルサンド　　オイルシェール
オイルフェンス　　オリノコタール　　オリマルジョン
オンサイト水素製造　　海洋油田　　ガソリン　　ガソリンスタンド
カフジ原油　　間接脱硫法　　空燃比　　クリーン軽油　　軽質軽油
軽質原油　　軽質炭化水素　　軽　油　　ケロジェン　　減圧蒸留　　原　油
原油回収率　　原油得率　　原油生だき　　原油の水素化分解　　原油備蓄
高硫黄重油　　合成原油　　合成燃料　　枯渇油ガス田　　混合基原油
災害対応型ガソリンスタンド　　サンドオイル　　シェール
シェールオイル　　COM　　C重油　　自主開発原油　　重質油
蒸発ガス　　スイートガス　　随伴ガス　　スポット価格
石炭石油混合燃料　　石油アッシュ　　石油コークス　　石油情報センター
石油代替エネルギー　　石油洋上備蓄　　石油連盟　　接触改質ガソリン
接触改質法　　接触分解　　接触分解ガソリン　　粗製ガソリン
ソルベントナフサ　　タールサンド　　中質原油　　低硫黄軽油
ディーゼル燃料　　ナフテン基原油　　ハイオクガソリン
パラフィン基原油　　パラフィン族炭化水素　　ビスブレーキング
ピチューメン　　bbl　　プラットフォーム　　プルドーベイ油田
プロパン　　プロパンハイドレート　　ヘビーオイル　　ヘルプガス
ボイルオフガス　　帽　岩　　北海油田　　ミナス原油　　元売り
油井ガス　　油層内回収法

石炭(一般炭)：[石-炭]
亜　炭　　圧縮貯炭　　亜歴青炭　　一段液化　　一般炭　　液　化
液化プラント　　液化プロセス　　SRC　　褐　炭　　間接液化　　乾留ガス
揮発分　　吸着ガス　　クリーンコールテクノロジー　　工業分析
合成ガス　　固定炭素　　固有水分　　コールベッドメタン
コールベッドメタンの資源量　　酸　化　　COM　　自然発火　　CWM
自由ガス　　純炭ベース　　水中貯炭　　石　炭　　石炭液化　　石炭液化油
石炭ガス　　石炭化度　　石炭石油混合燃料　　石炭転化率　　石炭の埋蔵量
石炭・水スラリー　　炭田ガス　　中揮発分歴青炭　　貯　炭

分野別用語一覧　　　　　　　xviii

低揮発分歴青炭　　泥　炭　　軟化溶融性　　粘結炭　　ハイパーコール
半無煙炭　　半歴青炭　　非粘結炭　　風　化　　ベルギュース法　　無煙炭
無灰無水基準　　遊離ガス　　溶剤精製炭　　溶剤抽出水添液化
溶融塩液化　　歴青炭　　練　炭

コークス (原料炭)：[石-コ]
旭コークス法　　原料炭　　コークス　　コールタール　　室炉式コークス炉
室炉法　　軟化溶融性

天然ガス：[石-ガ]
圧縮天然ガス自動車　　ウェットガス　　液化天然ガス
液化天然ガス自動車　　オフショア天然ガス　　カスケードプロセス
ガス田　　ガス田ガス　　ガスハイドレート　　ガスパイプライン
可燃性天然ガス　　カーボン生成反応　　岩盤空洞
吸着天然ガス自動車　　クラスレート　　軽質炭化水素　　ケージ占有率
合成工程　　枯渇油ガス田　　固形化輸送　　コールベッドメタン
コールベッドメタンの資源量　　在来型天然ガス　　ジオプレッシャガス
自由ガス　　水素製造反応　　スイートガス　　随伴ガス　　水溶性ガス
水溶性天然ガス　　石炭ガス　　タイトサンドガス　　単純ハイドレート
単純ハイドレート生成体　　炭田ガス　　地球深層ガス　　中小ガス田
天然ガス　　天然ガス高度利用技術　　天然ガスコジェネレーションシステム
天然ガス自動車　　天然ガス専用車　　天然ガス中の不純成分
天然ガス貯蔵　　天然ガス貯蔵技術　　天然ガスの分解輸送プロセス
天然ガスの輸送・貯蔵システム　　天然ガスハイドレート
天然ガスパイプライン　　天然ガス貿易量　　天然ガス輸送　　都市ガス
都市ガス13A　　ドライガス　　南海トラフ　　南海トラフの基礎試錐
熱分解ガス　　ハイドレート　　ハイドレートコア
ハイドレート層からのガス生産　　ハイドレートの結晶の単位構造
パイプライン　　パイプラインガス　　パイプライン貿易量
パイプライン輸送　　バクテリア起源ガス　　非在来型天然ガス
非生物起源ガス　　フリーガス　　プルドーベイ油田　　包接構造　　包接氷
メソヤハガス田　　メタン細菌　　メタン直接改質技術
メタン直接改質プロセス　　メタンパイオニア号　　メタン排出量
メタンハイドレート　　メタンハイドレートの結晶構造
メタンハイドレートの自己保存効果　　メタンハイドレートの分布
メタンプリンセス号　　メタン分解　　遊離ガス　　油井ガス
ルルギガス化炉

9. [原] 原　子　力

原　子：[原-原]
アメリシウム　　ウラン　　三重水素　　重水素　　ストロンチウム
セシウム　　超ウラン元素　　トリウム　　トリチウム　　ナトリウム
プルトニウム　　ヨウ素

利用技術：[原-利]
核熱利用ガス化　　原子力衛星　　原子力船　　原子力電池

分野別用語一覧

核物理他：[原-核]
アインシュタインの式　X線　親核種　核拡散抵抗性　核実験
核の冬　核爆発　核分裂　核分裂生成物　核分裂の制御
核分裂連鎖反応　核融合　γ線　軽水
結合エネルギー(原子核内の)　原子　原子核　原子力　高速中性子
高濃縮ウラン　サーベイメータ　重水　中性子　中性子源
同位元素　同位体　熱中性子　半減期　ビキニ環礁
兵器級プルトニウム　β線　崩壊　崩壊系列　放射線　放射能
未臨界核実験　娘核種　ムルロア　陽子　臨界　劣化ウラン

発電技術：[原-技]
温度係数　加圧器　核燃料　格納容器　気水分離器　ケミカルシム
原子燃料　原子力発電　原子炉　原子炉圧力容器　減速材
シュラウド　蒸気発生器　スクラム　制御棒　生体遮へい壁
濃縮ウラン　反射材　非常用炉心冷却装置　被覆管　復水器
ブランケット　ボイド係数　冷却材(原子炉の)　冷却水(原子炉の)
炉　心　ローソン条件

発電炉型：[原-炉]
ABWR　APWR　加圧水型原子炉　核分裂炉　核融合炉　ガス炉
軽水炉　原型炉　高温ガス炉　高速増殖炉　高速中性子炉　高速炉
黒鉛減速型原子炉　固有安全原子炉　実験炉　重水炉　動力炉
トカマク型　熱中性子炉　ふげん　沸騰水型原子炉　もんじゅ

燃　料：[原-燃]
イエローケーキ　ウラン精錬　ウラン濃縮　遠心分離法　核燃料
ガス拡散法　原子燃料　混合酸化物燃料　転換　二酸化ウラン
MOX燃料　レーザ濃縮法　六フッ化ウラン

廃棄物他：[原-廃]
ウラン資源　海水ウラン　核燃料サイクル　核燃料輸送
ガラス固化体　キャスク　高レベル放射性廃棄物　再処理
使用済核燃料貯蔵　使用済燃料　成型・加工　多重バリヤ　地層処分
中間貯蔵　TRU廃棄物　低レベル放射性廃棄物　ナチュラルアナログ
廃止措置　廃　炉　プルサーマル　プール貯蔵
プルトニウムリサイクル　返還廃棄物　放射性廃棄物
放射性廃棄物処理と処分　溶媒抽出法　余剰プルトニウム
六ヶ所村核燃料サイクル基地　ワンススルー

安　全：[原-安]
インターロックシステム　オフサイトセンター　確率論的安全評価
グローブボックス　計量管理(核物質の)　原子力安全基準
原子力施設の安全審査　固有安全性　災害対策基本法　遮へい
静的安全性　セーフティカルチャ　多重防護　中性子照射脆化
熱蛍光線量計　フィルムバッジ　フェイルセーフシステム　防災対策
放射性エアロゾル　放射線管理区域　ポケット線量計
モニタリングステーション　ヨウ素剤　臨界安全管理

事故等：[原-事]
応力腐食割れ　仮想事故　高経年化　国際原子力事象尺度

分野別用語一覧　　　　　　　　xx

シビアアクシデント　　スリーマイル島原発事故　　チェルノブイリ原発事故
反応度事故　　疲労　　腐食　　冷却材喪失事故　　炉心溶融
放射線：[原-放]
外部被ばく　　吸収線量　　自然放射線　　実効線量　　線量限度
内部被ばく　　白血病　　ベクレル　　ホルミシス
政策等：[原-政]
核査察　　核不拡散条約　　経済協力開発機構/原子力機関　　原子力委員会
原子力基本法　　原子力資料情報室　　原子力の多目的利用　　原子力の日
原子力平和利用三原則　　公開ヒアリング　　国際原子力機関
国際放射線防護委員会　　新日米原子力協定　　世界原子力発電事業者協会
米国原子力規制委員会　　包括的核実験禁止条約

10. [廃] 廃棄物からのエネルギー

(廃棄物全般)
分類：[廃-分]
一般廃棄物　　易燃性廃棄物　　医療廃棄物　　引火性廃棄物　　可燃ごみ
感染性廃棄物　　産業廃棄物　　事業系ごみ　　資源ごみ　　焼却不適ごみ
生活系ごみ　　特別管理廃棄物　　廃棄物　　不燃ごみ　　有害廃棄物
個別廃棄物：[廃-個]
汚泥　　紙　　下水汚泥　　シュレッダダスト　　食品廃棄物　　厨芥
動植物性残さ　　生ごみ　　廃プラスチック　　廃油　　PETボトル
廃棄物処理：[廃-処]
安定化　　埋立処分　　減容化　　減量化　　広域処理　　最終処理
自区内処理　　循環型社会　　焼却　　中間処理　　廃棄物処理
リサイクル
リサイクル：[廃-リ]
ケミカルリサイクル　　工程内リサイクル　　サーマルリサイクル　　DSD
マテリアルリサイクル　　リデュース　　リユース
廃棄物の性質：[廃-性]
かさ比重　　可燃分　　水分含有量　　熱しゃく減量　　発熱量
(廃棄物処理技術)
収集, 回収, 運搬：[廃-集]
逆有償　　空気輸送　　戸別収集　　ごみ収集車　　コンパクタ
ステーション収集　　デポジットシステム　　廃棄物中継施設
フレキシブルコンテナ　　フレコン　　分別収集　　マニフェスト制度
有価物　　リターナブル容器　　ワンウェイ容器
破砕, 選別, 脱水：[廃-破]
圧縮破砕　　渦電流選別　　遠心脱水　　加圧脱水　　乾燥機　　光学選別
磁気選別　　衝撃破砕　　静電選別法　　せん断破砕　　選別装置　　脱水機
破砕機　　比重選別　　ふるい選別
焼却処理技術：[廃-焼]
ガス化溶融炉　　ストーカ焼却炉　　廃棄物焼却炉　　バッチ式焼却炉
流動層焼却炉　　連続燃焼式焼却炉

焼却灰の処理：[廃-灰]
　安定型処分場　　管理型処分場　　遮断型最終処分場　　集じん灰　　主　灰
　焼却残さ　　焼却灰　　セメント固化法　　飛　灰　　フライアッシュ
　薬剤処理　　溶融飛灰

その他の廃棄物処理技術：[廃-他]
　嫌気性分解　　好気性分解　　コンポスト化

(エネルギー利用，資源化技術)

発　電：[廃-発]
　ごみ発電所　　サーマルリサイクル　　バイオマス発電　　廃棄物発電
　余剰電力

熱利用：[廃-熱]
　サーマルリサイクル

燃料化：[廃-燃]
　RDF　　RPF　　廃棄物燃料利用

資源化：[廃-資]
　完熟たい肥　　骨　材　　廃棄物資源化　　フライアッシュセメント
　山元還元

11．[転] エネルギー転換・エネルギー輸送全般

ボイラ：[転-ボ]
　加圧流動層ボイラ　　乾き燃焼ガス量　　完全黒体　　完全燃焼　　輝　炎
　気水分離器　　強制循環ボイラ　　空気過剰係数　　空気予熱器
　再燃焼バーナ　　シェル&チューブ熱交換器　　蒸気原動機　　蒸気原動所
　蒸気プラント　　衝動水車　　ターンダウン比　　天然ガス再燃焼法
　熱交換　　プレート型熱交換器　　ポンピング　　焼玉機関

タービン：[転-タ]
　軸流タービン　　衝動タービン　　水　車　　ハイドロタービン
　水タービン

石炭ガス化：[転-石]
　ウィンクラーガス化炉　　高カロリーガス化　　石炭ガス化複合発電

エネルギー変換：[転-変]
　エネルギー効率　　エネルギー循環　　エネルギー貯蔵　　エネルギー転換
　高効率エネルギー転換　　再生エネルギー　　GBM　　総合熱効率
　熱　水

集　塵：[転-塵]
　ごみ固形燃料　　電気集じん器

ガス・液体燃料：[転-ガ]
　簡易ガス事業　　間接液化　　合成工程　　正味熱効率　　シーワン化学技術
　総合効率　　総合損失率

都　市：[転-都]
　エコエネルギー都市　　ダイレクトゲインシステム

エンジン：[転-エ]
　エマルジョン化技術　　オイルアッシュ　　希薄燃焼　　クランク機構

分野別用語一覧　　　　　　　　xxii

　　高効率モータ　　水素エンジン
電磁気：[転-電]
　　磁気流体力学　　熱電気発電　　熱電効果　　熱電子　　熱電併給
　　熱電変換デバイス　　熱電冷却デバイス　　熱電冷凍方式　　燃料電池

12. [電] 電気・発電関係（送電，蓄電，高効率発電など）

火力発電，原子力発電：[電-火]
　　改良型加圧流動床複合発電　　改良型沸騰水型原子炉　　ガスタービン発電
　　ガスタービン複合発電　　汽力発電　　コジェネレーション　　GTCC
　　重油火力発電　　石炭ガス化複合サイクル発電　　チェンサイクル
　　超臨界圧火力発電　　熱併給火力発電　　廃棄物利用火力発電
　　廃熱利用火力発電　　比出力　　変圧運転　　密閉サイクルガスタービン
水力発電：[電-水]
　　混合揚水式水力発電　　サージタンク　　重力ダム　　純揚水式水力発電
　　小水力　　水力発電　　ダム式発電所　　ダム水路式発電所
　　調整池式発電所　　調整能力（水力発電の）　　貯水池式発電所　　反動水車
燃料電池：[電-燃]
　　固体高分子型燃料電池　　固体電解質型燃料電池　　再生型燃料電池
　　直接型メタノール燃料電池　　燃料電池コジェネレーションシステム
　　燃料電池発電　　燃料電池複合発電　　溶融炭酸塩型燃料電池
　　リン酸型燃料電池
その他発電：[電-他]
　　圧縮空気貯蔵発電　　RDF 発電　　エアタービン方式　　MHD 発電
　　LNG 冷熱発電　　海水揚水式発電　　海洋温度差発電　　ガス複合発電
　　スーパーごみ発電　　太陽光発電　　太陽熱発電　　潮汐発電　　直接発電
　　ディーゼルエンジン発電　　電磁流体発電　　内燃力発電
　　二流体サイクル発電　　熱電発電　　ハイブリッド発電システム
　　メタンガス発電
系統運用：[電-系]
　　供給予備力　　供給力　　系統運用　　系統分離　　系統連係　　最大電力
　　自動故障区間分離方式　　需給調整　　需要予測　　深夜電力
　　電圧・無効電力制御　　電力需要　　電力潮流　　電力負荷
　　電力負荷平準化　　ピークカット　　ピーク時間調整契約　　ピークシフト
　　ピーク負荷　　ピークロード用電源　　負荷曲線　　負荷変動　　負荷率
　　ベース負荷　　ベースロード用電源　　ミドルロード用電源
送電・配電などの流通系統：[電-流]
　　ガス絶縁開閉装置　　管路気中送電線　　基幹系統　　高圧配電線
　　周波数変換所　　所内電力　　所内比率　　スポットネットワーク受電
　　送　電　　送電電圧　　送電ロス　　中性点接地方式　　超高圧送電
　　直流送電　　電力系統　　配　電　　配電方式　　標準電圧　　変電所
　　マイクロ波送電
電池・蓄電池：[電-池]
　　アイソトープ電池　　アンペア時容量　　一次電池　　インピーダンス

充 電　水銀電池　積層乾電池　蓄電池　電気二重層キャパシタ
電 池　電力貯蔵　NAS電池　ナトリウム・硫黄電池　鉛蓄電池
二次電池　ニッカド蓄電池　ニッケル・カドミウム電池
ニッケル・水素電池　濃淡電池　バッテリ　浮動充電　放電容量
マンガン乾電池　リチウムイオン電池

タービン：[電-タ]
一軸型ガスタービン　ガスタービン　クローズドサイクルガスタービン
再生サイクルガスタービン　再熱サイクルガスタービン　再熱タービン
蒸気タービン　セラミックガスタービン　タービン　タービン効率
タービン翼　二軸型ガスタービン　反動式タービン　復水タービン
マイクロガスタービン　マイクロガスタービンコジェネレーションシステム

発電機：[電-発]
地下発電所　超伝導発電機　同期発電機　バイナリーサイクル発電
発 電　発電機　発電電動機　誘導発電機

機 器：[電-機]
アキュムレータ　インバータ　開閉装置　高輝度誘導灯
高効率変圧器　交直変換装置　シリコン太陽電池　超伝導ケーブル
直流遮断機　電動機　電力ケーブル　微粉炭機　ブラシ式
ブラシレス直流モータ　ブレーカ　平行クランク機構　変圧器
膨張弁　摩擦伝動装置　無停電電源装置

その他設備全般：[電-設]
ウォータハンマ　ガスタービンコジェネレーション　コンデンサ
再燃バーナ　蒸気圧力　蒸気条件　小出力発電設備　翼角度制御
定流量システム　定流量弁　二元燃料ディーゼル機関　二次燃焼室
はずみ車　発電用ボイラ　被覆管　微粉炭燃焼方式　表面復水器
復水器　フライホイール　平衡通風方式　ユニバーサルガスバーナ
冷却水(発電所の)　ロータシャフト

自由化関連：[電-自]
ISO　相対取引　アンシラリーサービス　アンバンドリング
小売自由化　ストランデッドコスト　託送制度　電力卸市場
電力自由化　特定規模電気事業者　独立系発電事業者　発送電分離
部分自由化　プール市場

電気事業に関する料金，その他全般：[電-料]
季節別時間帯別電力　契約電力　自家用電気工作物　事業用発電
従量電灯　従量料金制　電気管理指定工場　電気事業者
特別高圧受電　買電・売電価格　臨時電力

熱サイクル：[電-熱]
汽力サイクル　コジェネレーション　コンバインドサイクル
再熱サイクル　再燃サイクル　低位発熱量　電 熱　熱効率
熱電可変型コジェネレーション　熱電比　熱電モジュール
フラッシュ蒸気　ブレイトンサイクル　変換効率

素子・制御：[電-素]
IGBT　穴伝導型物質　アノード　アモルファス　インバータ制御
ACP　APM規格　交流帰還制御　正孔伝導型物質

DH 半導体レーザ　　DDC　　デマンド監視制御　　熱電対　　熱電半導体
燃料極　　薄膜 pn 接合

電気の基礎となる理論：[電-気]
逆起電力　キロワット価値　キロワット時　キロワット時価値
公称電圧　高調波　コロナ　電圧　電位差　熱起電力
発電効率　ヒステリシス損　皮相電力　負荷　負荷損　負荷抵抗
無効電力　無負荷損　有効電力　誘電損　力率　力率改善

電力に関する理論：[電-力]
可能発電電力　逆潮流　高効率発電　受電電圧　受電方式
進相負荷　設備容量　送電損失率　送電端効率　送電端電力量
送電端熱効率　定格運転　定格出力　電力　発電　発電所効率
発電端熱効率　分散型電源

その他理論全般：[電-理]
アイスオンコイル式　一次エネルギー換算値　一次エネルギー供給
高温高圧水電解　出力密度　第一種超伝導体　第二種超伝導体
超伝導　定期検査　定期点検　デマンドサイドマネジメント　電化率
電気出力　電力化率　ドラフト　二酸化鉛法　ネガワット理論
発電電力量　不燃性硫黄　部分負荷　ベストミックス(エネルギーの)
摩擦伝導機構　臨界圧力　臨界温度　臨界状態　臨界点

13. [燃] 燃料(精製, LNG, 新媒体などへの転換・燃焼)

(化石燃料)

石油製品：[燃-製]
A 重油　液化石油ガス　液化天然ガス　エチレン　オクタン価
オフガス　合成ガス　合成天然ガス　コンラドソン試験法
残留炭素分　ジェット燃料油　C 重油　重質油　重油　重油脱硫
重油添加剤　セタン価　ソルボントナフサ　代替天然ガス
炭化水素比　低硫黄重油　灯油　ナフサ　燃料添加物
燃料油再生　B 重油　フレオン　分解ガソリン　ベンゼン
メタノール

天然ガス：[燃-天]
一般ガス事業　LNG 火力発電所　LPG　カーボン生成反応

改質・コークス：[燃-コ]
成型炭　ディレードコーキング法　灰分　ブリケット製造　練炭

スラリー：[燃-ス]
COM　CWM　石炭石油混合燃料　石炭タール混合燃料
石炭・水スラリー　石炭・水ペースト供給方式　石炭メタノールスラリー
ドライフィード

石炭液化：[燃-炭]
ITSL 法　一段液化　EDS 法　液化　液化工程　液化プラント
間接液化　気固反応　CO スチーム法　残さ　CSF 法
スラリーフィード　石炭液化　石炭液化油　石炭転化率
石炭・水混合燃料　石炭・水スラリー　ソルボリシス液化法

超臨界抽出液化法　　直接液化　　直接水添液化　　二段液化
ベルギウース法

石炭ガス化・熱分解：[燃–ガ]

ウィンクラーガス化炉　　ウェスティングハウスガス化炉　　ガス化効率
ガス精製　　コッパース・トチェック式ガス化炉
シェル・コッパースガス化炉　　湿式脱硫　　シフトコンバータ
シフト反応　　水性ガス化　　水添ガス化　　石炭ガス化
石炭利用水素製造技術　　地下ガス化　　中カロリーガス化
低カロリーガス化　　テキサコガス化炉　　鉄浴ガス化　　プラズマガス化法
噴流床　　噴流床ガス化　　Uガス化炉

(燃焼・熱)

燃焼管理：[燃–管]

乾き燃焼ガス量　　完全燃焼　　空気比　　空燃比　　高位発熱量
高発熱量　　湿り燃焼ガス量　　断熱火炎温度　　低発熱量　　当量比
熱解離　　燃焼ガス成分　　燃焼計算　　灰分　　不完全燃焼　　平衡温度
平衡組成　　無灰無水基準　　理論乾き燃焼ガス量　　理論空気量
理論酸素量　　理論湿り燃焼ガス量　　励起状態　　連鎖反応

気体燃料燃焼：[燃–気]

浮上り火炎　　火炎　　火炎伝ぱ　　拡散燃焼　　過濃可燃限界
希薄可燃限界　　逆火　　消炎　　衝撃波　　ZNDモデル　　層流燃焼
層流燃焼速度　　着火　　定常燃焼　　デトネーション　　点火
熱爆発　　熱爆発限界曲線　　燃焼速度　　爆轟　　反応帯　　非定常燃焼
付着火炎　　部分予混合燃焼　　噴流拡散火炎　　保炎　　予混合燃焼
予熱帯　　乱流燃焼　　乱流予混合火炎

液体燃料燃焼：[燃–液]

液面燃焼　　セタン価

固体燃料燃焼：[燃–固]

移床ストーカ　　いぶり燃焼　　加圧流動層燃焼　　階段ストーカ
固定床燃焼　　散布式ストーカ　　下込式ストーカ　　湿式燃焼方式
スラグタップ燃焼方式　　火格子燃焼　　微粉炭燃焼　　微粉炭燃焼ボイラ
微粉炭バーナ　　微粉炭ミル　　表面燃焼　　分解燃焼　　融灰式燃焼装置
流動層燃焼

燃焼装置：[燃–燃]

液面燃焼　　オクタン価　　ガス化発電　　ガスの脱硫　　ガスの付臭
コッパース・トチェック式ガス化炉　　省エネルギー　　蒸発燃焼
水蒸気噴射　　セタン価　　低NOx燃焼　　低NOxバーナ　　灯心燃焼
熱エネルギー　　熱交換器　　濃淡燃焼　　バイアス燃焼　　バッチ燃焼方式
微粒化　　噴霧燃焼　　平均粒径　　流動床　　粒度分布　　炉内滞留時間
炉内脱硝

環境負荷低減：[燃–環]

二段燃焼　　排ガス再循環

熱管理：[燃–熱]

熱回収　　熱勘定　　熱収支

(新燃料・新システムと全般・その他)

廃棄物: [燃-廃]
都市ごみのガス化　都市ごみの熱分解　燃料系廃棄物
プラスチック廃棄物の燃焼利用

新液体燃料: [燃-新]
アルコール発酵　液化プロセス　エタノール合成　エマルジョン燃料
合成工程　シフト反応　ジメチルエーテル　メタノール合成
メタノール製造プロセス　モービル法

水　素: [燃-水]
オンサイト水素製造　クリーン水素　固形化輸送　水素エネルギー
水素エネルギーシステム　水素ガスタービン　水素製造　水素製造技術
水素貯蔵技術　水素分離　水素利用国際クリーンエネルギーシステム技術

新燃料: [燃-料]
SRC　合成ガス

概　念: [燃-概]
液体燃料　液体燃料炉　気体燃料　実証炉　実用炉　水素脆性
パイロット炉　フューエルリサイクル

元　素: [燃-元]
硫　黄　酸　素　炭　素　窒　素

全　般: [燃-全]
コンラドソン試験法　セタン価　燃　料　発熱量

14. [熱] 熱供給, 廃熱利用

計　測: [熱-計]
熱画像　ボンベ熱量計

材　料: [熱-材]
温度センサ　自然作動媒体　熱　線　熱線吸収ガラス
熱線反射ガラス　熱電素子　プラスチック系断熱材　プラズマ熱電対
プラズマの熱電能　ペルチェ係数　ペルチェ効果

熱機関: [熱-機]
往復動圧縮機　温排水　再熱器　再熱蒸気サイクル　サバテサイクル
抽気タービン　熱機関　熱機関の効率　熱出力　熱消費率
ランキンサイクル

システム: [熱-シ]
温度差エネルギー　ジャケット冷却水熱交換器　地域熱供給
地域冷暖房　都市廃熱　トータルエネルギー方式　熱勘定　熱損失
排　熱　廃　熱　ヒートカスケーディング　ヒートシンク

ボイラ加熱: [熱-加]
過剰空気　過熱度　蒸気ボイラ　水管ボイラ　スワラー
スワール型バーナ　二次空気　排気損失　排熱ボイラ　発熱体
被加熱体　プラズマ加熱　ボイラ内再熱器設置方式

蓄　熱: [熱-蓄]
温水槽　過冷却器　高密度蓄熱システム　氷蓄熱

分野別用語一覧

氷・水搬送システム　清水氷　清水氷スラリー式
スチームアキュムレータ　成層型蓄熱槽　製氷融解　潜熱蓄熱
潜熱蓄熱材　蓄熱　蓄熱槽効率　蓄熱暖房　蓄熱調整契約
蓄熱媒体　蓄熱率　中央式固体蓄熱　ブライン温度
ブライン顕熱蓄熱　ブライン式　ブラインスラリー式

冷凍空調：[熱-冷]
アンモニア吸収冷凍機　温水吸収冷凍機　高密度熱輸送
蒸気圧縮冷凍方式　蒸発器　蒸発潜熱　スクリュー冷凍機
ターボ冷凍機　低温冷凍機　デシカント空調　内部発熱負荷
二重効用蒸気吸収冷凍機　熱回収形ブラインチラー
熱負荷シミュレーション　排熱投入型ガス吸収冷温水機
ハイブリッドサイクル　ビル用マルチエアコン　冷　熱

ヒートポンプ：[熱-ヒ]
遠心ヒートポンプ　吸収式ヒートポンプ　ケミカルヒートポンプ
水素吸蔵合金　スクリューヒートポンプ　スクロール冷凍機　成績係数
第一種吸収ヒートポンプ　第二種吸収ヒートポンプ
二酸化炭素冷媒ヒートポンプ　ヒーティングタワーヒートポンプ
ヒートパイプ　ヒートポンプ

熱交換：[熱-交]
回収式熱交換器　全　熱　全熱交換器　チューブ自動洗浄装置
熱回収　熱回収線図　熱回収率　熱通過率　熱抵抗　熱伝達率
熱伝導率　汚れ係数

15.　[利] エネルギー利用全般(省・節エネルギー全般を含む)

利　用：[利-利]
エネルギーのカスケード利用　コジェネレーション　水素の輸送
水素バーナ　定圧燃焼ガスタービン

廃棄物：[利-廃]
エネルギー回収　エネルギーリサイクル

理　学：[利-理]
エネルギー換算係数　外部蒸発熱　熱移動

民　生：[利-民]
エネルギーの輸送　ローカルエネルギー

社　会：[利-社]
エスコ　ESCO　エネルギー弾性値　省エネ法　省エネルギー法
省エネルギー法の改正　省資源　土地利用モデル

電　気：[利-電]
圧電素子　オンサイト発電　ガスエンジン　ガスエンジンヒートポンプ
酸水素電池　残存容量　水素電極　超伝導エネルギー貯蔵
超伝導コイル　ニッカド蓄電池　ニッケル・カドミウム電池

16. [民] 民生用エネルギー(省エネ家電・住宅など)

(民生用エネルギー全般)
施策・政策: [民-策]
 エネルギー消費原単位 エネルギー消費効率 経団連環境自主行動計画
 経団連自主行動計画 工場調査 国際エネルギースター制度
 サマータイム 自主行動計画 住宅の次世代省エネルギー基準
 省エネラベリング制度 待機電力 デマンドサイドマネジメント
 特定機器 トップランナー方式 ローカルエネルギー

原理・理学: [民-原]
 エネルギー消費係数 給気効率 吸収冷凍サイクル 躯体蓄熱
 顕熱蓄熱 高周波点灯方式 CEC ジュール・トムソン効果
 大温度差空調 ダイレクトゲインシステム デグリーデー
 年間熱負荷係数 PAL ルーメン

装置・材料: [民-装]
 圧縮式冷凍機 遠心式冷凍機 吸収式冷凍機 クロロフルオロカーボン
 コンデンサモータ サイレンサ 縦型薄型空調機 パッシブソーラ
 ヒートポンプ フォトダイオード ヘリウム・ネオンレーザ
 ラムジェットエンジン

(民生業務部門)
家庭用等(含オフィス等): [民-器]
 インバータ家電 インバータ蛍光灯器具 FF式温風暖房機
 ガス調理機器 強制給排気式温風暖房機 高周波点灯型照明器具
 CO_2ヒートポンプ給湯機 自然冷媒ヒートポンプ給湯機 節水こま
 潜熱回収型給湯器 暖房便座 電気温水器 電気便座
 電球型蛍光ランプ 電磁調理器 ノンフロン冷蔵庫 ハイブリッド暖房
 パネルヒータ 床暖房器具

(民生用エネルギー全般)
住 宅: [民-住]
 R-2000住宅 高気密 断熱ガラス 断熱サッシ

(民生業務部門)
家庭内システム: [民-家]
 家庭用エネルギーマネジメントシステム 人検知センサ HEMS
 ホームエネルギーマネジメントシステム 床暖房

ビル等機器: [民-機]
 アーク灯 インバータ CO_2ヒートポンプ給湯機
 自然冷媒ヒートポンプ給湯機 タスク&アンビエント照明 タスクライト
 VAV VWV ベンチレーション窓 油圧式エレベータ

(民生業務部門)
ビル(建物): [民-ビ]
 内断熱 外気冷房 壁内通気 経済保温厚さ 構造質量 外断熱
 内部結露 ブリーズソレイユ ライフサイクルエネルギー

ビル内システム：[民-シ]
HIDランプ　カスケード利用型熱供給施設　躯体蓄熱　氷蓄熱
自然換気　省エネナビ　成層空調　セントラル方式　全熱交換器
台数制御　地域冷暖房システム　調光システム
パッケージ型空気調和機　分散型電源　BEMS

17. [産] 産業用エネルギー (物質製造や高炉などでの利用)

エネルギー多消費型産業と熱管理：[産-全]
エネルギー生産性　エネルギー多消費型産業　カスケード利用
静脈産業　スラグ　ニューサンシャイン計画　熱管理
熱管理指定工場

公　共：[産-公]
下水処理　脱水ケーキ

廃棄物：[産-廃]
スラッジ　脱塩化水素　廃タイヤ　プラスチックの油化

冷　熱：[産-冷]
液体窒素　往復動冷凍機　深冷分離法　直膨チラー　冷　蔵
冷　凍　冷凍機　冷凍サイクル　冷凍トン　冷凍年度　冷　媒

ボイラ：[産-ボ]
エコノマイザ　ボイラ

燃焼一般：[産-燃]
ガスバーナ　スラグタップ燃焼方式　石油コークス　石膏ボード
第一種圧力容器　脱硝設備　非粘結炭　水・蒸気噴射法

高温炉：[産-炉]
ガス化炉　ガス発生炉　焼成炉　真空溶融　スラグタップ式ガス化炉
電気炉　トンネル炉　焙焼炉　マイクロ波加熱　マイクロ波加熱炉
マッフル炉　誘電加熱　誘導加熱　溶解炉

その他の高温関連装置：[産-装]
アトマイザ　EP　乾燥機　サイクロン　サクションベーン制御
炭酸ガスレーザ　ダンパ　電気集じん装置

精錬全般・その他金属：[産-錬]
シリコン　バナジウム

コークス：[産-コ]
コークス乾式消火　コークス炉　サイロックス法　CDQ

その他製鉄：[産-鉄]
アーク加熱　アーク放電　アーク炉　原子力製鉄　高　炉
高炉スラグ　自焼成電極　室炉式コークス炉　シャフト炉
スクラップ予熱　製鉄　銑鉄　粗鋼　転炉　溶融還元製鉄
連続焼鈍　連続鋳造

アルミニウム：[産-ア]
アルミ樹脂複合断熱構造　アルミニウム

セメント：[産-セ]
SPキルン　NSPキルン　キルン　高炉セメント　石灰石焼成

セメント　セメントキルン　セメント産業

紙パルプ：[産-紙]
クラフトパルプ　クラフト法パルプ製造　黒液　連続がま

化学工業：[産-化]
イオン交換膜電解法　化学産業　隔膜電解法　水銀電解法
ソーダ工業　硫酸

プロセス全般：[産-プ]
油分離器　射出成型　常圧蒸留　焼結　蒸発　蒸留
触媒　スラリー　多重効用缶　断熱材　転換率　電気分解
バイオリアクタ　誘導電動機　流動層　冷却塔

分離プロセス：[産-分]
イオン交換樹脂　活性炭　膜分離法

機械的プロセス：[産-機]
造粒　電球型蛍光ランプ　はずみ車　フライホイール　粉砕
ボールミル

18. [輸] 輸送用エネルギー(鉄道，トラック，自家用車など)

自動車：[輸-自]
アイドリングストップ　一次電池　液化天然ガス自動車　SOC
SPM　エネルギー再生　エネルギー密度　SHED　自動変速機
車両総重量　走行抵抗　低公害自動車　天然ガス自動車　二次電池
ハイブリッド自動車　パークアンドライド　無段変速装置　四輪駆動車
流体継手

エンジン：[輸-エ]
圧縮比　過給機　可変静翼ターボチャージャ　可変ターボチャージャ
可変バルブタイミング　希薄燃焼エンジン　希薄予混合圧縮着火燃焼法
空気過剰率　空冷エンジン　失火　遮熱エンジン　水冷エンジン
層状吸気エンジン　電子制御燃料噴射装置　熱効率　燃料消費率
排ガス再循環　バイフューエル　フライホイール　ベーパロック
膨張比　ミラーサイクル　ロータリーエンジン

ガソリンエンジン：[輸-ガ]
オクタン価　ガソリンエンジン　気化器　直噴ガソリンエンジン

ディーゼルエンジン：[輸-デ]
高圧噴射　セタン価　直噴ディーゼルエンジン　ディーゼルエンジン

燃料系：[輸-燃]
MTBE　ガソホール　ガソリン　軽油　四エチル鉛　GTL
蒸発ガス　蒸留性状　石油代替燃料　セタン価　セタン指数
DME(自動車用燃料の)　天然ガス　燃料蒸気圧　燃料噴射ノズル
燃料噴射ポンプ　バイオマス燃料　水エマルジョン燃料　メタノール
ローアッシュオイル

電気系：[輸-電]
点火プラグ　電気モータ　火花点火

排気系：[輸-排]
　一酸化炭素　　一酸化窒素　　SOF　　カーボンバランス　　還元触媒
　酸化触媒　　三元触媒　　酸素センサ　　消音器　　炭化水素
　ディーゼルパティキュレートフィルタ　　ディーゼル微粒子
　10・15モード　　二酸化窒素　　NOx吸蔵触媒　　ppm　　非メタン有機物
　浮遊粒子状物質　　未規制物質　　ランニングロス

その他：[輸-他]
　アルコール自動車　　LPG自動車　　水素自動車　　スターリングエンジン
　セラミックエンジン　　ソーラカー　　電気自動車　　燃料電池自動車

目　　次

用　語　解　説 …………………………………………………… 3

索　引（英和対訳） ……………………………………………… 425

あ
か
さ
た
な
は
ま
や
ら
わ

用 語 解 説

〔あ〕

ISO　あいえすおう
[社-環]
International Organization for Standardization (ISO)　⇨ 国際標準化機構
[電-自]
independent system operator (ISO)
　独立系統運用者。発電会社など自由化された電力市場の参加者に対し中立的な組織として電力系統の運用を行う独立機関。アメリカではカリフォルニアISO, PJM, NYISO, ERCOT-ISO などがある。系統の運用権限はもつが，送電設備は各電力会社が所有するのが一般的な形態。

ISO 14001　あいえすおういちまんよんせんいち　[社-環]
　ISO14001　国際標準化機構(ISO)が環境マネジメントシステムの要求仕様に関して定めた規格である。環境に関する経営方針や目標の作成，具体化のための組織や責任者の任命などについて規定したものである。　⇨ ISO14000シリーズ，国際標準化機構

ISO14000シリーズ　あいえすおういちまんせんしりーず　[環-制], [社-環]
Series 14000 of ISO　企業，自治体などの組織による事業，活動が与える環境負荷を低減するための環境マネジメントシステムに関して国際標準化機構(ISO)が制定した一連の規格。環境マネジメントの仕様と利用に関するISO 14000番台，環境監査に関するISO 14010番台，環境ラベルに関するISO 14020番台，環境パフォーマンスに関するISO14030番台，ライフサイクルアセスメントに関するISO14040番台，用語の定義を含むISO14050番台を含む。

ISO 9000　あいえすおうきゅうせん
[社-環]
ISO 9000　国際標準化機構(ISO)が品質管理および品質保証に関して定めた規格である。ISO9000シリーズには現在，ISO 9000～9004まであり，そのうちISO 9000は規格の選択と使い方に関して規定したものである。　⇨ 国際標準化機構

IO 表　あいおうひょう　[全-社]
input-output table　⇨ 産業連関表

IGBT　あいじーびーてぃー　[電-素]
insulated gate bipolar transister (IGBT)　絶縁ゲートバイポーラトランジスタ(IGBT)は，パワーデバイス分野の代表的な素子。金属酸化物半導体電界効果トランジスタ(MOS FET)と，バイポーラトランジスタの長所を併せもった，理想的なスイッチング素子。

アイスオンコイル式　あいすおんこいるしき　[電-理]
ice on coil system　蓄熱時(すなわち製氷時)にコイル内面に冷ブラインを通して，水中のコイル外表面上に氷を成長させていく方式。外氷式ともいう。放熱時は内融，外融おのおのに対応した方式がある。　⑩ 外氷式

アイソトープ電池　あいそとーぷでんち
[電-池]
isotope battery　ラジオアイソトープ(放射性同位元素)の崩壊エネルギーをエネルギー変換器で電気エネルギーに変える一次電池のことをアイソトープ電池という。太陽電池が利用できない深宇宙では，エネルギー供給源として，アイソトープ電池が不可欠の電源となっている。

相対取引　あいたいとりひき　[電-自]
bilateral contract　電力の売り側と買い側が1対1で行う取引の形態。取引ごとに異なる価格が付くこと，取引相手が特定されていることがプール市場と違う点である。

ITSL 法　あいてぃーえすえるほう

[燃-炭]
Integrated Two Stage Liquefaction Process (ITSL)　例えば，アメリカのLummus-Crest 社で開発された ITSL 法では，一段目の反応時間が 3〜11 分の短時間熱反応工程(反応温度 443〜450℃，水素圧力 14 MPa)，二段目の反応時間が 60 分の触媒水素化反応工程(反応温度 360〜400 ℃，水素圧力 19 MPa)，その間を溶解した生成物と未反応炭，灰分を固液分離する脱灰工程からなる。一段目の工程と二段目の工程が脱灰工程で統合されており，また二段目で生成するプロセス溶剤が一段目の反応工程にリサイクルされている。

アイドリングストップ　あいどりんぐすとっぷ　[環-輸]，[輸-自]
idling stop　自動車の運転中，例えば信号待ちのときなどで，ある程度停車時間が長くなると予想されるときに，エンジンを停止させること。これにより，停車している時間の燃料消費を下げるとともに，排ガスも減らすことが期待できる。最近では路線バスに自動的アイドリングストップ機構の付いたものも登場した。ただし，停車時間が短いとき(一般に 5 秒以下)にはかえって起動用の燃料消費を増やすとの指摘もある。

IPCC　あいぴーしーしー　[環-国]
International Panel on Climate Change　⇒ 気候変動に関する政府間パネル

IPP 入札制度　あいぴーぴーにゅうさつせいど　[社-規]
independent power producer (IPP)　電力規制緩和の一環として導入された発電部門の競争促進制度。1995 年，電気事業法改正により導入され，開発期間がおおむね 7 年以内の火力発電への新規参入が可能となった。各電力会社が必要な電源を募集し，これに発電事業者として応札する。1996〜1999 年度にかけて合計 38 社，738.45 万 kW が落札している。　⇒ 独立系発電事業者

アインシュタインの式　あいんしゅたいんのしき　[原-核]
Einstein's mass energy formula　アインシュタインの式と称されるものには，いくつかあるが，エネルギーに関係するものは，質量 m とエネルギー E との関係式のことである。光速を c とするとき，$E=mc^2$ によって質量がエネルギーと等価であることを示している。これによって，例えば電子の質量 9.1094×10^{-31} kg は 0.511 MeV に等しいといえる。原子質量単位は中性の ^{12}C の原子量を 12 u と定義しているので，$1 u = 1.66054 \times 10^{-27}$ kg は 931.5 MeV に等しい。　⇒ 結合エネルギー(原子核内の)，原子核

亜鉛還元ナフチルエチレンジアミン吸光光度法　あえんかんげんなふちるえちれんじあみんきゅうこうこうどほう　[環-室]
zinc-reduction naphtylethylenediamine absorptiometry　燃焼排ガスをオゾンの共存下で硫酸酸性溶液に吸収させ，排ガス中の二酸化窒素(NO_2)を硝酸イオン(NO_3^-)にさせる。その溶液に亜鉛粉末を添加し NO_3^- を亜硝酸イオン(NO_2^-)へ還元後，スルファニルアミドとナフチルエチレンジアミンとをジアゾ化カップリング反応によって桃紫色に発色させ，その吸光度より NO_2 を定量する方法である。　⇒ 二酸化窒素

アキュムレータ　あきゅむれーた　[電-機]
accumulator　液体の圧力エネルギーを気体の圧力エネルギーに変換して蓄えておくものである。容器の中に気体を充てんしておき，そこへ液体を押し込むと体が圧縮される。その後，液体を開放すると容器の中に入っていた液体が，気体の膨張する力で外に勢いよく出てくる。これがアキュムレータの原理である。

アーク加熱　あーくかねつ　[産-鉄]
ark heating　主としてくず鉄を溶解し製鋼する炉の加熱源として，3 本の炭素電極をもつアーク加熱が採用されている。炉容量 10〜60 t の炉で，500〜1000

kVA の電力を要する。　⇨ アーク放電，アーク炉

悪臭物質　あくしゅうぶっしつ　[環-臭]
malodorous substance, offensive odor substances　悪臭のもととなる物質。日本では悪臭防止法に基づいて，悪臭防止法施行令がアンモニア，メチルメルカプタン，硫化水素などの22物質を特定悪臭物質と指定している。　⑯ 特定悪臭物質

アクティブソーラシステム　あくてぃぶそーらしすてむ　[自-太]
active solar system　エネルギー密度が低くかつ変動する太陽エネルギーを熱として積極的，効率的に利用するシステム。例として，ヒートポンプによる暖房システムや吸収冷凍機による冷房システムなどがある。

アーク灯　あーくとう　[民-機]
arc lamp　アーク放電の輝きを利用する電灯で，熱電子放射式と電界電子放射式がある。熱電子放射式は酸化物で覆電極を有する超高圧・高圧水銀灯，ナトリウム灯，炭素アーク灯があり，電界電子放射式は水銀陰極を有する太陽灯，クーパ・ヒュイット水銀灯がある。

アーク放電　あーくほうでん　[産-鉄]
arc discharge　空気中を放電して電流を生じる現象をアーク放電という。おびただしい光と発熱を伴うので，電気溶接や，電気炉で鋼材を溶解する熱源として利用される。

アーク炉　あーくろ　[産-鉄]
arc furnace　アーク放電により鋼材を溶解する炉をアーク炉という。

旭コークス法　あさひこーくすほう　[石-コ]
Asahi coak method　旭コークス工業社が開発した，打抜き式の成型炭を間接加熱で高温乾留し，鋳物用成型コークスを製造する方法。一般炭，原料炭，無煙炭，石油コークスなどを配合した原料をコールタールピッチをバインダとして水蒸気で加熱，筒型に成型し，断続式外熱直立炉で1000℃で乾留する。

亜酸化窒素　あさんかちっそ　[環-室]
nitrous oxides　地球温暖化ガスおよび成層圏オゾン層破壊に関与するガスの一種である。亜酸化窒素(N_2O)の発生源には海洋，土壌，施肥農地，自動車の脱硝触媒，石炭，廃棄物などの固体燃料燃焼装置などがある。高温の微粉炭燃焼からの排出はきわめて少なく，現状では全体として石炭燃焼の寄与はさほど大きくないと考えられている。しかし，比較的低温の固体燃焼方式である流動層燃焼から生成されやすい傾向がある。N_2O は900℃以上の高温条件，還元雰囲気，あるいは触媒条件下において分解されやすい。　⇨ NOx

アジェンダ21　あじぇんだにじゅういち　[環-国]
Agenda 21　1992年の地球サミットで採択された「環境と開発に関するリオ宣言」を実行する具体的な行動計画。大気・水質保全，森林減少対策，砂漠化防止，生物多様性の維持，化学物質に関する情報提供などが含まれている。

アシッドスマット　あしっどすまっと　[環-ス]
acid smut　燃焼ガス中のフライアッシュ(灰)に液状三酸化硫黄がくっついたもの。煙突内面に付着し，酸性飛灰の原因となる。

アースデイ　あーすでい　[環-国]
Earth Day　地球環境，生態系の保全を考える日。4月22日。1970年にアメリカで始まり，環境問題について考えるイベントなどが日本を含めて各地で行われる。

アセチル CoA　あせちるこーえ　[生-化]
acetyl CoA　細胞内でアセチル基を運搬する水溶性の低分子物質。食物から細胞のエネルギーを取り出す仕組みには，3段階にわたる反応が必要で，その反応でできたアデノシン三リン酸(ATP)がエネルギーとして使われる。第1段階で巨大分子が簡単な構成単位に分解(例え

ばたんぱく質がアミノ酸に分解)後，第2段階でその小さな分子が細胞内に入り，さらにピルビン酸になってミトコンドリア内に入り，そこでアセチルCoAになり，第3段階でそれが水と二酸化炭素に完全に酸化されると大量のATPが生じるエネルギー産生の仕組みである。
㊦ アセチル補酵素A

アセトアルデヒド あせとあるでひど [理-名]
acetaldehyde 分子式CH_3CHOで表され，特有の刺激臭を有する無色の液体。毒性を有する。融点$-123℃$，沸点$21℃$。危険物 第四類 特殊引火物の危険等級1に分類される。エチルアルコールの酸化などで生成し，工業的にはアセチレンの水和反応やヘキスト・ワッカー法によるエチレンの直接酸化により製造される。酸化すると酢酸になる。 ㊦ エタナール

亜 炭 あたん [石-炭]
sub coal 石炭化度の最も低い石炭である褐炭のうち，特に石炭化度の低いもの。わが国独特の名称であり，外国にはない。褐色または黒褐色で，木質が観察されるものもある。炭素含有量および発熱量とも低い。また，水分含有量が多く，利用に際して脱水，乾燥が必要なため，燃料としては良質ではない。

圧縮空気貯蔵発電 あっしゅくくうきちょぞうはつでん [電-他]
compressed air energy storage power generation 夜間や休日のオフピーク時の電力で圧縮空気をつくり，それを地下空洞などに貯蔵しておき，電力ピーク時にこれを取り出して燃料とともに燃焼させガスタービンを回して発電するシステム。通常のガスタービン発電では，全発生動力の60～70%が空気圧縮機の駆動に使われるが，このシステムでは貯蔵していた圧縮空気を使用するので，発電時のみを考えると通常のガスタービンに比べて2～3倍の電気出力を得ることができる。

圧縮式冷凍機 あっしゅくしきれいとうき [民-装]
refrigeration compressor 冷凍システムには大別して，圧縮式と吸収式の2種があるが，圧倒的に圧縮式のものが多い。圧縮式冷凍システムに用いる圧縮機を圧縮式冷凍機と呼ぶ場合がある。圧縮機の型式には往復動式，ロータリー式，スクロール式などの容積式のものと遠心式のものがあるが，その性状から容積式圧縮機はどちらかというと小型のものに用いられ，遠心式圧縮機は性質上大型のものに多い。冷媒としては，各種フロン，C4以下の炭化水素，アンモニア，二酸化炭素などが用いられる。圧縮された冷媒ガスは，冷却水などにより冷却凝縮される。冷媒液は断熱減圧され，そこで一部は蒸発しつつ低温の液を形成し，蒸発器で冷媒は蒸発しつつ，対象物を冷却する。同様な原理が冷却時のエアコンにも用いられている。 ⇒ 遠心式冷凍機

圧縮貯炭 あっしゅくちょたん [石-炭]
pressurized coal storage 石炭を貯蔵する際，石炭にブルドーザやスクレーパによって圧力をかけて圧密する方法。空隙率が小さくなるため自然発火防止には役立つが，ブルドーザやスクレーパの能力に限界があるため，大容量の処理には不向き。

圧縮天然ガス自動車 あっしゅくてんねんがすじどうしゃ [石-ガ]
CNG vehicle, compressed natural gas vehicle 天然ガスを気体のまま，高圧(20MPa)で燃料容器に貯蔵，積載した天然ガス自動車。天然ガス自動車の分類に用いられる用語。

圧縮破砕 あっしゅくはさい [廃-破]
compression crushing 固定歯と可動歯の間で強力な圧縮力を加え対象物をかみ砕くように押しつぶすもので，鉱石の処理をはじめとして古くから用いられている。ジョークラッシャ，コーンクラッシャ，ジャイレトリークラッシャ，ロー

ルクラッシャがあり，おもに粗大なぜい性物の破壊に用いられている．ジョークラッシャでは相対する固定歯と，回転軸の偏心運動による往復運動する可動歯（スイングジョー）の間に物体をかみ込み圧縮破砕する．従来より鉱石の粗砕機として広く用いられてきたもので，廃コンクリート，アスファルト，れんが，ブロックなど，建設廃材の一次破砕に利用されている．ジャイレトリークラッシャは，逆円すい形の固定容器と偏心旋回運動する可動ヘッドとの間で圧縮粉砕するものである．粉砕生成物の大きさは数cmで，ジョークラッシャに比べて小さい．ロールクラッシャ（クロッシングロール）では，反対方向に回転する2本のローラがその間隙に粉砕原料をかみ込み，圧縮粉砕する．粉砕効率の高い中砕機である．ローラ間にさらに100〜200 MPaの高い圧力を作用させる高圧ローラミルが開発されており，微粉砕も可能である．したがって，廃棄物の処理において，ジャイレトリークラッシャやロールクラッシャは現在，あまり利用されていないが，今後，プリント基板や電子デバイスなどの処理に利用される可能性もある． ⇨ 粉砕

圧縮比 あっしゅくひ [輸-エ]
compression ratio 燃焼室の圧縮前の最大容積（ピストンが下死点にあるときのシリンダ容積）と圧縮後の最小容積〔上死点にあるときのピストンの上に残るシリンダ容積（すきま容積）〕の比で，燃料と空気の混合気がエンジンの圧縮工程で圧縮される程度を表す．一般的に，圧縮比が高いほど点火後の圧力が高くなるために熱効率が高くなるが，高すぎると異常燃焼を起こすなどの不具合が生じる．通常，膨張比は圧縮比とほぼ同じであるが，ミラーサイクルでは，膨張比が圧縮比より大きくなっている．一般的な圧縮比は，ガソリンエンジンで7〜10，ディーゼルエンジンで16〜23程度であり，ガソリンエンジンと比べてディーゼルエンジンの燃費が優れている理由の一つになる． ⇨ 膨張比

圧縮ヒートポンプ あっしゅくひーとぽんぷ [理-動]
compression heat pump 冷凍サイクルを行うヒートポンプ（熱ポンプ）の一種．あえて低温熱源を冷却する場合を冷凍機，高温熱源を加熱する場合をヒートポンプということもあるが，両者の総称としてのヒートポンプが一般的．ヒートポンプには，蒸気圧縮式と吸収式の二つがあるが，蒸気圧縮式を単に圧縮ヒートポンプという．作動流体である冷媒をまず飽和蒸気の状態から圧縮機によって可逆断熱圧縮し，高圧の過熱蒸気とする．これを凝縮機で定圧排熱を行わせて飽和液とする．このときに高温熱源に熱を排出する．高圧の液体は膨張弁を通過して絞り膨張（等エンタルピー膨張）することで低圧，低温の湿り蒸気となる．最後に蒸発器で等圧受熱を受けて飽和蒸気となる．このときに低熱源から熱を吸収する．この中で外部動力を必要とするのはおもに飽和蒸気を過熱蒸気に圧縮する過程であり，これを電気モータや内燃機関で行わせることになる．必要な外部動力に対する輸送する熱の倍率を表すのが成績係数であり，条件にもよるが，おおよそ3〜6程度といわれている．いわゆるエアコンでは，回路切換弁により冷媒の流れ方向を変えることにより，蒸発器と凝縮器を切り換えて，1台で冬季は暖房に夏季は冷房に使用できる．

圧電効果 あつでんこうか [理-電]
piezoelectric effect 結晶性物質に加えられた応力により電気分極が生じ，物質の表面に電荷が現れる現象．ピエゾ効果とも呼ばれる．また，この物質に電界を加えると電界の強さに対応した変形が生じる．これを逆圧電効果あるいは電歪効果という．圧電効果と逆圧電効果は，電気エネルギーと力学エネルギーとの変換器として広く応用されており，その例として，水晶振動子，マイクロフォ

ン，表面音響波フィルタ，超音波発生器，圧電着火器などがある。　(同) ピエゾ効果

圧電素子　あつでんそし　[利-電]
piezoelectric device　外圧や熱を加えることによって起電力を生じる素子。イオン性結晶の結晶体内に無秩序に存在していた電荷が，外力によって誘電分極を起こすことによって生じる。身近には今日のほとんどの時計に利用されている水晶発振子やマイクロフォンなどで利用されているチタン酸バリウムなどがある。　(同) 圧電性セラミックス，圧電セラミックス

アップストリーム　あっぷすとりーむ　[石-油]
up-stream　上流部門，石油産業の中で，原油の探鉱，開発，生産までの産油段階のことをいう。現在，石油精製などの下流部門（ダウンストリーム）は厳しい事業環境で収益低下に追い込まれているが，上流部門では，世界的な原油価格の高騰で活発な投資が行われ，国際大手石油会社は増益傾向である。

圧　力　あつりょく　[理-機]
pressure　壁や流体中の単位断面積当りに作用する法線方向の力の成分を圧力という。断面積を A，その断面に直角に働く力を P とすると，圧力は $p=P/A$ で与えられる。1 N の力が 1 m^2 に働くときの圧力（1 N/m^2）を 1 Pa といい，圧力の単位として用いられる。

圧力水頭　あつりょくすいとう　[理-流]
pressure head　定常な完全流体の同一流線上で成り立つ次式のベルヌーイの定理において左辺第1項を圧力水頭という。これは圧力 p を流体の密度 ρ および重力加速度 g で割ったもので，高さの次元をもっている。

$$\frac{p}{\rho g}+\frac{v^2}{2g}+h=H=一定$$

ここで，v は速度，h は高さを表し，第2項および第3項は速度水頭および位置水頭と呼ばれる。また，H は全水頭と呼ばれる。　⇨ ベルヌーイの定理

圧力スイング吸着法　あつりょくすいんぐきゅうちゃくほう　[全-理]，[環-温]
pressure swing absorption (PSA)　圧力による吸着力の差を利用して，空気や副生ガスなどの混合ガスから，水素や二酸化炭素（CO_2）などの純粋ガスを，分離回収する技術。加圧した原料ガスを，特定物質だけを選択的に吸着するゼオライトなどの吸着剤と接触させ，目的物もしくは非目的物を吸着分離した後，大気圧または真空圧にして吸着した物質を解放する。空気からの窒素製造などにおいてすでに実用化されているほか，燃焼後の排ガスからの CO_2 分離などにも利用が期待されている。これに対し，温度スイング吸着法（TSA）といわれる温度変化をもとにして吸着，脱離を行わせる方式もある。

圧力損失　あつりょくそんしつ　[理-流]
pressure drop　管路内の流れなどでは障害物や管径の拡大などによって流れに渦流が生じる。これによりエネルギーが失われ，総圧が減少する。この総圧の減少を圧力損失という。断面積が一定の直管の場合にも摩擦による圧力損失が生じる。管径を d，流速を v，流体の密度を ρ とすると，管長 l の間の圧力損失 Δp は次式で与えられる（ダルシー・ワイスバッハの式）。

$$\Delta p=\lambda\frac{l}{d}\frac{\rho v^2}{2}$$

ここで，λ は管摩擦係数であり，層流の場合には $\lambda=64/R_e$ となる（$R_e=\rho vd/\mu$ はレイノルズ数，μ は粘性係数）。層流以外の流れの場合については，さまざまな実験式や線図によって管摩擦係数が与えられている。

アデノシン 5'-三リン酸　あでのしん 5'-さんりんさん　[生-化]
adenosine 5'-triphosphate (ATP)　アデニン，リボースと3個のリン酸基からなるヌクレオチド三リン酸で細胞内の主要な化学エネルギー運搬体である。末

端のリン酸基は反応性が高く，加水分解やほかの分子への転移に伴い大量の自由エネルギーを放出する。アデノシン三リン酸(ATP)のエネルギーは，生合成，能動輸送，筋収縮，生物発光などの多彩な生体機能に用いられる。

アトマイザ あとまいざ [産-装]
atomizer 噴霧器，噴霧装置のこと。液体燃料用バーナでは，圧力噴霧，二流体噴霧，ロータリー式などの噴霧方式の異なるバーナが用いられている。アトマイザの微粒化特性は燃焼性能に大きな影響を及ぼす。平均粒径が小さいことと同時に，粒度分布からは，大きな粒径の粒子が少ないことが必要である。また，噴霧角度，噴霧の質量分布特性も燃焼に関係するので，アトマイザの選択は重要である。

穴伝導型物質 あなでんどうがたぶっしつ [電-素]
hole conduction material ゲルマニウムやシリコンに3価の金属不純物を注入すると，結晶内は電子が不足(正孔が過剰)状態となる。正孔は単なる電子の空席で，あたかもプラスの電気をもった電子のように振る舞う。

アネルギー あねるぎー [理-変]
anergy 物質の有する全エネルギーから仕事の形で最大限取り出すことのできる有効エネルギー(エクセルギー)を差し引いた残りの利用不可能なエネルギー。
同 無効エネルギー

アノード あのーど [電-素]
anode 燃料電池において，燃料を供給する側の極。もう一方には空気を供給さする。燃料としては水素が使われることが多い。 同 燃料極

油分離器 あぶらぶんりき [産-プ]
oil separator 潤滑油を用いるコンプレッサでは，圧縮された高圧ガスの中に潤滑油が微粒子となって混合している。これをオイルミストという。オイルミストは下流配管でトラブルのもとになり，ガスを利用する機器を油で汚染することになる。オイルミストを分離する方法は，まず，ガスを冷却し凝縮した水の微粒子も合わせてフィルタを通し，フィルタの繊維とオイルの微粒子を衝突させて分離する。フィルタ内でオイルの微粒子はたがいに結合して粒径が大きくなる。これを凝集という。凝集して重くなった粒子は重力の作用で油分離器の下部へ集まり外部へ取り出される。

アボガドロの法則 あぼがどろのほうそく [理-科]
Avogadro's law 理想気体に対して，同じ温度，圧力および体積の気体中に含まれる分子の数は気体の種類に関係なく等しいという法則。1811年にアボガドロが提唱した。圧力が1気圧(101.325 kPa, 760 mmHg)で温度が0℃(273.15 K)のもとで，1 molの気体の占める体積は22.4 lで一定である。また，1 molの物質の中に含まれる分子の数をアボガドロ定数といい，$N_A = 6.022 136 7 \times 10^{23}$ mol^{-1}である。

アミン吸収法 あみんきゅうしゅうほう [環-温]
amine absorption, amine chemical absorption 発電所などの燃焼排ガス中から二酸化炭素を回収するための一方法で，アミン溶液に吸収させる方式。アルカノールアミンなどが使われる。

アームズレングスプライス あーむずれんぐすぷらいす [社-価]
arm's length price アームズレングスプライスは，独立企業間価格と訳される。多国籍企業や持ち株会社形態をとる企業グループでは，規制がなければ，グループ企業間でやりとりする財サービスの値段について，第三者に提示するそれとはまったく異なるものを設定することができる。しかし，それが行われると，外部からは企業業績に対する正確な評価ができないばかりか，収益に対する課税額も適正さを欠くことになりかねない。そのため，規制当局は，企業グループ内や本社と子会社間の取引価格について，

第三者への提示価格の適用を求めることになる。この第三者向け価格を，アームズレングスプライスという。arm's length の「腕の長さ」とは，他者に対して適正な距離をおくことを意味している。 ⇨ トランスファプライス 〔同〕独立企業間価格

アメリカ機械学会 あめりかきかいがっかい [全-社]
American Society of Mechanical Engineers (ASME) 1880 年に創設され，現在は国際メンバも含めて 12 万 5000 人のメンバをもつ世界最大の機械学会。そのおもな目的は専門家としてのメンバの能力向上，メンバの活動や諸プログラムを通じての人類福祉への貢献などがあげられている。

アメリカの離脱問題 あめりかのりだつもんだい [社-温]
withdrawal of the US 2000 年 3 月，COP 6 の決裂後，新たに政権に就いたアメリカブッシュ大統領は，京都議定書批准の意志がないことを表明した。最大の排出国であり，唯一の超大国であるアメリカの離反は大きな波紋を呼び，逆に COP 6 再開会合(ボン)での，ボン合意，マラケシュアコードにつながった。ブッシュ以降のアメリカ政権が戻ってくる場合の誘因は，排出権市場の魅力といわれている。 ⇨ 京都議定書，マラケシュアコード

アメリシウム あめりしうむ [原-原]
americium (Am) 原子番号 95 の元素であり，原子記号は Am。天然には存在しない人工の元素である。^{239}Pu に原子炉から出る中性子を照射し，2 段階の中性子捕獲反応により ^{240}Pu を経て ^{241}Pu を製造し，^{241}Pu は β 崩壊して(半減期 14.4 年)^{241}Am ができる。原子炉の燃料中では，アメリシウム同位体として ^{241}Am のほかに ^{242}Am，^{243}Am なども生成される。^{241}Am は，α 線源やベリリウムと組み合わせて中性子源，さらに γ 線源として利用されている。煙感知器にも用いられている。 ⇨ α 線，γ 線，中性子，中性子源

アモルファス あもるふぁす [理-化]，[電-素]
amorphous 原子構造に規則性がない状態。材料においては「非晶体」として扱われ，結晶構造をもたない。金属や合金，半導体などとして活用されている。身近なアモルファス材料としてはガラスがある。 ⇨ 非晶質

アモルファス太陽電池 あもるふぁすたいようでんち [自-電]
amorphous solar cell 原子配列に長距離秩序をもたない固体の準安定状態の半導体で構成される太陽電池。アモルファス半導体の製法は，化学的気相成長法(CVD)による低温での薄膜形成が一般的である。代表的なアモルファスシリコン太陽電池は，ガラス基板上に透明電極，アモルファスシリコン薄膜，裏面電極を順次積層した構造をとる。発電層となるアモルファスシリコン層の厚さは数百 nm 程度であり，大面積化が比較的容易に行える特徴がある。光照射による発電性能の初期劣化があるが，熱により回復すること，短波長域での分光感度が高いことから，発電効率の季節変動は，冬場に低下し，夏場に向上するという特徴があり，結晶シリコン太陽電池と逆の傾向を示す。

アラビア原油 あらびあげんゆ [石-油]
Arabian crude oil 中東産原油の総称。

アラビアンライト あらびあんらいと [石-油]
Arabian light 中東産原油のうち，比較的軽質な原油種。

亜硫酸ガス ありゅうさんがす [環-硫]
sulfurous acid gas, sulphurous acid gas ⇨ 二酸化硫黄

R&D あーるあんどでぃー [社-新]
research and development (R&D) 研究開発。基礎的研究とその応用化研究の成果をもとに，製品化まで進める開発

業務。　㈹ 研究開発

アルカリ乾電池　あるかりかんでんち　[理-池]
alkaline battery　プラス極に二酸化マンガン，マイナス極に亜鉛，電解液として水酸化カリウム水溶液を用いた乾電池。マンガン乾電池が電解液に塩化亜鉛水溶液を採用しているのに対し，水酸化カリウム水溶液を用いることで内部抵抗の低下が図られている。マンガン乾電池よりも高性能であり，エネルギー密度は $310\,W\cdot h/l$，$110\,W\cdot h/kg$ 程度，起電力は $1.5\,V$ 程度。

アルカリ土壌　あるかりどじょう　[環-農]
alkali soil, sodic soil　アルカリ土壌という語は多様な意味に用いられるため，注意が必要である。アメリカ農務省の定義は，pH が 8.5 以上または交換性ナトリウム率が 15％以上の土壌。また，ナトリウム率が低く植物の生育を阻害するほど塩類の集積した土壌を塩性土壌 (saline soil) という。アルカリ土壌は，高濃度の塩が害をなすだけでなく，透水性が著しく低くなるため，リーチング (洗浄)，排水などの対策がとりにくい。エネルギー産業との関連では，石炭火力発電などの排煙脱硫により生じる石膏を，アルカリ土壌の改良に利用できることが実証されている。　⇨ 塩類集積

アルカン　あるかん　[理-名], [石-油]
alkane　炭素どうしの結合が単結合のみからなり鎖状の分子構造をもつ炭化水素の総称。メタン，エタン，プロパンなどが含まれ，それらは組成式 C_nH_{2n+2} で表せる。　㈹ パラフィン，飽和炭化水素

アルケン　あるけん　[理-名]
alkene　エチレン (C_2H_4)，プロピレン (C_3H_6)，ブチレン (C_4H_8) などの組成式が C_nH_{2n} (n は 2 以上の整数) で表される不飽和鎖状炭化水素の総称。二重結合を一つ含み，その部分への付加反応やそれを介しての重合反応を起こしやすい。ポリエチレン，ポリプロピレンなどのプラスチックの原料として重要。　㈹ アルキレン，エチレン系炭化水素，オレフィン系炭化水素

アルコール　あるこーる　[理-炎]
alcohol　鎖式または脂環式の炭化水素の水素原子を水酸基 OH で置換したヒドロキシ化合物を総称する。水酸基を一つもつものを一価アルコール，二つもつものを二価アルコール，三つもつものを三価アルコールといい，二つ以上もつものを一括して多価アルコールという。一般に，単にアルコールといった場合にはエチルアルコールを指すことが多い。鎖式の一価アルコールは低級のものは刺激性の味をもち，水に可溶性の液体で炭素原子数が増すとともに水に溶けにくくなる。多価アルコールは水溶性の液体または固体である。

アルコール自動車　あるこーるじどうしゃ　[輸-他]
alcohol vehicle　メチルアルコール (メタノール) あるいはエチルアルコール (エタノール) を燃料として走る自動車。火花点火あるいはディーゼルタイプのエンジンを搭載する車両のことを指し，メタノールを燃料とする燃料電池自動車は含まれない。火花点火エンジンでは，アルコールのオクタン価がガソリンと比較して高い特性を活用して，圧縮比を上げることが可能であり，これによって熱効率を向上できる。しかし，気化しにくいため，アルコールのみを燃料とした場合には，氷点下の気温では始動しない。そこで，10～20％のガソリンを混合して使用されることが多い。ディーゼルサイクルの場合，アルコールは燃料中に酸素を含んでいるため，無煙燃焼が可能という利点がある一方，着火性が低くなる欠点がある。また，アルコールは腐食性が強く，潤滑性が低いために，インジェクタや燃料ポンプなどの燃料系統部品やエンジン部品の腐食，摩耗の問題がある。また，排出ガス中に発がん物質であるアル

デヒドを生成するために，その対策が必要である。　㊂エタノール自動車，メタノール自動車

アルコール発酵　あるこーるはっこう　[燃-新]
alcoholic fermentation　エタノール発酵。糖類を無酸素下で発酵させ，エタノールと二酸化炭素に分解する方法。通常の飲用のアルコールをつくる方法でもあるが，ブラジルなどでは同様の方法でエタノールを製造し，自動車用燃料として用いている。バイオマス転換利用法の一つ。

アルゴンイオンレーザ　あるごんいおんれーざ　[理-光]
argon ion laser　⇨アルゴンレーザ

アルゴンレーザ　あるごんれーざ　[理-光]
argon ion laser, argon laser　アルゴンイオンの電子エネルギー準位間で遷移が起こる気体レーザ。遷移は4pと4s準位間で起こり，その結果，454 nmと529 nmの間に一群のスペクトル線が生じるが，最も強力な線は488 nmと514.5 nmである。比較的大きな励起エネルギーと2段階の励起過程が含まれることから，パワー効率は低めである。

RDF　あーるでぃーえふ　[廃-燃]
refuse derived fuel　本来は廃棄物を原料とする燃料一般のことであるが，わが国では，可燃性廃棄物，廃プラスチックなどを原料とした固形燃料のことを意味する。組成は，揮発分65〜75％，固定炭素15〜25％，含有成分5〜10％，灰分5〜10％である。低位発熱量は16.75〜20.93 MJ/kgで，石炭に類似した性状である。

火力発電やセメントキルンの補助燃料や，ビニルハウス，ボイラの燃料として利用されている。工業団地や地域熱供給用の燃料として自治体が利用している例もある。燃焼方法によっては，ダイオキシンの発生が懸念されるため，燃焼温度の管理などに十分に注意する必要があるが，ごみ処理の広域化のためには，RDF化を導入することも検討することが重要である。　⇨ごみ固形燃料，廃棄物燃料利用

RDF発電　あーるでぃーえふはつでん　[電-他]
refuse derived fuel generation　ごみの中から可燃物を分別，破砕し，石灰などの添加剤を加えてペレット状に加工した固形燃料を燃焼させてその熱により蒸気を発生させ蒸気の力でターンを回す発電方式。

アルデヒド　あるでひど　[理-燃]
aldehyde　ホルムアルデヒド($HCHO$)，アセトアルデヒド(CH_3CHO)などアルデヒド基($-CHO$)をもつ有機化合物の総称。炭素数の少ないものは水溶性で刺激臭のある無色の気体，または液体で，アルコール類の燃焼時に発生する可能性がある。

R-2000住宅　あーるにせんじゅうたく　[民-住]
R-2000 home, R-2000 standard　高気密・高断熱住宅の代表例。住宅で使うエネルギーを大幅に削減する目的で，1990年にカナダ政府が開発したもの。日本ツーバイフォー建築協会へ技術供与され，1991〜2001年まで建設大臣認定制度として実施されてきた。建築基準法改定とともに制度は廃止されたが，その優れた性能は民生住宅部門の省エネ推進に期待されるところがある。高気密性，高断熱性，全室暖房，適正換気などの項目から判断される。　㊂R-2000基準，R-2000性能住宅

RPF　あーるぴーえふ　[廃-燃]
refuse paper and plastic fuel　廃棄物の中でリサイクルが困難であるといわれている加工された紙，プラスチックなどを発電用の燃料として利用するもので，RDFの一つである。熱量をコントロールしやすくするために，発熱量が高く，異物の混入が少なく，水分の含有が少ない産業廃棄物を原料としている例が多い。製紙会社においては自社内の発電設

備やボイラの燃料として利用されている例があり，化石燃料の代替とすることが期待されている。　⇨ RDF

α 線　あるふぁせん　[理-量]
α-rays, alpha-rays　核反応に伴って放出されるヘリウムの原子核であり，陽子のほぼ4倍の質量と電子の2倍の正電荷を帯びた高速粒子の流れである。物質からα線が放射されることはヘリウムの原子核が物質から放出されていること，すなわち物質の原子核の構造が変化していることにほかならないので，この現象は原子核のα崩壊と呼ばれている。^{238}Pu の崩壊に伴うα線は運動エネルギーが高く，放射線同位体熱発電機として実用化されており，宇宙開発には不可欠である。　⇨ γ 線，β 線

アルミ樹脂複合断熱構造　あるみじゅしふくごうだんねつこうぞう　[産-ア]
aluminum-plastics complex structure for heat insulation　住宅用建材としてアルミサッシが普及しているが，断熱性能がよくない。そこで，これを改善するため，外部をアルミ製，内側を樹脂製とし，両者を接合したものが，アルミ樹脂複合断熱構造である。1992年に告示された，「新省エネルギー基準」に対応する断熱商品である。

アルミニウム　あるみにうむ　[産-ア]
aluminum　元素記号 Al，原子番号13，原子量27.0，比重2.70と軽く，腐食に強い。廃棄物から分離し再溶解して，リサイクルが容易である。また，新たに製造すると多くの電力を要するが，再生するとごくわずかのエネルギーで済むことも，リサイクルに向く理由である。自動車など軽量化が必要な用途に，鉄に代わって利用が進むことが期待される。

亜歴青炭　あれきせいたん　[石-炭]
sub-bituminous coal　石炭化度が褐炭より高く歴青炭より低い石炭。分類法にもよるが，おおむね炭素含有量は75〜80(wt%. daf)程度であり，発熱量は7000〜8000 cal/g(daf)程度。非微粘結炭である。おもに燃料・発電に用いられるが，コークス製造にも用いられる。　⇨ 無灰無水基準

アロマティック基原油　あろまてぃっくきげんゆ　[石-油]
aromatic base crude, aromatic base crude oil　芳香族原油。ナフテン基あるいは混合基に属するもののうち，芳香族成分を多く含む原油を特に芳香族原油と呼ぶ。ボルネオのセリア原油などはその代表例である。

アンシラリーサービス　あんしらりーさーびす　[電-自]
ancillary service (AS)　電力(kW・h)を供給するうえで付随的に必要となるサービスの総称。国や地域により具体的な定義は異なっている。おもに，周波数制御，運転予備力などが含まれる。

安全要件(風車の)　あんぜんようけん(ふうしゃの)　[自-風]
safety requirements of wind turbine　風車は台風，暴風，雷などの厳しい自然条件下にさらされ，また長大なロータを駆動させる回転機械であるため，風車の保護および人と環境の保護の観点から安全面には特段の注意を要する。IEC 61400-1, 2，また JIS C 1400-1, 2は一般の風車および小型風車の安全要件を定めている。これらの文書は，① フェイルセーフ思想(設計の基本として，一つの故障が重大な欠陥になることを防止する設計思想を採用)，② 外部条件(風車の性能や出力のみならず，安全性を支配する外部の条件を規定し，多様な外部条件下で風車の受ける加重状態を評価すべきことを記述)，③ 風車クラス(設置地点の風の強さに応じて，4階級と特別階級の5階級に分類)，④ 耐用年数(風車の耐用年数は20年)，などの特徴をもつ。外部条件の厳しい日本では十分な検討が不可欠である。

安息角　あんそくかく　[理-力]
angle of repose　付着性のない粉体(細

かい粒子状の固体の集まり)を漏斗または小さな穴から水平面に静かに連続的に落下させると円すい状にたい積する。このように形成される円すいの母線と水平面のなす角度は再現性があり，粉体に依存している。この角度を安息角と呼ぶ。安息角はまた，容器底部の小さな穴から粉体を静かに連続的に落下させたときに残留する粉体の形成する形状の角度にも相当する。　⇨ 休止角，休息角

安息香酸　あんそくこうさん　[理-熱]
benzoic acid　燃料の発熱量(燃焼熱)をボンプ型熱量計で計算する場合に発熱量の基準とする化学物質(C_6H_5COOH)である。

安定化　あんていか　[廃-処]
stabilization　廃棄物の埋立処理に際して，そのままの状態で埋立場に投入すると環境に暴露し有害物質が溶出する危険性がある場合，有害物が溶出しないように安定な状態に加工すること。埋立処分に際しての無害化とほぼ同義。安定化の方法としては，セメント固化，溶融固化，薬剤処理，酸そのほかの溶媒による安定化などが用いられる。これらの方法によって，有害物質を安定な無機体に閉じ込めるか，あるいは，有害物質をあらかじめ取り除くことが行われる。処分場に投入するに際しては，定められた方法によって溶出試験を行い，安定化の成否を確認する必要がある。　⇨ 無害化

安定型処分場　あんていがたしょぶんじょう　[廃-灰]
inert type landfill site　産業廃棄物の最終処分場(埋立地)に関する構造基準と，維持管理基準によって，規定されている最終処分場の一つの名称である。廃プラスチック類，ゴムくず，鉄くず，ガラスくず，陶磁器くず，建設廃材は変化しない安定的な廃棄物として，土壌，砂れきなどとほとんど同じに，環境を汚染しないものとして処分することができる。このための処分場を安定型処分場という。

アンバンドリング　あんばんどりんぐ　[電-自]
unbundling　電力会社の発送配電部門の「機能分離」を意味する言葉。1990年にイギリスが電力自由化を行ったとき，国営であった電力会社の発電，送電，配電部門を「分割」して民営の別会社とした。一方，アメリカでは，もともと民営会社であった電力会社を法的に分割することが困難であることから，会社の分割ではなく，社内部門の間の情報遮断や人事交流の制限などにより，機能のみを分離した。これを，アンバンドリングという。　⇨ 発送電分離

アンペア時容量　あんぺあじようりょう　[電-池]
ampere-hour capacity　蓄電池の電気的能力を表す。定電流充電の場合はその電流値と充電時間の積となる。2A・h(容量の単位)であれば，2Aで充電すれば1時間で充電できることを意味する。

アンモニア　あんもにあ　[理-名]
ammonia　分子式NH_3。特有の刺激臭をもつ常温で無色の気体。劇物指定。硫酸アンモニウム，硝酸アンモニウム，尿素，硝酸などの化学原料や合成樹脂，接着剤，薬品用の尿素などの用途に用いられる。工業的には触媒存在下の高温(500℃前後)高圧(数百気圧)下で水素と窒素から直接合成される(アンモニア合成法)。水によく溶け，アルカリ性のアンモニア水となる。

アンモニア吸収冷凍機　あんもにあきゅうしゅうれいとうき　[熱-冷]
ammonia absorption refrigerating machine　冷媒がアンモニア，吸収剤が水の吸収冷凍機である。液体のアンモニアが蒸発する際の蒸発熱で冷凍する。蒸発して蒸気になったアンモニアは，冷却されたアンモニアの薄い水溶液に吸収され，アンモニアの濃い溶液になる。この溶液はポンプで昇圧され，駆動用の熱源で加熱されて高圧のアンモニア蒸気を発生する。高圧蒸気は冷却されて凝縮

し，膨張して圧力を下げ蒸発する。高圧蒸気を発生してアンモニアが薄くなった溶液は減圧後冷却され，蒸発したアンモニア蒸気の吸収液になって循環する。このように，高熱源の存在があればこれにより冷凍できる。アンモニア吸収冷凍機は，水冷媒の吸収冷凍機が冷房専用であるのに対して，より低温用として使用され，冷房はもちろん，冷蔵，ヒートポンプ，製氷，冷凍，凍結，凍結乾燥用などに用いられる。

アンモニア接触還元法 あんもにあせっしょくかんげんほう　[環-室]
selective catalytic reduction (SCR)
排ガス中にアンモニア(NH_3)を注入し，触媒の作用により窒素酸化物(NOx)を窒素(N_2)に還元する方法を指す。基本反応式は

$4NO + 4NH_3 + O_2 \rightarrow 4N_2 + 6H_2O$

$NO + NO_2 + 2NH_3 \rightarrow 2N_2 + 3H_2O$

である。一般的に，触媒は酸化チタンを単体とした酸化バナジウム触媒が用いられている。　⇨ 排煙脱硝法

〔い〕

イエローケーキ いえろーけーき [原-燃]
yellow cake ウラン鉱石を精錬し不純物として含まれる金属成分を取り除き，ウランを分離，抽出した結果得られる黄色の粉末であるウラン酸化物がイエローケーキである。核燃料を製造する過程で生成される中間的な製品であり，ウランの売買は通常イエローケーキで行われる。ウラン濃縮を行う前の六フッ化ウラン(UF_6)に転換する原料との位置付けでもある。 ⇨ ウラン精錬，ウラン濃縮，転換

硫 黄 いおう sulfur, sulphur
[理-元] 原子番号16番の元素。元素記号S。原子量32.066。天然には遊離硫黄，硫化水素，金属硫化物として存在している。固体の硫黄は環状硫黄と鎖状のカテナ硫黄に分類される。八員環の S_8 を単位とする α 硫黄は95.3℃で β 硫黄に転移し，これは119.6℃で融解する。液体を急冷すると鎖状のゴム状硫黄が得られる。高温では S_8 構造が壊れ鎖状構造となるが，さらに鎖が切れて S_8 を主成分とする気体となる(沸点444.61℃)。硫黄は空気中において室温では酸化されにくいが，250℃以上で発火する。室温で F_2，Cl_2，Br_2 と反応する。窒素とは反応しない。水，無機酸には不溶だが，有機，無機溶媒に可溶。硫酸製造やゴムの加硫などに用いられる。
[燃-元] 石炭中には，炭種や産地によって大幅に異なるが，有機硫黄および無機硫黄の形態で0.1～数%程度の硫黄分が含まれている。原油中にも有機硫黄として同程度の硫黄分が含まれている。有機硫黄は燃焼過程においてほぼ全量が二酸化硫黄(SO_2)に転換する。石炭や重油を燃料とする大型燃焼炉から排出される SO_2 は湿式排煙脱硫装置によって除去され石膏として回収されている。石油系燃料の硫黄含有量はJISによる規制があり，水素化脱硫法によって脱硫が行われている。

硫黄酸化物 いおうさんかぶつ [環-硫]
sulfur dioxide, sulphur dioxide
⇨ SOx

硫黄分 いおうぶん [石-全]，[石-燃]
sulfur content, sulphur content 石炭，石油，コークス中に存在している硫黄の量。

イオン いおん [理-分]
ion 電荷をもった原子または原子の集団のこと。正の電荷をもつものを陽(正)イオン(カチオン)，負の電荷をもつものを陰(負)イオン(アニオン)という。気相中でカチオンをつくる過程は吸熱的，アニオンをつくる過程は発熱的である。誘電率の高い溶媒(例えば水)に電解質を溶かすと，電離によってイオンが生じる。溶液中のイオンは溶媒分子との相互作用によって溶媒和イオンになって安定化しているのが普通である。

イオン交換 いおんこうかん [理-分]
ion exchange 不溶性の物質(イオン交換体)の解離基(イオン)がほかの相中にある同符号のイオンと交換する現象。イオン交換体には，イオン交換膜，イオン交換樹脂などがある。主としてイオン交換反応を中心として取り扱うが，そのほかイオン交換膜のイオン透過性を中心とした電気化学的性質，吸着作用，触媒作用，ふるい効果なども含んでいる。金属の回収および分離，高純度水の製造，海水の脱塩などの分野では広く応用されている。

イオン交換樹脂 いおんこうかんじゅし [産-分]
ion exchange resin 多くのイオン交換基をもつ高分子材料。通常，ビーズ状の形状に加工されている。イオン交換基

の作用により,金属イオンを取り込むので,水処理,高純度水製造,廃水処理などに使われる。これは分子レベルの作用であり,省エネルギー的である。効力の弱くなった樹脂は,酸,アルカリを通すことにより再生され,繰り返し使用できるので,経済的である。また,原子力発電所では,一次冷却水を長期間使用するため,その浄化にイオン交換樹脂を使用している。その場合,使用後の樹脂は低レベルの放射能を帯びているので,処理に注意が必要である。

イオン交換膜電解法 いおんこうかんまくでんかいほう [産-化]
ion exchange membrane electrolysis 食塩水を電気分解してカセイソーダを製造する方法。イオン交換樹脂の膜はナトリウムイオンを選択的に通過させるので,純度の高いカセイソーダが得られる。日本国内ではほとんどこの方法に変わっている。

イオン交換膜法 いおんこうかんまくほう [理-操]
ion-exchange membrane process イオン交換膜法は,陽イオンあるいは陰イオンを選択的に透過する高分子膜を用いた分離方法であり,食塩水の電気分解からカセイソーダ(NaOH)を製造する方法の一つとして広く使用されている。NaOH 製造プロセスは図に示すように陽イオン交換膜を用いてナトリウムイオン(Na^+)を選択的に陰極側に透過させてNaOH 水溶液を生成する方法であり,無公害,省エネルギーのため,現在のNaOH 製造プロセスの主流となっている。そのほかの用途としては食塩製造,排水からの有害成分の除去や脱塩回収などへ適用されている。

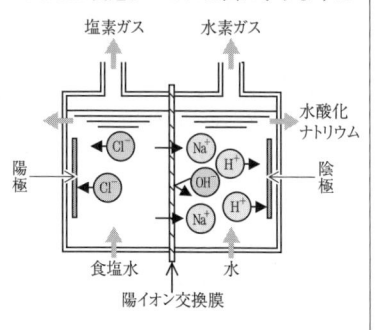

NaOH製造プロセス(イオン交換膜法)

イオン伝導度 いおんでんどうど [理-化]
ionic conductivity 電荷をもつ粒子が電場 E のもとで速度 v で移動するとき,電荷の担い手がイオンである場合をイオン伝導という。

イオンの移動度を $\mu(\mu=v/E)$,電荷数の絶対値を z,F をファラデー定数とすると,イオン伝導度 λ は,$\lambda=zF\mu$ で表される。イオン伝導の例として,電解質溶液,溶融塩,イオン結晶,イオン化した気体がある。

閾 値 いきち [環-制]
threshold value しきいちともいう。一般的には,入出力をもつシステムで入力がある値までは出力に変化がないが,その値を超えると出力に変化がみられるような場合,その値を閾値と呼ぶ。例えば,ある汚染物質の濃度などが一定の値より低い場合には生態系や人体に悪影響をもたらさないが,その値を超えると悪影響がみられるようになるとすると,影響がみられる最小の値。

移床ストーカ いしょうすとーか [環-リ],[燃-固]
moving grate stoker, traveling grate stoker 火格子燃焼装置の一つの方式。多数の火格子をキャタピラ状あるいは連鎖状に連ねて火格子面を構成し,コンベヤのように燃料の供給と灰の排出を連続的に行うようにしたもので,火格子を横方向に連続的に移動させ,その一端に燃料を供給し,燃料は火格子の上で燃焼し,後部に灰が排出される。火格子は燃焼用の空気を流通させる多数のすきまを有する鋳鉄製で,ホッパ内の燃料は一定の層高で火格子上に供給され,燃焼室内

に送り出される。層高はホッパのゲート開度で，供給量は火格子の移動速度で調節可能で，火格子端に達する間に燃焼が完結するように調節される。火格子上では固定炭素の表面燃焼が，火格子上部の燃焼室では揮発分や一酸化炭素などの未燃ガスの燃焼が行われる。本形式のストーカは，火格子が下部に回ると燃焼空気により冷却されず過熱されず，また燃料の移送速度の調整も容易だが，火格子上の燃料をかくはんできない欠点も併せもつ。　⇨ 階段ストーカ，散布式ストーカ，火格子燃焼

イソオクタン　いそおくたん　[石-油]，[理-名]
iso-octane　2,2,4-トリメチルペンタン〔$CH_3C(CH_3)_2CH_2CH(CH_3)CH_3$〕の慣用名。比重 0.69192 (20℃)，融点 -107.3℃，沸点 99.2℃の常温液体で，イソブチレンの二量化と水素化，またはイソブタンとのアルキル化で製造されている。ガソリンのオクタン価測定用標準燃料に使用されており，オクタン価 100 と規定されている。

イソパラフィン　いそぱらふぃん　[理-名]
isoparaffin　脂肪族飽和炭化水素(アルカン，パラフィン系炭化水素)のうち側鎖をもつものの総称。同じ分子式をもつ直鎖パラフィンに比べ，粘度が低い，ガソリンの性質としてのオクタン価が高いなど，性質が異なる。　⇨ オクタン価
同 i-パラフィン

イソプロピルアルコール　いそぷろぴるあるこーる　[理-名]
isopropyl alcohol　$(CH_3)_2CHOH$ で表されるプロピルアルコールの異性体。最も簡単な第二級アルコール。わずかな芳香を有する常温で無色の液体。有毒。沸点 82.4℃，融点 -89.5℃，引火点 11.7℃。危険物 第四類 第一石油類に分類される。水，エタノール，エーテルに溶ける。溶媒，溶剤として用いられることが多い。アセトンの工業的製造における原料。　同 イソプロパノール，2-プロパノール

位置エネルギー　いちえねるぎー　[理-力]
potential energy　物体の位置によって変化するエネルギーのこと。重力場では，物体が重力に逆らって位置を変化させると位置エネルギーは増加し，重力方向に位置を変化させると位置エネルギーは減少する。位置エネルギーを E，物体質量を m，重力を g，基準面からの高さを h とすると
$$E = mgh$$
なる関係がある。　⇨ 運動エネルギー，ポテンシャルエネルギー，力学的エネルギー

一次エネルギー　いちじえねるぎー　[全-社]
primary energy　電器製品や自動車などの稼働に必要なエネルギーの形態に変換される前のエネルギー源。例えば，発電所で電気を生産するために用いられる石炭や，製油所でガソリンを生産するために利用される原油などを指す。一次エネルギーとしては，石炭，原油，天然ガスの化石燃料に加えて，発電などのために利用されるウラン，地熱，水力，風力，太陽光などが含まれる。　⇨ 二次エネルギー

一次エネルギー換算値　いちじえねるぎーかんさんち　[電-理]
primary energy conversion　エネルギーは一般に，一次エネルギーと二次エネルギーに分けられる。一次エネルギーのおもなものとして天然ガス，原子力，再生可能エネルギーがあり，一次エネルギーの変換によって新たに生み出されたエネルギーを二次エネルギーと呼んでいる。二次エネルギーを換算値を用いて一次エネルギーに割り戻した値をいう。

一次エネルギー供給　いちじえねるぎーきょうきゅう　[電-理]
primary energy supply　1 国に供給された一次エネルギー(原油，天然ガスなど)で，国内生産に輸入を足したものが一次エネルギー総供給，これに輸出をマ

イナス項目として，また在庫変動分を含めたものを一次エネルギー国内総供給という。

1時間値 いちじかんち [環-ス]
an hour value 正時（00分）からつぎの正時までの1時間の間に得られた測定値であり，一般に後の時刻を測定値の時刻として採用する。

一軸型ガスタービン いちじくがたがすたーびん [電-タ]
single-shaft gas turbine 空気圧縮機，タービンなど回転要素が一つの軸で機械的に結合されているガスタービン。このタイプのガスタービンは，圧縮機の空力特性から定格回転数に限定されるため，おもに発電用として使用される。

一次電池 いちじでんち [輸-自]，[理-池]，[電-池]
non-rechargeable battery, primary battery, primary cell 放電のみで充電はできない電池のことで，充電可能な二次電池と区別される。一次電池は，ルクランシェ電池，アルカリ電池，有機電解液電池，空気電池などに分類される。ルクランシェ電池には，マンガン乾電池がある。アルカリ電池の代表的なものとして，アルカリ乾電池，ニッケル・マンガン電池，酸化銀電池などがある。有機電解液電池の代表的なものとして，二酸化マンガン・リチウム電池などがある。空気電池の代表的なものとして，空気亜鉛電池などがある。 ⇒ 乾電池

一段液化 いちだんえきか [石-炭]，[燃-炭]
single stage liquefaction 石炭を液化する際に，液化油への転換反応を一段の反応器で行うこと。一方，液化油への転換反応を一度行った後，その生成物をさらにつぎの反応器で処理して液化する，二段階で実施する方法を二段液化という。

一酸化炭素 いっさんかたんそ [理-炎]，[輸-排]
carbon monoxide (CO) 酸素不足下で燃料が燃えたときに発生する無色無臭の気体。血液中に含まれるヘモグロビンと結合し酸素の補給を阻害するため，一酸化炭素(CO)を吸い込むと酸素欠乏症になる。水には難溶性であり，空気中で点火すると青炎燃焼し二酸化炭素となる。強い還元性がある。自動車排ガス中に1～10%，タバコの煙に0.7～2.5%含まれている。ガソリンエンジンのように均質混合気を燃焼させた場合，空燃比が16以下の条件で多量に生成される。内燃エンジンでは，三元触媒(TWC)や酸化触媒などの排気後処理装置によりCO排出量を低減させている。

一酸化炭素変成反応 いっさんかたんそへんせいはんのう [理-反]
carbon monoxide shift reaction 水性ガスシフト反応のことで，一酸化炭素(CO)と水蒸気を反応させ，二酸化炭素(CO_2)と水素(H_2)を得る可逆的な発熱反応($CO+H_2O=CO_2+H_2$, $\Delta H=-9.8$ kcal/mol)である。この反応の工業的な触媒としては，高温用鉄・クロム系触媒(320～450℃)と低温用銅・亜鉛系触媒(150～300℃)が使用されている。CO除去およびH_2/CO比調整法として用いられているが，またH_2製造法のためにも適用される。

一酸化窒素 いっさんかちっそ [環-室]，[輸-排]
nitrogen monoxide (NO) 高温燃焼時に生成される無色無臭の気体中で，酸素と結合して二酸化窒素(NO_2)となる。大気環境汚染物質の一つであり，燃焼プロセスの大きさや燃料に応じて環境規制が定められている。燃焼起因による一酸化窒素(NO)の生成は，高温反応領域に存在する水酸基(OH)ラジカルが大きく寄与する拡大ゼルドビッチ機構が支配的である。内燃エンジンでは，燃焼改善によるNO低減対策として，排気ガスの一部を吸気系に戻すことにより火炎温度の低下を図る排気ガス再循環(exhaust gas recirculation, EGR)法が利用され

ている。ただし，NOの低減方策は，粒子状物質(PM)および燃料消費率のそれとトレードオフの関係にあるため，燃焼改善による窒素酸化物，PM，燃料消費率の同時低減は困難である。また，エンジン排出ガス成分のうち窒素酸化物は，NO，NO$_2$，NO$_3$(三酸化窒素)などの形態で排出されているが，これらの総称を窒素酸化物(NOx)という。

一酸化二窒素 いっさんかにちっそ [理-燃]
dinitrogen monoxide 酸化窒素の中の一つで笑気ガスともいい，麻酔用のガスとして使用される無色の気体(沸点88.5℃)。ロケットの燃料としても使う。 ⇨ 亜酸化窒素

一般ガス事業 いっぱんがすじぎょう [燃-天]
general gas utilities industry ガス事業法において以下のように定められた事業。一般の需要に応じ導管によりガスを供給する事業(第三項に規定するガス発生設備においてガスを発生させ，導管によりこれを供給するものを除く)をいう。ここで第三項では，「簡易ガス事業」として以下を定義している。一般の需要に応じ，政令で定める簡易なガス発生設備(以下「特定ガス発生設備」という)においてガスを発生させ，導管によりこれを供給する事業であって，一つの団地内におけるガスの供給地点の数が70以上のものをいう。なお，これらに加え，ガスの使用者の一定数量以上の需要に応じて行う導管によるガスの供給であつて，通商産業省令で定める要件に該当する「大口供給」を行う「大口ガス事業」も併せ，ガス事業と称される。

一般炭 いっぱんたん [石-炭]
steam coal 原料炭以外の石炭。発電用および燃料用として用いられる。以前は，家庭の暖房用，工場および発電所のボイラ用燃料に用いられてきた，おもに粘結性を示さない非微粘結炭のことをいった。しかし，燃焼技術の進歩により適用炭種が増え，粘結炭，低品位炭なども含まれるようになった。

一般廃棄物 いっぱんはいきぶつ [廃-分]
domestic waste, general waste, municipal waste 「廃棄物の処理および清掃に関する法律」では，産業廃棄物以外を一般廃棄物と定義し，し尿も一般廃棄物である。しかし，都市ごみの意味ではごみに限定され，家庭系ごみ，事業系ごみがある。市町村は一般廃棄物の減量と適正処理に責務をもつ。わが国では都市ごみの90%が焼却などの中間処理後，埋立処分されている。昨今の都市ごみ低位発熱量は8 MJ/kgを超え，大型炉では廃熱利用と発電が普及しているが，中・小規模炉ではサーマルリサイクルは不十分である。 ⇨ 生活系ごみ

一般排出基準 いっぱんはいしゅつきじゅん [環-制]
uniformity standard 汚染物質の排出施設でに全国一律に課せられる汚染物質の排出基準。 ⇨ 上乗せ基準，特別排出基準 ㊁一律基準

EDS法 いーでぃーえすほう [燃-炭]
Exxon-donor-solvent process (EDS) Exxson Research Engineering社が中心となって進めてきた石炭液化プロセス。微粉化した石炭と循環溶剤はスラリー化工程でスラリー化され，反応器内(反応温度〜450℃，水素圧力10 Mpaの条件下)に送られ，溶剤により抽出，液化される。生成物は，蒸留により製品液化油，循環溶剤留分および残さ分に分別される。循環溶剤はニッケル/モリブデン系触媒により水素化される。水素供与能が付加された溶剤はスラリー化工程に循環され，再び石炭と混合される。さらに液収率を上げるために，残さ分は一部液化反応器に循環する(ボトムリサイクル)くふうも検討されている。

イニシャルコスト いにしゃるこすと [社-価]
initial cost イニシャルコストとは，設備投資や財の購入時における初期費用額

のことであり，具体的には土地や設備本体にかかる費用のことである。イニシャルコストに対して，ランニングコスト(年間コスト)と呼ばれる費用がある。それは，資本を投下してできあがった設備を実際に運転するためにかかわる経常的な費用を示し，原材料費やエネルギー代金，保守管理費用がそれに相当する。これらはキャッシュフロー上の現金支出の増加として計上される。　⇨ キャッシュフロー，単純回収年数，内部利益率，年間コスト　㊨ 初期投資額

易燃性廃棄物　いねんせいはいきぶつ　[廃-分]
flammable waste, highly inflammable waste　可燃性の廃棄物の中で特に燃えやすい廃棄物。消防法では，酸化性，自己反応性，引火性の物質を第一類から第六類までの危険物として示している。このうち，第二類には金属粉，硫黄，リンなど，第三類は金属ナトリウム，アルカリリチウムなど，第四類は石油，アルコール，動植物性油などである。特別管理産業廃棄物として引火性廃油(引火点70℃以下)ある。

易燃性物質　いねんせいぶっしつ　[理-炎]
flammable material　発火あるいは引火しやすい可燃性の高いガス，液体，固体で，特に危険性の高いものは「危険物」として消防法に定められている。石油類をはじめとする可燃性液体は火のつきやすさの指標である引火点によって分類されている。また，可燃性固体では，例えば硫黄は非常に着火しやすく，いったん火がつくと容易に燃え上がり，しかも燃焼によって有毒なガスを発生する。黄リンは発火点が低く，空気中で発火するので水中に保管する必要がある。通常，火災のときは水をかけて消火するが，金属ナトリウムや金属カリウムなどのように水にあうと水素を発生して発火するものもある。　⇨ 自然発火性物質

EP　いーぴー　[環-塵]，[産-装]
electrostatic precipitation (EP)　⇨ 電気集じん器，電気集じん装置
㊨ ESP，コットレル集じん器

いぶり燃焼　いぶりねんしょう　[燃-固]
fuming combustion　固体燃料の燃焼形態の一つ。熱分解温度の低い燃料の場合で，熱分解で発生した揮発分が点火されずに多量の発煙を伴う発熱熱分解反応を起こす現象をいう。この現象は熱分解が揮発分の着火温度より低い温度で継続するため起こるので，揮発分を強制着火するか燃料の温度を上げて着火温度以上にすると，有炎燃焼に移行する。いぶり燃焼を起こす燃料の代表は紙である。
⇨ 表面燃焼，分解燃焼

イラン原油　いらんげんゆ　[石-油]
Iranian crude oil　イラン産出原油の総称。

医療廃棄物　いりょうはいきぶつ　[廃-分]
hospital waste　病院，クリニックなどの医療機関からは事務，生活，治療，試験検査に伴う廃棄物が発生する。なかでも問題は感染性の廃棄物で，特別管理廃棄物(産業廃棄物，一般廃棄物)に区分されている。注射針，プラスチック製品，ガラスびん，血液(汚泥)は産業廃棄物，ガーゼ，おむつなどは一般廃棄物に該当する。感染性をなくすには焼却，滅菌などの処理が必要である。小型焼却炉で焼却する場合は，プラスチック，注射針，紙おむつなど性状が多様なので，完全燃焼の確保が重要となる。

引火性廃棄物　いんかせいはいきぶつ　[廃-分]
flammable waste, highly inflammable waste　⇨ 易燃性廃棄物

インジェクタ　いんじぇくた　[環-硫]
injector　ノズルから高速度で液体を噴霧する装置。

インターロックシステム　いんたーろっくしすてむ　[原-安]
interlock-system　あるプロセスが正常な状態にある場合にのみ，ほかのプロセスが動作するようなシステムのこと。原子力発電所などでは，どこかで誤操作

や誤動作があった場合，ほかの装置がさらなるトラブルを防止するインタロックシステムが組み込まれている。

インバータ いんばーた [電-機], [民-機]
inverter パワー半導体デバイスのスイッチング作用を利用して，直流電力から交流電力へ変換する装置や周波数変換装置のことをいう。最近では，モータの回転数を制御するための装置や蛍光灯安定器などに使用され，「周波数を変換する装置」という意味で使用されている。インバータを用いたポンプや送風機の容量制御では，送水量などの3乗に比例して電力が小さくなるため，大きな省エネルギーを図ることができる。

インバータ家電 いんばーたかでん
[民-器]
inverter appliance インバータを介して電源周波数を変化させることにより，家電機器中に組み込まれているモータの速度を制御し，出力に見合った電気入力に変化させて効率を向上させるもの。家電機器に限らずモータ駆動機器における省エネの常套手法である。冷蔵庫，エアコン，洗濯機などが代表例。

インバータ蛍光灯器具 いんばーたけいこうとうきぐ [民-器]
inverter lighting system ⇒ 高周波点灯型照明器具，特定機器

インバータ制御 いんばーたせいぎょ
[電-素]
inverter control 電動機駆動用の交流電流を一度直流に直し，サイリスタパワートランジスタなどにより再度，擬似的な正弦波電流をつくり，電動機を駆動する方式。その正弦波電流の周波数を変えることにより，電動機の回転数を制御する。エアコンや洗濯機，誘導電動機などに使われている。

インピーダンス いんぴーだんす [電-池]
impedance 電圧と電流の比。単位にはΩを用いる。

インベントリー いんべんとりー [全-社]
inventory エネルギー・環境分野においては，多くの場合，環境影響物質の排出量や資源の消費量などのリスト(一覧表)を指して，インベントリーと呼ぶ。例えば，わが国における温室効果ガスのインベントリーという場合，二酸化炭素やメタンなどのさまざまな温室効果ガスが，どのような部門もしくは活動から，どれだけ排出されているかを示すデータを記載した一種の明細書を意味する。目録と訳される場合もある。

インベントリーとレジストリー いんべんとりーとれじすとりー [社-温]
inventory and registry 京都議定書には，数値目標の順守にかかわる制度インフラストラクチャとして，正確な温室効果ガス(GHG)排出量モニタリングと，GHGユニットの正確な把握をする制度が必須である。排出量はGHGインベントリーという形で，毎年報告が義務付けられ，GHGユニットは各国のレジストリーに国や企業が口座を設け，それらの口座間の移転という形態をとる。これらの整備は京都メカニズム参加要件となっている。 ⇒ 温室効果ガスユニット，京都議定書，京都メカニズム，炭素吸収源，マラケシュアコード

〔う〕

WE-NETプロジェクト　ういーねっとぷろじぇくと　[自-全]
WE-NET Project　新エネルギー・産業技術総合開発機構（NEDO）の研究開発プロジェクト「水素利用国際クリーンエネルギーシステム技術（world energy network）」の略称。2003年に終了した。

　二酸化炭素を排出しない水素を無尽蔵の水と再生可能エネルギーで製造し，生産地から消費地へ送る世界的なネットワーク構築のための研究開発プロジェクト。要素技術として，①水素利用技術（水素エンジン，水素燃料自動車，水素燃料電池，水素燃焼タービンなど），②水素製造技術（固体高分子水電解システムなど），③水素輸送・貯蔵技術（液体水素ポンプ，液体水素用低温材料開発，水素吸蔵合金の開発など）の研究開発が行われた。本プロジェクトにおいて優れた技術が開発されたが，製造する水素の経済性が課題となっている。　⇨　水素利用国際クリーンエネルギーシステム技術，ソーラ水素，NEDO

ウィンクラーガス化炉　うぃんくらーがすかろ　Winkler gasifier　[転-石]　ガス化炉内に砂などの粒状物質を気体で浮遊させ，炉の側面あるいは上部から燃料を投入し熱分解する。ガス化室での反応の際に発生するタールとチャーは，流動用の媒体と混ぜ合わされ燃焼室へ送られ，空気で酸化されて二酸化炭素を主成分とする排気ガスになる。循環砂は燃焼熱を受けて高温化する。高温の循環砂は，流動途中に熱交換器で温度制御された後，再びガス化室に送られ，原料をガス化するための熱源となる。このような流動媒体ハンドリングの技術開発により，酸化剤として高価な酸素でなく空気を利用できるうえに，高カロリーの有価ガスが高効率で取り出せるとしている。この有価ガスは燃料として使え，水素や一酸化炭素主体のガスに改質することにより液体燃料合成や化学原料にすることもできる。

　金属は酸化せずに回収できる。その後溶融炉で熱分解残さはスラグ化する。
⇨　高カロリーガス化

[燃-ガ]　アンモニア製造用の水素を石炭ガス化により製造することを目的として1920年代に開発された流動層ガス化炉。ルルギガス化炉などの固定層ガス化炉に比べ，より細粉をより高温で運転できる。一方，噴流層（気流層）ガス化炉などに比べると，流動層を保つため使用粒子径は小さく，灰の凝集温度を超えられないため運転温度も低い。　⇨　石炭ガス化，ルルギガス化炉，Uガスガス化炉

ウインドファーム　ういんどふぁーむ　[自-風]
wind farm　風力発電所と同義。語源としては，風車が農園の野菜のように設置され，エネルギーを収穫するイメージに由来する。それゆえ集合設置が一般的である。今日では，数十台の風車が設置され，発電所としての出力規模100MWを超すものが多数開発されている。しかしながら，単基の場合にはウインドファームと呼ぶ慣習はなく，風力発電所と呼ぶ。少数基数の場合にはウインドパークと呼ぶことがある。　⑩風力発電所

ウィーンの変位則　うぃーんのへんいそく　[理-物]
Wien's displacement law　温度Tの黒体（あらゆる波長の放射を完全に吸収することができる物体をいう）から放出される放射エネルギー密度が最大となる波長をλ_mとすると，λ_mはTに反比例する。これをウィーンの変位則という。例

えば鉄を熱して高温になると赤色から黄白色になるが，これは温度が高いほど放射される光の波長が短くなるためである。この法則を用いて高温物体の温度測定を行うことができる。

ウェスティングハウスガス化炉 うぇすてぃんぐはうすがすかろ　[燃-ガ]
Westinghouse gasifier　Uガスガス化炉と同様に，灰溶融を部分的に起こし，凝集灰を流動層下部から抜き出すことで，より高温での操作を目的として開発されたガス化炉。　⇒ウィンクラーガス化炉，Uガスガス化炉

ウェットガス うぇっとがす　[石-ガ]
wet gas　プロパン以上の高級炭化水素ガスを多く含み，常温，常圧において液化する成分を一定量(100 m³当り4以上)含むガス。天然ガスの組成上の分類のために用いられる用語。

ウォータハンマ うぉーたはんま　[電-設]
water hammer　バルブの開閉やポンプの停止などで配管などの内部に異常な圧力上昇および低下を引き起こす。この圧力波は系内を伝ぱし，異常な圧力の上昇を引き起こし配管機器の破損をもたらす危険性がある。このような現象をウォータハンマ現象という。

浮上り火炎 うきあがりかえん　[燃-気]
lifted flame　バーナに形成される予混合火炎，燃焼速度が未燃混合気の流速より小さい場合，火炎がバーナ近傍で定在することができなくなり，未燃混合気の流速が減速する下流において，燃焼速度と釣り合った位置に火炎が形成される現象。同様の現象は噴流拡散火炎においてもみられる。拡散火炎の浮上り火炎では，部分予混合化された火炎端が有する伝ぱ速度と基部に流入する部分予混合気流速とが釣り合うと考えられている。　⇒付着火炎

渦電流選別 うずでんりゅうせんべつ　[廃-破]
eddy current separation　変動磁界を質量 m_p の導体粒子が通過するときに発生する渦電流と磁界との相互作用により導体と磁石の間には，反発力 $F_{EC} \propto m_p (\sigma/\rho_p)(I/z)^2 v$ が働く。ここに，σは粒子の電気伝導度，Iは磁化，zは磁石からの距離，vは磁界の変動速度(あるいは粒子の通過速度)。反発力は導体の電気伝導率 σ に比例するので，アルミニウム，銅など良導体とプラスチックなどの不導体の分離に効果がある。また，σ/ρ_p に比例することから，アルミは銅に比べほかの不導体から分離しやすいことから，アルミ缶や一般廃棄物中のアルミフォイルなど，アルミ選別には不可欠な装置として広く利用されている。ただし，粒子のサイズや形状の影響が大きく，細かなものの分離には適さない。粒子と磁界の運動方向の組合せで，直交型ベルトコンベヤ式や回転円筒式がある。

内断熱 うちだんねつ　[民-ビ]
internal insulation　ビルにおいては，一般的に外壁や屋根などの構造体からの貫流熱負荷，およびこれに伴う夜間蓄熱負荷を軽減するため，あるいは結露を防止するために断熱を施す。方法として内断熱と外断熱があり，前者を指し，構造体の内側に断熱材を貼り付けまたは吹き付けるもの。外断熱に比べると，寒冷地や夜間居住するホテル，病院などでは構造体の蓄熱特性上不利であるといわれるが，施工しやすく安価なので，国内においてはほとんどが本工法を採用している。室内外の温度差が大きい地域では，構造体と断熱材の間に内部結露やかびの発生の恐れがある。　⇒外断熱，内部結露

宇宙線 うちゅうせん　[理-自]
cosmic rays　宇宙空間に存在する高いエネルギーをもった放射線(一次宇宙線)や，これらが地球の大気に入射することによってつくられる放射線(二次宇宙線)を総称して宇宙線と呼ぶ。一次宇宙線のエネルギーは 10^{20} eV に及ぶ場合があり，その成分はH原子核やHe，およびそのほかの重い原子核で構成されてい

る。このような宇宙線の起源は恒星の爆発である超新星によるものと考えられている。

宇宙太陽光発電システム　うちゅうたいようこうはつでんしすてむ　[自-電]
space solar power satellite (SPS), space solar power system (SSPS)　宇宙空間において太陽電池を用いて発電するシステム。宇宙空間で大型の太陽電池パネルを広げて得られる電力を地上などに送電するもので,太陽光発電による直流電力をマイクロ波などに変換して送電する設備と,これを地上などで受電し使用電力に変換する設備が組み合わされる。地上と異なって気象変動などの影響がなく,太陽電池を常時太陽に向けて発電できるため,システム利用効率が格段に高い大規模発電所の可能性がある。

宇宙発電　うちゅうはつでん　[自-電]
space power generation　太陽電池などにより宇宙空間で発電を行うこと。人工衛星に搭載された太陽電池の発電電力を自ら消費する場合も宇宙発電の一形態であるが,一般的には,静止衛星軌道上に投入された太陽電池により発電した電力を地上などに送電して利用することを指す場合が多い。　⇨ 宇宙太陽光発電システム

埋立処分　うめたてしょぶん　[廃-処]
landfill disposal　再生利用ができない廃棄物,中間処理を経てもはや再利用できない残滓などは,必要に応じ安定化処理,無害化処理が施され,最終的に埋立処分される。埋立処分は,最終処理,最終処分として最も多用されている処分法である。埋立施設には,無害で安定なものを埋め立てる安定型処分場,環境を汚濁する恐れのあるものを埋め立てる管理型処分場,大きなリスクを有する有害物質を埋立処分する遮断型処分場がある。埋立処分場のひっ迫はわが国にとって重大な問題となっている。　㊐ 埋立処理,最終処分

ウラン　うらん　[原-原]
uranium (U)　原子番号92の元素であり,原子記号はU,平均原子量は238.0289。天然には ^{238}U (半減期 $4.468×10^9$ 年) が99.2745％, ^{235}U (半減期 $7.04×10^8$ 年) が0.7200％, ^{234}U (半減期 $2.45×10^5$ 年) が0.0055％存在する。いずれも $α$ 崩壊するが,きわめてわずかながら自発核分裂もする(％は原子数割合)。

^{235}U は核分裂性核種であるが, ^{238}U は,熱中性子による核分裂をほとんど起こさず,中性子を吸収して ^{239}U, ^{239}Np を経由し,核分裂性の ^{239}Pu に変換されるので,親物質と呼ばれる。ただし, ^{238}U も高速中性子で核分裂を起こすことができるので,核分裂可能核種である。

軽水炉では,天然ウランを濃縮して ^{235}U の割合を数％〜5％未満に高めた燃料を利用する。　⇨ $α$ 線,核分裂,高速中性子,中性子,半減期,崩壊

ウラン資源　うらんしげん　[原-廃]
uranium resources　天然のウランは,質量数の違う3種類の同位体で構成されている。 ^{238}U が99.3％弱,核分裂性の ^{235}U が0.7％強,ごくわずかの割合が ^{234}U である。これらは岩石中,たい積物中,および海水中に広く含まれているが,資源として考える場合には,経済的に意味がある程度に濃集している場所を特定する必要がある。一般に,火成岩と呼ばれる,地殻内部のマグマが固まってできた岩石中にウランの濃集がみられることが多い。おもなウランの産出国は,カナダ,オーストラリア,ナミビア,ニジェールといった国々である。世界の原子力発電の推移を現状から想定し,経済的に意味のある埋蔵量を対象にすると,今後4〜50年で使い果たすとの試算例がある。

ウラン精錬　うらんせいれん　[原-燃]
uranium refining　鉱山から採掘されたウラン鉱石から不純物として含まれる金属成分を取り除き,ウランを分離,抽

出により精製する工程をウラン精錬という。2種類の工程があり，ウラン酸化物であるイエローケーキをつくるまでの工程を粗精錬という。鉱石に含まれるウランは U_3O_8 に換算して 0.1〜0.3 % U_3O_8 程度，最大でも 1 % 未満であるが，精錬の結果得られるイエローケーキでは 70〜80 % 程度にまで高められる。原子炉の燃料として使えるようにイエローケーキからさらに不純物を取り除く工程を精精錬という。　⇨ イエローケーキ

ウラン濃縮　うらんのうしゅく　[原-燃]
uranium enrichment　天然ウランの組成は，質量数 234, 235 および 238 の同位元素である。このうち，原子炉(熱中性子炉)で燃料として使われる核分裂性の ^{235}U は，約 0.7 % しか含まれていない。熱中性子炉の場合，核分裂の連鎖反応を継続させ，安定してエネルギーを発生させるために， ^{235}U の存在比を約 4 % に高める必要がある。このウラン中の ^{235}U の存在比を高めることをウラン濃縮と呼ぶ。　⇨ 核分裂，連鎖反応

上乗せ基準　うわのせきじゅん　[環-制]，[社-環]
overrate standard　国の定めた汚染物質排出施設からの汚染物質排出基準に上乗せして都道府県の条例で課す厳しい排出基準。　⇨ 一般排出基準，特別排出基準

運動エネルギー　うんどうえねるぎー　[理-力]
kinetic energy　物体の速度によって変化する機械的エネルギーの一つ。運動エネルギーは物体質量に比例し，速度の 2 乗に比例する。運動エネルギーを E, 物体質量を m, 物体速度を v とすると

$$E = \frac{1}{2}mv^2$$

なる関係がある。熱エネルギーも，もとは原子や分子の運動エネルギーを観測しているものであるとも見なせる。
⇨ 位置エネルギー，ポテンシャルエネルギー，力学的エネルギー

〔え〕

エアタービン方式 えあたーびんほうしき [電-他]
air turbine system　圧縮空気を利用してタービン翼を回転させ直結した発電機により発電する方式。

エアロゾル えあろぞる [環-塵]
aerosol　分散媒である気体中に分散相として固体または液体の粒子が懸濁している系。一般には粒径が約 100 μm 以下の粒子が対象となり，煙霧体またはエアロゾルともいう。燃焼によって生じる煙や，破砕，粉砕，研磨などの機械的工程から発生する粉じん，金属の加熱溶融や溶接，スパークなどで生じるヒューム，さらには液体が蒸発，凝縮して生じるミストもエアロゾルである。工業的プロセス以外にも，気象や環境の分野でも扱われる。霧や，もやなどもエアロゾルであり，大気汚染物質の代表例である浮遊粒子状物質(suspended particulate material, SPM)もエアロゾル粒子と表現されることがあり，スモッグ(smog)は smoke と fog の合成語であるが，やはりエアロゾルである。　⇨ 煤煙, 煤じん, 浮遊粉じん, 浮遊粒子状物質 同 煙霧質, 煙霧体

AHP 法 えいえいちぴーほう [理-解]
analytic hierarchy process　⇨ 階層分析法

AOSIS えいおうえすあいえす [環-国]
Alliance of Small Island States　小島嶼国連合。南太平洋，カリブ海，インド洋にあるフィジー，マーシャル諸島，サモアなどの小島嶼国で構成される。地球温暖化に伴う海面上昇による被害を受ける懸念が特に大きい。

永久機関 えいきゅうきかん [理-科]
perpetual mobile　永久に運動を続ける機械の意味で実現は不可能であり，二つに分類される。第一種の永久機関は「エネルギーを使わないで継続して仕事を行う機械」であり，熱力学の第一法則「熱エネルギーと仕事は相互に変換できるが，エネルギーの総量は一定である」に反する。第二種の永久機関は「熱源からエネルギーを得て，そのエネルギーを継続して仕事に変換し，外部に何の影響も与えない機械」である。熱力学の第一法則では熱と仕事は等価であると述べたが，その変換には方向性があること，すなわち熱力学の第二法則「熱機関が仕事をするには，それより低温の系が必要となる」に違反する。各種永久機関が発明として特許申請されるケースも多く，その一部が「実害がない」として認可されたこともあるが，多くは「間違いが明白」として却下されてきた。

ACP えいしーぴー [電-素]
advanced configuration and processor (ACP)　Microsoft 社，Intel 社，東芝アメリカインフォメーションシステムズ社の3社で発表した，コンピュータの周辺機器の電源管理を OS が一括して行うためのインタフェース。ACP を採用することによって，プリンタなどの周辺機器を自動的に省電力モードに切り換えたり，パソコンにテレビやステレオといった家電製品を接続して，電源管理を行うことも可能になる。

A 重油 えいじゅうゆ [石-油], [燃-製]
fuel oil A　重油のうちで最も粘度が小さく，流動点が低く，硫黄分が少なくて良質の使いやすい重油。主として小型ディーゼル機関，小型バーナ用燃料などに使われる (JIS K 2205)。

HID ランプ えいちあいでぃーらんぷ [民-シ]
high intensity discharge lamp (HID)　高輝度放電ランプのことで，水銀ランプ，メタルハライドランプおよび高圧ナ

トリウムランプの総称で，発光管の管壁負荷が $3 W/m^2$ 以上のものをいう。

h–s 線図 えいちえすせんず [理-炉]
enthalpy–entropy diagram, h–s chart, h–s plane 比エンタルピー h を縦軸，比エントロピー s を横軸にとって熱力学変化を表すために用いる線図。理想気体では，温度-エントロピー線図(T–s 線図)と同じ線図になるが，非理想気体では，エンタルピーと温度は比例しないので，T–s 線図に代わって気体の変化を表すために使用される。特に，蒸気などの実在気体での絞り膨張変化(等エンタルピー変化)や，断熱変化(等エントロピー変化)を表すことが容易にでき，エンタルピー変化が仕事と対応するタービンやノズルの変化を求めるのに便利である。h–s 線図は，エンタルピー–エントロピー線図の略語，モリエ線図の別名。 ⇨ T–s 線図，モリエ線図 ㊌ エンタルピー–エントロピー線図

HC えいちしー [理-炎]
hydrocarbon (HC) 炭素と水素からなる化合物の総称で，C_mH_n の形で表される。炭素原子の連鎖の仕方によって，鎖式炭化水素と環式炭化水素に大別される。鎖式炭化水素のおもなものは，パラフィン炭化水素(メタン系炭化水素) C_nH_{2n+2}，オレフィン炭化水素(エチレン系炭化水素) C_nH_{2n}，アセチレン系炭化水素 C_nH_{2n-2} である。また，環式炭化水素の多くは芳香族化合物あるいは脂環式化合物に属する。 ⇨ 炭化水素

ATP合成 えいてぃーぴーごうせい [生-反]
ATP synthesis 細胞内の主要な化学エネルギー運搬体であるアデノシン三リン酸(ATP)を合成すること。酸化過程で生成されるリン酸エステルとアデノシン二リン酸(ADP)により生成され，またシトクロム系の酸化還元により，あるいは光合成生物においては光リン酸化反応によっても合成される。

API えいぴーあい [社-石]
American Petroleum Institute アメリカ石油協会の略称で，1919 年にアメリカ石油産業の共通の権益を促進することを目的に設立された。本部はワシントンに置いている。主たる事業は石油に関係する各種規格，基準の設定，普及等，基本的な一切の標準化などを行うことで，例えば，API が制定した API 比重(ボーメ度)はいまや石油の基本的な品質規格の一つとして広く使われるなど世界的な影響力をもっている。このほか，その活動は石油技術の研究・開発や各種石油情報サービスなど，多岐にわたっている。

API オイルセパレータ えいぴーあいおいるせぱれーた [石-社]
API oil separator アメリカ石油協会(American Petroleum Institute)の基準に基づいて設計された重力分離式のオイルセパレータ，直径 $150μm$ 以上の油滴と沈降容易な懸濁物の除去が目的。

APM規格 えいぴーえむきかく [電-素]
advanced power management Intel 社と Microsoft 社が共同して規格化したコンピュータの省電力に関する規格。電力の使用状況を複数の段階に規定しており，これらを制御するためのハードウェアインタフェースおよびプログラムインタフェースが決められている。これにより，アプリケーションによる省電力制御が可能となる。

ABWR えいびーだぶりゅーあーる [原-炉]
advanced boiling water reactor 従来の沸騰水型原子炉(BWR)を日本およびアメリカで改良した改良型沸騰水型発電炉のこと。大容量化を図ることによる経済性のいっそうの向上のほか，安全性，信頼性，運転保守性のいっそうの向上も目指して開発された。採用した主要改良設備は，① 圧力容器内蔵循環ポンプ(internal pump, RIP)，② 微調整可能な電動駆動式制御棒駆動機構(FMCRD)，③ プレストレストコンクリート製原子

炉格納容器(PCCV)，④非常用炉心冷却系(ECCS)などである。東京電力の柏崎刈羽原子力発電所第6，7号機は，世界初の運転を開始している。 ⇒ 改良型沸騰水型原子炉，沸騰水型原子炉
⑯ 改良沸騰水炉

APWR えいぴーだぶりゅーあーる [原-炉]
advanced pressurized water reactor 従来の加圧水型原子炉(PWR)の日本およびアメリカによる改良型炉のこと。大容量化を図ることによる経済性のいっそうの向上のほか，安全性，信頼性，運転保守性のいっそうの向上も目指して開発されている。採用した主要改良設備は，①高性能燃料，②新型蒸気発生器，③統合整理されたECCS(安全注入設備，余熱除去設備，格納容器スプレイ設備の統合整理)，④格納容器内蔵緊急時注入用タンク，⑤スペクトルシフト設計，などである。 ⇒ 加圧水型原子炉 ⑯ 改良加圧水炉

栄養塩 えいようえん [環-水]
nutrient 生物が生存，成長するためには，エネルギーのほかに，栄養塩である窒素，リン，カリウムなどが必要である。水質の分野で問題となる栄養塩は，窒素とリンであり，ともに環境中に過剰に存在すると，湖沼や内湾で閉鎖性水域の富栄養化の問題を引き起こす。また，窒素の環境中での一形態である硝酸イオンは，乳幼児の呼吸障害(メトヘモグロビン症)を引き起こすことが知られている。対策として，東京湾，瀬戸内海，伊勢湾で総量規制が実施されているほか，排水処理などの環境保全技術においては，この栄養塩の除去が課題となっており，嫌気好気活性汚泥法，イオン交換法，吸着法などを利用したさまざまな窒素，リン除去技術が開発されている。

液化 えきか [石-炭]，[燃-炭]
liquefaction 液化石油ガス(LPG)，液化天然ガス(LNG)を生成するプロセス。 ⇒ 液化プロセス

液化工程 えきかこうてい [燃-炭]
liquefaction unit 石炭を液化する部分を指す。石炭液化は，石炭乾燥・粉砕および触媒を調製する前処理工程，溶剤と石炭を混合しスラリーを調製するスラリー化工程，高温，高圧で触媒を使用して石炭と水素を反応させる液化工程，反応後未反応物と生成物を分離する固液分離工程，生成物から蒸留により製品，溶剤等を回収する蒸留工程，などから構成されている。

液化石油ガス えきかせきゆがす [石-油]，[燃-製]
liquefied petroleum gas (LPG) プロパン，ブタンなどの混合物で，常温常圧下では気体であるが，加圧により容易に液化し，液状で貯蔵される。家庭用，工業用，内燃機関用の燃料，都市ガス財源として用いられる。俗称，プロパンガス，ブタンガス。アメリカではボトルガスまたはシリンダガスともいう。 ⇒ LPG，ブタン，プロパン

液化天然ガス えきかてんねんがす [石-ガ]，[燃-製]
liquid natural gas (LNG) メタンを主体とした可燃性天然ガスを低温(-162℃)で液化したもの。日本における海外ガス田からの輸送手段として用いられる。

液化天然ガス自動車 えきかてんねんがすじどうしゃ [石-ガ]，[輸-自]
LNG vehicle 天然ガスを液体(-162℃)で，超低温燃料容器に貯蔵・積載した天然ガス自動車。天然ガス自動車の分類に用いられる用語。

液化プラント えきかぷらんと [石-炭]，[燃-炭]
liquefaction plant 液化天然ガス(LNG)を製造するために建設されるプラント。ガス田近く，かつタンカーでの出荷のために海岸に建設されることが多い。

液化プロセス えきかぷろせす [石-炭]，[燃-新]

liquefaction process　液化天然ガス(LNG)を製造するプロセスのこと。カスケードプロセス，混合冷媒プロセス，プロパン予冷混合冷媒プロセス，PRICOプロセスなどの方式がある。
⇨ 液化

液体　えきたい　[理-流]
liquid　物質の形態の一つで，その物質を構成する分子や原子が近接して存在するものの，規則的な配置をとらずに，無定形状態の集合体をつくっているものである。水はH_2O分子からなる液体であるが，融解したアルカリ金属などは単原子液体である。また，水銀は常温で唯一液体状態である金属である。一般に液体は力を加えた場合に自由に変形し，気体に比べれば圧力や温度変化に伴う体積変化がきわめて小さいという特徴をもっている。また，通常の液体は粘性をもつが，液体ヘリウムのように粘性をもたない超流動を示す液体も存在する。

液体窒素　えきたいちっそ　[産-冷]
liquid nitrogen　液体窒素は，物体を77 K(−196 ℃)まで冷却できる。空気を液化して分離するので，液体ヘリウムに比べて安価である。不活性ガスを大量に必要とするときも液体窒素が便利である。

液体燃料　えきたいねんりょう　[燃-概]
liquid fuel　石油などの通常常温で液状である燃料。石油製品としては灯軽油，ガソリン，ジェット燃料，重油などが含まれる。ほかにエタノール，メタノールなどが常温で液体である。

液体燃料炉　えきたいねんりょうろ　[燃-概]
liquid fuel furnace　液体燃料を燃焼させるための炉。

液面燃焼　えきめんねんしょう　[燃-液]，[燃-燃]
liquid surface combustion　液体燃料の燃焼方式の一つ。火炎から燃料表面にふく射や対流で熱が伝えられて蒸発が起こり，発生した蒸気が液面上で燃焼するもので，火災時に多くみられる。

エクセルギー　えくせるぎー　[理-変]
exergie, exergy　周囲と非平衡状態にある系が周囲と接触して，エネルギーを仕事の形に変換する場合，可逆過程のもとで最大限に取り出すことのできる有効エネルギーあるいは最大仕事のことをいう。これによってエネルギーの有効性やエネルギーの質の評価を数値的に表現できる。　この用語は1953年にRantによって名付けられた。力学的エネルギー，電気・磁気エネルギーなどは全量が仕事に変換できるので，これらのエネルギー量がエクセルギーの数値を与える。
⑩最大工業仕事，有効エネルギー，理論最大仕事

エクセルギー効率　えくせるぎーこうりつ　[理-変]
exergetic efficiency　さまざまな熱機器において，それらがエネルギーを有効に仕事として利用しているか否かを評価する目安となるもので，この値は系全体のエクセルギーを分母に選び，それに対する実際に得られる仕事との比として定義される。実際に得られる仕事とは，系全体のエクセルギーから不可逆過程で生じる散逸エクセルギー(エクセルギー損失)を差し引いた値である。　⑩有効エネルギー効率

エクセルギー損失　えくせるぎーそんしつ　[理-変]
lost exergy　現実のエネルギー変換プロセスは，可逆過程で行われているのではなく，摩擦や熱損失によって仕事に変換できる分が減少してしまう。不可逆過程で損失したこのエクセルギーのことをいう。　⑩有効仕事損失

エコ・エネ都市プロジェクト　えこえねとしぷろじぇくと　[社-省]
eco-energy city project　地球温暖化や都市のヒートアイランド化を防止するため，工場から利用されないで捨てられている熱エネルギーを回収し，輸送・貯蔵することにより，都市における熱エネ

ルギーの有効利用実証化に向けた研究開発プロジェクト。1993〜2000年度にかけて，ニューサンシャイン計画の一環として独立行政法人「新エネルギー・産業技術総合開発機構(NEDO)」が主管して実施され，(財)省エネルギーセンターの協力のもとで，31社の企業が参加した。具体的に研究されたものは，水素吸蔵合金による熱輸送・利用，メタノールの分解合成による熱輸送・利用，高密度冷熱水和物スラリー，界面活性剤による輸送動力低減，水素吸収剤を用いた真空断熱配管，ヘリウム冷媒使用ヒートポンプ，吸収式冷凍機による氷温発生，内部熱交換型蒸留塔，熱発電システム，などであり，当該プロジェクトを通して国内で18件，海外で3件の計21件の特許が取得されている。　⇨ ニューサンシャイン計画

エコエネルギー都市　えこえねるぎーとし　[転-都]

eco energy town　エネルギーなどの取組みを具体的に示すとともに，長期的展望に立ったエネルギービジョンとして，21世紀の第1四半期(2025年)における抜本的な温暖化対策として必要なまちづくりをいう。新エネルギーの導入促進や省エネルギーの徹底など，望ましいエネルギー利用の将来像を示し，その実現に向けての方策を示す。

エコスクール　えこすくーる　[環-エ]，[社-省]

eco-school　環境を考慮した学校施設。わが国の二酸化炭素排出量の約1/3を建築関係が占めること，学校施設は住宅，工場，倉庫を除く業務用建築物の全延べ床面積の約24％を占めることなどから，文部・科学省が整備を進めている。建設・設計面では，温熱，空気，光，音などに関して児童，生徒にやさしい環境を提供し，風土になじみ，緑化や学校ビオトープの創設などのくふうで地域環境にやさしく，低環境負荷材料の利用など地球環境にやさしい施設をつくることが考慮され，運営・維持管理面では，建物を長く使うくふう，省エネルギー，再生可能エネルギーの利用などが行われ，教育面では，児童，生徒の学習に資することが考慮される。英語のeco-schoolは環境教育・環境学校の意味で用いられる。

エコステーション　えこすてーしょん　[環-輸]，[社-石]

eco-station　1992年4月に通商産業省(現経済産業省)が環境対策や省エネルギー対策の一環として打ち出した低公害車であるクリーンエネルギー自動車(電気，天然ガス，メタノール)およびディーゼル代替液化石油ガス(LPG)ガス自動車への燃料供給を事業として行う供給施設を指す。エコステーション事業は，既設のガソリンスタンドやLPGスタンドに併設することをベースにスタートしたが，現在は，整備をいっそう促進するため，設置条件も緩和され，単独型燃料など供給施設もエコステーション事業に取り入れられている。2002年3月末現在の設置箇所数(補助，認定事業数)は電気36，圧縮天然ガス(CNG)137，メタノール10，LPG24の計207か所となっている。

エコセメント　えこせめんと　[環-リ]

eco cement　都市ごみを焼却時に発生する灰を主とし，必要に応じて下水汚泥などの廃棄物を従としてセメントクリンカの主原料として用い，製品1tにつき少なくともこれらの廃棄物を500kg程度使用してつくられるセメント。セメントの製造過程で脱塩素化させ，鉄筋コンクリート分野にも使用できる普通型エコセメントと，塩素成分をクリンカ鉱物として固定化して速硬性をもたせ，無筋コンクリート分野に限定して使える速硬型エコセメントがある。

エコタウン　えこたうん　[環-エ]，[社-都]

eco-town　単語としてのエコタウンは，環境にやさしい街の意になろうが，

環境省と経済産業省が進めるエコタウン事業は，産業からの廃棄物をほかの分野の原料として活用し廃棄物ゼロを目指す「ゼロエミッション構想」を基本構想として，環境調和型まちづくりを推進する事業である。都道府県または政令指定都市が地域特性に応じて作成したプランのうち，いくつかを国が選定し支援するものであり，1997年度に創設された。例えば北九州エコタウンでは，地域内の大学，研究機関を中心とする「教育，基礎研究」，地元企業のインキュベート，実証プラント支援など「技術，実証研究」，環境コンビナート，リサイクル団地の整備などの「事業化」を3点セットとして，事業を進めている。　⇨ 環境共生都市

エコデザイン　えこでざいん　[環-エ]，[社-省]
eco-design　エコデザインとは，製品の原材料の採取，設計，生産，使用，リサイクル，最終処分というライフサイクルのすべてのステップを見直して製品の環境効率を最適化し，新たなビジネスモデルの開発，社会システムの構築を通して，持続可能な社会の実現を目指すものである。ライフサイクルにわたる環境インパクトの算出は複雑であるため，国連環境計画(UNEP)はRathenau研究所やデルフト工業大学と共同でエコデザインのマニュアルを出版している。環境インパクトを削減する戦略として，まったく新しい製品設計概念の開発，環境インパクトの小さい材料の選択，材料使用量の削減，製造技術の最適化，物流プロセスの最適化，製品使用中の環境インパクトの抑制，製品寿命の最適化などの戦略が提示されている。　⇨ エコビジネス，環境効率，環境パフォーマンス

エコドライブ　えこどらいぶ　[環-輸]
eco-driving　環境負荷を少なくする自動車運転の方法。アイドリングを控える，経済速度で走る，タイヤ空気圧を適正にする，空ぶかしをしない，無駄な荷物を積まない，エアコンの使用を控える，急発進，急加速をしない，車の使用を減らす，などにより燃費の向上，ひいては環境負荷を下げることができる。また，渋滞をまねく駐車違反をしないこともエコドライブの一環であるとの主張もされているが，これは環境問題以前の法律順守の問題であろう。

エコノマイザ　えこのまいざ　[産-ボ]
economizer　ボイラの構成要素。燃焼ガスが高温の伝熱部を通り過ぎ，もはやスチーム発生には使えなくなった温度範囲では，燃焼ガスのもつ顕熱を有効に利用するためボイラの給水予熱を行う。そのための熱交換器をエコノマイザという。エコノマイザを通過した排ガスはさらに空気予熱器で最後の熱回収が行われる。

エコビジネス　えこびじねす　[環-エ]
eco-business　公害防止，廃棄物処理，リユース，リサイクル，再生可能エネルギー利用，自然保護などの環境関連産業のこと。近年の環境意識の高まり，環境劣化により発生する費用や，省資源・省エネルギー技術が結果としてコストを削減することなどについての認識が，エコビジネスの発展を促しているといえよう。エコビジネスは，産業活動や消費活動の変化に影響を及ぼすことにより環境保全，あるいは持続可能な社会の構築に貢献するだけではなく，経済成長を支え，雇用を生み出す新たな成長産業である点が世界各国で注目されている。エコビジネスは，1997年度でわが国の国内総生産(GDP)のおよそ2％を占めると推計されている。　⇨ 環境関連産業

エコマーク　えこまーく　[環-エ]
eco-mark　商品の選択という点から環境にやさしい生活様式を提案することを目的に，環境省の指導，助言のもと，(財)日本環境協会が1989年より実施しているもの。環境にやさしいと認められる商品にこの「エコマーク」を付けるこ

とにより，環境保全型商品の普及促進を図っている．環境ラベルの一つでISO 14020のタイプIに分類される．その商品の製造，使用，廃棄などによる環境への負荷が，ほかの同様の商品に比べて少ないこと，あるいは，その商品の利用により環境への負荷を低減し，環境保全に貢献できること，が認定の条件になる．
⇒ 環境ラベル

エコマーク

エコマテリアル えこまてりある [環-エ]
eco-material 環境にやさしい材料の意であるが，今日的には，用いられる製品のライフサイクルを通じて環境負荷を最小に，機能を最大とする材料，の意を含む．エコマテリアルの条件としては，このほか，少量の原料による生産，毒性の少ない原料から生産，再生可能な資源を材料とすること，省エネルギープロセスでの生産，長寿命であること，少量で高性能が実現できること，長期の使用に耐えること，添加物に依存せず単純な材料であること，再使用あるいはリサイクルできること，毒性物質を出さないこと，生分解性を有するなど自然界の物質循環に組み込まれる材料であること，天然材料に似ていること，環境保全に貢献すること，などがあげられる． ⇒ エコデザイン

エコミュージアム えこみゅーじあむ [環-エ]
eco-museum もともと，フランスのアンリ・リビエールが提唱した運動．生活，自然環境，社会環境，およびその歴史を含め，地域をまるごと「博物館」と見立て，自然遺産，文化遺産を現地で保存，育成，そして展示することにより地域社会の発展に寄与することを目的とするものである．行政と住民とが一体となって発想，形成，運営していくべきものであり，住民の心を反映し，地域自然と人間のかかわりを表現し，時間と空間の中に生きている現在の住民を表現する博物館であるとされる．生活環境・住民生活の研究，自然遺産・文化遺産の保護，地域の発展に寄与する教育，という三つの面の機能が期待される．

エコライフ えこらいふ [環-エ]
eco-life 環境保全を考えた生活，生活方法をいう．例えば，環境庁(現環境省)が1997年度に実施した「エコライフ100万人の誓い」では，買い物袋を持参する，ごみの分別，リサイクルをする，冷房温度は28℃以上，暖房温度は20℃以下にする，電灯はこまめに消す，使わない電気機器のコンセントを抜く，公共交通機関を使う，節水に心掛ける，給湯温度は低く抑える，エコマークの付いた商品を購入する，食材を無駄なく使い，調理で省エネルギーを心掛ける，アイドリングをやめる，なるべくエレベータを使わない，省エネルギー，ごみの排出の少ない，環境負荷の小さい生活を心掛ける．具体的な環境負荷の算出については，環境家計簿のような道具が利用できる． ⇒ 環境家計簿

エコロジカルフットプリンティング分析 えころじかるふっとぷりんてぃんぐぶんせき [環-エ]
ecological footprinting analysis あるレベルの生活をするある人口のコミュニティなどの環境へのインパクトを，その生活を支えるために必要な土地面積で表したもの．食物や木材の生産に必要な農地や森林，化石燃料の燃焼により発生する二酸化炭素の吸収や，廃棄物の処分に必要な土地などにより計算する．1992年にカナダ，ブリティッシュコロンビア大学のReesとWackernagelにより発明された概念で，われわれの生活の持続性を表す指標である．エコロジカルフッ

トプリンティング分析は, 個人レベルから, ある都市のレベル, 国のレベル, あるいは全地球のレベルでも, さらには, ある特定の商品やサービスに対しても計算することができる。　⇨ 環境収容能力

エジェクタ　えじぇくた　[環-硫]
ejector　ノズルから高速度で噴射した流体の速度エネルギーを圧力エネルギーに変換し, ほかの流体を吸引排出する機構。

SI 単位　えすあいたんい　[理-単]
SI unit　1960 年に国際度量衡委員会によって採択された国際単位系を SI 単位系といい, この単位系で用いられる単位を SI 単位という。SI はフランス語の Système International d'Unités【仏】の略である。SI 単位系は長さ(m), 質量(kg), 時間(s), 電流(A), 熱力学温度または絶対温度(K), 物質量(mol), 光度(cd)を基本単位, それ以外の単位はこれらの組合せで誘導される組立単位で記述する。組立単位には N(ニュートン, 力の単位, $1 N = 1 kg·m/s^2$)や J (ジュール, 熱量や仕事の単位, $1 J = 1 N·m$), 平面角(rad), 立体角(sr)のように固有の名称をもつ単位もある。

SRC　えすあーるしー　[石-炭], [燃-料]
solvent refined coal　⇨ 溶剤精製炭

SOF　えすおうえふ　[輸-排]
soluble organic fraction (SOF)　ディーゼルエンジンから排出される粒子状物質(PM)に含まれ, 有機溶媒で抽出される成分。おもに未燃燃料, 部分酸化成分および潤滑油によって構成される。これらは高温では蒸気であり, 酸化触媒表面で十分に燃焼させることができる。ただし, 温度が下がるとすす成分(ドライスート)の表面に吸着して排出される。すすの排出が少ない運転条件では, SOF 自体の凝縮により極微小粒子(ナノ粒子)が生成され, 排出粒子の数濃度が極端に大きくなる。SOF の抽出にはソクスレー抽出が一般的に用いられ, 溶媒としてはベンゼン, トルエン, 塩化メチレン(ジクロロメタン)がよく使用される。
⇨ 可溶性有機成分

SOC　えすおうしー　[輸-自]
state of charge (SOC)　バッテリの充電状態。電池の中にどれだけ放電できる容量が残っているかを示す。特に, 電気自動車やハイブリッド電気自動車, ハイブリッド燃料電池自動車などのエネルギー効率や排出ガスの評価をする際に, 電池の充電状況によって評価結果が異なることのないように, 試験前後のバッテリの充電状態を同一レベルにする必要がある(完全充電状態で試験を開始し, 放電が進んだ状態で試験を終了すると, エンジンを運転しないこともあり, その際には排出ガスが 0 の評価になる)。電池の定格容量に対する充電容量を割合で示した値。100 %が完全満充電状態, 0 %が完全全放電状態を示す。開放電圧や電流積算などの方法により確認できる。
⇨ DOD, 放電深度

ESCO　えすこ　[社-省], [利-社]
energy service company (ESCO)　顧客に対して省エネルギーに関する包括的なサービスを提供し, その省エネルギーによって得られる利益の一部を報酬として享受する事業。ESCO 事業者は, 顧客に対して① 省エネルギー診断, ② 省エネ技術導入サポート, ③ 省エネ技術導入後の検証, ④ 省エネ技術の保守, ⑤ 事業資金の調達などのサービスを包括的に提供するとともに, 一定の省エネルギー効果を保証する。ESCO 事業者は, 省エネ効果による経費削減分から事業に必要な経費を調達する点に特徴がある。顧客は, 初期投資なしで省エネ化を進めることができるメリットがある。　⇨ NAESCO　⇨ エスコ

エスコ　えすこ　[社-省], [利-社]
nergy sevice company (ESCO)
⇨ ESCO, NAESCO

SPM　えすぴーえむ　[環-塵], [石-油],

[石-環], [輸-自]
suspended particulate matter (SPM) 浮遊粒子状物質. 大気中に浮遊する $10\mu m$ 以下の粒子状物質で, 主としてディーゼルエンジン自動車の排ガス中に含まれており, 大都市圏の大気汚染源の一つとなっている。 ⇨ 浮遊粒子状物質

SP キルン えすぴーきるん [産-セ]
SP kiln ⇨ NSP キルン

エタノール合成 えたのーるごうせい
[石-全], [燃-新]
ethanol synthesis 軽質炭化水素ガスなどを用いて, エタノールを製造するプロセスのこと。ナフサ由来のエチレンを原料とした水和法, 天然ガスの水蒸気改質で得られる合成ガス(水素と一酸化炭素の混合ガス)を原料とした方法などがある。

エタン えたん [理-炎]
ethane 化学式は C_2H_6。メタン系炭化水素の一つで, 無色, 無臭の気体。標準状態における密度は 1.243 kg/m^3, 比熱 1.767 kJ / (kg·K)である。

エチルアルコール えちるあるこーる [理-炎]
ethyl alcohol 化学式は C_2H_5OH。単にアルコールともいう場合が多い。無色透明の液体で, 揮発しやすく特有の香りと味をもち麻酔性がある。水溶性である。エチルアルコールは, 溶剤, 化学薬品の合成原料, 不凍剤, 燃料として広く用いられているが, 酒, ビールなどアルコール飲料としても大量に消費されている。 ⇨ アルコール 同 エタノール

エチレン えちれん [理-名], [燃-製]
ethylene (C_2H_4) 融点 -169.1 ℃, 沸点 -103.7 ℃, 発熱量 337.2 kcal/mol ($12 021$ cal/g) の無色, オレフィン臭の気体で, 引火性である。工業的には, 石油ナフサなどの高温分解で製造されており, 石油化学, 合成化学における重要な原料で, 主としてエタノール, スチレン, 酸化エチレン, ポリエチレンなどの原料として使用されている。

X 線 えっくすせん [原-核]
X-rays 電磁波の波長領域が紫外線よりは短く(数十 nm), γ 線よりは長い (0.01 nm)部分を指す。エネルギーは, 長波長側の 0.1 keV から短波長側の 100 keV にわたる。発見者の名前からレントゲン線と呼ばれることもある。X線と物質との相互作用は吸収, 散乱, 反射, 分散である。蛍光作用や電離作用をする。原子核が α 崩壊や β 崩壊する際に伴って出ることもある。波長の長いほうのX線を軟X線, 短いほうを硬X線として区別することもある。軟X線は比較的物質の透過能が小さく空気層で吸収されるものもある。 ⇨ 原子核

NSP キルン えぬえすぴーきるん [産-セ]
NSP kiln セメントは石灰石, 粘土などの原料を粉砕混合し, 1 500 ℃以上の高温で焼成して製造される。原料を高温で焼成する工程にはロータリーキルンを用いるが, キルンの前段に排熱で稼働するサスペンションプレヒータを設置すると, 全体として熱効率のよい焼成装置となる。これをSPキルンといい, すべてのセメント焼成炉に採用されている。排熱だけで運転する装置が SP キルンであるが, 積極的に予熱部分にもバーナを付けて, 予備的焼成まで, サスペンションプレヒータの部分でやってしまうものをニューサスペンションプレヒータと呼び, この装置を付けたキルンをNSPキルンという。

エネバラ えねばら [全-社]
energy balance table ⇨ エネルギーバランス表

エネルギー えねるぎー [理-科]
energy 「仕事をなしうる能力」を意味し, 仕事と同じ次元をもつスカラ量 (J, ジュール)である。蓄積されている状態から変換して使用するので, この蓄積と変換の形態により, 力学, 熱, 電気・磁気, 化学・電気化学, 核, 光・放

射線などを冠した各種のエネルギーがある。また，エネルギーにはその形態が変わっても総量は変化しない「エネルギー保存の法則」で扱う概念と，使えば減るエネルギー「エクセルギー(有効エネルギー)」の概念がある。後者の場合，仕事をなしうる能力(エクセルギー)と熱を発生する能力との和がエネルギーとなる。

エネルギー安全保障 えねるぎーあんぜんほしょう ［社-全］
energy security エネルギー政策上の目標として中核になってきた概念。エネルギー供給安定確保ともいうが，企業レベルはもちろん，国レベルでもそうすることである。そのためには国際的取組みも必要になる。

　第一次石油危機後，先進諸国が国際エネルギー機関(IEA)を結成して，石油輸出国機構(OPEC)に対抗するに至るが，アメリカ主導でエネルギー安全保障を先進諸国が共同して追求することになった。フランスはその動きに反発し，産消(産油国/消費国)対話にも同時並行して努力すべきであるとし，IEAには加盟しなかった(のちにフランスも加盟した)。量的安定だけではなく，価格安定が最近の大きな課題である。

エネルギー回収 えねるぎーかいしゅう ［利-廃］
energy recovery 自然界に捨てられている未利用エネルギーを熱エネルギーや化学エネルギーなどの形で回収すること。通常，回収されたエネルギーのエクセルギー率は，回収される前の未利用エネルギーのエクセルギー率よりも高くなることはない。低エクセルギー率のエネルギーを，高エクセルギー率のエネルギーとして回収する方法にヒートポンプがある。ヒートポンプの駆動には，より高いエクセルギー率のエネルギーが必要である。　⇨ エネルギーのカスケード利用，エネルギーリサイクル，熱回収

エネルギー回収年数 えねるぎーかいしゅうねんすう ［全-社］, ［社-価］

energy payback time ⇨ エネルギーペイバックタイム

エネルギー革命 えねるぎーかくめい ［社-経］
energy revolution 主要エネルギー源が変わり，それに伴い社会の形態が大きく変わることをエネルギー革命という。19世紀には木質燃料から石炭へのシフトが起こり，産業革命が起こった。20世紀には石炭から使いやすく安価な石油にシフトし，エネルギー利用の利便性が大幅に向上し，エネルギー消費は急速に拡大した。石油への転換は，エネルギーの流体革命とも呼ばれた。現在は，地球温暖化問題などに象徴されるように，地球の環境容量の壁にぶつかっており，石油から原子力や再生可能エネルギーへのシフトが必要であるといわれている。

エネルギー換算係数 えねるぎーかんさんけいすう　energy conversion factor
［理-解］　食品のエネルギー値を定める際に用いられる，成分ごとに定められた係数。着目成分が空気中で完全燃焼したときの熱量に人体への消化係数率を掛けて求められる。係数は食品個別に定められる。
［利-理］　各種エネルギーの単位量当りの熱量をいう。エネルギー使用量に換算値を掛けることによって，熱量による比較が可能となる。熱量の代わりに石油換算量を用いることもある。　⇨ エネルギー換算率，石炭換算，石油換算

エネルギー管理 えねるぎーかんり ［社-企］
energy management エネルギー消費の合理化，効率化を進めるため，産業，家庭，商業，交通などの全部門にわたり省エネルギーを進めることをエネルギー管理という。特に，わが国では産業用のエネルギー消費が多いため，産業分野においては，以前から「熱管理」，「電気管理」としてエネルギー消費の合理化に効果をあげてきた。エネルギー管理は，これら熱・電気管理を含めた国全体

の省エネルギーを推進することである。例えば，家庭用電気製品や燃焼機器の改善，自動車の燃費の向上，電動機の適正負荷運転，パイプライン・建物の断熱材の利用，太陽熱の利用などが，エネルギー管理の例としてあげられる。

エネルギー管理指定工場 えねるぎーかんりしていこうじょう [社-企]
model factories for energy management　わが国は，エネルギー使用の合理化を進めるため，エネルギー管理指定工場を指定している。エネルギーの使用の合理化に関する法律（1979年法律第49号，1998年6月，2003年4月一部改訂）では，全業種において，原油換算使用量3000 kl/年以上，電気使用量1200万kW・h/年以上の燃料あるいは電気の使用量の大きい工場については「第一種エネルギー管理指定工場」として指定している。これらの工場では，事務所ごとの専門家の選任，中長期計画の作成・提出，ならびに定期報告が義務付けられる。また，中規模工場，業務用ビルなどにおいて原油換算使用量1500 kl/年以上，電気使用量600万kW・h/年以上のエネルギーを使用している事務所や機関については「第二種エネルギー管理指定工場」として指定し，エネルギー管理員の選任や定期報告が義務付けられている。

エネルギー経済学 えねるぎーけいざいがく [社-全]
energy economics　エネルギーと経済の関係を含め，エネルギーを経済学的に分析する学問。市場，すなわち需給，価格などが分析の中心になるが，経済成長とエネルギー消費パターン，エネルギー価格上昇と産業構造の変化など，エネルギーを経済の重要な構成要素である資本，労働，土地と同じように位置付け，扱い，分析することや，経済政策の重要分野としてエネルギー政策を把握し，体系化することも大きなテーマである。しかし，環境経済学のように独立した学問になるには，まだ十分な体系性はない段階であり，経済学の一分野としてエネルギー経済論としたほうが適切であろう。

エネルギー源 えねるぎーげん [資-全]
energy sources　エネルギーとは，①人間が自己の生命維持および生物的活動のために体内に保持している力，②基本的な物理量で仕事をなしうる能力を指す。したがって，エネルギー源とはエネルギーの発生源で，上記の二つのものを供給する出発点となるものを指す。現在，エネルギー源としてはおもに化石燃料，水力，原子力などがあるが，これからは太陽光エネルギー，海洋エネルギー，地熱エネルギー，風力エネルギーなどの自然エネルギーがエネルギー源として重要となる。　⇨ エネルギー

エネルギー原単位 えねるぎーげんたんい [全-社]
energy factor　一定量の鉱工業製品を生産するために必要なエネルギーの基準量。例えば，鉄のエネルギー原単位はJ/tやJ/kgなど重量当りのエネルギー消費量で表現される場合が多い。当該製品の工場などにおける製造過程で直接的に必要となるエネルギー量のみを考慮したものを直接エネルギー原単位と呼ぶ。工場などで直接に消費されるエネルギー量に加えて，そこで利用される原材料の生産時に必要な間接的なエネルギー量を加えたものを直接間接エネルギー原単位，もしくは累積エネルギー原単位などと呼ぶ。

エネルギー効率 えねるぎーこうりつ [転-変]
energy efficiency　ある仕事に対してエネルギーを使ったとき，仕事に対してエネルギー使った割合。エネルギー効率のよい機器は，二酸化炭素（CO_2）の排出量が少なく，地球温暖化を進める割合が小さくて済む。あらゆる製品でこのようなエネルギー効率のよい製品の開発が重要になる。ただし，エネルギー効率を改善しても，製品の数がそれ以上に増えれ

ば，CO_2の発生削減にはならない。
⇨ エネルギー転換

エネルギー再生　えねるぎーさいせい
[輸-自]
energy regeneration　自動車に与えたエネルギーを再度回収すること。自動車の減速時にブレーキにより熱として放出されるエネルギーを圧力や電気に変換し，バッテリやキャパシタといったエネルギー貯蔵装置に回収する。貯蔵されたエネルギーを加速時に使用することで，燃費改善に効果がある。エネルギー貯蔵装置の種類によって大量のエネルギーを瞬間的に再生できるが，放出時間も短くなるものと，短時間におけるエネルギー再生量は少ないが，比較的長い時間そのエネルギーを放出できるものがある。油圧ポンプでガスを圧縮することによってエネルギーを再生し，そのエネルギーを油圧モータを介して放出するシステムもある。

エネルギー資源　えねるぎーしげん
[資-全]
energy resources　人間の生活および経済活動に必要な熱，光，電力，動力などを取り出すことのできる自然界の資源を指す。石炭，石油，原子力などの有限で枯渇性のエネルギーと，太陽熱，風力，地熱などの継続的に供給される再生可能エネルギーとに大別することができる。⇨ エネルギー源，自然エネルギー

エネルギー収支比　えねるぎーしゅうひ
[全-社]
energy ratio　エネルギー生産システムにおいて，生産のために投入されたエネルギー量(x)に対する産出されたエネルギー量(y)の比(y/x)。例えば，発電システムの場合，産出エネルギー(y)は生産された電気エネルギーである。他方，投入エネルギー(x)は，発電所の建設，発電機器の製造，発電燃料の生産などに伴うエネルギーの合計値である。投入エネルギーには，発電燃料自体のもつエネルギーも加えられる場合もある。

エネルギー需給構造改革投資促進税制　えねるぎーじゅきゅうこうぞうかいかくとうしそくしんぜいせい　[社-省]
tax incentives for energy conservation　省エネルギー設備の導入を促すために設定された税制上の優遇制度。法律で定められた一般産業用84，ならびに中小企業用18の計102設備を導入する事業者は，対象設備を取得し，その後1年以内に事業の用に供した場合に，① 基準取得価額(計算の基礎となる価額)の7％相当額の税額控除，② 普通償却に加えて取得価額の30％相当額を限度として償却できる特別償却，のいずれかの措置を受けることができるというもの。
㊅ エネ革税制

エネルギー準位　えねるぎーじゅんい
[理-量]
energy level　例えば，原子内の電子のもつエネルギーの値は連続的ではなく，飛び飛びの値しかとらない。この飛び飛びのエネルギーをエネルギー準位という。またそれに対応する定常状態をいう。

エネルギー循環　えねるぎーじゅんかん
[転-変]
energy circulation, energy recycle　狭義には排熱などの廃棄されたエネルギーを循環利用すること。広義には再生可能なエネルギーを利用して，社会全体の無駄なエネルギーの損失を抑制すること。エネルギー循環社会。⇨ エネルギー貯蔵，カスケード利用

エネルギー消費係数　えねるぎーしょうひけいすう　[理-科]，[民-原]
coefficient of energy consumption
⇨ CEC

エネルギー消費原単位　えねるぎーしょうひげんたんい
[社-省]
energy consumption intensity　エネルギー消費の効率指標の総称。経済全体，物の生産，家庭生活，物や人の移動などの活動量や数量の基本単位量当りの

エネルギー消費量で示され，エネルギー消費効率の比較や経年変化などの分析に利用される。代表的な指標としては，1国のエネルギー消費効率を示すGDP原単位(エネルギー消費量÷GDP)や，産業部門の効率指標(エネルギー消費量÷生産物量)，家庭部門での効率指標(エネルギー消費量÷世帯)，業務部門における指標(エネルギー消費量÷床面積)，人の移動に関する効率指標〔エネルギー消費量÷(人・km)〕，そして機器の効率〔エネルギー消費量÷(台・年や時間)〕などがあげられる。
[民-策]

energy unit consumption 省エネ法(エネルギーの使用の合理化に関する法律)では，事業者(エネルギーを使用して事業を行う者)は，工場・事業場判断基準に基づき，エネルギー消費原単位を中長期的にみて年平均1％以上低減させることを目標として，技術的かつ経済的に可能な範囲内で実現に努めることが求められている。エネルギー消費原単位とは，製造業などでは，生産に要したエネルギー使用量を生産数量などで割った値，そのほかの業種にあっては，業務のために要したエネルギーの使用量を施設の規模などエネルギーの使用量と密接な関係をもつ値で割って得た値をいう。この値と対前年度比は定期報告書で毎年報告が求められ，改善未達の場合には理由を記載も求められる。　⇨エネルギー原単位

エネルギー消費効率　えねるぎーしょうひこうりつ　[民-策]

energy consumption rate 省エネ法(エネルギーの使用の合理化に関する法律)で規定する特定機器のエネルギー消費の効率を示す値。省エネ法では，告示「(特定機器名)の性能の向上に関する製造事業者等の判断の基準等」に，それぞれに対し機器の性能によって区分した基準エネルギー消費効率を定め，特定期日までに企業の加重平均のエネルギー消費効率がこの基準効率を上回るようにしなければならないとしている。例えば，毎分10枚以下のA4版用の複写機では，告示で基準エネルギー消費効率は11と定められているが，エネルギー消費効率Eはつぎの式により算出する。

$$E = \frac{A + 7 \times B}{8}$$

ここで，E：エネルギー消費効率(W・h)，A：電源入力後1時間の消費電力量(W・h)，B：Aの測定後1時間の消費電力量(W・h)。　⇨省エネ法，特定機器

エネルギー消費のGDP弾性値　えねるぎーしょうひのじーでぃーぴーだんせいち　[社-全]

elasticity of energy consumption to GDP 実質国内総生産(GDP)の伸び率に対するエネルギーの伸び率の割合，すなわちGDPが1％伸びたときエネルギーの伸び率がどのくらいになるかを示す。具体的にはGDPの伸び率をエネルギーの伸び率で割った。長期的にはエネルギーのGDP弾性値は1であるといわれているが，その場合はエネルギーはGDPと同じ率で伸びる。エネルギーとは，需要(最終エネルギー消費)あるいは供給(一次エネルギー総供給，国内供給)を指す。オイルショック後はエネルギー価格が高騰し弾性値がマイナスになったことがある。経済が発展途上にあるときはエネルギー多消費型成長で弾性値は1を上回る。経済が成熟段階になるとエネルギー寡消費型成長で弾性値は1を下回る。GDPは所得でもあり，エネルギーの所得弾性値あるいは所得弾力性ともいう。

エネルギー植物　えねるぎーしょくぶつ　[自-バ]

energy crop エネルギー生産のために栽培される植物。成長速度の速いものが望ましく，ヤナギ，ユーカリなどの樹木や，アルファルファ，ギニヤグラスなどの草本系植物が検討される。また，ジャイアントケルプなどの海草やホテイア

イなどの水草も，食料生産と土地利用の上で競合しないこと，陸生植物よりも高い成長速度が得られることなどから，回収・利用技術の点ではまだ困難も多いが，検討が進められている。このほか，単位面積当りの収量は少なくとも利用しやすい作物として菜種やパームなどの油糧作物，サトウキビやトウモロコシなどの糖・でんぷん系作物を栽培して，得られる油からバイオディーゼルやエタノールなどの燃料を得ることが行われている。 ⇨ エネルギー作物

エネルギー政策 えねるぎーせいさく [社-全]

energy policy エネルギー政策は三つのEを調和させることに目標があるといわれているが，エネルギー安全保障は政治あるいは国際政治を含む広い視野を必要とし，環境保全は自然科学，技術などやはり学際的諸分野に広くまたがり，経済効率も補助金や税制などが関連し，単なる市場万能論では割り切れない。省庁でいえば経済産業省資源エネルギー庁が中心ではあるが，京都議定書の目標達成のためには，環境省，外務省，農水省，国土交通省，財務省などほとんどすべての省庁にまたがる問題である。ただし，漫然と諸官庁が取り組んでもエネルギー政策にはならない。やはり税制などは経済産業省と財務省，技術関係は文部・科学省と経済産業省の調整が必要で，経済産業省資源エネルギー庁が核であることには変わりはない。 ⇨ エネルギーをめぐる三つのE

エネルギー生産性 えねるぎーせいさんせい [産-全]

energy productivity インフレ調整された国内総生産(実質GDP)を一次エネルギー消費量で割った値は国家のエネルギー生産性である。各製造業や工場単位でも，生産額をエネルギー消費量で割ることにより，それぞれのエネルギー生産性が得られる。

エネルギー多消費型産業 えねるぎーたしょうひがたさんぎょう [産-全]

energy-intensive industries, large energy-consuming industries 産業分類で，鉄鋼，セメント，紙パルプ，化学などをエネルギー多消費型産業と呼ぶ。これらの産業では，生産コストに占めるエネルギーの割合が高いので，省エネルギーには特に努力をしている。

エネルギー弾性値 えねるぎーだんせいち [利-社]

energy-GDP elasticity エネルギー消費の増加率(%)と経済成長率(%)の比〔エネルギー消費の増加率(%)/GDP成長率(%)〕であり，エネルギーの利用効率の変化を表す。省エネルギー化が進むとこの値は小さくなる。

エネルギー貯蔵 えねるぎーちょぞう [転-変]

energy capacitor system 熱，電気などのエネルギーを貯蔵すること。電気的には蓄電池，力学的にはフライホイールなどがあり，メタノールなどの化学変換で貯蔵することもこれの一種である。 ⇨ エネルギー循環

エネルギー転換 えねるぎーてんかん [転-変]

energy conversion 石油，石炭などの一次エネルギーを産業，民生，運輸部門で消費される最終エネルギーに変換すること。エネルギーの供給側であるエネルギー転換部門は，転換効率の向上や二酸化炭素(CO_2)排出量の少ないエネルギーの導入などにより，電気・ガスの単位供給量当りのCO_2排出量を削減するよう努めることが必要である。 ⇨ 高効率エネルギー転換

エネルギーのカスケード利用 えねるぎーのかすけーどりよう [利-利]

energy utilization in a cascading way エネルギーをプロセスで利用すれば，必ず質の低い(エクセルギー率の低い)エネルギーが排出される。特定のプロセスから排出されるエネルギーのもつエクセルギー率よりも少し低いエクセルギー率の

エネルギーを利用するプロセスを後段に結合することによって、エクセルギーロスを低減し、一つのエネルギー源からより多くのエネルギーを取り出すことが可能となる。エクセルギーは再生しない（高エクセルギー率となることがない）ので、高効率化のためにはカスケード利用が前提である。 ⇨ エクセルギー、エネルギー回収

エネルギーの輸送　えねるぎーのゆそう　[利-民]

energy transport　エネルギーを人工的に移動させること。例えば、化石資源の船舶、鉄道、パイプラインなどによる輸送や、送電線による電気エネルギーの輸送がこれにあたる。

エネルギーバランス表　えねるぎーばらんすひょう　[全-社]

energy balance table　ある国もしくは地域において、各エネルギー源が形態を変えて流通し消費されていく様子を把握するために、エネルギー供給・転換・消費部門間におけるエネルギーの流れと収支を行列形式で表現したもの。石炭や電力などのエネルギー種別を列（横方向）にとり、一次エネルギー供給部門、発電などの転換部門、工業・家庭などの主要な消費部門を行（縦方向）にとっている。わが国のエネルギーバランス表は資源エネルギー庁より、世界各国のそれは経済協力開発機構（OECD）の国際エネルギー機関（IEA）により公表されている。 圓 エネバラ

エネルギー賦存　えねるぎーふそん　[資-全]

energy endowments　ある経済主体が保有する石炭、石油、天然ガス、ウラン鉱石などの天然資源の量や分布の状態を指す。

エネルギーペイバックタイム　えねるぎーぺいばっくたいむ　[全-社]，[社-価]

energy payback time　発電システムなどエネルギー生産システムにおいて、生産に投入されたエネルギー量と同じだけのエネルギー量を産出するために必要とされる時間。例えば、太陽光発電システムでは、それを構成する太陽電池などの生産に伴い消費されたエネルギー量と同じだけの電気エネルギーを生み出すために必要な年数をいう。 圓 エネルギー回収年数

エネルギー変換　えねるぎーへんかん　[理-変]

energy conversion　エネルギー形態には、力学エネルギー（運動エネルギー、位置エネルギー、弾性エネルギー）、熱エネルギー、電気エネルギー、光エネルギー、化学エネルギー、原子核エネルギー、生物エネルギーなどがあり、これはエネルギーの種類ともいわれ、これらは相互に変換が可能であり、これらが消費される過程で、いろいろな形態を経て利用目的に供される。このような過程をエネルギー変換と総称している。

エネルギー変換効率　えねるぎーへんかんこうりつ　[理-変]

energy conversion efficiency　熱、光、音、電力、動力などの各種のエネルギー形態の間での変換の効率または有効に利用できるエネルギーの割合をいう。一般には、出力エネルギー÷入力エネルギー×100（％）の値で評価する。この値が高いほど損失が少ない。

エネルギー保存の法則　えねるぎーほぞんのほうそく　[理-科]

principle of conservation of energy　エネルギーには、運動エネルギー、位置エネルギー、圧力エネルギー、熱エネルギー、電気的エネルギーなど多くの形態があるが、外部とエネルギーや物質の交換のない閉じられた系の内部では、これらは相互に転換可能であり、総和は一定である。これをエネルギー保存の法則という。また、閉じられた系で位置エネルギーと運動エネルギーが不変のとき、外部から供給される熱（dQ）、周囲になす仕事（dW）および内部エネルギーを（dU）

との間には，$dQ=dU+dW$ の関係(熱力学の第一法則)があり，これもエネルギー保存の法則の例である。さらに，水力学の分野では管路内の流体のもつ運動エネルギー，位置エネルギー，圧力エネルギーの総和は一定である(ベルヌーイの式)と示される。

エネルギーミックス えねるぎーみっくす [資-社]，[社-全]

energy mix ある国の一次エネルギー供給または発電用燃料の構成を1種類の資源に過度に偏らないように，石炭，石油，天然ガス，原子力，水力，再生可能エネルギーなどに適度に分散させることを指す。特にエネルギーの輸入依存度が高い国にとっては，ある種類のエネルギー資源に過度に依存することは同資源の価格の高騰や供給量の減少から大きな悪影響を受ける懸念があるために，このエネルギーミックスは重要な課題となる。

エネルギー密度 えねるぎーみつど energy density

[理-池] 単位体積または単位質量当りに含まれるエネルギーの量。単位は $W \cdot h/l$，あるいは $W \cdot h/kg$。

[輪-自] バッテリなどのエネルギー貯蔵装置に蓄えられるエネルギー量で，貯蔵装置の単位重量当りもしくは単位体積当りのエネルギー容量として表す。$W \cdot h/kg$，$W \cdot h/l$ で示すのが一般的。値が大きいほど高性能となり，同じエネルギー容量を使用するなら，エネルギー貯蔵装置を小型，軽量化できる。なお，単位重量当りもしくは単位体積当りのエネルギーを示す用語として出力密度が用いられる。 ⇨ 出力密度

エネルギーリサイクル えねるぎーりさいくる [利-廃]

energy recovery エネルギー回収と同義で，マテリアルリサイクル，ケミカルリサイクルに対応する語として広く用いられている。 ⇨ エネルギー回収，ケミカルリサイクル，サーマルリサイクル，マテリアルリサイクル，リサイクル

エネルギーをめぐる三つのE えねるぎーをめぐるみっつのいー [社-全]

3 Es for energy エネルギー政策上の課題で，三つのEを調和させることを目標設定で提起されたもの。第一のEは，energy security (エネルギー安全保障)，第二のEは environment protection (環境保全)，第三のEは economic efficiency (経済効率性)で，かつては economic growth であった。三つのEの調和は，裏返せばトリレンマ(三重苦)であり，その達成は至難である。特に2003年に国会で成立したエネルギー基本法で明示された経済効率性は，市場自由化すなわち規制緩和による市場原理の追求であり，ほかの二つのEと矛盾する面が多く，調和の方向には必ずしも向かっていない現実を浮き彫りにするものである。

エバポレータ えばぽれーた [理-操]

evaporator ① エアコンディショナの空気を冷やすための熱交換器。家庭用エアコンディショナでは室内機にあるフィン状のユニットをいう。

② 蒸留して試料を濃縮する装置。実験室でよく用いられるロータリーエバポレータは大きなガラス玉を回転させながら湯せんするように蒸留する方法で必要な試料を分留凝縮するために用いられる。 ⇨ 蒸発器

FF式温風暖房機 えふえふしきおんぷうだんぼうき [民-器]

forced flue type heater 燃焼用空気を外気から取り入れ，排ガスを外部に出すタイプの燃焼式暖房機。燃焼部と室内が完全に分離しているため室内環境をクリーンに保つことができる。一方，燃焼により得た熱エネルギーを使い切らずに排出するため損失が大きい。省エネ法に定められた特定機器の一つである。 ⇨ 強制給排気式温風暖房機，特定機器

エマルジョン化技術 えまるじょんかぎじゅつ [転-エ]

emalusion technology 油などの液体

燃料に水を添加して混合させ，流動性をもたせることで，取り扱いやすくする技術。

エマルジョン燃料 えまるじょんねんりょう [石-全]，[燃-新]
emulsion fuel オリノコタール・水混合物燃料(通称オリマルジョン)のような乳状化した燃料の総称。

MHD 発電 えむえっちでぃーはつでん [電-他]
magneto–hydro–dynamics generation 電気伝導性をもつ気体(プラズマ)を磁界中に高速で流すことにより電気を発生する発電方式。磁場をかけた空間内にプラズマを流すことでプラズマ中の電子にローレンツ力を働かせ，その電子を空間の側部に設けた電極で取り出す。
同 電磁流体発電

MFA えむえふえい [資-理]
mass fragment analysis 一連の化学反応の前後で(核反応が起こっていないかぎり)各元素の存在量は変化しないという物質不滅の法則を用いた反応の設計・解析の方法。反応系が定常状態にある場合は，反応系の任意の断面を通過する物質について成立する。理論的には，これ以上当たり前の考え方はないような考え方であるが，実際に解析を行うと，化学分析の誤差・流量計測の誤差・定常性の仮定の誤りなどにより，見掛け上の物質収支が合わないことも多い。その場合，その差が通常考えられる測定誤差を超える場合は，重大事故につながる定常性の破れや漏れなどが存在する可能性があるため，反応系の再点検が必要である。

MKS 単位系 えむけいえすたんいけい [理-単]
MKS system of units 長さ，質量，時間を基本単位とした絶対単位系の一つで，長さ，質量，時間の単位として m, kg, s が用いられる。 ⇒ 絶対単位系

MTBE えむてぃーびーいー [輸-燃]
methyl tertiary butyl ether (MTBE) メチルターシャリーブチルエーテルの略称。イソブチレンおよびメタノールから合成され，常温で無色透明な液体である。含酸素基材の一つであり，燃焼性がよいこと，揮発性が高いことが特徴である。オクタン価が高いために，自動車用無鉛ガソリンのオクタン価向上剤として欧米などで広く用いられていたが，水溶性であり，地下水汚染を引き起こす性質があることから，近年，使用を中止する動きがみられる。

LNG 火力発電所 えるえぬじーかりょくはつでんしょ [燃-天]
LNG fired power plant 液化天然ガス(LNG)を燃やして発電する発電所。ガスタービン複合サイクル発電の採用により，50%以上の発電効率が得られている。 ⇒ 液化天然ガス，発電効率

LNG 冷熱発電 えるえぬじーれいねつはつでん [電-他]
LNG cyrogenic power generation 液体状で−162℃という低温の液化天然ガス(LNG)の冷熱をエネルギーとして回収する発電システム。海水に捨てられていた LNG 気化熱を冷熱源に，海水を温熱源としてその温度差で発電する方式と，一気に気化して体積を 300 倍に膨張させその力でタービンを回す方式がある。

LCI えるしーあい [全-環]，[環-ラ]
life cycle inventory analysis (LCI) 製品やサービスの環境への影響を評価する方法である LCA を実施するときのステップの一つ。製品の使用時だけでなく，製品の組立，使用される素材の製造，素材製造に必要とされる資源の採掘，さらに製品の廃棄まで，ライフサイクル全体での資源消費量や排出物量を計算する分析方法。例えば，自動車の製造，使用，廃棄というライフサイクルに伴う二酸化炭素，窒素酸化物(NOx)などの排出量，および鉄鉱石やボーキサイトなどの消費量をひとまとめにしたリスト。この結果を用いて，製品やサービス

の環境への影響が評価される。
⇒ LCA, LCIA, ライフサイクルインベントリー　㊥ ライフサイクルインベントリー分析

LCIA えるしーあいえい　[環-ラ]
life cycle impact assessment (LCIA) 製品やサービスの環境への影響を評価する方法であるLCAを実施するときのステップの一つ。インベントリー分析の結果を用いて、製品やサービスの環境への影響を評価する方法。一般的には、分類化、特性化、重み付けの三つの部分からなる。分類化では、資源消費や排出物を、「地球温暖化」、「酸性化」などの環境影響のカテゴリーに振り分ける。特性化では、排出物がその影響カテゴリーに対して与える影響を基準物質との比較で相対的に評価した特性化係数とその排出物量を掛け合わせ、「カテゴリーインディケータ」として指標化する。さらに、それぞれの影響カテゴリーのカテゴリーインディケータを重み付けし、環境影響を総合的に一つの指標として表すことも行われる。この重み付けは、LCAの国際標準規格(ISO14040)では付加的要素とされ、特に他社製品との比較主張では禁止されている。　⇒ LCI, LCA　㊥ ライフサイクル影響評価

LCA えるしーえい　[全-環], [環-ラ]
life cycle assessment (LCA) 製品やサービスの環境への影響を評価する手法。製品の使用時だけでなく、製品の組立、使用される素材の製造、素材製造に必要とされる資源の採掘、さらに製品の廃棄まで、ライフサイクル全体での資源消費量や排出物量を計算し、その環境への影響を評価する方法。例えば、自動車の製造、使用、廃棄というライフサイクルにおける二酸化炭素、フロン、鉛など環境に影響を与える物質の排出量を推計し、それらが環境に与える影響を統合し評価する。環境影響の統合化に関する評価手法についてはその是非も含め多くの議論がある。1997年に発行された国際標準規格(ISO14040)により、「目的と調査の範囲」、「ライフサイクルインベントリー分析」、「ライフサイクル影響評価」、「解釈」からなるLCA実施の枠組みが示された。製品やサービスの環境側面を評価する方法として、産業界で広く活用されている。　⇒ LCI, LCIA　㊥ ライフサイクルアセスメント

LCC えるしーしー　[全-社], [環-ラ]
life cycle cost, life cycle costing (LCC) 製品のライフサイクルでの費用、または製品のライフサイクルを考慮した費用計算方法。例えば、建築物であれば、建築コストだけでなく、空調などの運用コスト、リフォームなどの維持コスト、解体コストなど、そのライフサイクルにおけるすべてのコストを含めたものをライフサイクルコストと呼ぶ。なお、ライフサイクルにおける環境影響などを金銭価値に換算してコストとして加える場合もある。

製品を使用する段階での省エネルギーやリサイクルを考慮した製品開発などを進めると、一般的に製造段階での費用がかさみ製品の価格が高くなることが多い。その一方で、使用の段階で消費者が支払うエネルギーの代金が少なくなり、また廃棄段階での処理費用も削減することができる。製造段階での費用のみならず、使用段階や廃棄段階の費用を計算することで、製品のライフサイクル全体での総費用を低減することを目的とした評価の方法。　㊥ ライフサイクルコスト

LCCO$_2$ えるしーしーおうつー　[環-ラ]
life cycle CO_2 (LCCO$_2$) 製品のライフサイクル全体での二酸化炭素(CO_2)排出量。製品に使用される素材の原料を採掘することから、製品の製造、使用、廃棄まで、それぞれの段階で排出されるCO_2の総量を指す。ライフサイクルインベントリー分析の方法を用いて計算される。　㊥ ライフサイクルCO_2

LCSOx えるしーそっくす　[環-ラ]

life cycle SOx (LCSOx)　製品のライフサイクル全体での硫黄酸化物(SOx)の排出量。製品に使用される素材の原料を採掘することから、製品の製造、使用、廃棄まで、それぞれの段階で排出されるSOxの総量を指す。ライフサイクルインベントリー分析の方法を用いて計算される。　⇨ LCCO$_2$　圓 ライフサイクル SOx

LCNOx　えるしーのっくす　[環-ラ]
life cycle NOx (LCNOx)　製品のライフサイクル全体での窒素酸化物(NOx)の排出量。製品に使用される素材の原料を採掘することから、製品の製造、使用、廃棄まで、それぞれの段階で排出されるNOxの総量を指す。ライフサイクルインベントリー分析の方法を用いて計算される。　⇨ LCCO$_2$　圓 ライフサイクル NOx

エルニーニョ現象　えるにーにょげんしょう　[環-温]
El Nino　東部太平洋赤道域の海面水温が平年より高い状態となり、広範な気候変動を引き起こす現象。南方振動現象と合わせてエンソ(ENSO)とも呼ばれる。赤道域では通常、貿易風が吹いており、太平洋西部に暖水が集められているが、数年に一度、暖水が赤道太平洋全域に広がる。ペルーの沖合いの海面水温は湧昇により低く保たれているが、エルニーニョが発生すると軽い暖水が海面を覆い、湧昇が止まる。プランクトンの繁殖も止まり、漁業に大きな打撃となる。日本では暖冬、冷夏になる傾向がある。大気-海洋間の二酸化炭素の分配も大きく変化する。　圓 ENSO、エンソ

LPG　えるぴーじー　[燃-天]
liquified petroleum gas　液化石油ガス、プロパンガス。原油を精留して得られる最も軽いガス成分。常温高圧で液化される。主成分はプロパンであり、プロパンガスと通称され、家庭用あるいはタクシーなどの輸送用燃料として用いられるほか、都市ガスに混合され、発熱量増大に用いられる。　⇨ 液化石油ガス、ブタン、プロパン

LPG自動車　えるぴーじーじどうしゃ　[輸-他]
LPG vehicle　液化石油ガス(LPG)を燃料とする自動車。LPGは、おもに天然ガス製造時や原油精製時の副産物であり、プロパン、エタン、ブタンなどの混合燃料である。常圧で気体であるが、わずかに圧縮することで液化するために、水素や天然ガスなどの石油代替燃料に比べて車両への搭載性に優れる。LPGは火花点火エンジンに使用した際には、熱効率がガソリンエンジンと同等であり、排気触媒の利用により排出ガスも清浄である。ディーゼルエンジンに適用した場合には、排出ガスを低減できる利点があるものの熱効率の低下が課題となる。

エレクトロルミネセンス　えれくとろるみねせんす　[理-電]
electroluminescence (EL)　固体内の電子の運動によって生じる発光。発熱を伴わずに電気エネルギーを直接光エネルギーに変換できる。発光機構としては、電子を電界で加速するだけの場合と、積極的に電子を固体内に注入して電流を流す場合がある。前者は、加速された電子が固体内に含まれる発光分子に衝突し、その分子を励起させることにより、また、後者は、伝導電子が正孔などの低電子準位状態にトラップされることにより、発光が起こる。応用例として、発光ダイオード、LED、半導体レーザ、LD、有機ELがある。

塩化ビニル　えんかびにる　[環-化]
vinyl chloride　有機工業化学ではポリ塩化ビニル(PVC)と一般に呼ばれる。硬質と軟質の付加重合系樹脂である。前者は可塑剤0〜5％を添加しパイプに使用され、後者は可塑剤は30〜50％添加したもので、フィルム、シート、電線被覆などに使用される。使用量が多く廃棄物に含まれるので焼却炉でのダイオキシン発生の原因とされている。最近はマテ

遠心式集じん装置 えんしんしきしゅうじんそうち [環-塵]
centrifugal dust collector 含じんガスに旋回運動を与えることにより、粒子を遠心力で円筒さらに円すいの内壁に衝突、落下させてガスから分離する装置である。旋回運動を与える方法として、円筒の上部に接線方向に入口管を設ける接線流入式と、円筒上部の円筒と出口管の間に旋回羽根を設けた軸流入式とがある。このほか、機械的に羽根を旋回させて回転運動を与える方式も考えられたが、ほとんど実用化されていない。また、旋回運動を得たガスの排出形式に2方式があり、円筒部の下部にある円すい部でさらに大きな回転運動を得たうえで、円すい部下端で反転、上昇し、円筒部上方の出口管から排出される反転形と、円筒部における流入部とは反対側に設けられた出口管から排出される直進形とがある。一般に反転形のほうが高い集じん率が得られる。このうち、接線流入式反転形の形式をサイクロンと呼んでいる。 ⇨ サイクロン、集じん装置、マルチサイクロン

遠心式冷凍機 えんしんしきれいとうき [民-装]
centrifugal refrigerator 圧縮式冷凍機の一形態。大規模工業用などでは遠心式圧縮機が用いられ、モータ駆動のほか高圧蒸気を使用して蒸気タービンで駆動されることも多い。容積式に比べ若干効率が低いことが多いが、回転運動であること、シール部の少ないことなどから設備として安定性が高く、予備機をもたないことが多い。 ⇨ 圧縮式冷凍機

遠心脱水 えんしんだっすい [廃-破]
centrifugal dewatering, centrifugal extract 遠心力により粒子間隙や孔内の液体を除去する操作である。重力場でのキャピラリー定数 $\rho g D_p h_c/(\sigma\cos\theta)=K_c$ の関係から、間隙の大きさが小さくなると毛管上昇高さ h_c は大きくなり、脱水が困難になる。そこで、重力の代わりに遠心力を利用することで脱水を図る。角速度 ω で回転する遠心場において、平均の遠心効果を $Z_m=\bar{r}\omega^2/g$ とすると、毛管上昇高さは実験式 $h_c=0.275/[\sqrt{k_c}\{Z_m\rho g D_p/(\sigma\cos\theta)\}]$ で与えられる。ここに、k_c は液の透過係数である。また、脱水が平衡に達したときの残留平衡飽和度はつぎの実験式 $S_\infty=A\times\{k_c Z_m \rho g/(\sigma\cos\theta)\}^{-0.264}$ で与えられる。ここに、A の値は初期液面高さが5 cm以下のとき 0.025 である。

遠心ヒートポンプ えんしんひーとぽんぷ [熱-ヒ]
centrifugal heat pump 高速度で回転する羽根車の遠心力により冷媒(作動媒体)に速度を与え、その後ディフューザで圧力に変える方式で圧縮させる方式のヒートポンプ。吸込蒸気量が多くとれるため、低圧冷媒が利用しやすく、また大容量機として大〜超大規模用途に使用される。 ⇨ スクリューヒートポンプ

遠心分離法 えんしんぶんりほう [原-燃]
centrifuge separation method ^{235}U と ^{238}U の質量差による遠心力を利用して、遠心分離機を使って ^{235}U の濃度を上げる濃縮方法の一つである。イエローケーキを転換して得られる気体状の六フッ化ウラン(UF$_6$)を、高速で回転する遠心分離機の回転胴内に入れると、重い ^{238}U の UF$_6$ は回転胴の円周側に、軽い ^{235}U の UF$_6$ は軸中心側に集まる。^{235}U が濃集しているガスを取り出し、つぎの遠心分離器に入れて、さらに ^{235}U の濃度を高める。この過程を何回も繰り返すことにより、核燃料として必要な ^{235}U 濃度の UF$_6$ を得る。 ⇨ ウラン濃縮、六フッ化ウラン

エンタルピー えんたるぴー [理-熱]
enthalpy エンタルピー H は系の内部エネルギー U に開いた系の流動仕事 pV を加えたエネルギーであり、$H=U+pV$

(単位 J) により表される。等圧変化のもとでは、系のエンタルピーは加えられた熱量分だけ増加する。また、断熱変化のもとでは、エンタルピーの減少分は系のなす工業仕事と等しい。　⇨ 等圧変化, 比エンタルピー

煙突効果　えんとつこうか　[環−都]
stack effect　周囲空気より温度の高い柱状の空気があると、両者の空気の比重量の差に比例して浮力が生じ、高温空気が上昇し上部開口から流出するとともに周囲の低温空気が下部開口から流入する。この浮力のことを煙突効果、これによる圧力分布や空気の流れを煙突効果現象という。煙突の通気力と原理が同じであるためにこう呼ばれる。この現象は温度差と高さのみによって定まるもので、外壁のすきまの多少とは無関係である。内外温度差が大きくなる冬季には、高層建物のエレベータ室や階段室の煙突効果により、出入口から多量の外気が流入することがあるので、1階の玄関だけでなく、地下駐車場と廊下の間など外気やこれに相当する空気に接する出入口には回転扉、風除室などを設けて気密性を確保する配慮が必要となる。

エントロピー　えんとろぴー　[理−熱]
entropy　エントロピーとは、可逆変化において系に供給される熱量 δQ_{rev} を温度 T で除したものがエントロピーの増加量 $dS=\delta Q_{rev}/T$ (単位 J/K) として定義される状態量である。可逆断熱変化では $\delta Q_{rev}=0$ であることから $dS=0$、つまりエントロピーの増減はない。このような変化を等エントロピー変化と呼ぶ。一方、不可逆熱変化では摩擦などによる熱発生により $dS>0$ となり、エントロピーは増大する。同様に、外部とエネルギーおよび物質のやりとりのない孤立系においては $dS \geqq 0$ であり、エントロピーは増大する。エントロピーが最大となると $dS=0$ の平衡状態となる。これはエントロピー増大の法則と呼ばれ、熱力学第二法則と等価である。また、熱力学第三法則により絶対零度 (0 K) においてはエントロピーは $S=0$ である。これにより、ある温度 T における絶対エントロピーを定義することが可能となる。 ⇨ 比エントロピー, 等エントロピー変化, 熱力学第二法則, 熱力学第三法則

塩類集積　えんるいしゅうせき　[環−農]
salt accumulation　塩類集積は自然要因、人為要因により引き起こされるが、人為要因によるものは、おもに乾燥地・半乾燥地農業で、不適切な灌漑、不適切な耕作パターン、機械の使用による土壌の圧密などにより引き起こされる。代表的な塩類集積のメカニズムは、灌漑により地下水位が上昇し、水分の蒸発散量が降水量より大きくなり、土壌、灌漑水に含まれている塩類が土壌水とともに上方に移動し集積するものである。国連食糧農業機関 (FAO) によると、世界の灌漑農地 2.3 億 ha のうちの 4500 万 ha、乾燥地の農地 15 億 ha のうち 3200 万 ha が人為要因による塩類集積の影響を受けている。

〔お〕

オイル　おいる　[石-油]
oil　室温で液体の原油を含む石油燃料や製品の総称。

オイルアッシュ　おいるあっしゅ　[転-エ]
oil ash　エンジンオイルの燃えかす。

オイルサンド　おいるさんど　[石-油]
oil sand　元来は、油を含有する岩石の一般名称。おもに油井を掘削して石油が採収できるような多孔質砂岩をいう。油が天然アスファルト化していてもこの語が使われ、その場合はタールサンドと同様。

オイルシェール　おいるしぇーる　[石-油]
oil shale　油頁岩。油母すなわち瀝青質の高分子化合物を多量に含み、乾留によって鉱油を得ることができる頁岩。アメリカ、中国、オーストラリアなどに多く分布する。

オイルフェンス　おいるふぇんす　[石-油]
oil boom, oil fence　会場に油流出事故のあった場合、あるいは精油所、油槽所などでタンカー係留時に、万一の油流出に備え、会場での油拡散を合資するために展張させる堰をいう。耐油・耐候性のある合成ゴム引きナイロン布などの一部にポリウレタンフォームや空気を内蔵して浮力をもたせたもの。

O_2/CO_2燃焼　おうつーしーおうつーねんしょう　[環-温]
O_2/CO_2 combustion　純酸素燃焼時に排ガス中の二酸化炭素(CO_2)を混合して酸素濃度を下げて燃焼させる方式。純酸素燃焼はCO_2の回収が容易であるが、燃焼温度が上がりすぎてしまい従来の燃焼装置をそのまま使えない。そこで、排ガス中のCO_2を使って酸素濃度を空気と同じに保つことで、高純度CO_2回収と燃焼性を両立させている。　⇨ 排ガス再循環

往復動圧縮機　おうふくどうあっしゅくき　[熱-機]
reciprocating compressor　ピストンの往復動によりシリンダ内の容積を変化させ、吸入、圧縮を行う。往復動圧縮機は一般に600～1800 rpmの比較的低回転で使用する。これは、ピストンの往復速度の限界と弁機構の構造上の制約による。このため、同じ容積型のスクリュー圧縮機と比較すると、圧縮機の大きさに対して容量が小さいが、小容量の冷凍倉庫や漁船など、その用途は広範に及ぶ。往復動圧縮機には、吸入されたガスを所定の圧力、すなわち吐出圧力まで1段で圧縮する単段圧縮機と、1台の圧縮機でガスを2段階に分けて圧縮する単機2段圧縮機がある。これらの使い分けは、おもに圧縮機の効率を考慮して選定することになる。例えば、吸入ガスの圧力が低い場合、圧縮比が大きくなり、1段で圧縮すると効率が低下すると同時に、吐出ガス温度が上昇し潤滑油の劣化など圧縮機の運転そのものが不可能になる場合もある。なお、往復動圧縮機は駆動軸であるクランクシャフト、クランクシャフトとピストンを連接するコネクティングロッド、ピストン、ピストンを収納するシリンダ、これらの部品をすべて内蔵するクランクケースなどから構成される。
⇨ スクリュー冷凍機　⑩容積型圧縮機、レシプロ圧縮機

往復動冷凍機　おうふくどうれいとうき　[産-冷]
reciprocal refrigerator　圧縮式冷凍機では、冷媒の冷凍サイクルの中に圧縮行程がある。産業用冷凍機では圧縮機としてはターボ圧縮機、スクリュー圧縮機が多いが、冷凍機利用の初期には往復動圧縮機を用いたが、現在は少ない。

応力腐食割れ　おうりょくふしょくわれ　[原-事]

stress corrosion cracking (SCC) 腐食環境中にある金属が，腐食環境にない場合より低い応力で破壊することをいう。これが発生するのは，① 材質的要因，② 応力要因，③ 環境要因の3要因がすべて存在した場合であるので，3要因のうち一つ以上をなくすれば発生を防止することができる。

大型風車 おおがたふうしゃ [自-風]
large wind turbine 国際電気会議(IEC)国際標準では，風車受風面積が$40 m^2$未満の風車を小型風車と定義しているが，近年，大型化が進む中で$200 m^2$未満へと改定される。一方，大型機の定義はない。1990年ごろは500 kWが中型と大型の境界であった。しかし今日ではMW級の風車が普及しており，洋上風車の開発に伴い5 MW級風車が進出しはじめている。このような状況の中で，1 MW以上を大型機，5 MW以上を超大型機と呼ぶ傾向にある。風速を固定したとき，風車出力はが寸法(ロータ直径)の2乗に比例するが，一般的な機械装置はそのコストが重量，したがって体積，つまり寸法の3乗に比例し，結果として大型機ほどコスト高になると想定される。しかしながら，現実はそうではない。その理由として，大型機ほど上空の高い風速を利用できる，基数に比例するコスト(建設重機や保守点検費)が低減する，土地の利用効率が増加する，などが考えられる。特に洋上風車では，陸上と比べて特に割高となる海底の基礎工事費や保守点検費は基数が少ないほど節約される。

オキシダント おきしだんと [理-名]
oxidant ① ほかの物質を酸化し，自らは還元される物質の総称。ほかの分子，原子，イオンから電子を奪いやすい性質をもつものの総称。② オゾン，二酸化窒素，各種有機過酸化物などの，光化学スモッグの主原因とされる酸化性物質の総称。自動車や工場などから排出される窒素酸化物(NOx)や炭化水素などが大気中で光化学反応によって変化し，生成する。 ⇨ 酸化剤

屋上緑化 おくじょうりょっか [環-都]
roof planting 建築物の屋上スペースに樹木や草花などを植栽すること。広義には庭園的な空間をつくる屋上庭園なども含まれる。緑化の効果には，建築物の省エネルギーなどの環境的効果と緑による癒しや安らぎなどの心理的効果がある。省エネルギー効果では，夏季は日射の吸収，蓄熱による室内への熱の流入を低減すること，冬季は断熱効果により室内の熱を逃がさないことなどが期待されている。また，夏季の建築物自体の温度上昇を抑え冷房の運転効率を高め排熱を軽減することや緑の蒸散効果により，都市の気温上昇を抑えることも期待されている。しかし，これらの定量的な検証はまだ不十分である。屋上緑化の技術的課題として，建築物に対する荷重，灌水，土の流出による排水不良，植物の根が防水層を傷つけることによる漏水，風で植栽物が倒れたり土が飛ばないようにすることなどがある。

オクタン価 おくたんか [燃-製]，[燃-燃]，[輸-ガ]
octane number 火花点火式エンジン用燃料のアンチノック性を表す尺度の一つ。ガソリンの性能を示す値の一つとして多用される。単気筒のCFRエンジンを規定条件で運転し，イソオクタン(オクタン価100)とヘプタン(オクタン価0)を混合した正標準燃料と試料のノック強度を比較する。試料と同一のアンチノック性を示す正標準燃料中のイソオクタンの容量%をオクタン価とする。一般に$n-$アルカン類はオクタン価が低く，イソパラフィン類，オレフィン類，芳香族類は高い。 ⇨ ガソリン

汚染原因者負担の原則 おせんげんいんしゃふたんのげんそく [環-制]
polluter pays principle (PPP) 公害対策，汚染調査，浄化，被害の補償において，汚染の原因をつくった者が経費を

負担する原則。

汚染物質 おせんぶっしつ [環-制]
contaminant, pollutant 環境中に排出された物質が，人，生態系，物に悪影響を及ぼす場合，この物質を汚染物質と呼ぶ。汚染物質の排出源としては，火山や森林火災などの自然発生源と人間活動によって排出される人為排出源がある。排出源からの汚染物質には，直接排出されている一次汚染物質と，一次汚染物質が環境中で反応して生成する二次汚染物質がある。例えば，排ガス中に含まれる窒素酸化物(NOx)，炭化水素は一次汚染物質であり，太陽光の存在下でこれらの物質が反応して生成するオゾン(光化学スモッグ)は二次汚染物質である。

オゾン おぞん [理-名]
ozone 分子式 O_3 の酸素の同素体で，生臭い特異臭のある気体。毒性が強く高濃度で吸い込むと肺水腫や肺がんなどの原因となり，1～2 ppm 程の低濃度でも長時間吸い込むと危険。非常に強い酸化力をもつため，殺菌や漂白，有害物質の分解などに利用されることがある。酸素中で無声放電を行うなどして製造する。成層圏に存在するオゾン層は紫外線が地表に到達するのを妨げる作用をもつ。

オゾン層破壊 おぞんそうはかい [環-オ]
ozone layer depletion フロンをはじめとするフロン類が成層圏に至り，紫外線により塩素ラジカルを生成し，オゾンおよびオゾン生成に用いられる酸素ラジカルを連鎖的に繰り返し破壊消滅させること。これにより成層圏オゾンが失われる。

オゾン層破壊係数 おぞんそうはかいけいすう [環-オ]
ozone layer depletion potential (ODP) フロンなどのオゾン層破壊物質の，オゾン層破壊能の強さを相対的に表した係数。

オゾン層保護に関するモントリオール議定書 おぞんそうほごにかんするもんとりおーるぎていしょ [環-国]
Montreal Protocol on Substances that Deplete the Ozone Layer オゾン層の保護のためのウィーン条約(1985年)に基づき，クロロフルオロカーボンなどのオゾン層破壊物質によるオゾン層の変化による悪影響を防止するため，オゾン層を破壊する物質の生産，消費および貿易の規制ならびに最新の科学，環境，技術および経済に関する情報に基づく規制措置の評価，および再検討を定めたものであり，1987年に採択された。なお，モントリオール議定書以降も規制物質の追加，規制スケジュールの前倒しなどの規制措置の強化が行われてきた。

オゾンホール おぞんほーる [環-オ]
ozone hole オゾン層破壊は特に南極で顕著であり，オゾン濃度が極端に薄い場所が季節的に南極上に発生する。これをオゾンホールという。 ⇨ オゾン層破壊

オットーサイクル おっとーさいくる [理-内]
Otto cycle 受熱過程が定容変化なので定容サイクルともいわれる。ドイツのオットー(N. Otto, 1876)がつくったガス機関にちなむ理想サイクルの一つ。断熱圧縮，定容受熱，断熱膨張，定容排熱の四つの可逆変化からなる。熱効率が動作ガスの比熱比と圧縮比のみで決まり，受熱量によらないという特徴をもち，これはブレントンガスタービンサイクルと同じ。火花点火機関の理想化されたサイクルとされることもある。ディーゼルサ

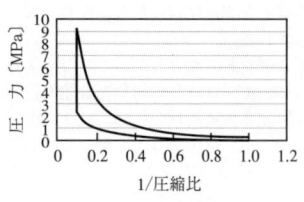

図 1　オットーサイクルの p-v 線図
(圧縮比=10, $\Delta T = 2000$ K)

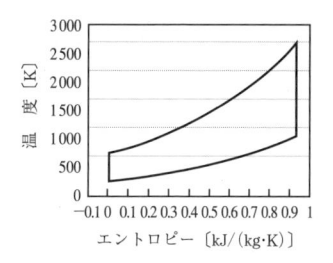

図2 オットーサイクルの T-s 線図
（圧縮比=10, ΔT=2000K）

イクルと比較すると，熱効率は圧縮比一定ではオットーサイクルが，最高温度一定ではディーゼルサイクルが勝る。

汚泥 おでい ［廃-個］
sludge 有機性，無機性を含むすべての泥状物質の総称である。産業廃棄物として排水処理汚泥，食品汚泥，建設汚泥，下水汚泥などがある(浚渫汚泥は除外される)。水分，流動性によってスラリー(泥水)，脱水ケーキの区分をする。減量化処理のため脱水，乾燥，焼却などが行われる。再生利用率は1割以下ときわめて低いが，原料・エネルギー化のため，有機汚泥は肥料化，バイオガス化が，無機性汚泥はスラグ化，セメント原料化が行われつつある。 ⇒スラッジ

汚泥焼却炉 おでいしょうきゃくろ ［環-リ］
sludge incinerator 廃液中から分離された汚泥と呼ばれる廃棄物を通常脱水し，それを焼却処理する装置をいう。処理する汚泥は自ら有する熱量の違いに応じて自燃もしくは補助燃料を付加され燃焼する。燃焼によって発生する熱は廃熱回収装置により燃焼用空気の昇温や脱水汚泥の乾燥用熱源などとして回収され，炉の燃焼必要熱量として全量消費されることが一般的である。そのほか，環境保護のため排ガス処理設備が付帯される。

オフガス おふがす ［燃-製］
off gas 石油精製，石油化学工場などで原料油などの炭化水素の蒸留，分解，改質などのプロセスで副生するガス。ブタン(C_4)以下の軽質炭化水素，硫化水素，アンモニア，一酸化炭素，二酸化炭素などを含む。軽質炭化水素は回収して燃料や化学原料として利用され，残った発熱量の少ないガスは焼却処分されてきたが，最近は焼却処分を行わない完全利用も行われている。

オフサイトセンター おふさいとせんたー ［原-安］
off-site emergency managing control center 原子力災害対策特別措置法により，原子力緊急事態が発生した場合に，現地において，国の原子力災害現地対策本部や地方自治体の災害対策本部などが情報を共有しながら，連携のとれた応急措置などを講じていくための拠点として，緊急事態応急対策拠点施設(オフサイトセンター)を設けることになっている。 ⇒防災対策

オフショア天然ガス おふしょあてんねんがす ［石-ガ］
offshore natural gas 陸域(オンショア)に対して，海域(オフショア)に存在する天然ガスのこと。アジア，太平洋，ヨーロッパ地域に多く分布している。

OPEC おぺっく ［石-社］
Organization of Petroleum Exporting Countries (OPEC) 石油輸出国機構。産油輸出国の間で結成され，加盟国の石油政策を調整統一し，相互の利益保護を図ることを目的とする国際機構で，1960年にサウジアラビア，クウェート，イラン，イラク，ベネズエラの5か国で結成された。その後，カタール，インドネシア，リビア，アラブ首長国連邦，アルジェリア，ナイジェリア，エクアドル，ガボンの8か国が加わった。国際石油会社の公示価格引下げに対抗して，産油国の地位を向上させ，国際石油市場の動向に大きな影響を与えている。OPEC諸国は，現在世界の原油生産量の約41％，確認埋蔵量の約79％を占めている。 ⇒石油輸出国機構

親核種 おやかくしゅ [原-核]
parent nuclide　放射性崩壊によって，特定の核種(娘核種)が生成されるとき，その生みの親にあたる核種を親核種という。親核種は，一世代の親子に限らず，特定の崩壊系列の先祖にあたる核種でもかまわない。　⇨ 崩壊，崩壊系列，娘核種

オリノコタール おりのこたーる [石-油]
Orinoco tar　ベネズエラのオリノコ川流域に産し，比較的多量の水分を含有する重質油のこと。

オリマルジョン おりまるじょん [石-油]
orimulsion　オリノコタールを乳化させて製造されたエマルジョン燃料の通称。

オルザットガス分析装置 おるざっとがすぶんせきそうち [理-析]
Orsat gas analyzer　一定量の気体に含まれる二酸化炭素(CO_2)，一酸化炭素(CO)，酸素(O_2)を吸収液に吸収させることで，その体積減少をもとに気体中に含まれる上記ガス成分の濃度を測定する装置。試料気体を効率よく吸収液に吸収させるため，操作性を重んじたガラス管構造のものが通常用いられている。CO_2吸収液には水酸化カリウム水溶液，CO吸収液にはアンモニア性塩化銅，O_2吸収液にはアルカリ性ピロガロール水溶液が用いられている。簡便な装置であるため，燃焼管理を目的とする燃焼排ガスの簡易分析にも以前は用いられていた。

オンサイト水素製造 おんさいとすいそせいぞう [石-油]，[燃-水]
onsite hydrogen production　水素消費現場において水素をその場(オンサイト)で製造する方法。小型電気分解，メタノール水蒸気改質，炭化水素〔天然ガス，液化石油ガス(LPG)〕水蒸気改質などの方法があげられる。

オンサイト発電 おんさいとはつでん [利-電]
onsite power generation　電力需要地で発電を行うこと。通常，コジェネレーションシステムを導入した熱電併給が行われる。ピークカットによる電力コスト削減，熱電併給による高効率化が期待できる。　⇨ 分散型発電

温室効果 おんしつこうか [環-温]
greenhouse effect　大気中の水蒸気や二酸化炭素などが地表からの赤外放射を吸収することによって，下層大気が暖められる現象。温室のガラスやビニルと類似の効果があることから名付けられた。この効果をもつ気体(温室効果ガス)は日射を素通りさせるが，地表からの赤外放射を吸収することにより，地球のエネルギー収支を変え，地表付近の温度を上昇させる。一方，雲や浮遊粒子状物質(エアロゾル)は散乱により地表に到達する日射を減じ，温室効果とは逆の働きをもつ(日傘効果)。　⇨ 温室効果ガス，地球温暖化

温室効果ガス おんしつこうかがす [環-温]
greenhouse gas (GHG)　温室効果により地球温暖化をもたらす気体。水蒸気など赤外域に吸収を有する気体はすべて温室効果ガスとなりうるが，その存在量，モル吸光係数，既存物質との吸収帯の重なり，大気寿命などによって，温室効果の度合いは異なる(地球温暖化係数)。京都議定書では，二酸化炭素，メタン，一酸化二窒素，ヒドロフルオロカーボン類(HFC)，ペルフルオロカーボン類(PFC)，および六フッ化硫黄が削減対象となっている。　⇨ 温室効果，温暖化ガス，地球温暖化係数，二酸化炭素　⇨ 地球温暖化物質

温室効果ガスユニット おんしつこうかがすゆにっと [社-温]
GHG unit, greenhouse gas units
AAU (assigned amount units), RMU (removable units), ERUs (emission reduction units), CERs (certified emission reductions)の総称。それぞれ，初期割当の排出権，シンククレジット，共同実施(JI)クレジット，クリーン

開発メカニズム(CDM)クレジットを表し，各国レジストリー内に，国や企業の口座(アカウント)が開設され，その間を移転される。これらのユニットの総量と排出量を比較することで順守が判断される。　⇨ インベントリーとレジストリー，共同実施，京都議定書，京都メカニズム，クリーン開発メカニズム，排出権取引，マラケシュコード

オンス　おんす　[理-単]
ounce　ヤード・ポンド法に基づく質量の単位で，記号 oz で表される。1 oz はおよそ 28.3 g である。

温水吸収冷凍機　おんすいきゅうしゅうれいとうき　[熱-冷]
hot water operated absorption water chiller　吸収溶液を加熱再生する熱源として温水を使用して吸収サイクルを運転し，冷水を製造，供給する吸収冷凍機。通常単効用サイクルであり，成績係数は 0.7〜0.8 と低いが，コジェネレーションまたは産業用設備からの排温水を利用して冷凍運転を行い，設備全体の総合効率を向上させることができる。　⇨ 成績係数，二重効用蒸気吸収冷凍機　㊥ 温水焚吸収冷凍機

温水槽　おんすいそう　[熱-蓄]
hot water storage stratum　蓄熱システムにおいて，温水を蓄える蓄熱槽。温水蓄熱は蓄熱媒体と蓄熱槽周辺との温度差が冷水蓄熱に比べて大きいため，蓄熱時の熱損失が大きくなる傾向がある。そのため蓄熱時の設定水温を下げるくふうが設計，運用に求められる。建築物の暖房負荷が冬期のみの場合は，夏期，中間期は配管を切り換えて冷水槽としても使用することが可能。

温暖化ガス　おんだんかがす　[石-環]
greenhouse gas　温室効果ガス。地球温暖化の要因となる温室効果をもつ二酸化炭素，メタン，亜酸化窒素(一酸化二窒素)，対流圏オゾン，クロロフルオロカーボン(CFC)に代表されるガスの総称。温暖化ガスによる地球温暖化を防止するため，日本では 1989 年に地球温暖化防止行動計画を定めており，1992 年には気候変動に関する国際連合枠組条約が採択されている。　⇨ 温室効果ガス

温暖化抑制に関する京都議定書　おんだんかよくせいにかんするきょうとぎていしょ　[環-国]
Kyoto Protocol　⇨ 京都議定書

温度　おんど　[理-科]
temperature　物体を構成する分子や原子の熱運動エネルギーレベルの高低を示す状態量(スカラ量，単位 K，ケルビン)。電子，原子，分子などの一粒子の質量を m，速度を v とすると，粒子の運動エネルギーと温度 T の関係は，$mv^2/2 = kT/2$ となる。k はボルツマン定数である。すなわち各粒子とその運動の形態により各種の温度(電子・原子・分子，回転・並進・振動など)が定義され，運動が停止した状態が絶対温度の 0 K である。

一般的には温冷の感覚を示す尺度として使われる。温度を計測する装置が温度計であり，国際温度目盛(ITS 90)で 14 の定義定点が定められて基準となっている。その一つが水の三重点 273.16 K (0.01 ℃) であり，1 K は水の三重点温度の 1/273.16 倍の値である。

温度境界層　おんどきょうかいそう　[理-伝]
thermal boundary layer　流体がその温度と異なる温度の壁面に沿って流れるとき，壁面近傍には温度こう配が生じる領域が形成される。この壁面近傍において，流体の温度が変化する領域を温度境界層と呼ぶ。この層の厚さは流れの方向とともに厚くなる。

温度係数　おんどけいすう　[原-技]
temperature coefficient　反応度係数の一つであり，減速材温度係数と燃料温度係数(ドップラー係数ともいう)の 2 種がある。前者は，減速材の温度変化に対する反応度変化の比によって定義される。減速材の温度が上昇すれば，減速材

は膨張によってその密度は低下し、中性子の減速は少なくなるので反応度は小さくなる。すなわち、ボイド係数と同様に、一般には減速材温度係数は負である。後者は、燃料温度上昇に伴い ^{238}U や ^{240}Pu の熱運動が激しくなり、中性子からみた共鳴吸収断面積が実効的に増加するため、中性子の共鳴吸収が増加する結果、反応度が下がる。燃料温度変化に対する反応度変化の比をドップラー係数という。すなわち、ドップラー係数もまた負である。反応度投入に対するフィードバックは、ドップラー反応度が時間的に最も速い。 ⇨ ボイド係数

温度差エネルギー おんどさえねるぎー [熱-シ]
unexploited energy of natural fluid
大気や水を熱源とし、それらが有する熱エネルギーをヒートポンプを利用してくみ出し、熱供給に用いることができる。この熱エネルギーは大気や水のもつ内部エネルギーにほかならない。このときの熱量は「物質の質量×比熱×温度差」によって与えられるため、温度差エネルギーと呼ばれる。家庭に普及しているエアコンで暖房する場合、外気の温度差エネルギーを使用している。そのほか、河川水、海水、下水処理水などが温度差エネルギー源として実際に利用されている。 ⇨ 顕熱、内部エネルギー

温度センサ おんどせんさ [熱-材]
temperature sensor 温度測定装置の検出部であり、被測定物体の温度に対応して変化する検出部の物理的特性値を利用して温度測定を行う。熱利用機器では、熱電対、サーミスタなどの接触式温度センサを取り付けて主要部温度を検出し、機器の運転制御を行うのが一般的である。 ⇨ ゼーベック効果、熱電対

温排水 おんはいすい [熱-機]
thermal effluent 原子力発電所や火力発電所では、海水を取水し、復水器を通過する蒸気を冷やす冷却水として使用した後、海に放流する。こうして放流される海水は、取水されたときより温度が上昇することから、一般に温排水と呼ばれている。温排水の温度上昇幅は、発電所によって多少異なるが、7℃程度で設計されていることが多い。温排水の量については、発電システムや効率などによる違いがあり、例えば、発電出力100万kW級の場合、原子力発電所では約80 m^3/s 程度、汽力発電方式の火力発電所では約40〜45 m^3/s 程度、コンバインドサイクル発電方式の火力発電所では約30 m^3/s 程度になる。 ⇨ 原子力発電、復水器

音波集じん装置 おんぱしゅうじんそうち [環-塵]
sonic precipitator 粗密波である音波により粒子が振動運動をすると、粒子径によって振幅が異なるために粒子どうしの衝突による凝集が起きることを利用して、凝集粗大化した粒子を比較的簡単なサイクロンや慣性力集じん装置において捕集する装置。1950年代に研究開発が行われたが、現在では使われていない。 ⇨ 慣性力集じん装置、サイクロン

〔か〕

加圧器　かあつき　[原-技]
pressurizer (PR)　加圧水型原子炉(PWR)において一次冷却水の沸騰を抑えるために，一次冷却系内部を加圧状態にして，その圧力を維持すると同時に，炉容器内水位を保持するための装置である。一般的には，立置円筒形の鋼鉄製である。

加圧水型原子炉　かあつすいがたげんしろ　[原-炉]
pressurized water reactor (PWR)　炉心で発生した熱を受けた原子炉冷却水を高い圧力（ふつう100～150気圧くらい）を加えて沸騰を抑え，この冷却水（一次冷却水）は高温水として蒸気発生器に導かれる。この高温の冷却材は蒸気発生器において別の水（二次冷却水）に熱を伝えてこれを蒸気に変え，発電機のタービンを駆動させるという間接サイクル方式による軽水炉である。燃料に低濃縮ウラン，減速材と冷却材に軽水(H_2O)を用いている。　⇨ 軽水炉，沸騰水型原子炉　⑩ 加圧水炉

加圧脱水　かあつだっすい　[廃-破]
expression, pressurized dewatering, pressurized extract　加圧脱水は，スラリーやペースト状の固液混合物を液体のみを通過させる搾布などに収容して，これを機械的に圧縮脱水して圧縮ケークと液体とに分離する操作である．ろ過で得られるろ過ケークよりさらに低含水率のケークが生成され，ろ過よりさらに高度な脱水を目的とする場合に利用される．　⑩ 圧搾

加圧流動層燃焼　かあつりゅうどうそうねんしょう　[燃-固]
pressurized fluidized bed combustion (PFBC)　通常，大気圧下で行われる流動層燃焼を1.0～1.5 MPaの加圧雰囲気で行う燃焼方式。通常，ガスタービンと組み合わせて複合サイクル発電を行うための燃焼装置として利用される。燃焼装置全体を加圧容器に収容し，燃料の石炭は水と混合したスラリーとして容器外部より連続供給される。加圧条件では燃焼速度が大幅に向上するため，高い燃焼効率が得られる。また，加圧条件では窒素酸化物(NOx)も低くなり，炉内脱硫も通常の流動層燃焼と同様に行うことが可能なため，環境負荷の低い燃焼法となる。　⇨ 加圧流動層ボイラ，流動層燃焼　⑩ 加圧流動層燃焼装置

加圧流動層ボイラ　かあつりゅうどうそうぼいら　[転-ボ]
pressurized fluidized bed boiler (PFBC)　燃焼炉の底部から高速で空気を吹き込むことによって，石灰石，砂などの流体媒体が流体化する。これを流動層といい，流体化した固体粒子の層である。この流動層内および対流部に伝熱面を配置し，粗粉砕した石炭などの可燃物質を投入して800～900℃で燃焼させ，熱回収するボイラを流動床ボイラという。流動床ボイラには常圧方式と加圧方式があり，常圧方式では通常のボイラと同様に常圧で燃焼させるのに対し，加圧方式では，1 MPa以上に加圧して燃焼させる。この加圧して燃焼することで燃焼により生じた圧力を膨張タービンなどにより回収することができる。

加圧流動層ボイラを中心として，高効率な発電システムを構成できる。　⇨ 加圧流動層燃焼　⑩ 流動層ボイラ

ガイア仮説　がいあかせつ　[環-エ]
Gaia hypothesis　James Lovelockにより提唱された仮説。地球の生物相とそれを取り巻く環境があたかも一つの生命体のように振る舞って，地上の生命システムを制御し，生命に適した環境を維持しているのだと主張する理論。このよう

**な生物相-環境のシステムをギリシャ神話の大地の女神にちなんでガイアと呼び，生物相のほか，地表に近い岩石，海，大気を含む。Lovelockは，地球上の生命誕生後，太陽からの熱が25％以上増えたにもかかわらず，地表温度がほぼ一定に保たれてきたことなど，地表温度，大気組成，海の塩分濃度などが全体として一つの身体のように制御されている証拠をいくつかあげて，この仮説の妥当性を主張している。　同ガイア仮説

外気冷房 がいきれいぼう　［民-ビ］
outdoor air cooling　冬期や中間期で外気温度が室温より低いときに冷房負荷が発生した場合，取入れ外気量を増加して冷房に利用する手法。エネルギーの視点でいえば，外気エンタルピーが室内空気エンタルピーより十分低い場合に有効である。これにより熱源運転の軽減すなわち省エネを図ることが可能である。

改質ガス かいしつがす　［理-炎］
refined gas　化学反応により炭化水素の組成や構造を変化させたガスをいう。製造方法として，天然ガスやナフサなどをニッケル触媒上で水蒸気と反応させて水素と一酸化炭素の混合ガスを製造する水蒸気改質，およびナフサに水素を加えて，白金と酸化アルミニウム触媒上で高オクタン価のガソリンや石油化学原料としての芳香族炭化水素を製造する接触改質がある。改質ガスの用途として，ガスエンジン，燃料電池，蒸気タービンなどの発電燃料がある。

回収式熱交換器 かいしゅうしきねつこうかんき　［熱-交］
recuperative heat exchanger　同一流体どうしで熱交換を行う熱交換器を指す。排ガスの熱で燃焼用空気を加熱する，ガスタービンの再生器などがこれにあたる。同様のものに再生式熱交換器(regenerative heat exchanger)があるが，こちらは，いったん別の形態でエネルギーを回収または蓄熱し，熱交換を行う熱交換器であり，蓄熱式熱交換器とも呼ばれる。

灰色体 かいしょくたい，はいいろたい　［理-光］
gray body, grey body　すべての波長で，分光放射率が同じ温度における黒体(注がれる放射エネルギーを全部吸収する物体)の分光放射率とその比が一定であるような物体のことをいう。この特性をもたない物体を非灰色体という。

海水ウラン かいすいうらん　［原-廃］
uranium from seawater　海水中には約40億tの大量のウランが含まれているため潜在的価値は大きいが，その濃度が平均3ppb程度ときわめて薄いため，経済的に回収することが難しいとみられている。共沈法，有機・無機吸着剤吸着法，浮選法，溶媒抽出法，生体濃縮法などの採取方法があるが，ウランの採取効率などの点から吸着法が有望であると考えられている。一般に，吸着量は，海水中のウラン濃度が高いことのほか，吸着剤とウラン含有海水との接触量が多いことなどによって決まる。潮の満ち引きを利用するダム方式，海の流れ(海流)を利用する方式などの海水と吸着剤をより多く接触させるための方法がある。

海水濃度差発電 かいすいのうどさはつでん　［自-海］
generation using ocean concentration　物質には，それぞれ固有のギブスのエネルギーを保有しており，その値は，一般に温度，圧力や濃度の示強性状態量によって異なる値をもつ。等温等圧でも濃度が異なるとギブスのエネルギーが異なってくる。濃度差発電は，このギブスのエネルギー差を浸透圧力差，蒸気圧力差や濃度差電位などに変換して発電する。例えば，海水や塩湖水は，太陽エネルギーを受けてより高い塩分濃度の液体となるから，淡水湖や河川との濃度差を利用して発電することが可能となる。溶質と溶媒の組合せや大きい濃度差を得ることの困難さから実用化にはほど遠い状況にある。

海水揚水式発電 かいすいようすいしきはつでん [電-他]
pumped storage power generation 淡水を利用した従来の揚水発電方式と原理的には同じであるが，下池に海を利用する点が大きく異なる。

階層分析法 かいそうぶんせきほう [理-解]
analytic hierarchy process 意思決定法の一つ。意思決定にかかわる要素を，問題，評価基準，代替案の「階層構造」としてとらえ，階層ごとに一対比較を行い，各代替案の優先度を定量的に比較する手法。主観判断を扱う問題に有効。 ⇨ AHP法

階段ストーカ かいだんすとーか [燃-固]
multi-stage grate stoker 火格子燃焼装置の一つの方式。傾斜している階段状の火格子の最上段に燃料を供給して燃焼させ，重力を利用して燃料を順次傾斜下部の火格子に移動させる。最下部では燃えがらを排出する。階段式では最上段では乾燥と熱分解を生じ，順次下段で燃焼が進行する。このため，燃焼を完全に行いやすく，都市ごみなどの水分を含むごみの燃焼に適している。 ⇨ 散布式ストーカ，火格子燃焼

解糖系 かいとうけい [生-反]
glycolytic pathway 糖分解の基本的代謝経路。グルコースがピルビン酸を経て最終生成物である乳酸にまで分解される嫌気的代謝経路では，グルコース1分子当り2分子のアデノシン三リン酸 (ATP)が生成される。 ⇨ 解糖

開発途上国 かいはつとじょうこく [社-経]
developing country 先進工業国と開発途上国(発展途上国ともいう)の明確な分類基準があるわけではない。一般に人口1人当りの所得水準が低く，産業構造が一次産業に偏った国を開発途上国と呼ぶ。国連，世界銀行，経済協力開発機構(OECD)などが異なった定義を用いている。世界銀行では各国の国民1人当りの国民総生産(GNP)を基準に，低所得国，中所得国，高所得国の3グループに分類する。低所得国と中所得国が一般にいう開発途上国で，高所得国が先進工業国である。OECDの開発援助委員会は，開発途上国を定義せず政府開発援助(ODA)対象の国々をリストしている〔開発援助委員会(DAC)リスト〕。開発途上国は1960年代まで後進国，低開発国などと呼ばれたが，差別的という理由で開発途上国に統一された。 ⇨ 発展途上国

外部条件 がいぶじょうけん [自-風]
external condition 風車の設計に不可欠の概念。IEC 61400-1 "Wind turbine generator systems–Part 1: Safety requirements"およびJIS C 1400-1(風力発電システム第1部-安全要件)では，風車の運転に影響を与える要素であって，風の条件，電力系統の状態，およびそのほかの気象条件(温度，雪，氷など)からなる，と定義されている。風は風力発電設備にとっては入力エネルギー源であり，第一義的に重要であり，また電力系統は風力発電設備の出力先である。そのほかの条件は，落雷などほかの気象条件のほかに，複雑な地形や狭い道路，国定公園の指定，など多くの自然的，社会的なあらゆる環境条件を含むべきものである。風車の設計において，外部条件は，正常の外部条件および極値外部条件に分けられる。正常の外部条件は，長期的な構造荷重を評価し，極値外部条件はまれではあるが危機的荷重を評価する。こうして評価される荷重ケースは，多様な外部条件下における風車の運転状態と組み合わせて検討される。

外部蒸発熱 がいぶじょうはつねつ [利-理]
external heat of vaporization 蒸発熱のうち，体積増加に消費されたエネルギーをいう。 ⇨ 蒸発熱

外部性 がいぶせい [社-経]
externality 外部経済と外部不経済を

合わせて外部性(外部効果)と呼ぶ。外部性はある経済主体の行動がほかの経済主体に影響を及ぼすことである。ほかの経済主体にプラスの影響であれば外部経済といい，マイナスの影響であれば外部不経済という。外部性は，金銭的(市場的)外部性と技術的外部性に分類される。金銭的外部性は，ある経済主体の行動が市場を通じて波及する効果で，鉄道の開発利益の発生による土地価格の上昇などが実例となる。技術的外部性は，ある経済主体の行動が市場を通じないでほかの経済主体に影響を与えることで，公害問題などが実例となる。金銭的外部性は市場をゆがめる要因とならないが，技術的外部性は市場をゆがめる要因すなわち市場の失敗となる。

外部被ばく がいぶひばく [原-放]
external exposure 身体の外にある放射性物質から放射線を受けることをいう。一般の人の受ける外部被ばくとしては，宇宙線，大地，さらに建造物などの中の放射性物質などからの放射線があり，X線による診断も含まれる。
⇨ 内部被ばく 國体外被ばく

開閉装置 かいへいそうち [電-機]
switching device 定格連続負荷電流を開いたり閉じたりできる機械的装置をいう。

海洋エネルギー かいようえねるぎー [自-海]
ocean energy 海洋エネルギーは，海水そのものが有するエネルギーと，海洋の空間を利用するものに大別できる。前者には，熱エネルギーとしての海洋温度差，運動エネルギーとしての波力，海流，潮流，位置エネルギーとしての潮汐や，海水と淡水の間の塩分濃度差を利用した濃度差などのエネルギーがある。後者には，洋上での風力や太陽エネルギーの利用，海中でのバイオマス利用などがある。海洋エネルギーは，ほかの自然エネルギーと比較して波力発電や海洋温度差発電など，エネルギー密度の高いのが特徴である。

海洋温度差発電 かいようおんどさはつでん [自-海]，[電-他]
ocean thermal energy conversion (OTEC) 海洋の表層の温かい温海水(20〜30 ℃)と深層の深さ600〜1 000 mほどの冷たい冷海水(3〜12 ℃)との温度差による熱エネルギーを利用して，電気エネルギーに変換する発電システムである。暖かい海水で蒸発させタービンを回し，冷たい海水で作動媒体をもとの状態に戻す。

海洋温度差発電の原理は，1881年にフランスの J. D'Arsonval が提案して以来，多くの研究がなされている。発電方式には，アンモニアなどを作動流体として用いるクローズドサイクル方式と，海水を直接蒸発させるオープンサイクル方式とに大別される。エネルギー量は，わが国の経済水域内において，石油換算で約86億tに相当するとの試算がなされている。

海洋施肥 かいようせひ [環-温]
ocean fertilization アンモニアや鉄分が不足している海域に鉄粉を散布して藻類の繁殖を助け，藻類による二酸化炭素の吸収を増大させる方法である。1 km²当り約1 tの鉄粉を定期的に散布する必要がある。

海洋油田 かいようゆでん [石-油]
offshore oil field 海域に存在する油田。現在開発されている油田は大部分が大陸棚に存在するが，今後，大陸斜面など水深の深い海域へ開発が進む傾向にある。

解離エネルギー かいりえねるぎー [理-反]
dissociation energy 分子をその分子を構成する原子やより小さなフラグメントに解離するのに伴うエネルギー変化量を解離エネルギーという。反応熱の一種であり，もとの分子と解離生成物との間のエンタルピー差に相当する。

海陸風 かいりくふう [理-環]

land- and sea-breeze　海岸付近で起こる昼間と夜間で風向が反対となる風をいう。昼間，日射で熱せられている海と陸が，海水の比熱が陸地のそれよりも大きいため，陸のほうが海よりも温度が上がりやすい。これにより陸地で上昇した空気は海上で下降し，地表では海から陸へ向かう空気の流れができる。これが海から陸へ吹く「海風」である。反対に夜間は陸のほうが海より冷えるために，空気は海上で上昇，陸地で下降することとなり，地表では陸から海へ向かう風が吹くこととなる（「陸風」）。海陸風は，夏の気圧こう配の緩やかな晴天のときに吹きやすい。海風の最も発達するのは午後2時から3時ごろにかけてで，海風が陸風より強く，吹き及ぶ範囲も広いともいわれている。　⇨山谷風

海流発電　かいりゅうはつでん　[自-海]
ocean current generation　地球の表面積の3/4を占める海洋は，太陽熱入射量の緯度高低に伴う変化や風の影響さらには地球の自転による影響を受けて，海洋に大循環が形成されている。例えば，日本の南岸沿岸に沿って流れる黒潮暖流は，流量が3 000～5 000万 m^3/s，流速が0.5～2.5 m/sで流域幅は最大120 kmにも及ぶといわれている。この海流の運動エネルギーを水車などを利用して発電しようとする発電装置である。単位面積当りの海流パワーP〔kW/m^2〕は，一般に$P ≒ 0.5V^3$〔Vは海流の流速(m/s)となる。黒潮の賦存エネルギー量は，水深1 000 mで流速0.5 m/sでも約660万 kWとなる。世界全体の海流の賦存エネルギー量は$5×10^7$ kW程度と試算されている。しかし，エネルギー密度が小さくかつ海洋構造物の係留の問題などから構想段階で終わっている。

改良型加圧流動床複合発電　かいりょうがたかあつりゅうどうしょうふくごうはつでん　[電-火]
advanced pressurized fluidized bed combustion (APFBC)　加圧下で燃焼させる流動床ボイラと蒸気タービンおよびガスタービンより構成する複合発電方式。熱効率の向上や発電設備のコンパクト化が図られている。

改良型沸騰水型原子炉　かいりょうがたふっとうすいがたげんしろ　[電-火]
advanced boiling water reactor (ABWR)　従来の沸騰水型原子炉(BWR)より種種の改良設計を採用している原子炉のこと。運転性の向上，経済性の向上，稼働率・設備利用率の向上，被ばくの低減，信頼性・安全性の向上が図られている。代表的な改良点として，原子炉圧力容器底部に直接再循環ポンプを取り付けるインターナルポンプ，電動・水圧駆動併用の制御棒駆動機構，プレストレストコンクリート製原子炉格納容器(PCCV)，ディジタル技術およびマンマシンインタフェースの充実などがあげられる。　⇨ABWR，沸騰水型原子炉

火 炎　かえん　[理-炎], [燃-気]
flame　発熱と発光を伴った，燃料と酸化剤との急激な化学反応(酸化反応)が燃焼現象であり，特に気相の酸化反応により，空間的に狭い領域において活発な燃焼反応がみられる場合，これを火炎という。通常の燃焼では急激な発熱を伴って熱炎となるが，条件によって熱炎の前段階にほとんど発光せずに温度の低い冷炎も例外的にある。火炎には燃料と酸素あるいは空気の混合気の形成方法によって2種類ある。一つはブンゼンバーナのように，燃料と酸素あるいは空気をあらかじめ混合した可燃性混合気を燃焼する場合の予混合火炎である。もう一つは燃料と酸素あるいは空気を拡散，混合して燃焼する拡散火炎で，バーナから燃料ガスのみを噴出したときの燃焼，液体燃料の噴霧燃焼，固体燃料の燃焼などは拡散火炎として燃焼が行われる。また，火炎には流体の流れと同様に層流火炎と乱流火炎がある。ろうそくのような層流火炎では，内炎と炎の周辺をなす外炎が形成さ

れる。アルコールを燃焼したときの火炎は青炎となる。　⇨ 火

火炎速度　かえんそくど　[理-燃]
flame velocity　可燃性気体中を伝ぱする火炎の速度。燃焼速度とは異なり、気体の熱力学的状態だけでは決まらない。すなわち、伝ぱする管や容器の形、点火してからの時間などに依存する量である。

火炎伝ぱ　かえんでんぱ　[燃-気]
flame propagation　あらかじめ燃料と酸化剤を混合した予混合気体中で、火炎が伝ぱする現象であり、予混合火炎に特有な性質である。　⇨ 燃焼速度

化学エネルギー　かがくえねるぎー　[理-化]
chemical energy　原子が結合して分子が生成するときのエネルギーや分子がたがいに反応してほかの分子が生成するときのエネルギーを化学エネルギーという。代表的な例は燃料の燃焼による発熱で、暖房、加熱、機械力などに用いられる。電池では化学エネルギーを電力に変換している。

化学吸着　かがくきゅうちゃく　[理-操]
chemical adsorption, chemisorption　気体または液体の分子あるいは原子が固体表面との間に強い化学結合を形成する吸着プロセスのことをいう。吸着熱が化学反応の熱程度(40～400 kJ/mol)の大きさをもつことにより、ファンデルワールス力(分子間力)による物理吸着と区別される。被吸着面をもつ固体のことを吸着剤と呼び、通常の吸着プロセスでは比表面積の大きい多孔質な固体が用いられる。

化学産業　かがくさんぎょう　[産-化]
chemical industry　医薬品、プラスチック材料、石油化学、広く素材産業など、化学反応を用いて有用な物質を製造する産業は非常に多い。これらをまとめて化学産業という。

価格弾力性　かかくだんりょくせい　[社-全]
price elasticity　GDPとエネルギー消費の関係を所得弾力性というのに対して、エネルギー価格とエネルギー消費の関係を、すなわちエネルギー価格が1%上がると(下がると)とエネルギー消費は何%下がる(上がる)か定量的に示すものである。所得弾力性は通常はプラスであるが、価格弾力性はマイナスである。一般的にいってエネルギー消費の価格弾力性は、エネルギーが必需品であることもあって小さい。しかし、石油危機時のように価格が爆発的に高騰する場合は、短期的にはともかく、長期的には石油代替エネルギーへの転換、省エネルギーが促進すると価格弾力性は大きくなる。価格上昇は技術進歩を加速する。　⇨ エネルギー消費のGDP弾性値

化学蓄熱　かがくちくねつ　[理-反]
chemical heat storage　可逆的な化学反応による熱の出入りを利用してエネルギーを蓄える技術で、希釈・融解熱を利用したケミカルヒートポンプ、水酸化カルシウムなどの水酸化物の水和・脱水反応を利用した蓄熱システムなどが研究されている。反応熱の大きな反応を選択することにより大きな蓄熱密度が得られること、熱エネルギーを物質として蓄えるので断熱の必要がないことなどの利点があるが、一方で反応速度の制御が難しいことなどの問題点もある。

化学電池　かがくでんち　[理-池]
chemical battery　化学変化を利用して化学エネルギーから直流電流を取り出す装置。物理電池と対比して用いられる表現。化学電池は一次電池、二次電池、燃料電池に大別される。

化学発光　かがくはっこう　[理-光]
chemiluminescence　化学反応に伴うルミネセンス(物質中に存在する電子がさまざまな刺激により基底状態から励起状態に遷移し、再度基底状態に戻るときに光を放つ現象)。化学反応によって電子的励起状態にある分子または原子が生成され、これが光を放ち基底状態に戻る

ことに起因する。 ⇨ ルミネセンス

化学ポテンシャル かがくぽてんしゃる [理-化]
chemical potential 化学反応において原系から生成系へ化学組成が変化するときの変化の駆動力を化学ポテンシャル μ といい，1875年ギブス(J. W. Gibbs)によって提唱され，平衡の理論や化学物質が関与する速度過程の理論において重要な概念となっている。これは電気的ポテンシャル(電位)と同様である。

可干渉性 かかんしょうせい [理-光]
coherence 二つの波がたがいに干渉することのできる性質のことをいう。振動数の小さい音波や電磁波は一般的に干渉性をもつが，光波では必ずしも成立しない。

夏期日射取得係数 かきにっしゃしゅとくけいすう [自-太]
solar gain coefficient 夏期に開口部から直接建物内部に達する日射量および壁体などを通じて，日射の影響で建物内部に貫流する熱量の合計を，建物による遮へいがないと仮定した場合に取得できる熱量で除した値。 ⇨ 日射遮へい係数 ⇨ 日射侵入率

可逆サイクル かぎゃくさいくる [理-熱]
reversible cycle 摩擦，伝熱，混合などエネルギーの散逸を伴う不可逆過程を含むことがなく，可逆過程のみから構成されるサイクルのこと。カルノーサイクルは可逆な等温変化と断熱変化により構成される可逆サイクルである。可逆サイクルではクラウジウス積分が $\oint (\delta Q / T)$ となることが知られている。 ⇨ クラウジウス積分

過給機 かきゅうき [輸-エ]
supercharger コンプレッサを用いてエンジンに吸入されるガスの圧力を高める装置の総称。周囲の大気圧以上の圧力をもつガスをエンジンに供給し，充てん効率を高めて出力を増加する。コンプレッサの圧力比が高ければ，より多くの空気がシリンダ内に送り込まれ，より，大きなエンジン出力を得ることができる。ターボチャージャやメカニカルスーパーチャージャが多く採用されている。ターボチャージャは排気エネルギーを利用するために，燃費向上技術の一つになっている。一方，メカニカルスーパーチャージャはエンジンに直結しており，燃費向上技術にはなっていない。 ⇨ スーパーチャージャ，ターボチャージャ

核エネルギー かくえねるぎー [理-量]
nuclear energy 原子核内に含まれるエネルギーおよび核分裂および核融合に伴って放出されるエネルギーの総称である。核分裂により放出されるエネルギーには中性子およびほかの核分裂物質の運動エネルギー，γ 線，そのほかに分けられる。中性子線や γ 線は透過力が強いので，核分裂物質の外に出てから熱に変わるが，核分裂破片や β 線などは核分裂物質内で熱に変換される。放射性物質の崩壊に伴う α 線，β 線，γ 線などの放射線も核エネルギーの一種である。

核拡散抵抗性 かくかくさんていこうせい [原-核]
nuclear proliferation resistance 核物質が核拡散抵抗性をもつとは，それを平和利用以外の目的に使用(転用)することが困難であることをいう。技術的にはプルトニウムに，^{238}Pu や ^{240}Pu を余分に加えて核爆弾製造困難にする(変性)，^{137}Cs などの γ 線放出核を加える(スパイキング)，ネプツニウムやアメリシウムなどの超ウラン元素を加えて取扱いを困難にするなどある。最も簡単な方法としては，分離プルトニウムを混合酸化物(MOX)燃料に加工して原子炉で燃やして使用済燃料とする。しかし，100％完璧な核拡散抵抗性を備えた燃料サイクル技術はありえないので，査察などの技術的側面と，申告などの制度的な面の改良との併用も不可欠。 ⇨ セシウム，兵器級プルトニウム

核査察 かくささつ [原-政]

nuclear inspection 国と国際原子力機関(IAEA)の担当官が保証措置(核物質が核兵器そのほかの核爆発装置に転用されていないことを確認すること)の適用されている施設や場所に行って、報告や記録の内容を確かめ、また機器の作動状況を確かめるなどの一連の作業。すべての平和的原子力活動にかかわるすべての核物質に適用される。

拡散係数 かくさんけいすう [理-流]

diffusion coefficient 溶液中にある溶質の拡散はその場所における溶質の濃度こう配に比例する。これをフィックの拡散法則という。溶質の拡散流束を J 〔kg/(m^2·s)の単位をもつベクトル量〕、濃度を c 〔kg/m^3〕とすると、フィックの拡散法則は次式で表される。

$$J = -D \, \mathrm{grad} \, c$$

このときの比例定数 D 〔m^2/s〕を拡散係数と呼ぶ。同じ濃度こう配であれば溶質の拡散は拡散係数が大きいほど速く進むことになる。

拡散燃焼 かくさんねんしょう [燃-気]、[理-燃]

diffusion combustion, diffusive combustion, non-premixed combustion 燃料と酸化剤が分離して供給される火炎であり、非予混合燃焼と同義である。燃焼領域において、燃料と酸化剤の拡散による混合と化学反応が同時に行われる火炎構造をもつ。火炎近傍における反応物質の輸送(拡散)過程に火炎の特性が大きく依存している。液体燃料や固体燃料の燃焼も、拡散燃焼に分類される。

核実験 かくじっけん [原-核]

nuclear test 原子爆弾(原爆)や水素爆弾(水爆)を爆発させて、その性能、効果、影響や取扱いについての知見を得るために行う実験。実際に使うための実験というよりも自国はこんなこともできるのだという、隣国などへの示威ならびに国威の発揚の効果を期待する場合もある。1945年アメリカで史上初の実験以来、旧ソ連(現ロシア)、イギリス、フランス、中国、インド、パキスタンが実施している。 ⇨ 核爆発 ㊥ 核爆発実験、核兵器実験

確認可採埋蔵量 かくにんかさいまいぞうりょう [資-全]

proved recoverable reserves 現行の技術水準および経済的条件のもとで採掘が可能な原油および天然ガスなどの埋蔵量のうち、その存在の確度が最も高いものをいう。

確認埋蔵量 かくにんまいぞうりょう [資-全]

proved reserves 確認可採埋蔵量に同じ。現行の技術水準および経済的条件のもとで採掘が可能な埋蔵量のうち、その存在の確度が最も高いものをいう。

[資-全]、[石-全]

proven reserves 存在していることが確実視されている石油、天然ガスの埋蔵量。石油、天然ガスの可採年数を算出するのに通常用いられる埋蔵量。 ⇨ 確認可採埋蔵量

核熱利用ガス化 かくねつりようがすか [原-利]

nuclear thermal gasification 核分裂炉の中でも、高温ガス炉は、発電も可能だが、利用できる熱が1000℃近い高温であるため、ほかの工業プロセスの熱源となる。水素製造、石炭ガス化、タールサンド層に蒸気を注入することによる合成石油回収などが考えられている。 ⇨ 原子力の多目的利用、高温ガス炉

核燃料 かくねんりょう [原-技]、[原-燃]

nuclear fuel ⇨ 原子燃料

核燃料サイクル かくねんりょうさいくる [原-廃]

nuclear fuel cycle 熱中性子炉など(原子炉内)で ^{235}U が核分裂するとエネルギーと中性子を放出する。燃料中の ^{238}U は、一定のエネルギーになった中性子を吸収し、いくつかの過程を経て新たな燃料になりうる ^{239}Pu に変わる。^{235}U 同様、^{239}Pu も中性子を吸収すると

核分裂反応を起こし，エネルギーを放出する。使用済燃料を再処理し，原子炉内で新たに生成するプルトニウムおよび燃料中に残る^{235}Uを有効に使うために，再処理，濃縮，燃料製造などで構成され，核燃料物質が循環するシステムが核燃料サイクルである。　⇨ ウラン濃縮，再処理　旧 原子燃料サイクル

核燃料輸送　かくねんりょうゆそう　[原-廃]
nuclear fuel transport　原子力発電所で使用される核燃料は，燃料製造の最終工程である成型加工工場から原子力発電所まで，専用の輸送容器に収納され輸送される。核分裂性物質の輸送の安全性確保は法令で細部にわたり規定されており，それに従い，輸送方法などが事前に確認された後，陸上輸送または海上輸送が行われている。陸上輸送の場合には輸送隊列を組み，前後に警備車を配して安全を確保しており，また，海上輸送では沈没などに対する安全性に特段に配慮された船が使用されている。輸送容器については，輸送時の衝撃や火災などに対し法令に基づく試験を実施し，適合した専用の容器が用いられる。

格納容器　かくのうようき　[原-技]
containment vessel (CV), reactor container (RC)　原子炉とその冷却系統設備などを収容する構造物のこと。一般的には，球形あるいは釣り鐘形であり，鋼鉄製またはプレストレストコンクリート製の高気密性，高耐圧性を有する構造になっている。原子炉事故，原子炉容器破損，原子炉一次冷却系の破損などの異常時の際に，放射性物質が外部へ漏出するのを防止する役目をする。加圧水型原子炉(PWR)の原子炉格納容器にはプレストレストコンクリート製原子炉格納容器(PCCV)を使うことが多い。
⇨ 原子炉圧力容器　旧 原子炉格納容器

核の冬　かくのふゆ　[原-核]
nuclear winter　世界的な全面核戦争が起こると，核爆発の被害によっておびただしい数の死傷者が出るだけでなく，大火災によるすす(煤)と核爆発に伴う放射性のちりが太陽の光を遮り，気温が著しく下がる。これを「核の冬」という。地球規模でこの「核の冬」が数か月間も続くと，食糧生産が大打撃を受け，多くの生物も死滅するといわれる。　⇨ 核爆発

核爆発　かくばくはつ　[原-核]
nuclear explosion　核分裂あるいは核融合反応を急激に起こさせて大量のエネルギーを発生させる爆発。熱，爆風による殺傷，損害の程度はほかの爆発に比べて広範囲かつ大規模である場合が多いことと，放射線による損傷，爆発後も残る影響がありうること，という特徴がある。効率よく爆発させるためにはプルトニウムの時間経過による劣化に対応するなど，高度な技術が必要である。
⇨ 核実験

核不拡散条約　かくふかくさんじょうやく　[原-政]
Treaty on the Non-Proliferation of Nuclear Weapons (NPT)　核兵器国(当時はアメリカ，イギリス，旧ソ連，中国，フランスの5か国)数を増やさないことにより核戦争の可能性を少なくすることを目的として1970年3月に発効した。① 核兵器国は核兵器などを他国に移譲せず，また，その製造などについて非核兵器国を援助しない，② 非核兵器国は，核兵器の受領，製造または取得をせず，製造のための援助を受けない，それを確認するために国際原子力機関(IAEA)の保証措置を受け入れる。
旧 核兵器の不拡散に関する条約

核分裂　かくぶんれつ　[原-核]
fission, nuclear fission　重い原子核が，外部から粒子(陽子，中性子，電子，光子など)の入射を受けて，励起状態となり，ほぼ質量数の等しい二つの原子核(核分裂片)に分裂する現象。核分裂片の数は3になる場合もある(三体核分裂)。その際，質量数とエネルギー保存

則とから，即発中性子と即発 γ 線の発生が伴う。核分裂片は励起状態にあるため，さらに β 崩壊する際に，中性微子(ニュートリノ)と遅発中性子や γ 線の放出を伴う。^{235}U や ^{238}U などの重い原子核は，α 崩壊をすると同時に，非常に小さい確率で，自然に核分裂を起こす(自発核分裂)。1 g の ^{235}U がすべて核分裂すると，そのエネルギーはほぼ 2×10^4 Mcal となる。 ⇨ 核分裂生成物

核分裂生成物 かくぶんれつせいせいぶつ [原-核]
fission product 核分裂によって二つ(三体核分裂の場合には三つ)に分かれた核分裂片(一次核分裂生成物)，およびそれぞれがさらに崩壊してできる一連の娘核種の総称。崩壊は主として β 崩壊であるが，わずかだが中性子も放出する(遅発中性子)。核分裂生成物は，質量数の広い範囲に分布している。例えば，^{235}U が熱中性子により核分裂する場合には，質量数の軽いほうは 66 あたりから，重いほうは 172 あたりまで分布している。核分裂生成物の収率を質量数の関数として描いた核分裂収率曲線(収量-質量曲線)は 2 こぶ形をしており，それぞれの山が質量数 90〜100 と 134〜144 にある。 ⇨ 核分裂，娘核種

核分裂の制御 かくぶんれつのせいぎょ [原-核]
control of fission 自然現象としての自発核分裂は制御できないが，原子炉の中で起きる核分裂や，核分裂可能核種を含む物質を収納する容器内で起きる可能性のある核分裂は制御することができる。原子炉における核分裂の制御とは，原子炉の起動から運転を経て停止に至るまでの一連の運転制御である。その手段として，中性子吸収材，中性子漏れを制御するための反射体，中性子減速を制御するための減速材状態(温度，ボイド)や，燃料配列などが用いられる。原子炉以外では，つねに未臨界にするために装置が設計されている。その手段として，制御材のほかに，臨界質量を超えないこと，中性子漏れを考慮した形状などがある。 ⇨ 核分裂，臨界

核分裂連鎖反応 かくぶんれつれんさはんのう [原-核]
fission chain reaction 1 個の中性子が ^{235}U のような核分裂性原子核に衝突すると，励起した ^{236}U が生成される。それが核分裂する場合には，一般的には二つの核分裂生成物と 3 個の中性子が発生する。3 個の中性子の少なくとも 1 個が，さらに別の ^{235}U に衝突して同様な核分裂反応が連鎖的に続いていくことを核分裂連鎖反応という。連鎖反応は，その体系の実効象倍率 k により，未臨界($k<1$)，臨界($k=1$)，臨界超過($k>1$)に分類される。 ⇨ 中性子，臨界

核分裂炉 かくぶんれつろ [原-炉]
fission reactor, nuclear fission reactor 核分裂連鎖反応を利用して一定の熱出力を発生させる原子炉のこと。熱核融合反応を利用する核融合炉と区別する場合に使われる。 ⇨ 核分裂 ㊀核分裂反応炉

隔膜電解法 かくまくでんかいほう [産-化]
diaphragm process 食塩水を電気分解して，塩素とカセイソーダを製造するとき，陽極と陰極の間に隔膜を用いる方法である。石綿の隔壁は過去のものとなり，現在はイオン交換膜を用いる方法に全面転換している。

核融合 かくゆうごう [原-核]
fusion, nuclear fusion 水素やヘリウムのような軽い原子核がたがいに反応して，それよりも重い原子核が生成される現象。一般に，原子核を構成する核子の質量の和から原子核の質量を差し引いた値をエネルギーに換算した量を原子核の結合エネルギーといい，核子当り 8 MeV 程度である。しかし，二重水素〔重水素(D)〕，三重水素〔トリチウム(T)〕，^{3}He は 8 MeV よりもかなり小

さいので，二つの原子核が融合すると大きなエネルギーが放出される。例えば，二つの重水素 D が核融合反応をすれば，T+^{1}H +4.03 MeV，または ^{3}He+n+3.27 MeV の反応が起きる。また，重水素と三重水素とが融合反応すれば ^{4}He+n+17.6 MeV となる。太陽系などは，ビッグバン後の宇宙物質から，これらの融合反応によって生成されたものである。　⇨ アインシュタインの式，結合エネルギー(原子核内の)，重水素，トリチウム，溶融

核融合炉　かくゆうごうろ　[原-炉]
fusion reactor, nuclear fusion reactor　比較的軽い元素の原子核が結合し，より重い原子核になる核融合反応よって発生したエネルギーを取り出す装置である。燃料には，三重水素〔トリチウム(T)〕と二重水素〔重水素(D)〕を用いている。重水素は天然にほぼ無尽蔵に存在するが，三重水素は自然には存在しない。そのため，リチウム^{6}Li を含んだ材料をブランケットとして使用し，核融合反応で発生する中性子と^{6}Li と反応させて三重水素を生成させる。
　現在，国際熱核融合実験炉(international thermonuclear experimental reactor, ITER)の共同研究が日本，アメリカ，EU，ロシアで進められている(アメリカはすでに撤退)。　⇨ 核融合

確率論的安全評価　かくりつろんてきあんぜんひょうか　[原-安]
probabilistic safety assessment (PSA)　さまざまな事象の発生確率を考慮してその危険性(リスク)の程度を評価する手法のこと。したがって，絶対安全とか絶対危険という評価は導出されない。　同 確率論的リスク評価

化合水分　かごうすいぶん　[理-分]
combined water　結晶中に一定の割合で化合して存在する水分のこと。結晶水ともいう。加熱により脱水した場合は，結晶構造が変化する。構造によってつぎのようなものがある。①構造水(水酸基の形で化合物中に存在する)。②配位水(錯塩において金属に配位して錯イオンを形成する)。③格子水(イオンと結合せず，結晶構造に一定の位置を占めている水分子)。④陰イオンに結合する水(結晶中で水素結合によって陰イオンと結合する)。⑤沸石型の水。

化合物太陽電池　かごうぶつたいようでんち　[自-電]
compound semiconductor solar cell　複数の元素からなる化合物半導体を用いた太陽電池。その構成元素により，Ⅲ-Ⅴ族太陽電池，Ⅱ-Ⅵ族太陽電池，Ⅰ-Ⅲ-Ⅵ$_2$族太陽電池などに分類される。Ⅲ-Ⅴ族ではガリウム・ヒ素(GaAs)，インジウム・リン(InP)，Ⅱ-Ⅵ族ではテルル化カドミウム(カドテル，CdTe)，Ⅰ-Ⅲ-Ⅵ$_2$族ではシーアイエス(CIS)系が代表的なものである。単一元素では得られない半導体特性を実現できる。Ⅲ-Ⅴ族は高い変換効率の得られる特徴を生かし集光式太陽電池や宇宙用太陽電池として用いられる。CIS系は薄膜太陽電池としてシリコン薄膜太陽電池を超える変換効率が報告され，活発な研究開発が進められている。　⇨ CIGS太陽電池　同 化合物半導体太陽電池

可採年数　かさいねんすう　[資-全]
ratio of reserve over production (R/P)　確認埋蔵量(R)を年間の生産量(P)で割った値を指す。R/P と表される場合も多い。確認埋蔵量は現行の技術的および経済的水準で回収可能な量であるため，技術の発展や原油やガス価格の上昇などにより増加する可能性がある。また，年間生産量も増減する値であるため，可採年数は経年的に変動する値であるといえる。したがって，例えば「原油の可採年数が40年」という場合，それは原油があと40年で枯渇することを決して意味するものではないことに注意する必要がある。イギリスの石油会社 BP の統計(2000年版)によれば，世界全体の原油の可採年数は1991年末の42.1

年から2001年末には38.6年となっている。　⇨ 確認埋蔵量, BP統計

可採埋蔵量　かさいまいぞうりょう　recoverable reserves
[資-全]　地中にある物質についてその存在が判明した鉱量のうち,現行の技術水準および経済的条件のもとで生産が可能な量を表す。さらに,その埋蔵量の存在の確度が高い順に「確認埋蔵量」,「推定埋蔵量」,「予想埋蔵量」の三つに分けることができる。
[石-全]　埋蔵量算定時点以後,適当な経済条件のもとで,その限界に達するまで採取しうる石油,天然ガスの総量。可採鉱量ともいう。油・ガス田開発以前のものを特に総可採埋蔵量,または究極可採埋蔵量という。　㊜ 回収可能埋蔵量, 推定埋蔵量, 予想埋蔵量

かさ比重　かさひじゅう　[廃-性]
bulk density　粒体や充てん物などを一定の条件で容器に入れた場合,その容器と同体積の水4℃の質量に対する内容物の質量の比をかさ比重という。すなわち

$$かさ比重 = \frac{内容物の質量}{容器と同体積の水の質量}$$

ごみの場合は,「昭和52年11月4日付環整第95号厚生省環境衛生局水道環境部環境整備課長通知」別紙2, 3, (1)に単位容積重量として,測定法が規定されている。ごみの貯留,輸送,そのほか装置の計画設計に際して必要な値である。　㊜ かさ密度, 単位容積重量

火山性エネルギー　かざんせいえねるぎー　[理-自]
volcano energy　地熱エネルギーの一種で,地殻内のマグマやマグマによって加熱された高温の岩体,およびこれらによって加熱された雨水などの流体の有する熱エネルギーなどを総称して火山性エネルギーと呼ぶ場合がある。このような火山性エネルギーの抽出方法としてマグマやマグマの近くの岩体に坑井を掘り,そこに冷水を注入して熱水をつくり発電する方法が考えられている。　⇨ 地熱エネルギー

過剰空気　かじょうくうき　[熱-加]
excess air　燃焼における理論空気量を超えて供給される空気。すなわち過剰空気量は実供給空気量と理論空気量の差により表される。過剰空気量の増大は顕熱損失の増大につながる。

ガスエンジン　がすえんじん　[利-電]
gas engine (GE)　可燃性ガスを燃料とする内燃機関のこと。狭義にはレシプロ(往復動)形式のものを指し,ガスタービン(GT)とは区別する。小型でも比較的高効率であり,500 kW級の最新鋭機で熱効率40%程度が見込める。　⇨ レシプロエンジン

ガスエンジンヒートポンプ　がすえんじんひーとぽんぷ　[利-電]
gas engine heat pump　ガスエンジンによって冷媒を作動させるヒートポンプ。エンジン排熱を回収して効率を向上させる場合もある。　⇨ ヒートポンプ

ガス拡散法　がすかくさんほう　[原-燃]
gaseous diffusion process　分子量の異なる分子(気体)が,小さい穴がたくさんあいている多孔質の隔膜を通る際に,軽い分子がわずかに多く通り抜けることを利用する濃縮方法をガス拡散法という。ウラン濃縮の場合,気体化したウランの化合物である六フッ化ウラン(UF_6)が用いられる。隔膜の穴の大きさは,10〜20万分の1mm程度である。一つの段階で濃縮される量はきわめて小さいため,多数回繰り返して徐々に^{235}Uの割合を増やしていく。　⇨ ウラン濃縮, 六フッ化ウラン

ガス化効率　がすかこうりつ　[燃-ガ]
gasification efficiency　石炭ガス化(あるいは重質油ガス化など)において,ガス化の効率を表す指標。石炭中の炭素のうち,どれほどがガス状の炭素すなわち二酸化炭素,一酸化炭素,CH_4などに転換されたかという単純な指標のほかに,石炭のもつ化学エネルギーのうち,どれほどが生成したガス中の化学エネルギー

に転換されたかを測る冷ガス効率がある。

ガス化発電 がすかはつでん　[燃-燃]
gasifier power generation　石炭を水蒸気と酸素の混合ガスでガス化すると、一酸化炭素と水素を主成分とする中・低カロリーガスが製造され、発電用燃料として用いられる。近年、石炭利用法として有望視されている石炭ガス化複合サイクル発電(IGCG)がある。

ガス化溶融炉 がすかようゆうろ　[廃-焼]
gasification melting system　廃棄物を還元雰囲気下で熱分解することにより生成する、熱分解ガスと灰中残留炭素の燃焼により、灰分を溶融する炉。熱分解室、燃焼室、溶融炉と機能が分かれるが、それぞれを分離した方式と一体化した方式がある。熱分解には、流動層またはキルンが用いられる。廃棄物の保有熱量のみで灰溶融が可能な方式であれば、焼却炉と灰溶融炉を分離した方式と比較して、熱効率は高い。1炉当りの最大焼却量は、都市ごみ焼却炉で200 t/日規模となる。

ガス化炉 がすかろ　[産-炉]
gasifier　燃料を熱分解により、可燃性ガスに変える反応装置。特に固体燃料をガス化することは、その用途を広げることになりニーズが高い。石炭ガス化炉の種類として、石炭の供給方法では、スラリー状、微粉炭、塊炭、反応装置の種類では流動層ガス化炉、噴流床ガス化炉、固定床ガス化炉、原料として酸素を使うもの、空気だけによるもの、などの技術がある。

ガス吸収 がすきゅうしゅう　[全-理]
gas absorption　ガス中の微量成分を、液中に吸収させること。例えば、石炭石油やごみを燃焼させたときに発生する亜硫酸ガス(SO_2)や塩化水素ガス(HCl)は、石灰石スラリーやカセイソーダ(NaOH)により吸収除去される。なお、固体により除去する方法は通常、吸着と呼ばれる。

ガスクロマトグラフ がすくろまとぐらふ　[理-析]
gas chromatograph　ガス状あるいは液状であっても、これを加熱し気体として分離カラムを通し、それぞれの成分に分離し、定性定量する装置。例えば燃焼ガスやガス化ガスの分析に用いることができる。

カスケードプロセス かすけーどぷろせす　[石-ガ]
cascade process　プロパン、エタン、エチレン、メタンを段階的に冷却し、圧縮天然ガスを液化するプロセス。既存の大型液化天然ガス(LNG)プラントをほぼ独占するAPCI法に比べて、建設・操業両面でコスト安、時間短縮になるとして期待されている。

カスケード利用 かすけーどりよう　[産-全]
cascade use　熱利用設備において、高温から低温まで、必要とする温度域の異なるプロセスを組み合わせ、上流のプロセスの排熱で下流のプロセスが稼働するようにしたシステム構成のことである。

カスケード利用型熱供給施設 かすけーどりようがたねつきょうきゅうしせつ　[民-シ]
heat supply facilities such as cascade heat utilization type　エネルギーのカスケード利用とは、石油、石炭などの一時エネルギーを燃焼させて得られる熱エネルギーを、温度の高いほうから順にそのレベルに合わせて、段階的に有効利用(電気→蒸気→温水など)することをいう。これを熱エネルギーについて展開し、有効に温水を利用するのが本施設である。省エネ・リサイクル支援法の支援対象事業の一つ「省エネ廃熱有効利用設備」として、このタイプの工業団地用熱供給施設も取り上げられている。

ガス事業法 がすじぎょうほう　[社-石]
Gas utility Industry Law　1954年3月にガス使用者の利益保護とガス事業の健全な発達を図ることを目的に制定された

法律。同法が対象とするガス事業はガスを導管供給するガス事業で、大きく一般ガス事業と簡易ガス事業および大口ガス事業(1995年より)に分けられる。2002年3月末現在、一般ガス事業者数は234社を数えるが、販売量ではうち大手4社が全体の約8割を占める。ガス事業は公益事業の一つで、同法により地域独占が認められる代わりに、料金規制(許認可)と供給義務が課せられている。しかしながら、最近の自由化の進展や規制緩和、競争環境の整備などから1995年と1999年に法改正が行われ、100万 m^3 以上の大口供給については自由化され、料金規制および参入規制の緩和などが図られた。

ガス精製 がすせいせい [燃-ガ]
gas purification ガス中に含まれる不純物を除去すること。例えば石炭ガス化ガス中には、アンモニア、H_2S、COSなどが含まれるが、これらは水洗浄、アルカリ性吸収剤などにより除去される。

ガス絶縁開閉装置 がすぜつえんかいへいそうち [電-流]
gas insulated switchgear (GIS) ガス絶縁開閉装置(GIS)は、遮断器、断路器、避雷器、母線など開閉装置の充電部を接地金属容器内に配置し、充電部と接地金属容器との間を絶縁特性の優れた六フッ化硫黄(SF_6)ガスを封入した構造の開閉装置である。この開閉装置は、絶縁距離を非常に短くできることから、機器面積を大幅に縮小でき、金属容器が接地されていることにより安全な設備である。また、充電部が露出していないことから環境の影響を受けにくいため、長年月にわたり高信頼性が確保できる。

ガスタービン がすたーびん [電-タ]
gas turbine 大気を吸い込み圧縮機で昇圧し、燃焼器で燃料を燃やして高温高圧ガスを発生させた後、タービン部で高温高圧ガスを膨張させて動力を発生させるサイクルまたは装置のこと。 ⇨ ガスタービン発電

ガスタービンコジェネレーション がすたーびんこじぇねれーしょん [電-設]
gas turbine cogeneration 発電システムの原動機として、ガスタービンを用いるコジェネレーション。 ⇨ コジェネレーション

ガスタービン発電 がすたーびんはつでん [電-火]
gas turbine power generation system タービン(羽根車)の作動流体に空気を用いる発電方式。2 000〜150 000 kWの汽力と内燃力の中間的な発電出力に適している。空気圧縮機、燃焼器、タービンから構成され、燃焼器内で燃料を燃焼させ、その高温ガスを直接タービンに作用させ回転力を得ることで発電を行う。
⇨ ガスタービン

ガスタービン複合発電 がすたーびんふくごうはつでん [電-火]
combined gas turbine system power generation 燃料を燃焼させて発生した燃焼ガスでガスタービンを回転させ、この排熱をボイラに吸入して蒸気を発生させ、この蒸気で蒸気タービンを回して発電する複合発電方式。

ガス調理機器 がすちょうりきき [民-器]
gas cooking appliances ガスを燃焼させて得られる熱を用いた加熱調理器具。ガスこんろ、ガスグリル、ガスレンジの三つをいい、省エネ法の特定機器の対象となっている。コンロ部については、内炎式バーナなど省エネタイプのものもある。 ⇨ 特定機器

ガス田 がすでん [石-ガ]
gas field ガスを含有する地質構造の総称。一般的に石油の気相成分、すなわち天然に産出する炭化水素を主成分とする可燃性ガスや、エネルギーまたは工業原料などの資源として有用なガスを含む地質構造を指すことが多い。

ガス田ガス がすでんがす [石-ガ]
non-associated gas 原油を伴わないガス田において坑井から採取されるガス。水溶性ガス、遊離ガス、コンデンセ

ガスの脱硫 がすのだつりゅう [燃-燃]
gas desaulferization ガス中の硫黄分を除去することをいう。

ガスの付臭 がすのふしゅう [燃-燃]
gas odor addition 危険なガスに、においを付けて臭気から漏洩などの検出をできるようにする。

ガスハイドレート がすはいどれーと [石-ガ]
gas hydrate 包接化合物の一種であり、水分子と気体分子からなる氷状の固体結晶。水分子(ホスト分子)は、内部に空孔をもった立体網状構造をつくり、その空孔に気体分子(ゲスト分子)が入り込んで(包接されて)いる構造。ガスパイプラインの閉塞の問題からエネルギー分野での研究が開始されたが、近年、非在来型エネルギー資源として期待されている。また、天然ガスの輸送・貯蔵、ガス分離などへの工業的応用も期待されている。

ガスパイプライン がすぱいぷらいん [石-ガ]
gas pipeline 天然ガスを産地から消費地へ、もしくは液化天然ガス(LNG)の受入基地から消費地へ輸送するために敷設されたパイプライン。

ガス発生炉 がすはっせいろ [産-炉]
gas generator ⇨ ガス化炉

ガスバーナ がすばーな [産-燃]
gas burner ガス燃料を燃焼するバーナ。家庭用から、ガスタービン用、大型の産業用まで種々のサイズのバーナがある。また、ガスの燃焼方式により、予混合燃焼、ノズルミックス燃焼、拡散燃焼の種類がある。

ガス複合発電 がすふくごうはつでん [電-他]
gas turbine combined cycle ⇨ コンバインドサイクル、GTCC

ガス分析 がすぶんせき [理-析]
gas analysis 気体試料中に含まれる各種成分ガスの種類を同定し、その濃度を測定することである。分析対象とするガスの光学的な特性を利用する光学的手法や化学反応特性を利用する方法などさまざまな手法がある。分析結果は通常体積濃度(モル濃度)で表現されるが、目的によっては質量濃度で表現する場合もある。エネルギー関係では燃焼排ガス分析として、酸素、一酸化炭素、二酸化炭素、窒素酸化物(NOx)、硫黄酸化物(SOx)、未燃炭化水素類などの分析が行われている。

ガス放射 がすほうしゃ [理-光]
gas radiation ガスふく射ともいう。ある気体が何らかの方法で励起され、その励起状態から電磁波を放出すること、あるいは放出された電磁波および粒子線の総称。

ガス炉 がすろ [原-炉]
gas-cooled reactor (GCR) 冷却材として二酸化炭素(CO_2)、ヘリウム(He)などの気体を用いる原子炉のこと。冷却材にCO_2、減速材に黒鉛を用いたイギリスのコルダーホール型炉(発電炉)は、日本の商業用第1号炉である東海1号基〔日本原子力発電(株)〕に採用された。ヘリウムを冷却材とするガス炉として、高温ガス炉が開発されており、わが国でも開発が進められている。

風 かぜ [自-風]
wind 大気流のこと。地球が太陽からの放射エネルギーを受け、大気温度に地域差が生じると対流が発生する。これが大気流である。地球規模の大きな循環にハドレー循環、フェレル循環、極循環があり、これに地球の自転による効果が加わり、貿易風、偏西風、ジェット気流などの東西方向の循環がつくられる。これらの大規模循環に加えて、陸と海の効果、地形や季節的な気圧配置などにより局所的な循環が生じる。風力発電はこれらの風の力を利用して発電する。

化石エネルギー かせきえねるぎー [石-全]
fossil energy 石炭、石油、天然ガ

ス, オイルシェール, タールサンドなどの各種有機天然資源。太古の植物が各種作用を受けて生成したものとされ, 地中に埋蔵されている。炭化水素成分に富み, おもにエネルギー源として使用されている。 ⇨ 化石燃料

化石燃料 かせきねんりょう [資-石], [石-全]
fossil fuel 石油, 石炭, 天然ガスなどの総称。古代地質時代の動植物遺骸が化石化し, 燃料となったとする生物起源説に基づく分類。 ⇨ 化石エネルギー

仮想事故 かそうじこ [原-事]
hypothetical accident 原子力発電所などの立地審査指針への適合性の評価にあたって, 原子炉施設の安全解析および安全性を評価するために想定した事故のことである。仮想事故とは, 技術的見地からは起こることは考えられない事故であり, 技術的見地からみて最悪の場合には起こるかもしれないと考えられる「重大事故」では作動する, と考えた安全防護施設のいくつかが作動せず, 放射性物質の放出があると想定した事故のことである。

加速度 かそくど [理-力]
acceleration 速度(単位時間当りの物体の移動量)の単位時間当りの変化率。速度, 加速度ともにベクトル量である。なお, 負の加速度を減速度と呼ぶこともある。

ガソホール がそほーる [輸-燃]
gasohol ガソリンにメタノール, エタノールなどのアルコール類を一定の割合で混合した燃料。燃費およびオクタン価の向上, 窒素酸化物(NOx)の排出量低減を目的に開発された。ブラジルではサトウキビから発酵, 蒸留して得られた含水エタノールをガソリンに20～25％混入した燃料が実用化されている。また, アメリカではトウモロコシから発酵, 脱水して得られた無水エタノールに腐食防止剤などを加え, ガソリンに10％混入した燃料が一部の地域で使用されている。 同 アルコール混合燃料

ガソリン がそりん [輸-燃], [石-油]
gasoline 原油の蒸留および重油の分解などによって得られた成分を混合した燃料で, 沸点範囲が30～220℃程度のもの。ガソリンは常温において液状であり, 4～11の炭素数をもつ炭化水素が約300種類含まれた, 揮発性の高い炭化水素を主成分とする。製造方法によって天然ガソリン, 直留ガソリン, 分解ガソリン, 改質ガソリン, 重合ガソリンなどがある。自動車用ガソリンはおもに自動車用の火花点火式内燃機関に用いられる燃料であり, わが国では, オクタン価によってプレミアムガソリン(オクタン価98程度)とレギュラーガソリン(オクタン価91程度)に分けられる。オクタン価向上のため四アルキル鉛を添加されたガソリンもあるが, 一般の排気ガス対策用触媒は鉛被毒によって効果が低下すること, またエンジンより排出される鉛化合物の有害性から, 1975年にはレギュラーガソリンは無鉛化され, 1986年には有鉛プレミアムガソリンも完全無鉛化された。自動車用ガソリンに要求される性能は, アンチノック性, 適度な揮発性, 貯蔵安定性, 耐腐食性などがある。また, 沸点範囲がさらに狭く, 洗浄, 溶解, 抽出などの用途に資する各種沸点範囲の石油製品にも, 総称として工業ガソリンという名称が用いられる。

ガソリンエンジン がそりんえんじん [輸-ガ]
gasoline engine ガソリンを燃料として, 火花点火して動かす内燃機関エンジン。代表的な自動車用エンジンである。あらかじめ, ガソリンと空気を混合させた混合気をつくり, 混合気をシリンダ内に供給して, 電気火花で着火させるのが, 一般的なガソリンエンジンの特徴である。この混合気では, 空気過剰率が0.9～1.4くらいの範囲でしか好調な運転ができない。したがって, 吸気絞りを行い機関エンジンが吸入する空気流量を

制御して、出力を制御する。一般的なガソリン車では、排ガス対策のために空気過剰率が1になるように調整している。しかし、この方式では燃費が悪化するために、空気過剰率が1より大きな状態でも運転できるリーンバーン(希薄燃焼)エンジンがある。また、さらなる燃費改善のために、より希薄燃焼を可能にするガソリン直接噴射エンジンがある。
⇨ オットーサイクル、直噴ガソリンエンジン、火花点火

ガソリンスタンド がそりんすたんど [石-油]
gas station サービスステーションと呼ばれるガソリン、灯油、軽油の供給スタンドの通称。

活性化エネルギー かっせいかえねるぎー [理-反]
activation energy 化学の反応速度定数をk、気体定数をR、絶対温度をTとするとき、活性化エネルギーE_aは
$$E_a = RT^2 \frac{d \ln k}{dT}$$
で定義される。素反応過程に対しては、活性化エネルギーは反応物と活性錯合体(遷移状態にある反応中間体)とのエネルギー差に関係付けられる。

活性酸素 かっせいさんそ [生-性]
superoxide, active oxygen 分子状酸素(三重項酸素)より活性の高い酸素種をいう。一重項酸素 $^1O_2$、スーパーオキシド O_2^{-}、過酸化水素 H_2O_2、ヒドロキシラジカル $OH\cdot$ の4種がある。 ⇨ フリーラジカル

活性炭 かっせいたん [産-分]
activated carbon カーボンを主成分とする物質で、微細な穴を多数もっていて、ガスなどの分子を多量に吸着する。ヤシ殻を原料とする物が吸着量が多くよく使われる。ヤシ殻などの原料を蒸し焼きにして、炭化させた後、水蒸気で賦活して、初めて活性炭となる。活性炭の用途は、水中の色素の除去、空気中の有害成分の吸着除去などである。

活性炭法 かっせいたんほう [環-窒]、[環-硫]
activated carbon method 活性炭あるいは活性コークスとアンモニア吹込みにより、排ガス中の窒素酸化物(NOx)を活性炭の触媒作用で窒素まで還元する方法を指す。本方法は、活性炭により硫黄酸化物(SOx)も吸着されることから、同時脱硝脱硫技術として実用化している。なお、活性炭は有機物の吸着除去に効果的であるので、焼却炉排ガスのダイオキシン対策に使われる場合もある。
⇨ 排煙脱硝法

褐炭 かったん [石-炭]
brown coal 石炭化度が最も低い石炭。石炭化度は亜瀝青炭より低く、特に低いものを亜炭ともいう。褐色または黒褐色。水分、揮発分が多く、分類法にもよるが、おおむね炭素含有量は75(wt%. daf)以下であり、発熱量は7000cal/g (daf)以下である(daf: 無灰無水準)。非粘結炭であり、おもに燃料、発電に用いられるが、脱水、乾燥が必要である。 ⇨ 無灰無水基準

家庭用エネルギーマネジメントシステム かていようえねるぎーまねじめんとしすてむ [民-家]
home energy management system (HEMS) ⇨ ホームエネルギーマネジメントシステム

家電リサイクル法 かでんりさいくるほう [環-制]
The Home Appliance Recycling Law, The Law for Recycling of Specified Kinds of Home Appliance
⇨ 特定家庭用機器再商品化法

過熱度 かねつど [熱-加]
degree of superheat 相変化を起こさないで融点や沸点などの平衡温度よりもさらに温度を上げた場合、その平衡温度との温度差。

可燃ごみ かねんごみ [廃-分]
combustible waste, combustible municipal waste 焼却を中心とする市町

村のごみ処理では，一般的に「可燃ごみ」と「不燃ごみ」の分別収集区分をしている。プラスチックは有害ガスの発生，炉の損傷の恐れから可燃ごみから除外されてきたが，プラスチックを分別せずに燃やす自治体もある。すなわち，可燃ごみは「燃えるごみ」ではなく「燃やすごみ」の意味合いである。プラスチックを除く組成は生ごみ，紙類，布類が主成分となり，低位発熱量は低下する。

可燃性天然ガス　かねんせいてんねんがす　[石-ガ]
inflammable natural gas　天然に地中から産出するガスのうち可燃性のもの。水溶性天然ガス，構造性天然ガス，炭田ガスがある。可燃性のガスとしてはメタンが主成分であるが，構造性天然ガスの大部分はエタン以上の重い炭化水素を含む。

可燃分　かねんぶん　[廃-性]
combustibles　「昭和52年11月4日付環整第95号厚生省環境衛生局水道環境部環境整備課長通知」別紙2, 1, ごみ質の分析方法3-(5)に，ごみから水分と灰分を除いたものを可燃分としている。廃棄物中の可燃性の化学成分が可燃分で，その主体は，炭素，水素，リン，硫黄である。熱しゃく減量成分とほぼ同一のものである。ごみの発熱量は，この可燃分の燃焼によるものである。一般家庭ごみの15～50％が可燃分である。
⇨ 熱しゃく減量

過濃可燃限界　かのうかねんげんかい　[燃-気]
higher flammability limit, rich flammability limit　火炎が混合気中を伝ぱすることができる濃度限界のうち，燃料が理論混合比よりも過濃な条件における限界をいう。可燃限界の上限界と同義。　⇨ 希薄可燃限界

可能発電電力　かのうはつでんでんりょく　[電-力]
available power　水力発電所において，実際の発電の有無にかかわらず，河川で使用が許可されている範囲内の水量すべてを発電に使用するものと仮定した場合の発電力のこと。

カフジ原油　かふじげんゆ　[石-油]
Kafji crude oil　サウジアラビアのカフジ産原油の総称。

壁内通気　かべないつうき　[民-ビ]
ventilation for duplicated wall　ビルや住宅の外壁が断熱性向上のため二重構造になっている場合，結露防止，防かびのために空気層を確保した構造を指す。住宅でパッシブソーラシステムを導入した場合，夏期の日中において壁の下部から空気を取り入れ，上部から屋根裏を通して屋外に排気することで，壁で挟まれた空間の温度上昇を抑制，外壁の貫流熱負荷を軽減することができる。

可変静翼ターボチャージャ　かへんせいよくたーぼちゃーじゃ　[輸-エ]
variable geometry turbocharger (VGT)　ターボチャージャを使用する際に，エンジン回転数の全域にわたって排気タービンを有効に利用することは不可能である。したがって，一般的なターボチャージャでは低速運転時の効率が高くなるように設定し，高速では一部の空気を外部に排出していた。これに対応するために，タービンハウジング内の通路を可動バルブによって制御し，低速から高速までの広い運転範囲においてタービンを有効に利用するシステムが可変ターボチャージャである。また，これによって低速運転時のターボラグ(アクセルを踏んでから圧力が上昇するまでの時間遅れ)を低減し，過渡運転時のレスポンスを向上でき，高回転時の高出力と低回転時のレスポンスの両立を図ることができる。

可変ターボチャージャ　かへんたーぼちゃーじゃ　[輸-エ]
variable turbocharger (VT)　⇨ 可変静翼ターボチャージャ

可変バルブタイミング　かへんばるぶたいみんぐ　[輸-エ]

variable valve timing (VVT) エンジンの回転数や負荷などの運転条件に応じて吸排気のバルブの開閉時期を変化させる方式。エンジンは，低・中速回転時と高回転時では，求められるバルブタイミングが異なってくる。そのため，バルブタイミングをエンジンの回転域に合わせて適切に切り換えることで，求める出力特性の高次元での実現を図る。低・中速回転時には混合気の吹抜けを減らすためにバルブオーバラップを少なくし，高回転時には充てん効率を向上させるためにバルブオーバラップを大きくする。

カーボン生成反応 かーぼんせいせいはんのう [石-ガ]，[燃-天]
carbon formation reaction 天然ガスのリフォーミングを行う際に副反応として進行する炭素を生成する反応。原料のメタンおよび生成する一酸化炭素からの反応と，天然ガス中に含まれる重質な炭化水素の熱分解による反応が代表的である。

カーボンナノチューブ かーぼんなのちゅーぶ [石-産]
carbon nano tube (TNT) 炭素(カーボン)原子が網目の形で結び付いてできたナノメートルサイズの非常に小さな筒(チューブ)状の物質。電気自動車や携帯電話に使う次世代電源である燃料電池の電極材料など，将来の幅広い応用が見込まれている。

カーボンバランス かーぼんばらんす [輸-排]
carbon balance 燃焼反応前後における炭素の質量保存を原理として，排気ガス中の二酸化炭素，一酸化炭素，炭化水素(HC)濃度から空燃比を計算する手法をカーボンバランス法という。空気量や燃料消費量を直接計測できない自動車を実験室内(シャーシダイナモメータ上)で走行させたときの空燃比計測手法。計算にあたって影響を与える因子として，燃料のH/C比，水性反応定数，排気中のHCの平均炭素数，排気組成の測定誤差があげられ，一般に定常運転では高い精度をもつ。

紙 かみ [廃-個]
paper 紙は木材から化学薬品で植物繊維(セルロース)を取り出した化学パルプを原料として製造する。古紙はセルロース原料化が容易なため，製紙原料に多量に用いられ，直納業者を通じた伝統的な古紙回収システムが確立されている。産業廃棄物の紙くずの排出量は年間約2200万tでその1/2が再利用されている。家庭や一般事業所から排出される古紙は集団回収や自治体による回収が行われているが，家庭ごみ中の紙類は30〜40%を占め，大半が焼却処理されている。紙の低位発熱量は16 MJ/kg弱である。

ガラス固化体 がらすこかたい [原-廃]
vitrified waste 使用済燃料を再処理することによって発生する高レベル放射性廃液をガラスとともに混ぜて安定的に固体化したものである。固化体として要求される特性として，放射性物質の閉じ込め性能，放射線に対する安定性，熱的安定性，機械的および化学的安定性に優れていることがあげられる。種々の固化剤が検討されたが，ホウケイ酸ガラスが上記要件を満たす最良のものとして採用されてきている。ガラスは固化するとホウ素，ケイ素，酸素などが網目構造を形成するが，その網目の中に放射性核種が取り込まれ，長期間安定して閉じ込められる。 ⇒ 高レベル放射性廃棄物，再処理

カルノー効率 かるのーこうりつ [理-動]
Carnot efficiency カルノーサイクルの熱効率で，熱を仕事に変換する最高値を与えるため重要。 ⇒ カルノーサイクル

カルノーサイクル かるのーさいくる [理-動]
Carnot cycle 熱力学第二法則の先駆者であるカルノー(N. L. S. Carnot, フランス)が1824年に，熱を仕事に変換

する熱機関の理論的最大熱効率を考察するために，直感的に提唱した理想的な熱機関をモデル化したサイクル。理想気体の断熱圧縮，等温受熱，断熱膨張，等温排熱の四つの可逆変化からなる。等温での熱の授受としたのは，加熱や冷却があっても温度変化がなく内部エネルギーが変化せず，熱の授受はすべて仕事になるためである。熱効率は，高熱源温度と低熱源温度の比率で表される。受熱量，排熱量，二つの熱源温度の関係から，熱移動量と温度の比であり，エネルギー移動の尺度であるエントロピーが定義され，熱力学第二法則を表すサイクルともいえる。最高熱効率を与えるため，熱から仕事を取り出す場合の最大仕事やエクセルギーを与えることになる。

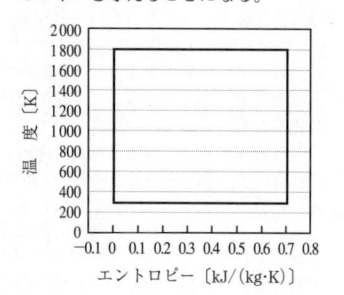

カルノーサイクルの T-s 線図
〔最低温度 300 K，最高温度 1 819 K，
エントロピー差 0.697 3 kJ/(kg·K)〕

ガルバニ電池 がるばにでんち [理-池]
Galvanic cell プラス極として鉛などの卑金属，マイナス極として金，銀などの貴金属を電解液に浸漬させることによって形成される電池。電解液を隔膜で封じたものは，隔膜を通して酸素が電解液に溶解すると，溶解した酸素量に比例する還元電流が発生するため，酸素濃度計のセンサとしても利用される。

過冷却器 かれいきゃくき [熱-蓄]
supercooled water maker 蓄熱材の凝固点以下の温度で凝固しない状態を過冷却状態といい，その状態をつくる装置を過冷却器と呼ぶ。これは，冷却面上に氷を生成させない方法の一つであり，氷が熱抵抗体とならず小さな温度差で一定の製氷速度が得られる。通常，冷却面に沿って液体状態の蓄熱材を流すことで，過冷却状態を得る。ただし，いったん過冷却器内で凝固が発生すると，システムを止め，全体を解氷する必要が生じる。

カロリー かろりー [理-単]
calorie (cal) 熱量の単位であり，純水 1 g の温度を 1 ℃上げるのに必要な熱量を 1 cal と定義している。しかしながら，厳密にいうとこの場合の熱量は基準とする温度によって異なるために取扱いに注意が必要である。これらの問題を避けるために，SI 単位系の熱量の単位である J を用いて，1 cal を 4.186 05 J または 4.184 J の仕事に相当する熱量と定める場合が多い。類似した熱量の単位には 1 cal$_{15}$ = 4.185 5 J とする 15 度カロリー(記号 cal$_{15}$)，1 cal$_{IT}$ = 4.185 8 J とする国際蒸気カロリー(記号 cal$_{IT}$)，1 cal$_{15}$ = 4.184 J とする熱化学カロリー(記号 cal$_{th}$)などがある。

カロリー単価 かろりーたんか [理-指]
cost of heat 燃料の価格などを熱量基準で表したものである。異なる種類の熱源や種類の異なる燃料についての経済性の比較のために用いられる。 ⇔熱単価

乾き燃焼ガス かわきねんしょうがす [理-炉]
dry burned gas, dry burnt gas 水素，炭化水素，アルコールなど水素原子を成分にもつ燃料の燃焼ガスが燃焼したとき，発生する燃焼ガスから水分を取り除いたものを乾き燃焼ガスという。1 kg の燃料が燃焼したときの乾き燃焼ガスの質量を乾き燃焼ガス質量，体積を乾き燃焼ガス体積という。また，理論混合化(量論比)で燃焼したときのそれぞれの量を理論乾き燃焼ガス量という。燃焼ガスを 100 ℃以下に冷却して含まれている水分を除いて行う燃焼ガスの成分分析や水

蒸気をわずかにしか含まない潜熱回収後の燃焼ガスの流れを計算するために乾き燃焼ガスを使用する。しかし、現実には、ドレインとして水分を除いても、飽和水蒸気分圧に相当する水分を含むため、誤差を少なくするためには冷却したガス温度を60℃以下にしなければ、発生水分を水蒸気の形でもつ割合が多くなる。炭化水素燃料を当量比1.0で燃焼させたとき、空気中の微量成分、アルゴン(Ar)、二酸化炭素などを無視すると

$$C_mH_n + Air$$
$$\to mCO_2 + nH_2O + \left(m + \frac{n}{4}\right)\frac{\varphi_{N_2}}{\varphi_{O_2}}N_2$$

となる。ここで、φ_Mは空気中のMのモル割合であり、通常、空気では$\varphi_{N_2}/\varphi_{O_2}=3.762$を用いて計算する。この右辺を、水分を除いて$mCO_2 + (m+n/4) \times (\varphi_{N_2}/\varphi_{O_2})N_2$としたものを乾き燃焼ガスという。 ⇨ 湿り燃焼ガス、湿り燃焼ガス量 ⇔ 乾き排ガス、乾き排ガス量

乾き燃焼ガス量 かわきねんしょうがすりょう
[転-ボ]
dry combustion air 燃焼した排気ガスで、そのガス中に含まれる水分を除去した部分のガス量。燃焼ガスを冷却した場合のガス量に匹敵する。
[燃-管]
quantity of dry combustion gas
⇨ 湿り燃焼ガス量

がん がん [生-病]
cancer 変異した細胞が、生体のコントロールを外れて周囲の組織を壊しながら浸潤性に増殖すること、および血液やリンパ液にのってほかの臓器に転移していくことの総称。体のいろいろな細胞が必要とする栄養まで奪って増殖していくので、体が衰弱していき、結局、細胞全体を破壊しそれ自身も死ぬという病気である。

簡易ガス事業 かんいがすじぎょう
[転-ガ]
gas utility industry 政令で定める簡易なガス発生設備で、一般の需要に応じてガスを発生させ、導管により供給する事業。この中で、特に団地内でのガスの供給地点の数が70以上のものを簡易としている。 ⇨ ガス事業法

簡易脱硫 かんいだつりゅう [環-硫]
simplify desulfurization equipment, simplify desulphurization equipment 発展途上国向けにコストを抑えた脱硫装置。脱硫率は30〜70%程度。コスト低減のために煙道ダクト内に装置を組み込むことが多い。

環境ISO かんきょうあいえすおう
[環-制]
ISO 14000 environmental management system standards, ISO 14000 series of standards ⇨ ISO14000シリーズ

環境アセスメント かんきょうあせすめんと [環-制]
environmental impact assessment
⇨ 環境影響評価

環境インパクト かんきょういんぱくと
[自-風]
environmental impacts 風力発電の最大の長所は非枯渇性の自然エネルギー資源であることと、火力発電や原子力発電のように二酸化炭素や放射性廃棄物を排出しないクリーンなエネルギー資源であるこの2点である。しかしながら反面、景観問題、騒音問題、電波障害、生態系への影響などの問題をもたらす。これらの中には、機械騒音、低周波騒音などのように工学的に解決されているものもある。一方、景観問題などは風車に対する美的主観に左右されるため、単純な解決がしにくいものもある。多様な価値観の中では、それぞれの主張の本来的使命に立脚した考察と民主的な決定のプロセスが必要である。

環境影響調査 かんきょうえいきょうちょうさ [環-制]
environmental impact assessment
⇨ 環境影響評価

環境影響評価 かんきょうえいきょうひょうか　[環-制]
environmental impact assessment (EIA)　環境影響評価とは、環境悪化を未然に防止し、持続可能な社会を構築していくために、大規模な開発事業などの実施前に、事業者自らがその開発事業が環境に与える影響について事前に評価を行い、評価の結果をその事業にかかる環境の保全のための措置や事業の内容に関する決定に反映させることで環境の保全に配慮することをいう。日本では、環境基本法に定める環境の保全施策の一つとして、環境影響評価の推進があげられている。これに基づき環境影響評価法が1997年に公布され、一部が同じ年から施行された。この法では、国は環境影響評価制度の適切な管理および運営を行い、環境影響評価に関する情報の提供などを行うこと、地方公共団体は、事業者などに対し意見を述べるなどを含め法の円滑かつ適切な運用を行こと、事業者は事業計画のできるかぎり早い段階からの情報提供、外部意見聴取などの環境配慮を行うこと、国民は自主的積極的に環境の保全について配慮するなどが求められている。　⇨ 環境影響評価法

環境影響評価法 かんきょうえいきょうひょうかほう　[環-制]
Environmental Impact Assessment Law (EIA)　⇨ 環境影響評価

環境会計 かんきょうかいけい　[環-エ]
environmental accounting　事業活動における環境保全のコストとその活動により得られた効果を貨幣、あるいは物量により定量的に評価するもの。企業にとっては経営上の分析手段となり、利害関係者にとっては企業の環境保全への取組を理解するのに役立つ情報となる。環境省は2000年に「環境会計システムの導入のためのガイドライン」を導入し、環境保全コストの定義および分類、環境保全対策にかかる効果の考え方をまとめている。例えば、コストとしては、環境保全のための管理、研究開発などへの投資額、および費用額を計上、効果としては、物量として環境負荷削減などの環境保全効果、貨幣量として事業収益への寄与、経費節減などの経済効果を計上する。　⇨ 環境パフォーマンス、環境マネジメントシステム

環境家計簿 かんきょうかけいぼ　[環-エ]
environmental housekeeping book　日常生活における環境への負荷や、逆に環境によい影響を及ぼす行動を記録し、数値化するなど、エコライフの実行を支援するための道具。様式に特に決まったものはなく、消費者にごみ削減などの具体的な行動の実践を求め、それを行ったか行わなかったかを記入するものや、数値を算出することにより記入者が自ら環境負荷抑制のための生活改善を行うことを促すもの、などがある。環境省や地方自治体、民間団体、企業などがさまざまな環境家計簿を提案している。例えば、環境省がつくっている環境家計簿では、電気、ガスなどのエネルギー消費量や包装容器などの廃棄物排出量から、二酸化炭素の排出量が計算できるようになっている。　⇨ エコライフ

環境監査 かんきょうかんさ　[環-制]
environmental audit　特定される環境にかかわる活動、出来事、状況、マネジメントシステムに関する情報が監査基準に適合しているかどうかを決定するために監査証拠を客観的に入手し評価し、かつ、このプロセスの結果を依頼者に伝達する体系的で文書化された検証プロセス。ISO14000シリーズのうち、ISO14010に定められている。例えば、ISO14001で取り扱うような環境マネジメントシステム (EMS) の実際の状況が要求事項に適合しているかどうかを判定する「環境マネジメントシステム監査」もこれに含まれる。

環境基準 かんきょうきじゅん　[環-制]
environmental quality standard　環境基本法に基づき、政府が定めた、人の

健康を保護し、および生活環境を保全するうえで維持されることが望ましい大気の汚染、水質の汚濁、土壌の汚染および騒音にかかる環境上の条件についての基準を定めたもの。これは、人の健康などを維持するための最低限度ではなく、より積極的に維持されることが望ましいとする行政上の政策目標である。罰則などを含めた「排出基準」とは異なる性格であることに注意。　⇨ 一般排出基準、特別排出基準

環境基本計画　かんきょうきほんけいかく　[環-制]
The Basic Environment Plan　1994年に持続可能な社会の構築に向けた「循環」、「共生」、「参加」、「国際的取組」の目標を掲げた最初の環境基本計画が策定された。2000年新たな環境基本計画が策定され、総理府告示として公布された。環境問題の各分野に関する戦略的プログラムとして、地球温暖化対策の推進、物質循環の確保と循環型社会の形成、交通の環境負荷の低減、環境保全上健全な水循環の確保、化学物質対策、生物多様性、環境教育、環境学習、社会経済の環境配慮化、環境投資の推進、地域づくり、国際的寄与・参加の推進が掲げられている。

環境基本法　かんきょうきほんほう　[環-制]
The Basic Environment Law　日本で1993年に公布、一部を除いて同じ日に施行された。環境の保全を目的として、基本理念を定め、国、地方公共団体、事業者および国民の責務を明らかにするとともに、環境の保全に関する施策の基本を定めた。環境への負荷の少ない持続的発展が可能な社会の構築、国際的協調による地球環境保全の積極的推進、6月5日を「環境の日」として定めること、政府が環境の保全に関する基本的な計画「環境基本計画」を定めなければならないこと、政府が大気汚染、水質汚濁、土壌汚染および騒音にかかわる環境基準を定めること、事業者が環境影響評価を推進できるようにすることなどを定めている。

環境教育　かんきょうきょういく　[環-エ]
environmental education　1992年のリオデジャネイロ国連環境開発会議(UNCED)(いわゆる地球サミット)で採択された「アジェンダ21」では、「教育は持続可能な開発を推進し、環境と開発の問題に対処する市民の能力を高めるうえで重要である」、「環境と開発の問題やその解決へのかかわりについて公衆の感受性を高め、環境に対する各自の責任感や持続可能な開発に向けての、より大きな動機付けや約束を助長していく必要がある」などと環境教育の重要性が強調された。今日、環境教育・環境学習の内容は、自然、大気、水、廃棄物、エネルギー、化学物質、消費、歴史、食、住居など多岐にわたり、単なる自然保護の観点だけではなく文化、貧困、食糧、人口などの社会的・経済的側面をも含むようになっている。

環境共生住宅　かんきょうきょうせいじゅうたく　[環-エ]
environmentally symbiotic housing, symbiotic housing　家、あるいは住環境のライフサイクルを通じて省資源、省エネルギーを考慮し、廃棄物の排出を抑制するローインパクト住宅であり、かつ、周辺環境と調和し、健康で快適な生活が送れるようにくふうされた住宅、あるいは住環境のことをいう。国土交通省は、旧建設省時代から、1992年にガイドラインを策定したほか、環境共生住宅市街地モデル事業、環境共生住宅建設推進事業などの補助によって普及を図っている。英語にはより一般的な environment-friendly housing という言葉があるが、symbiotic housing は、日本独自の概念である。世田谷区の深沢環境共生住宅は、建物および社会住宅財団(BSHF)の World Habitat Awards 2001 を受賞している。　⇨ 環境共生都

市

環境共生都市 かんきょうきょうせいとし [環-エ]

eco-city 環境共生都市(エコシティ)とは，環境負荷の軽減と，人と自然の共生およびアメニティの創出を図った質の高い都市環境を有する都市と定義され，国土交通省により提唱，推進されている事業である。この環境共生都市実現のため，都市環境計画の策定が奨励されているほか，次世代都市整備事業として，自然エネルギー活用システム(太陽光発電など)，都市エネルギー活用システム，防災安全街区支援システム，高度情報通信システム，都市廃棄物処理システムなどを，パイロット事業として現実の都市へ適用する試みがなされているほか，エコビル整備や，廃棄物の建材などへの再利用技術の開発への低利子の融資や，環境共生都市の中核的施設の整備に対する融資，都市排熱利用形ヒートポンプなどの整備に対する税制上の優遇措置がとられている。 ⇨ エコタウン，環境共生住宅 🔄 エコシティ

環境経済学 かんきょうけいざいがく [環-エ]

economics of environment, environmental economics 環境は，商品のように取り引きされるものではないので，価格が定まらない。このため，価値の評価が難しく，市場メカニズムで有効に配分されるわけでもない。20世紀に顕在化した環境問題は，経済学の分野でこの環境をどのように取り扱うか，という問題を突き付け，環境経済学という新しい学問が生まれた。環境経済学は，主として，経済学の観点から，経済発展が環境にどのような変化を及ぼすか(問題発生のメカニズム解明)，環境の劣化をどのように評価するか(価値の評価)，問題の解決のためにどのような政策がとりうるか(政策策定)などを論じる学問であるといえよう。

環境効率 かんきょうこうりつ [環-エ]

eco-efficiency 人類の持続的な発展のためには，環境負荷の総量を削減することが必要であるが，生み出される経済価値の側面も考慮する必要がある。環境効率は，環境負荷と生み出された価値を比較するものであり，環境効率性を表す指標が，持続可能な発展のための世界経済人会議(WBCSD)など多くの機関によって開発され，普及が進められている。それぞれの指標によって定義が異なるが，大きく分けて，単位環境負荷当りの製品・サービス価値，単位製品・サービス価値当りの環境負荷の2種類のものが使われる。例えば，単位エネルギー消費当りの売上高，単位エネルギー消費当りの製品の機能，単位物質投入量当りの製品，サービスの生産量などの指標が用いられる。 🔄 エコエフィシェンシー，環境効率性

環境収容能力 かんきょうしゅうようのうりょく [環-エ]

carrying capacity 生態学で，ある地域において，ある生物種が，季節変動やランダムなく乱にもかかわらず，環境の質の低下を引き起こさずに生存できる最大の個体数のことをいう。環境問題のコンテクストでは，例えば地球が支えられる最大の生物量，特に，人間に適用して，作物生産やエネルギー供給の制約のもとで可能な最大の人口，などの意味に使われる。悲観的な論者は世界人口は地球の収容能力をすでに超えていると主張しているが，一方，人類は技術により限界を超えることができるため，最大収容能力は事実上無限であるとする論者もいる。 ⇨ エコロジカルフットプリンティング分析

環境税 かんきょうぜい [環-制]

environmental tax 納税者が環境負荷の小さいものや方法を選択することを誘導することを目的として，環境に対する負荷の大きいものにかける税。

環境調和型セメント かんきょうちょうわがたせめんと [環-リ]

environmentally-harmonized cement　セメント産業は化石燃料と石灰石を使用することによって，地球温暖化の原因の一つとされる二酸化炭素(CO_2)が大量に発生するため，CO_2をできるだけ削減しようとする試みが低エネルギー(環境調和型)セメントの製造である。方法は二つある。一つは，他産業で排出する石炭灰や鉄鋼スラグをクリンカに添加し，使用する石灰岩をできるだけ削減すること，もう一つは，燃料の使用量を低減するするために，クリンカの融点を低減するフッ化カルシウムなどを使用する方法である。

環境配慮型建築　かんきょうはいりょがたけんちく　[環-都]
environmentally considered building, sustainable building　リサイクル可能性，廃棄可能性や環境，安全，健康に関しての特別な配慮を施した建築のことを指す。ライフサイクル各段階で，投入されるエネルギー，資源と，排出される排熱，排水，廃棄物による地球温暖化，オゾン層破壊，酸性化，熱帯雨林減少，水質汚濁，室内環境汚染による健康障害などを極力少なくするくふうがなされた建築である。例えば，建築的，設備的な省エネルギー対策，環境負荷の少ない材料選択，長寿命化対策などの地球環境に及ぼす環境負荷を低減する手法が考えられる。高気密，高断熱化を図り，省電力設備機器や自然エネルギー利用技術などの採用により，エネルギー消費を大幅に抑え，高いエネルギー自給率をもつ住宅が提案されているが，これをゼロエネルギー住宅ということもある。
⇨ グリーンビル，ゼロエネルギー住宅

環境パフォーマンス　かんきょうぱふぉーまんす　[環-エ]
environmental performance　事業者が自主的な環境保全活動を進めることを支援するために提案されている指標で，発生している環境への負荷や，対策の成果を把握するためのもの。国際標準化機構(ISO)が14031として指針を発行しているが，指標の選択の考え方や手順については定めているものの，具体的な指標そのものは示していない。わが国では，事業者が独自の指標でパフォーマンスを評価してきたが，例えば消費者や投資家などの利害関係者の便宜のため，より客観的な評価ができるように，環境省が2000年にガイドラインを提示し，環境保全上重要で，かつ，実際に事業者に活用しうると考えられる指標を提案している。例えば，環境負荷は，総物質投入量，総エネルギー使用量，廃棄物の総排出量などから計算される。　⇨ 環境会計，環境効率

環境評価　かんきょうひょうか　[環-制]
environmental estimate　環境に関して評価すること。使用される分野，文脈によってかなり多様な意味を有する言葉。例えば社会経済的においては，環境とは市場で取引されない非市場財であるが，その価値を評価しようする場合に使う用例がある。製品などが環境に与える環境影響を評価するときに使う用例もある。また，生物の生息状況で環境の状況を評価するときに使われる用例もある。

環境ホルモン　かんきょうほるもん　[環-エ]
environmental hormone　環境中に存在する化学物質が，動物の体内に取り込まれて，その正常なホルモン作用をかく乱することにより，生殖機能の阻害，悪性腫瘍の形成などの悪影響を及ぼす可能性が指摘されており，このような作用を及ぼす物質を環境ホルモン，正確には「外因性内分泌かく乱化学物質」と呼ぶ。例えば，野生動物の生殖機能，生殖行動，生殖器の異常が多く報告されているが，これらとDDTやノニルフェノールなどのエストロジェン類似作用をもつ物質との関係が疑われている。人体に関しては，合成エストロジェンが悪性腫瘍などを引き起こすことは確かであるが，病気と環境ホルモンとの関係は，科学的に

環境マネジメントシステム　かんきょうまねじめんとしすてむ　[環-制]
environmental management system (EMS)　組織活動，製品およびサービスが環境に与える負荷を低減する仕組みが継続的に運用され改善が行われるシステムのこと。PDCA(plan, do, check, act)サイクルとして，環境方針の策定，目的・目標と環境マネジメントプログラムの計画立案，実施，結果の点検，経営層による方針から計画，実施方法の見直しという，継続的に環境負荷低減の改善サイクルを行うシステム。ISO14001は，この環境マネジメントシステムを構築するための規格である。
⇨ ISO14001

環境容量　かんきょうようりょう　[環-エ]
eco-space, environmental capacity　環境保全の観点からは，人間の活動にはある限界がある。このような限界を一般に環境容量といっている。自然の浄化能力から算出したり，汚染の許容濃度から算出したりする。「環境容量」はしばしば「エコスペース」の訳語として用いられる。これは，世代間，および同一世代内での分配の公平，公正に根差して，将来の世代の資源利用の権利を侵さないで1人当りどの程度のエネルギー，水，そのほかの資源の利用や，環境汚染が許されるのか，その許容限度を算出したもので，1992年に「地球の友オランダ」によって提唱された概念である。

環境ラベル　かんきょうらべる　[環-エ]
eco-label　製品やサービスの環境への配慮などを消費者に伝達する文言，シンボル，図形(ラベル)，などのこと。ISO14020番台に定められている。環境に関する一定の要件を満たすことを第三者機関が認定するタイプⅠ，事業者による自己宣言に基づくタイプⅡ，環境負荷情報を数値などで表示するタイプⅢがある。タイプⅠとして日本のエコマーク，ドイツのブルーエンジェル，アメリカのグリーンシールなどがある。ISO は環境ラベルに対し，① 正確で実証可能，② 国際貿易を不必要に意図的に妨げない，③ 再現性のある科学的方法に基づく，④ ライフサイクルを考慮する，⑤ 環境パフォーマンスを維持，改善する技術革新を抑制しない，など9原則を定めている。　⇨ エコマーク

還元炎　かんげんえん　[理-炉]
deoxidizing flame, reducing flame　燃焼の状態を測る指標の一つに当量比があり，1.0を量論混合比といい，燃料と酸化剤(空気)が完全燃焼するために過不足のない量であることを示す。この当量比は，実際の燃焼で酸化剤(空気)を一定にし燃料が量論混合の場合の何倍かを表す量である。当量比が1よりも多いときには，酸化剤に対して燃料が過剰であることを意味している。

燃焼の当量比が1よりも大，すなわち燃料過濃の場合，高温の燃焼火炎中には，十分に酸化されていない中間生成物が存在する。この中間生成物は，CO，H_2，H，CH などの分子であり，これらは電子を放出して酸化されやすい物質である。高温にあるこれらの化学種は容易にほかの物質に電子を与えやすく，酸素原子を奪いやすいためにこれらを多く含む火炎を還元性火炎という。還元性燃焼ガスは，製鉄，金属精錬では空気中の酸素での酸化による減耗を少なくするために利用されたり，窒素酸化物(NO_x)を還元して窒素に戻す働きがあるので利用されるが，未燃焼ガスであり，アルデヒドや CO などの毒性成分を含むため限定した使用となる。

量論比もしくはわずかに燃料過濃に調整されたブンゼン火炎の内炎は還元炎であり，外炎は酸化炎である。　⇨ 酸化炎

還元触媒　かんげんしょくばい　[輸-排]

reduction catalyst　余剰空気を含む排気ガス中の窒素酸化物(NOx)を，還元反応によって低減するための触媒。アンモニアあるいは尿素などの還元剤を排気管中に直接噴射し，酸化雰囲気中で選択的にNOxを還元させる手法をSCR(selective catalytic reduction)法という。尿素を用いたSCR法は，燃費を悪化させずに排出ガス低減が図れることから，特に大型ディーゼル車向けの手法として注目を集めている。　⇨ SCR

乾式脱硫法(ガスの)　かんしきだつりゅうほう(がすの)　[石-全]
dry desulfurization　ガス中の硫黄分を金属酸化物などを用いて，ガスの温度を低温にすることなく吸収・吸着除去する方法。ガスの温度を低下しないので，熱効率に優れる。

乾式排煙脱硝法　かんしきはいえんだっしょうほう　[環-室]
dry exhaust-gas denitration method
⇨ 排煙脱硝法

完熟たい肥　かんじゅくたいひ　[廃-資]
mature compost　たい肥(コンポスト)の一種で，たい肥化が十分に進み，農地などに利用が可能な状態にあるものをいう。これに対して発酵工程を終えたばかりで夾雑物を除いていないものを粗製コンポスト(たい肥)，野積法によってつくられたものを野積コンポストと呼んで区分している。

慣性力　かんせいりょく　[理-力]
inertial force　運動状態，静止状態にかかわらず物体に外力が働くと，物体はもとの状態を維持しようとする。このとき，外力を打ち消すような見掛け上の力が働いていると考えることができる。この見掛けの力を慣性力という。例えば回転座標系の遠心力，コリオリの力なども慣性力の一種と考えることができる。

慣性力集じん装置　かんせいりょくしゅうじんそうち　[環-塵]
inertial dust collector　含じんガスを邪魔板などに衝突させ，あるいは曲管などに通して気流に急激な方向転換を与え，ダスト(粒子，粉じん)のもつ慣性力によってガス流中から分離捕集する装置。慣性力の大きさは，慣性力に対する粘性力で表した無次元の慣性パラメータ(またはストークス数)によって評価できる。このパラメータは粒径の2乗に比例するので，一般に粒径10〜20μm以上の比較的粗大なダストに有効である。
⇨ 慣性分離器

間接液化　かんせつえきか　[石-炭]，[転-ガ]，[燃-炭]
indirect liquefaction　石炭から直接に液化油を得るのではなく，ガス化して水素および一酸化炭素を得て，これらを合成して油分を得ること。この一方法としてフィッシャー・トロプシュ法が有名である。

間接脱硫法　かんせつだつりゅうほう　[石-油]
indirect desulfurization process　減圧軽油を水素化脱硫したのち，減圧残さ油と調合し，低硫黄の重油材をつくるプロセス。直接脱硫法に比べて硫黄分の含有の度合いは少ない。

完全黒体　かんぜんこくたい　[転-ボ]
perfect black body　入射する光を反射することなくすべて吸収する理想化された物体。「吸収する」というのは，外部から入射する光を完全に吸収することを意味する。

感染性廃棄物　かんせんせいはいきぶつ　[廃-分]
infectious waste　⇨ 医療廃棄物

完全燃焼　かんぜんねんしょう　perfect combustion
[転-ボ]　有機物を燃焼させるとき，十分な空気量を与えてやれば，完全に燃えて二酸化炭素と水になる。これを完全燃焼という。
[燃-管]　燃料の多くは炭化水素であるが，炭素の全量が二酸化炭素に，水素の全量が水に転換する燃焼を理想的な燃焼として完全燃焼という。実際の燃焼の多

くは程度こそ違え完全燃焼に近づけることは容易ではない。　⇨ 不完全燃焼

乾燥機　かんそうき　dryer
[廃-破]　蒸発は湿潤状態の固体材料から水分(液体)を加熱により蒸発，除去する操作である。乾燥過程は一般に，材料温度が室温から一定温度に達した後，材料表面のみで蒸発が起き乾燥速度が一定である定率乾燥期間から，水分の蒸発面が材料内部に後退するとともに，新たに材料内部の細孔内での水蒸気の拡散が加わる減率乾燥期間を経て，平衡含水率に至る。エネルギー供給方法(受熱方式)により乾燥装置は，対流伝熱(熱風受熱)，伝導伝熱，放射伝熱，内部発熱に分類される。また，材料の状態により，静置型，移送型，かくはん型，熱風輸送型に分類される。非常に広く用いられている乾燥装置として，回転乾燥装置や流動層乾燥装置，噴霧乾燥機がある。回転型は内部にかき上げ板が配された傾斜した円筒容器であり，構造がきわめて簡単で大量処理が可能なことから広く用いられている。流動層型では，装置下部に配された分散板を通して送られる熱風により粉体材料は流動化され乾燥される。伝熱面積が大きく処理能力も大きい。噴霧乾燥は，スラリーから乾燥固体粒子を得るのに利用される。
[産-装]　紙パルプ産業や食品産業，廃棄物処理などで水分の多い材料の水分を蒸発により除去する装置が乾燥装置である。粉体の乾燥では，噴霧乾燥機，流動乾燥機がよく使われるタイプである。熱源はスチームであったり，燃焼ガスを直接熱源とすることもある。　回 乾燥装置

乾電池　かんでんち　[理-池]
dry cell　電解液を液状のまま使用するのではなく，綿や紙に吸収させたりゼリー状にして取扱いや携帯を容易にした一次電池。

岩盤空洞　がんばんくうどう　[石-ガ]
rock cave　岩盤に掘削された人工的空洞。シール性を確保するためにライニングを施す場合もある。

γ 線　がんません　[理-量]，[理-放]，[生-放]，[原-核]
gamma-rays, γ-rays　X 線より波長の短い電磁波であり，長波長側の領域〔0.1Å(オングストローム)〕は X 線と重なる。原子核が崩壊するときに質量の一部は α 線や β 線として放出されるが，崩壊後の原子核は励起状態にあり，これが基底状態に落ち着くときに電磁波として放出する余分のエネルギーが通常 γ 線として放出される。X 線よりもエネルギーが高く透過力が強い。例えば，^{60}Co の γ 線は鉄板の厚さなどの測定にも用いられる。　⇨ α 線，原子核，β 線

管理型処分場　かんりがたしょぶんじょう　[廃-灰]
controlled type landfill site　遮断型処分場および安定型処分場の対象となるもの以外の産業廃棄物の埋立処分場をいい，法で定める施設面での基準がある。おもなものとして
　① 産業廃棄物の最終処分場であることの表示を行うこと。
　② 埋め立てる廃棄物の流出防止のための擁壁，堰堤，その他を設置すること。
　③ 埋立地からの浸出水による公共用水域に対する保全対策，および地下水汚染の恐れがある場合の必要な遮水工などを行うこと。
　④ 地表水が埋立地の開口部から埋立地に流入することを防止することができる開渠，その他を設置すること。
などが必要である。「廃棄物の処理および清掃に関する法律施行例」7-⑭-ハに規定する一般廃棄物の最終処分場の慣用名として用いられる。

乾留　かんりゅう　[理-操]
carbonization, dry distillation pyrolysis　空気を遮断して加熱分解し，生

成物を取り出す操作。特に有機物(木材などのバイオマス，都市ごみ，プラスチック，石炭，石油など)から炭素質固体(コークス，チャー)，液状物(タール)や炭化水素ガスを得るために用いられる。以前は，都市ガスは石炭の高温乾留によって得られる石炭ガスを主体としていた。成分は製法によって異なるが，主として水素，一酸化炭素，メタン，エタン，エチレン，プロパン，プロピレンなどである。

工業的にはコークス炉，ロータリーキルン，サンドコーカ，環状炉，炭焼き窯などで行われる。乾留過程は，熱分解反応が主であり，蒸留，熱重合反応が併行する。 ⇨ コークス ㊀ 炭化

乾留ガス かんりゅうがす [石-炭]
coal pyrolysis gas 石炭などを乾留するときに生成するガス。試料によって生成量・成分は異なるが，おおむね水素，一酸化炭素，二酸化炭素，水，各種炭化水素からなる。

管路気中送電線 かんろきちゅうそうでんせん [電-流]
gas insulated transmission line (GIL) 管路気中送電線(GIL)は，金属パイプに収納した導体を六フッ化硫黄(SF_6)ガスで絶縁した送電線路である。地中送電線路は，一般的に架空送電線路に比べ熱放散が悪く，送電容量が小さいが，GILはガス絶縁のため熱放散がよく，架空送電線と同等の大電力送電ができる。

緩和措置 かんわそち [環-制]
mitigation ⇨ ミティゲーション

〔き〕

気液平衡分離 きえきへいこうぶんり [理-操]
gas–liquid equilibrium separation, vapor–liquid equilibrium separation 気相と液相の平衡組成が異なることを利用した分離法であり，蒸留，蒸発，ガス吸収がある。蒸留は沸点の違いを利用した分離法で，適用できる物質が多いことから化学プロセスにおける分離精製技術として最も多く利用されている。蒸発は海水の淡水化やスラリーの濃縮などに，ガス吸収は空気中に蒸発した有機溶剤の回収，廃ガス中の大気汚染物質の除去などに使用されている。 ⇨ 蒸留

輝 炎 きえん [転-ボ]
fire ball 燃焼の過程で熱分解により発生した炭素微粒子がしゃく熱されて輝く炎のこと。ろうそくの炎など，燃料が分解してできた細かい炭素粒が光っている炎。空気と燃料を燃焼時に混合する拡散火焔では輝炎を生じやすい。輝炎は熱放射が強いので，ボイラや工業炉などの加熱用に適している。

機械的エネルギー きかいてきえねるぎー [理-機]
mechanical energy 位置エネルギー，運動エネルギーなどの力学量に関するエネルギーをいい，力学的エネルギーともいう。質量 m の物体が速度 v で運動するときの運動エネルギー $T = mv^2/2$，一般的な仕事量，変形を伴う仕事量である弾性エネルギー(位置エネルギー)などが機械エネルギーである。摩擦などによる熱の流入流出がない保存場で運動する物体に対し，位置エネルギー U と運動エネルギー T の和は一定である ($T+U=$ 一定)。これを力学的エネルギー保存の法則という。 ⇨ 力学的エネルギー

気化器 きかき [輸-ガ]
carburetor ガソリンを霧化して空気と混合し，爆発性の混合気をつくる装置。作動原理は霧吹きと同じであり，エンジンに吸入される空気の流れによって発生する負圧を利用してガソリンを吸引する。気化器には種々の調整装置が装備されており，機械式自動燃料供給装置の一種である。電子制御燃料噴射装置や直噴ガソリンエンジンが登場する以前は，気化器はすべてのガソリン車に使用されていたが，最近では一部のガソリン自動車や二輪車および汎用ガソリンエンジンに使用されている。 ㊙ キャブレタ

気化熱 きかねつ [理-伝]
heat of evaporation 一つの物質が液相または固相から気相に変わるときに必要とする熱。0.1 MPa の標準大気圧下において，100 ℃のときの水の気化熱(このとき，蒸発潜熱ともいう)は 2 257 kJ/kg である。 ⇨ 蒸発熱

基幹系統 きかんけいとう [電-流]
trunk transmission power system 流通設備はその機能面から基幹系統，地域供給系統，配電系統に大別でき，基幹系統はその系統の最上位の電圧系統を中心に構成されている。わが国の基幹系統電圧は，地域によって異なり 500 kV，275 kV，220 kV，187 kV が採用されている。なお一部地域では，将来のために 1 000 kV で設計された基幹送電線を 500 kV で運用しているケースもある。

木屑だきボイラ きくずだきぼいら [自-バ]
wood-fired boiler 木質バイオマスを燃焼してその熱で水を蒸発させ，蒸気を得る装置であり，木質バイオマスから直接燃焼発電を行うには最も一般的な設備である。発電に関しては，蒸気タービンは規模が小さくなると効率が急速に低下するので，小規模での発電には向かず，

また，大規模で燃焼しないと燃焼温度も高くできないのでダイオキシンの発生などが懸念され，さらに原料によっては防腐剤に含まれる銅，クロム，ヒ素などの重金属や有毒元素の適正処理も必要となる。このため，発電用としては数百t/d程度が用いられる。蒸気の熱利用については製材工場などで木材の乾燥用に端材を燃料とした木屑だきボイラが用いられる。 ⇒ 木屑ボイラ

気候変動に関する国際連合枠組条約 きこうへんどうにかんするこくさいれんごうわくぐみじょうやく [環-国], [社-温] United Nations Framework Convention on Climate Change (UNFCCC) 大気中の温室効果ガス濃度を気候変動に重大な影響を及ぼさない程度に安定させることを目的とした条約で，1992年にブラジルのリオデジャネイロで開催された地球サミットにおいて155か国が署名し，採択された。1994年に発効した地球温暖化問題(気候変動問題)の国際枠組の基盤となる条約である。特に先進国の温室効果ガス排出削減を求めている。2003年12月までに187か国の批准を得ている。

温室効果ガス濃度の安定化，共通だが差異のある責任，予防原則，経済効率性などの基礎となる概念を確立した。毎年，締約国会議において交渉が重ねられており，1997年には，そのもとに京都議定書が採択された。 ⇒ 京都議定書，地球サミット，締約国会議 ⇒ 地球温暖化防止条約

気候変動に関する政府間パネル きこうへんどうにかんするせいふかんぱねる [環-国] Intergovernmental Panel on Climate Change (IPCC) 地球温暖化による気候変動の機構などの科学的知見，環境的・社会経済的影響と，温暖化の対策を明らかにするため，各国政府からの専門家が集まり，検討する場。国連環境計画(UNEP)と世界気象機関(WMO)が1988年に設置した。気温変化，海面上昇などの予測がこれまでに報告されている。

気固反応 きこはんのう [燃-炭] gas-solid reaction 気体と固体の反応を指す。石炭の燃焼やガス化は典型的な気固反応である。燃焼の場合は石炭と空気の反応，ガス化の場合はガス化剤である水蒸気，水素などとの反応である。石炭液化の場合は液体である溶剤が存在するので気，液，固の三相反応となる。

技術協力 ぎじゅつきょうりょく [社-経] technical cooperation 一般的には先進工業国が開発途上国に技術を移転することをいう。開発途上国が技術習得を通じて人的資源を蓄積するプロセスに先進工業国が関与する形態の経済協力である。先進国からの専門家の派遣，研修生・留学生の受入れ，開発途上国での訓練施設の建設援助などが具体的な活動としてあげられる。先進工業国の多国籍企業による海外直接投資もこの技術協力に寄与する側面を有する。ライセンシング協定，特許譲渡，経営契約，コンサルティングサービスなどで先進工業国の技術が投入され，開発途上国はその技術習得が可能となる。 ⇒ 国際協力 ⇒ 技術援助

気水分離器 きすいぶんりき [原-技] steam separator 沸騰水型軽水炉(BWR)において，タービン効率を低下させる原因となる蒸気中に含まれる凝結水を取り除く装置である。タービン内に水が浸入するのを防ぐ役目を果たす。 ⇒ 軽水炉

[転-ボ] drain separator 一般の燃焼装置，ボイラなどで，蒸気中に含まれる凝縮水を除去する装置。ボイラで発生した蒸気は大量の凝縮水を含んでおり，このままでは下流の機器に水が入る。これが問題となる場合に，気水分離器が用いられる。分離の方法は，蒸気に旋回流を与え遠心

規制緩和　きせいかんわ　[社-経]
deregulation　民間活動に対する法的規制を大幅に緩める政策である。規制緩和を進めることで民間活動の活発化が期待される。戦後の日本では，産業保護の観点から，数多くの規制が設けられたが，経済が急成長する中で産業構造が変化して必要のなくなった規制や経済発展を阻害する規制が出はじめた。日本の場合，政府関与の規制や行政の介入が諸外国に比べて強く，外国からの批判も多く出た。1980年代に入ると，第二時臨時行政調査会を中心にして規制緩和の議論が高まった。特に経済バブル崩壊後の1990年代半ば以降で規制緩和が本格化した。最近では，特定の業務を独占する資格制度に関する規制から情報(IT)産業の発展を妨げる要因となる規制まで幅広い改革が実行に移されている。⇨ 電力自由化

季節別時間帯別電力　きせつべつじかんたいべつでんりょく　[電-料]
time-of-use schedule　季節別，時間帯別に異なる供給原価の差を料金に反映させた制度。料金率を重負荷時には割高，軽負荷時には割安に設定することによって，負荷平準化を図ることを目的とするもの。

基礎代謝　きそたいしゃ　[生-活]
basal metabolism　生命の維持に必要な人体内の仕事のための最小限の代謝。快適な環境温度(20～25℃)のもとに，肉体的にも精神的にも安静状態にあり，食後12～15時間を経て消化・吸収作用終了後の状態での仰臥時(覚醒)のエネルギー産出量をいう。

気体　きたい　[理-物]
gas　物質の三態(気体，液体，固体)のうちの一つの状態。物質を構成する原子や分子には，たがいに影響を及ぼす力(原子間力，分子間力)が働いているが，この力が非常に弱く，原子や分子が自由に動くことができる状態。気体状態では，原子や分子は規則的な配置をとらないため，形が容易に変化する無定形状態となっている。⇨ 液体，固体

気体定数　きたいていすう　[理-物]
gas constant　ボイル・シャルルの法則では，気体の圧力 p と体積 V の積を温度 T で割った値は一定となる。
$$\frac{pV}{T} = C$$
この式の両辺に温度 T を掛けて
$$pV = CT$$
を得る。一方で，構成要素(原子，分子，イオンなど)がアボガドロ定数に等しい個数だけ存在する系の物質量を1 mol と定義し，気体のモル数 n で表すと，上式は
$$pV = nRT$$
と変形できる。この式を気体状態方程式というが，この式にある R は，気体によらず $R = 8.31$ J/(mol·K) となることが知られており，これを気体定数と呼ぶ。⇨ ボイル・シャルルの法則

気体燃料　きたいねんりょう　[燃-概]
gas fuel, gaseous fuel　水素やメタン(天然ガス)などの，常温常圧で気体状である可燃性物質。低温高圧下では液状で運搬することも可能であるが，液体燃料とはいわない。液化石油ガス(LPG，いわゆるプロパンガス)は常温高圧の下では液状で輸送されるが，これも通常は液体燃料とはいわない。

気体反応の法則　きたいはんのうのほうそく　[理-反]
law of gaseous reaction　化学反応において反応物と生成物がともに気体である場合，等温，等圧で測定された反応物と生成物の気体の体積の間には，簡単な整数比の関係がある，という法則で，1805年にゲイリュサック(J. L. Gay-Lussac)により見いだされた。

気体分子運動　きたいぶんしうんどう　[理-物]
motion of gas molecule　気体分子

は，分子間の拘束する力がきわめて弱く，たがいに自由に運動している。分子の運動は，温度に依存している。すなわち，気体温度が上昇すると，気体分子運動が活発になり，圧力の上昇または体積の増加として現れる。反対に，気体温度が下降すると，気体分子運動は不活発となり，圧力の下降または体積の減少として現れる。　⇨ 平均自由行程

基底状態　きていじょうたい　[理-量]
ground state　ある量子力学的系のうちの最小のエネルギー準位は基底準位と呼ばれ，その準位のエネルギーをもつ状態のことをいう。

起電力　きでんりょく　[理-池]
electromotive force　電源が電圧を発生させる能力。単位は電圧と同じくV。

希薄可燃限界　きはくかねんげんかい　[燃-気]
lean flammability limit, lower flammability limit　火炎が混合気中を伝ぱすることができる濃度限界のうち，燃料が理論混合比よりも希薄な条件における限界をいう。可燃限界の下限界と同義。その限界値は，予混合気への希釈剤や反応抑制剤の添加，初期圧力そして初期温度などの変化に影響を受ける。
⇨ 過濃可燃限界

希薄燃焼　きはくねんしょう　[転-エ]
lean burn　ガソリンと空気の混合気をできるだけ薄くし，安定した燃焼を実現する希薄燃焼技術を用いたエンジン。燃費向上技術の一つであり，筒内直接噴射ガソリンエンジンなどがある。ガソリン中の硫黄分を低減させることで，排出ガスの低減と同時に燃費の向上が期待できる。

薄い混合気は着火性が悪く，燃焼速度も遅いので燃焼が不安定になり，失火しやすくパワーも出ない。希薄混合気を短時間に安定した状態で燃焼させるため，吸気系の機構や燃焼室の形状をくふうして適度なスワールを発生させ，燃料噴射時期の最適化や層状吸気，強力点火などによって確実な着火を行う方法が開発された。解決の難しい問題は，窒素酸化物(NOx)が最も多い空燃比が理論空燃比より少し大きい側(リーン側)にあり，トルクの必要な加速時や高速走行時にNOxが多く排出されることで，これに対する対策がリーンバーンエンジン開発上のネックとなっている。

希薄燃焼エンジン　きはくねんしょうえんじん　[輸-エ]
lean burn engine　空燃比が理論混合比(単位重量の燃料を燃焼させるために必要な最小空気重量の割合)より20〜30％大きい空気過剰(薄い混合気)の状態で安定した燃焼が可能になり，燃費性能を向上させることができるエンジン。一般的なガソリンエンジンは，排ガス対策のために理論混合比で運転しているが，燃費が悪いことが欠点である。希薄燃焼方式はこれを改善するための燃焼方式であるが，混合比を希薄化するに従って燃焼が不安定になり，トルク変動が大きくなる。安定した燃焼を実現するため，ガス流動の利用や層状吸気手法の導入などによって，点火，燃焼の確実性を確保している。ガソリン直接噴射式エンジンも希薄燃焼エンジンの一つであり，混合気を層状化できるために，希薄混合気でも安定した燃焼が可能になり，理論混合比と比べて40〜50％希薄な混合気で運転することができる。　同 リーンバーンエンジン

希薄予混合圧縮着火燃焼法　きはくよこんごうあっしゅくちゃっかねんしょうほう　[輸-エ]
premixed charge compression ignition(PCCI)　ディーゼルエンジンと同等の燃費で窒素酸化物(NOx)，微粒子(PM)を発生しない燃焼方式。一般的なディーゼルエンジンの燃焼方式ではNOx, PMが発生するが，燃料噴射時期を極端に早め，燃料と空気を十分に混合するとNOx, PMの同時低減が可能

になる。最近では，排気ガス再循環(EGR)との組合せによって，通常の噴射時期においても希薄予混合圧縮着火燃焼が実現できるようになってきた。また，ガソリンエンジンにおいても混合気を圧縮着火する試みがなされている。この方式は，非常に有効な燃焼方式であるが，燃焼が不安定であり，高負荷運転時に激しいノックを発生するとともに，低負荷運転時には失火しやすいために，実用化するまでに超えなければならない障害が多い。 ⇨ HCCI

揮発性有機化合物 きはつせいゆうきかごうぶつ ［環-ス］
volatile organic compounds 住宅をはじめとする建築物に用いられる建材や内装材，家具や家電製品などの什器類から放散される多種多様な揮発性物質の総称のこと。

揮発分 きはつぶん ［石-炭］
volatile matter 石炭，コークスなどを加熱する際に揮発して放出される成分。おもにタール分であり，ガス成分(水素，一酸化炭素，二酸化炭素，水，各種炭化水素ガス)を含む。その測定法については JIS M 8812 に規定があり，試料 1 g を，ふた付きるつぼに入れ 900℃ で 7 分間加熱したときの質量減少量から水分を差し引いた値を揮発分とする。

揮発分 NOx きはつぶんのっくす ［環-室］
volatile NOx 一般に，固体燃料は，加熱を受けると揮発分，固定炭素分などに分解する。揮発分中に窒素分が含有している場合，その窒素分を起源として生成する窒素酸化物(NOx)のことを指す。なお，固定炭素分中の窒素分を起源とする NOx のことをチャーNOx と呼ぶ。 ⇨ 揮発分，フューエル NOx

揮発油税 きはつゆぜい ［社-石］，［石-社］
gasoline tax 揮発油(ガソリン)に課税される国税。同税は 1954 年の第二次道路整備 5 か年計画のスタート時に道路整備財源として税収の使途が特定される目的税的性格をもって導入された。1955年には地方道路税も創設され，以来，揮発油に対しては揮発油税(国の行う道路整備事業費)と地方道路税(地方自治体へ譲与されるもの)が合わせて徴収されることとなった。揮発油税は，製油所から揮発油が出荷される段階で課税される庫出税で，精製・元売会社が納税義務者となっている。2002 年 11 月現在の税率は，いずれも基本税率(揮発油税 24 300 円/kl，地方道路税 4 400 円/kl)を大きく上回る暫定税率(揮発油税 48 600 円/kl，地方道路税 5 200 円/kl)が課せられている。なお，暫定税率は 2002 年度末までの適用となっている。

ギブスの自由エネルギー ぎぶすのじゆうえねるぎー ［理-熱］
Gibbs free energy ギブスの自由エネルギー G はエンタルピー H およびエントロピー S を用いて，$G = H - TS$ (単位 J)と定義される。TS は束縛エネルギーであり仕事として取り出すことが不可能なエネルギーである。等温・等圧条件では $dG \leq 0$ であり，不可逆変化のもとではギブスの自由エネルギーは減少する。ギブスの自由エネルギーが最小値となると $dG = 0$ の平衡状態となる。この条件は相平衡や化学平衡を記述する際に用いられる。 ⇨ 自由エネルギー

逆起電力 ぎゃくきでんりょく ［電-気］
counter back electromotive force 電気回路において，電流の流れに変化があったとき，その変化と逆方向に生じる起電力のこと。また，ある方向に流れている電流を妨げる有効起電力のこと。

逆工場 ぎゃくこうじょう ［環-リ］
inverse manufacturing 「設計→生産→使用→廃棄」といった順工程の従来型生産システムから「回収→分解・選別→再利用→生産」という逆工程を重視した製品循環型の生産システム。総合的な環境影響評価手法(LCA)の確立や製品，部品の使用履歴，余寿命診断などの

データベース化, さらに, リサイクル技術情報(分解性, 材料成分, 有害物)の検索などが必要。

逆潮流 ぎゃくちょうりゅう [電-力]
reverse power flow 系統連携している設備で発電した(余剰)電力を系統へ逆流させること。この場合, 電力会社に買い取ってもらうことができる。

逆有償 ぎゃくゆうしょう [廃-集]
minus value for sale 資源ごみのうち有価物であっても資源価格や相場の変動により, 市場で価格がつかないために売却することができず, 逆に廃棄物処理業者にお金を支払って引き取ってもらうことをいう。逆有償になり, 有価物が廃棄物になることを回避するために, 自治体が回収に補助金を出している例も見受けられる。 ⇨ 有価物

逆ランキンサイクル ぎゃくらんきんさいくる [資-理]
reverse Rankine cycle 高熱源を用いて蒸気を発生させ動力を取り出し, 蒸気を低熱源を用いて凝縮させ再び高熱源にポンプで送るという, 最も基本的な熱機関であるランキンサイクルとは逆のサイクルを組むことにより, 動力投入により低熱源から高熱源に熱を移動させるサイクル。これらのサイクルの成績係数(COP)は, 冷房に対しては低熱源から除去された熱量を, また暖房に対しては高熱源に与えられた熱量を, 投入した動力で割った値と定義される。 ⇨ 冷凍サイクル 同 ヒートポンプサイクル

キャスク きゃすく [原-廃]
cask 使用済燃料などの核燃料物質や高レベル放射性廃棄物のガラス固化体などの輸送用に用いられる大型で重量のある容器をキャスクという。使用済燃料の場合, 放射線を放出し, 核分裂生成物の崩壊による熱も発生する。その輸送にあたっては, 放射線の遮へいおよび除熱などの安全対策が必要となるため, 輸送容器には, 遮へい性能, 密封性能, 除熱性能, さらに, 臨界にならない構造という四つの基本的な安全機能をもつことが要求される。このような性能が, 万が一の輸送中の事故などにあっても失われないように, 落下や火災などに備えた堅固な構造であることが要求されている。使用済燃料の貯蔵用として, 貯蔵専用のキャスクが用いられる場合と輸送用キャスクが貯蔵用としても用いられる場合がある。 ⇨ 高レベル放射性廃棄物, 使用済燃料

逆火 ぎゃっか [燃-気]
flash back バーナに形成される予混合火炎において, 燃焼速度が未燃混合気の速度より大きい場合, 火炎がバーナ内に入り込んでしまう現象。この現象が発生すると, バーナ内や予混合ガス供給系統内が高温高圧となり, 爆発を引き起こす恐れがあり, 非常に危険である。

キャッシュフロー きゃっしゅふろー [社-価]
cash flow 投資の経済性評価に用いられるキャッシュフローとは, 投資がもたらす「予想現金流入額−現金流出額」のことであり, 投資によって生み出される純利益分のことをいう。それは, 追加的な現金流入額を示すこともあるし, 従来の費用節約を期待する際には現金流出額の減少を示すこともある。ただし, 一般に会計規則上で示されるキャッシュフローはこの概念とは異なり, そこでは純利益に減価償却費などの現金支出を伴わない費用を加えた貨幣額を示している。 ⇨ 資本回収法, 単純回収年数, 内部利益率

給気効率 きゅうきこうりつ [民-原]
trapping efficiency 2サイクルエンジンは, 給気で燃焼ガスをシリンダから追い出し, 同時にシリンダ内を給気で置き換える掃気を行う。通常, 掃気圧は排気圧より高く, 掃気を行うとき, 給気の一部の素通りが起こる。

供給された全給気量を G_1, 掃気完了後のシリンダ内全ガス量を G_2, 掃気完了後にシリンダに留まる給気量を G_3,

運転時の大気状態で行程容積を占める給気量をG_4とすると，掃気効率$\eta(s)$ (scavenging efficiency)および給気効率$\eta(tr)$ (trapping efficiency)は下式のように表される。

$$\eta(tr) = \frac{G_3}{G_1}, \quad \eta(s) = \frac{G_3}{G_2}$$

ここで，$\eta(s)$は掃気完了後のシリンダ内給気濃度で給気の有効割合を表し，$\eta(tr)$は有効な給気量の割合を示す。給気効率は給気量が多くなるほど低下するから，給気作用の良否は，給気量をシリンダ容積に対する割合で表現する。通常，シリンダ行程容積基準にしたつぎの値が使用される。

$$給気比: K = \frac{G_1}{G_4}$$

$$修正給気比: L = \frac{G_1}{G_2}$$

$$充てん比: C_r = \frac{K}{L} = \frac{G_2}{G_4}$$

給気効率と掃気効率との関係は，次式で表される。

$$\eta(tr) \times K = \eta(s) \times C_r$$

究極可採埋蔵量　きゅうきょくかさいまいぞうりょう　[資-石], [石-全]
ultimate oil reserues　採掘開始後，経済限界に達するまでの可採埋蔵量。

吸光光度分析法　きゅうこうこうどぶんせきほう　[理-計]
absorption spectrophotometry　タングステンランプなどの光源からの特定波長の光を試料溶液に照射し，溶液の吸光度を測定することによって特定成分を定量する比色分析の一つである。吸光度の測定には分光光度計などが用いられ，ベールの法則によって溶液の濃度測定を行うことができる。

吸収係数　きゅうしゅうけいすう　[理-光]
absorption coefficient　ある媒質を通過する光の強度Iは，入射した光の強さをI_0とし，進行距離xの指数関数として，$I = I_0 \exp(-\alpha x)$と記述することができる。このときのαを吸収係数と呼ぶ。これより媒質を進行する光の強度は指数関数的に減少することがわかる。これをランバートの法則という。　🔁 吸光係数

吸収式ヒートポンプ　きゅうしゅうしきひーとぽんぷ　[熱-ヒ]
gas absorption heat pump　低圧で水を蒸発させることにより循環媒体を冷やし，これを介して冷房，冷蔵，冷凍などに用いる。水蒸気は臭化リチウム液に吸収させる。臭化リチウム液から水を分離させるための熱源として，例えば都市ガスが用いられる。結局，燃焼熱を用いて，低温部から高温部に熱が移動させられていることになる。

吸収式冷凍機　きゅうしゅうしきれいとうき　[民-装]
absorption refrigerator　吸収冷凍システムを用いた冷凍機。圧縮機をもたず，代わりに比較的低い温度の熱を使用する。高温の熱(例えば直火の場合や高圧飽和蒸気)の場合には，多重効用のシステムを組み効率を上げる。コジェネレーションの発電機の排ガスの熱を利用して冷暖房に使用することもよく行われる。その場合，熱の需要の変動による発電負荷率を保つのに効果的である。成績係数(COP)は最近ではほぼ1.0程度，多重効用式のものは，1.3～1.5程度のものもある。

吸収線量　きゅうしゅうせんりょう　[理-解], [原-放]
absorbed dose　放射線が照射された結果，物質の単位質量当りに吸収されたエネルギー量。1 J/kgは1 Gy(グレイ)として表される。1 Gy=100 rad。単位時間当りの吸収線量を吸収線量率という。人体への放射線の危険度を表す線量等量(単位 Sv, シーベルト)は，吸収線量に放射線の種類やエネルギーに依存する係数を掛けて求められる。　⇨ 実効線量, 照射線量, 線量限度　🔁 グレイ

吸収冷凍サイクル　きゅうしゅうれいとうさいくる　[民-原]

absorption refrigeration cycle　吸収冷凍の働きを示す行程。吸収冷凍では冷媒に水, 吸収剤に臭化リチウムを使うものが圧倒的で, そのほか冷媒にアンモニア, 吸収剤に水を用いるものも用いられる。冷媒の性質上低温の冷凍には向かず, 冷温水器として利用されることが多い。高温の熱が得られる場合には, 多重効用の再生器を備えて効率を上げることができる。

吸着ガス　きゅうちゃくがす　[石-炭]
adsorption gas　石炭表面に, ファンデルワールス力(分子間力)や静電気力などの比較的弱い力で吸着したガス。吸着量は圧力に依存しており, 石炭の孔隙内に存在する自由ガスの圧力が上昇すると吸着が行われ, 自由ガスの圧力が低下すると脱着が行われる。また吸着量は温度にも影響され, 温度が高くなるとその量は減少する。

吸着ガス天然ガス自動車　きゅうちゃくがすてんねんがすじどうしゃ　[石-ガ]
absorbed natural gas vehicle　天然ガスを高圧容器内蔵の吸着剤に吸着させ, 数MPaで容器に貯蔵・積載した天然ガス自動車。天然ガス自動車の分類に用いられる用語。　⇨ 天然ガス自動車

9電力体制　きゅうでんりょくたいせい　[社-電]
system of the nine electric power companies　1886年にわが国最初の電気事業者である東京電燈(株)が営業を開始してから, 各地で電気事業者が誕生した。第二次世界大戦の戦時下では発送電を一本化し, 9地域の配電会社とともに国家の統制下に置いた。戦後, 1951年に電気事業は再編され, 新たに全国を北海道, 東北, 東京, 中部, 北陸, 関西, 中国, 四国, 九州の9地域に分け, 発送配電を一貫して経営するようになった。この供給システムを「9電力体制」という。1972年に沖縄が返還されたのに伴い, 沖縄電力を含めた10社で「10電力体制」ともいう。

吸熱反応　きゅうねつはんのう　[理-反]
endothermic reaction　熱の吸収を伴う反応のことをいう。反応熱を, 「反応エンタルピー＝生成物のエンタルピー－反応物のエンタルピー」で定義すると, 吸熱反応とは反応エンタルピーが正の反応のことである。発熱反応の逆反応である。

供給予備力　きょうきゅうよびりょく　[電-系]
marginal supply capability　事故, 渇水, 需要の変動など予測しえない異常事態が発生しても, 供給支障を起こすことなく安定して電力供給を行うことができるようにあらかじめ保有する予備力。安定して供給するには需要をある程度上回る供給力を確保する必要がある。一般に, 最大需要に対する百分率で表される。

供給力　きょうきゅうりょく　[電-系]
supply capability　自社の原子力, 火力, 水力のほか, 公営, 自家用など他社の供給力および他電力会社との電力融通などがある。さまざまな需要変動に対応できるように, 各供給力の出力調整能力, 起動・停止時間などの運用特性を勘案して決定する必要がある。

凝結　ぎょうけつ　[理-物]
coagulation　気体を飽和蒸気圧以下に冷却するか, 温度を一定に保って圧縮した場合に気体の一部が液化する現象。凝結と凝縮は同義語であるが, 凝縮は気体中に浮遊するイオンや微小粒子を核とした液化現象について, 凝結は冷却壁面での液化現象の場合に用いられることが多い。　⑩ 凝縮

凝縮伝熱　ぎょうしゅくでんねつ　[理-伝]
condensation heat transfer　蒸気がその蒸気圧に対応する飽和温度より低い冷却面に触れると冷却されて液化する。この現象を凝縮と総称する。このときの蒸気から冷却面への熱の移動を扱うのが凝縮伝熱であり, 一般に凝縮液は冷却面を濡らして液膜を形成するため, 蒸気が

凝縮した際に放出した熱(凝縮潜熱)はそのまま熱伝導により，液膜をよぎって冷却面に伝達される。したがって，液膜の厚さや流動状態が熱の移動に対する熱抵抗の大きさを支配する。それゆえ，冷却面が凝縮液によって濡らされにくい滴状となった凝縮の場合には，上記の膜状の凝縮よりも熱の移動量ははるかに大きくなる。

凝縮熱　ぎょうしゅくねつ　[理-伝]
heat of condensation　気相状態にある物質が凝縮して同温度の液体に変わるときに放出する熱量。相変化の方向は異なるが気化熱と同じ値である。　㊂ 凝縮潜熱

強制給排気式温風暖房機　きょうせいきゅうはいきしきおんぷうだんぼうき　[民-器]
forced flue type heater　⇨ FF式温風暖房機

強制循環ボイラ　きょうせいじゅんかんぼいら　[転-ボ]
forced circulation boiler　蒸気条件が臨界圧力以上のボイラになると，高圧になるに従い，飽和水と飽和水蒸気の比重差が小さくなり水の循環量が小さくなるので，水の下降管の途中に水を強制的に循環できるポンプを備えたボイラを指す。貫流ボイラとともに，火力発電用ボイラの主流を占めるものである。
㊂ 強制流動水管ボイラ

共同実施　きょうどうじっし　[環-温]，[環-国]，[社-温]
joint implementation　気候変動に関する国際連合枠組条約に基づき，先進国どうしが温室効果ガス排出削減に向けて共同でプロジェクトを実施し，その成果を投資あるいは実施した国で分け合うこと。投資国では事業が実施された国で生じる削減量に対応する排出枠をその国から獲得し，自国の削減目標達成に利用することができる。元来，気候変動枠組条約中の概念であったが，いまでは一般に京都議定書第6条の活動を指す。排出量取引，クリーン開発メカニズムと並び，市場原理を活用した排出削減目標達成の仕組み(京都メカニズム)の一つである。
⇨ 温室効果ガス，温室効果ガスユニット，共同実施活動，京都メカニズム，クリーン開発メカニズム

共同実施活動　きょうどうじっしかつどう　[環-温]
activities implemented jointly (AIJ)　気候変動に関する国際連合枠組条約(1994年3月発効)に定められた温室効果ガス排出抑制のための手法で，国が有する温室効果ガスの削減，吸収，固定化などの技術，ノウハウ，資金を適切に組み合わせて，共同のプロジェクトを実施し，世界全体として温暖化対策を効果的に行うことを目指す。共同実施(JI)の国際ルールが確立するまでの試験期間，本格的な共同実施の実行に備えて，具体的な知見や経験を得ることを目的としており，削減量に対する排出権(クレジット)は付かない。　⇨ 気候変動に関する国際連合枠組条約，共同実施，クリーン開発メカニズム

京都議定書　きょうとぎていしょ　[環-国]
Kyoto Protocol　京都で開催された第3回締約国会議で採択された議定書。先進国の排出削減目標が決められた。また，実行を容易にするために排出量取引，クリーン開発メカニズム，共同実施の措置が盛り込まれた。　⇨ 締約国会議

京都メカニズム　きょうとめかにずむ　[社-温]
Kyoto mechanisms　京都議定書で認められた排出権取引，共同実施(JI)，クリーン開発メカニズム(CDM)の総称。附属書Ⅰ国が数値目標を達成するため，他国での削減量を自国の削減分として利用することのできる市場を活用するメカニズムで，企業も参加できる。移転される排出権やクレジットは温室効果ガスユニットと呼ばれる。インベントリーやレジストリーの整備などの参加要件も設定

されている。 ⇨ 温室効果ガスユニット，共同実施，京都議定書，クリーン開発メカニズム，排出権取引

曲面集光方式 きょくめんしゅうこうほうしき [理-光]
parabolic-trough system 太陽熱発電システムの一つ。太陽熱発電システムにはタワー集光方式と曲面集光方式の二つの方式がある。曲面集光方式では放物面鏡で太陽を追尾し反射光を焦点上にある熱媒体に集める。

許容線量 きょようせんりょう [理-科]
permissible dose 国際放射線防護委員会で被ばく線量の最大値を規定し，1977年からは作業者に対する実効線量当量限度が決められている。これは放射線の種類，被ばくの態様に共通の尺度で被ばくを評価する単位である。線量当量 H(Sv，シーベルト)は，吸収線量を D(Gy，グレイ)，線質係数を Q，分布そのほかの修正係数を N とすると，$H=D \cdot Q \cdot N$ で表される。現行の日本の法律では，実効線量当量限度を 50 ミリシーベルト/年としている。放射線業務従事者は，フィルムバッジ，熱蛍光線量計などの積算線量測定によって管理されている。

汽力サイクル きりょくさいくる [電-熱]
steam turbine cycle 蒸気を動作物質として用いる。カルノーサイクルにおける等温過程を等圧過程に置き換えたものをいう。いわゆるランキンサイクルのことで，汽力発電所におけるボイラ，タービン，復水器，給水ポンプで構成される基本的なサイクルである。 ⇨ カルノーサイクル，ランキンサイクル

汽力発電 きりょくはつでん [電-火]
steam power 燃料をボイラなどで燃焼させて得られた熱エネルギーを用いて蒸気を発生させ，この蒸気により蒸気タービンを回転させることで行う発電方式。 ⇨ 原子力発電

キルン きるん [産-セ]
kiln 焼成や乾燥に使用する窯。セメントキルン，ロータリーキルンなど。高炉のような縦型炉はシャフトキルンという。

キロワット きろわっと [理-単]
kilo watt (kW) ⇨ ワット

キロワット価値 きろわっとかち [電-気]
kilo watt value 太陽電池の導入で既存の発電出力をどれだけ減らせたかを示す値。

キロワット時 きろわっとじ [電-気]
kilo watt hour (kW·h) 電流によってなされる仕事の量(エネルギー量のこと)で，1 W の電力を 1 時間(1 h)使用した場合の電力量の単位として，W·h が用いられる家庭用の電力量は 1 W·h の 1 000 倍を表す 1 kW·h がよく用いられる。

キロワット時価値 きろわっとじかち [電-気]
kilo watt hour value 太陽電池などの導入で既存の発電電力量をどれだけ減らせたかを示す値。

筋収縮 きんしゅうしゅく [生-活]
muscle contraction 動物個体またはその内臓器官の運動は，すべて筋の収縮によって起こる。ミオシンやアクチンとの相互作用の結果，両フィラメント間にたがいに滑り合う力が発生することがあり，これに伴いアデノシン三リン酸(ATP)が分解され，その化学エネルギーは熱と力学的エネルギーに変換される。

金属間化合物 きんぞくかんかごうぶつ [理-化]
intermetallic compound 2 種以上の金属元素が簡単な整数比，すなわち，化学量論組成で結合してできた化合物で，化合物生成は状態図で融点に極大を示す特徴があり，成分金属元素と異なる性質を示す。一例として，原子価電子数が化合物の形成に重要な役割を果たすとするヒューム・ロサリーの規則で説明される電子化合物と呼ばれる β 黄銅(CuZn)，

γ黄銅(Cu_5Zn_8)がある。

金属水素化物　きんぞくすいそかぶつ
[理-化]
metal hydride　金属と水素が結合した化合物の総称。アルカリ金属のすべてとアルカリ土類金属のカルシウム，ストロンチウム，バリウムは塩類似水素化物を形成し，NaHやCaH_2は脱水力をもっている。ケイ素の水素化物であるSiH_4は常温で気体であり，揮発性水素化物に属する。$LiAlH_4$，$NaBH_4$は還元剤として重要な金属水素化物である。一般に金属水素化物は脱水力，還元力をもっており，金属アルキルと類似の性質を有する。

〔く〕

空気亜鉛電池 くうきあえんでんち
[理-池]
zinc air battery　プラス極に空気中の酸素, マイナス極に亜鉛, 電解液として水酸化カリウム水溶液を採用した一次電池。エネルギー密度は $1150\,W\cdot h/l$, $390\,W\cdot h/kg$ 程度, 電圧は公称 $1.4\,V$。

空気過剰係数 くうきかじょうけいすう
[転-ボ]
over air ratio　実際の燃料の燃焼では, 燃料を完全燃焼させるために, 必要な理論空気量に対してある程度の余裕をみて空気を送り込む。この過剰にした割合を空気過剰係数という。一般に, パーセントなどで表す。　⇨ 空気過剰率

空気過剰率 くうきかじょうりつ [輸-エ]
excess air ratio　空燃比(空気と燃料の比率)の理論空燃比(単位重量の燃料を完全燃焼させるために必要な最小空気重量の割合)に対する比率。一般的に λ で表し, λ が 1 より大きくなると空気過剰となり, 1 より小さくなると燃料過剰となる。三元触媒を用いたガソリン乗用車は $\lambda=1$ となる運転を行っており, リーンバーンエンジンや直接噴射式エンジンでは λ が 1 より大きな状態で運転している。

　燃焼分野では, $(\lambda-1)$ の値を%で表した空気過剰係数と同一の定義を与えることも多く, 注意が必要である。
⇨ 当量比　圓 A/F比, ラムダ

空気比 くうきひ [燃-管]
air ratio　燃料を燃やすのに実際に費やされる空気量と完全燃焼させるのに必要な空気量との比。空気過剰率ともいう。当量比の逆数となる。　⇨ 空気過剰率, 空燃比, 当量比

空気輸送 くうきゆそう [廃-集]
pneumatic transportation system
廃棄物の収集, 輸送にパイプラインを用い, 吸引ブロアでパイプ内に $20\sim30\,m/s$ の空気の流れをつくり, その空気流にごみを浮遊させて, 集じんセンターや真空式ごみ収集車まで移送するシステムである。ごみの吸引側にブロアを設置するため, 多数の排出源から 1 か所に集める輸送に適している。このシステムは, ごみの貯留, 収集の過程で人目に触れることがないため街の美観が保て, いつでもごみを捨てることができ利便性の面でも優れている。このシステムはパイプの太さの違いにより移動集じん型パイプライン $(250\,mm\phi)$, 破砕機付小口径真空収集 $(150\sim250\,mm\phi)$, 大口径真空収集 $(400\sim600\,mm\phi)$ の 3 方式に大きく分類することができる。

空気予熱器 くうきよねつき [転-ボ]
air pre-heater　燃焼ガスでの発生する熱を利用して燃焼用空気を加熱する装置, 機器。

空燃比 くうねんひ　air-fuel ratio
[石-油]　空気と燃料の比率。一般に重量比が用いられ, ガソリンの完全燃焼における理論値は約 15 である。
[燃-管]　燃料を空気で燃焼させるときの可燃混合気中の空気と燃料の質量比(空気÷燃料)。空燃比の逆数を燃空比という。

空冷エンジン くうれいえんじん [輸-エ]
air-cooled engine　エンジンの冷却を行うために, シリンダとシリンダヘッドに走行風や冷却ファンの風を直接当てて冷却するエンジン。2 輪車のエンジンなどに多く使用されており, 冷えやすいようにフィンを取り付け表面積を広くしたり, 材料として熱伝導性の高いアルミ合金などを使っている。冷却水を使用しないために, 寒冷地における凍結問題がなくなるとともに小型化, 軽量化ができるといった特徴を有するが, 乗用車では騒

音や夏期のオーバヒート対策が困難である。また、エンジン音がうるさいとともに走行していないと冷却できないため渋滞などに弱い。さらに、水冷エンジンと比べてシリンダの膨張が大きく、冷間時と実用時でシリンダの直径が異なる。そのため、ピストンリングとシリンダとの間隙からオイルが漏れ、オイル消費量が多くなるといった欠点があり、最近ではあまり使用されていない。

クエン酸回路 くえんさんかいろ [生-反]
citric acid cycle 好気性生物すべてにあり、細胞内物質代謝において最も普遍的な代謝経路。クエン酸回路1回転により、12分子のアデノシン三リン酸(ATP)が生成される。 (同) クレブス回路, TCA回路, トリカルボン酸回路

躯体蓄熱 くたいちくねつ [民-シ], [民-原]
building frame thermal storage, skelton thermal storage 夜間蓄熱を行う場合、ビル躯体の熱容量を利用するもの。例えば、コンクリートの熱容量は $2023kJ/(m^3 \cdot k)$ あり、優れた蓄熱材である。躯体蓄熱単独ではなく氷蓄熱、水蓄熱と併用する場合が多い。床スラブ、デッキプレートなどに躯体として蓄熱し、そこからの放射熱により室内の空調を行う。建物本体を用いるため、熱の放射による暖冷房のため快適である。安価に蓄熱できる。蓄熱層が不要、もしくは(水蓄熱など併用の場合)小さくなる。ビルのリニューアル時に施工することもできるなどのメリットがある。一方、蓄熱を行う躯体にできるだけ均一に蓄熱するための配慮が必要になる。

クラウジウス積分 くらうじうすせきぶん [理-熱]
Clausius integration 外部から系が得る微小な熱量を δQ、その際の温度を T とする場合、$\delta Q/T$ を1サイクルにわたって積分したもの $\oint \delta Q/T$ をクラウジウス積分という。可逆サイクルではクラウジウス積分は $\oint \delta Q/T = 0$ となり、不可逆サイクルでは $\oint \delta Q/T < 0$ となる。後者はサイクルにおける熱力学第二法則を表している。 ⇒ 可逆サイクル, 熱力学第二法則

グラスホフ数 ぐらすほふすう [理-伝]
Grashof number (Gr) これは、温度差によって生じる流れ場において、そこでの浮力と粘性力の比で表示され、自然対流の駆動力を表す無次元数である。温度差が大きければ、それに比例して浮力も増し、グラスホフ数は大きくなり、自然対流での熱伝達も増す。

クラスレート くらすれーと [石-ガ]
clathrate 2種の分子が適当な条件のもとでともに結晶し、一方の分子がトンネル型あるいは層状、または立体網状構造をつくり(包接格子)、そのすきまに分子が入り込んだ結晶構造をもつ化合物。包接化合物。ガスハイドレートはクラスレートの一種。

グラファイトナノファイバ ぐらふぁいとなのふぁいば [石-産]
graphite nanofibers 炭素系水素吸着材料の一つ。炭素網面が繊維軸に対して垂直、傾斜、あるいは平行で、カーボンナノチューブよりも径がやや太いナノスケールの繊維状炭素材料。

クラフトパルプ くらふとぱるぷ [産-紙]
kraft pulp 木材チップをカセイソーダと硫化ソーダの混合液で蒸解し、強じんなパルプを製造する方法である。本方法では、パルプ廃液を濃縮燃焼し、エネルギーと薬品を回収している。本方法で製造されたパルプがクラフトパルプである。

クラフト法パルプ製造 くらふとほうぱるぷせいぞう [産-紙]
kraft pulping, sulfate pulping ⇒ クラフトパルプ

クランク機構 くらんくきこう [転-エ]
crank system クランク機構とは、力(運動)の方向を変える仕組みで、回転運動を直線運動に、あるいは直線運動を回転運動に変える機構である。自動車で

は，エンジンの「クランク」と「クランクシャフト」の部分で使われている。

　自動車のエンジンは，基本的には直線運動である。そのピストンと連結した「クランク」が，直線運動を回転運動に変え，「クランクシャフト」が回転し，さらにそれが「クラッチ」，「ギヤ」を介して車輪へと回転を伝えていく。

　この機構のポイントとなるのは，ピストンとクランクとの連結点が，クランクの円形の中心ではなく，中心を外れたところにあることである。いうまでもなく，中心に連結されていたらクランクは回転しない。

グリコーゲン　ぐりこーげん　[生-化]
glycogen　グルコースの重合で生じる多糖。動物細胞ではエネルギー貯蔵に使われる。グリコーゲンの大型顆粒は肝細胞や筋細胞に特に豊富である。

クリーン開発メカニズム　くりーんかいはつめかにずむ　[環-温]，[環-国]
clean development mechanism (CDM)　先進国が発展途上国において温室効果ガスの排出削減事業を行う，あるいは先進国の資金，排出削減技術を発展途上国に提供し，それらによる削減量の一部もしくは全部を先進国側の排出削減量と見なす(あるいは先進国が排出枠として得る)方法。排出量取引，共同実施と並んで京都議定書に盛り込まれた措置の一つ。事業が実施された発展途上国にとっても，自国に対する技術移転と投資の機会が増し，持続可能な発展に資する。　⇨ 共同実施，共同実施活動
⑩ CDM

クリーン軽油　くりーんけいゆ　[石-油]
clean crude oil　高度に水素化脱硫された低硫黄軽質燃料の総称。

グリーン購入法　ぐりーんこうにゅうほう　[環-制]
Law on Promoting Green Purchasing　「国等による環境物品等の調達の推進等に関する法律」で2001年から施行。環境への負荷の少ない持続的発展が可能な社会の構築を図ることを目的として，環境負荷の少ない物品等の国などによる調達の推進，環境物品の情報の提供そのほかの環境物品などへの需要の転換を促進するために必要な事項を定めている。環境物品などに関する情報の提供方法として，事業者による情報提供努力のほかに，環境ラベルなどによる情報提供，国による情報提供および検討を行うことを定めている。

クリーンコールテクノロジー　くりーんこーるてくのろじー　[石-炭]
clean coal technology　石炭利用に伴い生成する有害物質を極力減らし，また，環境へ放出させないようにするための技術。具体的には，石炭転換反応の際，有害物質に変換される石炭中硫黄分，窒素分，および無機物質について石炭の処理による除去，石炭転換反応の際に生成した有害物質の無害化処理，および効率的な石炭利用技術の開発，などがある。

グリーンコンシューマ　ぐりーんこんしゅーま　[社-環]
green consumer　環境を重視して，商品やサービスを購入，選択する消費者のことである。さらには環境に優しい企業行動の監視を行う消費者のことを指すこともある。

グリーンGNP　ぐりーんじーえぬぴー　[社-温]
green GNP　ふつう，市場価値としてカウントされない外部的価値(特に環境資源の増減)を組み込んだ，環境上の富や福祉の増減で補正した国民総生産(GNP)。GNPのもつ限界を超えるため，環境資源をカウントする新たなマクロ経済指標として，研究・検討が行われている。環境の貨幣価値換算の方法やダブルカウンティング回避など，技術的問題が残されている。

クリーン水素　くりーんすいそ　[燃-水]
clean hydrogen　メタン直接改質法などを用いて得られる高純度水素のこと。

化成品や医薬品原料，燃料水素，エレクトロニクス産業用高純度水素，過酸化水素などの水素化学品への利用が期待されている。

グリーン税 ぐりーんぜい [環-制]
green tax, green taxation　環境を配慮して，環境に対する負荷が小さいものには税の軽減，あるいは環境に対する負荷の大きいものには税を重くするなどし，納税者が環境負荷の小さいものを選択することを誘導する方法。炭素税もこの一種である。　⑪ グリーン税制

グリーン調達 ぐりーんちょうたつ [環-制]
green procurement, green purchasing　有害物質を排出しない，リサイクルがしやすいなどの環境への負荷が少ないという観点から企業などが製品，部品，材料，原料の調達を行うこと。

グリーンビル ぐりーんびる [環-都]
green building　⇒ 環境配慮型建築

グルコース6リン酸 ぐるこーすろくりんさん [生-化]
glucose 6-phosphate　食物から細胞のエネルギーを取り出す仕組みの過程の中の解糖（グルコースの開裂）と呼ばれる一連の反応の中間体の一つ。

クローズドサイクルガスタービン くろーずどさいくるがすたーびん [電-夕]
closed cycle gas turbine　外燃式である空気加熱器を用いて，排気を大気に放出せずに冷却器を用いて冷却し，これを圧縮機に供給して循環使用するタービン。作動流体は大気と絶縁されているため任意の圧力が使用できるから，圧力を高めることによって，構成要素を小型にすることができる。　⇒ ガスタービン，密閉サイクルガスタービン

グローブボックス ぐろーぶぼっくす [原-安]
glove box (GB)　放射性物質や毒性のある物質などを隔離した状態で取り扱えるようにした，窓や手袋を取り付けた機密性ある箱型の装置である。グローブボックスの中は，大気圧より低い圧力に保たれ，物質が外に漏れないようになっている。

クロルスルホン酸 くろるするほんさん [環-化]
chlorosulfonic acid　空気中で激しく発煙する無色または淡黄色の液体。刺激臭を有する。毒性は，皮膚や粘膜を侵す腐食毒。スルホン化剤として用いる。

クロロフィル くろろふぃる [生-化]
chlorophyll　種子植物，藻類に含まれる光合成に必要な緑色色素。たんぱく質と結合した状態で葉緑体に存在している。水と二酸化炭素から糖質を光合成するのに中心的な役割をもつ。　⇒ 葉緑体　⑪ 葉緑素

クロロフルオロカーボン くろろふるおろかーぼん　chlorofluorocarbon (CFCs) [環-オ]　フロン，特定フロン，Freon。炭素C，フッ素F，塩素Clからなる安定かつ人体には無害な物質。原子の配列の違いにより，CFC-11 ($CFCl_3$)，12 (CF_2Cl_2)，113 ($C_2F_3Cl_3$)，114 ($C_2F_4Cl_2$)，115 (C_2F_5Cl) がある。冷蔵庫，エアコンなどの冷媒のほか，半導体洗浄，断熱用発泡材原料，スプレー缶などに用いられていたが，オゾン層破壊物質であることが明らかとなり，1987年，モントリオール条約で漸進的な使用禁止物質となり，1996年より製造が禁止された。

現在，業務用冷蔵冷凍機，カーエアコンからの回収分解が義務付けられている。よりオゾン層破壊の程度の低い，ハイドロクロロフルオロカーボン (HCFC) に置き換わってきている。これらもまだオゾン層破壊の面で必ずしも白ではなく，温室効果ガスとして働くものもあり，最近の冷媒はハイドロフルオロカーボン (HFC) のほか，炭化水素，アンモニア，二酸化炭素などの自然冷媒への移行もみられる。　⇒ オゾン層破壊，ハイドロクロロフルオロカーボン

[民-装]　冷媒の一分類。炭素原子に塩

素とフッ素の原子で構成する。構造上安定な物質なので戦後長い間冷媒として使われてきたが、地球を取り巻くオゾン層を破壊し、紫外線を地球表面までもたらす物質であることが判明した。

クーロン力 くーろんりょく [理-物]
Coulomb's force 二つの点電荷 Q と Q' が距離 r 離れた位置にある場合、それぞれの電荷の間にはこれらの電荷を結ぶ線の方向に力が発生し、その力の大きさが QQ' に比例し r^2 に反比例する。これをクーロンの法則と呼ぶ。クーロン力はこのクーロンの法則に従って作用する力のことをいう。

〔け〕

計画換気 けいかくかんき　[環-都]
designed ventilation　建物とその外界との間を出入りする空気のうち，室内の空気の清浄度を高く保ち，健康で快適な生活を保証するための計画的な室内空気の入替えのことを計画換気という。その手法としては，建物の内外温度差と外部風を駆動力として用いる自然換気方式と，機械の駆動力を用いる機械換気方式とがある。これらの方式を利用して，一般的な室内で発生する汚染物質の排出のために建物全体に対して全般換気を計画し，また，汚染物質が局所的に発生する場所に対しては特に局所換気を計画する。居室内で必要とされる換気量は，基本となる在室者1人当りの新鮮外気で20〜35 m³とされている。清浄度を高めるためには換気量を多くすればよいが，これは空調のためのエネルギーを浪費することにつながるため，極端に大きい換気量は好ましくない。機械換気方式による計画換気は，排気セントラル換気方式，給排気セントラル換気方式が一般的である。

蛍光　けいこう　[理-光]
fluorescence　共鳴振動数の光を吸収して上位準位に励起された後，自然放出によって下位準位に遷移するときに放出する光のうち，減衰速度の大きいものをいう。また，減衰速度の小さいものをリン光と呼ぶ。蛍光とリン光を総称してルミネセンスと呼ぶこともある。

蛍光X線分析法　けいこうえくすせんぶんせきほう　[理-解]
X-ray fluorescence spectrometry (XF, XRF)　試料にX線を照射し，発生する蛍光X線の波長から元素の特定をX線の強度から元素の定量を行う方法。波長のシフトから化学結合の状態なども調べることができる。X線検出法の違いにより，波長分散型とエネルギー分散型がある。BからUまでの元素を分析でき，一般にはNaからUまでの元素を精度よく定量できる。試料は固体または液体で，試料表面から約100 μm以内の情報が得られる。極微量から100 %近くまでと定量範囲が広いことや，固体や液体の試料に対して非破壊簡易分析の自動測定も可能なことから利用分野が広く，工場での品質管理などにも用いられている。　⇒X線蛍光分光分析法，X線蛍光分析法

蛍光分光分析法　けいこうぶんこうぶんせきほう　[理-解]
fluorescence spectrometry　物質に可視，紫外領域の光を照射すると，物質を構成している分子または原子の種類，状態によっては蛍光を発する場合がある。この蛍光や励起光の強度やスペクトルを測定し，物質の定性や定量などを行う方法。有機化合物のうち不飽和脂肪族，芳香族，置換芳香族，複素環式化合物などは強い蛍光を発するものが多く，これらの定性，定量や構造などの分析に用いられる。

経済協力開発機構/原子力機関　けいざいきょうりょくかいはつきこうげんしりょくきかん　[原-政]
Organization for Economic Cooperation and Development Nuclear Energy Agency (OECD/NEA)　経済協力開発機構の加盟国をメンバとした原子力機関であり，原子力発電の開発利用を加盟諸国の政府間の協力によって促進することを目的としている。

経済保温厚さ　けいざいほおんあつさ　[民-ビ]
economical thickness of insulating materials　空調，衛生などにおける配管，ダクトなどの，保温の厚さと放散熱

軽質軽油 けいしつけいゆ [石-油]
slight light oil
より軽質な軽油留分。

軽質原油 けいしつげんゆ [石-油]
light oil　元来軽質な原油。 ⇨ 軽油

軽質炭化水素 けいしつたんかすいそ
[石-ガ], [石-油]
light hydrocarbon　天然ガス分野においては，常温・常圧下において気体状態で存在する炭素数が4個のブタン以下の炭化水素のこと。一方，石油分野においては，重質炭化水素に対して用いられる用語であり，灯油，軽油などに含まれる炭化水素成分に対応している。

軽　水 けいすい [原-核]
light water　水の分子は2個の水素原子と1個の酸素原子とから構成される。ところが，水素の同位体は3種あり〔軽水素 $^1H=H$(天然存在比99.985％)，重水素 $^2H=D$(天然存在比0.015％)，三重水素 $^3H=T$(半減期12.3年)〕，酸素の同位体もまた3種ある〔^{16}O(99.762％)，^{17}O(0.038％)，^{18}O(0.200％)〕。これらの組合せの中で，天然の水としては軽水素と ^{16}O が化合した $H_2^{16}O$ が大部分である(99.76％)。これを軽水という。このほかに，天然水中に微量に含まれている $H_2^{18}O$，$H_2^{17}O$，$HD^{16}O$ もまた軽水に分類される。加圧水型や沸騰水型の原子炉が軽水炉と呼ばれるのは，冷却材，中性子減速材として軽水が大部分である天然水を利用しているからである。
⇨ 重水

軽水炉 けいすいろ [原-炉]
light water reactor (LWR)　減速材および冷却材として，容易に入手でき安価なふつうの水〔軽水(H_2O)〕を用いる原子炉のこと。燃料に低濃縮ウランを用いる。発電用原子炉のうち軽水炉は現在，世界で80％以上の割合を占めている。軽水炉には，加圧水型軽水炉(PWR)，沸騰水型軽水炉(BWR)の2種類がある。 ⇨ 軽水炉

経団連環境自主行動計画 けいだんれんかんきょうじしゅこうどうけいかく
[民-策]
the Keidanren voluntary action plan on the environment　経団連(経済団体連合会)が1997年に地球環境問題への自主的な取組みとして，傘下の各団体ごとに，地球温暖化対策に関する目標(ほかに廃棄物対策も)を作成，その実現を進めている。経団連全体の目標として2010年度の二酸化炭素排出量を1990年度と同レベルとした。経団連は毎年結果を公表しフォローアップを行っている。一方，その透明性が世論の遡上に載り，経団連は環境自主行動計画第三者評価委員会を自らの手で設置している。地球温暖化対策推進大綱ではこの行動計画の実現が産業部門での目標達成の大きな柱となっているが，2002年改定の同大綱では，産業部門の目標を1990年度比7％減と決まり，現状では大きな差が生じたままになっている。

経団連自主行動計画 けいだんれんじしゅこうどうけいかく [民-策]
the Keidanren voluntary action plan on the environment ⇨ 経団連環境自主行動計画

K値規制 けいちきせい [環-硫]
K-value regulation　煤煙発生施設からの二酸化硫黄排出量の上限 Q〔N・m^3/h〕を，有効煙突高さ H_e〔m〕(煙突の高さに上向きの運動量による上昇高さと排煙温度と大気温度との差による上昇高さを加味したもの)と K 値によって式 $Q=K×10^{-3}×H_e^2$ で定める方式。K 値は地域によって異なり，K 値が小さいほど規制は厳しくなる。工場，事業場が集積しており，K 値規制のみによっては環境基準の達成が困難と考えられる地域においては，総量規制基準が課せられ

る。　⇨ 煤煙の着地濃度，有効煙突高さ

系統運用　けいとううんよう　[電-系]
power system operation　発電所で発生した電力を消費地まで円滑に輸送するとともに，適正な電圧を維持できるように電力系統を構成する発変電所，送配電線路などの設備を制御し，電力系統を総合的，経済的に運用すること。主として運用計画と運用制御に分けられる。

系統分離　けいとうぶんり　[電-系]
power system separation　系統が事故などにより脱調あるいは周波数が異常に低下した場合に，事故の波及する範囲を最小限にとどめるために，同期並列運転を行っている電力系統の一部を解列すること。また，大規模な電力系統では系統分離などの対策により系統の安定度問題を解決することもある。

系統連係　けいとうれんけい　[電-系]
power system interconnection　隣接するほかの電力系統と連係すること。系統を連係することにより供給信頼度の向上，経済運用の経済性向上，供給予備力の削減などの利点がある一方，系統が大規模になるために連係系統の規模に応じた関連設備の整備強化が必要になる。

契約電力　けいやくでんりょく　[電-料]
contract demand　契約電力とは，需要者の支払う基本料金を決めるために，通常1年間の需要者の最大需要高(kW)に合わせて決められたもの。

軽　油　けいゆ　[石-油]，[輸-燃]
diesel oil, gas oil, light oil　軽油は重油に対比して軽油と呼ばれ，製品の軽油のほか，精油所で呼ばれている名称として軽質軽油および重質軽油がある。軽質軽油は常圧蒸留塔で灯油留分の後で留出される沸点約200〜340℃の石油留分(70%留出温度約380℃)および減圧蒸留塔で最初に留出される留分で，そのまま，または脱硫して重油の調合用に使われるほか，接触分解原料として用いられる。製品の軽油は軽質軽油とこれの脱硫軽油とを調合してつくられる。おもに高速ディーゼル燃料とされるが，特殊には陶磁器用バーナ燃料としても用いられる。わが国では，燃料が流動性を失う温度(流動点という)によってグレードが分けられており，地域と季節によって使い分けている。ディーゼル機関用軽油に要求される性能としては，① 自己着火性(セタン価，蒸留性状により判定)，② 適度な流動性(動粘度，流動点，雲り点，目詰まり点，蒸留性状により判定)，③ 耐腐食性(組成分析，銅板腐食試験により判定)などがある。　⇨ ディーゼル燃料

計量管理(核物質の)　けいりょうかんり(かくぶっしつの)　[原-安]
accountancy　核物質は核兵器へ転用される可能性をもっているので国際的な規制が行われている。そこで，国内法により計量管理規定を定めて，国の査察と国際原子力機関(IAEA)の査察に対応できるようにしている。これを核物質の計量管理といい，核物質を施設の境界や，施設内で数量的，連続的に把握している。

ケージ占有率　けーじせんゆうりつ　[石-ガ]
cage occupation　ハイドレートのホスト分子がつくるケージに包蔵されたゲスト分子の割合。メタンハイドレートでは通常90%程度であるが，これは固体メタンハイドレート1 m^3 当り，150 m^3 のメタン包蔵量に相当する。

下水汚泥　げすいおでい　[廃-個]
sewage sludge　下水道システム(管渠，ポンプ場，下水処理場)から発生する汚泥などのたい積物の総称で，産業廃棄物に分類される。下水道の普及とともに全国で年間7000万t以上が発生しており，都市部での発生割合は非常に大きい。脱水ケーキの発熱量は16MJ/kg前後あるので焼却・減量化される。多くは埋立処分されるが，有機性汚泥であることから，たい肥化，消化発酵による資

下水処理 げすいしょり ［産-公］
sewage treatment 近代都市では，家庭やオフィスビルの排水は公共下水道を通じて集め，末端の下水処理場でこれを清浄化して，河川に放流する。下水処理の工程はスクリーンで大きな浮遊物を取り除き，後は微生物の働きで汚濁物質を処理する活性汚泥法で処理し，沈殿池で汚泥を分離し，河川へ放流される。活性汚泥法では，処理された成分は活性汚泥を増加させるので，余剰汚泥は取り除き脱水して焼却する。焼却せず，乾燥して肥料に用いることもあるが，量的には少ない。

結合エネルギー(化合物の) けつごうえねるぎー(かごうぶつの) ［理-分］
binding energy (BE), bond energy 化学結合エネルギーのこと。基底状態にある分子を基底状態の構成原子にばらばらに解離するのに必要なエネルギーを，分子内の結合一つ一つに割り振ったもの。同じタイプの結合は同じ結合エネルギーの値を割り当てる。結合解離エネルギーとの区別に注意する必要がある。例えば水分子の場合には，二つのOH結合を順次切断していくのに必要な結合解離エネルギーは493.4 kJ/mol，424.4 kJ/molであり，これらの平均値458.9 kJ/molは結合エネルギーである。

結合エネルギー(原子核内の) けつごうえねるぎー(げんしかくないの) ［理-分］，［原-核］
binding energy Z個の陽子とN個の中性子から構成される原子核の質量は，Z個の水素質量とN個の中性子質量の単純和よりも小さい。この質量差を質量欠損といい，これをアインシュタインの式でエネルギーに換算した値を結合エネルギーという。核子(陽子および中性子)当りの結合エネルギーを質量数(核子数)の関数でみると，重水素が最も小さく，質量数が増加するにつれて，急激に増大し，鉄同位体で最大ピークに達する。これを過ぎると，核子当りの結合エネルギーはなだらかに減少する一方である。このため，質量数が小さい水素側では，二つの原子核が融合すればエネルギーが放出され，質量数が大きいウラン側では，一つの原子核が分裂すれば，エネルギーが放出される。 ⇨ アインシュタインの式 ㊁ 束縛エネルギー

ケミカルシム けみかるしむ ［原-技］
chemical thickness 中性子吸収材として一次冷却材中に溶解したホウ酸の濃度を調整する方式。

ケミカルヒートポンプ けみかるひーとぽんぷ ［熱-ヒ］
chemical heat pump 吸熱および発熱化学反応を組み合わせることにより，低熱源から高熱源に熱を移動させる方法。

ケミカルリサイクル けみかるりさいくる ［廃-リ］
chemical recycling 廃棄物や使用済素材に化学的作用や熱，圧力などの物理的作用を加え，再利用可能な化学物質に変換し，それを原料として利用すること。廃プラスチックのリサイクル法の一つとして重要であり，油化，ガス化，鉄鋼産業のコークス炉や高炉への還元剤，原料としての投入，などでの利用が行われている。いずれの場合も，その工程で化学物質として利用することから，化学物質あるいは元素レベルでの不純物の存在およびその除去法の確立が，プロセスの成否にかかわる。 ⇨ サーマルリサイクル，マテリアルリサイクル

煙の上昇高さ けむりのじょうしょうたかさ ［環-ス］
rising height of smoke plume 煙突から排出された煙が，その温度，排出速度に従って自然に上昇することができる高度のこと。

ケルビン けるびん ［理-単］
kelvin (K) 絶対温度を表す単位である。SI単位系の基本単位の一つである。熱力学的に考えられる最低の温度

(絶対零度 0K)を基点として，純水の三重点を 273.16 K と定義する。絶対温度を T〔K〕，摂氏温度を t〔℃〕とすると，これらの間には $T = 273.15 + t$ という関係がある。 ⇨ 熱力学温度

ケルビンの関係式 けるびんのかんけいしき [理-物]
Kelvin's relation 蒸気圧 p の空気中で平衡に達している水滴の臨界半径 r_c を与えるつぎの関係式をいう。
$$\frac{p}{p_s} = \exp\left(\frac{2\sigma m}{\rho R T r_c}\right)$$
ここで，p_s は純水の平らな表面上の飽和水蒸気圧，σ は水の表面張力，m は水の分子量，ρ は水の密度，R は一般気体定数，T は絶対温度である。蒸気圧 p，温度 T の空気中で水滴半径が r_c の場合は平衡状態となるが，これよりも小さければ蒸発が生じ，大きければ凝縮が生じる。この関係式はトムソンの法則とも呼ばれる(トムソンはケルビンと同一人物)。

ケロジェン けろじぇん [石-油]
kerogen たい積物に含まれる有機溶媒の不溶な高分子有機化合物のこと。生体を構成している含水炭素，たんぱく質，脂質，リグニンなどがたい積後，分解，縮重合，環化，脱アミノ化，還元などの過程を経て形成されたもので，さらに熱分解によって石油を発生させると考えられている。近年の石油有機成因説では石油炭化水素の主要な根源物質と考えられている。

減圧蒸留 げんあつじょうりゅう [石-油]
distillation under reduced pressure 沸点の高い有機物を，熱分解を避けるため，減圧下で蒸留すること。潤滑油留分の採取のために行われるのはその一例。真空蒸留ともいう。

原価法 げんかほう [社-価]
the cost plus method (CP) 原価法とは，会計基準や税法上でアームズレングスプライスを設定するために用いられる一つの手法である。この方法によるアームズレングスプライスは，財サービスの販売価格に付加される利益率を根拠とする。つまり，ある企業がグループ内で取引する製品の価格は，製造原価に妥当な利益率を上乗せしたものとし，その際の妥当な利益率とは，グループ外の企業に販売する際に付加するそれと同等とするというものである。ただし，妥当な利益率の設定のためには，グループ企業の内と外とで取引される財サービスが，相互に比較可能な類似商品が存在する必要がある。 ⇨ アームズレングスプライス，トランスファプライス

嫌気性分解 けんきせいぶんかい [廃-他]
anaerobic decomposition 分子状酸素の消費を伴わない微生物の働きによる分解のこと。メタン発酵，アルコール発酵，乳酸発酵など，有機性物質の分解を示す。下水スラッジ，し尿，家畜ふん尿などの高濃度の有機質廃棄物の分解に適しており，生物的処理の一つで消化処理とも呼ばれる。温度によってバクテリアの活動が変化する。55～65℃で最も活動が活発になる高温バクテリア(細菌)，30～37℃が好条件のものを中温バクテリア，15～20℃が好条件となるものを低温バクテリアと呼ぶ。メタン発酵では二酸化炭素とメタンを含んだ気体が発生する。バイオガスとも呼ばれ，ガスエンジンによって発電などに利用されている。 ⇨ 好気性分解

原型炉 げんけいろ [原-炉]
prototype reactor ある形式の動力炉を開発する場合に，技術的性能の見通しや，大型化への技術的問題点や経済性に関する目安を得ることなどを目的としてつくられた原子炉を原型炉という。原型炉で見通しが得られた後は，実証炉，実用炉という段階を経て開発が進められていく。 ⓐ 原型原子炉

建材一体型太陽電池 けんざいいったいがたたいようでんち [自-電]
building integrated photovoltaic module (BIPV), building integrated

photovoltaic system (BIPV) 太陽電池に屋根材，外壁材などの建材機能をもたせ一体化したもの．住宅用では屋根材と一体化された太陽電池が商品化されている．ビル用では外壁材の一部として太陽電池モジュールが採用されている例があり，そのほかにもトップライト，アトリウム，キャノピーなどに組み込まれた太陽電池モジュールが提案されている．建材性能のうち防耐火性能については，旧建築基準法のもとで，裏面に金属箔などを用いた太陽電池モジュールに対して飛び火性能試験などが実施されて，建設大臣の特別認定が与えられて以来，わが国での建材一体型太陽電池の実用化が進んでいる．

原子 げんし　[原-核]

atom 一つの原子核を中心として，その周辺に電子が軌道にあるもので，物質の最小構成単位．原子核がZ(原子番号)個の陽子をもつ場合には，中性の原子にはZ個の電子が属する． ⇨ 原子核，中性子，電子，陽子

原子核 げんしかく　[原-核]

nucleus 原子から電子をはぎ取ったものあるいは原子の中心にあるもので，陽子と中性子とで構成される．陽子がZ(原子番号)個ある場合には，原子核の電荷は$+Z$である．中性子がN個ある原子核の質量数は$A=Z+N$である．一般には，原子核の質量はZ個の陽子とN個の中性子の和よりも小さく，その差は質量欠損と呼ばれ，それは原子核の結合エネルギーに相当する． ⇨ 原子，中性子，陽子

原子吸光法 げんしきゅうこうほう　[理-解]

atomic adsorption spectrometry (AA, AAS) 原子の蒸気はその元素特有の波長の光を吸収して基底状態から励起状態に遷移する．そしてこのとき光の吸収量は原子数に比例する．この原理を利用して微量元素を定量分析する方法．試料は水溶液の状態で用い，試料を炎の中や加熱炉中に導入するなどして原子化を行う．金属元素の定量に広く用いられる． 回 原子吸光分析法

原子燃料 げんしねんりょう　[原-技], [原-燃]

nuclear fuel 通常，① ウラン燃料の場合には，主として濃縮ウランおよびその化合物を指す．原子力発電所の原子炉内で核分裂の連鎖反応を持続させるためには，ウランに含まれているウラン^{235}Uの割合を3～5％程度にすることが必要であるが，天然ウラン中には^{235}Uは約0.7％程度しか存在しないため，六フッ化ウラン(UF$_6$)から再転換してできる二酸化ウラン(UO$_2$)を圧縮成型してペレット(錠剤)状にする．天然ウラン，劣化ウラン，回収ウランおよびその化合物も含まれる．ほかに② プルトニウムおよびその化合物を燃料とする場合には，母材として親物質の多い劣化ウラン，天然ウランや，トリウムと混合した化合物の形で使用される．③ トリウム燃料の場合には天然には親物質トリウム^{232}Thのみなので，初期には高濃縮ウランやプルトニウム燃料のブランケット燃料として照射し，生成した核分裂性^{233}Uを再処理で抽出して混合化合物燃料とする．これらはすべて核燃料物質であり，「核燃料物質，核原料物質，原子炉および放射線の定義に関する政令」の第一条がこれを定めており，使用，保管，輸送に関して法律上の規制を受ける． 回 核燃料

原子力 げんしりょく　[原-核]

nuclear power 核分裂，核融合または原子核の崩壊に伴い放出される原子核エネルギー，または，その利用システムから生産されるエネルギーをいう．核分裂を利用するシステムの例としては，軽水炉や高速炉などの核分裂炉がある．核融合炉はまだ実用化されていない．原子核崩壊を利用する例としては，^{238}Puのα崩壊を利用する原子力電池などがある． ⇨ アインシュタインの式，核分

けんし

裂，核融合，結合エネルギー（原子核内の），崩壊

原子力安全基準 げんしりょくあんぜんきじゅん [原-安]

nuclear safety standards (NUSS) 国際原子力機関(IAEA)が1974年策定した発電炉の安全基準のこと。加盟国が発電炉の安全規制の基礎として法律や規制に使用・尊重されることが期待されている。日本の専門家も安全基準策定の活動に積極的に貢献している。

原子力委員会 げんしりょくいいんかい [原-政]

Atomic Energy Commission 原子力の研究，開発および利用に関する事項について企画，審議，決定する権限をもち，内閣総理大臣を通じて関係行政機関の長に勧告することができる。①原子力利用政策，②関係行政機関の原子力利用に関する総合調整，③関係行政機関の経費の見積もりおよび配分計画，などを行う。原子力委員会は，委員長および4人の委員で構成され，各種の専門部会，懇談会などが設置されている。

原子力衛星 げんしりょくえいせい [原-利]

nuclear satellite 動力源として原子炉または放射性同位体を利用する人工衛星。旧ソ連やアメリカで実用化されている。1977年のボイジャー，1989年の木星探査衛星ガリレオ，1990年の太陽探査衛星ユリシーズ，1997年の土星探査衛星カッシーニ(2004年7月土星到着)は，^{238}Puの崩壊熱を利用している。万一の事故で地球に再突入しても安全なように，Puはイリジウムで被覆されたうえ，黒鉛内に納められている。有人衛星が，地球圏外を往復する場合には，現在主流の化学反応方式では性能不足となるため，さらに大きな推力が得られる核分裂推進(核熱)方式が有力な候補となる。ケネディ大統領時代には，アメリカおよび旧ソ連で開発がかなり進んだが，ニクソン時代に予算カットされている。

⇨原子力電池，原子炉，同位体，プルトニウム　㋪原子力ロケット

原子力エネルギー げんしりょくえねるぎー [資-原]

atomic power energy 核エネルギー，すなわちウランなどの核分裂または水素などの核融合によって生じる原子エネルギー，恒星のエネルギー源もその一例であるが，実用的に利用できるエネルギーをいう。ふつう，ウラン，プルトニウムなどの核分裂を利用する原子炉で実用化されている。原子炉では核分裂の際に放出される即発中性子が連続的に核分裂を起こし，反応を持続させるように制御する。1回の核反応で得られるエネルギーは微量であるが，核反応の数をそろえることによって巨視的規模での原子核のエネルギー利用が可能となる。1gの^{235}Uが核分裂によって発生するエネルギーは約2×10^{10} calである。

この原子炉は自立の核分裂連鎖反応を維持し制御できる装置で，1942年エンリコ・フェルミがシカゴ大学構内で成功した。中性子による核分裂連鎖反応を制御しうる状態のもとで起こさせ，その結果放出される放射線およびエネルギーを利用しうる装置，いわゆる核分裂炉をいう。原子炉は臨界状態を維持するだけの核分裂性物質，核分裂によって発生する熱を除去する冷却材，分裂によって生じる高速中性子を減速する減速材，中性子の系外への漏れを防ぐ反射材，連鎖反応を維持するための制御材，熱や放射線を防ぐ熱遮へい体，生体遮へい体などから構成される。原子炉の分類法は多種あり，現実に100種類くらいのものが考えられるが，原子炉形式と構成部材の組合せを概略的にまとめると，軽水炉，重水炉，黒鉛減速炉，溶融塩炉，水均質炉，高速炉となる。核燃料としてはウラン，プルトニウムなどの核分裂性物質がある。消費される燃料以上に新しく燃料が生み出される構造のものを増殖炉という。

原子力エネルギーを発電に利用することが、アメリカ、イギリス、フランス、カナダ、ロシア、日本などで、それぞれの国の事情を反映しながら進められている。

原子力基本法 げんしりょくきほんほう [原-政]
Atomic Energy Fundamental Act 1955年12月19日公布の日本の原子力に関する最も基本的な法律。「原子力の研究、開発および利用を推進することによって、将来におけるエネルギー資源を確保し、学術の進歩と産業の振興とを図り、もって人類社会の福祉と国民生活の水準向上とに寄与することを目的とする」とある。また、平和目的に限り、安全の確保を旨とするなどの原子力利用の基本方針が述べられている。

原子力施設の安全審査 げんしりょくしせつのあんぜんしんさ [原-安]
licensing review of nuclear facilities 原子力事業を行う場合には、各段階で原子力規制関係法令に基づく安全審査を受ける必要がある。安全審査では、国による行政庁審査(一次審査)の後、原子力安全委員会で審査(二次審査)を受けて、さらに原子力施設設置(または変更)の許可を得る。

原子力資料情報室 げんしりょくしりょうじょうほうしつ [原-政]
Citizens' Nuclear Information Center 1975年秋に、故高木仁三郎氏が設立した核廃絶、脱原発、さらに脱プルトニウムを標榜する市民団体。原子力に依存しない社会の実現を目指してつくられた非営利の調査研究機関で、産業界とは独立した立場から、原子力に関する各種資料の収集や調査研究などを行い、それらを反原発の市民活動に役立つように提供している。

原子力製鉄 げんしりょくせいてつ [産-鉄]
nuclear steel making 原子炉の熱エネルギーを用いて製鉄を行う方法で、通常は、高温ガス炉により還元ガスを発生させ、これにより鉄鉱石を還元して、鉄鋼を得る方法である。現在の製鉄業では、コークスを用いる高炉法が、高効率の製鉄法として確立しており、原子力製鉄は将来石炭の枯渇が近づいたときに、また、注目される可能性がある。

原子力船 げんしりょくせん [原-利]
nuclear-propelled ship, nuclear ship 原子炉の熱を利用して、蒸気発生器から生じた水蒸気を、船舶推進用タービンと発電用タービンとに供給する方式か、または発電により電気モータのみで駆動する電気推進方式の、2方式がある。世界最初の原子力船はアメリカ海軍が1955年に進水させた原子力潜水艦ノーチラス号で加圧水型原子炉を搭載していた。2番目に成功した原子力潜水艦シーウルフの原子炉はナトリウム冷却炉であった。燃料補給なしで長期間の航海が可能なので、潜水艦、砕氷船、航空母艦、深海潜水調査船などに向いている。原子力商船としては数例がある。
⇒ 加圧水型原子炉

原子力電池 げんしりょくでんち [原-利]
nuclear battery 放射性核種から放出される荷電粒子を利用する電池。^{238}Puからのα線の運動エネルギーを熱に変えて熱電ダイオードにより電流を取り出すものは、心臓ペースメーカから過酷環境中の動力源まで利用されている(同位体熱電気装置、商品例Isomite)。そのほかの利用可能な放射性同位体としては^{90}Sr (β線)、^{242}Cm (α線)などもある。比較的新しい原子力電池AMTEC(商品名)は、^{238}Puのα線を熱源に、セラミックβアルミナを固体電解質兼絶縁体かつ作動流体であるNa蒸気を封入する円柱容器として利用し、Naイオンが高温円柱容器の内から低温の外部へと移動して生じる電位差を利用する。 ⇒ α線、同位体、ナトリウム、半減期、プルトニウム、β線

原子力の多目的利用 げんしりょくのたも

くてきりよう　[原-政]
multi-purpose use of nuclear power　現在の核分裂エネルギー利用の主流は，①原子力発電であるが，同時に②地域暖房や海水脱塩にも利用されている。また，原子力船は広義の多目的利用の一つである。③原子力ロケットや原子電池は，熱電または熱イオンの直接変換を利用する。狭義の原子力の多目的利用としては，高温ガス炉から高温熱(約1000℃)を取り出して，プロセスヒートとして，石炭ガス化，天然ガス改質，水素製造，製鉄に使う，あるいは，さらに低い熱は化学工業用の熱源とする。⇨核分裂，原子力船，原子力電池

原子力の日　げんしりょくのひ　[原-政]
the Day of Atomic Energy　わが国は1956年10月26日に国際原子力機関(IAEA)憲章に調印し，また1963年10月26日には日本原子力研究所の動力試験炉で日本で初めて原子力発電に成功した。これにちなみ，1964年7月31日の閣議了解に基づき，この日を「原子力の日」と制定している。

原子力発電　げんしりょくはつでん　[原-技]
atomic power generation, nuclear power generation　核燃料(原子燃料)の核分裂連鎖反応により核エネルギーを電気に変換する発電方式である。一般的には，炉内で発生した核エネルギーを利用してつくられた高温高圧の水蒸気により，発電タービンを回して発電を行っている。現行の軽水炉による発電の熱効率は33～34％程度である。炉出口温度が500℃を超える高速炉の熱効率は最低でも40％を超える。

原子力平和利用三原則　げんしりょくへいわりようさんげんそく　[原-政]
three principles on peaceful uses of atomic energy　1954年3月，日本学術会議原子核特別委員会が，原子力問題に関して「自主，民主，公開の三原則を決定し，兵器の研究を行わない」と基本的立場を決定した。同年4月の日本学術会議第17回総会において，この基本的立場が対内声明として出された。1955年12月19日に公布された原子力基本法の第一章の第二条(基本方針)「原子力の研究，開発および利用は，平和の目的に限り，安全の確保を旨として，民主的な運営のもとに，自主的にこれを行うものとし，その成果を公開し，進んで国際協力に資するものとする」は，これを基本的に反映している。

原子炉　げんしろ　[原-技]
atomic reactor, nuclear reactor, reactor　核燃料物質で炉心を構成し，核分裂連鎖反応を持続させる臨界維持装置。一般的に，炉心は冷却材(および熱中性子炉では減速材)，制御装置とともに原子炉容器内に密閉される。しかし，西アフリカのオクロ鉱床中に発見された天然原子炉や，フェルミによる1942年世界最初の原子炉であるシカゴパイルは，容器はないが，原子炉である。原子炉は，その物理特性や用途によりさまざまに分類できる。例えば，①中性子エネルギー大きさにより，熱中性子炉，中間エネルギー領域(エピサーマル)炉，高速中性子炉(高速炉)など，②減速材の種類により，軽水炉，重水炉，黒鉛炉など，減速性能に応じて，燃焼(高減速)炉，転換炉，高転換(低減速)炉，増殖炉，③冷却材の種類により，気体冷却炉，水冷却炉，液体金属冷却炉など，④用途・目的別には，中性子源炉(医療用，中性子回折など)，研究炉(材料試験，反応度投入試験)，動力炉(発電，船舶駆動)，熱供給炉(海水脱塩，地域暖房，プロセスヒート，水素製造)などである。⇨減速材，中性子，転換，臨界，炉心

原子炉圧力容器　げんしろあつりょくようき　[原-技]
reactor pressure vessel (RPV)　原子炉容器ともいう。原子炉格納容器の中に

収納され，炉心の主要構成材料である核燃料，減速材および一次冷却材を収容し，核分裂エネルギーを発生させるための高圧に耐えられる密封した容器のこと。炉心の封じ込めの構造体としての役目も果たす。軽水炉では，ボイラ用鋼材を改良した鋼板または鍛造材が開発された。ガス炉ではプレストレストコンクリート(緊張したPC鋼線を多数束ねたテンドンを張ったコンクリート)製が主流である。軽水炉，特に加圧水型原子炉(PWR)の原子炉格納容器にはプレストレストコンクリート製原子炉格納容器(PCCV)を使うことが多い。 ⇨ 原子燃料，格納容器，核分裂，減速材，冷却材(原子炉の)，炉心 圓 原子炉容器

減速材 げんそくざい [原-技]
moderator 中性子による ^{235}U などの原子核の核分裂は，中性子の運動エネルギーが低いほうが起きやすいので，熱中性子炉では，核分裂直後の 4.8 MeV 程度の高速中性子を，減速材と熱平衡にある熱中性子(0.0253 eV 程度)にまで減速させることにより，核分裂を起こしやすくする。このために利用される物質が減速材で，軽水(H_2O)，重水(D_2O)，黒鉛(C)，ベリリウム(Be)などが用いられる。中性子が減速材物質中で散乱されるときには，原子または化合物質量が中性子に近いほど減速能は大きい。しかし中性子の吸収が少ないことを考慮した指標である減速比が大きい順序では，重水，黒鉛，ベリリウム，軽水となる。 ⇨ 熱中性子

元素分析 げんそぶんせき [理-解]
elemental analysis 試料を構成する元素の特定およびその定量に関する分析。一般には有機化合物の元素組成の分析を指して呼ぶことが多い。有機化合物の試料の場合，酸素を含むヘリウム気流中で燃焼させるなどして生成した無機化合物を成分ごとに適当な方法で定量することが多い。この結果より，可燃物中の炭素，水素，窒素，硫黄の定量を行う。酸素は通常，これらを差し引いた量として求める。

原単位 げんたんい [理-指]
unit requirement 一単位の製品を製造するのに必要な原料，材料，エネルギー，工程数，用役などである。製品や製造工程ごとに設定されている標準的な値で，統計的な総量値の算出根拠となる数値。

原単位評価 げんたんいひょうか [理-指]
evaluation of unit requirement 製造工程の経済性や製品の製造コストまたは，製品の製造に必要なエネルギーや資源量を総量として求めて評価する場合，1単位当りの製品を基準にして必要量を評価する手法。

建築環境評価 けんちくかんきょうひょうか [環-都]
building environment assessment 大量の資源やエネルギーを消費する建築分野においてサステナビリティー(持続可能性)を推進するために用いられる手法であり，どのような建築が真に地球環境を配慮したものといえるのかを示す。建築物の設計，建設，運用，改修，廃棄に伴うエネルギー消費，資源循環，地域環境，室内環境などに関連した地球環境負荷を評価する。地球環境問題が顕在化した1990年代以降に複数の手法が開発されている。代表的なものにイギリス建築研究所の「BREEAM」，アメリカのグリーンビルディング協議会の「LEED」，カナダ天然資源省の「GBTool」などがある。日本でも日本建築学会から「建物のLCA(ライフサイクルアセスメント)指針」が出されており，また，国土交通省からは建物の環境性能効率(BEE)を用いた「CASBEE(建築物総合環境性能評価システム)」がつくられている。

原動機 げんどうき [全-理]
prime mover 化石燃料，水力，原子力など自然界にあるさまざまなエネルギーを，往復動あるいは回転運動のような

機械的仕事に変換し動力を発生する機械の総称。原動機は、さらに石油やガスなどを燃焼させ、その熱エネルギーから動力を得る熱機関と、水や空気などの流体のもつエネルギーを利用する運動エネルギーに変換する流体機関(水車、風車)とに分類される。

熱機関は、機関本体外のボイラなどで燃料を燃焼させて作動流体を加熱する外燃機関と、機関本体内で燃料を燃焼させる内燃機関とに分類される。外燃機関には、蒸気の力でタービンを回して動力を得る蒸気タービンや、蒸気の力でピストンを動かして動力を得る蒸気往復機関などがある。内燃機関は、ガソリン機関やディーゼル機関などの往復動機関、熱エネルギーを直接回転運動として取り出すロータリー機関、機関内で圧縮した空気中に燃料を噴射して連続燃焼させるガスタービンやジェット機関などに分類される。

顕 熱 けんねつ [理-伝]
sensible heat 物体の状態変化なしに温度のみを変化させる熱。理想流体の等圧変化では、変化した温度差に比熱を乗じたものに等しい。

顕熱蓄熱 けんねつちくねつ [民-原]
latent heat thermal storage 蓄熱の一形態。蓄熱空調システムとは、夜間の割安な電気を利用して冷房時は冷水や氷、暖房時は温水を蓄熱層に蓄え、その蓄えた熱エネルギーを昼間に冷暖房に使用する。電力会社は発電負荷の平準化のため夜間電力料金を低減する価格体系をもっており、それを利用することにより、電力量料金を削減することができる。また、夜間の電力構成、送電ロスの減少などにより、省エネルギー、二酸化炭素排出量の削減に貢献するといわれている。顕熱蓄熱は冷房時の媒体を氷まで冷却せず、顕熱冷却のレベルにとどめるもので、熱交換器など設備は簡易になる。また消火用など非常用水と兼ねることができるが、一方、単位水量当りの保持熱量が小さいので蓄熱層が大きくなる欠点がある。税制上の優遇措置、低利融資制度の利用ができる。

原 油 げんゆ [石-油]
crude oil 油井から採取したままの鉱油のこと。各種炭化水素の混合物が主成分であるが、少量の有機硫黄、窒素および酸素の化合物を含む。原油の多くは緑色の蛍光を示し、各種石油製品の原料となる。

原油回収率 げんゆかいしゅうりつ [石-油]
recovery yield of crude oil 油田から原油を採掘する際の油分の回収率。

原油得率 げんゆとくりつ [石-油]
yield of crude oil 原油を生産する際の正味の収率。

原油生だき げんゆなまだき [石-油]
combustion of crude oil 原油をそのまま燃焼して発電および熱供給すること。

原油の水素化分解 げんゆのすいそかぶんかい [石-油]
hydrocracking of crude oil 原油を水素および触媒存在下で分解して、より軽質な高品質製品を製造すること。

原油備蓄 げんゆびちく [石-油]
storage of crude oil 石油の需給ひっ迫に備えて、原油を過剰に購入して備蓄しておくこと。

減容化 げんようか [廃-処]
reduction of waste volume 廃棄物の容積を減らすこと。紙やプラスチック製品など比重が小さく、かさの大きい廃棄物は、重量の割に容積が大きく、運搬、処理施設容量などにとって大きな負荷がかかる。その容積を縮減することは重要な課題であり、焼却、圧縮などの処理により減容化が図られる。また、汚泥のような固液混合物もかさが大きく、脱水、乾燥などの処理により、水分をなくして減容化を図ることは重要である。
⇒ 減量化

減量化 げんりょうか [廃-処]

reduction of wastes 廃棄物の量を減らすこと。中間処理との関係では，焼却により有機廃棄物を減量することができ，脱水，乾燥により廃棄物に含有する水分を減量することができる。また，圧縮により重量は変わらないものの，量(かさ)を減量(減容)することが可能となる。また，廃棄物や使用済製品の排出量そのものを減量することをも意味し，中間処理の充実に加え，資源利用効率の向上，リユース，リサイクルの展開によって減量化は推進される。　⇨ 減容化，中間処理

原料炭　げんりょうたん　[石-コ]
coking coal　コークス製造の原料となる石炭。加熱，乾留すると軟化溶融してコークスとなる。以前は粘結炭である瀝青炭が用いられてきたが，コークス製造技術の進歩により非・微粘結炭である無煙炭，亜瀝青炭も用いられるようになってきた。原料炭以外の石炭を一般炭という。

〔こ〕

高圧配電線 こうあつはいでんせん [電-流]
high-tension distribution line　発電所から送られてきた電気が、最後の変電所「配電用変電所」から工場や家庭までの部分を配電線という。一般的に配電用変電所を出発した電気は、6 600 V の電圧で配電線を通って家庭やオフィスへ向かい、最後は 100 V、200 V の電圧で届けられる。このうち高圧配電線と呼ばれるのは、電圧が 600 V (直流では 700 V) を超え、7 kV 以下のものである。

高圧噴射 こうあつふんしゃ [輸-デ]
high pressure fuel injection (HPFI)　ディーゼルエンジンの燃焼改善のために、燃料噴射圧力を高圧化すること。燃料噴射圧力を通常の 800 気圧程度から 1 500 気圧を超えるまで上昇すると、燃料が微細化されて空気との混合がよくなり、粒子状物質(PM)の発生が大幅に低減される。コモンレールシステムやユニットインジェクタなどの燃料噴射装置は、燃料の噴射期間や噴射時期を制御しながら、高圧で噴射することにより、エンジンの低公害化、低燃費化を実現できる。特にユニットインジェクタは、噴射ポンプからノズルまでの高圧パイプがなく、ノズルと直結したプランジャが加圧するため 1 500～2 200 気圧という高圧での燃料噴射が可能である。

高硫黄重油 こういおうじゅうゆ [石-油]
high-sulfur crude oil, high-sulphur crude oil　通常の重油より硫黄含量が高い重油。

広域運営 こういきうんえい [社-企]
wide area coordinative system operation　電力などを安定的に供給するためには、電力供給システムが、広範囲な地域で有機的に結合されていることが望ましい。このことを広域運営という。広域運営は、地域の特性を生かしつつ全国的なレベルで電力などの融通が可能となる。また、広域運営は、供給信頼度の向上、経済的運営、地域間のインバランス解消などの効果がある。電気事業者が卸供給事業者を活用するなどは広域運営の一つの形態である。

広域エネルギー利用ネットワークシステム
こういきえねるぎーりようねっとわーくしすてむ [社-全]
interregional network systems for energy utilization　この基本計画は 1993 年度の産業技術審議会において審議され、その後数度の改定が行われた。都市のエネルギー消費および環境負荷物質の排出が増加しつづけ、長期的なエネルギー問題、都市環境問題、地球環境問題などへの影響が懸念されることから、都市および周辺産業施設を対象として、エネルギー回収・変換・輸送・貯蔵・供給・利用などの各分野における技術的課題のブレイクスルーを達成するとともに、さまざまな都市エネルギーシステムの複合化や新しい概念に基づく統合的な都市基盤システムの確立を図ることにより、エネルギー利用効率と環境適合性を大幅に高めた都市社会の構築を推進することを目的としている。　⇨ エコ・エネ都市プロジェクト

広域処理 こういきしょり [廃-処]
waste treatment conducted over a wide area　廃棄物処理は基本的には自治体単位で行われるが、本処理は、複数の自治体、区域がかかわる、より広い地域で処理を行うシステムのことである。発生量が非常に大きい区域あるいは非常に過密である区域において、焼却処理施設などの中間処理施設、最終処分場の設置を含め、廃棄物処理が同一区域内のみでは完結しないと考えられる場合に、複

数の自治体(区域)で共同の処理施設,処分場を設置して処理することをいう。廃棄物処理にはある程度の規模の施設が必要で,処理の効率化という利点を有する一方,長距離輸送運搬車両から環境負荷排出,実際に処理施設が設置された区域の住民の迷惑感などの問題が発生する。廃棄物処理は,自治体単位で行われるという基本を理解したうえで実施されるべきである。　⇨ 自区内処理

高位発熱量　こういはつねつりょう
[燃-管], [理-炉]
heat of combustion, higher calorific value, higher gross heating value, higher heating value (HHV)　単位量の燃料が完全に燃焼(酸素と結合)して,標準状態の水(H_2O)と二酸化炭素(CO_2)などになるときに出す反応熱。気体の場合には標準状態($0℃$, $1 atm$)の$1m^3$, $1N·m^3$, $1m^3_N$[下付きのNはノーマル(標準)の略]当り。固体・液体燃料の場合は$1kg$が使われることが多い。単位として,化学的にはJ/molを,工学的にはJ/kgまたは$J/(N·m^3)$,あるいはJに代えてcalを用いる。燃料が酸化燃焼の最終生成物質(H_2O, CO_2, SO_2, N_2, O_2)になるまで発熱する熱量であり,そのときの生成熱に等しい。対になる用語に低位発熱量(または真発熱量)があり,低位発熱量は反応で生成されたH_2Oを気体の形態としたものであるが,高位発熱量は,H_2Oを液体としたものであり,H_2Oの凝縮熱を低位発熱量に加えたものとなる。実際の燃焼装置では,燃焼ガスは水蒸気を含んだまま利用,排出されるので低発熱量を使うべきであるが,日本では慣例として高位発熱量が多用される。　⇨ 高発熱量,生成熱,総発熱量,燃焼熱,ヘスの法則

高温ガス炉　こうおんがすろ　[原-炉]
high-temperature gas-cooled reactor (HTGCR, HTR, HTGR)　燃料に耐高温材の炭素(C)やケイ素(Si)で被覆した被覆燃料粒子,冷却材にヘリウムガス(He),減速材に黒鉛(C)を用いる原子炉のこと。ヘリウムガスの使用により$800〜1000℃$程度の高温の熱を取り出すことができるため,発電のほかに多目的に利用できる可能性がある。日本原子力研究所の高温工学試験研究炉(HTTR)は,1998年11月に臨界を達成している。　⇨ 黒鉛減速型原子炉　㊥ 高温ガス冷却炉

高温岩体発電　こうおんがんたいはつでん
[自-地]
hot dry rock power generation (HDR)　地熱発電所では地下深部の天然熱水系(貯留層)に坑井を掘削し,その坑井から自噴する天然の熱水や蒸気を用いて発電を行っている。これに対して高温岩体発電システムは,高温ではあるが天然熱水系のない岩体から熱を取り出し発電を行うためのシステムである。システム造成のための基本的な手順は,まず高温の岩盤中に1本目の坑井(注入井)を掘削し,つぎに注入井に高圧の水を圧入することにより,数十mから数百mの広がりをもつ人工亀裂を造成する。その後,人工亀裂を貫通するように2本目の坑井(生産井)を掘削する。発電は,注入井から送り込んだ水を人工亀裂内で加熱し,生産井から蒸気や熱水として噴出させることにより行う。　⇨ マグマ発電

高温高圧水電解　こうおんこうあつみずでんかい　[電-理]
high-temperature high-pressure electrolysis of water　高温高圧水電解とは,高圧にして水の沸騰を防いで高温で水電解を行うものである。電気分解槽の小形軽量化,電流効率が向上するという利点がある。

高温集じん　こうおんしゅうじん　[環-塵]
high temperature gas dust collection
エネルギーの有効利用のために高温さらに高圧下での集じんが求められるようになった。石炭ガス化複合発電(IGCC)や加圧流動層複合発電方式(PFBC)の開発

が進められる中で，800〜1000℃といった高温場で集じんするためにセラミックフィルタ，粒子充てん層フィルタなどが活用される。一方，高性能集じん装置として活用されるバグフィルタでは，従来のガラス繊維やテフロン系ろ材で250℃程度まで使用されるが，多種のセラミックをろ材とした適用温度の拡大が試みられ，電気集じん装置では高温電気集じん装置(ESP)で300〜450℃の実績があるが，さらに温度拡大への開発が進められている。⇨ セラミックフィルタ，粒子充てん層フィルタ

高温太陽熱集光方式 こうおんたいようねつしゅうこうほうしき ［自-熱］
solar concentrating method for high temperature utilization 高温の太陽熱を得るための集光方式。反射鏡を使う方式とレンズを使う方式がある。350〜1500℃の高温で，かつ大容量の太陽熱を利用する集光方式としては，タワー集光型，パラボリックトラフ型，パラボリックディッシュ型，ダブル集光型がある。これらは反射鏡を使ったもので，それぞれ集光倍率が異なり，使用可能温度が大きく異なる。おもに発電を目的として数百kW〜数十MW級のシステムの大型化がなされている。太陽炉では2段階以上の反射鏡で集光する方式がよく用いられ，3000℃以上の高温が得られるものもある。また，凸レンズを簡易型にしたフレネルレンズで焦点，焦線に集光するフレネルレンズ型もあるが，技術的，コスト的に大型化には適さない。
⇨ 集光倍率，太陽炉，ダブル集光型，タワー集光型，パラボリックディッシュ型，パラボリックトラフ型

公害 こうがい ［環-制］
environmental pollution 人間活動により環境または社会に対して広く悪影響が及ぶこと。狭い意味では，大気汚染，水質汚濁，土壌汚染，騒音，振動，地盤沈下，悪臭のいわゆる典型7公害を指す。

公開ヒアリング こうかいひありんぐ ［原-政］
public hearing 原子力発電所そのほかの主要な原子力施設をつくるときに，地元住民の意見を聴くため公開ヒアリングなどが行われ，その結果は公表されるとともに計画などに参考とされる。総合資源エネルギー調査会 電源開発分科会の開催の前に経済産業省の主催で第一次公開ヒアリングが実施され，ついで安全審査の前に原子力安全委員会の主催で第二次公開ヒアリングが実施されている。

光化学オキシダント こうかがくおきしだんと ［環-ス］
photochemical oxidant 工場や自動車から排出される炭化水素や窒素酸化物(NOx)が，太陽の紫外線により生成された酸化性物質の総称。全オキシダントは，中性ヨウ化カリウム溶液からヨウ素を遊離する酸化性物質であり，全オキシダントの中から二酸化窒素を除いた物質が光化学オキシダントである。目，のどに対する刺激性，肺機能に対する害がある。なお，大気圏内のオゾンは温室効果をもつ。

光化学スモッグ こうかがくすもっぐ ［環-ス］
photochemical smog 大気中に光化学オキシダントがたまり，白くもやがかかったような状態になること。また，目，のどに対する刺激性，肺機能に対する害がある。

光学効率 こうがくこうりつ ［自-熱］
optic efficiency 集熱器，集熱システムの反射鏡に入射する直達日射のうち，吸収される熱量の割合で，光学的な特性から計算される理論値。集熱器，集熱システムに使われる光学機器の物性値などによって決まる。すなわち反射鏡の反射率 r，集熱管のガラスの透過率 t，吸収面の吸収率 a などが影響する。太陽を追尾する場合は，追尾誤差 T も影響する。各集光方式の光学効率は，これらの積となり，タワー集光型，回転放物面型

(パラボリックディッシュ型)では $r×a×T$, 円筒放物面鏡型(パラボリックトラフ型)では $r×t×a×T$, ダブル集光型では反射鏡が2段階のため $r×r×t×a×T$ と表される。 ⇨ ダブル集光型, タワー集光型, パラボリックディッシュ型, パラボリックトラフ型

光学式煤煙濃度計 こうがくしきばいえんのうどけい ［環-ス］
optical smoke dust analyzer　煙道の一方に光源を置き, 反対側に光源の光量の変化を測定する光電管, 光電池などを置き, 煙道内の煤じん量による光量の変化から煤煙濃度を知る装置。

光学選別 こうがくせんべつ ［廃-破］
optical separation, optical sorting　物体に光を照射し, その透過光や反射光の色彩的特徴や赤外スペクトルを検出, 解析し, 物体を同定, 識別する方法である。廃棄物処理では, 色びんやペットボトルの色彩選別, プラスチックの近赤外光分光法, 中赤外分光法, ラマン分光法選別が行われている。さらに, 画像処理と組み合わせ廃棄物の形態的な特徴も加味して自動選別される。一般に材料, 廃棄物の光学的な判別システムは, ①前処理, ②物理量計測, ③同定, 識別, ④選別機構から構成される. ①は引き続く物理量計測や解析を容易にするために必要な機構であり, ②は対象物からの特徴抽出にあたる。③は②で抽出された情報に基づく判別であり, いずれも, 重要な要素技術を構成する。

C-CやC-Hの結合では $0.8～2.5$ μm の近赤外光に特徴的な吸収があるため, その反射あるいは透過光の吸収スペクトルを測定, 判別することでプラスチック類の同定, 識別が可能になる。しかし, 黒色プラスチックでは, 近赤外領域で特徴的なスペクトルを得ることが困難である。そこで, 多くの分子振動の遷移振動数に対応する波長 $2.5～25$ μm 程度の中赤外域でのスペクトル計測により, 安定剤や難燃剤などの添加物の同定や含有率の評価も可能である。ただ, 近赤外と異なり, 凹凸面の計測や非破壊・非接触的な計測には適さない。強力なレーザ照射によるラマンシフトを計測するレーザラマン分光法も用いられる。照射領域を微小にできることで微小部分の異物の混入や構造変化の評価, 共鳴ラマン現象を利用して微量添加物の分析も可能である。

工学単位系 こうがくたんいけい ［理-単］
engineering unit system　長さ, 力, 時間を基本単位とした単位系で, 長さおよび時間としてはmおよびsを用いる。力については重力加速度が国際標準値 9.80665 m/s^2 である場所で1 kgの質量に作用する重力を1 kgfと定義し, このkgf(キログラム重)を力の単位とする。1 kgf ＝ 9.80665 N である。また, この単位系は重力単位系とも呼ばれる。
⇨ 重力単位系

高カロリーガス化 こうかろりーがすか
［転-石］
high calorific gasification　ガス燃料の1 m^3 当りの発熱量で28 MJ以上を高カロリー, 12 MJ以下を低カロリー, この中間を中カロリーガスと呼ぶ。石炭のガス化においては, 生成したガスの発熱量が低いので, メタン量を増やして高カロリーの合成ガスをつくることができる。プロセスは, 原理的につぎの二つの方法がある。①ガス化炉の中に水素を供給して水添ガス化反応させ, メタンリッチのガスを取り出す。②低カロリーガスを得た後, 触媒などによりガス中の水素と一酸化炭素からメタン合成を行い, 高カロリーのガスを得る。特に天然ガスパイプラインの発達しているアメリカにおいて, 代替天然ガスとして研究が盛んであり, 日本でも, サンシャイン計画の一つとしてハイブリッドガス化法が研究された。

好気性生物 こうきせいせいぶつ ［生-種］
aerobe, aerobic organism　酸素がないと成長できない生物。もっぱら呼吸に

よりエネルギー代謝を行う。

好気性分解 こうきせいぶんかい [廃-他]
aerobic decomposition　分子状酸素の消費を伴う分解のこと。好気性分解を行う細菌(バクテリア)は、酸素によってエネルギーを得ているため、一般的に嫌気性分解に比べて効率が良好である。廃水処理における活性汚泥法、酸化池法、散水ろ床法、灌漑法などは好気性分解を利用したものである。　⇨ 嫌気性分解，コンポスト化　㋫ たい肥化

高輝度誘導灯 こうきどゆうどうとう [電-機]
high intensity escape lighting luminaire　従来に比べ高輝度、小型の誘導灯をいう。

高気密 こうきみつ [民-住]
high level of air sealing, high level of air tight　住宅における省エネを考える場合、外気の不必要な出入りはエネルギーロスにつながる。いわゆる「すきま風」である。これらを遮断する高性能を「高気密」と呼ぶ。各部のシールに関する設計でこれを実現する。人が住む場所としてのニーズから完全な遮断ではなく、1時間当り1、2回の自然換気が考慮される。ほかにも意図的な「換気」が必要であり、そのためのシステムの省エネ性が十分に考慮されていないと、高気密設計による省エネ効果が弱まる懸念がある。

高気密・高断熱住宅 こうきみつこうだんねつじゅうたく [社-省]
high performance air tightness and heat-insulation housing　一般には従来の住宅に比べ気密性と断熱性に優れた住宅を指す。1999年に省エネルギー法において住宅の断熱・機密性能に関する省エネルギー基準が前回基準に比べ20％以上強化され、ほぼ欧米並みの水準となった。この基準を満たした住宅について、高気密・高断熱住宅、もしくは次世代省エネルギー住宅という呼称が使用されている。当該省エネルギー法における基準設定に際しては「年間暖冷房負荷基準値の新設」や「熱損失係数基準値の見直し」、「相当すきま面積基準値の見直し」、「地域区分の見直し」が実施され、地域特性を考慮に入れて従来の都道府県別区分から市町村別に変更されている。
⇨ 省エネ基準値

工業団地 こうぎょうだんち [社-経]
industrial complex　工業用地として計画的に造成し、工業企業者に分譲または賃貸する目的で開発した一団の土地である。首都圏、近畿圏、中部圏、都市開発地域などにおいて、製造工場などの敷地の造成、道路や鉄道その他の公共施設の整備などを組み合わせて計画され、工業生産活動に必要な諸施設を十分備える形となる。計画的に工業都市を発展させ、首都圏への産業や人口の集中を抑制し、周辺地域への分散を図ることも狙いとしている。工業団地の中には、自動車工場、牛乳工場、化学薬品工場、印刷工場などさまざまな種類の工場が存在する。

工業分析 こうぎょうぶんせき [石-炭]
ultimate analysis　石炭の分析法の一つ。水分、灰分、揮発分および固定炭素を算出する。工業分析法はJIS M 8812で規定されており、ある条件下で石炭を処理して水分、揮発分、灰分を求め、それらの百分率の合計を100から引いた値を固定炭素とする。工業分析値は石炭の性状を理解するうえで重要である。

高経年化 こうけいねんか [原-事]
aging　日本では、運転を開始して長期間を経た(高経年化)原子力発電所が増加しているので、高経年化について関心が高まっている。通産省(当時)は、高経年化した原子力発電所の検討を行い、1996年4月に「高経年化に関する基本的な考え方」という報告書をまとめた。この報告書では、点検、検査の充実化により、高経年化しても安全に運転を継続することが可能であるとしている。

光合成 こうごうせい [生-活]

photosynthesis 植物やある種の細菌が行う化学反応。日光のエネルギーを使って、二酸化炭素と水から有機分子を合成する。

高効率エネルギー転換 こうこうりつえねるぎーてんかん [転-変]
high performance energy conversion 石油、石炭などの化石燃料や廃棄物から、ほとんどの損失がない状態で使いやすいエネルギーに転換すること。 ⇒ エネルギー転換

高効率発電 こうこうりつはつでん [電-力]
high efficiecy power generation 技術の進歩により、従来の発電効率が向上すること。東京電力において、火力発電所のMACC発電方式によって、従来のACC発電方式より熱効率が約3％向上した。

高効率変圧器 こうこうりつへんあつき [電-機]
high efficiency transformer 鉄心材料を改良するなど、損失を極力抑えた変圧器をいう。

高効率モータ こうこうりつもーた [転-エ]
high effecient motor 一般にモータの効率を妨げる損失には銅損、鉄損、機械損があるが、これらの損失を各部の材質や設計の改良などで低減させたもの。

光 子 こうし [理-量]
photon 光量子ともいう。原子や分子が吸収あるいは放出する光のエネルギーは量子化されていて、その最小エネルギー単位のことをいう。エネルギーが$h\nu$であるような粒子の一種。十分なエネルギーをもった光子は、原子、分子と衝突して電離反応を起こす。

高周波加熱 こうしゅうはかねつ [理-操]
high-frequency heating 高周波加熱とは、高周波の電磁波により金属の内部に誘導電流を発生させ、その電流による発熱で被加熱物体である金属自体を加熱する方法で、1秒間に2000℃という瞬間加熱や、部分的な加熱が可能となる。被加熱物に接触しないで加熱できるので、クリーンで安全な加熱方法であり、制御や温度調節も容易に行うことができる。　高周波加熱は薄板の乾燥、熱処理、めっき(合金化)用やスラブ、粗バーなどの熱間圧延などの加熱に使用されている ⇒ 誘導加熱 ⒾⒾ 高周波誘導加熱

高周波点灯型照明器具 こうしゅうはてんとうがたしょうめいきぐ [民-器]
inverter lighting system 高周波点灯方式の照明器具。従来の安定器使用照明器具に比べてランプ効率が向上するので、同じ明るさでは省電力になる。ほかに、目に優しい(ちらつきを感じない)、うなり音がしない、50 Hz地区、60 Hz地区どちらでも使える、などのメリットがある。 ⇒ 高周波点灯方式、特定機器 ⒾⒾ インバータ蛍光灯器具

高周波点灯方式 こうしゅうはてんとうほうしき [民-原]
high-frequency lighting method 従来多く用いられてきたグローランプ始動方式やラピッドスタート方式では、ランプには商用周波数(50 Hzまたは60 Hz)の電力が供給される。これに対して、高周波点灯方式ではインバータ方式を使って高周波(10～20 kHzおよび45kHzで効率10％増)で点灯しようとするものである。インバータは、受けた商用周波の電気を整流して直流に直しこれを所定の周波数に断続して高周波を得る。高周波にするとランプの中のプラズマ密度がほぼ一定になり電極での損失を低く抑えることができること、安定器回路を構成するチョークコイルやコンデンサを小型にできることで低消費電力化を図ることができる。また、商用周波の蛍光灯は細かく見ると1秒間に50回または60回点滅しているが、これが数千から数万回となり、ちらつきがなくなるメリットもある。

工場調査 こうじょうちょうさ [民-策]
factory survey それまでの工場点検の

結果を踏まえて，よりいっそうの工場での省エネを達成するため，2001年度より開始された第一種エネルギー管理指定工場全工場に対する工場現地調査。管理標準の作成，基準値の順守，保守点検，記録の保管など，工場・事業場判断基準（工場または事業場におけるエネルギー使用の合理化に関する事業者の判断の基準）のⅠ基準部分の励行を確保することにより，工場の省エネルギーがさらに進展することを狙っている。今後数年間，年度ごとに業種を定めて進められる。また，2003年度より新たに第一種エネルギー管理指定工場に指定された非製造業等業種に対しても2005年度より実施されている。

公称電圧 こうしょうでんあつ ［電-気］
nominal voltage 電線路を代表する標準の線間電圧。または使用にあたってのおおよその目安となる電圧のこと。

合成ガス ごうせいがす ［石-炭］，［燃-製］，［燃-料］
syngas 天然ガス，石炭，天然アスファルト，蒸留残さ油，バイオマス，有機系廃棄物などを原料とし，炭化水素の部分燃焼，熱分解，接触分解，シフト反応などで発生させた一酸化炭素と水素の混合ガス。水素製造，メタノール合成，ジメチルエーテル(DME)合成，フィッシャー・トロプシュ(FT)合成などの原料となる。 ⇨ DME，メタノール
同 合成原料ガス

合成原油 ごうせいげんゆ ［石-油］
synthesized crude oil タールサンド，ビチューメン，オイルシェールなどの原油以外から製造される原油相当生成物。

合成工程 ごうせいこうてい ［石-ガ］，［転-ガ］，［燃-新］
synthesis procedure 天然ガスを原料としたメタノール製造プロセスにおいて，一酸化炭素，二酸化炭素，水素および若干のメタンを含む合成ガスから，メタノールを合成する段階のこと。

合成天然ガス ごうせいてんねんがす ［燃-製］
synthetic natural gas ナフサ，液化天然ガス，重油などから化学的に合成したメタンを主成分とするガスで，天然ガスに代替できる性状をもつもの。重質炭化水素からは，ガス化，シフト反応，メタン化などの工程を経て製造される。

合成燃料 ごうせいねんりょう ［石-油］
synthesized fuel 合成ガス（一酸化炭素＋水素）からフィッシャー・トロプシュ(FT)合成，改質反応を経て製造される液体燃料。

酵素 こうそ ［理-元］
enzyme 生体において常温，常圧，中性という温和な条件下で化学反応の触媒機能を有するたんぱく質をいう。酵素によって触媒作用を受けて化学反応する物質を基質と呼ぶが，酵素は基質特異性がきわめて高く，基質の種類によって酵素が異なる。酵素の触媒効率が高いことも特徴である。酵素を構成するたんぱく質は分子量が1万〜100万の範囲であるが，触媒作用をする部位(活性部位)はその一部である。生分解性プラスチックを分解する酵素は，基質結合部位のたんぱく質がプラスチック表面に吸着し，その後，活性部位を有する部分のたんぱく質がプラスチックを構成する高分子鎖を加水分解する。

構造質量 こうぞうしつりょう ［民-ビ］
construction mass 空調設計における動的熱負荷計算において，気温やふく射熱によって構造体が蓄熱と放熱を繰り返す現象を考慮する必要がある。すなわち建物の熱的特性は壁，床などの構造体の質量とその構成材の比熱との積により大きく左右される。このファクタを構造質量や蓄熱係数という。

高速増殖炉 こうそくぞうしょくろ ［原-炉］
fast breeder reactor (FBR) ウラン^{238}Uが中性子を吸収するとプルトニウムに転換することを利用して，使用し

た燃料よりもさらに多くの燃料を生み出す(増殖)原子炉のこと。燃料にプルトニウム^{239}Puと^{238}Uの混合酸化物燃料(MOX燃料), 冷却材に液体金属ナトリウム(Na)を用いている。代表的なものとしては, フランスのフェニックス(原型炉)やスーパーフェニックス(実証炉), 日本の常陽(実験炉)やもんじゅ(原型炉)などがある。 ⇒ 高速炉 ⑩ 高速中性子増殖炉

高速中性子 こうそくちゅうせいし [原-核]
fast neutron 中性子は, その運動エネルギーによって, 超冷中性子, 冷中性子, 熱中性子, 熱外中性子, 中速中性子, および高速中性子に分けられる。高速中性子は相対的にエネルギーの最も高い領域に属する。原子炉物理では, 0.1 MeV以上のエネルギーの中性子をいうことが多いが, 遮へいや線量評価では別の値を定義する。核分裂で直接発生した中性の運動エネルギーの平均値は2 MeV程度であるが, 高エネルギー側は10 MeVを超えるものまである。 ⇒ 核分裂, 熱中性子

高速中性子炉 こうそくちゅうせいしろ [原-炉]
fast neutron reactor ⇒ 高速炉

高速炉 こうそくろ [原-炉]
fast reactor, fast neutron reactor 核分裂によって生成された高速中性子を減速させずに核分裂連鎖反応を維持する原子炉である。減速材を使用しないという特徴がある。高速増殖炉は, 高速炉に属する。 ⇒ 高速増殖炉

高調波 こうちょうは [電-気]
harmonics 電力系統に接続されているスイッチング回路やアーク炉機器などが原因となり, 基本波以外の高い周波数の波形が重畳し, 機器の誤動作や加熱などの有害な影響をもたらすことがある。この高い周波数の波を高調波という。

交直変換装置 こうちょくへんかんそうち [電-機]
AC-DC converter サイリスタなどのスイッチング素子や直流フィルタを用いて交流から直流を得る装置をいう。

交通需要マネジメント こうつうじゅようまねじめんと [社-都]
transportation demand management (TDM) 道路利用者の交通行動の変更を促すことにより, 交通混雑を緩和する手法。具体的な方策として, ①道路交通情報の提供による経路の変更, ②自動車から公共交通機関や自転車・徒歩への交通手段の変更, ③相乗りや共同集配などによる自動車の効率的利用, ④ピーク時間に集中する交通のほかの時間帯への移動, ⑤インターネットや電話などを活用して自宅やサテライトオフィスで仕事をすることによる発生源の調整などがあげられる。道路整備による供給面の拡大では, 進行する交通問題に対処できないとして注目されるようになった。

工程内リサイクル こうていないりさいくる [廃-リ]
recycling in production process 製造工程において発生する端材, 切りくずなどを, そのまま, あるいは, 洗浄, 調整, そのほかの処理などを施した後, 原材料として再使用すること。対象物は, 消費財として社会に出回ったものと違って, 成分は当然のことながら既知で, 劣化もなく, リサイクルしやすい。

光電効果 こうでんこうか [理-光]
photoelectric effect 光電子放出ともいう。物質が光を吸収して光電子を生じる現象。また, それに伴って光伝導や光起電力が現れること。

光電子増倍管 こうでんしぞうばいかん [理-光]
photomultiplier 光電効果によって, 受光面から光電子を発生させ, これを二次電子増倍管で増幅するもの。高電圧がかけられた光電管内に光が入射すると, それによる二次電子放出により光を検出

光電池 こうでんち, ひかりでんち
[理-池]
photovoltaic cell 光エネルギーを電気エネルギーに変換する装置。性質の異なる二つの半導体(p形半導体, n形半導体)および電極からなり、光を当てることによって、電子と正孔が半導体内をそれぞれ電極のほうに移動することによって直流電流を発生させる。太陽電池などに用いられる。エネルギー密度は$100 \sim 200 \text{ W/m}^2$。 ⇨ ソーラセル, 太陽電池

高度道路交通システム こうどどうろこうつうしすてむ [社-都]
intelligent transport systems (ITS) 最先端の情報通信技術を用いることにより、道路交通が抱える渋滞、交通事故、環境負荷などの問題を解決することを目的にした交通システム。ナビゲーションシステムの高度化、自動料金収受システム、安全運転の支援などの開発分野がある。各国において国家的プロジェクトとして進められているが、わが国では国土交通省、警察庁、経済産業省、総務省などの省庁が連携しながら研究開発を進めており、新しい産業や市場を創り出す大きな可能性をもっている。 ⓐ 次世代道路交通システム

高濃縮ウラン こうのうしゅくうらん
[原-核]
high enriched uranium 天然ウランの中には核分裂性の^{235}U(質量数235)は約0.7%しか含まれていないが、その濃度を20%以上に高めたウランである。原子力潜水艦や研究炉用の燃料として使われているが、原爆用としては90%以上の高濃縮ウランが適しているといわれる。アメリカ, ロシアなどの核兵器を解体して出てくるものは薄めて(低濃度にして)原子力発電所で使うことができる。

高発熱量 こうはつねつりょう [燃-管], [理-炉]
heat of combustion, higher calorific value, higher heating value (HHV) ⇨ 高位発熱量, 燃焼熱

高密度蓄熱システム こうみつどちくねつしすてむ [熱-蓄]
high level thermal storage system 単位体積当りに小さな温度差で大きな蓄熱量が得られるシステムを高密度蓄熱システムと呼ぶ。顕熱を利用する場合、蓄熱材の相が変化せず温度差に大きく依存するが、潜熱を利用する場合、小さな温度差で大きな蓄熱量が得られる。固液相変化、水和物形成、包接化合物形成などがあげられる。一般的に用いられているものに、潜熱量が大きく安価な水があげられる。システムの運転としては、製氷時と解氷時の二つに分かれる。 ⓐ 潜熱蓄熱システム

高密度熱輸送 こうみつどねつゆそう
[熱-冷]
high-density heat transportation 利用温度域で高熱密度を有する熱媒体による熱輸送。空調システムなどの冷温熱利用システムにおける熱製造・輸送の省エネルギーに寄与することを目的として、水和物スラリー、氷スラリー、相変化物質を合成樹脂皮膜で覆ったマイクロカプセルなどの媒体による熱輸送技術が開発されている。地域冷暖房に活用すれば、未利用エネルギーの所在地点から都市部へ高効率の熱輸送が可能となる。 ⓐ 高密度潜熱輸送

小売自由化 こうりじゆうか [電-自]
retail competition 売り手がだれであれ、最終消費者へ直接売ることができるようにすること。

交 流 こうりゅう [理-電]
alternating current (AC) ある時間周期で大きさや方向が変化する電圧や電流。その標準的な波形は、時間tに対して正弦波曲線を描く正弦波交流で、$a(t) = \sqrt{2} A \sin(\omega t + \theta)$と表現できる。電圧ないし電流$a(t)$の大きさは、通常、実

効値 A で表す。ω は角周波数と呼ばれ，周波数の 2π 倍である。θ は位相角で，時間 t の原点のとり方によって変わる。なお，周波数の逆数が周期になる。また，交流の大きさを表す実効値は，エネルギー的な観点から直流の大きさと等価になるように考えられた値である。
⇨ 直流

交流帰還制御 こうりゅうきかんせいぎょ [電-素]
AC feedback control　エレベータの速度制御方式の一つ。かご型誘導電動機を用い，減速時にはエレベータの実速度検出し，基準速度と比較してサイリスタ装置により帰還制御を行う。

高レベル放射性廃棄物 こうれべるほうしゃせいはいきぶつ [原-廃]
high level radioactive waste (HLW)　原子炉で燃料として使われた使用済燃料を再処理することに伴い発生する放射能の高い放射性廃棄物。使用済燃料が再処理工程で硝酸に溶解された後，有機溶媒によってウランとプルトニウムが抽出される。その工程で，放射能の高い核分裂生成物の大部分と，半減期の長いネプツニウムやアメリシウムなどアクチノイド元素を含む廃液が発生する。これを高レベル放射性廃液あるいは高レベル放射性廃棄物といい，放射能が高い，発生直後は大きな崩壊熱を発生する，放射能による毒性が長期間持続するなどの特徴をもつ。

　出力 100 万 kW の原子力発電所では，年間約 30 t の使用済核燃料が出され，これを再処理すると約 $15m^3$ の高レベル放射性廃液が生じる。⇨ 再処理, 使用済燃料　⓰ 高レベル廃棄物

高　炉 こうろ [産-鉄]
blast furnace　一貫製鉄所では鉄鉱石をコークスにより還元して銑鉄を製造する。この還元反応を行う装置を溶鉱炉，または単に高炉という。最近は高炉という名称が一般的である。高炉ではコークスと鉄鉱石それに石灰石を上部より装入し，下部から高温に予熱した酸素富化空気を送り込む。内部で還元反応が起こり，下部から溶解した銑鉄が得られる。高炉の上部からは排ガスが排出されるが，この排ガスは炉頂ガスと呼ばれ，圧力が高いので，炉頂タービンを通して圧力エネルギーを電力として回収し，その後，燃料ガスとして利用されている。高炉は一度火入れをしたら，内部の耐火物を修理するときまで昼夜連続で運転する。

高炉一貫製鉄所 こうろいっかんせいてつじょ [全-利]
integrated steelworks　製銑施設(高炉)，製鋼施設(転炉)，熱間圧延施設，冷間圧延施設，製管施設を所有し，銑鉄から各種鋼材までの製造を一貫して行う製鉄所。

高炉ガス こうろがす [全-利]
blast furnace gas (BFG)　高炉において銑鉄を製造する際に発生する副生ガス。平均的な成分は，窒素が 50〜55 %，一酸化炭素が 20〜30 %，二酸化炭素が 15〜25 %，水素が 2〜5 %程度であり，発熱量は約 800 kcal/$(N\cdot m^3)$ である。高炉一貫製鉄所では，熱風炉，加熱炉，ボイラなどの燃料として利用される。⇨ 高炉一貫製鉄所　⓰ B ガス

高炉スラグ こうろすらぐ [産-鉄]
blast furnace slag　高炉で銑鉄を製造するとき，主成分の銑鉄以外の不純物はスラグ(溶解して流動性のある状態の鉱物質)となって，銑鉄の湯面の上に浮いている状態となる。銑鉄を高炉から取り出すときスラグも同時に排出される。これを高炉スラグという。成分は石灰やシリカである。

　高炉から排出されるスラグを水中で急冷すると微細な粉末のスラグが得られ，この水砕スラグはセメント材料に使用される。小石状に破砕された固形スラグは鉄道の軌道に用いられる。なお，スラグのもつ高温の熱エネルギーの利用方法はまだ見つかっていない。

- **高炉セメント** こうろせめんと　[産-セ]
  slag cement　乾燥した水砕高炉スラグに焼石灰を加え加熱粉砕混和などの処理をして製造するセメント。

  高炉スラグはシリカ(SiO_2)，アルミナ(Al_2O_3)，生石灰(CaO)，酸化マグネシウム(MgO)などセメントに適した組成をもっており，セメントは高炉スラグの適切な用途である。

- **氷蓄熱** こおりちくねつ　[熱-蓄]，[民-シ]
  ice storage, ice thermal storage　エネルギー(主として夜間の余剰電力)を水の潜熱(氷)として蓄えることを氷蓄熱と呼ぶ。蓄えたエネルギーは，主として昼間にこれを融解させることで空調や冷凍・冷蔵保存などの冷熱として利用する。このことにより，夜間の余剰電力を昼間に用いることが可能となる。氷蓄熱にはスタティック型とダイナミック型がある。スタティック型とは氷を冷却面上で成長させ，そのまま貯蔵するタイプをいい，ダイナミック型とは製氷部と貯蔵部を分離させたタイプをいう。また，貯蔵時の単位容積当りの氷の体積の占める割合を固相率(ice packing factor, IPF)と呼び，この値が高いほどたくさん貯蔵できることを意味する。

- **氷・水搬送システム** こおりみずはんそうしすてむ　[熱-蓄]
  ice and water transferring system　ダイナミック型の製氷方法としては，過冷却方式や，かき取り方式，ハーベスト方式，サスペンション方式，自然はく離方式などがあげられ，これらの氷水は流動性がある。氷水を製氷部から貯蔵部，解凍部へと送るシステムを氷・水搬送システムと呼ぶ。冷熱を使用する場所へ直接搬送するため，熱損失が少ないという利点をもつ。ただし，氷と水が同じ流速をもち氷が着実に搬送されるよう設計上配慮が必要となる。　⇒ブラインスラリー式

- **枯渇油ガス田** こかつゆがすでん　[資-石]，[石-油]，[石-ガ]
  exhausted petroleum gas well　圧力が減退し，既存の開発技術では生産が不可能となった油田およびガス田。近年では帯水層，岩塩ドームと並んで，天然ガスの地下貯蔵や，温暖化ガスである二酸化炭素の地下処理のための利用が検討されている。

- **呼吸** こきゅう　[生-活]
  respiration　細胞内で起こる酸素分子の取込みと二酸化炭素の生成とが共役する過程の総称。食物の好気的酸化で放出されるエネルギーでアデノシン三リン酸(ATP)を合成する方法は，光合成生物が日光のエネルギーからATPをつくり出す方法と似ている。いずれの過程も一連の電子伝達反応が起こり，膜で仕切られた小空間の内外にH^+のこう配が形成され，それがATP合成を推進する役割を果たす。原核生物も含め大部分の生物が呼吸を行っている。

- **黒液** こくえき　[産-紙]
  black liquor　紙パルプの製造プロセスでは，原料の木材チップを蒸解液(アルカリ)を用いて蒸解し，パルプ(セルロース)を取り出す。そのとき蒸解液は木材の不要な成分(リグニン)を溶かし込み真っ黒な廃液となる。これを黒液という。黒液は濃縮して回収ボイラで燃焼し，プロセスで用いる蒸気を発生するとともに，燃焼残さからは蒸解用薬品が回収される。このようにパルプの製造プロセスでは，環境中に汚染物質を出さないシステムが確立している。日本における代表的なバイオマスエネルギーの利用法である。日本の一次エネルギー供給の1%弱は黒液の燃焼によって賄われており，新エネルギーなどからの供給量の2/3を占めている。

- **黒鉛減速型原子炉** こくえんげんそくがたげんしろ　[原-炉]
  graphite-moderated reactor　減速材として黒鉛を用いる原子炉のこと。1986年に史上最悪の原子炉事故が起きた旧ソ連(現ウクライナ)のチェルノブイリ4号

機もこの型式の原子炉である。また，この原子炉はプルトニウムの生産が比較的容易で，核兵器開発に転用されやすいといわれている。 ㊐ 黒鉛減速炉

国際エネルギー機関 こくさいえねるぎーきかん [全–社]，[社–全]
International Energy Agency (IEA) 1973年の第一次石油危機に直面した先進諸国は，アメリカ主導のもとに一致協力するグループをつくり，それが発展して経済協力開発機構(OECD)の下部機関として1974年に創設されたものである。フランスは産油国との対話路線を主張し，加盟しなかった。備蓄義務(輸入の90日分以上)，緊急時融通，石油代替エネルギー開発促進，エネルギー統計などの整備を強調したが，1980年代半ば以降の需給緩和，スポット取引の拡大，石油価格形成の透明化などでIEAと石油輸出機構(OPEC)の対立は弱まり，石油価格の下がりすぎ，それに伴う乱高下を防ぐことで一致する傾向を反映して，フランスも加盟した。IEAは緊急時の備蓄の取り崩しによる価格高騰を抑制することやエネルギー統計の整備・把握，市場調査・需給予測などに活動の軸足が移ってきたためIEA不要論を説く専門家も現れた。2003年末現在，メンバ国数は26か国。 ⇨ エネルギー安全保障，エネルギー政策

国際エネルギースター制度 こくさいえねるぎーすたーせいど International Energy Star Program
[社–省] OA機器のうち，長時間稼働中の待機時における消費電力量が一定基準より少ない機器に対してラベルの表記を認め，よりエネルギー消費効率のよい機器の選択を促すことを目的としたプログラム。1995年から日本・アメリカ両国政府合意のもとに創設されたものであり，2004年段階で対象となっている機器はコンピュータ本体，ディスプレイ，プリンタ，ファクシミリ，複写機，スキャナ，複合機(複写とプリンタ併用機)の7品目となっている。参加を希望する製造事業者または販売事業者は事業者登録を行い，対象製品が自社または第三者機関で基準をクリアした製品であることを確認して届出を行うことで，製品などへのロゴ表示が可能となる。製品届出を行ったものは，日本・アメリカ両国政府の情報交換によって，相手国でも同等に取り扱われる。日本の事業者登録申請書および製品届出は経済産業省が，アメリカでは環境保護庁(EPA)が行っている。 ⇨ 待機電力
[民–策] 「エネルギーを必要なときに効率よく使う」という省エネルギーの観点から，スイッチを入れた状態のまま長時間稼働することが多いOA機器の待機時における消費電力の削減を目的とし，同制度の登録された生産者が一定以上の省エネ性能を有することを自ら確認して経済産業省に届けることにより，同制度規定のロゴマークをカタログ，本体，包装などに貼付し，省エネ性能をもつ機器の購入を促す制度。日米間の相互承認のもとに運用されている。対象機器は，コンピュータ，ディスプレイ，プリンタ，スキャナ，ファクシミリ，複写機，複合機の7品目。

国際環境自治体協議会 こくさいかんきょうじちたいきょうぎかい [環–国]
International Council for Local Environmental Initiatives (ICLEI) 持続可能な社会をつくるための諸条件を，具体的に改善しようとする自治体および自治体連合組織からなる自治体の会員組織で，1990年に世界各国の自治体と，国連環境計画(UNEP)，国際地方自治体連合(IULA)などの国際機関の提唱により，「ICLEI憲章」の採択により設立された。

国際協力 こくさいきょうりょく [社–経]
international cooperation 国家間の戦争や対立，国内紛争を生じさせる基本的要因の除去を目的として，国境を越えて展開される活動のことである。一般的

には，経済的，文化的，人道的な活動を指す場合が多い。政治的な分野の国際協力は困難な場合が多いので，非政治的な分野での協力活動を通じて国際平和の達成を目指すことになる。日本は，こうした視点からおもに経済協力および技術協力に力を注いできたが，近年は，国際紛争の平和的解決を図る活動や難民に対する援助といった活動の必要性も主張されるようになった。1998年に特定非営利活動促進法が成立し，非政府間組織(NGO)活動を支援する体制強化が図られた。 ⇨ 技術協力

国際原子力機関 こくさいげんしりょくきかん [原-政]
International Atomic Energy Agency (IAEA) アメリカのアイゼンハワー大統領(当時)が1953年の国連総会で行った演説"Atoms for Peace(平和のための原子力)"の中で，原子力平和利用のための国際機関の構想を提唱し，1957年7月に国連により設立された。①原子力の世界平和・健康および繁栄への貢献の促進拡大と②軍事転用されないための保証措置の実施という二つの大きな目的がある。

国際原子力事象尺度 こくさいげんしりょくじしょうしゃくど [原-事]
International Nuclear Event Scale (INES) 国際原子力機関(IAEA)によって定められた，原子力施設や核燃料物質の輸送など，原子力に関する事故，故障，トラブルなどが，施設や健康などに対して安全上どのような意味をもつのかを容易に判断できるようにした指標(評価尺度)のこと。

国際自然保護連合 こくさいしぜんほごれんごう [環-国]
International Union for Conservation of Nature and Natural Resources (IUCN) 国家，政府機関，非政府間組織(NGO)が会員となり，自然を保全し，生物多様性の損失を防ぐことを活動目的としている自然保護機関。絶滅の恐れのある種をレッドリストとしてリストアップしている。1948年に設立された。

国際標準化機構 こくさいひょうじゅんかきこう [社-環]
International Organization for Standardization (ISO) 国際的な単位，測定・試験方法，製品規格，用語などの工業規格の国際標準化を促進・調整するために1947年に設立された国際機関である。日本は1952年に日本工業標準調査会(JISC)がメンバとなり参加している。 ⇨ ISO14000シリーズ，ISO9000

国際放射線防護委員会 こくさいほうしゃせんぼうごいいんかい [原-政]
International Commission on Radiological Protection (ICRP) 専門家の立場から放射線防護に関する勧告を行う国際組織である。ICRPが出す勧告は国際的に権威あるものとされ，国際原子力機関(IAEA)の安全基準，世界各国の放射線障害防止に関する法令の基礎にされており，新しい知見に基づいて再検討を行う活動を続けている。

コークス こーくす [石-コ]
coak 石炭(通常，原料炭)を高温で乾留することにより生成する炭素質の固体。一般には，乾留時に軟化溶融を経た，強度の高いものをコークスと呼ぶ。多くは高炉用コークスとして，高炉による銑鉄製造時の構造材，還元剤として用いられる。そのほか，鋳物用，非鉄金属精錬用，一般用などにも用いられる。乾留時に軟化，溶融を経ない，強度の低いものはチャーと呼ばれる。

コークス乾式消火 こーくすかんしきしょうか [産-コ]
coke dry quenching ⇨ CDQ

コークス炉 こーくすろ [産-コ]
coke oven 石炭を乾留してコークスを製造する装置を図に示す。耐火れんが製で，燃焼ガスが通る通路と石炭を装てんする部屋を交互に配置する構造になっている。

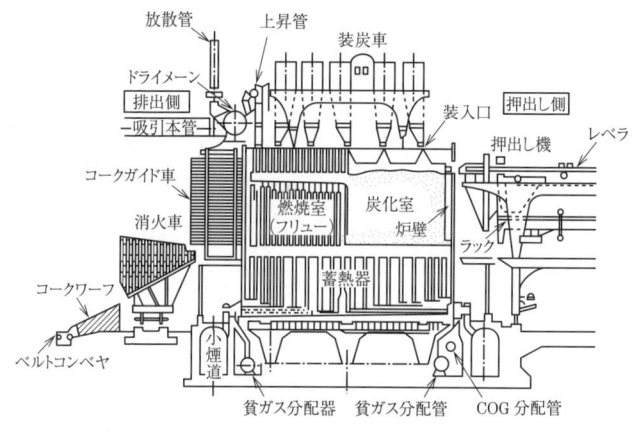

[図: コークス炉 — 放散管, 上昇管, 装炭車, ドライメーン, 排出側, 吸引本管, 装入口, 押出し側, 押出し機, レベラ, コークガイド車, 燃焼室(フリュー), 炭化室, 炉壁, 消火車, ラック, 蓄熱器, コークワーフ, 小煙道, ベルトコンベヤ, 貧ガス分配器, 貧ガス分配管, COG分配管]

コークス炉

黒体 こくたい [理-物]
blackbody 表面に到達する熱放射線（温度放射線，電磁波によって物体間のエネルギー授受を行う際の電磁波）をすべて完全に吸収する性質をもつ物体。ある温度における黒体から射出される熱放射を黒体放射といい，全波長域にわたってその温度における熱放射の最大値を与える。ステファン・ボルツマンの法則によれば，全波長域を積分した黒体の射出能（物体表面から単位面積，単位時間当り放出される熱放射エネルギー）は絶対温度の4乗に比例し，その比例定数をステファン・ボルツマン定数 $\sigma = 5.67032 \pm 0.00071 \times 10^{-8}\,\mathrm{W/(m^2 \cdot K^4)}$ という。

国内総生産 こくないそうせいさん [社-経]
gross domestic product (GDP) 国内総生産(GDP)は，1国における一定期間の経済活動規模を貨幣価値で表した指標である。国民総生産(GNP)は一定期間の日本人の経済活動規模を表す指標である。ただし，日本では旧経済企画庁が，2000年度の国民所得統計からGNPを国民総所得(gross national income, GNI)に変更した。GNIはGNPを分配面からみたもので，GNPを支出面からみたものは国民総支出(gross national nxpenditure, GNE)となる。これらは「三面等価の原則」と呼ばれるように，相互に等価となる。

国連環境開発会議 こくれんかんきょうかいはつかいぎ [社-温]
UN conference on environment and development (UNCED) ⇨ 地球サミット

固形化輸送 こけいかゆそう [石-ガ]，[燃-水]
solidification transportation 新しい天然ガスの輸送方法の一つ。天然ガス（メタン，エタン，プロパン）を炭素と水素に分解し，水素は水素吸蔵合金または金属酸化物と反応させ固体中に保持させ，炭素は固体炭素として海上輸送する方法。消費地では，水素吸蔵合金と金属酸化物より水素ガスを発生させて固体炭素と反応させ，メタンを再生させる。

コジェネレーション こじぇねれーしょん [電-火]，[電-熱]，[利-利]
cogeneration 発電と熱供給を一緒に行うシステムのことで，熱電併給とも呼ばれる。高温の熱から電気や動力を取り

出した後、残りの低温になった熱は、給湯、冷暖房などに利用する。コジェネレーションでは動力源排熱の大部分を利用できることから、エネルギーの総合効率は70～80％に高めることができる。そのため省エネルギーとなることが期待されるが、熱需要地が近くにあることが必要で、大容量化が難しいため高い発電効率が得にくく、したがって、需要側の熱需要と電力需要の比率(熱電比)がシステムの熱電比に近い場合が前提となる。
⇒ 熱電比、熱電併給 同 コジェネ

COスチーム法 こすちーむほう [燃-炭]
CO-steam process 一酸化炭素とスチーム(水蒸気)を使用して石炭を液化する方法。反応条件下で一酸化炭素とスチームの反応により、二酸化炭素と水素を生成させ、生成する水素(活性のある発生期の水素)を利用して石炭を液化する。触媒にはアルカリ触媒が用いられる。水分を多く含む低石炭化度炭の褐炭に有効な液化法である。

固　体 こたい [理-物]
solid 物質の三態(気体、液体、固体)のうちの一つの状態。物質を構成する原子や分子が近接しており、たがいに影響を及ぼす力(原子間力・分子間力)が、熱による原子や分子の運動(熱振動)よりも大きな状態にある。そのため、この状態では原子や分子は規則的な配列となっており、物質は定形状態となっている。
⇒ 液体、気体

固体高分子型燃料電池 こたいこうぶんしがたねんりょうでんち　polymer electrolyte fuel cell (PEFC)
[理-池] 燃料(水素)と空気中の酸素から直接電流を連続的に取り出す発電装置(燃料電池)であり、陽イオン交換膜を電解質に採用したもの。電解質は固体であるため流失や蒸発が生じない。水素をイオン化させる目的で白金触媒を用いているので、燃料中の一酸化炭素含有率に制限がある。作動温度は60～100℃。高出力密度で運転ができるため、小型・軽量化が図れるという特徴がある。
[電-燃] 電解質に高分子イオン交換膜を用いる。燃料極で水素が水素イオンと電子に分かれ、水素イオンがイオン交換膜中を移動し、電子は外部負荷へ流れる。空気極で酸素は、イオン交換膜を通過した水素と外部負荷を流れてきた電子と反応して水となる。電池運転温度は、室温～80℃程度である。回収熱は温熱であるため、動力回収や蒸気利用が不可能で給湯としての利用までが限界である。イオン交換膜は、適当な湿潤状態(水分を含んだ状態)で良好なイオン伝導性を示す。アノード(燃料極)：$H_2 \to 2H^+ + 2e^-$、カソード(空気極)：$(1/2)O_2 + 2H^+ + 2e^- \to H_2O$、(全体)：$H_2 + (1/2)O_2 \to H_2O$。 同 PEMFC

固体電解質 こたいでんかいしつ [全-理]
solid electrolyte 固体中をイオンが移動するタイプの電解質。使用温度域が広く、材料としての安定性に優れているが、室温域での導電率は極端に低く、導電率を向上させるには高温にする必要がある。固体電解質は、固体高分子形燃料電池や固体酸化物形燃料電池に用いられている。

固体電解質型燃料電池 こたいでんかいしつがたねんりょうでんち [電-燃]
solid oxide fuel cell (SOFC) 電解質にイットリア安定化ジルコニア(YSZ)などのイオン伝導性固体電解質を用いてその両面に多孔質電極を取り付け、電解質を隔壁として一方に燃料ガス(H_2、CO)、他方に酸化剤ガス(O_2、空気)を供給して酸素分圧差によって動作する。高温(1000℃)で作動させるためコジェネレーションシステムなど廃熱利用が可能で、さらなる高効率発電も期待できる。

固体燃料 こたいねんりょう [理-炎]
solid fuel 気体燃料や液体燃料に対して、固体のまま用いる燃料をいう。石炭、木材のように植物およびその変質したものが多い。化石燃料の中で石炭はきわめて多く、歴青炭がその中心である。

コークス，練炭，木炭などは加工された固体燃料である。一般に，固体燃料は単位質量当りの発熱量は液体燃料に比べて小さい。　⑩ 固形燃料

固体レーザ　こたいれーざ　[理-光]
solid-state laser　固体の母体格子の中に埋め込まれた不純物イオンが活性媒質となるレーザ。ふつう，半導体レーザは含まない。固体レーザはレーザ物質に光を照射して励起し，逆転分布を起こさせる。そのため，強力な光，例えばキセノン放電管の瞬間的な発光を使用する。このような励起方法を光ポンピング法という。1960 年にメイマンにより 694.3 nm の赤色光をパルス的に発生するルビーレーザが実現された。　⇨ YAGレーザ

五単糖リン酸回路　ごたんとうりんさんかいろ　[生-反]
pentose phosphate cycle　グルコース酸化経路の一つで，肝，乳腺，脂肪組織などの解糖系の側路として存在する。1 分子のグルコース 6 リン酸から 6 分子の二酸化炭素と 12 分子のニコチンアミドアデニンジヌクレオチドリン酸 (NADPH) を生じることになる。脂肪酸合成をはじめとする還元的合成反応や酵素添加反応に必要な NADPH を供給し，核酸の構成成分として必須なリボース 5 リン酸を供給する。　⑩ 五単糖リン酸経路，フォスフォグルコン酸回路，ペントースリン酸回路

骨材　こつざい　[廃-資]
aggregate　骨材は，一般にコンクリートなどに入れる砂利，砂，砕石の総称である。路盤材や，ビル，橋脚などの建設物に使われる。工業副産物や廃棄物を原料とした建材のことを再生骨材と呼ぶこともある。めっき排水など重金属を含有した排水からのスラッジを原料として溶融して製造されているものがある。ごみの焼却炉からの灰を，焼却の余熱を利用して溶融，焼成して骨材化して利用する技術は，循環型社会のための重要な技術として注目され広く実用化されている。

コットレル集じん器　こっとれるしゅうじんき　[環-塵]
Cottrell precipitation　⇨ 電気集じん装置　⑩ EP, ESP

コッパース・トチェック式ガス化炉　こっぱーすとちぇっくしきがすかろ　Coppers-Totzek gasifier
[燃-ガ]　世界で初めて商業的に運転された，常圧噴流層(気流層)石炭ガス化炉。運転温度は固定層ガス化炉，流動層ガス化炉に比べてきわめて高い千数百℃である。そのため，炉壁は水冷され，また灰は溶融して炉の下部に落ち，水砕スラグとして取り出される。石炭は炉の中央に向かう対抗バーナから吹き出される。　⇨ スラグ，石炭ガス化，噴流床
[燃-燃]　連続式ガス発生炉の一種。ドイツ Heinrich Koppers G. m. b. H. の F. Tozek が実験に着手し，最初の工業規模の炉は 1953 年にフィンランドの Typpi Oy 社に，2 番目の炉は 1955 年に日本水素工業(株)に建設された。石炭を部分燃焼させ，その燃焼熱を利用してガス化する。ガス化剤は空気，水蒸気などを用いる。

固定床燃焼　こていしょうねんしょう　[燃-固]
fixed bed combustion　固体燃料粒子を固定層(充てん層)の状態で燃焼させる燃焼形態をいう。一般には空気を固定層の下部から粒子の間隙を通じて上部に流通させて燃焼させる。このとき，燃焼の生じる区間(燃焼帯)は固定層下部から順に上部に進行していき，最終的に固定層最上部に達して固定層全体の燃焼が終了する。固定層全体を燃焼帯の進行方向と逆に同じ速度で下降させることにより，連続的に燃焼させる形式とすることも可能である。固定床燃焼では，燃焼帯が高温となり局部加熱により灰の溶融などが問題となるが，十分長い燃焼時間を確保することが可能であり，難燃性の燃料の燃焼に向いている。　⇨ 火格子燃焼
⑩ 固定層燃焼

固定炭素 こていたんそ [石-炭]
fixed carbon　石炭，コークスを加熱，乾留する際に残留する灰分以外の固体残さ。工業分析において水分，揮発分，灰分を除いた値。おもに炭素よりなるが，少量の水素，酸素，窒素，硫黄を含む。

コプラナPCB こぷらなぴーしーびー [環-ダ]
coplanar PCB　PCB は多くの異性体の中でフェニル基への三つの官能基置換のうちオルト位に置換した塩素がまったく存在しないか，または一つのみ置換している化合物群をいう。寸法の大きい塩素原子の結合が立体構造的に影響を及ぼすことがほとんどないので，分子全体として平面状の構造をとり，コプラナの名称に由来している。世界保健機関(WHO)から提示された毒性等価係数は $0.00001 \sim 0.1$ であり，コプラナ PCB が一般廃棄物焼却炉の排ガス中のダイオキシン類の毒性等価係数(TEQ)に占める割合は3～5%である。　⇒ダイオキシン類，PCB

戸別収集 こべつしゅうしゅう [廃-集]
collection at every door　各戸収集とも流し取りともいう。ごみ容器やごみ袋を各戸の前に出すため，住民にとって利便性に優れており，ごみに対する責任感も強くごみの分別も徹底しやすい。一方，ごみの集積場所が各戸ごとであるため，収集効率は落ちる。この戸別収集に対し，数戸から数十戸単位に集積場所を設けるステーション収集がある。わが国ではほとんどの自治体がステーション収集を採用している。　⇒ステーション収集

コーポレートファイナンス こーぽれーとふぁいなんす [社-企]
corporate finance　企業が自社の既存事業や新規事業のために資金調達をすることを，コーポレートファイナンスという。この場合は，企業全体が借入金返済の保証をするため，一般的に金融機関などの融資側としては大きなリスクがないといわれている。そして，日本の商業銀行(市中銀行)の場合，多くの融資案件がコーポレートファイナンスである。一方，独立した単体のプロジェクトのための資金調達をプロジェクトファイナンスという。プロジェクトファイナンスをコーポレートファイナンスと比較すると，プロジェクトファイナンスは，返済がプロジェクトの収支の信頼性(よいキャッシュフロー)のみとなるので，貸し手である金融機関は大きなリスクを負うことがある。そのため，一般的には，融資のための審査は，コーポレートファイナンスよりプロジェクトファイナンスが厳しい。　⇒プロジェクトファイナンス

ごみ減量化 ごみげんりょうか [社-廃]
refuse disposal minimization　ごみになるようなものを購入せず不用物が発生しないようにすること，不用となったものを自家処理することなどにより，ごみとして排出される量を減らすこと。前者は発生抑制，後者は排出抑制といわれる。集団回収やちり紙交換を利用した資源化の概念を含む場合や，焼却などの中間処理による埋立量の削減を指す場合など，さまざまな意味で使われる。

ごみ固形燃料 ごみこけいねんりょう [転-塵]
refuse derived fuel　生ごみ，廃プラスチックなどの可燃性のごみを，粉砕，乾燥して生石灰を混ぜ，圧縮，固化したもの。乾燥・成形されているため輸送や長期保管に便利で，冷暖房，給湯，清掃工場の発電用熱源として利用されている。発熱量は石炭と同等である。
⇒RDF

ごみ収集車 ごみしゅうしゅうしゃ [廃-集]
refuse collection vehicle　廃棄物は固形状，液状，泥状，粉粒状と分類することができる。ごみ収集車は一般的に固形状廃棄物を収集，運搬するトラックをいう。おもなごみ収集車には，ダンプ車，

機械式ごみ収集車，脱着装置付コンテナ専用車がある。ダンプ車は最も歴史のある収集車の一つで，かさ比重の小さい廃棄物用で荷箱容積の大きい清掃ダンプ車が多く使われている。機械式ごみ収集車は通常パッカー車と呼ばれ，回転板式，圧縮板式のものがあり，ごみを減容，圧縮しながら収集し，作業性，密閉性，運搬効率に優れている。脱着装置付コンテナ専用車はコンテナがトラックから着脱でき，おもに産業廃棄物の収集，運搬に使用される。運転手一人だけで運用ができるため，ダンプ車に代わる勢いで増えてきている。

機械式ごみ収集車

ごみの広域処理化　ごみのこういきしょりか　[社-廃]
amalgamated treatment　ある地域から発生する廃棄物を適正に処理するために，一定地域から発生する廃棄物をその区域内だけで処理せずに，おもにその周辺地域，あるいはそれ以外の区域も含めた広い地域全体を対象にして計画的，集約的に処理すること。ごみの排出抑制・資源化の推進を基本に，ダイオキシン類の削減，未利用エネルギーの有効利用，公共事業費の削減などを目的としている。　⇒ ごみの自区内処理

ごみの自区内処理　ごみのじくないしょり　[社-廃]
refuse disposal within the boundaries of each ward　一般廃棄物の処理に関しては市町村の責務とされており，一般廃棄物の処理を市町村の行政区域内で完結させること。近年では，「区」をさまざまな広がりに応用し，同じように，都道府県の行政区域や国の領域のなかで排出した廃棄物はそれぞれの区域，領域で処理する，という考え方にまで拡大して使われている。
「自区内処理原則」という言葉が昭和40年代後半に，東京都のごみ処理問題の方策を検討する中でつくられた。中間処理(焼却処分)およびその施設の建設に伴う負担を，23「区」の間で公平に分担し，各区が相応に焼却施設などの建設を受け入れていくべきである，との方針を意味する。　⇒ ごみの広域処理化

ごみ発電所　ごみはつでんしょ　[廃-発]
refuse power plant, waste to energy plant　運転に必要な電力量を上回る発電設備容量を保有し，電気事業者への送電により，売電収入を得ることのできるごみ焼却プラント。標準的な設備であれば，1日のごみ焼却量600 tの場合，約1万2000 kWの発電が可能であり，約9000 kWの送電が可能である。ごみ焼却炉とガスタービンを組み合わせた「スーパーごみ発電」の場合，使用する都市ガスの量に依存するが，発電効率向上が可能である。　⑩ 都市ごみ発電所

固有安全原子炉　こゆうあんぜんげんしろ　[原-炉]
process inherent ultimate safety (PIUS)　炉心の形状や構成要素などによる固有の物理的特性から，能動的な安全装置に依存せずに静的装置だけで安全が確保される原子炉のこと。代表的なものに，スウェーデンのABBアトム社提唱のPIUSがある。　⑩ 固有安全炉

固有安全性　こゆうあんぜんせい　[原-安]
inherent safety　危険の生じる可能性そのものが取り除かれているシステムは固有安全性をもつという。例えば，不燃材料のみでできた家は火災に対して固有安全であるといえる。静的安全性と同様の意味で使われることが多い。　⇒ 静的安全性

固有水分　こゆうすいぶん　[石-炭]
moisture content　一定温度，湿度(理想的には100 %)と平衡状態にある一定

粒度の石炭を105〜110℃で1時間加熱したときに失われる水分。大気中の湿気と平衡状態で石炭が吸着している水分であり、石炭の空隙構造や含酸素官能基の量など、石炭構造と密接に関係している。石炭表面に付着している水分は含まれない。現在、固有水分という用語はJISにはない。　⇨ 水分含有量

コールタール　こーるたーる　[石-コ]
coal tar　石炭の乾留時、おもに400〜500℃の温度域で生成する常温液状物質。黒色または茶褐色で、各種の芳香族化合物の混合物である。工業的にはコークス製造過程で副産物として回収される。蒸留により各種留出油分(カルボン油、ナフタレン油、アントラセン油など)、およびコールタールピッチに分別され、さらに精製することにより、各種の製品が得られる。

コールベッドメタン　こーるべっどめたん　[石-炭]、[石-ガ]
coal bed methane (CBM)　炭層メタンガス。植物が高温、高圧下で石炭化される段階で生成されるメタンを主成分とするガスが、炭層中の石炭に吸着するか、あるいは石炭の微細な孔隙や割れ目などに含有して存在するメタン。各頭文字をとってCBMと呼ばれる。

コールベッドメタンの資源量　こーるべっどめたんのしげんりょう　[石-炭]、[石-ガ]
reserve of coal bed methane　発見、未発見を問わず、また経済的な理由による現行技術上での回収可能・不可能を問わず、地下に集積していると推定されるコールベッドメタンの総量。原始資源量。

コロナ　ころな　[電-気]
corona　電界強度がある臨界値を超えたために、導体周囲の空気が電離することによって生じる発光を伴う放電。

コロナ放電　ころなほうでん　[環-塵]
corona discharge　針などの線状の放電極に向かい合わせて平板や円筒状の滑らかな集じん極を置いた状態で放電極に直流高電圧を加印すると、放電極先端の周囲が高電界となり、局所的に空気の絶縁破壊が起こる現象。放電極周辺では青紫色に弱く光るプラズマが観察できる。この現象は電気集じん装置に活用され、放電極として工業的には一般に負極が採用される。これは、電圧をさらに高めると火花せん絡を生じてしまうが、この限界値とコロナ始発電圧との間の幅が正電極の場合に比べて大きいので、負極のほうが集じん操作がしやすいためである。　⇨ 電気集じん装置

混合基原油　こんごうきげんゆ　[石-油]
mixed base crude, mixed base crude oil　パラフィン基原油とナフテン基原油とを混合したような組成を有する原油で潤滑油や重油の製造に適している。例えばミッドコンチネント原油、八橋原油などがこれにあたる。中間基原油ともいう。

混合酸化物燃料　こんごうさんかぶつねんりょう　[原-燃]
mixed oxide fuel (MOX)　原子炉の運転により燃料中に含まれる^{238}Uの核反応によって核分裂性物質の^{239}Puが生成する。このプルトニウムを再処理によって取り出した後、二酸化プルトニウム(PuO_2)にしたものと、ウラン〔二酸化ウラン(UO_2)〕を混ぜてつくる燃料のことを混合酸化物(MOX)燃料という。核燃料物質の有効利用を目的として、軽水炉などの原子炉の燃料として利用することが進められている。海外では、軽水炉でのMOX燃料の利用が進められている国がある。　⇨ 余剰プルトニウム
同 MOX燃料

混合揚水式水力発電　こんごうようすいしきすいりょくはつでん　[電-水]
river pumped storage hydraulic power generation　河川の流量を利用した貯水池式発電所に揚水設備を付加して発電と揚水とを行う方式の揚水式水力発電所。建設地点の選定は、一般水力とほ

ぼ同じ条件であり、純揚水式ほど地点選定の自由度はない。一般に大容量貯水池を有して、長期間の調整を行うものが多い。

コンデンサ こんでんさ [電-設]
condenser タービンの排気を冷却し、凝結させる熱交換器。復水器は、タービン排気圧力を低くしタービンの熱効率を向上させるため、高真空化にしている。形式は、大別して蒸気と冷却水が直接接触する噴射式復水器と冷却管を介して蒸気を凝結させる表面冷却式復水器がある。一般に火力発電所では、表面冷却式復水器が用いられる。 ⇨ 復水器

コンデンサモータ こんでんさもーた [民-装]
capacitor motor 主コイル対とその直角位置のほかのコイル対に、コンデンサにより位相をたがいに90°ずらした電流を流して回転磁界を得る単相かご型誘導モータ。交流モータは固定子に回転磁界を発生させこれが回転子のコイルに磁界を誘導し、これを回転磁界が引っ張るという原理で回す。回転磁界は単相交流そのままでは生じないが、直角に置いたコイルに位相がたがいに90°異なる電流を流すとできる。回転を始めるとその後は位相の異なる電流を流さなくて回りつづけるが、コンデンサモータとは始動時だけでなく通常時もコンデンサ回路に電流を流しつづけるものをいう。大出力のものは難しいが、数百W程度以下の単相交流で使用する冷蔵庫や扇風機など、家電では多く使われている。

コンバインドサイクル こんばいんどさいくる [電-熱]
combined cycle thermal power ガスタービンと蒸気タービンを組み合わせて熱効率の向上を図るシステム。従来のシステムでは、ガスタービンの熱効率は20～30%程度であり、残りは排気される。そこでこの排気を利用した蒸気タービンを組み合わせ、熱効率の向上を図る。

コンパクタ こんぱくた [廃-集]
compactor ごみを圧縮、減容化し密閉型コンテナに効率的に詰め込む装置で油圧シリンダによる油圧式が一般的である。本装置はごみ中継施設やビルごみ設備の主要機器として用いられる(図)。

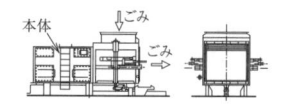

コンパクタ外形図

コンポスト化 こんぽすとか [廃-他]
composting コンポストは有機性物質、腐敗物、たい肥化可能廃棄物を原料にして好気性微生物(バクテリア)の働きによってつくられるたい肥のこと。好気性分解の一つで原料を分解させるために適度の水分と酸素が必要である。そのため定期的にかくはん(すき返し)を行い、通気をよくすることが必要である。人力による野積法や、機械によって強制的にかくはんし通気をよくして発酵速度を早めて、短時間でたい肥化する高速たい肥化と呼ばれる方法がある。低温酸化によって衛生的な処理と有機質肥料としてのコンポストの製造を併せて行うことができるなど、汚泥などの廃棄物処理システムの一つとして重要である。 ⇨ 好気性分解 回 たい肥化

コンラドソン試験法 こんらどそんしけんほう [燃-製], [燃-全]
Conradoson method 重油・石油製品中の残留炭素分の量を測定する方法。JIS K 2270に試験法が規定されている。試料を窒素気流中で加熱し、発生した油蒸気を燃焼させた後、コーキングした残留炭素分を定量する。同様のミクロ残留炭素試験法もJISに規定されている。 ⇨ 残留炭素分

〔さ〕

災害対応型ガソリンスタンド　さいがいたいおうがたがそりんすたんど　[石-油]
emergency gas station　火災，地震，台風などの災害に対応できるガソリンスタンド。

災害対策基本法　さいがいたいさくきほんほう　[原-安]
Disaster Counter Measures Basic Act　国土ならびに国民の生命，身体および財産を保護するために定められた法律である。災害対策基本法では，災害を「暴風，豪雨，豪雪，洪水，高潮，地震，津波，噴火，そのほか異常な自然現象」および「大規模な火事もしくは爆発」のほかに，政令で定めた原因による大規模災害も対象とするとされ，その一つに「放射性物質の大量放出」がある。　⇨ 防災対策

災害評価　さいがいひょうか　[社-都]
hazard evaluation　災害を特定したうえで，当該災害による自然界，人体，施設，財産，地域経済社会などに及ぼす影響の大きさおよびその発生確率などを予測し，当該災害の重大性を評価すること。災害対策立案のための基礎的作業として行われ，原子力発電所をはじめとするエネルギー関連の危険物施設などにおいても自然災害や事故などを想定した災害評価が行われている。

サイクロン　さいくろん　[環-塵], [産-装]
cyclone　旋回流を用い，ガス中から粒子を分離する装置をサイクロン集じん器という。稼働部がなく，信頼性が高い。分離の原理は慣性力の差によるので，微粒子は分離できない。サイクロンは外筒，円すいおよびダストボックス，そして外筒に付設された入口管および出口管から構成される。含じんガスは入口管から外筒に接線方向に送り込まれるので，含じんガスは外筒内で旋回した後，下部にある円すい内でさらに高速で旋回して反転上昇し，出口管から排出される。ダストは外筒と円すい内で遠心力によって器内壁に衝突，落下してダストボックスに集められる。

石炭を高負荷燃焼するサイクロンバーナをもサイクロンと称する。サイクロンバーナでは石炭粒子は溶融状態で燃焼し，融灰は炉壁上に捕集される。横型炉も縦型炉もある。　⇨ 遠心式集じん装置

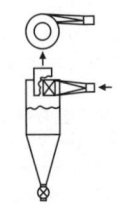

サイクロン集じん器

最終処理　さいしゅうしょり　[廃-処]
final disposal, final treatment　廃棄物の最終的な処理のことで，ふつう，埋立処理が行われる。一般に，廃棄物あるいは使用済製品に対して，有価物の選択回収，再生利用，減量化などの処理(中間処理)が行われ，その処理の残滓が最終処理される。性状の不安定な廃棄物が埋立処分場(最終処理)に送られる場合，環境に暴露されても有害物質が溶出しないように事前に安定化・無害化処理を施す必要がある。なお，海洋投棄による最終処理は，国際条約(ロンドン条約)などによって厳しく制限されている。
⇨ 埋立処分，中間処理　同 最終処分

最終保障約款　さいしゅうほしょうやっかん　[社-規]
default service　1999年，電気事業法

改正で小売の部分自由化が実施されるのに伴い，需要者保護措置の一つとして導入された契約形態。かりに新規参入との契約に失敗し，一定の状態を除き電気の供給をだれからも受けられない状態を避けるために設定された。電力会社に提供義務があり，料金は届出制をとっている。

最小点火エネルギー　さいしょうてんかえねるぎー　[理-内]
minimum ignition energy　電気火花で燃料と酸化剤の混合気を点火し，火炎伝ぱを成立させるために必要な最小の火花エネルギー。古くはコンデンサバンクに蓄えた電気エネルギーを放電させる方式である容量放電火花を用い，コンデンサの容量で火花エネルギーを調節し，蓄えられた電気エネルギーを最小火花エネルギーとしており，混合気濃度や電極間距離，電極における冷却効果などの基本的特性が調べられた。その後，点火コイルに蓄えられた誘導エネルギーに基づく誘導成分と容量成分の影響や，熱量計による火花エネルギーの計測などが行われ，火花放電の機構について今日もなお研究が行われている。

再処理　さいしょり　[原-廃]
reprocessing　使用済燃料の中には，原子炉内で核反応をせずエネルギー生産に寄与していない^{235}Uおよび^{238}Uの核反応の結果生成した^{239}Puなどの核燃料物質が含まれている。また，核反応の結果生成した核分裂生成物も含まれる。使用済燃料中に残っている核燃料物質を燃料にならず廃棄物となる核分裂生成物から分離して回収することを再処理という。再処理により回収される核燃料物質は再度原子炉の燃料として使うことができることから，再処理施設は核燃料サイクルの重要な位置付けにある。　⇨ 使用済燃料，プルトニウム

再生エネルギー　さいせいえねるぎー　[転-変]
　recyclable energy　水も空気も汚さないクリーンな循環型エネルギー。

再生型燃料電池　さいせいがたねんりょうでんち　[電-燃]
regenerative fuel cell　発電を行うための酸素と水素を，太陽電池などを利用し水を電気分解させてつくり出すことが1台で行える燃料電池。水の電気分解のための触媒電極と，燃料電池としての触媒電極を両立させたもの。

再生可能エネルギー　さいせいかのうえねるぎー　renewable energy
[資-自]　将来はいずれ枯渇するであろう化石燃料に対して，地球という物質系で比較的短期間(人類の寿命程度)に再生可能なエネルギーの総称。太陽光，風力などの自然エネルギーのほか，バイオマス，植物起源の廃棄物などが例示される。再生可能エネルギーは一般に地球環境に対する負荷が低いことから，利用が政策的に推進されており，各種補助金や「電気事業者による新エネルギー等の利用に関する特別措置法(2003年4月施行)」(RPS制度)などが実施されている。
[自-全]　石炭，石油，天然ガスなどの有限な化石エネルギーに対して，自然現象の中で繰り返し得られるエネルギーのことで，太陽エネルギー(太陽光，太陽熱など)，地熱エネルギー(高温岩体発電，マグマ発電など)，水力エネルギー，風力エネルギー，海洋エネルギー(潮力，波力，温度差発電など)，バイオマスエネルギーなどが，この範ちゅうに入る。化石エネルギーは燃焼により二酸化炭素(CO_2)を排出するのに対して，再生可能エネルギーはCO_2を排出しないクリーンなエネルギーとして，その開発が注目されている。　⇨ 自然エネルギー，新エネルギー　圓 サステナブルエネルギー

再生サイクルガスタービン　さいせいさいくるがすたーびん　[電-タ]
regenerative cycle gas turbine　ガスタービンの排ガスのもつ熱エネルギー

再生資源利用法　さいせいしげんりようほう　[社-廃]
Law for Promotion of Recyclable Resources　正式には、「再生資源の利用の促進に関する法律」という。深刻化している廃棄物問題に対し、資源の有効利用の確保と廃棄物の発生の抑制を図るため、1991年に施行された法律で、リサイクル法と呼ばれている。

再生資源を利用することが技術的に可能であり、かつ再利用が特に必要なものとして「第一種指定製品」、「第二種指定製品」、「指定副産物」を定めるとともに、紙製造業者、ガラス容器製造者、建設業を「特定業種」と定めている。
⇒ 資源有効利用促進法、リサイクル法・条例

再生不能エネルギー　さいせいふのうえねるぎー　[資-石]
non-renewable energy　将来はいずれ枯渇するであろう人類生存以前に地球に蓄えられた化石資源由来のエネルギーのことを指す。原油、天然ガス、石炭などがこれに相当する。

最大地表濃度地点　さいだいちひょうのうどちてん　[社-環]
maximum surface concentration site　煙突などから排出された汚染物質の濃度が地表で最大となる場所のこと。

最大着地濃度・距離　さいだいちゃくちのうどきょり　[社-環]
maximum ground level concentration, maximum ground level concentration distance　煙突などから排出された汚染物質が飛散し、地表面に到達したときの最大濃度およびその最大濃度が出現する距離のこと。

最大電力　さいだいでんりょく　[電-系]
peak electric power, peak power　ある期間(日、月、年など)の中で最も多く使用された電力をいう。一般には、1時間ごとの電力量のうち最大のものをいう。1か月を通じた毎日の最大電力を上位から3日とって平均したものを最大3日平均電力と呼び、需要想定、供給計画などに用いられる。

最大3日平均電力　さいだいみっかへいきんでんりょく　[社-電]
average power of top three, maximum three days average peak load　一定期間における電力需要のピークを最大電力と呼び、通常1時間平均値をkW·hで表示する。ある月の最大電力を上位から3日とり、それを平均した値を最大3日平均電力といい、需要計画などに用いられている。最大電力は、特にただし書きがないかぎり、この最大3日平均電力のことを指している場合が多い。　⇒ 最大電力

最適運転　さいてきうんてん　[社-企]
optimal operation　電力の供給においては、利用できるすべての発電装置が常時稼働しているわけではない。電力需要の増減に応じて、稼働する発電装置の数も変化する。高い(あるいは低い)電力需要に対しては、最も経済的な運転コストで発電装置を稼働させることが望まれる。この手段として高効率の発電装置から順次発電を行うといった方法も一つの考えである。最適運転とは、このように経済性を考慮した装置の運転スケジュールであり、その運転方法である。

最適化モデル分析　さいてきかもでるぶんせき　[社-全]
optimization model analysis　最適化とは、与えられた条件のもとで最小の費用でかつ最大の利益の目的関数を導き出す資源配分をいうが、それをモデルで最適解を求めることができる。そのモデルで最適解(最適な組合せ)を求め、分析することをいう。一般的には線形計画法(linear programming, LP)モデルを用いた分析をいう。石油精製で処理原油の組合せ、輸送の最適な運用などに使われる手法である。二酸化炭素(CO_2)排出

権取引は、どこで、いつ、どれだけCO_2排出を削減すべきかの最適均衡解と、政治的に京都議定書で決まった各国各期の目標とのずれを、地理的(空間的)、時間的に調整(ずれを最小にする)する仕組みである。したがって、空間的にも、時間的にもCO_2排出権取引を制限すべきでないことを最適化モデルを使って説明できる。大型でエネルギー需要を与えて最適供給を決める需給予測などでよく使われているLPモデルをMARKALモデルといい、時間に応じて変化する要素技術進歩、利子率などを含めて動かされている。 ⇨ ベストミックス

最適制御 さいてきせいぎょ　[社-企]
optimal control　発電機を含んだ大型プラントでは、運転条件の変化がしばしば起きる。運転状態をある状態から別の状態に最短時間で移動させたり(最短時間制御)、制御入力の合計値を最小にさせたり(最少燃料制御)、適当に選んだ評価量が最大(または最小)になるように制御するなど、このような制御を最適制御という。最適制御は、与えられた制御対象の特性を表現する方程式のもとで、評価関数を最大(例えば、発電量の最大)または最小(使用燃料の最少)にするものである。

再　熱 さいねつ　[全-理]
reheat　タービンの断熱膨張過程にある低温の作動流体をいったん取り出して、再度再熱器や再燃器で等圧加熱(再熱)して高温にした後、タービンに戻してさらに動力を得る方式。蒸気タービンの基本サイクルであるランキンサイクルの熱効率ならびに比出力の向上、ガスタービンの基本サイクルであるブレイトンサイクルの比出力の向上などの効果がある。さらに、再熱サイクルを、中間冷却サイクル、再生サイクル、複合サイクルなどと組み合わせることにより、熱機関のいっそうの熱効率向上が実現できる。
⇨ 再熱器, 再熱サイクル

再熱器 さいねつき　[熱-機]
recuperator, regenerator　再熱蒸気サイクルにおいて、高圧タービン出口の蒸気を低圧タービン入口の温度まで再加熱するための装置である。ボイラと一体化されており、ボイラ上部に設けられている。 ⇨ 再熱蒸気サイクル

再熱サイクル さいねつさいくる　[電-熱]
reheat cycle　タービンの断熱膨張途中で蒸気を取り出し、ボイラで等圧再加熱し、熱効率を向上させる熱サイクル。ランキンサイクルでは、タービン入口圧力、温度を高めることで効率向上するが、タービン出口蒸気の湿り度も増加し、タービンに悪影響を与える。
⇨ 再燃サイクル, ランキンサイクル

再熱サイクルガスタービン さいねつさいくるがすたーびん　[電-タ]
reheating cycle gas turbine　タービン出力を増加させるために、タービン内の膨張過程を複数設け、それぞれの膨張過程の前に燃焼ガスを再び加熱して体積を増加させ、膨張仕事を増加させる機能を具備したガスタービン。

再熱蒸気サイクル さいねつじょうきさいくる　[熱-機]
reheat steam cycle　タービンを高圧と低圧の2段に分け、高圧タービン出口の蒸気が低圧タービンに入る前に再熱器により再加熱して蒸気温度を上げるタイプの蒸気サイクル(図)である。再熱することにより、低圧タービン出口の蒸気の乾き度を大きくすることができ、タービン羽根のエロージョンを防ぐことができる。また、平均受熱温度が高くなるので

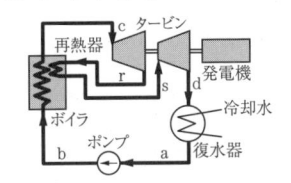

再熱蒸気サイクル

熱効率が増加する。　⇨ 再熱サイクル, ランキンサイクル

再熱タービン　さいねつたーびん [電-タ]
reheat turbine　膨張段落の途中でまだ湿り状態とならない蒸気を取り出し、ボイラの再熱器で再び過熱してタービンに送気し、膨張させる方式のタービン。この方式は最終段の湿り度を著しく減少させることができ、非再熱の場合より効率がよい。

再燃サイクル　さいねんさいくる [電-熱]
re-combustion cycle　タービンの断熱膨張途中で蒸気を取り出し、ボイラで等圧再加熱し、熱効率を向上させる熱サイクル。ランキンサイクルでは、タービン入口圧力、温度を高めることで効率向上するが、タービン出口蒸気の湿り度も増加し、タービンに悪影響を与える。
⇨ 再熱サイクル, ランキンサイクル

再燃焼バーナ　さいねんしょうばーな [転-ボ]
after burner　ジェットエンジンの燃焼ガスに燃料を吹き付けて再燃焼させるシステム。

再燃バーナ　さいねんばーな [電-設]
reignition burner　燃焼環境を調整するために使うバーナ。特に高温域を維持管理するのに用いられる。ダイオキシンの発生抑制などの用途に適用される。

在来型石油資源　ざいらいがたせきゆしげん [資-石]
conventional petroleum resource　自国で産出される原油資源のことを指す。わが国では、輸入されている原油資源の量と比較すると、それは1%にも満たない量である。

在来型天然ガス　ざいらいがたてんねんがす [石-ガ]
conventional gas　通常のガス田ガス、随伴ガス、水溶性ガスなど、従来の方法により経済的に採取可能な天然ガスのこと。

サイレンサ　さいれんさ [民-装]
silencer　燃焼音、エンジン駆動、流動音、配管との摩擦音などが流体の大気放出部で騒音となる。これらをできるだけ低減するために、大気放出部に設置する減音装置。騒音吸収剤として、パンチングプレート、金網、岩綿などが用いられ、減音に効果的な流体の流れを形成させて、騒音の外部漏出を防ぐ装置。
⇨ 消音器　㊥ マフラ

サイロックス法　さいろっくすほう [環-硫], [産-コ]
thylox process　コークス炉ガス、硫化水素ガスから硫黄を取り出すプロセス。三酸化ヒ素、ソーダ灰を含む溶液にガスを吸収させ、そこに空気を吹き込んで硫黄分だけ随伴して放出させることを特徴とする。

サクションベーン制御　さくしょんべーんせいぎょ [産-装]
suction vane control　送風機の流量を制御する方法の一つ。送風機の吸込み側にベーン(羽)を付けて、その角度により吸込み空気が回転翼に当たる角度を調節し、流量制御を行う。このベーンをサクションベーンという。サクションベーンを取り付けられる送風機は遠心式のターボファン、シロッコファンである。これを用いて流量制御を行うことをサクションベーン制御というが、最近はインバータによる回転数制御のほうが省エネルギーになるとして、推奨されている。

サージタンク　さーじたんく [電-水]
surge-tank　水力発電所の導水路と水圧管路との接合点に設ける自由水面をもった水槽。発電所の負荷変動に伴う使用水量の変化によって発生する水撃作用を、水槽水位の昇降(サージング)によって吸収するために設ける。長い圧力放水路の始点にもこの種の水槽を設ける。

サットンの拡散式　さっとんのかくさんしき [環-ス]
Sutton's equation　硫黄酸化物(SOx)の地表濃度を推定するための拡散式。SOxの排出基準は、地表濃度を一定値以下にするため、K値規制が行われてい

る。 ⇨ 煤煙の着地濃度

作動流体 さどうりゅうたい [理-動]
working fluid 作動物質(working substance)ともいう。熱力学的には，熱を吸収したり放出したり，または仕事をしたりする物質。つまりサイクルを行う物質のことともいえる。内燃機関の空気，燃焼ガス，蒸気サイクルの水や蒸気，スターリング機関のヘリウム(He)などがこれにあたる。 ⇨ 作動物質

里　山 さとやま [環-農]
village forest 最近成立した言葉である。近代に至るまで，集落では，その周辺の山，雑木林から薪炭(燃料)，肥料をとっており，これらを共同で管理してきた(入会)。このような雑木林は人間の手が加わることで，独特の生態系，景観を歴史的に維持してきたが，近年，その薪炭供給，肥料供給の経済的価値が失われ，人手が入らなくなり，その生態系が急速に変化し，われわれは，その景観，生態系，生物種(ギフチョウなどの蝶類や甲虫類)を失いつつある。「里山」という言葉は，このような，人間の営みと自然との間に成立した雑木林を中心とする場所，景観，生態系のことを，その文化的側面をも含めて指す言葉であると考えられるが，このような「里山」を保存するためのさまざまな努力が行われている。 ⇨ 雑木林

砂漠化 さばくか [環-農]
desertification 砂漠化とは，アジェンダ21および国際砂漠化会議により，「乾燥，半乾燥，および乾燥湿潤地域において，気候変動および人間活動により引き起こされる土地の劣化」と定義されているが，人為要因によるものが自然要因によるものよりはるかに多いとされ，過放牧，作物の過剰生産，水管理の不備による塩類集積のほか，薪炭材の過剰採取も大きな要因であり，地域レベルのエネルギー供給の問題も大いに関係している。砂漠化は，地域コミュニティの貧困化，崩壊をもたらすほか，植生の消失およびそれに伴う土壌中の有機炭素の大気への二酸化炭素としての放出による温室効果の促進や，種の多様性の劣化，さらには，淡水の減少，といった問題を引き起こす。 ⇨ 塩類集積

サバテサイクル さばてさいくる [理-内], [熱-機]
Sabathe cycle 受熱過程が定容変化と定圧変化の二つからなるので複合サイクルともいわれる。オットーサイクルとディーゼルサイクルの受熱過程を合わせたものである。断熱圧縮，定容受熱，定圧受熱，断熱膨張，定容排熱の五つの可逆変化からなる。実際の機関におけるサイクルにより近い理想サイクルである。熱効率は圧縮比一定の場合，定容受熱割合の増大すなわちオットーサイクルに近づくほど，最高温度一定の場合定圧受熱割合の増大すなわちディーゼルサイクルに近づくほど増大する。 ⇨ オットーサイクル，ディーゼルサイクル 同 二重燃焼サイクル

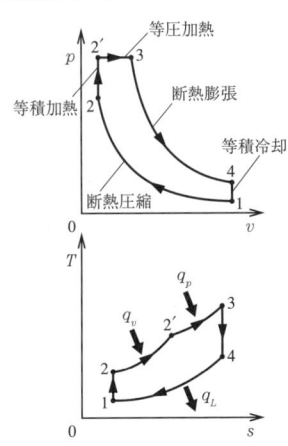

サバテサイクルの p-v, T-s 線図

サブモジュール さぶもじゅーる [自-電]
sub-module 太陽電池に使われ，太陽電池の搭載された分割できない一つの

基板で，複数個同時に形成された太陽電池セル群の最小単位。

サーベイメータ さーべいめーた [原-核]
survey meter 空間線量の測定，放射性物質の測定，探査などに使用される放射線検出器あるいは測定装置であって，検出部分と測定部分とから構成される。検出部分としては，電離箱，ガイガー・ミュラー(GM)計数管，シンチレータなどがα線，β線，γ(X)線に対して，また三フッ化ホウ素(BF_3)カウンタが中性子検出器として用いられる。測定部分は，検出器が出すパルスまたは直流信号を増幅・計数し指示する回路を備えている。使用目的に応じた検出器を備えたサーベイメータを選択する必要がある。
⇨ α線，γ線，中性子，β線

サマータイム さまーたいむ [民-策]
day saving time 日照時間の長い春夏を中心に，法令により全国の標準時を1時間早めた時刻を使用する制度。はじめ1916年，第一次世界大戦下のドイツで初めて採用され，その後，世界各国でも採用されていった。サマータイムの導入により，活動時間が日照時間に近づき，省エネルギー効果や経済効果，そしてゆとりある生活が期待されている。日本でも1948年に一時導入されたが，当時は日本の習慣になじまず，4年後に廃止された。省エネの見地から再度の導入が検討されている。

サーマルNOx さーまるのっくす [環-室]
thermal NOx 燃焼プロセスにおいて，空気中の窒素から生成する窒素酸化物(NOx)のことを指す。一般に，燃料中に窒素分を含まないガス燃料や液体燃料を空気と燃焼させるときに発生する。サーマルNOxには，ゼルドビッチNOxとプロンプトNOxの2種類がある。 ⇨ ゼルドビッチNOx，プロンプトNOx

サーマルリサイクル さーまるりさいくる [環-リ]，[廃-発]，[廃-熱]，[廃-リ]
recovery of thermal energy 廃棄物や使用済製品を焼却処理し，その際に発生する熱を利用する方法を指す。マテリアルリサイクルやケミカルリサイクルに適さないものに対して利用される。循環型社会形成推進基本法では，ほかのリサイクル法が適用できないものについてサーマルリサイクルを利用するという位置付けがなされている。複雑な性状の廃プラスチック，紙製品，そのほかの有機物などを含む廃棄物は焼却処理が施されることが多いが，その際，単なる焼却ではなく，発生する熱を利用するシステムを設置することによってサーマルリサイクルが行われる。発電への利用が注目されている。 ⇨ ケミカルリサイクル，廃棄物燃料利用，廃棄物発電，マテリアルリサイクル

ザルツマン吸光光度法 ざるつまんきゅうこうこうどほう [環-室]
Saltzman absorptiometry 燃焼排ガス中の二酸化窒素(NO_2)濃度の化学分析法であり，JIS K 0104に定められている。NO_2を含む燃焼排ガスを，ザルツマン試薬を含む吸収液中に吸収させ，亜硝酸イオン(NO_2^-)とザルツマン試薬とのジアゾ反応による赤色呈色を吸光光度計で測定することにより，濃度を求める方法である。なお，排ガス中の一酸化窒素は，ザルツマン試薬に反応しないが，二酸化硫黄は分析妨害成分になることが指摘されている。 ⇨ 二酸化窒素

酸化 さんか [石-炭]
oxidation 石炭が自然，あるいは人為的に酸化されること。石炭構造中の含酸素官能基，酸素架橋構造が増加し，酸素含有量が増えてH/C比(水素・炭素比)が減少し，O/C比(酸素・炭素比)が増加する。またその過程で，二酸化炭素，一酸化炭素，水が生成する。低石炭化度炭ほど酸化されやすい。また，酸化により粘結炭の粘結性は減少する。空気中での自然酸化を風化という。

酸化硫黄 さんかいおう [環-硫]

sulfur oxide (SOx), sulphur oxide (SOx) ⇨ SOx

酸化炎 さんかえん　[理-炉]
oxidizing flame　火炎が酸化剤過剰の状態(当量比が1以下)にあると、高温であるため、水、二酸化炭素などや、OHなど、電子を奪いやすく、酸素原子を与えやすい分子が高い濃度で存在することになる。この状態を酸化性の火炎すなわち酸性炎もしくは酸化炎という。この状態の火炎に金属が触れると、金属は酸化する。この酸化反応は、還元反応より低温で起こりやすい場合が多い。そのため、高温で熱処理したり熱加工した金属を加熱火炎から外に取り出すとき、外部から空気を取り込むと、酸化炎となり金属を酸化し不都合を起こす場合がある。通常、火炎は、当量比1付近から酸化炎となるため、燃焼温度の最大となる混合比に一致している。この状態では活性化温度が高いため活性になりにくい窒素も一部酸化され、窒素酸化物(NOx)となる。そのため、火炎の酸性度制御によるNOx低減は火炎を一酸化炭素を排出しない程度の還元性とするというきわめて難しい技術となっている。　⇨ 還元炎

酸化触媒 さんかしょくばい　[輸-排]
oxidation catalyst (DOC)　排気ガス中の一酸化炭素、炭化水素を酸化して、それぞれ無害な二酸化炭素、水に変換するための触媒。酸化触媒としては、白金または白金にパラジウムを加えたものが使われる。ガソリン車に一般的に用いられる三元触媒(TWC)に対してOCC (oxidation catalytic converter)、DOC (diesel oxidation catalyst)とも呼ばれる。機能としては通常の酸化触媒に加え、SOF成分の酸化性能も求められる。

酸化窒素 さんかちっそ　[環-室]
nitrogen oxides (NOx)　⇨ NOx
同 窒素酸化物

酸化的リン酸化 さんかてきりんさんか　[生-反]
oxidative phosphorylation　細菌やミトコンドリアで起こる反応。栄養分子から分子状酸素への電子の伝達によりアデノシン三リン酸(ATP)生成が起こる。その過程には、膜を挟むpHこう配の生成と化学的浸透共役とを含む。

産業革命 さんぎょうかくめい　[社-経]
industrial revolution　18世紀後半のイギリスで「道具から機械へ」という技術革新が起こり、それに伴って産業・経済・社会上の大変革が起こった。これが産業革命である。イギリスでは、18世紀中ごろから木綿糸をつむぐ紡績の機械化が進み、良質の木綿糸が大量に生産されるようになった。この間、ワットが改良した蒸気機関が動力として実用化した。一方、布を織る工程の機械化は遅れたが、力織機の発明で解決された。このような木綿工業から起こった産業革命は、製鉄業や交通機関など広い分野に波及した。複雑な機械を使う工場制機械工業の導入によって大量生産が始まり、資本主義が発展し、社会、政治も大きく変動した。産業革命は、第二のエネルギー革命と呼ばれる。　⇨ エネルギー革命, 蒸気機関

産業廃棄物 さんぎょうはいきぶつ　[廃-分]
industrial waste　事業活動に伴って生じる廃棄物のうち、燃えがら、汚泥、廃油、廃酸、廃アルカリ、廃プラスチック類、および紙くず、木くずなど政令で定める計20種類が「廃棄物の処理および清掃に関する法律」で定める産業廃棄物である。このうち、動物系不要固形物は狂牛病(BSE)対策のため新規追加された。これらに該当する輸入廃棄物も産業廃棄物となる。紙くず、木くずなど政令で定めるものの多くは業種限定があるので、オフィスから生じる紙くずは一般廃棄物となる。都市ごみと異なり、産業廃棄物は種類、組成が排出事業によって異なり、資源、エネルギーとしての利用法も多様である。

産業廃棄物発電 さんぎょうはいきぶつはつでん [資-廃]
electric power generation by industrial wastes　法律で定められている可燃性の産業廃棄物を燃料として燃焼させ、その燃焼エネルギーによって水を水蒸気へ変換し、蒸気タービンなどによって発電する火力発電技術を指す。近年、産業廃棄物をガス化し、ガスエンジンなどによって発電する技術が実用化されている。　同 廃棄物利用発電

産業用太陽光発電システム さんぎょうようたいようこうはつでんしすてむ [自-電]
industrial solar power system　産業用に開発された太陽光発電システム。一般に、太陽電池で発電した電力が不足した場合、電源が商用系統に切り換わって不足した分だけ商用電源で供給したり、余剰発電電力を商用電源に戻すことができる(逆潮流)システムがある。　⇒ 太陽熱発電

産業連関表 さんぎょうれんかんひょう [全-社]
input-output table　1国(もしくは地域)の経済をいくつかの産業部門と最終需要部門に分割し、ある一定期間内における各部門間の財・サービスの流れを定量的に記述した表。産業間の相互依存関係を定量的に分析するために、経済学者のレオンチェフ(W. Leontief)によって開発された。経済分析だけでなく、エネルギー分析や環境分析にも適用されている。　同 IO表

三元触媒 さんげんしょくばい [環-輸], [輸-排]
three-way catalyst (TWC)　理論空燃比近傍で排気ガス中の一酸化炭素(CO)、炭化水素(HC)、窒素酸化物(NOx)の3成分を同時に低減させるための触媒。触媒として白金とロジウムが使われていたが、最近はパラジウムの使用割合が増大している。均質混合気の量論燃焼を採用しているガソリンエンジンの排気後処理装置として使われている。エンジンに供給される混合気の空燃比が理論空燃比近傍の狭い範囲において機能し、これからずれると三元触媒(TWC)の排気ガス浄化能力は激減する。希薄側にずれると NOx の浄化率が低下し、過濃側にずれると CO, HC の浄化率が低下する。この機能範囲幅を一般的にウィンドウと呼んでいる。排出ガス中の酸素量を O_2 センサで検知し燃料噴射量をコンピュータによって算出しエンジンを制御する。　⇒ 酸素センサ

残　さ ざんさ [燃-炭]
residue　石炭液化プロセスにおいて、液化反応後の生成物から蒸留などの適当な方法で液状物を取り除いた後の常温で固体上の残存物をいう。通常未反応炭、重質分、灰分を含む。未反応炭、重質分などは、いまだ炭素分を有するためガス化または燃焼などの原料として利用されることがある。

サンシャイン計画 さんしゃいんけいかく [社-新]
sunshine project　1974年に発足したわが国最初の総合的な新エネルギー技術研究開発計画。2000年をめどに、数十年後におけるわが国のエネルギー需要の相当部分を賄う新しいクリーンエネルギーを供給しうる技術を開発することを目標とした。財源は石油税で、1974年24億円から1985年441億円に達し、その後低下して1993年には315億円となっている。本計画では、民生用および産業用太陽熱利用システムを開発し、太陽光発電における太陽電池製造コストを大幅に低下させることに成功するとともに瀝青炭液化、石炭ガス化複合サイクル発電などの研究開発で大きな成果を収めている。1993年に、ムーンライト計画(省エネルギー技術研究開発)、地球環境技術に関する研究開発と一体化し、新たに「ニューサンシャイン計画」が策定された。　⇒ ニューサンシャイン計画

三重水素 さんじゅうすいそ [理-物],

[原-原]
tritium (^{3}H, T) トリチウム。水素の同位体で質量数3の放射性同位体。宇宙線による核反応などで大気上層で生成し、大気中の水素や雨水の中に含まれるが、原子炉内でリチウムなどの中性子放射によっても生成する。半減期12.3年で、弱いβ線を放出してヘリウム3に変わる。 ⇨ トリチウム

三重点 さんじゅうてん [理-物]
triple point 物質の相変化に影響するのは複数の変数であるが、圧力と温度の平面上に表したものを相線図という。例えば水では気相、液相、固相の三つに分けられる。線図上の線は、その上では二つの異なった相が平衡して共存できることを表す。例えば、0.1013 MPa、0℃では氷と水は安定して存在できる。気相が固相または液相と共存できる圧力を蒸気圧という。室温での水の蒸気圧はだいたい 0.003 MPa である。水が 0.01℃、0.0006 MPa になったとき、気相、液相、固相の三つの相が共存できる。この点を三重点と呼ぶ。これよりも低い圧力では、液体の水は存在できず、氷は昇華して直接に気体になる。二酸化炭素(CO_2)の三重点は大気圧以上の 0.52 MPa であるため、大気圧では固気共存の領域となり、ドライアイスの昇華を観察することができる。気液境界線はつねに正の傾きをもち、気液共存状態で温度を上げると気体が蒸発してしまわないようにするためには圧力も上げなければならないことを示す。加圧(減圧)すると沸点が上がる(下がる)ことに対応している。気液共存のまま圧力を上げると(もちろん温度も上がる)気体の密度は増大していくから気液の差が少なくなっていきついには両者が同じ密度になってしまう。それが臨界点である。水では、374℃で 22.1 MPa である。CO_2 ではもっと現実に近く、126 K、3.4 MPa である。この臨界点付近は気体でも液体でもないので「流体」と呼ぶべきである。

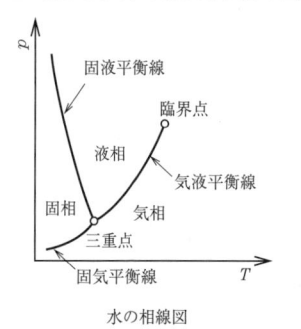

酸水素電池 さんすいそでんち [利-電]
hydrogen oxygen cell 水素の酸化反応 [H_2 + (1/2)O_2 → H_2O] のエネルギーを電気エネルギーに変換して取り出す電池。エネルギー変換原理は燃料電池と同じである。 回 水素酸素電池

酸性雨 さんせいう [環-農]
acid rain 大気中の二酸化炭素が飽和した水の pH は約5.6になる。これよりも低い pH を示す雨を酸性雨という。酸性雨の原因は、化石燃料の燃焼や火山活動などによって大気中に放出される硫黄酸化物(SOx)や窒素酸化物(NOx)であり、おもな人為発生源としては、自動車や、火力発電所などの燃焼施設が考えられる。また、酸性物質は長距離にわたって輸送されることが知られており、いわゆる越境大気汚染対策も課題となる。被害としては、森林荒廃、地表水の酸性化による生態系への悪影響、土壌劣化などがあるが、土壌、森林の特性の違いにより、被害程度には地域性がある。酸性物質排出抑制技術としては、燃焼施設における脱硫脱硝、燃料からの硫黄の除去、触媒による自動車排ガス処理などがある。 ⇨ SOx, NOx 回 酸性沈着

酸 素 さんそ [生-化], [燃-元]
oxygen 無色、無臭の気体。2個の酸素原子からなる O_2 として存在し、地球の至るところでみられる。酸素は植物の光合成によって副産物を放出され、動物

水の相線図

は呼吸によって酸素を取り込み利用しており，エネルギー供給のもととなる。燃焼は空気中の酸素による燃料の酸化過程の一つである。通常の空気による燃焼以外にも酸素富化空気による燃焼，純酸素燃焼，高温空気低酸素燃焼などが目的に応じて適用される。

酸素センサ　さんそせんさ　[輸-排]
oxygen sensor　ジルコニア素子を用い，排出ガスと大気中の酸素濃度差を起電力に変換する検出器。排気管に酸素センサを取り付けることにより，電子制御燃料噴射装置の空燃比フィードバック制御が可能となる。特に三元触媒(TWC)を使用するには精密な理論空燃比制御が必要であり，酸素センサが必要不可欠となる。　⇨ 三元触媒

残存容量　ざんぞんようりょう　[利-電]
remaining capacity　蓄電池中の放電可能な残存電気量をいう。単位は A・h (アンペア時)。

サンドオイル　さんどおいる　[石-油]
sand oil　オイルサンドから分解，抽出されたオイル成分。

散布式ストーカ　さんぷしきすとーか　[燃-固]
spreader stoker　火格子燃焼装置の一つの方式。火格子の上に燃料を機械的に均一に散布する方式。散布機(ロータ羽)に供給された燃料は，ロータにより大粒径のものは遠方に，小粒径のものは近傍に散布され，微粉は落下中に浮遊燃焼する。燃焼時間を調節するため移床式のストーカでは火格子の端から移動方向と逆の向きに散布する。　⇨ 階段ストーカ，火格子燃焼

山谷風　さんやふう　[理-環]
mountain and valley winds, mountain-valley winds　極地風の一つで谷筋に沿った日周期風。南向きの山の斜面では，夜間は放射冷却によって冷えるので，山頂から斜面に沿ってふもとに吹き降りる風となる(山風)。反対に，昼間は日射を受けて周囲より温度が上がるため，山の斜面に沿って上昇する気流が起こり谷から風が吹き上げる(谷風)。おもに，静かな晴天のときに起こる。平地の海陸風に対して規模が小さい。山谷風現象が乱れはじめると，天気は下り坂になるともいわれている。　⇨ 海陸風

散乱日射　さんらんにっしゃ　[自-太]
diffuse solar radiation　太陽光線が大気を通過する間に，空気分子や雲，エアロゾル粒子などによって散乱される結果生じる日射。　⇨ 直達日射，全天日射

残留炭素分　ざんりゅうたんそぶん　[燃-製]
carbon residue　重油・石油製品を窒素気流中でコーキングしたときに残留する炭素。その割合が熱分解時のコーク発生量の目安となる。JIS K 2270 に規定されるコンラドソン試験法，ミクロ残留炭素試験法で測定される。重質な油ほど残留炭素分が多い。　⇨ コンラドソン試験法　旧 コンラドソン炭素

〔し〕

CIGS 太陽電池 しーあいじーえすたいようでんち　[自-電]
CIGS photovoltaic cell, CIGS solar cell　光起電力効果を有する銅(Cu)，インジウム(In)，ガリウム(Ga)，セレン(Se)，硫黄(S)からなる化合物半導体を用いた太陽電池。カルコパイライト形の結晶構造をもつ三元化合物 $CuInSe_2$, $CuGaSe_2$, $CuInS_2$, $CuGaS_2$ が基本構造であり，$CuInSe_2$ に Ga や S を添加して混晶化する。CIGS による薄膜太陽電池は結晶系シリコン太陽電池に匹敵する18％台の変換効率が複数の研究機関から報告され，長期信頼性も実証されつつある。混晶化比率によってバンドギャップを調節できるため，将来はいっそうの高効率化が期待され，次世代の太陽電池の一候補とされる。

CEC しーいーしー　[理-科], [民-原]
coefficient of energy consumption　エネルギー消費係数。省エネルギー法 (1979年6月22日法律第49号) で定めたエネルギー使用に関する指標。空調設備，機械換気設備，照明設備，給湯設備，エレベータなどの各項目ごとに，つぎのようにして求める。ＣＥＣ＝(年間に実際に消費すると予想されるエネルギー量)÷(一般的に最低限必要と想定される標準的な消費エネルギー量)。この値が小さいほどエネルギーが効率的に利用されていることになり，計画される設備のエネルギー量の妥当性が評価される。建物の大きさや用途に応じて CEC 値が決められている。　同 エネルギー消費係数

CSF 法 しーえすえふほう　[燃-炭]
consolidation synthetic fuel process (CSF)　微粉炭と溶剤を混合し，温和な反応温度・低圧水素雰囲気下(〜390℃，3.5 MPa)で，溶剤抽出し，ろ過などにより抽出残さを除去する。ろ過液から溶媒を蒸留回収し，固形分を得る1段目とその固形分を塩化亜鉛を触媒として高温・高圧水素雰囲気下(〜440℃，21 MPa)で水素添加を行い，軽質な燃料油を得る2段階からなる石炭液化法。

四エチル鉛 しえちるなまり　[輸-燃]
tetraethyllead　分子に鉛原子をもつ化合物〔$Pb(C_2H_5)_4$〕であり，ガソリンのオクタン価向上剤として使用されていたが，一般の排気ガス対策用触媒は鉛被毒によって効果が低下すること，またエンジンより排出される鉛化合物の人体への有害性から，1975年のレギュラーガソリンの無鉛化を皮切りに，1986年には有鉛プレミアムガソリンも完全無鉛化され，現在わが国ではガソリンに対し使用が禁止されている。また，諸外国でも同様にガソリンの無鉛化が進められている。

ジェット燃料油 じぇっとねんりょうゆ　[燃-製]
jet fuel　ジェットエンジンに使用する燃料。沸点範囲により灯油タイプ，灯油・ガソリンタイプがある。代表的な規格は前者が JP-4，後者が JP-5。JIS K 2209 では航空タービン油として1〜3号が規定されている。低温の環境下で使用されるため，流動点，曇り点など燃料品質に厳しい基準がある。　同 航空タービン油

SHED しぇど　[輸-自]
sealed housing for evaporative determination (SHED)　燃料蒸発ガスを測定するために，車両をもち込んで計測できる密閉された測定室のこと。蒸発ガスは非常に少量であるため，高い気密性を確保している。内装は，炭化水素(HC)の付着の少ないステンレス材やアルミ材を鏡面仕上げしたものが多い。ま

シェール　しぇーる　[石-油]
shell　頁岩。層理、葉理に平行に割れやすい性質の粘土岩、シルト岩を呼ぶ。泥質岩を頁岩と総称することもある。

シェル＆チューブ熱交換器　しぇるあんどちゅーぶねつこうかんき　[転-ボ]
shell & tube heat exchanger　燃焼排ガスのなどの熱回収を目的とした熱交換器。チューブを複数本並べ、これを容器に入れ、チューブの中と外で熱交換をさせる装置。

シェールオイル　しぇーるおいる　[石-油]
shell oil　油母頁岩(オイルシェール)を乾留して得られる油状成分。

シェル・コッパースガス化炉　しぇるこっぱーすがすかろ　[燃-ガ]
Shell–Koppers gasifier　コッパース・トチェック式ガス化炉と、シェルの高圧重質油ガス化技術を組み合わせて開発された、高圧石炭ガス化炉。石炭の供給、水砕スラグの取出しにロックホッパが採用されるなどの特徴を備えている。
⇨ コッパース・トチェック式ガス化炉

COM　しーおうえむ　[石-油]、[石-炭]、[燃-ス]
coal oil mixture (COM)　微粉(74μm以下70〜80％)にした石炭を重油と混合し、液体燃料としたもの。重油中に石炭粒子が分散しており、石炭濃度は約50％である。重油中に安定に分散させるため水を加えたり、界面活性剤を添加したり、などのくふうがされている。主として、発電用の重油代替流体燃料として開発された。　⇨ 石炭石油混合燃料

CO_2アクセプタ法　しーおうつーあくせぷたほう　[環-温]
CO_2 acceptor process　燃料転換の際に発生する二酸化炭素を酸化金属(例：酸化カルシウム)に吸収させ、その際に発生する熱を使ってガス化の熱を供給することを狙った燃料転換プロセス。石炭からメタンをつくることを目的として研究が行われたが、メタンを水素に転換するための研究も行われはじめている。

CO_2ガス回収型ガスタービン発電システム　しーおうつーがすかいしゅうがたがすたーびんはつでんしすてむ　[環-温]
closed gas turbine　二酸化炭素(CO_2)を回収するクローズド型のガスタービンで、コンバインドサイクルで使われる。メタンと酸素を燃焼させてガスタービンを駆動させる。その際、リサイクルされる水蒸気、CO_2を燃焼器に供給して燃焼温度の過上昇を抑制する。燃焼生成物はCO_2と水蒸気のみとなり、復水器で水が除去されCO_2の回収が可能となる。残った水は加圧、排熱回収ボイラで蒸発し、スチームタービンを通って再び燃焼器に戻される。

CO_2固定化技術　しーおうつーこていかぎじゅつ　[環-温]
CO_2 fixation　大気中のあるいは各種のプロセスで生成した二酸化炭素(CO_2)を大気に放出させないための技術を意味するが、一般的には分離、回収のつぎの段階として、CO_2を液化するなどして安定な場所に隔離、貯留することを指す。CO_2の化学的変換や、サンゴ礁や藻類を利用する生物固定も種々研究されている。温暖化対策技術として重要ではあるが、通常はエネルギー消費プロセスであり、その効率、エネルギー収支、処理容量、隔離の確実性、環境影響評価など多くの検討課題がある。　⇨ 生物固定、地中貯留、二酸化炭素の海洋固定

CO_2削減効果　しーおうつーさくげんこうか　[環-温]

CO₂ emission reduction　温暖化防止対策を実施した効果を二酸化炭素(CO_2)排出削減量として表したもの。その技術や施策の有効性を検証する指標となるため，共通の評価手法の開発が重要である。気候変動枠組条約の京都議定書に示されるクリーン開発メカニズムや共同実施においては，CO_2削減効果に応じて排出権が付与されるので，第三者機関による削減効果の認証が行われることになっている。　⇨ 共同実施，クリーン開発メカニズム，二酸化炭素

CO₂ヒートポンプ給湯機　しーおうつーひーとぽんぷきゅうとうき　[民-器]，[民-機]
CO₂ heat-pump hot water supply system ⇨ 自然冷媒ヒートポンプ給湯機

COP　しーおうぴー　[環-国]
Session of the Conference of the Parties to the United Nations Framework Convention on Climate Change　⇨ エネルギー消費効率，成績係数，締約国会議

ジオプレッシャガス　じおぷれっしゃがす　[石-ガ]
geo-pressure gas　アメリカのガルフコーストなどでみられる上部たい積物の荷重による高圧下で溶存する水溶性ガスの一種。高圧のため通常(静水圧)の水溶性ガスよりも溶存濃度が高い。非在来型天然ガスの一つ。

紫外線　しがいせん　[理-光]
ultraviolet radiation (UV)　400 nmよりも波長が短く，X線より波長の長い光のことをいう。波長により性質が異なることから，300～400 nmまでを近紫外領域，200～300 nmまでの領域を遠紫外領域という。200 nmよりも波長の短い領域を極紫外領域という。この領域の研究は真空装置の中で行われることから，極紫外領域を真空紫外領域とも呼ぶ。

自家用電気工作物　じかようでんきこうさくぶつ　[電-料]
private electrical facility　自家用電気工作物とは，電気事業用に供する電気工作物および一般用電気工作物以外の電気工作物をいう。一般用電気工作物とは，① 600V以下の電圧で受電するもの，② 受電のための電線路以外の電線路によりその構内以外の場所にある電気工作物と電気的に接続されていないもの，③ 小出力発電設備の電気工作物を同一構内に有するもの(小出力発電設備とは，太陽電池発電設備は出力20kW未満，風力発電設備は出力20kW未満，水力発電設備は出力10kW未満，内燃力を原動機とする火力発電設備は出力10kW未満)。

時間帯別料金制度　じかんたいべつりょうきんせいど　[社-電]
time of day rate system　昼夜の時間帯別に電気料金を設定し，夜間を低めに昼間を高めにすることにより，昼間の負荷の抑制および夜間への負荷移行を図る料金制度である。一般家庭の場合，通常の従量電灯契約では24時間同じ単価に設定されているが，時間帯別電灯契約では夜間(例えば午後11時から午前7時までの8時間)が昼間(夜間以外の時間帯)より割安の単価に設定されている。類似の契約として深夜電力もあるが，夜間だけ通電されるため，電気温水器などの電気機器に限られる。また，業務用や産業用も含めて，昼間の料金が季節により異なる季節別時間帯別電力契約も選択メニューに設定されている。

磁気エネルギー　じきえねるぎー　[理-物]
magnetic energy　二つの磁石がたがいに力を及ぼし合っている場合，それらの間にはポテンシャルエネルギーが存在する。これを磁気エネルギーという。磁場中に置かれた磁石がもつポテンシャルエネルギー以外に，磁場をつくるのに必要なエネルギーや磁石をつくるエネルギーも磁気エネルギーと呼ばれることがある。

磁気選別 じきせんべつ [廃-破]
magnetic separation 代表的な鉱物の選別法で，材料の磁気吸引力の差異に基づいて，強磁性体と弱磁性体および非磁性体とを分離する方法。磁場中の体積 V_p の粒子に作用する磁気力は，$F_m = \mu_0 \chi V_p H(dH/dr)$ で与えられる。ここに，H は磁場，dH/dr は磁場こう配，χ は比磁化率，μ_0 は真空中の透磁率である。磁場の発生には，永久磁石，電磁石（ヨーク付き，ソレノイド）また，超伝導磁石が使用され，分離は空気中および液中で行われる。一般的な装置である乾式ドラム形磁選機では，磁性体は磁石の吸引作用により回転ドラムに付着し，端部まで運ばれ，他方，非磁性体は吸引されることなく落下する。最近は廃棄物の選別法としても非常に広範に使用されている。磁気選別は粗粒子に有効な手法である。また，微粒子や比磁化率の小さな場合でも，磁場こう配を大きくすることで大きな磁気力が得られる大こう配磁気分離を利用することができる。 🔄 磁選，磁力選別

色素増感太陽電池 しきそぞうかんたいようでんち [自-電]
dye-sensitized solar cell 色素が光エネルギーを吸収して電子を放出し，酸化チタン半導体がその電子を受けて電極へと引き渡す機構で発電する太陽電池。代表的な素子構造は，色素を担持したナノポーラス酸化チタン微粒子膜の接合された透明電極を負極とし，ヨウ化物とヨウ素からなる電解質，電解質に電子を放出する正極からなる。ルテニウム錯体色素を用いた研究で 10％台の変換効率が報告されている。発電層の製造に真空装置を必要としないことが大きな特徴であり量産性に優れると期待される。実用化に向けて変換効率向上，信頼性向上，プラスチック基板によるフレキシブル化など広範囲の研究が活発に行われている。

色素レーザ しきそれーざ [理-光]
dye laser 適当な溶媒中に有機色素を溶かし，これを強く光励起して，その蛍光遷移で発振するレーザ。ある波長帯域の光を吸収し，そののち，少し長波長側の帯域で光を放出する。吸収帯の幅が広いため，光ポンピングを行うことができ，色素分子はその基底状態から励起状態まで励起される。励起された分子は急速に最も低い状態まで遷移し，ある波長領域にわたってレーザ発振が可能である。

事業系ごみ じぎょうけいごみ [廃-分]
business waste, commercial waste 都市ごみを排出源でみると，一般家庭から排出される「生活系ごみ」と事業所から排出される「事業系ごみ」に 2 区分される。事業活動に伴い発生するが産業廃棄物には該当しないため，事業系一般廃棄物とも呼ばれる。市町村が事業系ごみの受入れをする場合，有料化や事業者によるもち込みなどが行われる。

示強変数 しきょうへんすう [理-指]
intensive quantity 体系の特性を扱う変量のうち，体系を区分しても分量にならない量である。熱力学的変数である温度や圧力などに対応する。また材料の弾性率や音速，燃料の燃焼速度などの物性値も示強変数である。 ⇒ 示量変数

事業用発電 じぎょうようはつでん [電-料]
commercial generation plant 第三者への販売目的で発電を行うことを事業用発電と呼ぶ。電気事業者，IPP，PPS などは事業用発電設備を保有している。

磁気流体力学 じきりゅうたいりきがく [転-電]
magnetic hydrodynamics 流体力学に電磁気の影響を加えた学問。さまざまな波動現象や非線形現象，不安定性に富む。マグネトハイドロダイナミックス理論に基づく磁気流体力学は，磁界によって電子励起作用が起こり，イオン物質に作用して電子の回転運動が速くなり，クラスタを小さくして空気を活性化させる。高磁界の中を空気が通り抜けること

によって，空気中の導電性物質がイオン衝突，イオン分流，電子励起作用などの現象を引き起こしクラスタの小さい粒子となり，空気の不完全燃焼の解消へと導く．

自区内処理 じくないしょり [廃–処]
waste treatment concluded in a district 廃棄物処理は基本的には自治体単位，区域単位で行われるという原則に立って，廃棄物は発生した自治体，区域内において，中間処理および最終処分を行い，完結させること．ただ，発生量が非常に大きく，また，過密である自治体，区域では，処理，処分を完結させることは難しい場合があること，また，区域ごとに小規模な施設を設置するよりも，有効な規模を有する施設を設置，操業したほうが効率がよいこと，などから，複数の自治体，区域が共同で廃棄物処理を行う広域処理も行われている．
⇨ 広域処理

軸流タービン じくりゅうたーびん [転–タ]
axial flow turbine 作動流体が回転羽根車を通過するときの方向がタービン軸に平行になる場合のタービン形式をいう．比較的大型の蒸気タービンやガスタービンに採用されている構造である．一例として図に事業用大型蒸気タービンの羽根車を示しているが，翼車がロータ軸に多段に構成され，各段の翼車には周方向に多数のタービン翼が植え込まれている．これに対して，作動流体がタービン軸に直角な平面内で半径方向に流動して動力を発生するタービンを半径流タービンあるいは遠心式タービンなどと称する．一般に半径流タービンの場合，翼枚数が少なく，しかも多段に構成することが困難であるのに対し，軸流タービンでは構造上，多段構成が可能で，しかも翼長を長くできるので，多量の作動流体を飲み込むことが可能であり，半径流タービンに比較して出力が大きく，しかも性能を高くすることが可能である．

事業用大型蒸気タービン

シクロアルカン しくろあるかん [理–名]
cycloalkane 環状の分子構造をもつ炭化水素のうち，炭素どうしの結合が単結合のみからなるものの総称．シクロヘキサンなどが含まれ，一般式C_nH_{2n}で表される． 圓 シクラン，シクロパラフィン，ナフテン

資源 しげん [資–全]
resources 人間が採取して生活および生産活動に使用することが可能な物質のことを指す．天然資源を指す場合が多い．資源には枯渇性の資源と更新性の資源があり，人間の経済活動が巨大化するにつれてその双方について枯渇することが懸念されている． ⇨ 資源量，天然資源

資源枯渇 しげんこかつ [資–社]
depletion of resources 現在の需要に応じて資源を消費しつくすことをいう．この枯渇の反対の概念は「保全」である．枯渇には，① 物理的な枯渇(実際に油・ガス田が採掘されつくす)，② 経済的な枯渇(埋蔵資源の掘削による油・ガス田の経済的価値の低下)の二つの場合がある．枯渇性の資源としては，石炭，石油，天然ガスといった化石燃料，銅，亜鉛といった鉱物資源があげられる．これらの資源は太陽，月，地球といった天

資源ごみ しげんごみ ［廃-分］
recyclables 家庭から排出される新聞・雑誌類，ガラスびん，鉄・アルミ缶，PETボトル，古着類は再生資源となりうる。一般的に市町村は家庭ごみを可燃ごみ，不燃ごみ，粗大ごみ，資源ごみに区分し，分別収集している。新聞紙やガラスびんは古くから専門業者による回収ルートが存在し，住民による集団回収が行われてきた。容器包装リサイクル法や蛍光管，電池などの分別収集の取組みの中で，広く資源ごみ回収を進めている自治体も増えている。　⇨ PETボトル

体のエネルギーによって資源基盤が更新しないために枯渇性資源と呼ばれる。
　⇨ 資源保全　㊨ 枯渇性資源

資源寿命 しげんじゅみょう ［資-全］
life span of resources 天然資源が人間の経済活動にとって効率的に利用できる期間を指す。　⇨ 資源枯渇，資源保全

資源保全 しげんほぜん ［資-全］
conservation of resources 天然資源の浪費を防止し，かつ，その経済的な価値を損なうような使用方法を回避することを指す。この保全の反対の概念は「枯渇」である。具体的な方法としては，①特定の天然資源の生産または消費を部分的あるいは全面的に禁止する，②特定の天然資源についてある用途での使用を禁止する，③既存の油・ガス田からより効率のよい方法を用いて原油，天然ガスの生産を行う，などが考えられる。
　⇨ 資源枯渇

資源埋蔵量 しげんまいぞうりょう
　［資-全］
reserves of resources 地下に賦存する（または賦存する可能性のある）原油および天然ガスなどの資源量のこと。資源の賦存が確認済みか否か，さらには採掘の可能性の確度の大きさにより「資源量」，「原始埋蔵量」，「確認埋蔵量」などのさまざまな定義がある。　⇨ 確認可採埋蔵量

資源有効利用促進法 しげんゆうこうりようそくしんほう ［社-廃］
Law for Promotion of Recyclable Resources 正式名称は，「資源の有効な利用の促進に関する法律」。1991年に施行された「再生資源の利用の促進に関する法律」を改正し2001年4月に施行された。廃棄物の再資源化促進だけではなく，発生抑制（リデュース）と再使用（リユース）も同様に推進することを盛り込んだ。
　　具体的には，原材料でのリサイクル率の向上，リサイクルを容易とする材料の使用と設計，分別収集のための表示，建設廃材などの副産物のリサイクル促進などを定めた。　⇨ 再生資源利用法，リサイクル法・条例

資源量 しげんりょう ［資-全］
resources 地下にある物質（固体状，液体状，ガス状）について，いまだに発見されていない鉱量をも含めて地表において回収される可能性がある可採全体をいう。　⇨ 資源

自己着火 じこちゃっか ［理-放］
auto–ignition, self–ignition, spontaneous ignition 自発点火，自着火，自発火などともいうが同じ意味。液体，気体，固体燃料が，火花や裸火などの点火源から活性化エネルギーを得て点火に至るのではなく，周囲雰囲気からの加熱や断熱圧縮によって点火に至る現象。

仕　事 しごと ［理-機］
work 力と力の動いた方向の距離を掛け合わせたものを仕事という。物体に1Nの力が働き，1m動いたときの仕事1N・mを1Jの仕事という。力Fが動く方向とθの角度をもって物体に働き，sの距離を動いたときの仕事Wは$W=Fs\cos\theta$となる。図のように，曲線に沿って力Fが2点A，B間を動くとき，微小変位dsに対してなす仕事は$dW=F\cos\theta\,ds$であるので，A，B間に力Fがなした仕事Wは

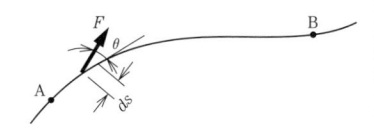

力の経路図

$$W = \int_A^B F\cos\theta\,ds$$

となる。一例として、滑らかな斜角 α の斜面を質量 m の物体が斜面に沿って点 A から点 B までの区間(距離 s)だけ動いたときを考え、重力加速度を g とすると、その仕事は $W = mgs\sin\alpha$ となる。一方、質点が周方向に F の力を受け、角度 θ だけ回転したときの仕事は、質点の回転半径を r としたとき、回転の周方向に $r\theta$ だけ動いたことになるので、仕事は $W = Fr\theta$ となる。ここで、Fr ($=M$) はトルクであるので、$W = M\theta$ とも書ける。すなわち、回転運動の仕事はトルクと角変位の積で表される。一般に物体が仕事をなしうる能力をもっているときエネルギーをもっているといい、エネルギーを仕事の量で表す。したがって、仕事量は位置エネルギーと同義語で用いられる。

仕事関数 しごとかんすう [理-科]
work function 金属や半導体に関係した物性値で、1個の電子を表面から取り出す最小エネルギーを仕事関数という。金属などの内部では外部より電子のポテンシャルエネルギーは低く、電子が金属の外部へ出るためにはエネルギーが必要となる。この与えられるエネルギーと関係して、光電子放出、熱電子放出、電界放出などの現象がある。

仕事の原理 しごとのげんり [理-機]
principle of work 仕事は力と動いた距離を掛け合わせたものであるから、力を半分にして、距離を2倍にしても、逆に力を2倍にして、距離を半分にしても仕事の量は変わらない。このことを仕事の原理という。

物体を動かして同じ仕事をする場合に減速機構を用いると、力を小さくして、その分動く距離を大きくすることで同じ仕事をすることができる。例えば、減速比1/3の1段歯車減速機付きの巻上げ機を用いて、高さ h まで物体を巻き上げる場合、摩擦を無視すると、伝動側(小歯車側)のトルクは従動側のトルクの1/3となるが、伝動側の巻取り長さは $3h$ となる。

仕事の熱当量 しごとのねつとうりょう [理-熱]
thermal equivalent of work ジュールの実験により、仕事は熱に変換されることが明らかになった。従来の単位系では熱量は cal により表されていたため、仕事の単位を熱量の単位に変換するための係数が必要であり、この変換係数を仕事の熱当量という。仕事の熱当量は1/4.1868 cal/J である。現在の SI 単位系では熱量も仕事と同じくエネルギーの単位である J を用いる。また、熱と仕事の変換の関係を表すエネルギー保存則を熱力学第一法則という。 ⇒ 熱の仕事当量, 熱力学第一法則

仕事率 しごとりつ [理-動]
power 単位時間当りの仕事量。仕事量=力(N)×距離(m)であり、N·m = J であるから、これを所用時間で割ると J/s = W となる。 ⇒ 動力 〔回〕 出力

CGS単位系 しーじーえすたんいけい [理-単]
CGS system of units 長さ、質量、時間を基本単位とした絶対単位系の一つで、長さ、質量、時間の単位として cm, g, s が用いられる。 ⇒ 絶対単位系

C重油 しーじゅうゆ [石-油], [燃-製]
fuel oil C 重油のうちで最も粘度が大きく、流動点も高い重質燃料、大型ボイラ、大型低速ディーゼル機関などの燃料として、予熱保温設備の整った燃焼装置に使われる。

自主開発原油 じしゅかいはつげんゆ [石-油]

self-developed crude oil 産油国や民間企業が自主的に開発した油田から産出する原油。

自主協定と自主行動計画 じしゅきょうていとじしゅこうどうけいかく [社-温]
voluntary agreements and voluntary action (VA) 企業の温暖化規制あるいは温暖化問題対応の形態として、企業が自主的に政府と協定を結んだり、行動をとることが世界的トレンドとなっている。協定の有無はその国の企業風土と関係する。日本の経団連自主行動計画については協定はない。イギリスの例のように、税金、自主協定、排出権取引を組み合わせるような政策措置のポートフォリオも、新しい試みとして注目されている。 ⇨ 炭素税

自主行動計画 じしゅこうどうけいかく [環-国], [民-策]
voluntary action plan 自主的に行動する計画のこと。特に、日本では、1997年に経団連が地球温暖化対策と廃棄物対策について、各産業の自主的参画を受けて発表した自主行動計画がよく知られている。これには製造業だけでなく非製造業も含めた各業界が省エネ、リサイクル、廃棄物対策に数値目標を掲げて参加し、また、定期的に達成度が評価されてその結果が公表されている。 ⇨ 経団連環境自主行動計画

自焼成電極 じしょうせいでんきょく [産-鉄]
self-baking electrode 電気炉、電解炉で用いられる炭素電極の一形式で、未焼成の炭素材と結合材を混合した電極原料を連続的に供給することにより、炉内で連続的に電極を焼成する。電気炉、電解炉の電極交換が不要となり、連続運転を可能とする。

地 震 じしん [理-自]
earthquake 地殻内部に発生する急激な変動によって弾性波が発生し、それが地表に達して揺れを生じる現象をいう。地表の観測点における地動の大きさは震度で表し、地震そのものの大きさはマグニチュードで表す。活動中の火山によって生じる火山性地震やプレートの沈み込みなどで生じるプレート形地震などさまざまな発生原因が考えられている。

次世代基準 じせだいきじゅん [社-企]
next generation standard コンピュータ、自動車、エネルギー供給などの技術は、年々進歩しているが、これらは、時として、従来とはまったく違ったコンセプトの技術が登場することがある。これら将来比較的実現可能な新技術を次世代技術といい、それを実現する新しい基準を次世代基準という。例えば、近い将来の電気の流通システムは、小規模分散電源、小規模電力貯蔵装置の登場により、電力の流通システムが大きく変わることが予想されている。これらを実現するプロトコルや諸制度が、一つの次世代基準である。

次世代都市 じせだいとし [社-都]
model city for the next generation, next-generation city 地球環境問題への対応、省資源、省エネルギーなどによる環境負荷の低減、阪神大震災の教訓などを踏まえた防災対策の推進、高度情報化への対応など21世紀の都市が取り組むべき目標に対応するために必要となる次世代の都市システムを備えた新たな都市像。国土交通省では当該都市象の実現に向け、次世代都市整備事業を展開している。 ⇨ 次世代都市整備事業

次世代都市整備事業 じせだいとしせいびじぎょう [社-都]
next-generation urban development project 環境、エネルギー、防災、高度情報化などに関連する技術のうち、都市および都市システムに関連する技術を複合・統合化し、パイロット事業として現実の都市への適用を先導的に行い、新たな都市像、都市生活像を示すことにより、次世代の都市システムとして社会的定着を図ることを目的とし、1997年度に創設された国土交通省所管の国庫補助

事業。対象となるシステムは，自然エネルギー活用システム，都市エネルギー活用システム，防災安全街区支援システム，高度情報通信システム，都市廃棄物処理新システムである。　⇨ 次世代都市

自然エネルギー　しぜんえねるぎー　[自-全]
natural energy　自然エネルギーには水力エネルギー，地熱エネルギー，太陽エネルギー，風力エネルギー，海洋エネルギーなどがある。その利点として，①その資源賦存量が膨大，無尽蔵，再生可能である，② 二酸化炭素（CO_2）を排出しないなどクリーンである，などの利点がある。一方，① エネルギー密度が低い，② 天候に左右されやすい，③ 経済性が低い，④ 大規模エネルギー供給には不向き，などの欠点があげられるが，近年地球温暖化の要因である化石エネルギー由来の CO_2 排出が問題となっており，自然エネルギーを含めた新しいクリーンエネルギー技術の開発が期待されている。　⇨ 再生可能エネルギー，新エネルギー

自然換気　しぜんかんき　[民-シ]
natural draft, natural ventilation　室内換気方法の一つ。外壁の換気口や窓の開閉により室内と外気の温度差から自然に室内空気が入れ換わる状態。

自然作動媒体　しぜんさどうばいたい　[熱-材]
natural refrigerant　自然界に存在する天然の化学物質を用いた冷媒のことを自然作動媒体と呼ぶ。具体的には水，空気，二酸化炭素（CO_2），炭化水素，アンモニア，アルコールなどがヒートポンプの冷媒として使用されている。人工的に合成されたフロン系冷媒と異なりオゾン層破壊効果が0であるとともに，フロンに比べて地球温暖化係数が小さく，地球環境に影響がきわめて少ない冷媒である。ただし，物質によっては可燃性や毒性をもつ場合がある。　⇨ 作動流体，冷媒

自然循環型温水器　しぜんじゅんかんがたおんすいき　[自-熱]
natural-circulatory solar water heater, natural-convection solar water heater　機械装置などを用いずに自然循環方式を利用する，いわゆるパッシブ型の太陽熱温水器。平板型集熱器の上部に水を蓄えたタンクを設置し，タンクと集熱器の集熱管をつないで水を循環させて温水を得る装置で，ポンプなどを用いないで温度差による浮力で水を自然循環させる。構造は単純で，集熱板，集熱管，透明カバー，水タンク，断熱材の五つから構成される。図のように平板型集熱器と水タンクが一体となったものが多い。構造が単純なため設置費やランニングコストが低く，太陽熱温水器としては最も普及している。夏場の晴天日には 70〜80℃の温水が得られる。屋根への集中荷重，水圧が低い（落下圧のみ），冬期の湯温が低い，凍結の恐れがあるなどの欠点がある。　⇨ 太陽熱温水器，太陽熱利用システム

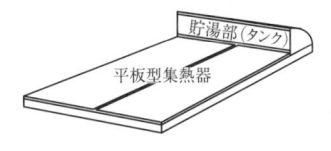

自然循環型太陽熱温水器

自然発火　しぜんはっか　[石-炭]
spontaneous combustion　石炭を空気中にたい積したとき，酸素による酸化が進行し，発生した熱で石炭の発火，燃焼が起こること。低石炭化度炭ほど自然発火しやすい。自然発火を防止するため転圧，たい積高さの制限，積み替え，水の散布などの対策がとられる。

自然発火性物質　しぜんはっかせいぶっしつ　[理-炎]
spontaneous ignition material　アルカリ金属のナトリウムは空気中で燃焼

しせん

し，水と激しく作用する。石炭も空気中にたい積しておくと，内部で空気中の酸素により酸化作用が進行して発熱し，自然発火が起こる。石炭の自然発火温度は150〜200℃の範囲にある。自然発火を防ぐには，石炭のたい積高さを制限したり，内部温度が高くなったときに積み換えたり，水の散布などの対策がとられる。また，雰囲気ガスを窒素などの不活性ガスで置換すれば自然発火の恐れはなくなる。 ⇨ 易燃性物質

自然発熱 しぜんはつねつ [理-燃]
self-heating 石炭を採掘すると空気に触れるため，その接触面から弱い酸化が始まる。これを風化というが，このとき，弱い発熱があり熱が蓄積すると温度上昇が起こり発熱する。水分が蒸発すると自然発火する恐れがある。

自然放射線 しぜんほうしゃせん [原-放]
natural radiation すべての生物は自然に存在している宇宙線およびウラン，ラジウム，トリチウム，カリウムのような自然界にある放射性元素から出る放射線に絶えず被ばくしている。その量は地質により放射性元素の量や種類が異なるため，地域によっても大きな差があるが，世界の平均は1年当り2.4ミリシーベルト(mSv)とされている。
⦿ バックグラウンド

自然放射能 しぜんほうしゃのう [理-動]
natural radioactivity ウランやラジウムなど天然に存在する放射性同位元素がもつ放射能。

自然冷媒ヒートポンプ給湯機 しぜんれいばいひーとぽんぷきゅうとうき [民-器], [民-機]
natural refrigerant CO_2 heat-pump hot water supply system エアコンディショナなどに使われているフロン系冷媒に代えて自然冷媒〔二酸化炭素(CO_2)〕を採用した高効率なヒートポンプ式給湯装置。地球温暖化の問題からフロンに代わる冷媒の研究が各分野でなされる中，給湯装置との組合せで商品化さ

れたもの。CO_2はフロンより5〜6倍高圧で作動するため，熱交換器，コンプレッサなど耐圧設計を導入，一方，冷媒サイクル内での圧力差が大きいことによるリーク対策などを各社解決し商品化に至ったもの。初期の家庭用タイプから展開し，業務用タイプも商品化されている。民生部門省エネ戦略の一翼として期待されている。業界で設定した愛称「エコキュート」でも知られる。 ⦿ エコキュート

持続可能な発展 じぞくかのうなはってん [環-国], [社-環]
sustainable development 持続可能な発展とは，次世代の利益を損なわないように，現世代のニーズを満たすような発展のあり方を指し，経済・社会・環境面からの総合的配慮が必要とされる考え方である。具体的には，将来のことを考えて資源・エネルギー低消費型社会への転換，環境保全と経済成長の調和を図ること。1992年にリオデジャネイロで開催された地球サミットのときに「アジェンダ21」が採択され，環境政策の指針として世界的に普及した。 ⦿ 持続可能な開発

下込式ストーカ したごめしきすとーか [燃-固]
bottom feed stoker 火格子燃焼装置の一つの方式。固定式の火格子の上に形成される燃料の固定床内へ，燃料をスクリューフィーダなどにより下方から上方に押し上げて供給する。燃焼は固定床の上方から下方に移る。 ⇨ 階段ストーカ，散布式ストーカ，火格子燃焼

CWM しーだぶりゅーえむ [石-炭], [燃-ス]
coal water mixture(CWM) 微粉砕した石炭(数μm〜200μm)と水とを混合した懸濁液。石炭・水スラリー(CWS)ともいわれる。液中の石炭濃度を増加させる(60〜75%)ため，また，石炭層と水層とに分離しないよう安定性を向上させるため添加剤を加える。石炭と異なり流動

性があるためパイプ輸送が可能であり，そのまま重油代替燃料として用いることができる。 ⇨ 石炭・水混合燃料 🔁 石炭・水スラリー

失火 しっか [輸-エ]
misfire 火花点火を行っても混合気が点火燃焼しなかったり，燃焼の途中で進行が停止したりして，エンジンの回転の調子が乱れる現象。原因としては，点火装置系統または燃料系統の欠陥が考えられる。失火すると未燃焼の燃料が排気系に流入し，排気触媒上で再燃焼することがあり，触媒を破壊する可能性があることから，混合比の安定化，点火エネルギーの強化といった失火を防止するための対策がとられている。 🔁 ミスファイヤ

シックハウスシンドローム しっくはうすしんどろーむ [社-環]
sick house syndrome 新築や改築直後の住宅において，合板や壁紙の接着剤，塗料などから放出される揮発性有機化合物(VOCs)により室内の空気が汚染され，めまいや吐き気などの体調不良となること。 ⇨ シックビルディングシンドローム

シックビルディングシンドローム しっくびるでぃんぐしんどろーむ [社-環]
sick building syndrome (SBS) シックハウスシンドロームと同様に，建材から放出される揮発性有機化合物(VOCs)による室内の空気汚染や建物の高層化に伴う密閉化，空調能力の低下などにより体調不良となること。 ⇨ シックハウスシンドローム

実験炉 じっけんろ [原-炉]
experimental reactor 実用原子炉製作に必要な基礎資料を得ることを目的としてつくられた原子炉のこと。おもに原子炉の動特性および構造に関するデータ，設計に関するデータなどの実験的資料により，さまざまなパラメータの確認を得る。高速増殖炉の開発を例にすると，「常陽」(熱出力100 MW)が実験炉である。 🔁 研究炉，実験用原子炉

実効線量 じっこうせんりょう [原-放]
effective dose 人体が放射線を受けた(被ばく)とき，その影響の度合いを測る物差しとして使われる単位。単位はシーベルト(Sv)。種々の放射線を浴びたときの生物効果は各放射線，被ばくした体の部分で異なる。吸収線量〔単位はグレイ(Gy)〕にそれぞれの放射線の生物学的な影響を示す係数，X線，γ線では1，中性子線，α線では5〜20を掛けて合計する。 ⇨ 吸収線量 🔁 実効線量当量，シーベルト，線量当量

湿式ガス精製 しっしきがすせいせい [環-硫]
wet-type desulfurization absorption process, wet-type desulfurization process ガス中に含まれる不純物を溶液，スラリなどを用いて除去する方法。代表的な例として，炭化水素をガス化炉で分解して発生したガスは硫化水素(H_2S)などの不純物を含んでいるので湿式脱硫によりH_2Sを取り除いてガスタービンに送る。

湿式吸収法 しっしききゅうしゅうほう [環-硫]
wet-type absorption process 塩酸，二酸化硫黄などの酸性ガスをカセイソーダ溶液などによって中和除去する排ガス処理方法。この方式では，中和塩の溶液が生成物として排出される。

湿式集じん装置 しっしきしゅうじんそうち [環-塵]
wet type dust collector 含じんガス中のダスト(粒子，粉じん)を水または何らかの液体を使用して捕集する装置。洗浄集じん装置(スクラバともいう)がその代表例であるが，電気集じんにおいて集じん電極表面に水膜を形成して到達した帯電粒子を連続的に分離する湿式電気集じん装置も湿式集じん装置である。一方，含じんガスに含まれるダスト，または捕集ダストを水などで濡らさない構造としたものを乾式集じん装置と呼ぶ。

しつし

⇒ 洗浄集じん装置

湿式脱硫 しっしきだつりゅう [燃-ガ]
wet desulfurization 排ガス中にスラリー化した石灰石あるいはドロマイトなどを噴霧し，硫黄化合物(二酸化硫黄など)を化学的に吸収して除去する方法であり，石炭火力発電所，ごみ焼却炉の排ガス処理，ガス精製に利用されている。

湿式脱硫法 しっしきだつりゅうほう [環-硫]
wet type desulfurization process of gas 二酸化硫黄(SO_2)の水への溶解度が高いことを利用し溶液あるいはスラリー(懸濁液)による吸収を用いる方法。代表的な方法として排煙中の SO_2 を除去する石灰(石)石膏法，水マグ(水酸化マグネシウム)法がある。なお，排煙と限定せずに湿式脱硫法といった場合には，石炭ガス化ガスなどから硫化水素を除去するための，化学吸収法(モノエタノールアミンなどアルカノールアミンあるいはアルカリ塩の溶液)，物理吸収法(有機溶剤)，湿式酸化法(アルカリ溶液吸収＋空気酸化による溶液再生)を指す場合もある。

湿式燃焼方式 しっしきねんしょうほうしき [燃-固]
slag tap firing 融灰燃焼法のこと。
⇒ 融灰式燃焼装置 同 スラグタップ燃焼装置

湿式排煙脱硝法 しっしきはいえんだっしょうほう [環-窒]
wet exhaust–gas denitration method
⇒ 排煙脱硝法

実証炉 じっしょうろ [燃-概]
demonstration furnace, demonstration gasifier 石炭ガス化に用いる際は demonstration gasifier となる。実用炉として設置運転する一段階前の若干小規模な炉。一般的には実証プラントという。

実用炉 じつようろ [燃-概]
commercial furnace, commercial gasifier, commercial plant 商業炉。実際に経済的に成立する条件で運転される炉。

質量欠損 しつりょうけっそん [理-量]
mass defect 核分裂や核融合が起こると，反応の前後で質量に差が生じ，核反応により質量の一部が消滅する。この現象を質量欠損という。質量欠損により減じた質量部分は核エネルギーとして外部に放出される。例えば1kgのウラニウムが核分裂を起こすと約1gの質量欠損が生じ，この欠損に応じて $9×10^{12}$ J の熱が放出される。

質量とエネルギーの等価性 しつりょうとえねるぎーのとうかせい [理-量]
equivalence of mass and energy 質量はエネルギーに変換可能な物理量であり，対象とする系に含まれるエネルギーの総和を質量として表すこともまたそこに含まれるエネルギーの総和を質量として表すことも可能である。この等価性は「質量×光速の2乗＝エネルギー」というアインシュタインの特殊相対性理論の主要部であり，核分裂や核融合により質量の一部がエネルギーに変わることが確かめられている。

室炉式コークス炉 しつろしきこーくすろ [産-鉄]，[石-コ]
chamber oven, coak oven 今日，主流のコークス炉。密閉された炭化室の両側に燃焼室があり，炭化室内の石炭に熱を伝えてコークスを製造する。最近の炉は完全密閉型に近く，操業も自動化されている。 ⇒ コークス炉

室炉法 しつろほう [石-コ]
coak oven method 室炉式コークス炉を用いるコークス製造法。製造されたコークスは炭化室から排出された後，湿式または乾式消化により冷却される。コールタールやコークス炉ガスが副産物として排出される。

GTL じーてぃーえる [輸-燃]
gas to liquid (GTL) 天然ガス，石炭，バイオマスなどを原料として，ガス化した成分を合成し，これを蒸留して得

られたナフサ，灯油，軽油成分の液体燃料．自動車用燃料として軽油成分が注目されているが，ナフサ成分はオクタン価が低いために，ガソリン代替としての利用可能性は低い．

GTL軽油は，硫黄分および多環芳族炭化水素（アロマ）を含まないことから，排出ガスがクリーンであり環境面で優れている．また，従来の軽油に比べ，着火性を示す指標であるセタン価が高いことも特徴の一つである．さらにガソリンスタンドなどの既存のインフラストラクチャがそのまま利用できるという利点がある．　⇒合成燃料　_同 FT軽油

CDQ　しーでぃーきゅう　[産-コ]
coke dry quenching (CDQ)　コークスドライクエンチングの略称．本装置は，コークス炉で製造された直後の赤熱した高温コークスのもつ顕熱を回収する装置である．以前はコークスに水をかけて冷却していて，排熱の回収ができなかったが，CDQでは窒素ガスをコークスに当ててコークスを冷却すると同時に顕熱を回収し，高温になった窒素ガスを排熱ボイラに通してスチームとして熱を回収する．こちらは水を使わないことからドライクエンチングといわれる．
_同 コークス乾式消火

GTCC　じーてぃーしーしー　[電-火]
gas turbine combined cycle　ガスタービン複合サイクル発電．通常の発電方法であるガスを燃焼させるスチームタービン発電方式と比べ，ガスタービンを設置し，ガスタービン内で一部のエネルギーを回収，発電した後に，その後ろに設置したスチームタービンで再び発電を行う方法．スチームタービンだけでは，40％程度が限界であるが，ガスタービンを組み合わせることにより50％以上の発電効率が得られる．

自動故障区間分離方式　じどうこしょうくかんぶんりほうしき　[電-系]
automatic fault direct and separate
いずれかの設備に異常が発生した場合，故障を起こした区間を保護リレーなどで速やかに検知し，故障区間や設備を自動的に選択し系統から分離・除去して事故の拡大を防止し停止区間を最小限にする方式．

自動変速機　じどうへんそくき　[輸-自]
automatic transmission (AT)　変速動作を自動的に行う変速機．構成としてトルクコンバータ，オイルポンプ，油圧制御装置，変速機構からなる．トルクコンバータは，エンジン回転力を出力軸に伝え，トルク増大作用も行う．変速機構では遊星歯車を使用し回転力を設定されたギヤ比に変換する．油圧制御装置は遊星歯車の各歯車の固定や開放を自動的に行い，変速する．トルクコンバータを使用するために，動力伝達ロスが大きく，機械式変速装置と比べて燃費が悪化する．これに対応するために，一時的に機械接続するロックアップ機能を装備した変速機もある．また，最近ではこれらの動きを電子制御するものもあり，エンジンの運転条件とマッチングをとり，変速ショックを抑え，乗り心地を改善している．　_同 トルクコンバータ，トルコン

シビアアクシデント　しびああくしでんと　[原-事]
severe accidents　設計基準事象を大幅に超え，安全設計で想定された手段では適切な炉心冷却または反応度の制御ができず，炉心の重大な損傷に至る事象のことをいう．原子炉の場合には，炉心損傷事故ともいう．アメリカのスリーマイル島原発事故および旧ソ連のチェルノブイリ原発事故はシビアアクシデントに相当する事故である．　⇒スリーマイル島原発事故，チェルノブイリ原発事故

GBM　じーびーえむ　[転-変]
global bio-methanol　バナナなどの廃材を使用してメタノールを合成するシステム．成蹊大学の小島紀徳教授（編集当時）らにより提唱された．

指標植物　しひょうしょくぶつ　[生-種]
index plant, indicator plant　環境の

総合的評価を植物の反応によって示すこと。ある地域に自生している植物をその地域の環境指標として利用できることに特色がある。

CIF価格 しふかかく [社-価]
CIF cost, CIF price, cost and insurance and freight price (CIF) CIF価格とは，運賃手数料込みの価格のこと。つまり，cost(コスト，財そのもののFOB価格)に，insurance(輸送のリスクにかかわる保険料)，そしてfreight(積み地から揚げ地までの輸送料)の合計である。一般に，公的な統計では輸入価格はCIF価格，輸出価格はcost分だけを表記したFOB(free on board, 本船積込み渡し)価格が用いられる。ただし，貿易契約上は，CIF契約，C&F契約，FOB契約などが存在し，契約当事者のどちらが輸送料やリスクを負担するかで決まる。

シフトコンバータ しふとこんばーた
[燃-ガ]
shift converter シフト反応を行わせる装置 ⇨ シフト反応

シフト反応 しふとはんのう
[理-反], [燃-新]
shift reaction 一酸化炭素の水素への変換反応のこと。$CO+H_2O \rightarrow CO_2+H_2$の反応式で表される。ジメチルエーテル製造では，シフト反応により生成した一酸化炭素と水素を原料としてメタノールを合成し，さらにメタノールの脱水によりジメチルエーテルを生成する直接合成技術が開発されつつある。

[燃-ガ]
shift reaction, water gas shift reaction 一酸化炭素変成反応，一酸化炭素転換反応，均一系水性ガス化。以下の式で示される気相反応。

$$CO + H_2O \rightleftharpoons CO_2 + H_2$$

低温ほど右に平衡が偏るが反応が遅くなるため，固体触媒も用いられる。石炭ガス化により生成された可燃性ガスは水素と一酸化炭素を含むが，この反応により水素をつくり，その水素を選択的に分離するなどの方法もとることができる。

脂肪族炭化水素 しぼうぞくたんかすいそ
[理-名]
aliphatic hydrocarbon 炭素が鎖状(非環状)に連なる分子構造をもつ炭化水素の総称。単結合のみをもつ飽和炭化水素，二重結合や三重結合を有する不飽和炭化水素に大別される。なお，環状の炭素鎖を有する炭化水素は環式炭化水素と称され，脂環式炭化水素と芳香族炭化水素に大別される。　⑩ 鎖式炭化水素

資本回収法 しほんかいしゅうほう
[社-価]
payback period method (PBP) 資本回収法(回収期間法)とは，投資の経済性評価に関する判断基準を投資額の回収期間に求める方法である。回収期間は，初期投資額を投資によって得られるキャッシュフロー(純利益)で割ることによって求められ，回収期間が短い案件ほど有利な投資と判断される。意思決定者は，目標回収期間よりも見積回収期間が短ければ投資プロジェクトを是とし，それよりも長ければ否とする。ただし，この評価方法は投資がもたらす収益性よりも流動性や安全性を重視したものである。
⇨ 償却年数，単純回収年数，内部利益率　⑩ 回収期間法

清水氷 しみずこおり [熱-蓄]
clear water 一般の水道水を融点以下に冷やし固体となったもの。氷と同義。水の潜熱を利用するため，水の顕熱蓄熱に比べて蓄熱槽の容量を削減することができる。ブラインなどとの混合物ではないため融点が一定であり，管理，制御が容易である。また，排水する場合に特別な処理が不要である。

清水氷スラリー式 しみずこおりすらりーしき [熱-蓄]
clear water slurry system 清水氷のスラリーを利用した蓄熱，冷凍システム。水と氷の混合物で氷結しやすいため，温度管理を厳重に行う必要がある。

生成方法は，ブライン-水熱交換器による過冷却状態の開放による生成，冷却プレートへの滴下法などがある。

清水氷スラリーを利用した氷蓄熱システムのことをダイナミックアイスシステムと呼ぶことがある。　⇨ ブラインスラリー式

ジメチルエーテル　じめちるえーてる　[理-名]，[燃-新]

dimethyl ether　化学式$(CH_3)_2O$，快香をもつ無色の気体。沸点$-24℃$，密度$2.11g/l(0℃，1 atm)$。商業化されているのは，メタノールから脱水プロセスにより製造する方法で，日本では年間1万tがスプレー剤として利用されている。燃焼時にすすが出ないので，近年，自動車用燃料として注目されつつある。
⇨ DME

湿り度　しめりど　[理-動]

wetness　蒸気の相線図において，気液境界上では気液の共存状態を表すのに比体積(単位質量当りの体積，密度の逆数)を横軸にとったp-v線図やh-s線図が用いられる。気液の境界はこれらの図上で広がりをもつことになり，飽和線に囲まれた部分の状態を湿り蒸気といい，気体の質量割合を乾き度，液体の質量割合を湿り度という。乾き度をxとすると湿り度は$1-x$で表される。熱力学第一法則から，気液共存状態にある比体積，内部エネルギー，エンタルピー，エントロピーは飽和液と飽和蒸気のもつそれらに質量割合を乗じた代数和で表される。
⇨ 三重点，水蒸気，モリエ線図

湿り燃焼ガス　しめりねんしょうがす　[理-炉]

wet burned gas, wet burnt gas　乾き燃焼ガスに対応して，水素成分を含む燃料が燃焼して生成した水分を気体の水蒸気のまま含んだ燃焼ガスを，湿り燃焼ガスと呼ぶ。この用語は，工業的に用いられることが多い。燃焼中の燃料と空気など酸化剤の混合物は，高温であり，化学反応途中に生成される多くの分子種を含み，その活発な反応中のガスには水(H_2O)も含むが，これを湿り燃焼ガスとはいわない。燃焼ガスを排気ガスとしたとき，その燃焼ガスの温度が露点以上の状態であり，H_2Oを気体の状態で扱った場合を湿り燃焼ガスと表現する。炭化水素燃料を，当量比1.0で燃焼させたとき，空気中の微量成分，アルゴン(Ar)，二酸化炭素などを無視すると

$C_mH_n + \text{Air}$
$\to mCO_2 + nH_2O + \left(m+\dfrac{n}{4}\right)\dfrac{\varphi_{N_2}}{\varphi_{O_2}}N_2$

となる。ここで，φ_Mは空気中のMのモル割合であり，通常，空気では$\varphi_{N_2}/\varphi_{O_2}=3.762$を用いて計算する。この右辺が，湿り燃焼ガスである。この右辺を，水分を除いて$mCO_2+(m+n/4)\times(\varphi_{N_2}/\varphi_{O_2})N_2$としたものを乾き燃焼ガスという。

湿り燃焼ガスと乾き燃焼ガスのガス量の違いは，体積比(モル比)で表すと

$\left.\dfrac{\text{乾き燃焼ガス量}}{\text{湿り燃焼ガス量}}\right]_{体積}$
$=\dfrac{m+(m+n/4)(\varphi_{N_2}/\varphi_{O_2})}{m+n+(m+n/4)(\varphi_{N_2}/\varphi_{O_2})}$

$\left.\dfrac{\text{乾き燃焼ガス量}}{\text{湿り燃焼ガス量}}\right]_{質量}$
$=\dfrac{44m+28(m+n/4)(\varphi_{N_2}/\varphi_{O_2})}{44m+18n+28(m+n/4)(\varphi_{N_2}/\varphi_{O_2})}$

となる。　⇨ 乾き燃焼ガス

湿り燃焼ガス量　しめりねんしょうがすりょう　[燃-管]

quantity of wet combustion gas　単位量の燃料が完全燃焼したと仮定したときに生成する燃焼ガス量を燃焼ガス量といい，空気比によって異なる。特に，燃焼ガス中の水蒸気の量を含める場合を湿り燃焼ガス量といい，含めない場合を乾き燃焼ガス量という。量論比の混合気が完全燃焼したときに生じる燃焼ガス量を理論燃焼ガス量といい，水蒸気を含めるか否かでそれぞれ理論湿り燃焼ガス量，理論乾き燃焼ガス量という。

ジャケット冷却水熱交換器　じゃけっとれ

いきゃくすいねつこうかんき [熱-シ]
jacket water heat exchanger　コジェネレーションシステムなどの原動機であるガスエンジンまたはディーゼルエンジンにおいて，エンジン冷却のために循環しているジャケット冷却水から，温水利用や余剰熱放出のため温水として熱を回収する熱交換器。

射出成型　しゃしゅつせいけい　[産-プ]
injection molding　射出成型は熱可塑性プラスチックスなどを，加熱して溶解し，スクリューで加圧して金型の中に押し出し，金型の中で固めて成型する。成型品が固化したら，金型を開いて成型品を取り出す，生産性の高い加工方法である。射出成型を行う機械を射出成型機といい，金型を締めるのに，油圧を用いる方式と電動で行う型式がある。電動のほうが消費エネルギーが少ない。

遮断型最終処分場　しゃだんがたさいしゅうしょぶんじょう　[廃-灰]
strictly controlled type landfill site
公共用水域および地下水から遮断されている埋立処分場をいう。燃えがら，煤じん，汚泥などの中に水銀またはその化合物，シアン化合物，そのほかの有害物質を含む特別管理廃棄物を埋立処分する場合であることが法で定められている。施設構造基準として

① 地表水の流入を排除して埋立廃棄物に含まれる保有水などの量を最少にする。

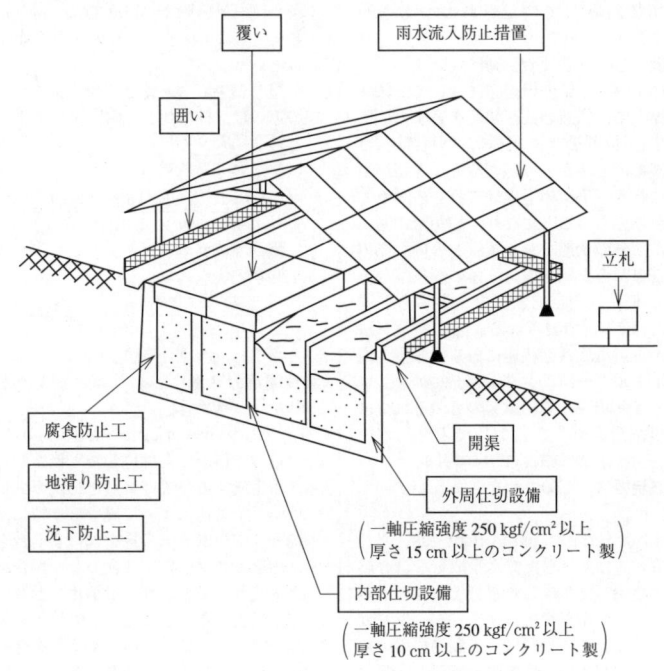

遮断型最終処分場

②　埋立地と外部を遮断するための外周仕切は投入開口部を除き必要な効力が得られること。

③　仕切りは自重，外圧力，波力，地震力などに対し安全であり，有効な腐食防止措置が講じられていること。

などが必要であり，埋立地内部は埋立1区画面積約 50 m^2（容量約 250 m^3）以下になるように区画するための内部仕切設備を設けることとされている（図）。

遮熱エンジン　しゃねつえんじん　[輪-エ]
heat rejection engine　冷却損失をなくし熱効率を向上させるために，燃焼室構成部材を熱の伝導性が低い材料または構造としたエンジンで，無冷却エンジンともいう。エンジンを冷却しないために，排気温度が高くなり，この排気エネルギーを動力として回収するターボコンパウンド方式の実現などが期待される。エンジン構造部材としてセラミックを用いたエンジンが開発された例はあるが，セラミックはもろく，耐久性，信頼性を確保することが容易ではないために，実用化された例はない。　⇨ セラミックエンジン

シャフト炉　しゃふとろ　[産-鉄]
shaft kiln　縦型炉のこと。下部から燃焼し，ガスは縦型の炉の内部を上昇し，非加熱物を加熱して上部より排出される。非加熱物は上部から装填される。ガスの流れ方向と非加熱物の移動方向が逆向きであるため，排熱回収が効率よく行われて，熱効率が高い。また，加熱により溶解する用途にも向いている。製鉄所の高炉，石灰焼成炉，キューポラなどがこの分類に入る。ガス化炉にも縦型炉の形式をとるものがある。

遮へい　しゃへい　[原-安]
shield　一般的には，外部からの影響をなくすことを遮へいというが，原子力では，人体や機器への放射線を遮ることをいう。γ線には鉄や鉛が，中性子には水やパラフィンなどが遮へいに有効である。

車両総重量　しゃりょうそうじゅうりょう　[輪-自]
gross vehicle weight (GVW)　乾燥車両重量や乗員重量，積載重量など搭載できるものをすべて搭載した状態での重量。車両重量は，車両が走行できる状態の重量となり，貨物車では積載可能重量を除いたもの。乗車定員は，1人当り55kgとして換算する。

シャルルの法則　しゃるるのほうそく　[理-熱]
Charles's law　一定圧力のもとでは理想気体の体積 V は絶対温度 T に比例し，$V/T =$ 一定の関係が成立する，ということをシャルルの法則と呼ぶ。シャルルは1787年にこの法則を見いだしたが公表しなかった。のちにゲイリュサックが追試し1802年に公表したため，ゲイリュサックの法則とも呼ばれる。

自由エネルギー　じゆうえねるぎー　[理-熱]
free energy　自由エネルギーは，仕事として取り出すことが不可能なエネルギーである束縛エネルギーを系のエネルギーから差し引いたものであり，自由に仕事として取り出すことが可能なエネルギーを示す。自由エネルギーにはヘルムホルツの自由エネルギーおよびギブスの自由エネルギーがある。ギブスの自由エネルギーを自由エンタルピーと呼ぶこともあり，その場合はヘルムホルツの自由エネルギーを単に自由エネルギーと呼ぶ。⇨ ギブスの自由エネルギー，ヘルムホルツの自由エネルギー

自由ガス　じゆうがす　[石-炭]，[石-ガ]
free gas　天然ガス貯留層や石炭層において，孔隙表面に吸着することなく，孔隙内にトラップされたガスのこと。コンデンセートに対して，地上に産出した後，減圧，減温してもガス状で存在するもの。　⇨ フリーガス　旧 遊離ガス

臭気強度　しゅうききょうど　[環-臭]
odor strength　官能試験により感じるにおいの強さ。6段階臭気強度表示では

つぎのようにランク付けられている。
0：無臭，1：やっと感知できるにおい（検知閾値濃度），2：何のにおいであるかわかる弱いにおい（認知閾値濃度），3：楽に感知できるにおい，4：強いにおい，5：強烈なにおい。

臭気指数 しゅうきしすう [環-臭]
odor index 悪臭防止法および「臭気指数および臭気排出強度の算定の方法」(環境庁告示)に基づき，試料となるにおいのある空気を無臭空気で希釈していき，無臭空気と比較して違いを感じられなくなる検知閾値まで希釈したときの希釈倍率の対数をとり，10を乗じた値。三点比較式臭袋法により6人以上のパネル(人間)がにおいをかぎ，最大値および最小値をカットした残りの4人のデータから求めること，データの平均数値の求め方について，などが「臭気指数の算定の方法」に定められている。

臭気濃度 しゅうきのうど [環-臭]
odor concentration 悪臭防止法および「臭気指数および臭気排出強度の算定の方法」(環境庁告示)に基づき，試料となるにおいのある空気を無臭空気で希釈していき，無臭空気と比較して違いを検査パネル(人間)が感じられなくなる検知閾値まで希釈したときの希釈倍率。なお，「濃度」と呼ばれているが，希釈倍率であるので無次元数である。 ⇒ 臭気指数

臭気排出強度 しゅうきはいしゅつきょうど [環-臭]
odor intensity 臭気濃度に0℃，絶対圧1atmでの排ガス流量(m^3/min)を乗じたもの。 ⇒ 臭気濃度

重金属 じゅうきんぞく [全-理]
heavy metals 比重が4～5以上と比較的大きな金属の総称。白金(Pt)，銀(Ag)，クロム(Cr)，カドミウム(Cd)，水銀(Hg)，亜鉛(Zn)，マンガン(Mn)，鉄(Fe)，ニッケル(Ni)，銅(Cu)，鉛(Pb)，ヒ素(As)などがある。

重金属元素 じゅうきんぞくげんそ [環-化]
heavy metal element 多くの金属は生命維持に不可欠なものであるが，過剰になれば生命のシステムに毒として作用する。生物にとって必要な金属の量を明らかにし，水や食料品，さらにそれを生産する土壌や環境中の適切な重金属濃度を知ることも必要である。土壌中の自然賦与量がその一つである。

汚染のない土壌と土壌の源である重金属元素の存在量を表に示す。表中の値は土壌中の自然賦与量で，土壌中のバックグランド値であり，これらの数値より異常に高い濃度を示す土壌は人為的に重金属を付与されていると考えてよい。

(土壌の元素組成の中央値と範囲) (mg/kg)

元素	土壌 *1	土壌 *2	水田土壌 *2	地殻
Cr	70 (5～1500)	50 (3.4～810)	64 (16～337)	100
Co	8 (0.05～65)	10 (1.3～116)	9 (2.4～23.5)	～20
Ni	50 (2～750)	28 (2～660)	39 (9～412)	～35
Cu	30 (22～50)	34 (4.4～176)	32 (11～120)	55
Zn	90 (1～900)	86 (9.9～620)	99 (13～258)	40
As	6 (0.1～40)	11 (0.4～70)	9 (1.2～38.2)	2
Cd	0.35 (0.01～2)	0.44 (0.03～2.53)	0.45 (0.12～1.41)	0.15
Hg	0.06 (0.01～0.5)	0.28 (N.D.*3～5.36)	0.32 (N.D.～2.9)	0.08
Pb	35 (2～300)	29 (5～189)	29 (6～189)	15

*1 Bowen, h. J.M 著，麻見・茅野共著：環境無機化学－元素の循環と生化学，p.17～34, p.55～71, 博友社 (1987)

*2 Iimura, K:Heavey Metal Pollution in Soils of Japan, p.21～26 (1981)

*3 検出できず(not detect)

重金属の溶出 じゅうきんぞくのようしゅつ [環-リ]
dissolution of heavy metals 重金属は人の健康や生活環境に悪影響を与えるため，これらを含み，または含む恐れのある廃棄物は，埋立処分や有効利用する

場合に直接土壌と接することを考慮し, それぞれの溶出基準で環境への安全性を担保することが原則である。重金属の溶出防止のため, さまざまな溶出防止策が講じられる。一方, 製造段階でも重金属を含まない製品の開発や, 廃棄の際にもほかの廃棄物とは分別収集して処理するなどの配慮も大切である。

集光倍率 しゅうこうばいりつ [自-熱]
concentration, concentration ratio 集光度, 集光比ともいう。太陽光を反射鏡やレンズを使って, それよりも小さい面積に集光したとき, この面積をもって, もとの反射鏡・レンズの受光面積を割った値。幾何学に決められる集光の度合い。あるいは, 集熱器・集熱システムの集光受光部(レシーバ)の受光面で測定した太陽集光のエネルギー密度の実測値を, 直達日射で割った値をもって集光度とする場合もある。1 より大きな値をとり, 大きいほど高温が得られる。集熱器・集熱システムの集光倍率を上げるために, レシーバの入射光入口に二次集光器として複合放物面鏡型集熱器(CPC)を設置することがある。 ⇨ 高温太陽熱集光方式, ダブル集光型, タワー集光型, パラボリックディッシュ型, パラボリックトラフ型, 複合放物面鏡型集熱器 回 集光度, 集光比

重質原油 じゅうしつげんゆ [資-石]
heavy crude oil 重質油分を多く含む原油。

重質油 じゅうしつゆ [石-油], [燃-製]
heavy oil 沸点の高い, 炭素数が多い炭化水素を多く含む石油。炭素/水素(C/H)比も高く, また, 硫黄なども大量に含むことが多い。 ⇨ 重油, ヘビーオイル

集じん装置 しゅうじんそうち [環-塵]
dust collector 気体中に含まれるダスト(固体粒子)やミスト(液滴)を分離捕集する装置。粉体を扱う工業プロセスでは固気分離装置として生産ラインにおいて不可欠であるが, 大気汚染や労働衛生の分野では発生源対策に広く活用される。後者の分野ではしばしば除じん装置とも呼ばれる。一方, IC 装置や医薬品製造の分野ではきわめて清浄な室内空間での作業が求められるので, 超高性能の集じん装置が求められる。集じんの対象となる粒子の大きさは数 mm からサブミクロンオーダまで, 近年はナノメータ(nm)の極微細粒子も対象課題となってきた。

集じん装置の集じん性能として, 粒子の捕集割合を示す集じん率または通過率, 部分集じん率のほか, 装置の所要動力を決定する圧力損失および処理風量も重要である。

集じん装置の種類は, 集じんの作用に応じて重力集じん装置, 慣性力集じん装置, 遠心力集じん装置, 洗浄集じん装置, ろ過集じん装置, 電気集じん装置の 6 種に分類される。 ⇨ 集じん率 回 集じん器, 除じん器, 除じん装置

集じん灰 しゅうじんばい [廃-灰]
fly ash ⇨ 飛灰 回 フライアッシュ

集じん率 しゅうじんりつ [環-塵]
collection efficiency 含じんガス中のダスト(粒子, 粉じん)が集じん装置内で捕集された割合, すなわち, 集じん率 η = {集じん装置内で捕集したダスト量 (kg/h)} ÷ {集じん装置に流入したダスト量 (kg/h)} ×100 (%) となる。一般には, 集じん装置の入・出口ダクト内でダスト濃度 C_i, C_o を測定し, ガス流量 Q_i, Q_o とから次式で計算する。

$$\eta = \left(1 - \frac{C_o Q_o}{C_i Q_i}\right) \times 100 \;[\%]$$

入・出口のガス流量が同じであれば $Q_i = Q_o$ であり, 上式はもっと簡単になるが, スクラバの場合には水蒸気が発生したり, ガス温度が変化するので略式化できない。集じん率が 100% に近い高性能集じん装置では, 通過率 P で評価することがある。すなわち

$$P = 100 - \eta \;[\%]$$

と表せる。集じん率は捕集対象ダストの

粒径分布によって異なるので，各粒径ごとの集じん率，すなわち部分集じん率を用いて評価することもある。　㊥集じん効率

重水　じゅうすい　[理-化]，[原-核]
heavy water　水分子のうち，水素原子が質量数2の重水素原子(D)であるD_2O（～0.015％）をいう。まれに，重水素(D)の含有率が天然水よりも高い水。比重1.1。重水は，中性子の吸収が少なく，中性子の減速材として優れているので，カナダの重水炉などの減速材として利用されている。重水は，同位体効果を利用して，工業的に天然水から分離されている。分類上は，酸素の重い同位体^{18}O，^{17}Oを天然の存在比より多く含む水($H_2^{18}O$，$H_2^{17}O$)も重水という場合があるようだが，原子炉への利用面からは軽水と同等と考えられる。わずかだが(0.032％)天然に存在する$HD^{16}O$を，重水に分類するかは明確な約束はないようである。　⇨軽水　㊥酸化ジュウテリウム

重水素　じゅうすいそ　[原-原]
heavy hydrogen (D, d, ^2H)　原子番号1，質量数2の水素の同位体である。原子核がそれぞれ1個ずつの陽子と中性子から構成され，質量数が2である。天然の水素同位体の原子数比としては重水素が0.015％であり，残りは質量数1の水素(^1H)である。重水素は中性子減速材として最も優れているので，これを用いた原子炉もある。　⇨重水，水素，同位体

重水炉　じゅうすいろ　[原-炉]
heavy water reactor (HWR)　減速材として重水(D_2O)を用いる原子炉のこと。重水は，軽水(H_2O)と比較して物理的性質と化学的性質はほとんど変わらないが，中性子の吸収が少ないというきわめて優れた性質をもつため，燃料に天然ウランを使用できる。しかし，重水はふつうの水(軽水)の中に0.015％しか含まれておらず，高価であるうえに，中性子吸収により放射性の三重水素になるため，運転管理が面倒になる欠点がある。実用化されているものとしては，カナダのCANDU炉が代表的である。また，わが国で，福井県に建設された「ふげん」も重水炉である。　⇨軽水炉

従属栄養生物　じゅうぞくえいようせいぶつ　[生-種]
heterotroph　他養生物，有機栄養生物ともいう。栄養源を既成の有機物に依存して生活する生物(動物，非緑色高等植物，微生物など)が含まれる。

住宅の次世代省エネルギー基準　じゅうたくのじせだいしょうえねるぎーきじゅん　[民-策]
design and construction guideline on the rationalization of energy use for houses　1999年の省エネ法(エネルギーの使用の合理化に関する法律)改正に基づいて制定された住宅に関する省エネ設計基準(「住宅に係るエネルギーの使用の合理化に関する建築主の判断の基準」)。これに先立ち1980年には旧省エネ標準，1992年には新省エネ基準が制定されており，順次強化されている。一般に「次世代省エネ基準」と呼ばれ遠い将来の基準と思われやすいが，強制力はないものの，省エネ法では1999年度以後，住宅建設にあたって「的確な実施を確保すべきもの」とされている。この基準は，前基準に比べ住宅での暖冷房エネルギーの約20％削減を目標として策定されている。改定では，きめ細かく定めた地域区分に応じた年間冷暖房負荷をより厳しい値で設定し，そのほか防露性能確保，換気量確保，暖房機器等による室内空気汚染の防止，エネルギー効率の確保なども規定もしている)。この基準で建設する住宅に対しては，住宅金融公庫の融資が250万円割増しされる優遇措置がなされている。品確法(住宅の品質確保の促進等に関する法律)でも温熱基準として4等級(最上級)に規定されている。

住宅用太陽光発電導入基盤整備事業　じゅうたくようたいようこうはつでんどうにゅうきばんせいびじぎょう　[自-電]
subsidy program for residential PV systems　太陽光発電システムを個人が住宅用として設置する場合に，国が設置費用の一部を補助することによって太陽光発電の導入を支援する事業。1994〜1996年度の「住宅用太陽光発電システムモニター事業」に続き，1997〜2001年度に「住宅用太陽光発電導入基盤整備事業」として実施された。普及の阻害要因となっていた経済性の壁を低くして新エネルギーとしての太陽光発電を導入しやすい状況にするために進められたものである。2002年度からは「住宅用太陽光発電導入促進事業」として実施され，太陽光発電システムの加速度的な普及に大きく寄与している。

充　電　じゅうでん　[電-池]
charge　電池または蓄電池に，外部電源から電流を通じて電気エネルギーを化学エネルギーとして変換，蓄積することである。

自由電子　じゆうでんし　[理-物]
free electron　真空中や物質内部を自由に運動している電子。金属中の伝導電子はその代表例で，金属の電気伝導，熱伝導，光学的性質などに深く関与している。金属の原子が凝集して固体になるとき，原子の最外殻軌道にあった価電子は，複数の原子核から同程度に強いポテンシャルを受けるため，もはや個々の原子には束縛されず，固体の内部を自由電子として動き回るようになる。自由電子に対して，原子や分子などの中に束縛されて自由に運動できない電子は束縛電子と呼ばれる。　⇨ 電子

集熱効率　しゅうねつこうりつ　[自-熱]
heat collection efficiency, collector efficiency　集熱器や受光器(レシーバ)に入射した太陽エネルギーのうち，これらが熱として吸収したエネルギーの割合。集熱器の性能指標の一つ。レシーバの場合はレシーバ効率ともいう。集熱器の集熱効率を高めるには，集熱器の光学的特性を向上させるとともに，熱伝導，熱対流による熱損失を小さくすることが重要である。したがって集熱効率は，集熱器の温度と外気温の温度差，日射量，風などの外的条件に影響を受ける。アメリカのカルフォルニア州バーストウに建設されたタワー集光型集熱システムのソーラツーでは，硝酸塩系の溶融塩を集熱媒体としたレシーバを用いているが，レシーバ効率として88％を達成している。　⇨ 光学効率，太陽集熱器

周波数変換所　しゅうはすうへんかんしょ　[電-流]
frequency converting substation　日本では，富士川から糸魚川の線を境界線として電力周波数が東側50 Hz，西側60 Hzに分かれている。このため，東西の電力を相互に融通し合うために，現在3か所の周波数変換所が設けられている。

重　油　じゅうゆ　[燃-製]
fuel oil, heavy oil　原油よりナフサ，灯油軽油留分を常圧蒸留で除いた沸点約340℃以上の留分。JIS K 2205では1種，2種，3種に分類されるが，一般的にはA重油，B重油，C重油と呼ばれる。さらにA重油は硫黄分で1〜2号に，3種は動粘度で1〜3号に分類される。用途はボイラ用，船舶用，発電用燃料のほか，潤滑油基油原料，分解ガソリンなどの分解油原料など。　⇨ 重質油，B重油，ヘビーオイル

重油火力発電　じゅうゆかりょくはつでん　[電-火]
heavy oil thermal power generation　重油をボイラで燃焼させて得られた熱エネルギーを用いて蒸気を発生させ，この蒸気により蒸気タービンを回転させることで行う発電方式。

重油脱硫　じゅうゆだつりゅう　[環-硫]，[燃-製]
desulfurization of heavy oil, desul-

phurization of heavy oil, heavy oil desulfurization　重油中の硫黄分を除去すること。現在では大部分が水素化脱硫で行われている。残油を含まない留分を脱硫して、残油と混合する間接脱硫方式と、残油をそのまま脱硫する直接脱硫方式がある。最近は低硫黄含量の重油が必要とされるため、直接脱硫方式がより重要になっている。

重油添加剤　じゅうゆてんかざい　[燃-製]
fuel oil additives　重油の燃焼性を改善するために添加する物質で、燃料を高分散化し、燃焼性を改善する燃焼促進剤や、スラッジたい積防止、エマルジョンの分離を促進するスラッジ分散剤などがある。　㊁ 燃料添加剤

従量電灯　じゅうりょうでんとう　[電-料]
meter-rate lighting service　一般家庭用の電気料金メニュー。使用量に応じて電気料金が決まる従量料金制度を採用している。従量電灯は電力会社により料金体系が二つに分かれており、基本料金＋従量料金を電気料金とするアンペア料金制の会社と、最低料金のみを決め従量料金だけで電気料金を決めている最低料金制の会社がある。

従量料金制　じゅうりょうりょうきんせい　[電-料]
meter-rate　電気の使用量に応じて課金する電気料金制度。

重力集じん装置　じゅうりょくしゅうじんそうち　[環-塵]
gravitational dust collector　含じんガス中のダスト(粒子、粉じん)を重力による自然沈降によって分離捕集する装置。空室中に含じんガスを導入すると、減速した粒子は慣性力を失い、粒子自身がもつ重力によって自然沈降する。粒子の粒径によって定まる終末沈降速度を用いた重力沈降理論から、沈降に必要な水平距離が長いほど、沈降高さが小さいほど微細な粒子が捕集できるので、沈降高さを小さくして多数の棚を設けた多段沈降室が多く用いられる。数十μm以上の粗大粒子に適用される。　⇒ 集じん装置　㊁ 重力沈降室、多段沈降室

重力ダム　じゅうりょくだむ　[電-水]
gravity dam　ダム本体の自重で水圧などの外力に抵抗するダム。横断面が三角形のコンクリート構造となる。比較的良好な基礎岩盤の地点に建造される安全性の高いダムで、このタイプのダムが最も多い。内部を中空にして資材の節減を図ったものを中空式重力ダムという。

需給調整　じゅきゅうちょうせい　[電-系]
demand and supply control　時々刻々変動する電力需要に対して電力供給力を確保し、需要と供給のバランスをとり電力系統の常時の周波数を基準値に保つために、需要の変化に合わせて供給力をこまめに調整すること。

出水率　しゅっすいりつ　[自-水]
water flow rate　河川の水量を示す指標の一つで、豊渇水の程度を表すものとして使用される。毎月あるいは年度の平均流量を過去の平均流量と比較し、百分率で表され、100%を上回ると豊水の傾向、下回ると渇水の傾向となる。水力発電における出水率は、自流式発電所を対象として、毎月あるいは年度の発電力の実績と過去の発電力の平均値をもとに算出したものである。　⇒ 自流式発電所

出力密度　しゅつりょくみつど　[電-理]
power density　単位体積、単位質量当りの出力を表す。電池は質量当りの出力でW/kgで表し、原子炉は炉心の単位体積当りの熱出力で、kW/l, kW/m^3で表す。

受電電圧　じゅでんでんあつ　[電-力]
receiving voltage　送・配電線から電力を受けるときの電圧のこと。電気事業者から電力供給を行う場合、使用する電力に対して受電電圧をできるかぎり高く選択することが送電損失を低減するうえで望ましい。また1kW・h当りの料金も受電電圧が高いほど安い。

受電方式　じゅでんほうしき　[電-力]
receiving system　需要者が電力の供

給を受ける場合の回路方式のこと。1回線受電と多回線受電方式があり，1回線受電の場合，その受電線が停止すると停電になる。これを防止するため多回線受電を行う。多回線受受電方式は，電力供給社側の系統方式によって受電方式が分類され，常時1回線で受電する2回線受電と，常時多回線で受電するループ方式やスポットネットワーク方式がある。

主 灰 しゅはい ［廃-灰］
bottom ash 廃棄物などを焼却処理する場合に焼却炉底より排出される固形物をいう。 ⇨ 焼却灰

需要予測 じゅようよそく ［電-系］
demand forecast 長期の需要予測は，鉱工業生産指数などの経済指標との相関や実績のトレンドなどを参考にマクロ的に把握し，短期の需要予測は，電灯，電力など用途別にそれぞれの需要の特質や過去の実績，大口需要者の生産計画などを勘案して行う。翌日の需要予測は，過去の実績に予想最高気温などを勘案し毎時間ごとの需要を予測する。

シュラウド しゅらうど ［原-技］
core shroud 沸騰水炉の炉心支持構造物の一つで，燃料集合体や制御棒などを内部収容しており，冷却水の流量調整のために設置されているステンレス製の円筒状構造物である。通常運転中において，原子炉冷却水の通路を形成するという役割を果たす。 ㊥ 炉心シュラウド

ジュール じゅーる ［理-単］
joule (J) SI 単位系を用いた場合の仕事，熱量およびエネルギーの単位である。SI 単位系ではこれらの量はすべて同一の単位となる。大きさが $1\,N = 1\,kg\cdot m/s^2$ の力が作用してその力の方向に物体を1m 移動するのに要する仕事は $1\,J = 1\,N\cdot m = 1\,kg\cdot m^2/s^2$ で表される。この SI 単位系における組立単位 $kg\cdot m^2/s^2$ に固有の名称を与えたものが J である。

ジュール・トムソン効果 じゅーるとむそんこうか ［民-原］
Joule–Thomson effect 流体が細管などの絞りを通って，仕事をせずに断熱的に減圧される場合に生じる温度変化の効果をいう。$\chi = \Delta T/\Delta p$ で表される。理想気体ではこの現象は起こらない（$\chi = 0$）が，実在の気体の場合，圧力によって決まるある温度を境として高温側では温度上昇（$\chi < 0$），低温側では温度低下（$\chi > 0$）が起こる。χ をジュール・トムソン係数といい，境界となる温度を逆転温度という。逆転温度以下では温度低下を生じるので，この現象を利用して空気分離装置などの冷凍サイクルを形成することができる。現在ではさらに膨張タービンを用いて断熱可逆膨張をさせることにより，より低温を得ることができ，かつ動力回収も行っている。

ジュール熱 じゅーるねつ ［理-熱］
Joule's heat 導線に電流が流れると発熱し，その温度が上昇する。このときの熱をジュール熱という。導線の抵抗を R，流れる電流を I とすると，発熱量は RI^2 となる。

シュレッダダスト しゅれっだだすと ［廃-個］
shredder dust 使用済みの自動車や家電製品から有用部品や金属などを回収後，破砕機（シュレッダ）で細断，粉砕した残さがシュレッダダストである。鉛などの重金属や有機塩素化合物が含まれ，大きな社会問題となった豊島事件などを経て管理型産業廃棄物に指定された。可燃分（プラスチック，繊維など）が約60%，灰分（金属，ガラスなど）が40%であり，発熱量は石炭並みの 19 MJ/kg あるのでサーマルリサイクルが推奨され，豊島の回復事業ではガス化溶融などの処理が進められている。

循環型社会 じゅんかんがたしゃかい ［環-リ］
society with an environmentally-sound material cycle 大量消費・大量廃棄型の社会に代わるものとして，可能なかぎり製品の再使用，再生利用を図

ることで，新たな資源の投入をできるだけ抑え，自然生態系に戻す排出物の量を最小限とし，その質が環境をかく乱しない環境保全型，環境低負荷型の社会。
[廃-処]
recycling-based society, recycling-oriented society, sound material-cycle society　循環型社会形成推進基本法において，「循環型社会」とは「天然資源の消費を抑制し，環境への負荷ができるかぎり低減される社会」とされている。資源の利用効率(資源生産性)を高めるとともに，使用済製品や素材の循環利用率を高め，最終処分量の低減を目指すことにより，循環型社会へ進むことが可能とする。大量生産，大量消費，大量廃棄型の社会をできるだけ早く循環型社会に転換していくことは重要な課題である。　⟨同⟩ 廃棄物ゼロ循環型社会

準静的変化　じゅんせいてきへんか
[理-熱]
quasi-static change　系内の状態量の不均一が生じないようゆっくりと熱力学的平衡を保ちながら変化する仮想的な状態変化のこと。準静的変化は可逆変化の一種である。

純炭ベース　じゅんたんべーす　[石-炭]
dry mineral matter base　水分と鉱物質を含まないと仮定した状態を基準にした石炭の分析値。無水無鉱物質ベースともいい，dmmf の記号で表す。水分と灰分を含まないと仮定した状態を基準とした場合の石炭分析値は，無水無灰ベースといい，純炭ベースより厳密さに欠けるが容易に求められるので，広く使われ，daf の記号で表される。

純揚水式水力発電　じゅんようすいしきすいりょくはつでん　[電-水]
pure pumped storage hydraulic power generation　河川の流量を利用せず，発電所の上部と下部とに貯水池を設け，この間の落差を利用して発電する方式。深夜などのオフピーク時の余剰電力を利用して下部貯水池の水を上部貯水池にくみ上げ，昼間のピーク時に放流して発電する。適当な落差と池容量とが確保されれば，水系条件に無関係であるので需要地点に近い地点に建設が可能である。また，両貯水池の落差や使用水量を大きくすることで，大出力が得られる。

常圧蒸留　じょうあつじょうりゅう
[産-プ]
atmospheric distillation　減圧蒸留に対して常圧蒸留という。蒸留操作は混合物を沸点の差によって分離するのであるが，大気圧すなわち常圧で運転ができれば何かと都合がよい。減圧蒸留を行うのは，分離する原料の沸点が常圧では高く，沸点まで加熱すると化学変化を起こしてしまうような場合は，沸点を下げるために減圧状態にする。また，減圧状態では蒸留塔の温度が低くなるので放熱損失が減る，加熱温度が下がるなど省エネルギー効果もある。

省エネ基準値　しょうえねきじゅんち
[社-省]
energy consumption efficiency standard　省エネルギー法で規定された，工場，住宅，自動車，耐久消費財における省エネルギー目標達成のための基準となるエネルギー消費効率。特に近年は，自動車や耐久消費財の効率基準が，その時点で販売されている最も効率のよい機器の実績に設定され，それを目標年次までに達成しなければならないというトップランナー制度が導入されている。自動車ではガソリンおよびディーゼル車，貨物自動車のサイズ別基準値が設定されているほか，耐久消費財ではエアコンディショナ，蛍光ランプのみを主光源とする照明器具，テレビジョン受信機，複写機，電子計算機，磁気ディスク装置，ビデオテープレコーダ，電気冷蔵庫，電気冷凍庫，ストーブ，ガス調理機器，ガス温水機器，石油温水機器，電気便座，自動販売機，変圧器が対象であり，年々その数が増えてきている。　⇨ 省エネルギー法

省エネナビ　しょうえねなび　[民-シ]
energy-saving navi　省エネ効果がひと目でわかるように、電気やガスの使用量を計測し、計測データを電波で表示器へ飛ばし、金額などに換算して推移図などとして表示するシステム。使用量目標値が設定でき、超えると警報音が鳴るなどの動作により省エネ意識を醸成する。省エネを効果として15〜20％得られたケースもある。

省エネ法　しょうえねほう　[利-社]
energy conservation law　⇨エネルギー管理指定工場、省エネルギー法、省エネルギー法の改正

省エネラベリング制度　しょうえねらべりんぐせいど　[民-策]
labeling rule for energy conservation, labeling scheme for energy conservation
家電製品が国の省エネ基準（「特定機器の性能の向上に関する製造事業者の判断の基準等」の基準エネルギー消費効率）を達成しているかどうかをラベルに表示するもの。対象製品は、当初はエアコンディショナ、テレビジョン、電気冷蔵庫、電気冷凍庫、蛍光灯器具の5品目で、その後、ストーブ、ガス調理機器、ガス温水機器、石油温水機器、電気便座、変圧器、電子計算機、磁気ディスク装置が加わり、2005年1月時点で13品目となっている。省エネ基準に達している製品には緑色の「eをかたどったマーク」と達成率（この場合100％以上の値）を記載したラベルを、達していない製品にはオレンジ色のマークを本体、包装などに添付し、省エネ製品の普及を促す。2000年8月にJIS規格によって公示された。

省エネリサイクル支援法　しょうえねりさいくるしえんほう　[社-省]
A Law Concerning Rational Use of Energy and Recycled Resources Utilization　エネルギーの使用の合理化や再生資源の利用などを事業活動で自主的に取り組む事業者に対する支援措置を規定した法律で、1993年6月に施行された10年間の時限立法である。主たる政策目標は、①省エネルギーの促進、②リサイクルの促進、③特定フロンなどの使用の合理化実現となっている。省エネルギーの促進に関しては、特定事業活動においてエネルギー利用の合理化に貢献する設備の設置やそれに類似した行動を行う事業者が事業計画を作成して主務大臣に提出すれば、①超低利融資、②産業構造基盤整備基金による債務保証、③課税の特例が受けられるというものである。2003年の改正において、法律期限を2013年まで延長させつつ支援スキームが見直されるとともに、事業者がクリーン開発メカニズム（CDM）や共同実施（JI）事業を行う際の資金支援が新たに対象として加えられた。　⇨エネルギー需給構造改革投資促進税制、省エネルギー法

省エネルギー　しょうえねるぎー　[燃-燃]
energy conservation　わが国では二度の石油危機を契機に1979年に「エネルギーの使用の合理化に関する法律」が施行され、1993年にはエネルギー多消費型社会への対応として、地球環境保全と経済成長の両立の観点から、さらに一部改正されている。この目標に向かう取組みの柱の一つが省エネルギーである。21世紀においては、持続的成長可能な社会の創造と確立に向けて取り組むことが国際的に合意されている。

省エネルギーセンター　しょうえねるぎーせんたー　[社-省]
The Energy Conservation Center Japan (ECCJ)　エネルギーの適正な利用の推進を本旨とする省エネルギー技術、知識の総合的な普及啓発に努めることにより、国民生活および産業活動の改善向上に資し、国民経済の健全な発展に寄与することを目的として1978年10月16日に設立された団体。活動内容は、①省エネルギーに関する調査、②省エネ

ルギーに関する技術的研究開発，③省エネルギーに関する資料，情報の収集，分析，加工およびこれらの研究と情報の提供・広報，④省エネルギーに関する技術的指導，相談，⑤エネルギーの利用業務に携わる者に対する省エネルギー技術などの教育，訓練，⑥エネルギー管理士試験，エネルギー管理研修およびエネルギー管理員講習の実施，⑦エネルギーの利用，消費活動に伴う環境保全に関する測定，分析，証明ならびにその実績によるエネルギーの適正利用に関する調査，研究，そして⑧省エネルギーに関する国際協力の推進，などである。

省エネルギー普及指導員制度 しょうえねるぎーふきゅうしどういんせいど
[社-省]
scheme for energy conservation instructors (財)省エネルギーセンターが認定する，地域での省エネルギー普及活動を行うリーダ的役割の人材育成制度。省エネルギー普及指導員は，そのプロフィールが公表されるとともに，地域への省エネルギーに関する情報提供，相談などの省エネルギー普及活動として①地域への省エネルギーに関する情報提供，②移動教室，講演会の講師やイベント実施などの省エネルギー普及活動，③地域の省エネルギー相談対応，④当センター省エネルギー推進事業の普及推進，といった活動を行う。2004年1月現在，全国で614人が省エネルギー普及指導員に認定・登録されている。 ⇨ 省エネルギーセンター

省エネルギー法 しょうえねるぎーほう
[社-省], [利-社]
The Law Concerning Rational Use of Energy 正式名称は「エネルギー使用の合理化に関する法律」。工場または事業所におけるエネルギーの効率的利用を推進することを目的として1979年に制定された。工場，建築物，機械器具などにかかわるエネルギー使用の合理化に関する基本方針を定めるとともに，エネ

ギー使用者に対して省エネ努力を課す内容となっている。ただし，自然エネルギーについては対象外である。経済産業大臣が省エネルギーに関する基本方針を定め，その方針に沿って省エネルギーに努めることがうたわれている。具体的な取組みとしては，①エネルギー管理指定工場の指定と判断基準の策定，②建築物に関する省エネルギーの判断基準の策定，③機械・器具の効率化判断基準の策定，④独立行政法人「新エネルギー・産業技術総合開発機構(NEDO)」による業務内容の規定，といった内容が示されている。特に，地球温暖化対策の強化策として，自動車や家電機器などにおける効率基準の強化(トップランナー基準の設定)や，エネルギー管理指定工場の範囲を大規模ビルなどへ拡張するといった強化策が，法律の改定とともに実施されてきている。 ⇨ エネルギー管理指定工場，省エネルギー法の改正

省エネルギー法の改正 しょうえねるぎーほうのかいせい [利-社]
amendment on energy conservation law 省エネ法は，従来，大規模なエネルギー利用工場を対象としていたが，気候変動に関する国際連合枠組条約締約国会議・京都会議(COP3)における二酸化炭素排出削減目標(1990年比6％減)への対応を目的として改正された。おもな改正点は，①対象範囲の拡大(従来の第一種エネルギー管理指定工場より小規模の第二種エネルギー管理指定工場を追加)，②トップランナー方式によるエネルギー消費効率の改善，があげられる。1998年6月5日改正，1999年施行。
⇨ エネルギー管理指定工場，省エネルギー法，トップランナー方式

消 炎 しょうえん [燃-気]
extinction 広義には，何らかの方法により燃焼反応が停止し，火炎が維持できなくなる現象。燃焼は化学反応やそれに伴う発熱と，物質の反応領域への輸送過程などが複雑に相互干渉した現象である

ことから、それらの要素に適切でない条件を与えることによって、さまざまな形で消炎は引き起こされる。消炎を引き起こす一般的な要因としては、燃焼領域に供給される反応物質供給量の低下、燃焼領域からの熱損失の増大、反応抑制剤の添加、火炎伸張などがあげられる。

消音器 しょうおんき [輸-排]
muffler, silencer エンジン排気の爆音を消す装置。消音手段として、排気管の途中に膨脹室を設けて内壁間の音波の反射や共鳴現象を利用して音を減衰させたり、排気ガスの通路に音波との摩擦によって音響エネルギーを小さくするグラスウールなどの吸音材を入れるなどの手法がとられる。マフラやサイレンサともいう。最近は、排気音を打ち消す音を発生させるアクティブサイレンサが開発されている。　⇨ サイレンサ 同マフラ

消 化 しょうか [生-活]
digestion 食品に含まれる栄養素を水または脂肪に溶かし、高分子化合物の場合は低分子に分解し、消化管中を移動させて消化管粘膜を通過して吸収されやすくすることをいう。食物から細胞のエネルギーを取り出す仕組みの第1段階目にあたる。

消化ガス発電 しょうかがすはつでん [自-バ]
power generation from biogas メタン発酵によって生成した消化ガスを燃料として行う発電。消化ガスはメタンと二酸化炭素を主成分とする中カロリーガスであり、ボイラタービン発電装置を用いて発電を行うことが可能であるが、その規模とコストから通常ガスエンジン、マイクロガスタービンがおもに用いられる。燃料電池を用いる発電も検討されているが、この場合にはガスの改質が必要となる。ガス中には、微量ではあるが、硫化水素の形で硫黄分、シロキサンの形でケイ素が含まれることがあり、これらのガスが発電装置にダメージを与えるため、ガスの前処理が必要となる。メタン発酵は比較的安定して消化ガスを発生するが、万一のトラブルでガスの発生が停止したときのためにガスのバッファも設置する。　⇨ ガスエンジン、マイクロガスタービン、メタン発酵

蒸 気 じょうき [理-炉]
steam, vapor 蒸気は、物質の気体の状態を表すが、同じ物質の他の相と共存するとき、ほかの相との相変化が想定できる場合に、通常の「気体」と区別して「蒸気」を用いる。つまり、液体(固体)と気体のが共存し、液体(固体)と気体の相の変化があるような場合には、気体と呼ばずに蒸気と呼ぶ。狭い意味では、工業的な必要度の大きい水の気相状態を蒸気と呼ぶ。この工学用語としての「蒸気」という言葉は、空気中の水分量を示す「水蒸気」、つまり空気と水との混合物質に対する用語と異なり、単一物質の気相状態を示す。

蒸気には湿り蒸気、飽和蒸気、過熱蒸気がある。飽和蒸気と飽和液が共存している状態が湿り蒸気である。また、飽和蒸気を等圧で加熱したものを過熱蒸気、飽和液を等圧で冷却したものすなわち飽和圧力よりも高い圧力下にあるものを圧縮液という。物質が水の場合には、飽和水蒸気、圧縮水、飽和水などと呼ぶ。

理想気体は、2自由度の物質であり、圧力、温度、体積のうち二つを定めて状態を規定する。過熱蒸気と圧縮水はともに2自由度の物質であるが、湿り蒸気では1自由度となる。そのため、圧力もしくは温度だけで状態を定めることができる。この湿り蒸気の熱力学的状態は、全体質量に対する飽和蒸気の質量の比、乾き度 x を用いて定義する。　⇨ 沸騰、飽和温度

蒸気圧縮冷凍方式 じょうきあっしゅくれいとうほうしき [熱-冷]
vapor compression refrigerating system 冷媒(作動媒体)の蒸発潜熱を利用して冷熱を取り出す方式。冷媒の吸入、圧縮の方法により往復動(レシプロ)、ロ

ータリー，スクロール，スクリュー，遠心(ターボ)に分類される。これらは規模および用途により使い分ける。往復動，ロータリーおよびスクロールは小規模，スクリュー式は中～大規模，遠心(ターボ)式は大～特大大規模領域の範囲に使用される。

蒸気圧力 じょうきあつりょく　[電-設]
steam pressure　一定の温度において，固体または液体と平衡状態にある蒸気の圧力をいう。通常は飽和蒸気圧を意味することが多い。その値は，物質によって異なり，一般に蒸気圧は温度の上昇とともに増大する。

蒸気機関 じょうききかん　[理-動]
steam engine　ランキンサイクル〔1854年，ランキン(イギリス)が提唱〕を行う熱機関。往復動式とタービン式があり，現在で実用されているのはほとんどがタービン式。往復動式は内燃機関に取って代わられた。ほとんどは水を動作流体とするが，アルコールや水銀などを使った特殊なものもある。動作流体の相変化を利用することで，湿り蒸気の状態(気液共存状態)では等温，等圧変化で熱の授受を行うことができる。等温変化が容易に実現できることからサイクルの形がカルノーサイクルに近いため，相対的には高い効率である。ただし，密閉サイクルであるため熱の授受は熱交換器を介して行われ，材料の耐熱温度で最高温度が決まることから通常は600℃程度が限界とされる。低温側はほぼ常温まで利用することができ，今日の低温側圧力は0.003 MPa程度ときわめて高い真空度となっている。絶対的な熱効率の値は，再熱や再生サイクルを用いて日本で39％程度といわれている。火力発電や原子力発電における動力源として使われている。

蒸気原動機 じょうきげんどうき　[転-ボ]
steam prime mover　蒸気の膨張仕事，すなわち熱エネルギーの差(熱落差)を利用して動力を発生させる原動機の総称である。なお，熱落差は蒸気の圧力および温度で規定されるエンタルピーの差を意味する物理量である。蒸気原動機には，シリンダ内のピストンを蒸気の膨張力により往復運動をさせて動力に変換する蒸気機関と，ノズルから蒸気を噴き出させて羽根車を回転させて動力を得る蒸気タービンの2種類に大別できる。

蒸気機関は，円筒型のシリンダ，往復運動をするピストン，この往復動を回転運動に変えるクランクなどで構成されており，18世紀にイギリスのT. Newcomenが大気圧機関を発明して揚水に利用したのが最初である。この大気圧機関は，蒸気ボイラで発生したから蒸気をシリンダ内に送り，さらに水を噴射して蒸気を凝縮させ，真空にすることによってピストンを移動させる原理である。その後，ワット(J. Watt)が別置きの復水器によって排気を復水させる蒸気機関を発明，蒸気機関の効率を飛躍的に改善することに成功，原動機として産業革命以降の近代工業の発達に大きく貢献した。

一方，蒸気タービンは，高圧の蒸気をノズルや羽根車に導き，高圧から低圧へ膨張させることによって蒸気流を発生させ，羽根車に回転動力を与える原動機である。一般に蒸気の作用方式，すなわち蒸気の衝動力(速度)のみを利用する衝動タービンと，衝動力と反動力(圧力)を利用する反動タービンに大別される。また，羽根車内の蒸気の流動方向に対応して半径流タービンと軸流タービンに分類され，容量が比較的大きなプラントでは多段の軸流タービンが採用されることが多い。　⇒ 蒸気原動所

蒸気原動所 じょうきげんどうしょ　[転-ボ]
steam power plant　蒸気原動所は，蒸気ボイラ，蒸気原動機(蒸気機関あるいは蒸気タービン)およびその補機(給水ポンプ，復水器，給水加熱器など)などの構成からなるプラントの総称で，現在では石炭や重油などを燃料とする蒸気ボイ

ラおよび蒸気タービンを有する火力発電所を指すことが多い。蒸気原動所の最も基本的な構成を図1に示すが，蒸気を発生するボイラ，蒸気の温度を過熱状態に昇温する過熱器，過熱された蒸気から動力を取り出す蒸気タービン，タービンから排気される蒸気を凝縮させる復水器およびその復水を加圧してボイラに給水する復水ポンプで構成される。このサイクルをランキンサイクルと称している。蒸気原動所の基本サイクルとしては，このランキンサイクルのほかに，図2に示す再生サイクル，すなわち蒸気タービンの途中の段落から蒸気を抽気して，給水加熱器において給水を加熱するサイクル，さらに図3に示すように，蒸気タービンを高圧および中低圧段に分割し，高圧タービンの排気蒸気をボイラの再熱させた後に中低圧タービンで動力を発生させるよう構成した再熱サイクルがあり，ランキンサイクルの熱効率を改善する方策として採用さる。現在の事業用新鋭火力発電所では，再熱および再生サイクルを組み合わせた再熱再生サイクルで構成される。 ⇨ 蒸気原動機，蒸気プラント

蒸気条件 じょうきじょうけん [電-設]
steam condition 発電用タービンを駆動する蒸気の条件。圧力，温度，乾き度などが対象となる。この条件によって発電効率は大きく左右される。

蒸気タービン じょうきたーびん [電-タ]
steam turbine 蒸気を回転羽根(動翼)に吹き付けることで軸を回転させ動力を得る原動機。

蒸気発生器 じょうきはっせいき [原-技]
steam generator (SG) 蒸気を発生させる装置のこと。加圧水型原子炉(PWR)においては，炉心で加熱された高温高圧水を多数の伝熱管を介して二次冷却系の水と熱交換することによって蒸気を発生させている。伝熱管の配管方法により，U字管形，直管形，ヘリカルコイル形などの種類がある。

蒸気プラント じょうきぷらんと [転-ボ]
steam power plant ⇨ 蒸気原動所

蒸気ボイラ じょうきぼいら [熱-加]
steam boiler 熱を水に伝え蒸気を発生する装置。主要部は水および蒸気を入れる圧力容器と燃焼装置，火炉から成り立つ。おもなものに，丸ボイラ，水管ボイラ，特殊ボイラがあげられる。丸ボイラは円筒容器に蓄えられた水をその内部に通した煙管または容器外部から加熱し蒸気を発生させるボイラ。水管ボイラは火炉内に設置した水管内で蒸気を発生させるボイラ。

焼却 しょうきゃく [廃-処]
incineration 廃棄物に対する中間処理の一つ。廃棄物の減量化，減容化を主たる目的として行われる。多湿で土地の狭いわが国においては，生ごみの衛生面からの必要な処理法，減量，減容に非常に効果的な処理法として，古くより多くの

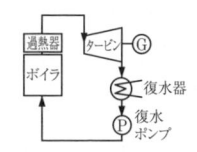

図1 ランキンサイクル

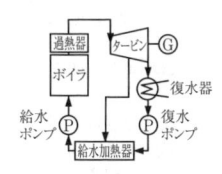

図2 再生サイクル

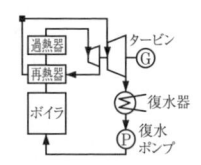

図3 再熱サイクル

焼却施設が設置されている。焼却工程では多量の熱が発生し，その熱の有効利用は重要である。サーマルリサイクルや廃棄物発電のための施設が併設されているところも増加しつつある。焼却処理によって焼却灰が多量に発生するが，焼却灰には重金属や多量の塩分が含まれており，廃棄するにはそれらの除去，安定化が必要である。一方，有害物を除去した後の焼却灰は無機再生資源としてセメント産業などへの利活用が期待できる。
⇒ 中間処理

焼却残さ しょうきゃくざんさ ［廃-灰］
incineration residue 焼却施設から最終的に排出される残さをいう。ただし，溶融固化物など資源化対象とするものは含めない。焼却残さは，焼却灰とダストを合わせたものである。焼却灰は焼却炉底より排出される残留物をいい，ダストは焼却排ガスの集じん灰を含む飛灰と施設で集められた粉じんとを合わせたものである。これらは一般に埋立による最終処分が行われてきたが，原則として溶融固化して減容化，資源化するよう指導されるようになった。

償却年数 しょうきゃくねんすう ［社-価］
length of depreciation 投資判断における償却年数とは，単純回収年数とほぼ同意である。つまり，「償却年数＝投資額÷年平均利益」で示される。ただし，税法や会計規則における償却年数はこれとは異なり，投資された固定資産について減価償却費を計上できる一定期間(法定償却年数)のことである。これは，投資された設備は時間経過とともにその資産価値が減価していくために，「減価償却」という手続きによってこの資産価値の目減り分を毎年の費用として計上し，償却期間後には当該設備の更新を可能とさせるためである。　⇒ 資本回収法，単純回収年数，内部利益率

焼却灰 しょうきゃくばい ［環-リ］，［廃-灰］
incinerator ash 焼却炉の炉底から排出する焼却残留物。灰分と不燃分ならびに未燃焼分を合わせたものである。一般廃棄物の焼却処理で発生する焼却残さは，炉底灰である焼却灰と，焼却炉の上部から飛散する飛灰を捕集した煤じんでおもに構成される。ストーカ炉ではごみの灰分の約90％が焼却灰になる。一方，流動床炉ではごみの灰分の約30〜40％が焼却灰である。日本では一般廃棄物の年間発生量が約5000万t で，そのうち約4000万t が焼却処理されており，それに伴い発生する焼却残さは約600万t である。焼却残さの資源化が望まれる。

焼却不適ごみ しょうきゃくふてきごみ ［廃-分］
non-combustible municipal waste, non-combustible waste　⇒ 不燃ごみ

衝撃波 しょうげきは ［燃-気］
shock wave 圧縮性流体中において，圧力，密度，法線方向速度の急激な変化が観察される不連続面。超音速で伝ぱする圧縮波はこの条件に相当する。流れが超音速から亜音速に減速される場合や，爆発などの急激な状態変化が生じる場合に観察される。燃焼波がデトネーション波に遷移する過程(deflagration to detonation, DDT過程)においては，衝撃波の存在は不可欠な要素と考えられている。

衝撃破砕 しょうげきはさい ［廃-破］
impact crushing, impact milling 高速で回転するハンマやピンなどとの衝突や高速で飛行する粒子どうしの衝突により固体に強い衝撃力を与え，破砕する方法で，ぜい性材料の破壊に用いられる。ハンマミル，ピン(ディスク)ミル，スクリーンミル(アトマイザ)，ターボミルなどがあり，50〜100 m/sの速度で固体粒子と衝撃体は衝突し，数十 μm 以下に微粉砕するのに用いられている。また，インパクトクラッシャでは衝撃速度が小さく，廃棄物処理などの粗破砕にも

利用されている。粒子と衝撃体との衝突においては衝撃体の機械的な性質の問題から生成粒子のサイズが数 μm 程度であり，また，コンタミネーションの問題が生じる。これに対して，粒子どうしを正面衝突させるジェット粉砕では微粉砕が可能であると同時に，コンタミネーションの問題も回避できる。これらの破砕機では，衝撃速度を制御するとともに，スクリーンの目開きにより滞留時間を制御することで生成粒子のサイズを制御する。　⇨ 衝撃粉砕

焼　結　しょうけつ　［産-プ］
sintering　焼結は金属などの固体粒子が，たがいに接触している表面近傍が溶解して接着して接合する状態をいう。そのため，焼結によりすきまがあるポーラスな状態の材料とか，また，溶かし合わせることのできない成分の緻密な合金などが製造可能になる。また，製鉄所では，粉鉱をコークスと混合して焼結し，反応性のよい原料に変換している。この工程を焼結工程という。

省資源　しょうしげん　［利-社］
resource saving　製品設計の改良やプロセスの効率化，社会システムの改革によって資源(エネルギー資源を含む)の消費を抑制すること。

常時使用水量　じょうじしようすいりょう　［自-水］
firm discharge　河川の渇水期の流量(渇水量)から，灌漑，漁業，観光，河川維持流量などのために水力発電に利用できない水量を差し引いたもので，年間を通じてほぼ常時使用(流込式発電所では 355 日，貯水池式発電所では 365 日)できる水量をいう。また，常時使用水量により発電できる出力を常時出力と呼んでいる。　⇨ 流況曲線

照射線量　しょうしゃせんりょう　［理-放］
exposure　電離放射線によって，空気中に生成される電荷。照射線量は dQ を dm で割った商として定められる。ここに，dQ の値は，光子によって質量 dm の空気中で放出されたすべての電子(陰電子と陽電子)が空気中で完全に停止するとき，空気中に生成される一つの符号(正または負)のイオンの全電荷の絶対値。$X=dQ/dm$。照射線量の単位は，kg 当りのクーロン(C/kg)である。照射線量の従来の単位はレントゲン(R)であって，1 R $=2.58\times10^{-4}$ C/kg に等しい。

小出力発電設備　しょうしゅつりょくはつでんせつび　［電-設］
small-scale generation plant　電圧 600V 以下の発電設備であって，つぎのものをいう。① 電池発電設備または風力発電設備であって，出力 20kW 未満のもの。② 水力発電設備(ダムを伴うものを除く)または内燃力発電設備であって，出力 10 kW 未満のもの。ただし，発電設備の出力の合計が 20 kW 以上となるものは除く。

小水力　しょうすいりょく　［電-水］
small scale hydraulic power　水力資源のうち，低落差または低流量のため未利用で放置されている資源を有効利用して発電するもので，水路式が主流である。河川の上流部および支流部，農業用灌漑用水路，工業用水路，砂防用ダムなどを活用する。出力がおおむね 10 000 kW 以下を小水力，さらに 1 000 kW 以下をマイクロ水力と呼ぶこともある。

使用済核燃料貯蔵　しようずみかくねんりょうちょぞう　［原-廃］
spent fuel storage　核燃料サイクルのいくつかの施設では，使用済燃料は，つぎのステップに進むにあたり，冷却などのため一時的に貯蔵する必要がある。その形態はつぎのとおりである。

　① 原子力発電所内の使用済燃料貯蔵施設：原子炉から取出し後 1 年程度の期間，放射能を減衰させ，放射線強度と発熱量を低減させるための貯蔵。通常，水プール貯蔵方式がとられる。

　② 再処理施設の使用済燃料受入貯蔵施設：再処理するまでの冷却のための貯蔵。

③ 発電所外に設置される中間的な位置付けの発電所外使用済燃料貯蔵施設(中間貯蔵)：使用済燃料をキャスクに入れたまま貯蔵する方式と，使用済燃料をキャスクから取り出しコンクリートなどの施設で貯蔵する方式がある。中間貯蔵は，再処理するまでの一時的な場合と再処理をしない場合の処分までの比較的長期間行われるものがある。　⇨ キャスク 㘝 中間貯蔵

使用済燃料　しようずみねんりょう
[原-廃]
spent fuel (SF)　原子炉で一定期間燃料として使用した後，取り出した燃料を使用済燃料という。使用済燃料は，^{235}Uの核分裂により生成したセシウム ^{137}Cs やストロンチウム ^{90}Sr などの放射性の核分裂性核種を含み，そのため，高い放射能，および高い崩壊熱を有するという特徴がある。したがって，原子炉から取り出された後の使用済燃料は，放射能の減衰と崩壊熱の冷却のため，いったん，原子力発電所内の使用済燃料貯蔵プールで数年間貯蔵される。使用済燃料中には，核分裂反応をしなかった ^{235}U および新たに生成した核分裂性物質である ^{239}Pu が含まれている。　⇨ 原子力発電

焼成炉　しょうせいろ　[産-窯]
baking kiln　焼成は，固体を高温で反応させ生成物も固体であるプロセスをいう。セメント，耐火れんが，陶磁器，かわらなどの製造工程は焼成である。この焼成を行う窯炉を焼成炉という。セメントではロータリーキルンが焼成に使われる。陶磁器ではトンネル窯が焼成に使用される。

状態方程式　じょうたいほうていしき
[理-熱]
equation of state　状態方程式とは，物質の熱力学的状態量である圧力 p，比体積(比容積) v および温度 T の間の関係式 $f(T, p, V)=0$ のことをいう。理想気体の状態方程式は気体定数 R を用いて $pv=RT$ または密度 ρ を用いて $p=\rho RT$ と表される。この式からボイル・シャルルの法則が示される。高圧や低温の場合には理想気体の近似が成立しなくなるが，このような場合に実在気体効果を含んだ状態方程式を用いる必要がある。実在気体効果を含んだ状態方程式の最も基本的な方程式としてファンデルワールス状態方程式がある。この種の状態方程式は液体の状態を表すこともできる。ファンデルワールス状態方程式を改良することにより，定量的に物質の状態を記述することが可能な状態方程式が提案されている。　⇨ ファンデルワールス状態方程式，ボイル・シャルルの法則

衝動水車　しょうどうすいしゃ　[転-ボ]
impulse hydraulic turbine, impulse turbine　水力発電所に設置される水車の一種で，水の位置エネルギー，すなわち貯水池と発電所の水位差(落差と称する)を速度エネルギーに変えて羽根車を回転させる水車の総称である。この型式の水車の代表例としてペルトン水車がある。羽根車の構造を図に示すが，貯水池から発電所までの落差を利用して導水された高圧の水をノズルで加速し，高速のジェット噴流を羽根車のランナバケットに当て，その衝動力で羽根車を回転させる方式である。その原理から高落差で小流量の水力発電所に向いており，比較的小出力の発電所では横軸型が，出力の大きな発電所では縦軸型の衝動水車が採用されることが多い。　⇨ 衝動タービン，水車，ペルトン水車，水タービン

ペルトン水車の羽根車

衝動タービン　しょうどうたーびん

[転-タ]
impulse turbine　タービンは, 高圧蒸気や高圧ガスなどの作動流体をノズル(静翼)や羽根車(動翼)に導き, 高圧から低圧へ膨張させることによって高速気流を発生させ, 羽根車に回転動力を与える原動機である。この静翼と動翼の一組みを段落と称し, 段落全体の膨張割合に対する動翼内部の膨張割合, すなわち動翼での断熱熱落差を段落全体の断熱熱落差で割った値を反動度と呼ぶ。衝動タービンは, 作動流体の衝動力(速度)のみを利用するタービン, すなわち図1に示すように高圧気体の膨張過程のほとんどが静翼内部で行われ, 高速気流がノズル下流の動翼に吹き付けられてその衝動力で回転動力を発生させるタービンであり, 反動度はほとんど0となる。一方, 高圧気体の衝動力と反動力(圧力), すなわち高圧気体が図2に示すように静翼と動翼の両方で膨張し, ノズル下流の衝動力と動翼内部での反動力により回転動力を発生させる反動タービンがある。現代の大型タービンの場合, 軸流多段で構成されることが多く, しかも動翼の転向角(出入口の角度差)が根元から先端にかけて分布させるように設計されている。このため, 反動度も翼長方向に分布するので, 通常, 翼根元の反動度が十数%以下のタービンを衝動タービン, 根元反動度が数十%以上のタービンを反動タービンと称することが多い。　⇒ 衝動水車

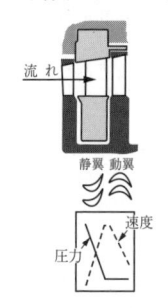

図1　衝動タービンの段落と圧力および速度変化

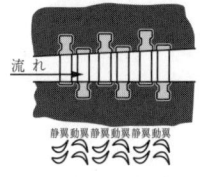

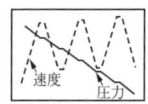

図2　反動タービンの段落と圧力および速度変化

照度センサ　しょうどせんさ　[理-光]
illuminance sensor　ある照度〔入射する光に照らされた受光面上の単位面積当りの光束。単位はルクス(lx)〕の光の照射による光起電力効果を利用した光電変換素子あるいは装置をいう(フォトダイオード, フォトトランジスタなど)。フォトダイオードは感度がよい反面, 暗電流などが多い。スイッチ素子などとして用いられる。

蒸 発　じょうはつ　[理-物], [産-プ]
evaporation　液体の表面から, 蒸気圧の差により物質が気化していくこと。水分を含む湿った材料から水分が気化していくことも蒸発である。蒸発するときは相変化により, 液体が液相から気相になる。その変化は吸熱変化であり, 物質を蒸発させるためには, 蒸発潜熱分の熱エネルギーを与えなければならない。水は蒸発潜熱がきわめて大きい物質として知られ, 100℃, 1気圧のときの蒸発潜熱は539 kcal/kg(2 257 kJ/kg)である。逆に蒸気圧の差により蒸気が液体に戻るときは凝縮といい, 蒸発潜熱と同量の熱エネルギーを放出する。

蒸発ガス　じょうはつがす
[石-油]
boil off gas　ボイルオフガス(BOG)。

液化天然ガス(LNG)貯蔵タンク内外の温度差により熱を吸収して気化したガスのこと。　㊀ ボイルオフガス
[輸-燃]
evaporative gas　蒸発により大気中に放出されるガスをいう。特に燃料の蒸発により発生するものを燃料蒸発ガス(エバポエミッション)といい，自動車の場合，燃料タンク，キャニスタ，インジェクタ，燃料配管のゴム系部品などを発生源とした炭化水素(HC)が主成分であり，これは自動車から放出される全HC量の約15%を占めている。

　近年，車両走行時のテールパイプエミッションだけではなく，車両停止時のエバポエミッションを低減することも大気環境改善のための重要な課題とされている。燃料タンクや配管系から放出される燃料蒸発ガスは，透過性低減，キャニスタの改良によって対策が立てられている。　㊀ エバポエミッション，燃料蒸発ガス，ボイルオフガス

蒸発器　じょうはつき　[熱-冷]
evaporator　冷凍サイクルなどにおいて，液状冷媒が被冷却媒体(冷水など)から熱を取得して蒸発することにより，被冷却媒体を冷却することを目的とする熱交換器。蒸発を継続するための装置として，① 被冷却媒体の流路，② 液状冷媒を供給する装置，③ 蒸発器内の圧力を保持するために蒸気を除去する装置(吸収器，圧縮機など)，への連結部を備えている。　⇒ エバポレータ，蒸発潜熱

蒸発潜熱　じょうはつせんねつ　[熱-冷]
latent heat of evaporation　飽和温度の液体(液状冷媒など)が外部から熱を取得して液体表面から気化し，同一温度の飽和蒸気になる際に，飽和液が取得する熱量を蒸発潜熱といい，一般に単位質量当りの液体が取得する熱量で表示する。　⇒ 蒸発器

蒸発熱　じょうはつねつ　[理-伝]
heat of evaporation　一つの物質が液相または固相から気相に変わるときに必要とする熱。0.1 MPaの標準大気圧下において，100℃のときの水の蒸発熱(このとき，蒸発潜熱ともいう)は2257 kJ/kgである。　⇒ 気化熱

蒸発燃焼　じょうはつねんしょう　[燃-燃]
evaporative combustion　液体燃料の燃焼方式の一つ。加熱される蒸発管や蒸発器の内部で液体燃料をあらかじめ蒸発させて気体燃料と同様に燃焼させるものである。家庭用暖房機に多く使用される。ガスタービンの蒸発型燃焼器のような工業的な応用例もある。

消費型資源　しょうひがたしげん　[資-社]
non-reusable resources　「大量生産」，「大量消費」，「大量廃棄」を前提として利用される資源であり，消費・利用された後は，再利用の目的で回収されることがないものをいう。

正味熱効率　しょうみねつこうりつ
[理-動]
brake thermal efficiency　正味仕事として取り出せる割合。分子は正味仕事であるが，分母には低位発熱量と高位発熱量という二つの場合がある。内燃機関のように排熱温度が大気圧での水の沸点よりも高い場合には，本質的に水の蒸発潜熱が利用できないため低位発熱量を，ランキンサイクルのように排熱温度がほぼ室温である場合には高位発熱量を用いる。燃焼で熱を発生する場合には，燃料が熱に変換される燃焼効率，受け取った熱を動作流体が仕事に変換するサイクル効率，そして動作流体の仕事を出力軸端までの機構が伝達する機械効率の三つの積が正味熱効率となる。

[転-ガ]
net heat efficiency　機関に供給された燃料の熱量に対する正味の仕事に変わった熱量の割合。　⇒ 総合熱効率

静脈産業　じょうみゃくさんぎょう
[産-全], [環-リ]
recycling industry　廃棄物の処理やリサイクルにかかわる産業のこと。静脈産業とはわが国独自の用語と思われる。天

然資源を原料に工業製品を製造する工程を血管の動脈にたとえると，不要になった工業製品を解体し，再使用工程に回すこと，金属，ガラス，あるいは化学原料として再利用する，また，適切な用途がない場合に焼却してエネルギーとして利用するなど，工業製品を処理し環境に負荷を与えないようにする工程は，血管の静脈にあたる．不要品をただ廃棄するだけでは，埋め立てる場所の不足，埋立による環境破壊の心配，原材料資源の枯渇などの問題が発生する．静脈産業は今後必要不可欠の産業である．

蒸 留 じょうりゅう　[産-プ]
distillation　蒸留による混合溶液の分離操作は，同じ温度圧力において，蒸気と液では平衡する組成が異なることが原理である．図で，横軸は2液の組成を示し縦軸は温度である．沸点曲線は沸点と液組成との関係を，露点曲線は凝縮する温度と組成の関係を示す．同じ温度で，蒸発する組成と凝縮する組成が異なることを示している．これにより，蒸発と凝縮を繰り返して次第に濃度100％に近づくのである．蒸留搭の下部ではリボイラにより加熱し，上部ではコンデンサにより冷却して，搭内の上下方向に温度分布がつくられ，上部より沸点の低い物質が，下部より沸点の高い物質が液体の状態で取り出される．

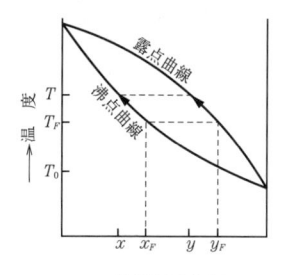

単蒸溜（単蒸留）

蒸留性状 じょうりゅうせいじょう
[輸-燃]
distillation characteristics　液体の性質を示す指標の一つで，一定の条件下で液体混合物を蒸留する際の温度と，蒸留される液体の量の関係をいう．蒸留が始まるときの温度（初留温度），半分の量が蒸留される50％留出温度，留出の終わる終点などがあり，留出温度が高いほど揮発しにくいことを示す．自動車用ガソリンや軽油の性質を示す際に使用され，燃料の組成，着火性，エンジン始動温度，乾燥性などを把握することができる．また，他油種混合の有無を比較する一手段となる．
　低沸点分が多いと始動性はよいが，ベーパーロック（燃料が過熱され，燃料パイプの中に燃料蒸気がたまり，閉塞される現象）が発生しやすくなる．また，高沸点分が高いと潤滑油希釈を起こす．

触 媒 しょくばい　[産-プ]
catalyst　化学反応の速度を早めたり，進まない反応を進めたりする作用をもつ物質．いろいろなところで広く使用されている．ガソリン自動車の排気ガス浄化触媒は，通常，セラミックス製ハニカム形状の担体の上にパラジウムを主成分とする触媒作用をもつ物質が担持されている．ボイラ排ガス中の窒素酸化物（NOx）をアンモニアと反応させて消滅させる選択接触還元法（SCR）脱硝装置は，脱硝反応を促進する触媒を用いている．

食品廃棄物 しょくひんはいきぶつ
[廃-個]
food waste　⇨ 生ごみ

植 物 しょくぶつ　[生-種]
plant　生物を二分したときに動物と対置されるクロロフィルをもち光合成を行う一群．クロロフィル分子が太陽光を吸収し，生じた励起状態の電子を光化学系が捕捉することにより高エネルギー電子を獲得する．

植物の光合成 しょくぶつのこうごうせい
[自-バ]
photosynthesis of plants　バイオマス

は植物の光合成によって水と二酸化炭素(CO_2)からブドウ糖を合成し，太陽エネルギーを化学エネルギーの形で蓄える。このエネルギーを直接あるいは間接的に利用するのがバイオマスエネルギーの利用である。その効率は植物および条件によって大きく異なるが，おおむね1％以下であり，エネルギー変換としては必ずしも高効率とはいえないが，人為的な設備が不要であり，比較的低コストで太陽エネルギーを固定できる利点がある。バイオマスの生産にあたり，光合成によって大気中のCO_2が吸収されることが炭素中立性の根拠であり，また，太陽エネルギーを固定して利用できることが再生可能性の根拠である。

食物連鎖 しょくもつれんさ [生-活]
food chain 食うものと食われるものとが鎖状につながっている状態を食物連鎖という。

植林 しょくりん [環-温]
afforestation, reforestation 苗木を植えて森林を育てること。過去に森林であったところへの植林を再植林と区別することがある。二酸化炭素(CO_2)低減のために必須の手段と考えられている。気候変動枠組条約第7回締約国会議(2001年)で決定された京都議定書の運用細則においても，森林運営によるCO_2吸収は上限を設けて削減量に繰り入れられるとともに，新規植林と再植林がクリーン開発メカニズム対象事業として認められている。 ⇒ 温室効果ガス，クリーン開発メカニズム，森林

所内電力 しょないでんりょく [電-流]
station power source 発電所の補助設備，例えばポンプ，送風機，励磁機，回転磁気増幅器などを作動させるために必要な電力。

所内比率 しょないひりつ [電-流]
station ratio 発電所内で補機動力のために使われる電力と発生電力の比率。

シリコン しりこん [産-錬]
silicon (Si) 原子番号14の非金属元素ではあるが，ほかの金属と同様な方法により精錬される。単体では半導体の主原料となり，半導体素子，太陽光発電セルに用いられる。鉄鋼には成分として含まれている。有機化合物にはシリコンゴムがある。いろいろの鉱物の成分であり地球上には多く存在する元素である。ケイ石(シリカ，SiO_2)からアーク炉還元により金属シリコンを得る際には多量のエネルギーを要する。また，半導体製造のための高純度化にも多くのエネルギーが必要である。

シリコン太陽電池 しりこんたいようでんち [電-機]
silicon solar cell 半導体のpn接合面に光を照射すると，バンド幅以上のエネルギーをもった光は吸収されて電子と正孔を生成し起電力が生じる。この光電効果を利用したものが太陽電池であり，半導体の材料にシリコンを用いているのがシリコン太陽電池である。

自流式発電所 じりゅうしきはつでんしょ [自-水]
natural inflow type hydro power plant, natural inflow type hydro power station 水の利用面からみて，河川流量を季節調整または年間調整することができない水力発電所をいい，毎日の河川流量を調整せずに取り入れる流込式発電所と，1日ないし数日の流量調整を行う調整池式発電所の総称である。また，河川の豊渇水の程度を表す出水率の算定対象発電所でもある。 ⇒ 出水率，水力発電所，流込式発電所

示量変数 しりょうへんすう [理-指]
extensive quantity 体系の特性を扱う変数のうち，体系をいくつかの系に区分するとき，その量の値も分量になるのもである。熱力学的変数である体積や内部エネルギーなどに対応する。質量や熱容量は示量変数であるが，単位質量当りの量で表されている密度や比熱は示量変数ではない。 ⇒ 示強変数

ジルコニア式酸素計 じるこにあしきさん

そけい [理-計]
zirconia type oxygen analyzer 酸素の電気化学的性質を利用してガス中の酸素濃度を測定する装置である。カルシウムなどの酸化物を含む酸化ジルコニアを電解質として用い、高温下で酸素イオンだけを通過させ、素子の表裏に設けた電極に発生する起電力を測定する。起電力は素子両面に存在するガス中の酸素分圧の比の対数に比例するため、一方に基準ガスを流すことによって、測定ガスの酸素濃度を測定できる。

シーワン化学技術 しーわんかがくぎじゅつ [転-ガ]
C_1 chemistry technology メタンなどの炭素原子1個の化合物を原料とし、合成石油、化学原料などを合成する一群の化学反応プロセスのこと。例えば、天然ガスやバイオマスから製造されるメタノールを用いクリーンなエネルギー源とする研究やメタンや一酸化炭素、二酸化炭素などを用いさまざまな反応のための各種触媒の研究などが行われている。

新エネ法 しんえねほう [社-新]
Law Concerning Promotion of the Use of New Energy ⇒ 新エネルギー利用等の促進に関する特別措置法

新エネルギー しんえねるぎー [資-自], [自-全]
new energy 新エネルギーという用語は、じつにさまざまな意味で使われており、狭義には太陽エネルギー、海洋エネルギー、地熱エネルギー、風力エネルギーなどの自然エネルギーを指す。「現在、技術的あるいは経済的に利用が比較的困難であるが、将来利用が期待されるエネルギー資源」という最も常識的と考えられる定義を採用すれば、太陽光、風力、地熱などの自然エネルギーをはじめとして、高速増殖炉発電によるプルトニウム利用、核融合炉、さらにはメタンハイドレード利用や石岩高度利用などがあげられる。また、エネルギー資源的にみると、非常に大きな影響力をもつ油田やガス田の高次回収技術、高深度採掘技術、小規模あるいは遠隔地ガス田の有効利用技術であるGTL・DME技術、さらにはオリノコタールの利用技術などの新しく無公害化して利用可能としたエネルギーをも含めて、新エネルギーと呼ぶ。

1994年に策定された「新エネルギー導入大綱」では、石油代替エネルギーのうち、経済性の面における制約から十分に普及していないものであって、その導入を図ることが必要なものと定義している。また、1997年に施行された「新エネルギー利用等の促進に関する特別措置法」では① 自然エネルギーを中心とした再生可能エネルギー(太陽光発電、風力発電、太陽熱利用、エネルギー作物としてのバイオマス、海洋などその他の再生可能エネルギー)、② 廃棄物や廃熱の利用を中心としたリサイクル形エネルギー(廃棄物発電、廃棄物熱利用、廃棄物燃料製造、温度差などの未利用エネルギー活用システム)、③ 従来型エネルギーの新利用形態(クリーンエネルギー自動車、天然ガスコジェネレーション、燃料電池など)の三つに分類している。ただし、総合エネルギー調査会の長期エネルギー需給見通しでは、上記のほか、省エネ技術、高効率発電技術である燃料電池やコジェネレーションなども新エネルギーに分類するなど、非常に広い定義を採用している。総合エネルギー調査会による2010年の国内の新エネルギーの見通しは、新エネルギー全体で原油換算1910万kℓであり、この値は一次エネルギーの3.2％に相当する。ちなみに1999年度の新エネルギーの一次エネルギーに占める割合は1.2％であった。
⇒ 再生可能エネルギー、自然エネルギー、未利用エネルギー

新エネルギー技術 しんえねるぎーぎじゅつ [全-社]
new energy technologies 従来の主要なエネルギー関連技術とは異なる技

術。新しいエネルギー資源に関してこれらを得るための技術としては、太陽電池、風力発電、あるいは核融合などがある。高速増殖炉もプルトニウムを資源とするという意味では新エネルギー資源転換技術として位置付けられる。バイオマスは大昔から使われてきた技術であるが、通常は新エネルギー資源として位置付けられる。

一方、資源は旧来のものを用いながらも、エネルギー転換技術・システム・用途が現在と異なるものも、新エネルギー技術と呼ばれる。例えば水素エネルギーシステム、燃料電池などである。
⇨ 核融合、高速増殖炉、水素エネルギーシステム、太陽電池、燃料電池、バイオマス、風力発電、プルトニウム

新エネルギー財団 しんえねるぎーざいだん [社-新]
New Energy Foundation (NEF) 石油危機の直後の1980年9月に、電力、ガスなどのエネルギー供給企業や新エネルギー技術に関する企業からの出損による財団法人として設立された組織。新エネルギー、地域エネルギー、未利用エネルギー利用のための調査研究および導入、普及のための業務や政府などに対して新エネルギーなどの開発利用の推進方策について建議、意見具申を行い、その実現に努力することを任務としている。新エネルギー技術の開発と導入を促進する計画本部のほかに太陽光発電や太陽熱利用にかかわる導入促進を行う導入促進本部、水力本部、地熱本部などで構成されている。一般家庭への太陽光発電システム導入に対する補助を行い注目された。 ⇨ NEF

新エネルギー・産業技術総合開発機構 しんえねるぎーさんぎょうぎじゅつそうごうかいはつきこう [社-新]
New Energy and Industrial Technology Development Organization (NEDO) 経済産業省傘下の独立行政法人。第二次石油ショック直後の1980年に、わが国の石油代替エネルギー対策の中核的組織として創設された。現在は地球環境問題解決のためのクリーンエネルギーの研究開発や、新規産業創出のための産業技術の研究開発などを行っている。エネルギー関連の技術開発事業としては、民間で行うにはリスクの大きい化石燃料、廃棄物、バイオマス、太陽エネルギー、地熱エネルギー、水素エネルギー、燃料電池、超伝導技術、省エネルギー技術、環境調和型技術などの技術開発や導入・普及事業を、民間への委託、補助金交付などを通じて産官学の力を結集した研究開発体制で行い、これらの研究開発を管理、調整、体系化を行っている。 ⇨ NEDO

新エネルギー導入大綱 しんえねるぎーどうにゅうたいこう [社-新]
basic guide lines for new energy introduction 1994年9月に閣議決定された「石油代替エネルギーの供給目標」を達成するために、総合エネルギー対策推進閣僚会議において同年12月に策定した新エネルギーに関する国全体の指針。新エネルギー導入促進を効果的に実施するため重点導入を図るべき新エネルギーとして、再生可能エネルギー(太陽光発電、風力発電など)、リサイクル型エネルギー(廃棄物発電など)、従来型エネルギーの新利用形態(クリーンエネルギー自動車、天然ガスコジェネレーション、燃料電池など)を選定している。また、それぞれの新エネルギー固有の導入制約要因を踏まえ、個別に適切な導入支援策を定めること、各種新エネルギーの共通の制約要因であるコストの引下げを図ること、関係省庁が一体となって総合的な施策を展開すること、地方自治体などによる地域特性を生かした取組みや民間事業者、個人の導入活動を奨励し、支援すること、さらには制度面での環境整備、特に規制緩和を進めていくことなどの方針が示されている。 ⇨ 石油代替エネルギーの供給目標

新エネルギー導入ビジョン　しんえねるぎーどうにゅうびじょん　[社-新]
new energy vision　技術開発の各段階にある新エネルギーのうち，経済性評価など今後の導入にかかわる実現可能性を展望しうる状況にあるものを対象とし，長期的導入展望および今後5年間の導入形態・分野を示したもの。1984年に資源エネルギー庁「新エネルギー導入ビジョン研究会」において，太陽光発電，燃料電池，風力発電，ソーラシステムおよびメタノールを対象に検討・評価がなされ，長期導入展望および1990年頃までの導入形態・分野が示された。

新エネルギーの分類表　しんえねるぎーのぶんるいひょう　[社-新]
classification of new energy　1994年12月に定められた「新エネルギー導入大綱」の考え方に基づき，実態調査の対象とする新エネルギーを分類した表。「新エネルギー導入大綱」では，新エネルギーが以下の三つ，すなわち①自然エネルギーの利用を中心とした再生可能エネルギー(太陽光発電，太陽熱利用システム，風力発電，波力エネルギーなど)，②廃棄物や廃熱の利用を中心としたリサイクル型エネルギー(廃棄物発電など)，③従来型エネルギーの新利用形態(コジェネレーションシステム，クリーンエネルギー自動車など)に分類されている。　⇨ 新エネルギー導入大綱

新エネルギー法　しんえねるぎーほう　[社-新]
Law Concerning Promotion of the Use of New Energy　⇨ 新エネルギー利用等の促進に関する特別措置法

新エネルギー利用等の種類別の導入目標　しんえねるぎーりようとうのしゅるいべつのどうにゅうもくひょう　[社-新]
goals for the use of new energy sources by kinds　1997年9月に閣議決定された「新エネルギー利用等の促進に関する基本方針(以下「基本方針」という)」に参考として掲げられた2010年度におけるわが国の新エネルギー導入目標。1998年9月に閣議決定された「石油代替エネルギーの供給目標」の前提となる導入目標を種類別に示している。
　2002年3月の「石油代替エネルギーの供給目標」の改定(閣議決定)および同年12月の「基本方針」の改定に伴い，新エネルギー利用などの種類にバイオマスおよび雪氷熱利用が追加され，各導入目標が改定された。　⇨ 新エネルギー利用等の促進に関する特別措置法，石油代替エネルギーの供給目標

新エネルギー利用等の促進に関する特別措置法　しんえねるぎーりようとうのそくしんにかんするとくべつそちほう　[社-新]
Law Concerning Promotion of the Use of New Energy　新エネルギー利用などの促進を加速化させるため1997年4月に制定され，同年6月から施行された。この法律では，国・地方公共団体，事業者，国民などの各主体の役割を明確化する「新エネルギー利用等の促進に関する基本方針(閣議決定)」の策定，新エネルギー利用等を行う事業者に対する金融上の支援措置などを規定している。また，この法律に基づき，「新エネルギー利用等の促進に関する特別措置法施行令(同年6月20日)」および「エネルギー使用者に対する新エネルギー利用等に関する指針(同年11月19日通商産業省告示)」が定められている。　㊥ 新エネ法

真空溶融　しんくうようゆう　[産-炉]
vacuum melting　金属の酸化を抑えて溶解するために用いる特殊な溶解法である。加熱は電気の誘導加熱による。希土類磁石など，高品質の特殊鋼を製造するのに必要である。

人工軽量骨材　じんこうけいりょうこつざい　[環-都]
artificial lightweight aggregate　骨材とは，コンクリートをつくるときにセメントに混ぜる砂や石を指す。人工軽量骨

材とは，この砂の代わりにセメントに混ぜるために人工的につくられた内部が多孔質の材料である．これによりコンクリートを軽量化するとともに，内部の骨材内部の空隙により断熱性を上げることもできる．膨張頁岩，膨張粘土などが用いられてきたが，最近では石炭灰や焼却灰から人口軽量骨材をつくることが実用化されている．

深層熱水 しんそうねっすい [自-地]
deep-seated hot water 地下に存在する地熱資源の賦存形態の一つ(図)．平野や盆地の地下に賦存する低～中温の温水・熱水である．これらの資源は，一般的には温泉，地域暖房，温室などに直接，熱利用されている．東京都心などの地下1000m以深からくみ上げられている温泉も，深層熱水の一つである．一方，一部の地域では，溶存する水溶性ガスやヨウ素などが資源として利用されている．火山地域の地熱資源に比較すると，深層熱水は温度が低いものの，賦存している地域が人工密集地にあたるため，その資源としての利用価値は高い．現在は温泉としての利用価値が最も高いが，最近ではヒートポンプを利用した温水から抽熱する技術が進んでいる．
⇒ 地熱地域

進相負荷 しんそうふか [電-力]
condensive load 電流の位相が電圧より進んでいる負荷のこと．

浸透圧 しんとうあつ [理-化]
osmotic pressure 半透膜を境にして溶媒と溶液を接したとき，半透膜を通して溶媒が溶液側へ浸透する圧力をいう．浸透圧は溶液中の溶質の濃度に比例するので，種々の濃度で浸透圧を測定すると溶質の分子量が求まる．同じ重量濃度の溶液において浸透圧は分子数に比例するので，分子量が高いほど浸透圧は低い．溶液側に浸透圧より高い圧力を加えると溶液中の溶媒が半透膜を通して溶媒側へ移動する現象を逆浸透といい，この技術は海水の淡水化や食品の濃縮等に利用されており，加熱により水を蒸発して濃縮するより省エネルギーである．

振動計 しんどうけい [環-臭]
vibration meter, vibrometer センサにより建物や機械の振動の周波数と振幅を計測する．公害計測の場合は，人間の感覚に合わせ，フィルタを通して処理した振動のレベルをデシベルで表示する

地熱資源の賦存形態〔阪口圭一，玉生志郎：地熱資源の種類と成因，理科年表読本コンピュータグラフィックス，日本列島の地質 CD-ROM 版，丸善(2000)より〕

こともできる。

振動におけるエネルギー　しんどうにおけるえねるぎー　[理-機]
energy in vibrations　物体が振動しているときのエネルギーには，運動エネルギーT，復元力による弾性エネルギーU，粘性・摩擦などによる消散(減衰)エネルギーDがある。ばね，ダンパ，質点よりなる振動系で，物体の変位をxとしたときのこれらの諸量は下記のように表される。

$$T = \frac{1}{2} m \left(\frac{dx}{dt}\right)^2, \quad U = \frac{1}{2} k x^2,$$
$$D = \frac{1}{2} c \left(\frac{dx}{dt}\right)^2$$

ここに，mは質点の質量，kはばね定数，cはダンパの減衰係数であり，tは時間である。振動荷重$F = P\sin\omega t$を作用させて物体を振動させ，その変位xが$x = A\sin(\omega t - \beta)$と表されるとき，一周期間の物体の運動エネルギーを$T$，一周期間のダンパによる消散エネルギーを$D$とすると，それらは次式で与えられる。

$$T = \int F dx$$
$$= \int_0^{2\pi/\omega} F \frac{dx}{dt} dt = \pi P A \sin B$$
$$D = \int c\dot{x} dx$$
$$= \int_0^{2\pi/\omega} c(\dot{x})^2 dt = c\pi A^2 \omega$$

新日米原子力協定　しんにちべいげんしりょくきょうてい　[原-政]
agreement for cooperation between the government of Japan and the government of the USA concerning peaceful uses of nuclear energy　アメリカのカーター大統領(1977年当時)の国際的な核不拡散強化政策により，アメリカはわが国の再処理やプルトニウム利用を制限しようとした。1982年以来16回にわたる交渉を経て，再処理の際の事前同意や核物質に対する供給国政府の規制について，あらかじめ合意している枠内で一括して承認するという包括同意方式が導入され，1988年7月に発効している。

深夜電力　しんやでんりょく　[電-系]
late-night electric power, late-night power　深夜電力は，電気温水器や蓄熱式暖房器などを使う場合の契約で，深夜から朝にかけて，電気消費の少ない時間帯の電力。

森林　しんりん　[環-温]
forest　樹木の集団であり，林地の地上，地中を通じて生態系を形成している。薪炭や木材などの資源供給や水源，土地保全など環境保全の役割を担っている。世界および日本の森林(陸地面積に占める森林面積)はそれぞれ，29％，67％で，陸上のバイオマスの9割は森林にあるとされる。二酸化炭素の吸収先，貯蔵庫として役割から，1997年の地球温暖化防止京都会議(気候変動枠組条約第3回締約国会合)では，森林保護の強化，持続可能な森林経営と新規植林，再植林の推進などが定められた。　⇨植林，森林破壊

森林バイオマス　しんりんばいおます　[自-バ]
forest biomass　森林において生産されるバイオマスを指していう。日本の国土の2/3は森林であり，この点からは，最も豊富なバイオマス資源といえる。日本の森林の生産速度は，4〜7 dry-t/ha yr程度である。しかしながら，日本における急傾斜や林道整備の遅れからその利用は経済的に容易ではない。森林の間引きに相当する間伐で発生する間伐材，材木を切り出すときに使えない部分として発生する末木・枝条，森林そのものをエネルギー生産のために生育するプランテーション木材などがある。エネルギー生産のためには，熱帯や亜熱帯で成長速度の大きい樹種を短周期で栽培する短周期栽培(SRF)が考えられている。

森林破壊　しんりんはかい　[環-温]
deforestation　過度の焼畑耕作，

薪炭材採取，放牧などによって森林が失われること。特にインドネシア，ニューギニア，アマゾン流域といった熱帯地域において著しく，年間10〜20万 km^{2}の熱帯雨林が消失しているとされる。森林破壊により，熱帯雨林域の多種多様な生態系，生物資源が失われるとともに，大量のバイオマス中に蓄えられた炭素が大気に放出され，地球温暖化を加速している可能性がある。　⇨ 植林，森林，地球温暖化，バイオマス

深冷分離法　しんれいぶんりほう　[産-冷] cryogenic distillation process　超低温での空気分離法のこと。当初，二酸化炭素やアンモニアの分離に用いられ，その後，空気液化の連続的な工業生産技術が確立された。空気を冷却液化し，これを各成分の沸点の違いを利用して分留し，単独成分(主として酸素と窒素)に分離する。1895年ドイツ人のリンデによって始められた。原料の空気は無料であり，製造コストは主として電力代になる。そのため，いかに安価に高いエネルギー効率を達成するかが問題である。低温のプロセスであるが，熱交換器により冷熱を回収し，分離された酸素，窒素は常温に近い温度で回収される。所要エネルギーはおよそ $0.35 \text{ kW}/(\text{N}\cdot\text{m}^3)$ 程度といわれている。一般に大形の設備投資を要する技術であり，近年では中小規模の需要に対しては膜分離法や吸着法(PSA法)などのほかの技術も多く用いられるようになった。

〔す〕

水管ボイラ　すいかんぼいら　[熱-加]
water tube boiler　火炉内に設置した水管内で蒸気を発生させるボイラを指し,自然循環ボイラ,強制循環ボイラ,貫流ボイラがある。自然循環式水管ボイラは蒸気泡の浮力のみで水を循環させる。強制循環ボイラは,ポンプを用いて水を強制的に循環させる。高圧の蒸気を必要とする場合は,蒸気の比重が大きくなり水の循環を蒸気泡の浮力に頼ることができないため,強制循環ボイラが適している。貫流ボイラは,蒸気量に等しい水量を水管に送り出し,循環は行わない。強制循環ボイラと異なり,蒸気を汽水分離する必要がない。火炉壁を安定に冷却保護したい場合は強制循環ボイラが,高圧蒸気を生成したい場合は,汽水分離を行う蒸気ドラムが必要なく,管のみで構成される貫流ボイラが適する。特に超臨界圧の蒸気を生成する場合は,貫流ボイラにする必要がある。

水銀電解法　すいぎんでんかいほう　[産-化]
mercury process electrolysis　電解法によりカセイソーダを製造する方法で水銀を電極とする方法。良質のカセイソーダができるが,微量の水銀が排水中に混入し環境中に排出され,水銀に汚染された魚を食べた人が水俣病になった。以来,この方法は使用されなくなった。

水銀電池　すいぎんでんち　[電-池]
mercury cell　水銀電池は,第二次世界大戦の初め,熱帯地域での使用に耐える高容量電池への要求に応えて開発された。構造は,負極に亜鉛アマルガム,正極に酸化水銀と炭素粉末などを,また電解質溶液としては,酸化亜鉛と水酸化カリウムなどを用いている。

水質汚濁　すいしつおだく　[環-水]
water pollution　河川,湖沼,海洋などにおいて水質が悪化すること。汚濁が相当範囲に広がって,人の健康,生活に被害が生じるときを公害という。水質汚濁は生活排水,産業排水,タンカーの座礁などの突発的な事故などにより引き起こされるが,関係する物質も多様である。維持されることが望ましい環境の質の基準として,環境省により環境基準が定められているが,水質に関しては,河川,湖沼,海域などの「生活環境の保全に関する環境基準」として生物化学的酸素要求量(BOD),化学的酸素要求量(COD),懸濁物質(SS),大腸菌群数などの基準が,「人の健康の保護に関する環境基準」として,重金属,ポリ塩化ビフェニル(PCB)やトリクロロエチレン,そのほかの有害化学物質,富栄養化を引き起こす窒素,リンなどの基準が定められており,「水質汚濁防止法」に基づき対策が進められている。

水　車　すいしゃ　[転-タ]
water turbine　水力発電に利用される原動機で,主として発電専用の水タービン(ハイドロタービン)の総称。水車は,水の位置エネルギー(落差),すなわちダムなどの貯水池と水タービンの水位差を速度エネルギー(流速)や圧力エネルギー(水圧)に変えることにより,回転動力に変換する原動機である。水力発電所に設置される大型の水車から,水配管などの落差を利用して動力を回収する小型の水車まで多くの種類があるが,大別して落差をすべて速度エネルギーに変換して動力を発生させる衝動水車と,速度と圧力の両方のエネルギーを利用して動力を発生させる反動形の水車に分類できる。衝動水車の代表例がペルトン水車である。反動形水車には,遠心形のフランシス水車,斜流形の水車および軸流形(プロペラ形)のカプラン水車などがある。

⇒ 衝動水車，水タービン

水蒸気 すいじょうき [理-動]
water vapor 水が蒸発して気体となったもの。相変化に影響するのは複数の変数であり，水蒸気を凝縮させるには温度を下げてもいいし，圧力を上げてもいい。圧力と温度の平面上に相変化を表した相線図で気相，液相，固相の三つを示すことができる。その中で液相と気相の境界上では気液共存状態であることを表す。気液境界線はつねに正の傾きをもち，温度を上げると気体が蒸発してしまわないようにするためには圧力も上げなければならない。加圧(減圧)すると沸点が上がる(下がる)ことに対応している。気液共存のまま圧力を上げると(もちろん温度も上がる)気体の密度は増大していくから気液の差が少なくなっていき，ついには両者が同じ密度になってしまうところである臨界点に到達する。水では，374℃で22.1 MPaである。相線図上の気液境界上では，さらに気液の共存状態を表すのに比体積(単位質量当りの体積，密度の逆数)を横軸にとったp-v線図(図参照)が用いられる。気液の境界は図上で広がりをもつことになり，線上の液体側を飽和液線，気体側を飽和蒸気線という。飽和液よりも比体積の小さい状態にあるものを圧縮液，飽和蒸気よりも比体積の大きい状態にあるものを過熱蒸気という。これらの飽和線に囲まれた部分の状態を湿り蒸気といい，気体の質量割合を乾き度という。熱力学第一法則から，気液共存状態にある比体積，内部エネルギー，エンタルピー，エントロピーは，飽和液と飽和蒸気のもつそれらに質量割合を掛けた代数和で表される。温度圧力ともにずっと高くなると，等温線は双曲線となり，理想気体の性質を表すことになる。 ⇒ 三重点

水蒸気噴射 すいじょうきふんしゃ [燃-燃]
steam jet 低NOx燃焼法の一つであって，水または水蒸気を燃焼室内の適当な位置に吹き込むことによって火炎温度を低下させ低NOx化を図る。

水性ガス化 すいせいがすか [燃-ガ]
water gasification 石炭あるいは重質油に高温で水蒸気を反応させ，一酸化炭素および水素を得る方法。

水性ガスシフト すいせいがすしふと [理-反]
water-gas-shift reaction スチームによるメタンのリフォーミング反応において同時に進行する，反応式 CO + H_2O→CO_2+H_2 で表される反応。

水素 すいそ [理-元]
hydrogen 原子番号1番の元素。原子量1.00794。質量数1(99.984 426 %)の^1H，2(0.015 574 %)の^2H(重水素，記号D)の2種類の安定同位体と質量数3で半減期12.35年の^3H(トリチウム，記号T)がある。単体としては水素分子H_2であるが，地球上では水(H_2O)として最も多く存在している。工業的には，水性ガス移動反応 CO + H_2O → H_2 + CO_2やH_2Oの電気分解などによって製造されている。ロケット燃料として，機体の推進力にも利用されている。水素分子(H_2)は燃焼によりH_2Oになるだけであることから，化石燃料に代わるクリーンな二次エネルギー源として注目されており，水素燃料電池の開発も推進されている。 ⇒ 炭素

水素エネルギー すいそえねるぎー

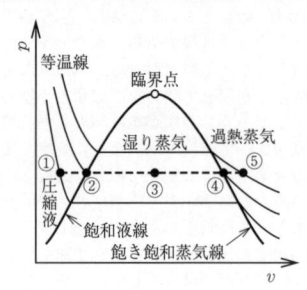

蒸気のp-v線図

[燃-水]

hydrogen energy　燃焼しても水にしかならない，クリーンエネルギーとして注目される二次エネルギーの一つ。現在は化石燃料からつくられているため製造時に二酸化炭素が発生するが，将来は再生可能エネルギーや原子力を利用してつくることができるようになると，本当の意味でクリーンエネルギーとなる。一方，爆発の危険や貯蔵，輸送などにも課題がある。現在最も注目されている水素エネルギー利用が燃料電池である。

水素エネルギーシステム　すいそえねるぎーしすてむ　[燃-水]

hydrogen energy system　水素をエネルギーとして利用するためには，製造，輸送，貯蔵，利用など，それぞれの段階における技術開発が必要であり，水素利用を可能にする技術体系を水素エネルギーシステムと呼ぶ(図参照)。

水素エンジン　すいそえんじん　[転-エ]

hydrogen engine　従来のガソリンの代わりに水素を燃料としたエンジン。水素は燃やしても水蒸気になるだけで，地球温暖化につながる二酸化炭素や一酸化炭素，炭化水素などの有害物質を発生しない。しかも元素としては地球上に無尽蔵にある。まさに内燃機関を積んだ従来型の自動車にとっては，最後の望みともいえる燃料だ。ただし問題は，従来の化石燃料と比べて供給システムの確立が難しい。気体として運ぶにはかさばりすぎるし，万が一にも引火すれば爆発の危険もある。かといって液体化するには，-253℃以下に冷やす必要があり，それを燃料として運ぶためには，きわめて強力な冷凍装置が必要だ。

水素ガスタービン　すいそがすたーびん　[燃-水]

hydrogen gas turbine　自動車や航空機，発電などに現在広く使われているガスタービンに水素を燃料として利用するシステム。現在，ガスタービンの主要燃料は石油，天然ガスといった化石燃料が主流で，水素を燃料とするガスタービンを実用化するまでには，燃焼，貯蔵，安全面などで技術開発が必要とされる。

水素化物　すいそかぶつ　[理-名]

hydride　水素とほかの元素の化合物の総称。厳密には HCl や H_2O などの陰性元素との化合物は含まれない。揮発性水素化物，塩類似水素化物，金属類似水素化物とに大別される。

水素吸蔵合金　すいそきゅうぞうごうきん　[熱-ヒ]

hydrogen absorbing alloy, hydrogen storing alloy　合金の金属格子内に大量の水素を吸蔵することができる合金。水素の貯蔵，輸送用として開発が進められている。吸蔵・脱離に伴う発熱・吸熱があることから，未利用熱エネルギーの利用分野での応用も検討されてい

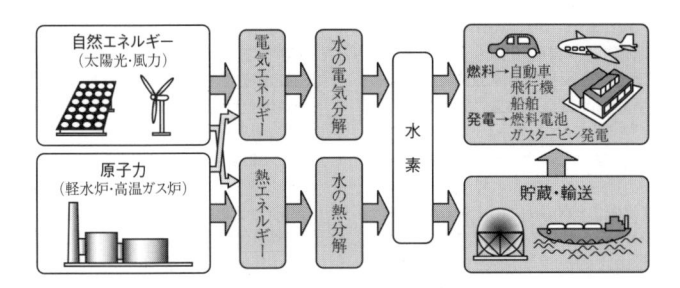

水素エネルギーシステムの概略図

水素自動車 すいそじどうしゃ [輸-他]
hydrogen vehicle 水素を燃料として走る自動車。広義では、水素を燃料とする燃料電池自動車も水素自動車であるが、通常は水素エンジンを搭載する車両を指す。水素は純物質であり、ガソリンや軽油、天然ガスなどと異なり燃料中に炭素を含まないために、一酸化炭素や炭化水素を排出しない。また、水素は、水力、風力、太陽電池による水の電気分解やバイオマスなどからも製造可能である。それらの方法で製造した場合は化石燃料を消費せず二酸化炭素を排出しないため(カーボンニュートラルともいう)、エネルギーセキュリティーと地球温暖化の問題を解決する究極の燃料であるといえる。水素エンジンは、ガソリンエンジンとほぼ同等の熱効率を有し排出ガスも清浄である。課題は水素燃料の搭載方法である。高圧タンクや水素貯蔵合金、液化タンクが考えられるが、現状ではいずれの方法もガソリンと同等のエネルギーを搭載することは不可能である(エネルギー密度が小さい)。

水素脆性 すいそぜいせい [燃-概]
hydrogen embrittlement 水素が主として金属に吸蔵されることによりさまざまな物質をつくり、力学的応力が生じて破壊すること。あるいはその生じやすさ。

水素製造 すいそせいぞう [燃-水]
hydrogen production 水の電気分解、重質ナフサの環化脱水素反応あるいは炭化水素の炭化脱水素反応、炭化水素類の水蒸気改質などにより、水素を製造すること。

水素製造技術 すいそせいぞうぎじゅつ [燃-水]
hydrogen production technology 水素のおもな製造方法としては、水の電気分解による「電解法」、高温化学反応の組合せにより水から水素を分離する「熱化学水素製造法」、化石燃料から水素を直接取り出す「改質分離法」などがある。現在は、都市ガス(天然ガス)から改質機により水素を製造する最後の方法が最も安価とされている。どの方法でもエネルギーを必要とし、特に化石燃料を利用する場合は、二酸化炭素の排出が伴う。将来は再生可能エネルギーや原子炉を用いた製造方法の開発が期待されている。

水素製造反応 すいそせいぞうはんのう [石-ガ]
hydrogen production reaction メタンを主成分とした天然ガスの水蒸気改質により、また一酸化炭素のガスシフト反応により、水素を生成するプロセス。

水素貯蔵技術 すいそちょぞうぎじゅつ [燃-水]
hydrogen storage technology 水素を貯蔵する技術として、現在はおもに高圧水素ボンベや低温にして液化した水素を貯蔵する液化貯蔵ボンベなどが利用されている。今後は、さらに制限された容積の中で迅速に水素を供給できるような貯蔵技術が必要である。中でも特に注目されているのがチタンやクロムなどを用いた水素吸蔵合金であり、最近ではカーボンナノチューブを用いた貯蔵技術の開発も進められている。

水素電極 すいそでんきょく [利-電]
hydrogen electrode 白金板を水素イオンを含む溶液に浸し、水素を供給しながら利用する電極。白金電極上では、$2H^+ + 2e^- \rightarrow H_2$ の反応が生じる。0 V の基準電極として利用される。

水素の輸送 すいそのゆそう [利-利]
hydrogen transportation 水素の輸送方法としては、①高圧ボンベによるもの、②水素を冷却、液化し、タンクローリーなどで輸送する方法、③水素吸蔵合金を利用するもの、がある。水素の貯蔵量は容器容量を1として、高圧ボンベ:150～200、液化水素:800、水素吸蔵合金:1000～1500である。液化水素は、実用化されているが、-253℃の低

温が必要であり，安全性，経済性に課題がある。水素吸蔵合金は実用化には至っていないが，特に輸送用として利用が検討されている。　⇨ 水素，水素貯蔵技術

水素バーナ　すいそばーな　[利-利]
hydrogen burner　水素を燃焼させるバーナ。水素は火炎伝搬速度が高く，予混合式では爆発の危険性があるため，ノズルミックス型(水素と酸化剤を別のノズルで供給する形式)が採用されている。

水素分離　すいそぶんり　[燃-水]
hydrogen separation　一酸化炭素などのほかのガスとの混合ガスから水素だけを分けること。今後の水素社会を目指した開発が進行中である。原理的には吸着や蒸留なども可能であるが，最近ではエネルギーコストが低いと考えられるさまざまな膜分離法が開発されている。

水素分離型タービン発電システム　すいそぶんりがたたーびんはつでんしすてむ [環-温]
hydrogen decomposed turbine (HY-DET)　ガスタービン式コンバインドサイクル発電システムにおいて，燃料となるメタンガスと水蒸気から水素をつくり，膜分離によって得た高純度水素を燃料とし発電を行う。改質時に排出される二酸化炭素を回収する方式。ガスタービン排熱を改質に利用することから高効率発電が可能となる。　⇨ CO_2 ガス回収型ガスタービン発電システム

水素利用国際クリーンエネルギーシステム技術　すいそりようこくさいくりーんえねるぎーしすてむぎじゅつ　[燃-水]
world energy network (WE-NET)　水素を二次エネルギー媒体とした再生利用エネルギーの国際的な利用を実現していくために，日本の通産省(当時)が企画，立案した水素利用国際クリーンエネルギーシステム技術研究開発プロジェクトのこと。1993年度から10年間継続し，2003年度で終了した。　⇨ WE-NETプロジェクト

水中貯炭　すいちゅうちょたん　[石-炭]
coal storage in water　石炭の貯炭を水中で行うこと。空気中の酸素との接触を断ち，石炭の酸化，風化および自然発火を防ぐために行われる。

推定究極埋蔵量　すいていきゅうきょくまいぞうりょう　[資-全]
ultimate reserves　人類が究極的に利用できるであろうと考えられる地球上の原油および天然ガスの可採量のことをいう。いまのところ，一般に原油の推定究極埋蔵量は約2兆バレル(2700億t)，天然ガスの推定究極埋蔵量は約1京立方フィート(283兆 m^3)とされている。　⇨ 確認可採埋蔵量

水添ガス化　すいてんがすか　[燃-ガ]
hydro-gasification　石炭に水素を反応させてガス化する技術であり，低温(数百度以下)高圧，触媒存在下で運転される。メタンが主成分のガスが生成される。カロリーが高く，高カロリーガス化とも呼ばれる。

スイートガス　すいーとがす　[石-油]，[石-ガ]
sweet gas　硫黄分を含まない天然ガス。硫化水素やメルカプタンなどの腐食成分を含まない液化天然ガス(LNG)。

随伴ガス　ずいはんがす　[石-ガ]，[石-油]
associated gas　油田ガス。原油の生産に随伴して産出するガス。メタンを主成分とし，多くの場合，エタン以上の高級炭化水素ガスを含む。在来型天然ガスの分類に用いられる用語。　⇨ 油井ガス

水分含有量　すいぶんがんゆうりょう [廃-性]
moisture content　水分は乾燥法によって測定される。つまり試料を秤量した後，乾燥器などを用いて105℃±5℃で，恒量を得るまで乾燥し秤量する。水分 = {乾燥前の重量(kg) − 乾燥後の重量(kg)} ÷ 乾燥前の重量(kg) × 100 (%) により算出される。　⇨ 固有水分

水マグ法　すいまぐほう　[環-硫]

flue gas desulfurization process using magnesium hydroxide　水酸化マグネシウムを吸収剤とし，二酸化硫黄と反応させて硫酸マグネシウム($MgSO_4$)を生成する湿式脱硫法。$MgSO_4$は水溶性であり，もともと海に存在するので海に放流できるような場合に用いられる。設備コストは低く，運転コストは高い。

水溶性ガス　すいようせいがす　[石-ガ]
natural gas dissolved in water　地下水に溶解している天然ガス。遊離ガスの状態では地下に存在しないため浮力で上昇することはない。多くは緩い傾斜の向斜堆積盆地に存在して鉱床面積が広いという特徴があげられる。炭化水素主体の可燃性天然ガスの分類に用いられる用語。

水溶性天然ガス　すいようせいてんねんがす　[石-ガ]
natural gas dissolved in water　⇨ 水溶性ガス

水利権　すいりけん　[社-電]
water rights　特定の目的のために河川の水を，継続的，排他的に使用する権利である。河川法第23条の規定により許可を受けたものであるが，1896年の旧河川法前から灌漑用水として慣行的に流水を占用していた水利権も含まれる。発電用水利権では，使用の目的，流水占用の場所(取水口，注水口および放水口の位置)，取水量および使用水量，水力発電の落差，流水の貯留における総貯水量，有効貯水量および常時満水位，取水の方法，責任放流量，流水の貯留の条件，排他性の制限，存続期間などが規定されている。

水力　すいりょく　[自-水]
hydro power　湖沼や貯水池など高い位置にある水や河川を流下する水がもっている位置エネルギーや運動エネルギーの総称(水力エネルギーともいう)，または，これらを利用し，水車，発電機により電気エネルギーを発生させる水力発電をいう。自然(再生可能)エネルギーの一つであり，クリーンで自然に優しい環境調和型，純国産エネルギーで供給安定性に優れているといった特徴がある。
⇨ 包蔵水力，理論包蔵水力

水力発電　すいりょくはつでん　[電-水]
hydraulic power generation　高い所にある水を低い所に落とすときに得られる水の位置エネルギーを，原動機(水車)，発電機などの機械装置を通して，電気エネルギーに変換する発電方式。発電能力は，落差と水量の積に比例し，落差を得る方式により，水路式，ダム式，ダム水路式の3種類がある。

水力発電所　すいりょくはつでんしょ　[自-水]
hydro power station [plant]　ダムによりせき止めた河川の水の位置エネルギーや運動エネルギーを利用して水車を回転(機械エネルギーに変換)させ，水車に連結された発電機で電気エネルギーを発生させるものである。水力発電所の形式には，落差を得る方法による分類と水の利用方法による分類があり，前者には，河川こう配と水路こう配の差により落差を得る水路式発電所，ダムの高さにより落差を得るダム式発電所，ダムの高さと水路の組合せにより落差を得るダム水路式発電所の三つの形式，後者には，河川の水を調整せずにそのまま利用する流込式発電所，河川の水を貯めて1日ないし数日間の流量調整を行う調整池式発電所，年間調整または季節調整を行う貯水池式発電所，揚水式発電所の四つの形式がある。

水冷エンジン　すいれいえんじん　[輸-エ]
water-cooled engine　エンジンの冷却を行うために，シリンダとシリンダヘッド内に冷却水を循環させるエンジン。シリンダ周囲にウォータジャケットを設けるとともに，シリンダヘッド内に水路を設け，そこに冷却水を循環させることによって冷却を行う。この冷却水をラジエータに導入して熱を放散させる。

冷却水の熱はヒータにも使われている。乗用車では主流の冷却方式であるが, 二輪車にも用いられている。エンジン自体は重くなるが, 冷却効果が高いうえ, エンジンの周りを水のジャケットで覆っているのでエンジン音も静かになるメリットがある。

水路式　すいろしき　[自-水]
conduit type hydro power plant, waterway type hydro power station ⇨ 水路式発電所

水路式発電所　すいろしきはつでんしょ　[自-水]
conduit type hydro power plant, waterway type hydro power station 低いダム(高さ15m未満)を設け, せき止めた河川の水を貯めることなく水路により発電所まで導き, その間で得られる落差を利用して発電する形式の水力発電所をいう。落差を得る方法による分類形式の一つである。短い水路延長で大きな落差が得られる地点が有利となるため, こう配が急で蛇行が多い河川の上中流部に適する。また, 水の利用面からみると, 河川の水を調整せずにそのまま利用することから「流込式発電所」に相当し, 河川流量の変化に伴って発電力も変動するため, 電力需要の負荷変動に応じた発電ができないという特性をもっている。　⇨ 自流式発電所, 水力発電所, 流込式発電所　⦿ 水路式

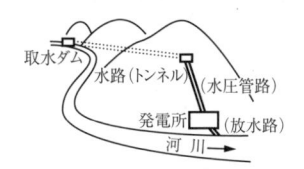

水路式発電所の模式図

スクラップ予熱　スクラップよねつ　[産-鉄]
scrap pre-heater (SPH)　スクラップを溶解する電気炉の付属設備である。電気炉の操業中に発生する高温の排ガスにより, つぎのロットで使用するスクラップを予熱するための装置である。電気炉の熱効率を大幅に向上させることができるため, いまでは大型炉には必ず備えられている。また, 排ガスの熱では不十分な場合は, 専用のバーナにより予熱することもある。これにより電気炉の能力を増加させることができるからである。

スクラム　すくらむ　[原-技]
scram　原子炉を緊急停止させること。あらかじめ設定(トリップレベルの設定)された原子炉の運転条件を逸脱したこと(炉内の温度, 圧力, 水位, 中性子束密度などが一定基準を超える事態)を計測系が検出した場合に, 制御棒挿入などにより負の反応度となるものを加えて行う。ふつうは, 安全装置により自動的にスクラムになるが, 計測系とは無関係に, 原子炉を緊急停止させる必要が生じた場合にも, オペレータが原子炉をスクラムさせることもある。

スクリューヒートポンプ　すくりゅーひーとぽんぷ　[熱-ヒ]
screw heat pump　雄雌のロータをかみ合わせ, 歯形間に吸い込まれた冷媒(作動媒体)の容積を縮めて圧縮する方式のヒートポンプ。容量的には中〜大規模用途に使用される。　⇨ 遠心ヒートポンプ, ヒートポンプ

スクリュー冷凍機　すくりゅーれいとうき　[熱-冷]
screw refrigerating machine　雄雌のロータをかみ合わせ, 歯形間に吸い込まれた冷媒(作動媒体)の容積を縮めて圧縮する方式の冷凍機。容量的には往復動(レシプロ)冷凍機と遠心(ターボ)冷凍機の中間的な存在として中〜大規模用途に使用される。　⇨ スクリューヒートポンプ

スクロール冷凍機　すくろーるれいとうき　[熱-ヒ]
scroll refrigerator　スクロール圧縮機を用いた冷凍機。中・小型冷凍機やヒー

トポンプ用。二つの渦巻状部品の相対運動で複数の圧縮空間を形成し連続圧縮するので小トルク変動で低騒音である。往復動式のようなトップクリアランスによる再膨張がなく，隣接圧縮空間の差圧も小さいため高圧縮比でも高効率な特長をもつ。

スケジュールドメンテナンス すけじゅーるどめんてなんす [社-企]
scheduled maintenance 大型の機械装置は，定期的な保守，修繕を行うことで，事故を未然に防止することを目的とする。大型の発電機や製造プラントでは，2～4年おきに定期的な保守・修繕を行うように法律で定められている。例えば，電気事業法では，火力発電所のボイラやガスタービンは，定期点検が終了した日から1年を経過した日以降1年以内の間に，タービンにあっては，3年を経過した日以降1年以内の間に定期点検のために装置を停止しなければならないとしている。スケジュールドメンテナンスとは，このような定期点検のことで，通常は，このような定期点検に合わせてプラントの能力向上，効率向上，環境対策などの改善も行われる。

スターリングエンジン すたーりんぐえんじん [輸-他]
Stirling engine スターリングエンジンは，1817年にスコットランドの牧師ロバート・スターリングによって，当時全盛であった蒸気機関に対抗して発明された外焼機関エンジンである。当初は，高圧蒸気ボイラの爆発事故が多かった蒸気機関に対し，低圧空気を使うことで爆発の危険性がないことから注目を集めた。その後，ガソリンおよびディーゼルエンジンが発明されてからは動力の主流から外れたが，近年，省エネルギーや石油代替エネルギーへの社会的要求が高まっていることから，再び注目を集めている。スターリングエンジンは，高圧燃焼がないために，きわめて静かであるとともに，原理的にディーゼルエンジンに匹敵する高い熱効率が得られる，窒素酸化物（NOx）などの有害排出物を生成しない，また，温度差をつくり出せば動くので，バイオマスなどのあらゆる可燃物，地熱，太陽熱など熱源を選ばない特長を有する。

スターリングサイクル すたーりんぐさいくる [理-動]
Stirling cycle スコットランド（イギリス）の牧師であるスターリング（R. Stirling）が1816年に考案したサイクル。外部燃焼（外燃）機関でありながらガスサイクルを行わせるため，内燃機関のように燃料性状への制限がほとんどないという特長をもつ。サイクルとしては，二つの等温変化と二つの定容変化とからなり，定容加熱，等温加熱膨張，定容排熱，等温排熱圧縮の過程となる。図から明らかなように，二つの等温変化を結ぶ二つの定容線は等間隔線に近いため，排熱を受熱に利用するいわゆる再生を行うことでカルノーサイクルに近づけることができる「一般化したカルノーサイクル」の形に近い。したがって，この再生によってカルノーサイクルと同一レベルの熱効率

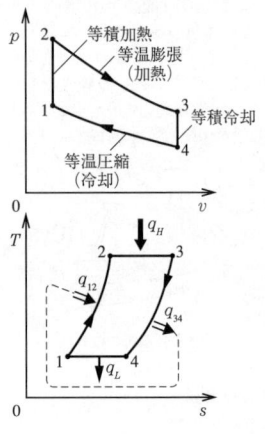

スターリングサイクルの
p-v, T-s 線図

を実現できる。定容受熱と排熱は蓄熱体を利用した再生過程であり，外部との熱の授受は二つの等温過程においてのみ行われる。ただし，等温変化がガスサイクルでは困難なことと，蓄熱体での熱交換が十分できず再生の効率が問題であること，伝熱律速で絶対的な速度が遅く低出力であることなど多くの問題があり，依然として研究段階にある。

スチームアキュムレータ すちーむあきゅむれーた ［熱-蓄］
steam accumulator 余剰蒸気の熱を断熱材に覆われた圧力容器内に蓄積，放出する設備で，定圧式と変圧式がある。定圧式は蒸気をガスタンクの要領で蓄積し，必要に応じて放出する方式であるが，容積当りの畜積熱量が小さく，現在ではほとんど使われていない。変圧式は高圧蒸気を高温高圧の飽和水に蓄積し，必要に応じて低圧蒸気として放出する方式で，同じ容積で定圧式の数十倍の蓄熱が可能である。蓄熱時は余剰蒸気を熱水液相部に拡散，投入することによって投入蒸気の凝縮，熱水温度上昇および圧力上昇が起こる。放熱時は気相部から蒸気を抜き出すことによって圧力低下，液の自己蒸発および温度低下が起こる。

スチームアキュムレータは，蒸気需要変動の産業用などで蒸気発生設備の負荷率をほぼ一定に保つことを目的として使用される。一定負荷運転が可能になるので，より小さな定格容量のボイラで高効率な運転が可能になる。また，安定燃焼を維持できるので窒素酸化物（NOx）発生の低減が可能になる。コジェネレーション設備においては，電力需要追従運転を行い，副生した蒸気はスチームアキュムレータに蓄積することにより蒸気需要変動にも追従して，総合効率を高く維持するような運転にも有効である。

高圧蒸気 → [図] → 低圧蒸気

スチームアキュムレータ

ステーション収集 すてーしょんしゅうしゅう ［廃-集］
staitional collection system 数戸から十数戸単位にごみ集積所を設け，ごみ容器（ポリ袋，ポリ容器，小型コンテナ）でもち込まれたごみを収集する方式である。わが国ではほとんどの自治体で採用されている。ごみ集積所を長期間固定することは，集積所に隣接する家庭が迷惑を被ることになる。これを避けるために集積場所をある期間ごとに移動させるケースもある。 ⇒ 戸別収集

ステファン・ボルツマンの式 すてふぁんぼるつまんのしき ［理-物］
Stefan–Boltzmann's equation 温度 T の黒体から単位時間，単位面積当りに放射される全波長にわたる放射エネルギー（全放射能という）を E_0 とすると，つぎの関係式が成り立つ。
$$E_0 = \sigma T^4$$
これをステファン・ボルツマンの式という。ここで，σ はステファン・ボルツマン定数と呼ばれ，5.670×10^{-8} W/(m²・K⁴) である。一般の固体の場合における放射能 E は，それと同じ温度の黒体の全放射能 E_0 を用いて $E = \varepsilon E_0$ と表すことができる。ここで，ε はその固体の放射率。

ストーカ焼却炉 すとーかしょうきゃくろ ［廃-焼］
stoker incinerator 固定または移動式の火格子を並べた炉床上で廃棄物を，炉床の下部から供給される空気により焼却する。火格子の往復動により廃棄物を反転しながら移動させ，燃焼効率を上げている。構造が単純であるため，小型炉から大型炉に広く適用されている。特に大型炉の分野では建設実績が多くあり，国内では1炉当りの焼却量600 t/日規模までの都市ごみ焼却炉が建設されている。
同 ストーカ式焼却炉，火格子焼却炉

ストークスの式 すとーくすのしき

[理-物]
Stokes' equation 粘性係数 η のニュートン流体中を半径 a の球が速度 V で動く場合，その球に働く抵抗の大きさ D は

$$D = 6\pi\eta aV$$

となる。この式をストークスの式という。これはストークスの抵抗法則とも呼ばれる。この法則はレイノルズ数 $R_e = 2a\rho V/\eta$（ρ は流体の密度）が1よりも小さい場合に成り立つ。

ストックホルム宣言 すとっくほるむせんげん [環-国]
Declaration of the United Nations Conference of the Human Environment ⇨ 人間環境宣言

ストランデッドコスト すとらんでっどこすと [電-自], [社-規]
stranded cost (SC) 回収不能投資。総括原価方式で長期的に投資を回収する計画であった投資のうち，自由化により競争市場で決まる売電価格が総括原価よりも安くなることにより，回収できなくなると見込まれる費用。ストランド(strand)とは中州を意味し，中州に取り残されてしまっている状態の類推から生まれた造語。アメリカでは州によっては，期限を決めてストランデッドコスト回収分を小売の電気料金へ上乗せすることが認められているところもある。発電資産，長期電力購入契約，原子力廃炉費用などが認められる例が多い。一般的には託送料金に一定額上乗せして回収する。

ストロンチウム すとろんちうむ [原-原]
strontium (Sr) 原子番号38の元素であり，原子記号はSr。天然ストロンチウムの平均原子量は87.62であり，^{84}Sr（存在比 0.56 %），^{86}Sr（同 9.86 %），^{87}Sr（同 7 %），^{88}Sr（同 82.58 %）の4安定同位体から構成される。化学的には，カルシウム(Ca)に似ている。原子炉燃料の中では，^{235}U の熱中性子による核分裂生成物として ^{90}Sr が 5.91 % できる。^{90}Sr は半減期 29 年で β 崩壊してイットリウム(^{90}Y)を経て安定なジルコニウム(^{90}Zr)となる。^{90}Sr の出す β 線のエネルギーは遮へいしやすいので(0.55 MeV)，生物圏で吸収されにくい形にして利用されている。また，β 崩壊の崩壊熱は比較的大きい(比出力=0.92 W/g)ので熱電発電機に利用されている。 ⇨ 核分裂生成物

スーパーオキシドジスムターゼ すーぱーおきしどじすむたーぜ [生-化]
superoxide dismutase (SOD) 超酸化物(スーパーオキシド)イオンラジカル O_2^- の不均化反応 $2 O_2^- \cdot + 2 H^+ \rightarrow O_2 + H_2O_2$ を触媒する酵素。$O_2^- \cdot$ の毒性から生物を保護するものと考えられ，偏性嫌気性菌を除くすべての生物に存在する酵素。

スーパーごみ発電 すーぱーごみはつでん [電-他]
super refuse power generation ごみ処理施設のボイラから出る蒸気を，併設のガスタービンの排熱でさらに過熱することで蒸気タービンの出力を増加させるシステムで，高い発電効率が特徴。

スプレイ塔 すぷれいとう [環-塵]
spray tower 含じんガスを処理する目的で，水またはそのほかの液体を加圧してノズルから噴射し，発生した液滴とダストとを衝突，接触させて捕集する装置。ガス流速は $1\sim2$ m/s，液ガス比は $2\sim3$ l/m³ であり，構造が簡単で圧力損失も $0.1\sim0.5$ kPa と小さいため，有害ガス処理の目的も含めて広く活用される。有害ガス処理に広く普及している充てん層スクラバでは，充てん層の上でスプレイが行われる。 圓 多段噴霧室，噴霧室

スポット価格 すぽっとかかく [石-油]
spot price 原油のある地点での価格。

スポットネットワーク受電 すぽっとねっとわーくじゅでん [電-流]
spot network distribution スポットネットワーク受電とは，2台以上の受電

変圧器を有し，変圧器二次側で常時並列された受電方式である。そのため，1回線または1台の変圧器が故障しても残りの健全回線からネットワーク負荷への供給が可能であり，無停電で受電が継続できることから信頼度が格段に向上する。

スモークメータ　すもーくめーた　[環-ス]
smoke meter　おもに車の車検に使用。被測定車のテールパイプにプローブを挿入し，排出ガスを一定量吸引，ろ紙に排出ガス中の黒煙を捕集する。その後ろ紙に光を当てた反射光の強度を測定して汚染度をメータに指示させる。

スモッグ　すもっぐ　[環-ス]
smog　煙(smoke)と霧(fog)の合成語。厳密な定義はないが，広く大気汚染現象をスモッグと呼ぶこともある(光化学スモッグなど)。

スラグ　すらぐ　[産-全]
slag　漢字では鉱滓という。鉄鋼のような金属を鉱石より精錬するときに分離され上部に浮かぶ溶解した非金属成分のこと。

スラグタップ式ガス化炉　すらぐたっぷしきがすかろ　[産-炉]
slag tap gasifier　石炭のガス化方式のうち，反応温度が高温で，灰分が溶融状態になり，ガスと分離されて底部より流出する方式のガス化炉をいう。

スラグタップ燃焼方式　すらぐたっぷねんしょうほうしき　[燃-固]，[産-燃]
slag tap combustion　石炭の燃焼方式の一つで，燃焼温度が高温であり，灰分が溶融状態となってガスと分離され，底部あるいは側面へ分離流出するタイプの燃焼方式である。縦型および横型サイクロン燃焼器のようにガスの流れを旋回流とし，遠心力によりスラグを分離する方式が普通であるが，融点の高い充てん物の層により石炭を受け止めて燃焼し，灰を溶融分離する方式も研究された例がある。最近では，高温燃焼は窒素酸化物(NOx)の排出が多いのであまり利用されないが，その点を除けば灰を出さない燃焼方式としておもしろい方法である。

スラッジ　すらっじ　[産-廃]
sludge　汚泥。下水処理から発生するものは下水スラッジ。重油タンクの底にたい積する固形分は重油スラッジ。一般に水や油の貯留槽の底にたい積する不純物で泥状のものの総称である。　⇨ 汚泥

スラリー　すらりー　[産-プ]
slurry　比較的細かい固体粒子と水あるいは油の混合物で，流動性がある状態のものをスラリーという。スラリーはポンプで流送できる。非常に粘性の高いものにはモーノポンプを用いるが，粒度分布を適正選ぶと，高濃度の固体を含んでいても，粘性が低い状態となり，渦巻きポンプで送ることもできる。

スラリーフィード　すらりーふぃーど　[燃-炭]
slurry feed　石炭と溶剤を機械的に混合し流体化した形(スラリー)にして燃焼器やガス化反応器，液化反応器などに搬送する方法。乾式搬送方式(ドライフィード)に対して，石炭が溶剤とともに流体化されているので湿式搬送方式になる。

スリーマイル島原発事故　すりーまいるとうげんぱつじこ　[原-事]
accident of Three Mile Island nuclear power plant　アメリカのペンシルベニア州にあるスリーマイル島原子力発電所の2号炉(加圧水型原子炉)で，1979年3月28日に発生した事故である。炉心の一部が溶融し，周辺に放射性物質が放出され，住民の一部が避難した。

運転中のトラブルにより原子炉が緊急停止し非常用炉心冷却装置(ECCS)が働いたが，運転員が状況判断を誤りECCSを停止したため，炉心の一部が溶融し，周辺に放射性物質が放出し，住民の一部が避難した。これによる周辺住民の放射線障害はないとされているが，社会的な影響は大きく，以後の原子力発

電に大きな影響を与えた。　㊀ TMI 事故

スルフィノール法　するふぃのーるほう　[環-硫]
Sulfinol process　ガスから硫化水素(H_2S)を除去する方法。スルフォランとジイソプロパノールアミンの混合溶剤でH_2Sを物理化学的に同時吸収する。

スワラー　すわらー　[熱-加]
swirler　旋回羽根を用いて空気に旋回を与え，中心部が負圧になることによって比較的強い循環流を発生させるもの。旋回器。

スワール型バーナ　すわーるがたばーな　[熱-加]
swirl burner　旋回流を利用したバーナ。旋回流を用いることより再循環流が形成され，火炎の保炎性が飛躍的に向上する。また，旋回流を制御することにより，燃料と酸化剤の混合状態の制御および火炎形状の制御も可能となる。

〔せ〕

正イオン せいおん [理-化]
cation 正に帯電した原子または原子団を正イオン，陽イオンまたはカチオンという。正(陽)イオンは中性の原子，分子が電子を放出して生じたもので，分子の金属イオンや錯イオンが代表例である。正(陽)イオンは原子記号の肩に＋の価数を付けて，Na^+，Ca^{2+}のように表す。 ⇒ 陽イオン

生活系ごみ せいかつけいごみ [廃-分]
domestic waste, household waste 事業系ごみと対比させた用語で，一般家庭から排出される家庭ごみ，家庭系廃棄物を指す。市町村の清掃事業で収集対象となるごみは，家庭から排出される生活系ごみと事業所から排出される事業系ごみに区分するのが一般的である。全国の生活系ごみと事業系ごみの排出比率は約2対1である。ただし，厳密には事業所からも生活系ごみは発生しており，家庭ごみ類似廃棄物と表現する海外例もある。 ⇒ 一般廃棄物

制御棒 せいぎょぼう [原-技]
control rod 原子炉出力(核分裂連鎖反応)を制御する役目を果たす棒状あるいは板状のもの。中性子をよく吸収する元素〔制御材(反応度制御材)〕であるホウ素(B)，カドミウム(Cd)，ハフニウム(Hf)，および希土類元素ユーロピウム(Eu)などが使用される。Hf金属以外は単独で用いられることはなく，例えば，B_4C化合物をステンレス管(または板に開けた細管)に詰めたものを多数十字形に配列したものは沸騰水型原子炉(BWR)の制御棒に利用される。他方，加圧水型原子炉(PWR)では十字形ではなく燃料集合体の中に挿入されるクラスタ型形状が用いられ，ホウケイ酸ガラス，銀・インジウム・カドミウム合金などが使用される。後者は核的にHfの代替となりうる制御材である。制御棒は原子炉緊急停止(スクラム)の際には，炉心に急速挿入される。 ⇒ スクラム

成型・加工 せいけいかこう [原-廃]
fabrication 核燃料製造の最終段階の工程である。^{235}Uの濃度を高めた二酸化ウラン(UO_2)粉末を原料として，ペレット状に成型した後，焼結し，研削を経て，燃料ペレットが製造される。焼結は，還元性ガスの雰囲気の中で，1700～1800℃程度で4～8時間かけて行われる。できあがったペレットは，密度，寸法，酸素対ウラン原子数比，などの所用の条件を満たすことを確認された後，燃料棒に挿入する工程へ送られる。
⇒ 二酸化ウラン

成型炭 せいけいたん [燃-コ]
coal briquette コークス製造において，乾留操作の前に原料の石炭を一定の形に成型したものをいう。製造方法として，常温で石炭にタール，ピッチなどの各種バインダを添加して加圧成型する冷間成型法と，熱的に軟化溶融する粘結炭を用いて加熱下で加圧成型する熱間成型法がある。石炭を加圧成型することにより石炭粒子間の相互融着が助長されるので，コークス品質の向上と粘結炭の節減を可能にする。冷間成型の場合には，特に粘結力の優れた粘結材(バインダ)が必要とされる。 ⇒ ブリケット製造

正孔 せいこう [理-半]
hole, positive hole 絶縁体や半導体の価電子帯(充満帯)は絶対零度0Kでは一般に完全に電子によって満たされているが，熱や光による励起が起こると価電子帯に電子によって占められないエネルギー準位が生じ，その準位を仮想的に粒子と見なしたもの。この正孔は，電荷の極性が正であることを除いて，電子と同じ有効質量，電荷量をもつ荷電粒子とし

正孔伝導型物質 せいこうでんどうがたぶっしつ [電-素]
hole conduction material ⇨ 穴伝導型物質

生成熱 せいせいねつ [理-燃]
heat of formation 任意の物質がある物質から生成する際の反応熱。ふつう、標準状態(298 K, 101.325 kPa)の標準物質からの生成熱である標準生成熱が熱物性値表に示されている。標準物質とは、元素の単体で標準的に存在する物質。例えば N_2, H_2, O_2。 ㊂ 生成エンタルピー

成績係数 せいせきけいすう [熱-ヒ]
coefficient of performance 冷凍サイクルなどの性能を入出力比で表示した数値。外部から W の仕事を加えられたことにより、低温熱源から Q_L の熱をすくい上げ、高温熱源へ Q_H の熱を捨てるサイクルの成績係数は次式による。Q_L を利用する冷凍サイクルでは $COP_L = Q_L/W$, Q_H を利用するヒートポンプサイクルでは $COP_H = Q_H/W$ である。W の仕事に代わり Q_I の熱量を加えられて作動するサイクルでは、W の代わりに Q_I を代入して $COP_L = Q_L/Q_I$, $COP_H = Q_H/Q_I$ となる。

成層型蓄熱槽 せいそうがたちくねつそう [熱-蓄]
temperature-stratified thermal storage stratum 水温による密度差で生じる浮力を利用し、流入水と槽内初期温度の水との間に比較的明白な水平温度境界あるいは温度成層を生成させる槽。冷水蓄熱時には槽下部から、温水蓄熱時には槽上部から流入させ、水の流れが逆転することに留意する。バランスヘッダやディストリビュータの使用など、温度成層を乱さないためのさまざまなくふうが考案されている。単槽と多槽(連結槽)があり、連結完全混合槽型蓄熱槽にすることの難しい10槽程度の連結槽にもぐり堰などを設けることで連結成層型蓄熱槽として効率を上げることができる。一般に水位を高くとる(2 m以上)ことで槽の高効率利用が図られるが、近年は低水位の成層型蓄熱槽が計画されている。

成層空調 せいそうくうちょう [民-シ]
stratiform air conditioning 空調域を、面的あるいは立体的にとらえ、不要なゾーンの空調を行わない方法。アトリウムなどの大空間で居住域のみ居住環境を確保する空調方式。 ㊂ 大空間空調

生体遮へい壁 せいたいしゃへいへき [原-技]
biological shield, radiation biological shield 人体や生物を放射線源から離し、放射線被ばくを最大許容レベル以下まで減少させるためにつくられた障壁。おもに中性子および γ 線を吸収するために、コンクリートあるいは鉛などが用いられている。原子力施設などでは、作業員の放射線による放射線障害を防止する目的で設けられている。

成長の限界 せいちょうのげんかい [環-国]
the limits to growth 1972年に世界の有識者で構成される「ローマクラブ」が出した報告書。従来型の有限な資源の浪費と環境破壊を伴う経済成長に対し、地球は有限であるとする警告を発した。

清澄ろ過 せいちょうろか [環-水]
clarifying filtration ろ過とは、液体を多孔質体のろ材に通して懸濁物質を除去する操作である。清澄ろ過とは、清澄な水を得ることを目的とするろ過であり、脱水ろ過と区別される。ろ材としては、砂、アンスラサイトなどが用いられる。おもに上水道用水や工業用原水の処理に用いられてきたが、最近では下水道や工場排水の三次処理にも用いられる。清澄ろ過には重力式ろ過法と圧力式ろ過法があり、重力式ろ過法はさらに緩速ろ過、急速ろ過に分けられる。圧力ろ過は、ろ

過槽を密閉構造にして、水に圧力をかけて処理量を大きくするものであるが、急速ろ過と本質的な違いはなく、粒子の物理的捕捉をおもなメカニズムとしている。これに対し、緩速ろ過では、ろ材表面に形成される生物相の働きによる水の浄化が主要な役割を演じる。

静的安全性 せいてきあんぜんせい

[原-安]

passive safety　システムに生じた危険が、システム外からの入力なしに、システム自体の性質やメカニズムによって安全な状態になる性質のこと。受動的安全性ともいう。　⇨ 固有安全性

製鉄 せいてつ　[産-鉄]

steel making　製鉄の原料は鉄鉱石、石炭、石灰石である。石炭よりコークスを製造する。コークスと鉄鉱石と石灰石を焼結炉で焼結し、焼結していないコークス、鉄鉱石、石灰石とともに高炉に入れる。高炉には、高温の酸素富化空気を燃料であるプラスチック、石炭とともに送入して高炉内で高温の還元反応を起こさせ、溶けた銑鉄を製造している。高炉で製造された銑鉄は転炉で精錬され鉄鋼になる。溶融状態の鉄鋼は連続鋳造装置によりスラブ(圧延する前の素材)に加工され、熱間圧延、冷間圧延などの処理をして製品となる。製品は厚板、薄板、H型鋼、鋼管などである。

静電エネルギー せいでんえねるぎー

[理-電]

electrostatic energy　電荷が原因でつくり出され電界に蓄えられているエネルギー。電界が E の場所には、単位体積当りのエネルギー(エネルギー密度)として、$w=\varepsilon E^2/2$ (ε：媒質の誘電率) が蓄えられている。この静電エネルギーに、電流が原因でつくられ磁界に蓄えられている磁気エネルギーを加えたものが、電磁エネルギーであり、全空間で考えると、力学や熱などのほかのエネルギーと合わせてエネルギー保存則が成り立っている。　⇨ 磁気エネルギー、電磁エネルギー

静電選別法 せいでんせんべつほう

[環-リ]，[廃-破]

electrostatic separator　帯電率、導電率などの差異を利用して選別を行う選別方法。主として鉱物の分離に利用される。選別の原理は粒子を静電界に置いたとき、その粒子に働く電気的な力は、粒子の帯電量と電界強度の積で与えられ、この力の違いを利用する。実用化されている静電選別法は、粒子の帯電方法により、① 静電式、② コロナ放電式、③ 静電・コロナ放電併用式、④ 摩擦帯電式の四つに分類される。　回 静電分別

製氷融解 せいひょうゆうかい　[熱-蓄]

ice making, ice melting　製氷方法と融解方法とは密接な関係にある。スタティック型の場合、冷却面に張り付いた氷を固液界面側から融解させる方法と冷却面を過熱して融解させる方法がある。ダイナミック型の場合、流動中に融解させる方法と貯蔵タンク中に水を通過させることで融解させる方法がある。また、

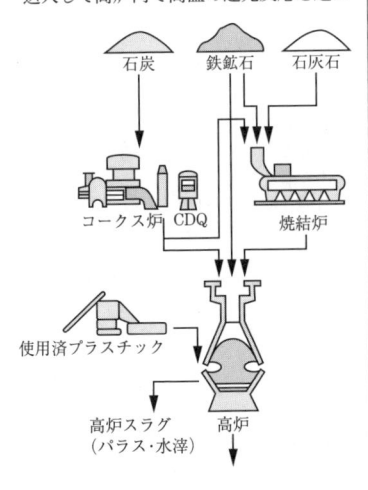

原料から銑鉄までの製鉄プロセス
(JFE スチールより)

氷の種類により表面積などの違いからも解氷速度は異なる。速やかに解氷させる場合と一定の速度で解氷させる場合があり、用途によりそれらを使い分ける。⇨ 凝固融解、製氷解氷

生物固定 せいぶつこてい　[環-温]
biological fixation　生物の炭素同化作用を利用して、二酸化炭素(CO_2)を発生源や環境中から除去すること。生物としては樹木などの高等植物に加えて、細菌、藻類などの微生物の大量培養が効率的と考えられ、能力の高い微生物の探索、育種によってCO_2固定能力を高めるとともに、バイオリアクタを用いた発電所などからのCO_2除去システムが検討されている。得られるバイオマスをエネルギーとして利用すれば、正味の固定とはならない。　⇨ CO_2固定化技術、植林、二酸化炭素、バイオマス

生物多様性 せいぶつたようせい　[環-国]
biological diversity　「生物の多様性」とは、すべての生物の間の変異性をいうものとし、種内の多様性、種間の多様性および生態系の多様性である。生物多様性条約は、生物の多様性の保全、その構成要素の持続可能な利用および遺伝資源の利用から生じる利益の公正かつ衡平な配分を実現することを目的として、1992年につくられた条約である。この条約では、生物の多様性が有するさまざまな視点から(生態学上、経済上からレクリエーション上あるいは芸術上まで)の価値を意識し、生物の多様性の保全が人類の共通の関心事であることを確認し、生物の多様性の減少を防止することが不可欠であることに留意し、生物の多様性の保全のために国家、政府機関および民間部門の間の世界的な協力が重要であることを強調している。

生物多様性条約 せいぶつたようせいじょうやく　[環-国]
Convention on Biological Diversity
⇨ 生物多様性

ゼオライト ぜおらいと　[環-温]
zeolite　沸石。イオン交換性の大きい陽イオンと弱く保持された水(沸石水)を含む三次元網目状構造をもつアルミノケイ酸塩鉱物。化学組成は$W_aZ_bO_{2b}\cdot cH_2O$($W=Na, Ca, K$など、$Z=Si+Al$)。一定の形状の細孔が規則正しく配列されているという特徴があり、低温で脱水したものは、ガスを選別的に吸着する分子ふるいとなる。アルカリ金属イオンを2～3価の金属イオン、H^+、NH_4^+で交換すると固体酸を生じるため、石油精製分野などにおける触媒として重要。合成品を含めて、このほか、紙の充てん材、土壌改良剤、洗剤配合剤、吸湿剤、吸着剤などとして利用される。

世界原子力発電事業者協会 せかいげんしりょくはつでんじぎょうしゃきょうかい　[原-政]
World Association of Nuclear Operators (WANO)　チェルノブイリ原子力発電所の事故(1986年4月)を契機として、世界の原子力発電事業者が原子力発電所の運転の安全性と信頼性を高めることを目的に1989年5月に設立された。①運転情報の交換、②運転データの収集と運用、③重要事象に関する情報の周知、④原子力発電所で発生した事象を分類、解析などの活動を行っている。世界の36の国と地域から140の原子力事業者が加盟している。

赤外線 せきがいせん　[理-光]
infrared radiation (IR)　可視光線からサブミリ波に至る電磁波で、物質を構成する分子の振動や回転の状態変化によって放射され、または吸収される。熱作用をもつことから熱線とも呼ばれる。赤外線の区分は、$3.0\mu m$以下を近赤外領域、$2.5～3.0\mu m$を(中間)赤外領域、$2.5\mu m$以上を遠赤外領域と呼ぶ。

積層乾電池 せきそうかんでんち　[電-池]
layer-built dry cell　扁平な乾電池のユニットを何層も直列に積み重ねて、高い電圧を得られるようにしたものである。

石　炭　せきたん　[石-炭]
coal　太古の植物が長年月をかけて化学的，地質的，生物的作用(石炭化作用)を受けて生成した有機質からなる可燃性固体物質。おもに炭素，水素，酸素，窒素，硫黄から構成され，水分，無機鉱物質を含む。

石炭液化　せきたんえきか　[石-炭]，[石-燃]，[燃-炭]
coal liquefaction　石炭から液体燃料油を得ること。大きく分けて直接液化法と間接液化法の2種類がある。直接液化法では石炭を触媒(鉄化合物など)存在下，高温(400〜480℃)，高圧(水素圧力8〜15MPa)で分解し，低分子の炭化水素にする。蒸留で得られる製品は石油系のガソリン，灯油，軽油留分相当品であり，石油製品とブレンドして既存の流通システムで使用されることが期待されている。一方，間接法では，まず石炭をガス化し，得られたガスから液状油を合成する。

石炭液化油　せきたんえきかゆ　[石-炭]，[石-燃]，[燃-炭]
coal derived liquids　液化油。石炭液化により生成した液状生成品。液化油の性状は炭種，液化プロセスによりかなり異なる。間接液化油は脂肪族性に富み，窒素，硫黄などヘテロ元素量は少ない。直接液化油は芳香族性に富み，酸素，窒素，硫黄などヘテロ元素を多く含んでいて，酸性油および塩基性油を若干含む。一般に石炭液化油を石油規格製品に誘導するにはアップグレーディングを行い，その後，蒸留操作により，ガソリン(〜220℃)，灯油・軽油留分(220〜350℃)，重質油留分(350℃〜)などの製品に分留される。

石炭ガス　せきたんがす　[石-ガ]，[石-炭]
coal gas, gasified coal　石炭を乾留して得られたガス。

石炭ガス化　せきたんがすか　[燃-ガ]
coal gasification　資源量が豊富な石炭に，酸素(空気)，水蒸気などを数百から千数百℃といった高温で反応させ，一酸化炭素(CO)や水素(H_2)などのいわゆる合成ガスを生成させる方法。これを燃やすことにより高効率発電が可能となる(石炭ガス化複合発電)。大部分を水素に転換させて水素を主製品とすることもある。また，このガスを燃料電池に用いるなどの方法も提案されている。さらに，合成ガスからガソリンやさまざまな化合物を合成することも試みられている。また，比較的低温高圧で，水素を用いてガス化することにより，メタンを主成分とした都市ガスをつくることもできる。
⇨ 一酸化炭素，合成ガス，シーワン化学技術，水素，石炭ガス化複合発電，燃料電池

石炭ガス化複合サイクル発電　せきたんがすかふくごうさいくるはつでん　[電-火]
integrated coal gasification combined cycle (IGCC)　石炭をガス化剤と反応させて，水素やメタンなどの有用なガスに変化させ，これを精製して気体燃料として，燃焼ガスと蒸気によりガスタービンと蒸気タービンを回転させて発電する複合発電方式。

石炭ガス化複合発電　せきたんがすかふくごうはつでん　[転-石]
integrated gasification combined cycle system (IGCC)　石炭をガス化してガスタービンを駆動させ，蒸気タービンと組み合わせた複合発電(コンバインドサイクル発電)システム。これにより，従来型の石炭火力発電に比べさらなる高効率化が可能な発電システムである。
　日本では1990年福島県いわき市に電力会社，電源開発，電力中研が共同でパイロットプラントを完成させ1992年から運転に入り，現在実用化に近い段階といわれている。このプロセスによると二酸化炭素の排出量は大幅に削減できる。

石炭化度　せきたんかど　[石-炭]
coal rank　石炭の分類法の一つで，石炭の根源植物が石炭化した程度を示す。根源植物は地中において生物化学的作

用，物理化学的作用によって脱水，脱炭酸，脱メタンを経て，分解，重縮合して石炭になる(石炭化)が，この進行の程度(石炭化度)は泥炭，亜炭，褐炭，亜瀝青炭，瀝青炭，無煙炭の順で大きくなる。石炭化度の指標として，おもに石炭中の炭素含有量が用いられることが多い。

石炭換算 せきたんかんさん [理-指]
equivalent to coal 燃料の量を発熱量が同等の石炭の量に換算して示すことである。 ⇨ 石油換算

石炭石油混合燃料 せきたんせきゆこんごうねんりょう [石-油], [石-炭], [燃-ス]
coal oil mixture (COM) ⇨ COM

石炭タール混合燃料 せきたんたーるこんごうねんりょう [燃-ス]
coal tar mixture (CTM) 石炭微粉と石炭を熱分解した際に得られるタールとを混合した燃料のこと。

石炭転化率 せきたんてんかりつ [燃-炭], [石-燃], [石-炭]
coal conversion 石炭のガス化や液化などにおいて，無水・無灰基準の原料石炭量に対して，ガスや液状生成物になった割合。石炭がどれだけ生成物に転化したかを示す指標として使用される。通常，ガス生成物，低沸点生成物を完全に回収することは困難であることから，石炭転化率は残さの量を基準にして以下のように算出されている。無水・無灰基準の原料石炭量(W)から無水・無灰基準の残さ量(R)を差し引き($W-R$)，その差$W-R$をWで割り100倍した値(%)。

石炭の埋蔵量 せきたんのまいぞうりょう [石-炭]
coal reserves 地下に存在する石炭の資源量。通常埋蔵量は地質学的資源量を指すが，このうち技術的，経済的に採掘可能な可採埋蔵量を指す場合もある。炭量計算基準は国，企業により異なるのでどのような基準なのか確認する必要がある。(JIS M 1002では計算する最低の炭質，最低の炭丈，最低の深度などを規定している)。世界の石炭埋蔵量は約11兆t，可採量約1兆tといわれており，日本国内では埋蔵量約200億t，可採量約8億tといわれている。

石炭灰 せきたんはい [環-リ]
coal ash 石炭を燃焼したときに残る灰。主成分はシリカ，アルミナであり，鉄，カルシウム，チタンなども少量含む。石炭灰自体の組成は石炭の産地によって大きく異なる。石炭利用プロセスから排出される石炭灰を含む固体廃棄物の性状，組成は，石炭利用プロセスおよび採取される場所によって大きく異なり，その利用法も異なる。日本では石炭灰の約6割が有効利用され，残りが管理型の産業廃棄物となっている。有効利用の大半はセメント原料，コンクリート混和材である。微粉炭燃焼灰の中には，高温火炎中で球形になっているものがあり，コンクリート混和材にすると流動性がよくなるといわれている。地盤改良，建材ボードなどへの適用もある。最近では添加剤を入れて焼成するなどした人工軽量骨材などが開発されている。流動層燃焼灰は炉内脱硫のためカルシウム含有量が多く，セメント原料になる。また，水和硬化性を有するが未反応CaOが多いと発熱が多い。製鉄の高炉スラグは石炭(コークス)灰と鉄鉱石中不純物，石灰石を高温で溶かしたものであり，大気中で自然放冷したものを徐冷スラグと呼び，粗粉砕して路盤材，微粉砕したものはセメント原料とする。また，高温で溶融したものを水で急冷して粉末にした水冷スラグは，高炉セメントの原料とする。高温石炭ガス化炉のスラグは現状ではまだ量的にはほとんど発生していないが，今後の利用法開発は課題である。いずれにしても，使用に先立っては灰中の微量金属元素などの溶出特性について注意を払う必要がある。 ⇨ 飛灰

石炭・水混合燃料 せきたんみずこんごうねんりょう [燃-炭]
coal water mixture (CWM) 高濃度の石炭微粉(数$\mu m \sim 200 \mu m$)と水との

混合物で，石炭・水スラリー(CWS)ともいう。石炭濃度は 60〜75%。流体であることから石炭の輸送・貯蔵上の欠点を解消でき，重油代替燃料として期待された。輸送・貯蔵中の石炭の沈殿を防ぐため，石炭を水中に高分散させることが必要で，一般に分散剤が添加されている。　⇨ CWM　(同) CWS, 石炭・水スラリー

石炭・水スラリー　せきたんみずすらりー　[石-炭]，[燃-ス]，[燃-炭]
coal water slurry (CWS)　⇨ CWM, 石炭・水混合燃料

石炭・水ペースト供給方式　せきたんみずぺーすときょうきゅうほうしき　[燃-ス]
coal water paste process (CWP)　石炭・水ペースト燃料(CWP)は，加圧流動床ボイラ用燃料として開発された。加圧流動床燃焼方式は加圧(1〜2 MPa)して燃焼を行うため，燃料の供給も加圧で行う必要がある。そのためボイラ本体への燃料供給システムとして粗粒(6 mm 以下)の石炭と水を混合，CWP とし，ポンプで輸送する方式(CWP 方式)が開発されている。

石炭メタノールスラリー　せきたんめたのーるすらりー　[燃-ス]
coal methanol slurry (CMS)　石炭微粉とメタノールとの混合スラリーのこと。CMM (coal methanol mixture) ともいう。石炭の濃度は 60〜70%，石炭・水混合燃料(CWM)と異なり分散媒もメタノールで燃焼する特徴がある。産炭地で石炭をガス化後，生成ガスからメタノールを合成し，そのメタノールでCMS を調製し，石炭と一緒に消費地に輸送することでハンドリングコストを下げるのも狙いの一つとなっている。
　⇨ CWM　(同) 石炭・水混合燃料

石炭利用水素製造技術　せきたんりようすいそせいぞうぎじゅつ　[燃-ガ]
hydrogen production technologies from coal　石炭を高温の酸素，空気または水蒸気を用いて処理することにより，主として水素を得ることを目的になされるガス化技術。

石油アッシュ　せきゆあっしゅ　[石-油]
petroleum ash　石油の燃焼後に生成する灰分。

石油および可燃性天然ガス資源開発法　せきゆおよびかねんせいてんねんがすしげんかいはつほう　[社-石]
Petroleum and Inflammable Natural Gas Resources Development Law
　1952 年に制定された法律(前身は「天然資源開発法」)。同法は石油，天然ガスの合理的な開発による公共の福祉の増進の寄与と天然ガスの探鉱促進を図ることを目的に，具体的事項として，掘採方法をはじめ，坑井間隔，ガス油比，坑井の封鎖，掘採方法に関する命令，二次採取法，坑井の位置に関する協議および天然ガスの探鉱実施に関する補助金の交付などを定めている。同法ではまた，審議会等への諮問などがうたわれており，同法の規定の定める命令などをするときは政令で定める審議会に諮問し，その意見を尊重しなければならないとしている。

石油換算　せきゆかんさん　[理-指]
equivalent to oil　燃料の量を発熱量が同等の石油の量に換算して示すことである。　⇨ 石油換算

石油業法　せきゆぎょうほう　[社-石]
Petroleum Industry Law　1962 年 7 月に成立，施行された法律。同法は石油の輸入自由化後の過当競争による混乱の防止を背景に，石油の安定的かつ低廉な供給を図り，国民経済の発展と国民生活の向上に寄与することを目的に制定されたもので，以降，わが国の石油政策は同法を軸に推進されてきた。同法では，石油精製業の許可制をはじめ，石油供給計画の策定，石油製品生産計画，石油輸入業の輸入計画の届出，緊急時における標準価格の設定などを定めている。しかし，同法は，近年の自由化，国際化の急速な進展に伴い，市場原理をいっそう活用することが不可欠との観点から 2001 年 12

月に廃止された。

石油枯渇説 せきゆこかつせつ ［社-石］
petroleum exhaustion theory 石油は水，風力，太陽熱(光)などと異なり，天然ガス，石炭などと同じ化石燃料(有限資源)のため，将来いつかは資源が枯渇するとする説。石油の資源量(賦存量)は，一般的には原始埋蔵量が5.0〜7.5兆バレル，究極埋蔵量が2〜3兆バレル，確認埋蔵量(現在の技術で経済的に生産しうる埋蔵量)は世界合計で1兆300億バレルといわれる。この原油確認埋蔵量(R)を現在の原油生産水準(P)で割った値が可採年数(R/P)で44年となる。しかし，この数値から44年後に石油は枯渇してしまうのかというと，そうでなく，毎年，追加埋蔵量があり生産も変動するのでR/Pも増減する。過去の例では，深海での探査技術や技術進歩による回収率の向上，新油田の発見などにより可採年数はむしろ大きくなってきている。

石油コークス せきゆこーくす ［石-油］，［石-産］，［産-燃］
petroleum coke 石油コークスは，原油精製の過程においておもに減圧蒸留装置から出てくる重質残さ油を熱分解装置で処理しガソリン，軽油などを搾り取った後に副生される固体の炭素製品であり，製造法によりその組成や性状が若干異なる。ハンドリング形態は石炭と同様である。その用途は，燃料，電極カーボンの原料，コークスの代替などである。その組成は原料となった原油の組成の影響が大きい。通常，硫黄分，バナジウムが多く含まれているので，利用にあたっては配慮しなければならない。国内産のものばかりでなく，アメリカなどから毎年多量に輸入されている。

石油需給適正化法 せきゆじゅきゅうてきせいかほう ［社-石］
Petroleum Supply and Demand Adjustment Law 1973年12月に公布，施行された法律。同法は1973年の第一次石油危機を背景に，わが国への石油供給に大幅な不足が生じる場合，国民生活の安定および国民経済の円滑な運営を図るため，石油の適正な供給と石油使用を節約する措置を講じることにより，石油の需給を適正化することを目的に制定された。同法は，同時に制定された国民生活安定緊急措置法とともに総称緊急時石油二法とも呼ばれ，時限立法でなく恒久立法としての性格を有している。同法の発動の用件は，政府が閣議決定のうえ，石油需給適正化法に定める措置をとる必要のある場合は「緊急事態宣言」を告示することとなっている。

石油情報センター せきゆじょうほうせんたー ［石-油］
Petroleum Information Center 日本エネルギー経済研究所の付置機関より情報を発信している。全国石油製品価格情報や，石油・LPガス事情などがある。石油の起源，採掘，輸送，備蓄，流通や石油製品の用途，価格，品質などをわかりやすく紹介している。

石油税 せきゆぜい ［社-石］，［石-社］
petroleum tax 1978年4月より石油税法に基づき課税されている国税。同税は石油開発，備蓄などの石油政策の推進財源を確保する目的で創設された。課税対象は，国産・輸入原油，輸入石油製品，輸入液化石油ガス(LPG)，国産天然ガスおよび液化天然ガス(LNG)である。当初は従価税であったが，1988年に価格変動に左右されずに安定的な税収があげられる従量税に改定された。なお，湾岸戦争が起きた1991年には，多国籍軍への追加支援約90億ドルを捻出するため，同年4月より1年間の臨時措置として「石油臨時特別税」(石油税の5割相当額)が課された。石油税収はいったんは一般会計の歳入として計上されるが，石炭ならびに石油および石油代替エネルギー特別会計法に基づき一般会計から改めて同特別会計に繰り入れられ，現在は，国家・民間備蓄，石油探

鉱・開発などの石油対策ならびに石油代替エネルギー対策予算として使用されている。現在の税率は，原油および輸入石油製品が2040円/kl，輸入LPGが670円/t，国産天然ガスおよび輸入LNGが720円/t，となっている。

石油節減効果 せきゆせつげんこうか [社-新]

effects on oil saving 省エネルギーや燃料転換などの対策を講じることにより減少するであろう石油消費量。石油危機の際などに各種対策の効果を評価するために試算された。 ⇨ 石油代替効果

石油代替エネルギー せきゆだいたいえねるぎー [石-油]

petroleum–substituting energy 現在の石油資源およびそれから派生する燃料やエネルギーに取って代わるエネルギーの総称。石炭液化やGTL (gas to liquid)，バイオディーゼル，アルコール系燃料などが含まれる。 ⇨ GTL

石油代替エネルギーの開発および導入の促進に関する法律 せきゆだいたいえねるぎーのかいはつおよびどうにゅうのそくしんにかんするほうりつ [社-新]

The Law Concerning the Promotion of Development and Introduction of Oil Alternative Energy エネルギーの安定的かつ適切な供給の確保の観点から1980年に石油代替エネルギーの開発および導入を総合的かつ効率的に推進するために制定，施行された法的枠組み。「石油代替エネルギーの供給目標(閣議決定)」の策定，公表等，ならびに新エネルギー・産業技術総合開発機構(NEDO)が実施する各種事業を規定している。 ⇨ 新エネルギー・産業技術総合開発機構，石油代替エネルギーの供給目標，NEDO

石油代替エネルギーの供給目標 せきゆだいたいえねるぎーのきょうきゅうもくひょう [社-新]

goal for oil alternative energy supply 「石油代替エネルギーの開発および導入の促進に関する法律」により策定・公表などが定められた開発および導入を行うべき石油代替エネルギーの種類およびその種類ごとの供給数量の目標。同供給目標は，エネルギーの需要および石油の供給の長期見通し，石油代替エネルギーの開発の状況そのほかの事情を勘案し，環境の保全に留意しつつ定めることとしており，それらの事情に変動があり必要があると認められるときには，供給目標を改定することとしている。 ⇨ 石油代替エネルギーの開発および導入の促進に関する法律

石油代替燃料 せきゆだいたいねんりょう [輸-燃]

alternative fuel 化石燃料である石油の代わりに用いる燃料。自動車用燃料に関しては，現在のガソリンや軽油に代わる燃料をいう場合が多く，① アルコール混合ガソリン，② 石炭液化油，オイルシェール油，オイルサンド油などの化石燃料，③ バイオマス燃料，④ メタノール，エタノールなどのアルコール燃料，⑤ 天然ガス，⑥ 水素，などがある。 ⇨ 石油代替エネルギー，代替エネルギー

石油備蓄法 せきゆびちくほう [社-石]

Petroleum Stockpiling Law 石油備蓄に関する基本法として1975年12月に制定された法律。第一次石油危機の発生に伴い，緊急時における国民経済と国民生活の安定確保のため石油備蓄の抜本的増強を図ることと，国際エネルギー機関(IEA)において加盟国への90日分備蓄義務が課され，緊急時の相互融通が規定されたことが背景となっている。備蓄対象油種は原油と石油製品，備蓄義務者は石油精製業者，特定石油販売業者，石油輸入業者となっている。現在，国家備蓄が5000万kl，民間備蓄は内需量の70日分が義務付けられている。なお，液化石油ガス(LPG)についても，1981年に同法の一部改正が行われ，新たに備蓄の義務付けが行われた。また，同法は

2001年に石油業法の廃止に伴い、国家備蓄の放出命令など、緊急時に対応した新たな体制を整備することを目的に一部改正が行われた。

石油輸出国機構 せきゆゆしゅつこくきこう [社-石]
Organization of Petroleum Exporting Countries (OPEC)　1960年9月に結成・創設された通称OPECと呼ばれる石油輸出国の組織。結成の目的は産油国共通の資源保護と国益を守るためで、発足後、資源の国有化などのほか、原油生産、価格政策について加盟国間で原油生産枠を設定し、調整することで価格支配力を強め、国際石油市場に大きな影響力をもたらしてきた。通常は年に2回OPEC総会を開催している。現在、サウジアラビア、イラン、イラク、ベネズエラ、UAE(アラブ首長国連邦)、ナイジェリア、クウェート、リビア、インドネシア、アルジェリア、カタールの11か国が加盟している。

2001年現在、OPECは世界の原油確認埋蔵量の約80%、原油生産の41%、原油輸出の53%をそれぞれ占める。 ⇨ OPEC

石油洋上備蓄 せきゆようじょうびちく [石-油]
offshore storage of crude oil　原油を洋上基地に備蓄すること。

石油連盟 せきゆれんめい [石-油]
Petroleum Association of Japan　わが国石油精製業者および元売業者の団体で、わが国石油産業の発展を図ることを目的として1955年に設立された。

セシウム せしうむ [原-原]
cesium (Cs)　原子番号55の元素であり、原子記号はCs。銀白色で軟らかく、室温28.3℃で容易に液化するアルカリ金属である。天然には^{133}Cs(安定)のみが存在する。原子力では、^{235}Uの熱中性子による核分裂生成物として、^{137}Cs(β崩壊、半減期30.17年)と^{134}Cs(β崩壊、半減期20.65年)が、それぞれ6.22%、7.8%生じる。特に、^{137}Csから出るγ線は鉱工業および医療用として有用である。 ⇨ 核分裂生成物、γ線、半減期、β線

セタン価 せたんか [燃-製]、[燃-液]、[燃-燃]、[燃-全]、[輸-デ]、[輸-燃]
cetane number　ディーゼル燃料の自己着火性を表す尺度。ノッキングの起こりにくいノルマルセタン(セタン価100)と、ノックしやすいアルファメチルナフタレン(セタン価0)の双方を適当な割合で混合したものと、セタン価を調べようとするサンプルを用いて一定の条件でエンジン試験を行い、サンプルと同じ耐ノック性を示すノルマルセタンの容量%をセタン価としている。

着火性のよさを示し、値が大きいほど着火性がよいことを示す。セタン価が高い燃料は低い燃料に比べ、始動性がよい。また、着火性が良好になると、窒素酸化物(NOx)や微粒子(PM)の排出も少なくなる。

国内のディーゼル燃料はJIS K 2204でセタン価45～50以上とされている。一般に高沸点成分ほどセタン価が高い。またn-アルカン類はセタン価が高く、イソパラフィン類、芳香族類は低い。
⇨ 軽油

セタン指数 せたんしすう [輸-燃]
cetane index　セタン価と同様に、ディーゼルエンジン用燃料の着火性のよさを示す指数で、値が大きいほど着火性に優れている。セタン指数は、API比重(API度)または密度(15℃, g/ml)と平均沸点(50%留出温度)より算出する〔JIS K 2204(軽油)、ASTM D976〕。

なお、セタン価が30～60の軽油では、セタン指数と実測セタン価の差が±2%以内であるといわれているが、セタン価との間に一定の関係はない。また、合成燃料やセタン価向上用添加剤を添加した製品などにはこの算出方法を適用できない。 ⇨ セタン価　⑩ 計算セタン指数、ディーゼル指数

石灰石焼成 せっかいせきしょうせい [産-セ]

calcination 天然に存在する石灰石は炭酸カルシウムである。これを焼成し生石灰を製造する工程を石灰石焼成という。焼成には縦型炉すなわちシャフトキルンが用いられる。シャフトキルンでは原料は上部から投入され，排熱により予熱されながら高温帯に至る。焼成温度は1100～1200℃である。焼成後の石灰は燃焼用空気により冷却され排出される。予熱された空気はバーナで燃焼する。このようにして高い熱効率を得るようにしている。

石灰石膏法 せっかいせっこうほう [環-硫]

lime scrubbing process, limestone gypsum process, limestone scrubbing process 石灰石を脱硫吸収剤とし，水中に微粉石灰石を懸濁させてガスと接触させ，二酸化硫黄と反応させて石膏を生成する湿式脱硫法。脱硫効率が高い，生成物の石膏を石膏ボードなどに有効利用でき運転コストが低いメリットがあるが，設備コストが高い，水処理設備が必要などのデメリットもある。日本では，大規模石炭火力発電所などで使われている。

石膏ボード せっこうぼーど [環-リ]，[産-燃]

gypsum board 石膏の成分は硫酸カルシウムである。これを固めたボードは不燃性の壁材，天井材として，多量に使用されている。また，防音性や断熱性もある。かつてはその原料の石膏は天然に産する資源を利用していた。しかし現在は，大型ボイラで大気汚染防止のため排煙脱硫が行われるようになり，その主要なプロセスが石灰石膏法であるため，このプロセスより多量の副生石膏が産出されることとなった。これを用いて石膏ボードが生産されている。資源リサイクルの望ましい事例である。

接触改質ガソリン せっしょくかいしつがそりん [石-油]

reformed gasoline 接触改質プロセスによって製造されたガソリン。

接触改質法 せっしょくかいしつほう [石-油]，[石-燃]

catalytic reforming process 重質ナフサを水素加圧下で，白金系または白金・レニウム系のバイメタリック触媒などにより，異性化，脱水素，環化，水素化分解などの反応を行わせ，高オクタン価ガソリン材を得る方法。触媒再生方法により，固定床半再生式，固定床サイクリック再生式，移動床連続再生式に分けられる。パラットフォーミング，パワーフォーミング，レニフォーミング，マグナフォーミング，フードリフォーミングなどのプロセスがある。

接触分解 せっしょくぶんかい [石-油]，[石-燃]

catalytic cracking 固体触媒の存在下で，主として減圧軽油を分解して，高オクタン価ガソリン材を製造すること。移動床式と流動床式があり，現在は流動床式が一般的である。通例，FCC(流動接触分解)と略称される。流動床式では，UOP，ER&E，Kellogg，Texaco，Shell法があり，移動床式では，Houdry，Mobil法などのプロセスがある。

接触分解ガソリン せっしょくぶんかいがそりん [石-油]

hydrocracked gasoline 接触分解プロセスによって製造された高オクタン価ガソリン。

節水こま せっすいこま [民-器]

water saving valve plug 水道の蛇口の水量調節に使われているパッキングと一体になったこまを，この節水こまに取り換えると，蛇口から出る水量が減るので，自然に節水ができる。節水は省エネルギーに通じるので，利用上差し支えない場所では，この節水こまに取り換えるとよい。なお，新しい蛇口では最初からこのこまが付いているものもある。

絶対単位系 ぜったいたんいけい [理-単]

absolute system of units 物理単位系とも呼ばれ，物理方程式に従って誘導された単位を基本単位とする単位系をいう。基本単位として長さ，質量，時間を用い，これらを m, kg, s とする MKS 単位系や，cm, g, s とする CGS 単位系がこれに含まれる。 ⇨ MKS 単位系，CGS 単位系 ㊂ 物理単位系

ZND モデル ぜっとえぬでぃーもでる [燃-気]
Zel'dovich –von Neumann –Döring model デトネーション波の一次元構造を表す理論モデルとして，最も一般的なモデル。衝撃波により圧力，密度，温度が急激に増加する衝撃波の領域，衝撃波より燃焼波に移行する領域，燃焼波の領域の，三つの領域からデトネーション波が構成されるとするモデルである。Zel'dovich, フォンノイマン(von Neumann), Döring らによって，それぞれ独立に提案された。ZND はその頭文字の略称。

設備容量 せつびようりょう [電-力]
installed capacity 設備の容量のこと。

セーフティカルチャ せーふてぃかるちゃ [原-安]
safety culture 個人や組織がつねに安全に関する意識を最優先にして行動することを求めた思想のこと。チェルノブイリ原発事故後に，国際原子力機関(IAEA)の国際原子力安全諮問委員会(INSAG)が提唱した。 ⇨ チェルノブイリ原発事故

ゼーベック効果 ぜーべっくこうか [理-物]
Seebeck effect 図のように異種の導線の両端を接合して，それぞれの接合点を異なる温度にすると，この閉じた回路に起電力が生じる。これをゼーベック効果という。この起電力は熱起電力と呼ばれる。このゼーベック効果を利用し，材質のわかっている 2 種類の金属線を接合し，その起電力から接合点の温度を求めるのが熱電対である。 ⇨ 熱電対

ゼーベック効果

セメント せめんと [産-セ]
cement 典型的なポルトランドセメントは，ケイ酸三カルシウム($3CaO \cdot SiO_2$)とアルミン酸三カルシウム($3CaO \cdot Al_2O_3$)およびケイ酸二カルシウム($2CaO \cdot SiO_2$)をいろいろな比率で混合した混合物で，少量のマグネシウムや鉄分も含む。さらに石膏が硬化のプロセスを遅くするために加えられている。セメントは原料である石灰石と粘土を1500℃以上で焼成する，エネルギー多消費な製品であり，製造過程では省エネルギーがとりわけ重要である。

セメントキルン せめんときるん [産-セ]
cement kiln セメントの焼成に用いるロータリーキルンをセメントキルンという。

セメント固化法 せめんとこかほう [廃-灰]
solidification by cement 焼却灰(主灰)や飛灰の結合剤としてセメントを用いて，固化を行う方法である。セメント固化は常温で行えるためコスト的に有利な固化法であるが，成形強度を必要とする場合には，ある程度の配合比を要し増量する。
　めっきスラッジ，下水スラッジなどの固化にも使用されている。

セメント産業 せめんとさんぎょう [産-セ]
cement industry セメントを製造する産業。わが国は原料の石灰石の資源が豊富であり，セメント産業に向いた国である。最近では燃料に廃タイヤなど，廃棄物燃料を多く利用している。

セラミックエンジン せらみっくえんじん [輸-他]
ceramic engine 高温にさらされるエ

ンジン部品を耐熱性のセラミックで構成したエンジン。セラミックの種類は，アルミナ，ジルコニア，窒化ケイ素，炭化ケイ素などのいわゆるファインセラミックが使用される。これらは，軽量で，機械強度が高く，耐熱性に富み，電気絶縁性が高く，耐食性に優れるなど金属より優れた特性を有している。セラミックを用いて燃焼室を遮熱することにより排気エネルギーが増大するが，そのエネルギーをターボコンパウンドなどで回収することにより，50％前後の熱効率を得ることができる。また，冷却系が不要となるため，動力システムの小型・軽量化が可能となる。課題としては，セラミック材料がもろいために，その耐久性，信頼性が金属に比べて低いことや，セラミック部品と金属との接合の難しさがあげられる。 ⇨ 遮熱エンジン 同 セラミックスエンジン

セラミックガスタービン　せらみっくがすたーびん　[電-タ]
ceramic gas turbine　小型化するほど熱効率が低下するガスタービンの欠点を補てんするために，従来型ガスタービンの高温部に耐熱材料のセラミックスを適用し，タービン入口温度を高温化することにより，熱効率の飛躍的向上を目指したガスタービン。コジェネレーション，発電用などの原動機として，省エネルギー化，低公害化および燃料の多様化などに対応。

セラミックフィルタ　せらみっくふぃるた　[環-塵]
ceramic filter　シリカ，アルミナ，ジルコニア，ボリア，マグネシア，シリコンカーバイトなどを基盤材料とした高温用ろ過集じん装置。石炭ガス化または加圧流動層燃焼複合発電システムの開発に関連して，高温集じんが重要なプロセス技術となって，粒子充てん層フィルタと並んでセラミックフィルタが注目されるようになった。一般には円筒状に構成され，キャンドルフィルタとも呼ばれる形式のものが多く活用される。圧力損失が大きくなると，逆方向から高圧空気を噴射するパルスジェット式払落し方法が採用される。 ⇨ 高温集じん，粒子充てん層フィルタ，ろ過集じん装置　同 キャンドルフィルタ

セルシウス温度　せるしうすおんど　[理-熱]
Celsius temperature　スウェーデンのセルシウスが1742年に水の氷点を0℃，沸点を100℃として定めた温度目盛りのことで，日常生活上便利な温度目盛である。摂氏温度とも呼ばれ，単位には℃を用いる。単位の℃は英語ではdegrees centigradeと読む。現在ではセルシウス温度Cは，1990年の国際度量衡委員会による熱力学温度Kを用いた定義$C = K - 273.15$により定められる。これよりわかるとおり，1℃の温度幅は絶対温度の1Kの温度幅と等しい。 ⇨ 熱力学温度

ゼルドビッチ機構　ぜるどびっちきこう　[環-室]
Zeldovich mechanism　⇨ サーマルNOx，ゼルドビッチNOx

ゼルドビッチNOx　ぜるどびっちのっくす　[環-室]
Zeldovich–NOx　燃焼過程中において空気中の窒素を窒素源として生成する窒素酸化物（NOx）のことを指し，以下の素反応過程を経て生成するNOxのことを意味する。なお，第三の化学反応機構を拡大ゼルドビッチ機構と称する場合もある。

$N_2 + O \leftrightarrow NO + N$
$N + O_2 \leftrightarrow NO + O$
$N + OH \leftrightarrow NO + H$

本反応は，1200℃程度以上の高温場で寄与し，温度依存性が強い。 ⇨ サーマルNOx，プロンプトNOx

セルロース　せるろーす　[理-名]
cellulose　植物の細胞膜の主成分をなす多糖類で，分子式$(C_6H_{10}O_5)_n$で表される。自然界に最も多く存在する天然の

高分子。木材など一般の植物繊維はセルロースのほかにリグニン，ヘミセルロースなどを含むため，水酸化ナトリウムなどで処理して精製される。天然のセルロースは約1万個のDグルコース単位が結合して長さ5μm以上にもなり，紙の原料として用いられる。水やアルコール，エーテルなどには不溶であるが，銅アンモニウム溶液，濃塩酸，硫酸などには溶ける。　⇨繊維素

セレクゾール法　せれくぞーるほう　[環-硫]
Selexol process　ガスから硫化水素(H_2S)を除去する方法。ジメチルエーテルで二酸化炭素とH_2Sを回収する。物理吸収法。

ゼロエネルギー住宅　ぜろえねるぎーじゅうたく　[環-都]
zero energy home　⇨環境配慮型建築

ゼロエミッション　ぜろえみっしょん　[環-リ]
zero emissions　製造工程や市民生活などから排出される廃棄物を別の産業の再生原料やエネルギーとして利活用することにより，一つのサイクルを形成し，そこから廃棄物を極力排出しないように，全体での「廃棄物ゼロ」を目指す廃棄物利用システム。国連大学が1994年4月に提唱した概念。工場レベルでのゼロエミッションのほかに，エコタウンのような工場集合体では，ある工場での排出物をほかの工場で原材料として利用，異業種間リンクをはることにより，工場群としてのゼロエミッションを目指す場合もある。

全硫黄　ぜんいおう　[環-硫]，[石-全]
total sulfur　燃料中の燃焼性硫黄と不燃焼性硫黄の合計。全硫黄は，エシュカ合剤(酸化マグネシウム＋炭酸ナトリウム)とともに空気中で800±25℃で加熱し，試料中の硫黄を硫酸塩としてから硫酸バリウム沈殿として秤量するエシュカ法(JIS M 8813)と，試料を1350℃に加熱して硫黄を酸化させてSO_2ガスとし，過酸化水素水に捕集した後，水酸化ナトリウムで滴定する高温燃焼法のいずれかで求める。

潜在賦存量　せんざいふそんりょう　[資-全]
potential endowments　石油，石炭，原子力などの枯渇性エネルギーおよび太陽熱，風力，地熱などの再生可能エネルギーについて，今後，人間がその生活，経済活動に利用することが潜在的に可能であるとされる量のことをいう。

洗浄集じん装置　せんじょうしゅうじんそうち　[環-塵]
scrubber　含じんガス中のダスト(粒子，粉じん)を水または何らかの液体を使用して捕集する装置。スクラバともいう。出口ガス流にミストが含まれるので，ミスト分離器が設けられる。気体中の粒子を液体粒子，液膜あるいは気泡と衝突または接触させるために多種多様の形式が工夫され，活用されている。これらはつぎの4形式に分類できる。

　① ため水式：装置内に一定の水またはそのほかの液体を蓄えて，その表面に含じんガスを吹き付けて粒子を衝突させるかまたは通過させて含じんガスを洗浄する。含じんガスを液中にくぐらせる形式もある。

　② 加圧水式：加圧水を噴射して発生した液滴により含じんガスを洗浄する。この形式には多くの種類のものがあり，ベンチュリスクラバ，スプレイ塔，サイクロンスクラバ，ジェットスクラバなどが活用される。

　③ 充てん層式：ラシヒリングやベルサドルなどの充てん物を塔内に充てんした形式で，含じんガスは塔下部から送入し，充てん層上部からのスプレイ水と向流で層内部で接触し集じんする。

　④ 機械的回転式：かく拌羽根や円板などを回転させて洗浄液をせん断力により微粒化させ，気液接触により集じんする。

洗浄液は循環再使用しても蒸発やミスト排出のために液の補充が必要であり、また汚水の後処理(固液分離操作)を必要とする。しかし、可溶性のガスであればガス吸収も兼ねることができる利点がある。 ⇨ 湿式集じん装置，スプレイ塔，ミスト 🔘スクラバ

全水分 ぜんすいぶん [資-理]
total moisture content バイオマスや廃棄物などをエネルギー源として用いる場合、その燃料において、その全水分量は重要な要素である。全水分量は、もともとのバイオマスの性状のほか、保管状態、さらには輸送中の散水などにより変化する。ただし、植物組織中の全遊離水を精密に計測することは、必ずしも容易ではないため、一定条件下での乾燥減量をもって全水分とすることが多い。

石炭など固体燃料の水分は、湿分、固有水分、化合水分があるが、このうち湿分、固有水分を合計した水分をいう。湿分は、石炭粗粒子の表面に付着している表面水分で、塊炭で2～3%、微粉炭で10%程度。固有水分は石炭の工業分析における水分といい、褐炭で10～15%、歴青炭で5～6%、無煙炭で1%程度。

一方、液体燃料、特に石油系燃料の場合、品質検査の一項目としてカールフィッシャー法などにより全水分の測定が行われる。

せん断破砕 せんだんはさい [廃-破]
shearing type crusher 回転刃と固定刃との間の強いせん断力により対象物を引き裂き、切り取り、切断する方法。ギロチン式切断機、往復式カッタ、二軸あるいは三軸せん断破砕機などがあり、長尺物から、プラスチック、タイヤ、木くずなどじん性や延性に富む廃棄物の処理に用いられている。

ギロチン式切断機では、処理対象物を固定刃上に固定し、上下に往復する可動刃により切断する。処理効率を上げるために圧縮成形した後、切断する。可燃性の粗大廃棄物や長尺物の切断から冷蔵庫やエアコンなど金属筐体類の切砕も可能である。

二軸(あるいは三軸)せん断破砕機では、2本あるいは3本の回転軸に数枚の回転刃が取り付けられており、それらが相互にかみ合い、せん断作用によって処理物を切断する。平行な2軸に取り付けられた切断刃は相互に逆回転するが、その回転数に若干の差をつけることでせん断効果を高め、効果的な破断を行うことができる。マットレスなどの家具、家電製品をはじめとする粗大ごみから、廃プラスチック、古紙、布類、さらにスチールロッカーなど金属ケース、IC基板など、きわめて広範囲な廃棄物の処理が可能である。ただ、この種の破砕機は、一般に処理量が小さいといわれている。そのほかに特定な廃棄物を対象にした切断機として、廃タイヤを対象としたタイヤラジアルカッタや古紙用のペーパシュレッダ、電線破砕機などがある。例えば、タイヤラジアルカッタは廃タイヤを1/2～1/16に分割し再利用を容易にする。これらでは切断刃の形状は対象物に適するように設計されている。

銑鉄 せんてつ [産-鉄]
pig iron 高炉で生産された鉄は炭素を多く含み銑鉄と呼ばれる。大部分の銑鉄は転炉へ送られ精錬されて鉄鋼になる。また、銑鉄は鋳物の原料になる。銑鉄の特徴は炭素の含有量が3～4%で、そのほかシリコン、マンガン、リン、硫黄などを微量含んでいる。融点が比較的低く湯も流れやすい。強度は鋼より低い。

全天日射 ぜんてんにっしゃ [自-太]
global solar radiation 直達日射と散乱日射を合わせた日射。 ⇨ 散乱日射，直達日射

全天日射量 ぜんてんにっしゃりょう [理-自]
amount of global solar radiation 太陽自身からやってくる放射を太陽光線に直角な面に対して測定したものを直達日射量と呼ぶ。これ以外に大気中の空気分

子や水蒸気，あるいはエアロゾルなどによって散乱されたものから到達する放射があり，これを散乱日射量という。全天日射量はこの両者を合わせたもので，天空の全方向から水平な単位面積当りに入射する太陽放射の総量をいう。

セントラル方式 せんとらるほうしき [民-シ]

central system, centralized system　空調・給湯などに必要な熱源機器(ボイラ，冷凍機など)，空気調和器，送排風機，自動制御装置の監視，制御を中央機械室に集中させた方式。セントラル方式に対するものとして個別方式，分散方式がある。

潜　熱 せんねつ [理-伝]

latent heat　物体の温度変化なしに状態を変化させるために費やされる熱。気化熱や融解熱がその例である。

全　熱 ぜんねつ [熱-交]

total heat　物質の温度変化による熱量変化である顕熱と，相変化による熱量変化である潜熱の合計。湿り空気の状態変化など，温度変化と相変化が同時に起こる場合に用いられる用語。heat の代わりに，latent energy, sensible energy, total energy も使われる。

潜熱回収型給湯器 せんねつかいしゅうがたきゅうとうき [民-器]

latent-heat recovery water heater　従来のガス給湯器では約78％であった効率を90％台に高めた給湯器。高温排気ガスから二次熱交換器によりさらに熱を回収する。この際，ドレン化する領域まで熱を回収，すなわち排気ガス中の潜熱を回収することからこの名称が付けられた。このとき発生するドレンは，酸性度が高いため中和する機構を備えている。パッケージ内の機器配置改良，熱交換器材質変更などを経て初期型からさらに効率が向上し，また，風呂給湯型，給湯暖房型など給湯器全域に展開されつつある。高効率給湯器として民生部門省エネ戦略の一翼として期待されている。エコジョーズは，関連業界の一部で用いられている愛称。　⇨ 特定機器　⒨ エコジョーズ，高効率ガス給湯器

全熱交換器 ぜんねつこうかんき [民-シ], [熱-交]

total enthalpy heat exchanger　空気熱交換器ともいう。空気調和機などにおいて，換気のために取り入れる外気と外部へ排出する排気との間で，空気の顕熱(温度)と潜熱(空気中の水蒸気)の同時熱交換を行う排熱回収熱交換器。ロータ形状の吸湿材を回転させ吸湿，放湿と吸熱，放熱を繰り返す回転型と，透湿材を介して温湿度を移動する静止型の2種類がある。

潜熱蓄熱 せんねつちくねつ [熱-蓄]

latent heat thermal energy storage (LHTES)　物質が相転移する際に熱を吸収あるいは放出する現象を利用して，熱を貯蔵すること。「相変化蓄熱」とも呼ばれる。物質が温度変化する際に熱を吸収あるいは放出する現象を利用した「顕熱蓄熱」と対比されて使われる。潜熱蓄熱の利点は，単位体積当りの蓄熱量が大きいことや，熱を抽出する際の温度が融点や沸点などの転移点近傍に維持されることにある。したがって，潜熱蓄熱は都市地域や移動体のような空間的制約の強い条件で，特に有効となる。実用化の代表例として，氷蓄熱空調システムがあげられる。　⇨ 顕熱蓄熱，氷蓄熱，潜熱蓄熱材　⒨ 相変化蓄熱

潜熱蓄熱材 せんねつちくねつざい [熱-蓄]

latent heat thermal energy storage material　潜熱蓄熱において相転移する物質のこと。相変化蓄熱材(phase change material, PCM)とも呼ばれる。適応温度に応じて表のような材料が考えられるが，転移点や安全性，安定性，腐食性，経済性などの制約から，実用的な材料は限定される。　⇨ 潜熱蓄熱　⒨ 相変化蓄熱材，PCM

(潜熱蓄熱材の適応温度と種類)

適応温度	潜熱蓄熱材
0℃未満	単体非金属, 有機化合物
0〜200℃	水, 水和物, 有機化合物
200〜600℃	塩化物, 水酸化物
600℃以上	フッ化物, 酸化物, 金属

選別装置 せんべつそうち [廃-破] separator, sorter 物質や材料の物理的あるいは物理化学的特性の差異を利用して, 多種多様な成分や素材の混合物中から有価金属や不純物など, ある特定成分を分離回収する装置。廃棄物処理や再資源化では, 密度, 導電率, 誘電率, 磁化率など, 物質固有の特性に基づいた密度差選別, 渦電流選別, 静電選別, 磁気選別装置が利用される。また, 大きさや形状は機械的性質に関係しており, 分級装置や形状分離装置も利用される。このような分離は, さまざまな成分から構成される鉱石から有用鉱物を分離, 選別する鉱物処理において行われており, その考え方は廃棄物処理技術の基礎となる。

戦略的環境影響評価 せんりゃくてきかんきょうえいきょうひょうか [社-環] strategic environment assessment (SEA) 環境への影響評価を, 事業計画の決定後に行うのではなく, 政策や計画の意思決定の段階から行い, 環境への配慮を確実なものにしようとするもの。政策立案, 計画, プログラムなどの意思決定段階で, 経済的, 社会的な配慮と合わせて, 環境への配慮を検討して対策を確実なものにすることを目的としている。

線量限度 せんりょうげんど [原-放] dose limit 放射線被ばくの制限値。現行法令では, 国際放射線防護委員会(ICRP)勧告(1977年)に基づき, 線量限度が定められていて, 職業人に対しては50ミリシーベルト(mSv)/年, 一般公衆に対しては1mSv/年である。ただし, 被ばくした組織や器官によっても線量限度は異なる。 ⇨ 吸収線量, 実効線量 旧 線量当量限度

〔そ〕

雑木林 ぞうきばやし　[環-農]
coppice, thicket　薪炭，肥料などをとるために人為的に管理された林(薪炭林ともいう)をいう。わが国では，自然の植生は陰樹(照葉樹：日射の少ないところでも育つ)による極相林になっていくが，雑木林は，伐採などの後に成立する二次林であり，人間が手を加えつづけることにより，陽樹(日射の多いところでしか育たない)林として歴史的に維持されてきたものである。おもな樹種はクヌギ，コナラ，アカマツなどであり，これらの立木を再生産できる範囲で少しずつ順番に伐採することや，柴刈りを行うことにより薪炭を燃料として利用してきた。蝶類や甲虫類の生息地でもある。近年，雑木林の消失，陰樹林への変遷により，生物種の生息地の消失などが生じており，保存のためのさまざまな努力が行われている。　⇨ 里山

総合エネルギー統計　そうごうえねるぎーとうけい　[社-全]
systematic energy statistics　総合エネルギー統計は，日本に輸入され，または国内で供給された各種のエネルギー源が，どのように転換され，最終的にどのような形態で，どの部門や目的に消費されたかということを明らかにし，さらにエネルギー起源の二酸化炭素排出量の算定基礎を明らかにすることにより，エネルギー政策の企画立案やその効果の実測・評価に貢献するとともに，エネルギー需給に対する理解の増進や情勢判断を支援するために策定するものである。通常，本の表紙が赤いので赤本といわれている。2002年度版から経済産業省資源エネルギー庁長官総合エネルギー政策課編となった。それまでは，(財)日本エネルギー経済研究所との共同編であった。最新方式は中心となるエネルギーバランス表が，詳細化しかつ基本的に変わり，1990年度までさかのぼって改定された。従来方式のエネルギーバランスの簡易表は1953年度以降1989年まで参照資料として掲載されている。　⇨ エネルギー政策，総合資源エネルギー調査会，長期エネルギー需給見通し

総合効率　そうごうこうりつ　[転-ガ]
total efficiency　供給された燃料のエネルギーのうち，利用可能な電気および熱のすべてに変換されたエネルギーの割合。発電効率と熱回収効率との和で表される。　⇨ 総合熱効率

総合資源エネルギー調査会　そうごうしげんえねるぎーちょうさかい　[社-全]
Advisory Council of Natural Resources and Energy　経済産業大臣の諮問機関で，エネルギー政策全般にわたって部会，分科会，小委員会，ワーキンググループなどをつくって，エネルギー政策について審議し答申する。一番大きな任務としては数年ごとに「長期エネルギー需給見通し」を改定し，それに基づいて「石油代替エネルギー供給目標」を閣僚会議で諮り承認する。京都議定書が1997年に採択されてからエネルギー起源の二酸化炭素の排出量を2010年度までに1990年度水準に安定化させることが，この「長期エネルギー需給見通し」の最大の目標となっている。2004年6月までには2001年6月に発表した見通しを改定した。目標年次は従来の2010年度に加え2020年度および2030年度での見通しを発表した。　⇨ エネルギー政策，長期エネルギー需給見通し

総合損失率　そうごうそんしつりつ　[転-ガ]
total energy loss ratio　供給された燃料のエネルギーのうち，利用できなかった電気および熱の割合。　⇨ 総合効率

走行抵抗 そうこうていこう [輸-自]
running resistance　車両が走行する際に受ける抵抗。転がり抵抗，空気抵抗，こう配抵抗および加速抵抗の和で求められる。転がり抵抗はタイヤの転がり抵抗係数と車両重量の積で求められる。空気抵抗は前面投影面積，空気抵抗係数および車速の2乗の積で求められる。こう配抵抗は車両重量と路面の縦断こう配$(\sin\theta)$の積で求められる。加速抵抗は車両重量と車両の加速度の積で求められる。走行抵抗を低減するとエンジン負荷も低減することから，有効な燃費低減対策，排ガス低減対策になる。そのため，乗用車では高速になるほど大きくなる空気抵抗係数の低減技術が商品価値を決める一つの指標になっている。また，加速抵抗を少なくするためには交通管制などの改善によって交通流を円滑化することが有効である。

総合等価温暖化因子 そうごうとうかおんだんかいんし [環-温]
total equivalent warming impact (TEWI)　冷蔵庫の冷媒など，製品に使われるガスが使用時や廃棄時に大気に漏れる量に加えて，運転や輸送などでエネルギーを使うことに伴って放出される二酸化炭素発生量などを総合的に評価するための因子。

総合熱効率 そうごうねつこうりつ [転-変]
total heat efficiency　供給された燃料のエネルギーのうち，利用可能な熱に変換されたエネルギーの割合。　⇨ 総合効率

層状吸気エンジン そうじょうきゅうきエンジン [輸-エ]
stratified charge engine　リーンバーンエンジンなどにおいて，空気と燃料の混合割合が燃焼室内で層状になるようにしたエンジン。燃焼リーンバーンエンジンでは混合気が希薄になるために，混合気が均一の場合には，スパークプラグで点火しても燃焼が持続せずに失火してしまう。これを防止し，安定した燃焼を行うためには，混合気全体としては希薄にするが，点火プラグ周辺には濃い混合気を供給し，そのほかの領域には希薄な混合気を供給する必要がある。したがって，点火プラグ周辺とその他の領域で混合気が層状になることから層状給気エンジンと呼ばれる。ガソリンを吸気管に噴射する方式と比べて，直接噴射方式では層状給気を形成しやすくなるために，全体の混合気をさらに希薄にでき，燃費改善が可能になる。　⇨ ガソリン直墳エンジン，成層エンジン

送　電 そうでん [電-流]
electric supply　送電線は，発電所で発電された電気を需要箇所の変電所まで運ぶ電源線と，これらの変電所間を結ぶ連系線，変電所と需要者を結ぶ負荷線に分類することができる。また，送電線にはその形態により架空線と地中線に大別できる。わが国においては，経済性の観点から架空線を基本としているが，近年，都市部においては用地制約などから地中線の採用が多くなっている。送電方式としては，交流送電方式が一般的であるが，海底ケーブルによる系統連系線などに直流送電方式が採用されている。

送電損失率 そうでんそんしつりつ [電-力]
transmission loss factor　送電電力と受電電力の差分を受電電力で割った値で表される。電力系統においては，送電端電力量と需要端電力量との差分を需要端電力量で割った値で表されるが，こちらで使用される場合が多い。

送電端効率 そうでんたんこうりつ [電-力]
net thermal efficiency　発電機の効率に使われる指標のこと。発電に要したエネルギーの中で，送電可能なエネルギーの割合。発電機出口での効率を指す発電端効率と区別して用いられる。　⇨ 送電端熱効率

送電端電力量 そうでんたんでんりょく

りょう [電-力]
power generating at sending end　発電所の各発電機が発生した電気の電力量(発電端電力量)から所内動力用の電力量(所内電力量)を差し引いた電力量のこと。電力会社単位においては，発電機発電電力量(A)，他社から受電した電力量(B)，融通電力量を精算した電力量(C)の合計から揚水用動力量(D)，所内動力用の全電力量(E)を差し引いた($A+B+C-D-E$)のことをいう。

送電端熱効率 そうでんたんねつこうりつ [電-力]
net thermal efficiency　燃料の発熱量に対する送電端発電出力の割合。
⇨ 送電端効率

送電電圧 そうでんでんあつ [電-流]
transmission voltage　線路の電圧が高いほど，大容量の電力を低損失で輸送することが可能になり送電効率が向上する。このため，増大する電力需要と電源の大容量化，遠隔化に対応して線路の高電圧化が進められてきた。わが国の特別高圧送電線は，11 kV で始まったが，現在では架空線では 1000 kV (運転電圧は現在 500 kV)，地中線では 500 kV が最高電圧として建設されている。

送電ロス そうでんろす [電-流]
transmission loss　電力を発電所から需要者まで送電する途中で，送電線や電力機器のもつ抵抗分により熱として失われる電力量である。送電ロスの大部分は導体中の抵抗損であるが，このほか架空送電線ではコロナ損，地中送電線では誘電損やシース損が発生する。

総発熱量 そうはつねつりょう [理-炉]
gross calorific value, gross heating value　高位発熱量と同じである。ただし，エネルギー統計などで対象とする物質の種々の発熱過程における発熱量の総和を示す場合もある。

造粒 ぞうりゅう [産-機]
pelletization　造粒操作は粉体を扱いやすくする。製鉄においては，利用しにくい粉鉱を造粒操作により粒子化して活用することは重要な技術である。セラミックの小さなボールは充てん層の充てん物として広く利用されている。これらの粒子を製造する装置をペレタイザという。ペレタイザでは，原料の粉末にバインダを加え，ロータあるいは回転円筒などを通して粒子に加工する技術が確立した。

層流燃焼 そうりゅうねんしょう [燃-気]
laminar combustion　燃焼が存在する領域の流れ場の特性による燃焼状態の区分の一つ。予混合燃焼，拡散燃焼を問わず，層流中に形成される火炎は層流燃焼に分類される。層流燃焼では反応領域における熱や活性化学種の輸送過程がおもに分子過程に支配される。実際の燃焼器内では，流れに乱れが存在する場合がほとんどであり，また高負荷燃焼の要請からも層流燃焼形態が用いられることはなく，比較的単純な火炎構造を利用して，おもに火炎の基礎的な特性を調べる場合などに用いられている。

層流燃焼速度 そうりゅうねんしょうそくど [燃-気]
laminar burning velocity　層流の未燃混合気に対して火炎面に直角な方向に伝ぱする燃焼波の相対速度成分。燃焼速度の実験的な代表値として取り扱われることが多い。　⇨ 燃焼速度

総量規制 そうりょうきせい [環-硫]
control by immutable weight　有害物質の排出総量を規制する方法。一般排出基準は施設ごとに国が基準を定めるが，大規模な工場では工場ごとに総排出量基準を設けることがある。　⇨ K 値規制

速度水頭 そくどすいとう [理-流]
velocity head　定常な完全流体の同一流線上で成り立つつぎのベルヌーイの定理において左辺第2項で表される量を速度水頭という。

$$\frac{p}{\rho g}+\frac{v^2}{2g}+h=H=\text{一定}$$

上式で p は圧力，ρ は密度，v は速度，g は重力加速度，h は高さである。速度水頭は高さの次元をもっており，第1項および第3項は圧力水頭および位置水頭と呼ばれる。また，H は全水頭と呼ばれる。 ⇨ ベルヌーイの定理

粗 鋼 そこう [産-鉄]
crude steel 鉄鋼業の生産高の統計で使用される用語。転炉法と電気炉法を合わせた，商品として加工する前の原材料としての鋼の総称である。

粗製ガソリン そせいがそりん [石-油]
crude gasoline 水素化精製処理をしていないガソリン。 圓 鉱物油

ソーダ工業 そーだこうぎょう [産-化]
soda industry ソーダ工業は，塩を原料にして，幅広い産業分野の原料・副原料，反応剤などに使われる，カセイソーダ，塩素，ソーダ灰，水素などの化学製品を製造する基礎素材産業である。わが国のソーダ工業は，塩水を電気分解して，カセイソーダ，塩素，水素を製造する「電解ソーダ工業」と，塩に二酸化炭素やアンモニアガスを反応させてソーダ灰を製造する「ソーダ灰工業」とに分けられる。

SOx そっくす [環-硫]
sulfur dioxide, sulphur dioxide 硫黄酸化物の総称。燃焼装置の排煙中では SOx の主成分は二酸化硫黄であるが，三酸化硫黄を含む場合もある。 ⇨ 二酸化硫黄 圓 硫黄酸化物

外断熱 そとだんねつ [民-ビ]
outside insulation 構造体がコンクリート造とかブロック造のように熱容量が大きいとき，断熱層を構造体の屋外側に施工すること。壁体温度が室温に近く，構造体の熱容量により温度変動が小さくなるため，省エネルギー，内部結露防止，構造体の劣化緩和などに優れているが，マンションなど複雑な躯体の建物では，工事費が高くなるため採用例が少ない。 ⇨ 内断熱，内部結露

ソフトエネルギー そふとえねるぎー [環-温]
soft energy 自然界に存在するエネルギーで，太陽エネルギーや地熱，風力，波力などがそれに相当する。ハードエネルギーといわれる石油，石炭，天然ガスなどの化石燃料や原子力エネルギーに比べて環境に優しいとされる。一般的にエネルギー密度が小さく，大規模発電は難しい。また，立地条件，気象などに左右され，エネルギー使用量が時間的に変動する。ただし，枯渇の心配はなくほとんど無限に利用しつづけることができる（再生可能エネルギー）。 ⇨ 再生可能エネルギー，自然エネルギー

ソフトエネルギーパス そふとえねるぎーぱす [自-全]
soft energy path これまでのエネルギー多消費型からの脱皮と，新しいエネルギー選択のあり方を示した考え方。1976年にエイモリー・ロビンズによって提唱された。化石燃料や原子力などのように高密度で集中して使うエネルギーをハードエネルギーパスといい，それとは異なるもう一つの道として，太陽力，波力，潮力，風力など，低密度で分散型のエネルギーを用いたソフトエネルギーパスを選択すべきだという考え方である。

ソーラエネルギー そーらえねるぎー [自-太]
solar energy ⇨ 太陽エネルギー

ソーラカー そーらかー [輸-他]
solar car 太陽電池を車体表面に搭載し，太陽エネルギーを電気エネルギーに変換してモータで走行する自動車。化石燃料を消費せず二酸化炭素や有害物質を排出しないため，究極のエコカーである。現状では，太陽電池はエネルギー変換効率が15％前後と低く，また，搭載できる表面積が限られることから，出力がガソリン乗用車の1/100前後となる。限られた出力で動力性能を確保するため，転がり抵抗と空気抵抗を大幅に低減し，軽量材料を使用して車重を軽減した特殊車両が多い。また，近年開発された

ものの多くは、太陽電池以外にバッテリを搭載したハイブリッド自動車となっており、加速時の要求出力の増大や曇天時の太陽電池出力の減少に対応した設計となっている。　⇨ 太陽電池自動車

ソーラシステム　そーらしすてむ　[環-温]
solar power system　住宅、事業所などの給湯、冷暖房、採光システムとして、太陽熱集熱器、蓄熱槽、熱交換器、冷凍機などを組み合わせたもの。建物自体のくふうで太陽熱を利用する方法をパッシブソーラシステム、集熱器により太陽熱を集熱し給湯、暖房に利用する方法をアクティブソーラシステムと呼ぶ。単に太陽光発電(太陽電池)システムを指す場合もある。

ソーラ水素　そーらすいそ　[自-太]
solar hydrogen　太陽エネルギーを利用して得られた水素。従来は、太陽電池を用いて水を電気分解して得られた水素を意味した。現在は、より広い意味で太陽エネルギーを利用して製造された水素を指すことが多い。したがって、風力発電などの太陽エネルギーに起因する再生可能エネルギーによって得られた電解水素や1000℃を超える集光太陽熱を用いて多段階水分解反応により得られた水素もソーラ水素と称する。さらに、集光太陽熱を用いて天然ガスを改質した場合も、生成水素の一部が太陽エネルギーに由来することからソーラ水素と呼ぶことがある。　⇨ 太陽水素

ソーラセル　そーらせる　[自-電]
photovoltaic cell, solar cell　入射する光エネルギーを電気エネルギーに変換する最小単位の能動素子。ダイオード構造により、光エネルギーを吸収して電子・正孔対(過剰キャリヤ)を発生しこれを電力として取り出す。使用される材料は、現在の主流であるシリコン以外に、テルル化カドミウム(カドテル、CdTe)などのⅡ-Ⅵ族化合物系、シーアイジーエス(CIGS)などのカルコパイライト系、ガリウム・ヒ素(GaAs)などのⅢ-Ⅴ族化合物系がある。将来的な可能性として有機材料系の研究も進んでいる。エネルギー変換効率は、使用する半導体物性によってその理論的上限が決まるが、実際には光学的損失や電気的損失などの損失因子があるため、これらを抑制して実用上の変換効率を高める研究が行われている。　⇨ 光電池、太陽電池

ソーラハウス　そーらはうす　[環-都]
solar house　太陽エネルギーを暖房・給湯、冷房、あるいは太陽電池による発電に本格的に利用する住宅のことをいう。快適室内環境を形成するために、① 開口部や建物断面の設計くふうにより放射、伝導、自然対流などの自然現象を用いるパッシブソーラハウス、② 集熱、熱移動のために太陽集熱器、集熱ポンプ、蓄熱槽、放熱器、配管系などの機械的な設備を用いて積極的に太陽熱を利用するアクティブソーラハウス、③ 両者を組み合わせたハイブリッドソーラハウスがある。パッシブソーラハウスの手法には、開口部より直接居住空間に日射を取り入れる直接熱取得方式(ダイレクトゲインシステム)、太陽と居住空間の間に日射を吸収、蓄熱する部位をもつ間接熱取得方式(トロンブ壁システム、ルーフポンドシステムなど)、集熱と蓄熱を居住空間から分離して行う分離熱取得方式(サーモサイフォンシステムなど)がある。

ソーラパネル　そーらぱねる　[自-電]
solar panel　複数のソーラセルを電気的に接続して一体化したもの。直流の電気出力を取り出すためのケーブルが取り付けられ、パネル周辺部はアルムニウムなどによる枠材が一体化されている。長期間の使用に耐えられるよう、セルを封止材、被覆材などで保護する構造がとられる。太陽光の入射側に白板ガラスを用い、裏側にはフッ素系フィルムやポリエチレンテレフタレート樹脂(PET)フィルムを用いることが多い。また、これらを接合する封止材としてエチレン・酢酸ビ

ニル共重合樹脂(EVA)を用いるのが一般的である。　㊙太陽電池パネル，太陽電池モジュール

ソーラヒートポンプ　そーらひーとぽんぷ　[自-太]
solar-assisted heat pump system, solar heat pump system　太陽エネルギー利用システムとヒートポンプを組み合わせた太陽エネルギー利用技術。組合せ方式としては，太陽エネルギーをヒートポンプの動力源として利用する場合，ヒートポンプの集熱源として利用する場合，もしくは両方に利用する場合が考えられる。ヒートポンプの集熱源として利用するシステムについては，水集熱式，空気集熱式，冷媒集熱式が実用化された。また，太陽電池パネルなどとの組合せにより，太陽エネルギーを熱源だけでなく動力源としても利用するハイブリッド式のソーラヒートポンプシステムも開発されている。

ソーラポンド発電　そーらぽんどはつでん　[自-電]
solar pond power generation　典型的な塩水ソーラポンドは，表面塩分濃度0％の表層，塩分濃度こう配をもたせた非対流断熱層および均一高濃度の対流蓄熱層から構成される。ポンドへの入射太陽光は各水深部分でその一部が吸収された後，大部分は底部の蓄熱層に到達し蓄熱層の水温を上昇させる。得られる温度レベルは80℃以下の低温であるため，多量の温水を必要とする低熱源の用途に適する。発電への利用は，フロンランキンサイクルによるほか，イオン交換膜を用いる濃淡電位差発電などが提案されている。

ソルベントナフサ　そるべんとなふさ　[石-油]，[石-燃]，[燃-製]
solvent naphtha　コールタール系軽油の分留または石油の接触改質によって得られる溶媒用に用いられるナフサ留分(沸点範囲120〜200℃)。JIS規格では，沸点範囲により1号(120〜160℃)，2号(120〜180℃)，3号(140〜200℃)に分類される。キシレン，エチルベンゼンなどのベンゼン類が主成分。塗装用溶剤や希釈剤に用いられる。　㊙コールタールナフサ

ソルボリシス液化法　そるぼりしすえきかほう　[燃-炭]
solvolysis liquefaction process　減圧残油，アスファルトなど石油系の重質分を溶剤として400℃以上で石炭を熱分解し，石炭の熱分解生成物と溶剤との間に反応を起こさせ石炭を液化するプロセス。

〔た〕

第一次石油危機 だいいちじせきゆきき [社-石], [石-社]
primary oil crisis　1973年10月に起きた第四次中東戦争の際，アラブ産油国が石油を武器とした石油戦略を展開し，世界的な石油の供給不安や原油価格の急騰がもたらされた事態を指す．石油戦略はアラブ敵対国に石油の禁輸措置など（発動）をとったため，石油の供給途絶がもたらされ，他方で供給不足から原油価格がバレル当り3ドルから11ドルに一気に4倍に急騰する事態となった．このため，わが国でも買い占め，売り惜しみも手伝い，トイレットペーパー騒動，洗剤不足など，社会的混乱が起き，狂乱物価がもたらされると同時に経済活動も前年比－0.5％と戦後初めてマイナス成長になった．事態は1974年3月のアラブ戦争の終結により収拾した．

第一種圧力容器 だいいっしゅあつりょくようき [産-燃]
first grade pressure vessel　労働安全衛生法に定められる規定で，10気圧以上の蒸気圧力のボイラの類が該当する．

第一種吸収ヒートポンプ だいいっしゅきゅうしゅうひーとぽんぷ [熱-ヒ]
absorption heat pump, heat amplifier　吸収冷凍サイクルをヒートポンプ運転したもので，増熱型ヒートポンプである．ふつう冷媒に水，吸収剤に臭化リチウムが使われる．ここで，冷媒の水が蒸発する際に周りから吸熱する．蒸発した水蒸気は，水分が少ない臭化リチウム水溶液に吸収され，吸収熱を放熱する．水蒸気を多量に吸収した溶液はポンプで昇圧され，外部から駆動用熱源で加熱されて高圧水蒸気を発生する．溶液は冷媒の濃度が低くなって再生され，減圧後冷却されて冷媒の蒸気圧を大幅に減少して水蒸気を著しく吸収する．発生した高圧蒸気は放熱して凝縮し，膨張後蒸発する．このように，ヒートポンプには熱源からの加熱量と低圧部で吸熱する蒸発量が入熱し，吸収熱と凝縮熱が放熱する．
　ここで，ヒートポンプの高圧蒸気を発生させるための加熱量を入力，吸収熱と凝縮熱をヒートポンプ出力とすれば，ヒートポンプ成績係数 COP_h は

$$COP_h = \frac{\text{出力}}{\text{入力}}$$
$$= \frac{\text{吸収熱}(\text{kW}) + \text{凝縮熱}(\text{kW})}{\text{加熱量}(\text{kW})}$$

となる．また，サイクルの熱収支から
　　吸収熱＋凝縮熱＝加熱量＋蒸発熱
であり，上の2式から

$$COP_h = 1 + \frac{\text{蒸発熱}(\text{kW})}{\text{加熱量}(\text{kW})}$$
$$= 1 + COP_c$$

となる．ここで，COP_c は冷凍サイクル成績係数である．本式から，ヒートポンプ成績係数は，冷凍成績係数に1プラスした数になり，必ず1以上になる．
⇒成績係数，第二種吸収ヒートポンプ，ヒートポンプ

第一種超伝導体 だいいっしゅちょうでんどうたい [電-理]
type I superconductor　臨界磁場が一つの超伝導体．外部磁界が臨界磁界より低い磁場では内部の磁束密度が0となり，それ以上では常伝導状態に戻る．

ダイオキシン だいおきしん [生-化], [環-ダ]
dioxin　元来は，1,4-ダイオキシン（p-ダイオキシン）であるが，環境汚染とのかかわりで一般にはポリ塩化ジベンゾ-p-ダイオキシンを指す．自然界にはない物質で，廃棄物を燃やすごみ焼却所から煤煙とともに大気中に排出されるなど，問題となっている．

ダイオキシン規制 だいおきしんきせい

[社-環]
dioxin control　発がん性や催奇性があるなど、強い有毒物質であるダイオキシン〔有機塩素化合物でポリ塩化ジベンゾパラダイオキシン(PCDDs)類の総称〕の発生を規制すること。発生源としてはごみ焼却場などがあげられ、焼却に対する規制が行われている。　⇨ダイオキシン類対策特別措置法

ダイオキシン対策　だいおきしんたいさく　[社-環]
countermeasures against dioxin　廃棄物焼却施設やごみ焼却場から排出されるダイオキシン類〔有機塩素化合物でポリ塩化ジベンゾ（パラ）ダイオキシン(PCDDs)類の総称〕の排出を抑制するための対策。環境省(旧厚生省)では、排出防止のための規制や発生防止ガイドライン、発生防止技術マニュアルなどで対策を行っている。　⇨ダイオキシン類対策特別措置法

ダイオキシン類　だいおきしんるい
[環-ダ]
dioxins　通常、PCDD、PCDF、コプラナPCBの3種類を指す。なかでも最も猛毒なのが、2, 3, 7, 8-四塩化ジメンゾダイオキシンと呼ばれるもので、発がん性や催奇形性がある。

　通常の燃料や焼却物には多かれ、少なかれ塩素元素が含まれており、これらの焼却に伴ってダイオキシン類が発生する。しかし燃料や焼却物の塩素含有量とダイオキシン類発生量との相関は低い。ダイオキシン類の発生は燃料や焼却物の塩素含有量だけでなく、そのほかの因子(燃焼温度、燃焼空気量、滞留時間、芳香族化合物の存在あるいは生成性など)によっても影響されるために塩素含有量との相関が低いものと考えられる。

　ダイオキシン類は、各種廃棄物の焼却、鉄鋼・非鉄金属精錬などの熱反応や除草剤、農薬を化学反応により生成するときに不純物として生成され、日本における年間排出量は約3 900〜5 300g-TEQ/年であり、このうち、燃焼工程からの排出が大半を占める。また、主要な発生源の排出割合は、都市ごみ焼却炉が約80％、産廃焼却炉が約10％、金属精錬工場が約5％であり、大半がごみ焼却により発生している。都市ごみのうち、プラスチックの塩素は約4％で最も高く、ごみ焼却における塩化水素生成にかかわる揮発性塩素の寄与率が、塩化ビニル系プラスチック類が75％で、各組成物では第1位であった。厨芥にも食塩として1％未満塩素化合物が含まれており、新聞と塩化ビニル以外のプラスチックとの混焼で、ダイオキシン類が発生する。ダイオキシン類の生成パターンとして、農薬のDDTや塩化ビニルなどの塩素化合物が燃焼することで、ベンゼン核が生成し、そこに塩素が結合して塩化ベンゼンとなる。塩化ベンゼンを二つの酸素が結び付ければ、ダイオキシン(PCDD)となり、一つの酸素が結び付ければ、ジベンゾフラン(PCDF)となる。塩化ベンゼンどうしが結合すればPCBとなり、そこに酸素が結合すれば、ジベンゾフランとなる。酸化とは、酸素の結合、すなわち燃焼であり、これらの化学反応は燃焼によりどんどん進むことが知られている。　⇨ダイオキシン類の再合成、PCB

ダイオキシン類対策特別措置法　だいおきしんるいたいさくとくべつそちほう
[社-環]
Special Against-Dioxin Legislation　ダイオキシン類の規制措置に関する法律で2000年に施行された。耐用摂取量、大気・水質・土壌に関する環境基準、排気ガス・排水の規制、廃棄物焼却炉からの煤じん・焼却灰、土壌汚染にかかわる措置などが定められている。

ダイオキシン類の再合成　だいおきしんるいのさいごうせい　[環-ダ]
dioxins reformation　ごみを燃やしたとき、その中に含まれる炭素の大部分は、二酸化炭素や一酸化炭素になる。し

かし、燃焼しなかった一部の炭素(未燃炭素)とごみに含まれる微量の塩素、空気中などに含まれる塩素や水素が原因となり、ダイオキシン類が発生することがある。これをダイオキシンの再合成〔de novo(デノボ)合成〕という。その際、金属が存在するとダイオキシン類の生成量が大幅に増加し(触媒効果)、その金属の種類によってダイオキシン類の生成量が違っている。de novo 合成でダイオキシン類が生成する(ダイオキシン類生成メカニズムの解明)際の金属の種類によってダイオキシン類の生成量が異なり、グラファイトと金属塩素化合物の酸化速度とダイオキシン類生成速度との関連性が研究されている。　⇒ deacon 反応　@ デノボ合成

ダイオキシン類の発生抑制　だいおきしんるいのはっせいよくせい　[環-ダ]

prevention of created dioxin　ごみ焼却におけるダイオキシン類の発生は、安定した完全燃焼によってダイオキシン類や前駆体を高温分解することで抑制できる。そのため、焼却炉内で燃焼ガス温度を高温に維持すること、燃焼ガスの滞留時間を十分に確保すること、燃焼ガス中の未燃分と燃焼空気との混合かくはんを行うことが重要である。新ガイドラインでは、新設炉に対し、燃焼温度 850 ℃以上(900 ℃以上が望ましい)、滞留時間 2 秒以上、かつ炉形式や二次空気の供給方法を考慮することにより、効率的な燃焼ガスのかくはんを行い、完全燃焼(3 T 条件)を達成するよう定めている。ごみの安定燃焼させるためには、ごみのかくはん、定量供給、適正負荷運転も重要なことであり、ごみの供給、ごみピット内のレベル調整、ごみの積替え、ごみの混合かくはんを自動的に行うごみクレーン自動運転、ボイラ蒸発量、ごみ処理量、排ガス中酸素濃度などを自動的に制御する自動燃焼制御装置が実用化されている。ダイオキシンの再合成〔de novo(デノボ)合成〕の防止に対しては、燃焼ガスの急速冷却(冷却空気の混合、水噴射による直接冷却など)と低温化(エコノマイザの設置、空気式ガス冷却器など)が有効である。　⇒ ダイオキシン類

ダイオキシン類の分析　だいおきしんるいのぶんせき　[環-ダ]

dioxin analysis　ダイオキシンには、多くの種類がある。猛毒であり極微量でも問題になるため、分離精製による濃縮という前処理を行ってから、高分離・高分解能ガスクロマトグラフ質量分析(GC–MS)装置による分析を行う必要がある。分析方法は ① 前処理(ダイオキシン類の分離精製による濃縮) ② 測定(GC–MS)がある。燃焼排ガス、集じん飛灰、焼却残さなどの灰、排水が対象で、以下に測定例を示す。　⇒ ダイオキシン類

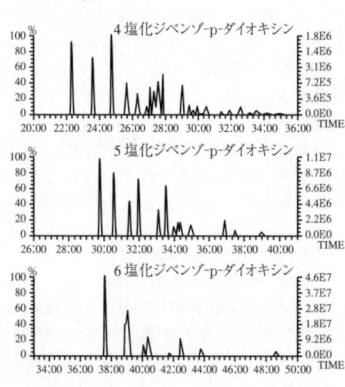

ダイオキシンの測定例

大温度差空調　だいおんどさくうちょう　[民-原]

large temperature-difference air-conditioning　ビル空調では、空調に使用される動力は熱源用、搬送用に大別されるが、搬送動力の比率が相対的に高い。大温度差空調では、冷媒の蒸発機出入口温度大きくとって(従来の平均 5 ℃から、8〜10 ℃に拡大)、単位流量当りの熱搬送量を大きくする。その結果、

熱源用動力は若干増加するが，搬送動力が大きく減少し，省エネルギーを図ることができる。また，蓄熱層を使用する場合コンパクトにすることができる。一方，快適性にはやや問題があり，温度のばらつき，コールドドラフト(冷えすぎ)の発生，吹出し器具に結露などの問題を生じないような対策が必要である。

大気安定度 たいきあんていど ［自-太］
stability of atmosphere 大気拡散が上層と下層との温度差によって影響を受ける状態の程度。

大気汚染 たいきおせん ［環-ス］
air pollution 大気汚染物質による大気の汚染。わが国では，1960年ごろから三重県四日市や倉敷市水島でコンビナートからの硫黄酸化物(SOx)による大気汚染が問題となった。 ⇨ 有害大気汚染物質

大気汚染源 たいきおせんげん ［環-ス］
air pollution source 大気汚染の原因としては，コンビナート，工場，環境設備のない発電所，自動車などがあげられる。火災，火山の噴火によっても大量の大気汚染が起こる。

大気汚染物質 たいきおせんぶっしつ ［環-ス］
air pollutants 代表的な汚染物質としては，硫黄酸化物(SOx)，窒素酸化物(NOx)，一酸化炭素，浮遊粒子状物質，光化学オキシダントなどがあげられる。 ⇨ 有害大気汚染物質

大気拡散 たいきかくさん ［環-ス］
atmospheric diffusion 煙突などから排出される煤煙などが，時間の経過に伴って大気中に広がり希薄になっていく現象。

待機電力 たいきでんりょく ［民-策］
standby power 機器が非使用状態，または入力待ちのときに定常的に消費している電力。大別してつぎの4種類に分類される。① リモコンによる指示待ち時の電力，② 電話，ファクシミリなど機能を生じるための指示待ち時の電力，③ 内蔵時計，メモリ機能などの機能維持に要する電力，④ 本体スイッチの上流側にトランスや交直変換器をもつ機器などでのコンセント接続による消費電力。国際エネルギースター制度は待機電力削減を目的とした制度で，待機電力が一定値以下の機器について自主判断によってマークの使用を認める制度である。トップランナー制度では，特定機器のうち複写機など，待機電力を含めたエネルギー消費効率を規定している。
⇨ 国際エネルギースター制度

大気のエクセルギー たいきのえくせるぎー ［理-環］
exergy of the atmosphere エネルギーは機械的仕事に変換できるエクセルギー(有効エネルギー)と，変換できないアネルギー(無効エネルギー)の2種類からなっている。一般に，地球は太陽がもたらすエネルギーのうち7割を吸収し，残りの3割を大気圏外の宇宙に反射する。吸収されたエネルギーは大気圏内で消費，循環の後，地球表面や大気から宇宙に放出されるが，その量は吸収エネルギーと同じであるため地球大気の熱エネルギーバランスが保たれている。この際，太陽が地球に届けるのは短波長の高エネルギー，一方，宇宙に放射されるのは長波長の赤外線であり，大気と宇宙で交換されるエネルギー量は同じでも質的評価されるエクセルギーが違うことにより，大気圏内の生物活動が可能となる。これらの現象に着目した用語。

自然エネルギー利用の観点から，「エクセルギー」とは「エネルギーを利用可能性から表記した質的な価値」とし，大気環境中に存在する動力(太陽光，太陽熱，風力，水力などの自然エネルギー)から直接動力を得たほうが，大気に関するそれぞれのエネルギー源がもっているポテンシャルを最大限に引き出すことができ，大気環境の修復(地球温暖化防止など)コストなどを考えれば，化石燃料などよりも自然エネルギーのほうが効率

的との考え方もある。　⇨ エクセルギー

第三セクタ　だいさんせくた　[社-都]
the third sector　国または地方公共団体と民間企業の共同出資で設立される事業体。国・地方公共団体(公共セクタまたは第一セクタ)、民間企業(民間セクタまたは第二セクタ)に次ぐ第三のセクタという意味でこの名が付いた。エネルギー関連では、風力発電事業など新しいエネルギー供給事業を行う際に第三セクタを設立し事業化するケースが多い。

代　謝　たいしゃ　[生-活]
metabolism　生体はつねに化学反応を行い個々の細胞は絶えずその環境から素材を得て、アミノ酸、脂肪酸とその誘導体、単糖、核酸、たんぱく質などの化合物を産生し、これら高分子化合物を加水分解することにより、エネルギーを獲得している。この過程を代謝という。

台数制御　だいすうせいぎょ　[民-シ]
multiple units control　熱源機器やポンプなどを設備する場合、必要容量に対して小容量機を複数台設置して、部分負荷の場合に負荷に応じて運転台数を調整すること。小負荷時など省エネルギーに有効である。

代替エネルギー　だいたいえねるぎー　[資-全]
alternative energy　1973年、1979年の2回の石油危機を経て、石油に代わる主要エネルギー源として天然ガス、原子力などを総称する名称として導入。1980年には「石油代替エネルギーの開発および導入に関する法(略称：代替エネルギー法)」が成立し、政府は代替エネルギー開発導入目標を公表することが義務付けられている。

代替天然ガス　だいたいてんねんがす　[燃-製]
natural gas substitute　石油、石炭などの炭素資源から製造された天然ガス相当のガス。主成分はメタン、発熱量などの性状が天然ガスと同等のもの。通常は炭化水素のガス化、メタン化などの工程を経て製造される。　⇨ 合成天然ガス
⑩ SNG

タイトサンドガス　たいとさんどがす　[石-ガ]
tight sand gas　一般的に浸透率が1 md(ミリダルシー)以下の砂岩(タイトサンド)中に存在するガス。タイトサンドガスは世界中に広く分布しているが、浸透率が低いために生産速度が上がらないことや、比較的深部に存在しているため坑井掘削コストが高いなど、商業生産はきわめて難しい。

第二次石油危機　だいにじせきゆきき　[資-社]、[社-石]
the second oil crisis　イラン革命によるイラン産原油の輸出停止とイラン・イラク戦争による両国の原油生産量の減少を契機に引き起こされた世界的な原油供給不安と価格急騰(イラン革命で1978年12月から1979年3月、イラン・イラク戦争で1980年10月から1981年2月まで継続)。

アラビアンライトの公式販売価格は1978年1月の12.70ドル/バレルから1981年11月には35.60ドル/バレルの最高値を付けた。ここで一時的に石油輸出国機構(OPEC)は原油価格決定の主導権を握った。だが、高い原油価格は非OPEC地域原油増産と主要先進諸国における「脱石油」と「省エネルギー」の動きを加速し、1980年代半ばにOPECの市場支配力を崩す要因となった。
⇨ 第一次石油危機、湾岸危機

第二種吸収ヒートポンプ　だいにしゅきゅうしゅうひーとぽんぷ　[熱-ヒ]
heat transformer　昇温型ヒートポンプである。第一種ヒートポンプに対して、溶液が再生される加熱温度と冷媒の蒸発温度を同じ温度にし、それより低い温度で冷媒を凝縮させると、蒸発温度より沸点上昇分だけ高温の吸収温度が得られる。この場合、冷媒が蒸発して溶液に吸収される圧力のほうが、溶液から冷媒

が発生して凝縮する圧力より高い。このように，熱源で加熱する温度より高い吸収温度が得られるのが特徴で，成績係数は低いが熱源温度から吸収温度までの昇温幅が大きい。

ここで，第二種ヒートポンプの成績係数 COP_h は

$$COP_h = \frac{吸収熱(kW)}{加熱量(kW) + 蒸発熱(kW)}$$

となり，サイクルの熱収支から

$$COP_h = \frac{吸収熱(kW)}{吸収熱(kW) + 凝縮熱(kW)}$$

となるので，COP は必ず1未満になる。 ⇒ 成績係数, 第一種吸収ヒートポンプ, ヒートポンプ

第二種超伝導体 だいにしゅちょうでんどうたい [電-理]

type II superconductor 二つの臨界磁場が存在する超伝導体。小さいほうの臨界磁場以下では超伝導状態を示し，それを超えて大きいほうの臨界磁場までは部分反磁性体となり，それ以上では常伝導状態となる。

台風 たいふう [理-環]

typhoon 熱帯の海上で発生する低気圧である「熱帯低気圧」のうち，北西太平洋で発達して中心付近の最大風速が約17 m/s (風力8) 以上になったもの。

エネルギー的にみると台風は，暖かい海面から供給された水蒸気が凝結して雲粒になるときに放出される熱をエネルギーとして自分で発達する。平均的な台風のもつエネルギーは広島，長崎に落とされた原子爆弾の10万個分に相当する巨大なもの。しかし，移動する際に海面や地上との摩擦により絶えずエネルギーを失っており，かりにエネルギーの供給がなくなれば2〜3日で消滅するともいわれている。また，日本付近に接近すると上空への寒気の流れ込みにより，次第に台風本来の性質を失って「温帯低気圧」に変わるか，熱エネルギーの供給が少なくなり衰えて「熱帯低気圧」に変わることとなる。上陸した台風が急速に衰えるのは水蒸気の供給が絶たれるとともに，陸地との摩擦によりエネルギーが失われるからといわれている。

太陽エネルギー たいようえねるぎー [理-自]

solar energy 太陽からの放射エネルギー。その源は4個の水素原子核が融合して1個のヘリウム原子核となる核融合反応と考えられている。太陽の表面温度は約5700 Kで，ほぼその温度の黒体放射スペクトルを有する放射エネルギー約 3.8×10^{26} W が紫外から近赤外域の電磁波として放出されている。最重要かつ量的にも最大のクリーンな再生可能エネルギーであり，水力，風力，波力，バイオマスなどもすべて太陽エネルギーが形を変えたものである。地球全体に降り注ぎ，地上に到達する太陽エネルギーの総量は，年間約 2.7×10^{24} J であり，1990年の人類の総エネルギー消費量の1万倍余りにもなる。 同 ソーラーエネルギー

太陽光発電 たいようこうはつでん [電-他]

photovoltaic power generation (PV) 太陽電池に光が当たると，その光エネルギーは太陽電池内に吸収される。この吸収されたエネルギーによってプラスの電気とマイナスの電気をもった粒子が生まれ，マイナスの電気(電子)はn形半導体のほうへ，プラスの電気(正孔)はp形半導体のほうへ集まり起電力が発生する。このため，太陽電池の表面と裏面に付けたそれぞれの電極に負荷をつなぐと，電流が流れ仕事が行われる。

太陽光発電システム たいようこうはつでんしすてむ photovoltaic power generation system (PV system), solar power generation system

[自-電] 太陽電池が太陽光を受けて発生する電気を利用できるように構成されたシステム。日本で広く普及している住宅用太陽光発電システムは，住宅の屋根上に固定された複数の太陽電池パネル，

ケーブルおよび接続箱，インバータ(直流電力を交流電力に変換する装置)などで構成され，インバータの交流出力は商用電源と連係して利用される。太陽電池パネルが屋根材と一体化されているものもある。一般的な住宅用太陽光発電システムの定格出力は3～5kWである。一方，開発途上国などにおける利用形態では，100W程度の太陽電池パネルと蓄電池を組み合わせて昼間に発電した電力を夜間の照明やラジオ，テレビ受信に利用するソーラホームシステム(SHS)が広まっている。将来の本格的な電力供給システムとしては1MWを超える大規模太陽光発電システム(VLS-PV system)の可能性も検討されている。

[転-太] 太陽の光を電気に変えて利用するシステム。発電に際して二酸化炭素，窒素酸化物(NOx)などが発生しない。住宅やビルの屋根など使う場所で発電でき，送電ロスがない。夜間や曇り，雨のときは発電できないため，電力が不足するときは電力会社から電力を購入し，逆に昼間余った電力は電力会社に売却することができる。

太陽光発電を自立電源として利用する場合は，夜間や雨天でも使用できるように蓄電池に充電する。また，比較的大きなものでは，直流から交流に交換するインバータを接続する。

太陽集熱器 たいようしゅうねつき [自-熱]
solar collector 太陽光エネルギーを熱に変換する機器。一般に，集熱器内には気体，あるいは液体の集熱媒体が流れる集熱管があり，この媒体が熱を吸収して熱エネルギーを回収，輸送する。非集光型と集光型がある。非集光型は低温用で平板型と真空ガラス管型があり，住宅や建築設備での給湯，冷暖房，乾燥などに用いられる。使用可能な集熱温度は，平板形で100℃程度，真空ガラス管型はこれより少し高い。一方，集光型集熱器は，方物面鏡やフレネルレンズなどで太陽光を集光して吸収体に照射し高温熱を発生させる。太陽を追尾し，集光倍率を上げれば到達温度を上げることができ，発電やプラント熱として利用することもできる。集光型の場合，タワー集光型では太陽光を集めるヘリオスタット部分は集熱器に含めずタワー上の受光部分(レシーバ)をいうが，パラボリックトラフ型，パラボリックディッシュ型では反射鏡が一体化しているため，これも含めて集熱器とする。しかし，ディッシュ型でも受光部にさまざまなレシーバを置く場合があり，このときはレシーバを指すこともある。 ⇒ 高温太陽熱集光方式，集光倍率，タワー集光型，パラボリックディッシュ型，パラボリックトラフ型

太陽定数 たいようていすう，たいようじょうすう [自-太]
solar constant 地球が太陽からの平均距離にあるとき，地球大気の上端において，太陽光線に直角な単位面積が単位時間に受ける太陽エネルギーの量。1964年の国際地球年(IGY)に決められた$1.382 W/m^2$が使用されてきたが，ロケットなどによる測定技術の進歩とともにその値は変遷を遂げ，現在は1981年に世界気象機関(WMO)の測器観測法委員会で採用された$1367 W・m^2$が多く使用される。

太陽電池 たいようでんち [自-電]
photovoltaic cell, solar cell 入射する太陽光のエネルギーを電気エネルギーに変換する能動素子。太陽電池の種類は，バルク太陽電池と薄膜太陽電池に大別される。バルク太陽電池には，単結晶および多結晶のシリコン太陽電池やIII-V族のガリウム・ヒ素(GaAs)などがあり，また，薄膜太陽電池には，アモルファスシリコン，結晶系シリコン薄膜，II-VI族化合物半導体薄膜〔テルル化カドミウム(カドテル，CdTe)など〕，カルコパイライト薄膜〔シーアイジーエス(CIGS)など〕がある。太陽電池は，発電中に消費，排出するものがな

いため，環境負荷がきわめて小さいエネルギー源として注目され，わが国では，2010年度までに482万kWの太陽電池およびシステムを導入することが目標とされている。太陽電池を製造する際に消費するエネルギーを自らの発電によって回収できるため，エネルギー回収期間が存在し，年産100MW規模で生産する場合は2年未満と試算されている。20年以上とみられる太陽電池の耐久性に比べてエネルギー回収期間の短いことが大きな特徴である。　⇒ 光電池，ソーラセル，太陽電池，多結晶シリコン，単結晶シリコン

太陽熱　たいようねつ　[自-熱]

solar heat　太陽エネルギーは放射の形で地球に到達するが，この放射エネルギーを物体に照射して得られる熱のことをいう。地球に到達する太陽放射は，波長が0.5μm近傍にピークをもち，スペクトルとしては0.1～4.0μmの幅広い分布をもっているが，太陽熱に変換することで波長依存性のない熱エネルギーとして利用できる。一般に，吸収率のよい黒色の吸収体に太陽光を直接，あるいは集光して照射し熱を得るが，吸収体の温度が上昇すると放射損失が増大する。吸収体の理論的な熱吸収効率は，吸収体の吸収率をα，直達日射をI，集光倍率をC，放射率をε，ステファン・ボルツマン係数をσ，吸収体表面の温度をT〔K〕として，$(\alpha IC - \varepsilon \sigma T^4)/(IC)$となる。理想黒体では$\alpha = \varepsilon = 1$，一方，直達日射$I$は最大で約1kW/m²に達する。

太陽熱温水器　たいようねつおんすいき　[自-熱]

solar water heater　平板型，あるいは真空管型の低温用太陽集熱器などを利用して温水をつくる機器。太陽熱利用システムとして最も普及している。自然循環型温水器，強制循環型，真空貯湯型などがある。強制循環型温水器は，水タンクと熱交換器を地上に置き，屋根の上に置いた平板型，あるいは真空管型集熱器との間で集熱媒体(フロンや不凍液など)をポンプなどで強制循環させて温水をつくる。性能は最も高く，自然循環型温水器に比べて水タンクを屋根の上に置かないので建物への負担が少ないが，電気を使用するのでランニングコストが高くなる。真空貯湯型は，円筒形の太い真空ガラス管に水を入れて屋根に取り付けるタイプである。集熱部が円筒形で表面積が大きいため集熱力が高く，保温性にも優れるが，ハイテクガラスなどを使用しているため高価になる。　⇒ 自然循環型温水器

太陽熱発電　たいようねつはつでん　[電-他]

solar thermal energy conversion　太陽熱発電システムは，太陽光を集め，その熱で蒸気を発生させタービンを駆動して発電するもので，集中(タワー集光)方式と分散(曲面集光)方式がある。集中方式は，多数の平面鏡を地上に並べ(ヘリオスタットと呼ばれる太陽追尾装置からなる受光系群を構成する)，これを太陽の動きに応じて角度を調整し，それらで反射された太陽光が高い塔の上に置かれた集熱器につねに集まるようにし熱を得る方式である。分散方式は，焦線に集熱管を取り付けた樋型の放物面鏡を地上に多数配置し，太陽光を焦熱管に集め，熱を得る方式である。

太陽熱利用システム　たいようねつりようしすてむ　[自-熱]

solar system　太陽熱の集熱・蓄熱・放熱の機能を組み合わせた給湯，暖房，冷房，乾燥を目的としたシステム。一般にソーラシステムともいう。大きく分類するとアクティブ型とパッシブ型がある。集熱媒体をポンプなどの機械装置で強制的に循環させるものをアクティブ型という。集熱器，蓄熱槽，放熱器，熱駆動冷凍機，熱媒循環装置，制御機器などの組合せで構成される。これに対してパッシブ型は，機械装置を用いず，自然循環で熱を取り込もうとするシステムをいう。

一般には室内の温熱環境を太陽熱によって支援する暖房システムが多い。通風、被土屋根、植栽などの建築学的手法を併用したり、住宅や建物の部材そのものに太陽エネルギーの集熱部、蓄熱部、熱移動部などの機能をもたせるくふうをしたりする。自然循環型温水器もパッシブ型の太陽熱利用システムの一つである。
⇨ ソーラシステム，太陽熱温水器，太陽熱冷暖房・給湯システム

太陽熱冷暖房・給湯システム たいようねつれいだんぼうきゅうとうしすてむ
[自-熱]
solar heating cooling and hot water supply system 太陽熱暖房は太陽熱を空気あるいは不凍液を集熱媒体として集熱し、温めた空気を直接床下に送り込むか、床下のファンコイルユニットに不凍液を流して温風をつくって暖房する。暖房は冬期しか利用されないため、給湯システムと合わせた暖房給湯システムとして、1年を通して利用するのが一般的である。太陽熱による冷房は真空管式集熱器、あるいは高性能の平板型集熱器で得られる90℃前後の太陽熱を吸収式冷凍機や吸着式冷凍機などの熱源に利用し、冷水をつくって冷房するものである。太陽熱冷暖房給湯システムは、これらのシステムを合わせたものである。図に太陽熱冷暖房・給湯システムの一例を示した。 ⇨ 太陽熱温水器，太陽熱利用システム

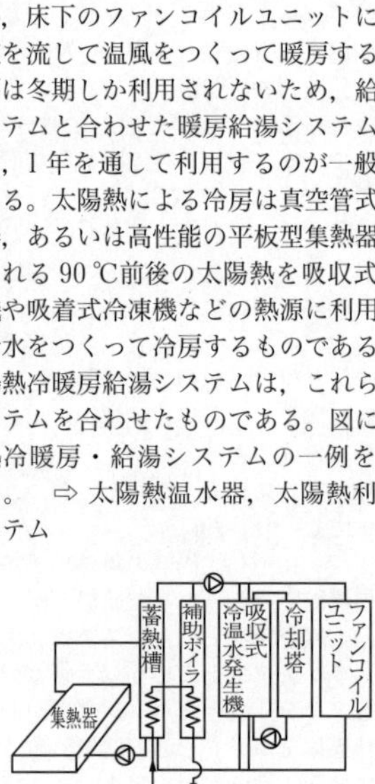

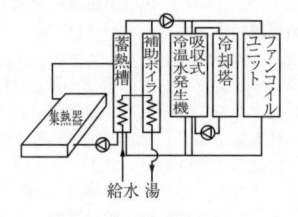

太陽熱冷暖房給湯システム

太陽炉 たいようろ [自-熱]
solar furnace 太陽光を集光し、高温を得ることができる炉。太陽放射は約6 000 Kの黒体放射に相当し、集光すれば理論的に数千度の熱を得ることが可能である。太陽熱発電などの実用的な利用に数千度の高温は必要なく、太陽炉はおもに高温融点材料や耐熱材料の物性調査、無機化合物の溶融合成などの研究用として開発、利用されている。フランス、ドイツ、スイス、アメリカなどの欧米諸国の国立研究所が20 kW以上の大形太陽炉を所有している。図のように、太陽追尾装置を備えた補助反射鏡を用いて太陽光を反射させ、固定反射鏡に間接的に導く光軸水平型、あるいは光軸垂直型のヘリオスタット式太陽炉が多い。フランスのオディヨにある太陽炉は最も大型で、約70基（1基が約42 m^2）のヘリ

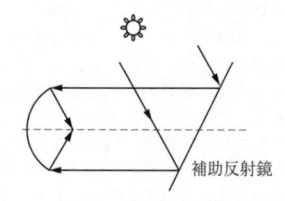

（a） 光軸水平型

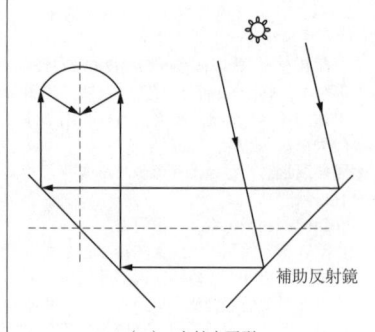

（b） 光軸水平型

太陽炉によく用いられる
ヘリオスタット式集光方式

オスタットを使用し、太陽像の直径 30 cm、最高温度 3 200 ℃、集光エネルギー密度 $1.8～1.9 kW/cm^2$、出力 1 000 kW に到達している。

対流伝熱 たいりゅうでんねつ [理-伝]
convection heat transfer 流体が流動状態にあると、熱伝導や熱放射によるエネルギーの移動のほかにエネルギーが流体により運搬される。この状態で固体と流体間の熱の授受を扱うのが対流伝熱であり、これは強制対流と自然対流とに大別される。

ダイレクトゲインシステム だいれくとげいんしすてむ direct gain system
[転-都] 南面の窓から取り入れた日射を床、壁(コンクリート、れんが、ブロック)に当てて蓄熱させ、夜間に同じ面から自然放熱させて暖房効果を得る方式。
[民-原] 自然エネルギーを利用した暖房システムの一つ。建物の窓ガラスなど開口部を大きくして昼間の日射のエネルギーを取り入れ、床や壁に蓄熱して夜間に暖房を行うことで自然エネルギーを有効に使おうとするシステム。蓄熱には、重量が大きくなるので構造の配慮が必要であるが、建物を構成する鉄筋コンクリートなどを利用する。蓄えた熱の目的の空間以外への放散を防ぐため、コンクリートの裏側を断熱構造にして暖房効果を上げる。暖房の不要な季節の蓄熱体への日射の遮へいや、日常の室内における室内用品の用途、配置などに応じた遮へいの対策をあらかじめ計画に入れる必要がある。 ⇨ パッシブソーラ、トロンブウォールシステム、付設温室システム、ルーフポンドシステム

ダウンウォッシュ だうんうぉっしゅ [環-ス]
down wash 風速が大きくなると、煙突の風下側が負圧になって渦ができ、煙がこれに巻き込まれて地上近くまで垂れ下がること。煙突の近くに高濃度汚染を生じる。

ダウンドラフト だうんどらふと [環-ス]
down draft 煙突の近くの風下側に建物があると、建物の背後に渦ができ、煙が巻き込まれて地表を流れること。地上に高濃度の汚染が生じる。

タカハックス法 たかはっくすほう [環-硫]
takahax process ガスから硫化水素を除去する方法。1,4-ナフトキノン-2-スルフォン酸ソーダ(触媒)を添加した炭酸ソーダで吸収し空気酸化で硫黄を単体硫黄にして回収する。

多環芳香族炭化水素 たかんほうこうぞくたんかすいそ [環-輸]
polycyclic aromatic hydrocarbons (PAH) 複数の芳香族環を有する炭化水素の総称。原油などに最初から含まれている、あるいは、燃料の不完全燃焼で生成する。なかには変異原性と発がん性を有するものがあり、enzo(a)pyrene は発がん性を有することでよく知られているが、これと同じ環数で構造の異なる benzo(e)pyrene の発がん性は弱いなど、環の構造、結合する官能基などでその作用は大きく異なる。特に、ニトロ化したものは発がん性、変異原性が強い。難分解性である。 ⇨ PAH

託送制度 たくそうせいど [社-規], [電-自]
third party access (TPA), wheeling 系統運用者が送電線利用者より受け取った電気を、別の地点まで運び送電線利用者に受け渡す行為を託送と呼ぶ。諸外国では、このような送電線保有者以外の第三者による送電線利用を「第三者アクセス(TPA)」と呼んでいる。
わが国では、一般電気事業用の電気の振替供給(卸託送)、特定規模電気事業用の振替供給、接続供給(小売託送)、および電気事業者以外の者が自己消費を目的として行う振替供給(自己託送)とがある。

多結晶シリコン太陽電池 たけっしょうしりこんたいようでんち [自-電]

poly-crystalline silicon solar cell　太陽電池用シリコン原料を溶融，固化して得るインゴット(塊)を200〜300μmの薄さにスライスしてウェーハとし，これにpn接合形成，電極形成などの加工を施して太陽電池としたもの。現在，最も多く生産されており，モジュール変換効率は通常12〜14%程度である。一般的なインゴットの製法は，石英などのるつぼ内で溶融したシリコン原料を徐冷して固化する方法であるが，多数の結晶粒からなるインゴットが得られるため，多結晶シリコンと呼ばれる。インゴットからウェーハを切り出す方法としてはマルチワイヤソーが用いられ，1回の操作で数千枚のウェーハが得られる。　⇨ポリシリコン太陽電池

多重効用缶　たじゅうこうようかん　[産-プ]
multi effect evaporator　加熱して水分を蒸発させ，溶液を濃縮する操作はきわめて多いが，水を1kg蒸発させるためには539kcalの熱が必要であり，エネルギーを多量に消費する設備になる。この熱を節約する方法として多重効用缶がある。これは1段目で蒸発した蒸気を2段目の蒸発の熱源に利用する装置である。図は三重効用の蒸発缶で加熱源の蒸気の熱量が3回使われている。2段目は1段目より低い圧力に維持して沸点を下げる。そのため1段目で蒸発した蒸気の温度で2段目の蒸発缶の加熱ができるのである。段数を多くするほど効率は高くなるが，圧を下げる限界があること，濃縮が進むと液が粘性を増し流動性が悪くなることなどから，3〜4段が通常の段数である。

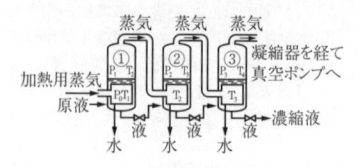

多重効用缶

多重バリヤ　たじゅうばりや　[原-廃]
multi barrier　放射性廃棄物，特に高レベル放射性廃棄物の処分の安全性を確保するため，生活環境へ放射性物質が出てくることのないようにするための措置。多重バリヤは，大きく分けて人工バリヤと天然バリヤで構成される。人工バリヤとしては，放射性物質を閉じ込めるガラス固化体，ガラス固化体の容器，処分にあたり容器を収納するオーバパックと呼ばれる金属容器，さらに処分場に定置する際にオーバパックと周囲の岩石の間に置かれるベントナイトの緩衝材などで構成される。天然バリヤは，地下深部の処分場から生活環境に至るまでの岩石である。人工バリヤは，ガラス固化体にまで地下水が侵入することを防ぐとともに，万が一地下水が侵入したとしても，放射性核種が人工バリヤの外に漏れ出ることを防ぐ機能をもつ。寿命としては，例えばオーバパックでは1000年程度の健全性は保たれるとの評価がある。⇨ガラス固化体，高レベル放射性廃棄物，地層処分

多重防護　たじゅうぼうご　[原-安]
defense-in-depth　原子力施設の安全性確保の基本的考え方の一つで，安全対策が多重に構成されていることをいい，原子力発電所の基本的設計思想とされている。多重防護は，①異常発生の防止，②事故拡大の防止，③放射性物質放出の防止，の3段階からなっている。　⇨深層防護

タスク＆アンビエント照明　たすくあんどあんびえんとしょうめい　[民-機]
task and ambient lighting system　各机上ごとなど作業箇所ごとに照明器具を設け十分な照度を確保し，天井の照明など全般照明(アンビエントライト，環境照明)の照度は極力低くするなど，視環境をよくしながら省エネルギーを図る照明方法。

タスクライト　たすくらいと　[民-機]

task light　タスクアンドアンビエント照明における机上面など作業者個々の手元灯。

ダスト濃度　だすとのうど　[環-塵]
dust concentration　気体中に含まれるダストの量。含じん濃度ともいう。粉体関連のプロセスの場合は単位体積の空気中に含まれる粉じんまたは固体粒子の量をg/m^3の単位で，燃焼過程から発生する煤じんの場合は単位体積の排ガス中に含まれる煤じん量をg/m^3_Nで表すことが多い。ここに，下付きのNは標準〔0℃, 101.325 kPa(1 気圧)〕のガス状態を意味する。大気汚染防止法による排出規制では，煤じん濃度を水分を含まない標準ガス状態に換算することを求めている。産業の現場では数mg/m^3_Nから，濃い所では$100 g/m^3_N$に達することもある。一般の大気中では浮遊粒子状物質(SPM)濃度といい，$\mu g/m^3$の単位で扱われる。　⇨ 浮遊粉じん，浮遊粒子状物質　⊜ 煤じん濃度，粉じん濃度

ダスト濃度自動計測器　だすとのうどじどうけいそくき　[環-塵]
automatic dust monitor　排ガス中のダスト(煤じん)濃度を自動測定する装置。この目的では古くから光透過式自動煤煙計が活用されてきた。排ガスの流れに光束を投射して得られる透過光量を測定し，ダストの相対濃度を連続的に求める方法である。排ガス中の流れから一部をサンプリングして光束を投射し，得られる散乱光を測定して連続的に相対濃度を求める方式もある。しかし，光学的方法では，得られた相対濃度を重量濃度へ換算することが困難である。一方，大気中の浮遊粒子状物質(SPM)の自動測定に用いられるβ線吸収法，圧電てんびん法，さらに接触帯電法などを固定発生源に適用した計測器も開発されている。
⇨ SPM，浮遊粒子状物質

脱塩化水素　だつえんかすいそ　[産-廃]
dehydrochlorination　プラスチック廃棄物を燃料として再資源化する場合，塩化ビニルが混じっていると機器を腐食するので困る。そこで，塩化ビニルをあらかじめ分別して除去するが，除去された塩化ビニルを処理し，そこから塩化水素を除去すれば残さは無害なプラスチック廃棄物に変わる。

このように，廃棄物処理において脱塩化水素は重要な技術である。詳しいことはノウハウに属するが，JFEスチールでは，ロータリーキルンを用い，無酸素の状態で塩化ビニルを加熱乾留することにより脱塩素を行っている。

脱　臭　だっしゅう　[環-臭]
deodorization　空気中のにおいのもととなる物質を除去する方法。燃焼(直接燃焼，触媒燃焼)，吸着，溶液による洗浄，微生物による処理，オゾンによる低温酸化，光触媒による分解，放電による低温プラズマを用いた分解などがある。

脱硝設備　だっしょうせつび　[産-燃]
NOx removal process　燃焼装置から排出される窒素酸化物(NO, NO_2)は人体に有害であり，排出基準が定められている。基準を満たすために，まずは，低NOx燃焼を行うが，それでも基準をクリアできないときは，排煙処理によりNOxを減少させる。これを脱硝設備という。通常，排ガスにアンモニアを添加し選択還元触媒を通してNOxを還元し無害な窒素に変換する。

脱水機　だっすいき　[廃-破]
dewatering machine, drainer　粒子層や多孔体に含まれた水分などの液体を機械的に分離する機械。ろ過ケーキやスラッジ，汚泥など，固液分離後の固体中の含水量を低下させ，乾燥，固体抽出，燃焼などの前処理として利用される。重力のほか，遠心力(遠心脱水)や機械的圧縮(圧搾)，振動場(振動脱水)，真空吸引，通気(通気脱水)により液体を除去する。脱水操作後に粒子間隙や孔内には，毛管現象によりある量の液体が残留，保持される。くさび毛管液と空隙間液であ。前者は粒子間接触部などに保持され

た液で，後者は粒子間間隙に残留する液である。重力脱水後に粒子層下部に残留する空隙間液の高さは毛管上昇高さ h_c と呼ばれ，粒子の代表径が D_p，密度 ρ，表面張力 σ，接触角 θ の液体の場合，$\rho g D_p h_c / (\sigma \cos\theta) = K_c$（一定）の関係にある。ここに K_c はキャピラリー定数と呼ばれ，g は重力加速度である。

脱水ケーキ だっすいけーき ［産-公］
dewatered sludge 活性汚泥法による排水処理では，余剰汚泥が発生する。余剰汚泥は排水中の汚濁物質を集めたものに相当するので，多量に発生しそのまま放置すると腐敗するので，通常，これを脱水し焼却する。余剰汚泥は，水分が多くかつ脱水しにくい物質である。そこで，石灰や高分子凝集剤などの薬剤を加え脱水する。脱水に使用される装置は，フィルタプレス，ベルトプレス，スクリュープレス，遠心分離などの方法がとられる。ここで脱水された残さを脱水ケーキという。これはそのまま焼却炉に入れられることが多い。一部はコンポスト化され肥料として使われるものもある。

脱　離 だつり ［理-操］
desorption 固体表面に吸着している気体または液体分子が熱，光，電子衝撃などで表面から離れていく現象。
⇒ 化学吸着　⇔ 放散

縦型薄型空調機 たてがたうすがたくうちょうき ［民-装］
vertical, thin air conditioning system 構成機器を壁のように薄型にすることで設置スペースの有効利用を図ることができる空調機。空調機の奥行を20〜25 cm程度の薄型にすることで，部屋の間仕切や壁の一部として使え，また廊下などへ分散配置するなどで比較的大きな面積を必要とする空調機械室を省略することができる。構成機器を薄型にし機器配置，配管のくふう，保守のしやすさなどの配慮が必要であるが，建物の空間の効率的利用が図れることでメリットは大きい。

タービン たーびん ［電-タ］
turbine 流体を回転羽根(動翼)に吹き付けることで軸を回転させ動力を得る原動機。

タービン効率 たーびんこうりつ ［電-タ］
turbine efficiency タービンの理論仕事に対する有効仕事の比。理論仕事とは初汽圧から復水器真空度まで蒸気を断熱膨張させたときの熱量であり，有効仕事とはタービン軸端におけるタービン出力とする。

タービン翼 たーびんよく ［電-タ］
turbine blade タービン内に取り付けられた翼であり，流体がもつ熱エネルギーや運動エネルギーを効率よく回転軸の速度エネルギーに取り込むためのもの。回転羽根(動翼)と固定羽根(静翼)とがある。

ダブル集光型 だぶるしゅうこうがた
［自-熱］
double concentration type 図のように，タワー集光型の集光システムのタワー頭部に，集熱器の代わりに反射鏡を取り付け，地上のヘリオスタットで反射された太陽光を，この反射鏡でもう一度反射して，地上に設置された受光器(レシ

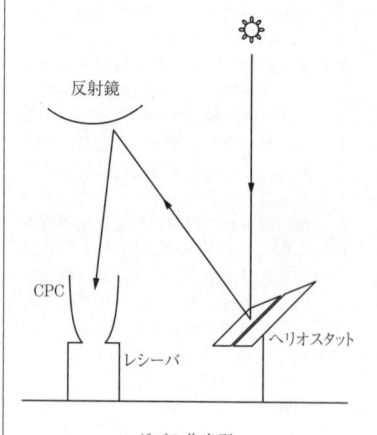

ダブル集光型

ーバ），集熱器で集熱する方法。高温太陽熱集光方式の一つ。集光倍率は1000～4000倍に達し，800～1500℃という高温の太陽熱を大容量で得るために開発されている。焦点距離が長いため，集光の精度が悪くなるが，複合放物面鏡型集熱器(CPC)をレシーバ，集熱器の入射光入口に取り付けて，さらに集光し，これを補っている。太陽光がタワー頭部の反射鏡で下方に反射されるのでビームダウン型ともいわれる。タワー集光型では太陽熱を発電や化学反応に利用する際，レシーバ，集熱器や反応炉をタワー上に設置しなければならず，総重量との関係で高容量化に制約があったが，ダブル集光型は地上にこれらを設置できる利点がある。　⇨ 高温太陽熱集光方式　同 ビームダウン型

ターボ冷凍機　たーぼれいとうき　[熱-冷]
centrifugal refrigerating machine　高速度で回転する羽根車の遠心力により冷媒(作動媒体)に速度を与え，その後，ディフューザで圧力に変える方式で圧縮させる方式の冷凍機。吸込蒸気量が多くとれるため，低圧冷媒が利用しやすく，また大容量機として大～超大規模用途に使用される。　⇨ 遠心ヒートポンプ，スクリューヒートポンプ

ダム　だむ　[自-水]
dam　河川をせき止めて水を利用するために築造された構造物をいう。ダムは堤体構造や材料の面から，コンクリートを用いるコンクリートダムと土質材料や岩塊を用いるフィルダムに大別される。コンクリートダムは，構造的特徴によって，重力式，中空重力式，アーチ式，バットレス式などに分類される。フィルダムは，土質材料を用いるアースダム，岩塊を用いるロックフィルダムに分類される。また，水の利用の面から，河川水を貯留，調整するために設ける貯水ダムと河川水を直接水路に導水するために設ける取水ダムに区分される。貯水ダムは貯水池式，調整池式および揚水式発電所に，また，取水ダムは流込式発電所に用いられる。

ダム式発電所　だむしきはつでんしょ　[電-水]
dam type power plant　水力発電において，その落差を得るのに河川をせき止めてつくったダムによって貯水された水位(落差)を利用する方式の発電所。発電所はダムに近接してつくられる。構造物は，ダム→取水口→(短い水路)→水圧管路→発電所の水車→放水路→放水口，と配列される。

ダム水路式発電所　だむすいろしきはつでんしょ　[電-水]
dam and conduit type power plant　水力発電において，河川をせき止めて水を貯水するダムと，そこから水を導く水路によって落差を得る方式の発電所。構造物は，ダム→取水口→導水路→サージタンク→水圧管路→発電所→放水路→放水口，と配列される。

ダリウス風車　だりうすふうしゃ　[自-風]
Darrieus rotor　1920年代にフランス人技師ダリウス(Darrieus)が発明した風車。ロータの回転軸が風向に垂直である垂直軸風車の代表である。垂直軸風車には，ダリウス風車，真直ダリウス風車，サボニウス風車，パドル風車があるが，ダリウス風車はプロペラ風車と同様に，揚力駆動の高速・高性能風車である。なお，サボニウス風車，パドル風車は抗力型であり，低速・低性能風車であ

る。ダリウス風車のブレードは縄跳びの縄のように優美な弓形をしており、ブレードに作用する遠心力と張力とがバランスするという特徴をもつ。しかし、変形としてブレードが真直な真直ダリウス、外形が三角形のΔ(デルタ)ダリウスなどもある。

タールサンド　たーるさんど　[石-油]
tar sand　通称、オイルサンドともいう。原油を多量に含む砂あるいは砂岩を通称してオイルサンドというが、このうちタール状あるいはきわめて重質の原油を含むものを特にタールサンドと称することがある。このような原油は流動性がないので普通の方法では採取できず、露天掘や火攻法の一種を用いて採取する。カナダ、ベネズエラなどに大量に存在している。

タワー集光型　たわーしゅうこうがた　[自-熱]
central receiver type, central tower type　高温太陽熱集光方式の一つで、集中タワー型、あるいは単に集中型ともいい、図に示すようにタワーの周囲に多数の反射鏡(ヘリオスタット)を設置し、反射した太陽光をタワー頭部の集熱器(レシーバともいう)に集めて熱を発生させる。ヘリオスタットは太陽を追尾する。集光倍率は300〜1500で、到達可能温度は1500℃である。大出力の発電施設を狙いとしており、1981年にアメリカのカルフォルニア州バーストウに高さ77mのタワーをもつソーラワンと呼ばれる実験用発電プラントが建設された。1997年には、溶融塩蓄熱方式などが追加されたソーラツーが同地に建設され試験した。ソーラツーでは、総受光面積が約8万3000m^{2}で10MWの発電が目指された。この方式による発電は、現在はスペインで開発が続けられている。　⇨ 高温太陽熱集光方式　㊐ 集中型、集中タワー

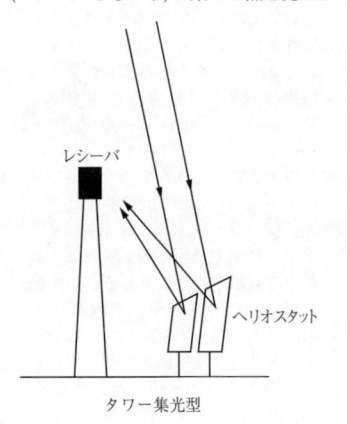

タンカー　たんかー　[石-輸]
tanker　原油を運ぶための専用大型船舶。

炭化水素　たんかすいそ (HC)　hydrocarbon
[理-名]　炭素と水素のみからなる化合物の総称。炭素どうしの結合による分子構造が鎖状(鎖式炭化水素、脂肪族炭化水素)か環状(環式炭化水素)か、単結合のみ(飽和炭化水素)か二重あるいは三重結合を含む(不飽和炭化水素)かで分類され、たがいに化学的性質が大きく異なる。　⇨ HC
[輸-排]　炭素と水素からなる有機化合物の総称で、ガソリンには4〜11の炭素数をもつ炭化水素(HC)が約300種類が含まれている。エンジンの排気ガス中に含まれるHCは、この燃料の未燃分、燃料の不完全燃焼物などから構成される。HCによる直接の大気汚染よりも、大気中で分解、化学反応を起こして光化学スモッグの原因物質となる点が問題とされる。また、ディーゼルエンジンの排気中に含まれており、発がん性を有するといわれている可溶性有機物(SOF)およびSOF中の多環芳香族(PAH)も広義ではHCに含まれる。　⇨ SOF

炭化水素比　たんかすいそひ　[燃-製]
carbon hydrogen ratio　試料中に含ま

タワー集光型

れる炭素(C)と水素(H)の重量比または原子比。元素分析により求められる。Hの割合の高いほど、芳香族やオレフィンが少なく、良質の燃料とされる。
 同 H/C比

タンクローリー　たんくろーりー
 [石-輸]
 tank lorry, tank truck　石油などの液体輸送用タンクを固定した貨物自動車(タンクトラック)。

単結晶シリコン太陽電池　たんけっしょうしりこんたいようでんち　[自-電]
 mono–crystalline silicon solar cell, single crystalline silicon solar cell　太陽電池用シリコン原料を溶融、固化して単結晶のインゴットを製造し、これを200～300μm程度の薄さにスライスしたウェーハを加工して太陽電池としたもの。変換効率の高い太陽電池が得られ、研究レベルでは24%台のセル変換効率が報告されている。単結晶インゴットの製法としては、種結晶をシリコン溶融表面につけて冷却しながら縦方向に引き上げて円柱状の単結晶を得るチョクラルスキ(Czochralski)法が代表的なものである。⇨ 太陽電池、多結晶シリコン、太陽電池

炭酸ガス　たんさんがす　[環-温]
 carbonic acid gas (CO_2)　二酸化炭素の俗称。⇨ 温室効果、温室効果ガス、二酸化炭素　同 CO_2

炭酸ガスリサイクル　たんさんがすりさいくる　[社-温]
 recycle of carbon dioxide　炭酸ガス(二酸化炭素)あるいはその中の炭素成分を、(準)閉鎖系において、化学的に何度も利用しようとするシステム。地球規模での水素二次エネルギーシステムにおける炭化水素担体の利用、バイオマスの高度利用などから、火力発電所併設システムの炭酸ガス吸着・再利用システム、そして溶融炭酸塩型燃料電池なども、炭酸ガスリサイクルシステムの一例である。

炭酸ガスレーザ　たんさんがすれーざ
 [産-装]
 CO_2 laser　レーザには固体レーザ、ガスレーザ、液体レーザがある。炭酸ガス(二酸化炭素)レーザはガスレーザであり、最も効率が高いので、切断機などの工業用用途に使われている。

単純回収年数　たんじゅんかいしゅうねんすう　[社-価]
 simple payback years　投資判断に用いられる回収年数は、「回収年数＝投資額÷年平均利益(キャッシュフロー)」によって求められる。その際、年平均利益を現在価値に割り引かないままで計算するのが、単純(投資)回収年数である。利益として得られる現金は、運用すれば少なくとも一般利子率かそれ以上の率で増殖するため、各年の利益は割引率を用いて現在価値に置き換えるのが一般的である。しかし、計算の簡便化のために、その作業を省略することがある。⇨ 資本回収法、内部利益率

単純ハイドレート　たんじゅんはいどれーと　[石-ガ]
 simple hydrates　ゲストとなるガス分子が1種類のガスハイドレートのこと。

単純ハイドレート生成体　たんじゅんはいどれーとせいせいたい　[石-ガ]
 simple hydrate formers　単純ハイドレートの結晶構造を形成するガス分子のこと。

弾性エネルギー　だんせいえねるぎー
 [理-機]
 elastic energy　外力を物体に与えると物体が変形するが、この変形に伴う仕事を弾性エネルギーまたは歪みエネルギーといい、外力の仕事に等しい。物体内に生じる垂直応力をσ、せん断応力をτ、垂直歪みをε、せん断歪みをγとすると、比例限度内で物体を変形させたときの単位体積当りの弾性エネルギー(弾性エネルギー密度)Uは
$$U = \frac{1}{2}(\sigma_x\varepsilon_x + \sigma_y\varepsilon_y + \sigma_z\varepsilon_z + \tau_{yz}$$
$$+ \gamma_{yz} + \tau_{zx}\gamma_{zx} + \tau_{xy}\gamma_{xy})$$

で与えられる。ここに，添字は直交座標 x, y, z を表す。弾性体の各要素について考えると，ばね定数 k のばねを x だけ変位させたときの弾性エネルギーは

$$W = \int_0^x kx\,dx = \frac{kx^2}{2}$$

また，引張り，圧縮を受ける棒の弾性エネルギー密度 U，せん断およびねじりを受ける棒の弾性エネルギー密度 W は

$$U = \frac{\sigma^2}{2E} = \frac{E\varepsilon^2}{2}, \quad W = \frac{\tau^2}{2G} = \frac{\gamma^2 G}{2}$$

一方，長さ l のはり（長さに比べて薄い）の曲げ弾性エネルギー V は

$$V = \int_0^l \frac{M^2}{2EI} dx = \int_0^l \frac{EI}{2}\left(\frac{d^2w}{dx^2}\right)^2 dx$$

ここに，M は曲げモーメント，I は断面二次モーメント，E はヤング率，G は横弾性係数，w はたわみ変位をそれぞれ表す。

炭　素　たんそ　[燃-元]
carbon (C)　石炭や石油，天然ガスなどの化石燃料あるいはバイオマス燃料の主成分を構成する元素。燃焼の最終酸化物として二酸化炭素（CO_2）となる。CO_2 は温室効果ガスの一つであり，地球温暖化を防止するためにその排出削減が強く求められている。　⇨ 水素

炭素吸収源　たんそきゅうしゅうげん
[社-温]
carbon sinks　気候変動枠組条約や京都議定書においては，バイオマスによる人為的炭素吸収・排出もカウントされ，これらの活動を LULUCF (land-use, land-use change and forestry) と呼ぶ。京都議定書およびマラケシュアコードでは，附属書Ⅰ国内の吸収源活動に関して，その定義や寄与の大きさ制限に関する規定を行い，また吸収源クリーン開発メカニズム（CDM）活動の取扱いに関しては，COP 9 で決定された。　⇨ 京都議定書，附属書Ⅰ国と非附属書Ⅰ国，マラケシュアコード　⦿ カーボンシンク

炭素税　たんそぜい　[環-制]
carbon tax　地球温暖化対策のため二酸化炭素（CO_2）排出抑制を目的として，CO_2 発生源となる燃料の炭素含有量に対して課税すること。1990 年にフィンランドにおいて世界で初めて導入された。ただし，この方法では，炭素の多い石炭から炭素の少ない天然ガスへの燃料シフトを誘発するが，その場合，天然ガス資源の枯渇が早まる恐れがあるとの指摘もある。炭素含有量のほかに，エネルギー消費に対して課税する方法もある。グリーン税（制）の一形態である。

炭素同化作用　たんそどうかさよう
[環-温]
carbon assimilation　植物が二酸化炭素を取り込んで，有機物を合成する生物過程をいう。炭酸同化作用とも呼ばれる。無機栄養生物（植物）による光合成，細菌による光合成（紅色硫黄細菌など）と化学合成（硝化細菌など）などがある。光合成では炭素固定に必要なエネルギーを光から得るが，化学合成では無機物の酸化によって獲得する。植物による光合成では酸素が発生する。植物によって吸収された太陽光のうち，化学エネルギーとして蓄えられるのは 1 ％程度であるが，地球全体での炭素固定量は年間 2×10^{11} t に達する。　⇨ 生物固定，二酸化炭素　⦿ 光合成，炭酸同化作用，炭素固定

炭素ニュートラル　たんそにゅーとらる
[環-温]
carbon neutral　バイオマスは再生可能であり，燃焼によってそのエネルギーを利用しても，正味の二酸化炭素（CO_2）排出源にはならないことをいう。CO_2 排出量の算定にあってもバイオマス起源のものは計算に含めないのが原則であるが，厳密には森林破壊などもあり，放出された炭素分と同等量が再び固定されるという保証はない。そこで，森林などが持続的に管理されていると認証を受けた原料を用いた場合にのみ，炭素ニュートラルに基づく排出量算定が行われることがある。　⇨ 地球温暖化，二酸化炭

素，二酸化炭素排出量，バイオマス
㊥ カーボンニュートラル，炭素中立
- **ターンダウン比**　たーんだうんひ　[転-ボ]
turndown ratio　一般的に，出力を生じる装置では，その最大あるいは定格出力に対して，運転や制御が可能な最小の出力がある。この最大または定格出力に対する最小の出力の比をターンダウン比という。一般的にはパーセントで表す。
　調節弁でいうときは，あらかじめ決められた制限内で，流量特性の維持される範囲の最大流量と最小流量の割合を表す。
- **炭田ガス**　たんでんがす　[石-ガ], [石-炭]
coal field, coal seam gas　炭田地域において炭層や周囲の地層から産出するガスで，石炭，炭質頁岩の表面や割れ目に吸着しているものと近傍の砂岩孔隙中に存在するものとがある。多くの場合，メタンを主成分とし，二酸化炭素，窒素を少量含む。
- **断熱圧縮**　だんねつあっしゅく　[理-熱]
adiabatic compression　外界との熱のやりとりのない状態において圧縮が行われること。熱力学第一法則によると，断熱状態では外部からなされた圧縮仕事に相当する分だけ内部エネルギーが増加する。また，断熱状態にある開いた系では，運動エネルギー変化を無視すれば外部からなされた圧縮工業仕事に相当する分だけエンタルピーが増加する。
　⇨ 断熱変化
- **断熱火炎温度**　だんねつかえんおんど　[燃-管], [理-燃]
adiabatic flame temperature　ある未燃混合気がその燃焼過程の間に，伝導，対流，ふく射による熱損失を生じないと仮定した場合の燃焼ガスの最終温度をいう。内燃機関における燃焼を除けば，燃焼過程はほぼ一定圧力下で起こることが多いので，通常，定圧燃焼過程における断熱火炎温度を指す。この場合，エンタルピーが保存されるので，未燃混合気のエンタルピーと燃焼生成ガスのエンタルピーが等しくなるような温度(すなわち燃焼熱により生成ガスを加熱したときの温度)が断熱火炎温度となる。
- **断熱ガラス**　だんねつがらす　[民-住]
heat insulating glass　ペアガラスにして断熱効果を高めた製品。ガラスの間には空気やガスを入れたものが多いが，真空ガラスと呼ばれる類の製品が効果が高い。車などに使われる熱反射率の高いガラスを指す場合もある。
- **断熱材**　だんねつざい　[産-ブ]
thermal insulating material　断熱材は特に熱伝導率の低い材料で高温の熱の保温，冷凍室への熱の侵入を防ぐなどの用途に用いられる。保温材としては，ケイ酸カルシウム，ロックウール，パーライト，グラスウールがあり，保冷材として，ポリウレタン，フォームポリスチレン，発泡ポリスチレン，発泡ポリエチレンなどがある。スチームや温水配管の保温，住宅の壁の断熱など用途は多い。省エネルギー効果を高めるために用いられる。
- **断熱サッシ**　だんねつさっし　[民-住]
heat insulating sash　サッシ(枠)自体の断熱効果を高めた製品。ペアガラスなどと組み合わせて省エネ住宅に使われる。外の温度変化を伝えにくくするため，サッシの内側に樹脂層をもつ構造になっている。室内側の表面にも樹脂でコーティングし，さらに性能を高めた製品もある。
- **断熱変化**　だんねつへんか　[理-熱]
adiabatic change　外界との熱のやりとりのない状態において状態変化が行われること。熱力学第一法則によると，可逆断熱状態では外部になされた仕事に相当する分だけ内部エネルギーは減少し，圧力 p と比体積 v の間には $pv^\kappa =$ 一定というポアソンの式が成立する(κ は比熱比)。また，断熱状態にある開いた系では，運動エネルギー変化を無視すれば外部になされた工業仕事に相当する分だけエンタルピーが減少する。可逆断熱変化

においてはエントロピーが一定であるため，等エントロピー変化ともいう。逆に，不可逆断熱変化においてはエントロピーは増大する。 ⇨ 等エントロピー変化，熱力学第一法則

断熱膨張 だんねつぼうちょう [理-熱]
adiabatic expansion 外界との熱のやりとりのない状態において膨張が行われること。熱力学第一法則によると，断熱状態では外部になされた仕事に相当する分だけ内部エネルギーは減少する。また，断熱状態にある開いた系では，運動エネルギー変化を無視すれば外部になされた工業仕事に相当する分だけエンタルピーが減少する。これにより低温状態をつくり出すことができる。 ⇨ 断熱変化

ダンパ だんぱ [産-装]
damper 二つの意味がある。一つは空気配管で用いられる絞り弁や，ダクト内に設置した可動型のプレートを回転させて空気の流量制御を行う装置である。もう一方は，油圧シリンダと絞りにより，装置の動きに抵抗を付与して，滑らかな動きを実現し，振動を防止する装置である。

暖房便座 だんぼうべんざ [民-器]
heating toilet seat 洋式便器の便座部に電気ヒータを付加したもの。省エネ法では温水洗浄機能のないものを暖房便座と区別し，目標値を別に設定している。 ⇨ 電気便座，特定機器

〔ち〕

地域新エネルギービジョン策定等事業 ちいきしんえねるぎーびじょんさくていとうじぎょう [社-新]
project for establishing new energy visions at local level 新エネルギー・産業技術総合開発機構(NEDO)の新エネルギー導入普及補助事業の一つ。地方公共団体などが当該地域における新エネルギー導入を図るための「ビジョン」策定などに要する費用の定額を補助するものである。2002年7月現在の実施数は556の地方公共団体に及んでいる。2003年度の事業費は15.4億円である。
⇨ 新エネルギー・産業技術総合開発機構, NEDO

地域熱供給 ちいきねつきょうきゅう [熱-シ]
district heating and cooling 日本では熱供給事業法があり, 本事業を行うためには認可を受けなければならない。本事業ではエネルギーセンターから配管により契約した建物へ温熱, 冷熱を供給する。温水の行き帰り, 冷水の行き帰りで4本の配管が使われる。個別の建物では, 空調, 給湯とも自前の熱源機器がが要らないため, スペースを広く使えること, 管理者を置かなくてもよいことなどの利点がある。 ⇨ 地域冷暖房機

地域別の一次エネルギー生産量 ちいきべつのいちじえねるぎーせいさんりょう [資-全]
primary energy production by region 原油, 石炭, 天然ガスなどの化石燃料をはじめ, 水力, 風力, 潮汐力, 太陽エネルギーなどの自然の力, あるいはウラン, トリウムなどの原子燃料など自然界に存在するエネルギーで人間が利用できるものを一次エネルギーという。2001年の世界全体の一次エネルギー生産量は石油換算1億7291万バレル/日で, おもな地域別の内訳は西半球が同5208万バレル/日(比率30.1%), アジアが同3226万バレル/日(18.7%), 旧ソ連が同2582万バレル/日(14.9%), 中東が同2472万バレル/日(14.3%), 経済開発協力機構(OECD)欧州が同1901万バレル/日(11.0%)となっている。また, 1990年と比較すると, 2001年の世界全体の一次エネルギー生産量は8%増加している。地域別にみると, 中東(30%増), 太平洋(28%増), アフリカ(23%増)の伸び率が大きい。

地域冷暖房 ちいきれいだんぼう [熱-シ]
district heating and cooling (DHC) 1か所または数か所のプラントから, 複数の建物に配管で熱媒を供給して, 冷暖房給湯を行う施設。熱媒には一般に蒸気, 高温水, 温水, 冷水などが使われる。欧米では地域暖房の歴史が100年以上に及ぶが, 日本では1970年の大阪万国博覧会会場に地域冷房が導入されたのを契機に始まった。地域冷暖房は廃熱利用が容易になることや設備の十分な管理でエネルギー有効利用を図ることができるほか, 大気汚染防止などの環境保全性, 燃料を利用する場所の集約などによる都市防災性, 冷却塔が除去されることによる都市景観の向上など, さまざまな効果をもっているが, 先行投資の負担を軽減することが課題である。 ⇨ 地域熱供給, 都市廃熱

地域冷暖房システム ちいきれいだんぼうしすてむ [民-シ]
district cooling and heating system 区域を定めて一体的に蒸気, 冷水などを供給するシステム。個別ビル単位で行う場合に比べ, 省エネルギー, 都市環境の保全などのメリットがある。プラントから地中管路を経由して蒸気, 冷水などを各ビルに供給し, ビル側では熱交換器に

よりこの温冷熱を冷暖房などに利用する。熱供給事業法による規制を受ける。
⇨ 地域熱供給

チェルノブイリ原発事故 ちぇるのぶいりげんぱつじこ [原-事]
accident at the Chernobyl nuclear power plant　旧ソ連のウクライナ共和国キエフ市北方約130 kmにあるチェルノブイリ原子力発電所4号機(黒鉛減速軽水冷却沸騰型)で、1986年4月26日に発生した原子炉事故である。

特殊な実験を行うため、規則に反する運転を行い、原子炉および原子炉建屋が破壊され、大量の放射性物質が放出された。運転員と消防隊員が放射線被ばくにより計31人が死亡し、発電所から半径30 km以内の住民13万5000人が避難した。放射性物質は国境を越えてヨーロッパ諸国など広い範囲に放射能汚染を引き起こした。

チェンサイクル ちぇんさいくる [電-火]
Cheng cycle　過熱蒸気をガスタービンに注入するシステムで、余剰蒸気を発電出力に転換することで稼働効率を高めた運転が可能となる。

地下ガス化 ちかがすか [燃-ガ]
underground gasification　地下の石炭層に空気などのガスを供給し、石炭を部分酸化させることにより一酸化炭素、水素などの可燃性ガスの形で回収する方法であるが、炭層構造など技術的課題が多く、実用化に至っていない。

地下発電所 ちかはつでんしょ [電-発]
underground power station　自然環境や景観を大切にするという意図から、地下に大規模な空洞を掘って建設された発電所。山間部に建設される揚水発電所は、地表から約500 mの地下に大空洞をつくり、その中に発電機を設置している。

力の単位 ちからのたんい [理-単]
unit of force　力は質量と加速度の積で表されるので、SI単位系では $kg \cdot m/s^2$ の単位をもつ。この単位はSI単位系における組立単位で、Nという固有の名称をもつ。工学単位系における力の単位は kgf(キログラム重)で表される。

地球温暖化 ちきゅうおんだんか [環-温]
global warming　温室効果ガスの排出量増大により、地表の平均温度が上昇すること。気温、海面水位、降水量などばかりでなく、陸上および海洋生態系、水資源、農業生産など、社会・経済的にも多くの影響が懸念される。多くの要因が絡むため、因果関係に疑問を呈する声もあるが、科学的知見を集積した気候変動に関する政府間パネル(IPCC)報告書(2001年)は、温室効果ガスの人為的な排出により、過去100年間で地上の平均気温はすでに0.6 ℃上昇したとしている。また、21世紀末にはさらに1.4～5.8 ℃上昇し、海面水位も9～88 cm上昇すると予測している。　⇨ 温室効果、温室効果ガス

地球温暖化係数 ちきゅうおんだんかけいすう [環-温]
global warming potential (GWP)　各種の温室効果ガスの影響を比較するために、二酸化炭素を基準(=1)として単位質量当りの温室効果を表示したもの。これらのガスの赤外線吸収能力、既存ガスとの吸収帯の重なり、OHラジカルなどとの反応による大気からの除去速度などを考慮したモデルを用いて算出する。メタン、一酸化二窒素、フロン11、フロン12の地球温暖化係数はそれぞれ、21、310、4000、8500である。　⇨ 温室効果ガス、地球温暖化　⇨ 地球温暖化指数、地球温暖化ポテンシャル

地球温暖化指数 ちきゅうおんだんかしすう [環-温]
global warming potential (GWP)
⇨ 温室効果ガス、地球温暖化、地球温暖化係数　⇨ 地球温暖化ポテンシャル

地球温暖化対策推進法 ちきゅうおんだんかたいさくすいしんほう [環-温]
Climate Change Policy Law　国、地方公共団体、事業者、国民が一体となっ

て地球温暖化対策に取り組むための枠組みを定めたもの。京都議定書の採択を受けてその国内担保法として制定。1998年10月公布。同法に基づいて具体的な施策を推進する、地球温暖化対策に関する基本方針も策定。2002年6月，京都議定書の的確かつ円滑な実施を目指して，同法の一部を改正した。 ⇨ 地球温暖化

地球温暖化の影響 ちきゅうおんだんかのえいきょう　[社-温]
impact of global warming　地球の温暖化によって，世界の気候が変化する。単に平均気温上昇というだけでなく，さまざまな形でその影響が現れる。気候関係では，異常気象の大きさや頻度が大きくなることから，取返しのつかない不連続・不可逆な事象が起きる可能性も指摘されている。また熱帯性伝染病の蔓延，生態系の崩壊などの間接影響も懸念されている。気候変動に関する政府間パネル(IPCC) WG IIが知見を蓄積。 ⑤地球温暖化の影響インパクト

地球温暖化の原因物質 ちきゅうおんだんかのげんいんぶっしつ　[環-温]
greenhouse gases ⇨ 温室効果ガス
⑤温暖化物質

地球温暖化防止京都会議 ちきゅうおんだんかぼうしきょうとかいぎ　[社-温]，[環-国]
the third session of the conference of the parties (COP 3)　1997年に開催された気候変動枠組条約の第3回締約国会議の別名。附属書I国に対する新たな規制(締約国全体で温度効果ガスの排出量を全体として1990年比で5％低減するという数値目標)と京都メカニズムを折り込んだ京都議定書を採択することに成功し，温暖化に立ち向かう新たな国際制度や手法を確立した。京都議定書は，その後の交渉を経て，2001年，マラケシュ会議(COP 7)において運用則の採択，2005年に発効。 ⇨ 京都議定書，京都メカニズム，締約国会議，マラケシュアコード

地球温暖化防止行動計画 ちきゅうおんだんかぼうしこうどうけいかく　[環-国]
Action program to arrest global warming　地球温暖化防止の国際的枠組みづくりに貢献していくうえでの日本の基本的姿勢を明らかにすることを目的として1990年の閣議決定を経て策定された。環境保全型社会の形成，経済の安定的発展との両立，地球再生計画を含む国際的協調に配慮して，1人当り二酸化炭素排出量を1990年レベルで安定化させること，メタンそのほかの温室効果ガスの排出も抑制することなどを行動計画の目標としている。

地球温暖化ポテンシャル ちきゅうおんだんかぽてんしゃる　[環-温]
global warming potential (GWP)
⇨ 地球温暖化係数　⑤地球温暖化指数

地球環境 ちきゅうかんきょう　[環-温]
global environment　従来の地域環境に対して，地球全体として，くくれる環境の性質や状態のこと。資源，エネルギーの大量消費，長寿命の環境汚染物質の拡散，人間の行動範囲の急速な拡大などによって，注目されるようになった。
⇨ 地球環境問題

地球環境問題 ちきゅうかんきょうもんだい　[環-温]
global environmental problems　地球全体に共通する環境問題。化学的にきわめて安定なフロン(クロロフルオロカーボン)類が地球全体に拡散して引き起こす成層圏オゾン破壊や，温室効果ガスによる地球温暖化が代表例。広がりの程度は地球規模でなくとも，世界各地で同時に起こっている酸性雨，森林破壊，砂漠化，生物種の減少，といった環境問題を含めることもある。解決のためには国際協力が必要不可欠である。 ⇨ 温室効果ガス，地球温暖化，地球環境

地球再生計画 ちきゅうさいせいけいかく　[環-国]
New Earth 21　温室効果ガス排出抑制

と削減のための行動を進めることを目的とし，1990年に日本の地球環境保全に関する関係閣僚会議において申し合わせがなされた計画。技術移転(世界的な省エネルギーの推進，新・再生可能エネルギー，原子力などのクリーンエネルギーの導入)と技術開発(環境調和型生産プロセス，エネルギー利用効率向上技術など革新的な環境技術との開発，森林，海洋，砂漠緑化など二酸化炭素吸収源の拡大，宇宙太陽発電，核融合技術など革新的エネルギー技術の開発)により温室効果ガス排出を削減しようとするもの。

地球サミット ちきゅうさみっと
[社-温], [環-国]
Earth Summit 1992年，ブラジルのリオデジャネイロで開催された環境問題に関する大規模な国際会議。気候変動枠組条約などの条約の採択が，これを目指して行われた。政治宣言としてのリオディジャネイロ宣言，行動計画としてのアジェンダ21が採択され，10年後にはそれを受けてWSSDがヨハネスブルグで開催された。環境問題と開発問題が不可分であることが，強く認識された会議でもある。 ㊂ 国連環境開発会議

地球深層ガス ちきゅうしんそうがす
[石-ガ]
earth deep gas 地球の誕生時に宇宙から取り込まれた無機成因のメタンのこと。コーネル大学トーマス・ゴールド教授により提唱された仮説であり，無機成因を示す証拠はまだ発見されていない。

蓄電池 ちくでんち [電-池]
storage battery ⇨ 二次電池，バッテリ

蓄 熱 ちくねつ [熱-蓄]
thermal energy storage, thermal storage 供給側と需要側との熱生産と熱負荷の時間的変動を調和させるために，顕熱，潜熱，化学反応熱などを利用して熱エネルギーを蓄えておくことをいう。蓄熱装置のシステム構成は調和する時間的スケールや地域で大きく異なる。

蓄熱槽効率 ちくねつそうこうりつ
[熱-蓄]
efficiency of thermal storage tank 蓄熱槽に対して理想的に蓄えられ利用できる熱量(蓄熱媒体の比熱×密度×体積×利用温度差)に対して，実際に蓄熱して利用できる熱量の比。いわば，有効熱量比といえるが，蓄熱時の熱損失を評価したものではない。

蓄熱暖房 ちくねつだんぼう [熱-蓄]
off-peak heating, storage heating, thermal storage heating 安価な深夜電力を用いて何らかの媒体に熱を蓄え，生活時間帯に放熱させる暖房方式。れんがを用いた蓄熱暖房器のほか，温水タンク方式，床スラブや潜熱蓄熱材を用いた蓄熱床暖房などがある。蓄熱量，放熱量の制御が課題である。

蓄熱調整契約 ちくねつちょうせいけいやく [熱-蓄]
heat storage adjustable contracts 電力会社(一般電気事業者)との間で需給契約を結んだ需要者が，蓄熱システムの利用により昼間の冷暖房負荷を夜間に移行した場合，夜間蓄熱のために使用した電力量に対し割引料金を適用する制度。需要者に対して，電力会社の電力負荷平準化の達成のためのインセンティブをランニングコストを通じて与える制度である。

　　割引額 ＝ 電力量料金単価
　　　　　　×蓄熱電力量(kW・h)
　　　　　　×蓄熱割引率

割引率は電力会社により異なるが，約0.6～0.8である。

蓄熱媒体 ちくねつばいたい [熱-蓄]
thermal storage medium 物理的・化学的状態変化に伴う吸放熱効果を利用して熱を蓄えることに用いられる物質の総称。顕熱としては，水などの各種液体，石などの固体，潜熱としては，相変化，転移を利用する各種物質が実際に利用されている。

蓄熱率 ちくねつりつ [熱-蓄]

地層処分 ちそうしょぶん ［原-廃］
geological disposal 使用済燃料の再処理によって発生する高レベル放射性廃棄物, あるいは使用済燃料を再処理しない場合には使用済燃料を直接, 地下深くの安定な地層中に処分することを地層処分という。長期にわたる潜在的危険性を, 地下深部という距離, 頑健な工学施設, および物質を包蔵する地下の隔離性能を活用する基本概念に基づく。高レベル廃棄物の場合, キャニスタと呼ばれる容器に収納されたガラス固化体を, 頑強な炭素鋼などのオーバパックに収納し, 地下深く (例えば数百 m) の安定な岩体 (地層) 中に設けられる処分施設内に, 緩衝材などの工学材料とともに埋設し, 充てん材やプラグ材などによって埋め戻す方法が一般的である。 ⇒ 高レベル放射性廃棄物, 使用済燃料

地中貯留 ちちゅうちょりゅう ［環-温］
deep earth carbon sequestration 不透水層に挟まれた地下帯水層, 枯渇油田, ガス田, または岩塩層などに二酸化炭素 (CO_2) を地上から圧入して固定する方法である。特に油田に対する CO_2 の圧入は原油の増進回収法としてすでに実績があり, 技術的にも確立されている。日本では, 安全性および処理可能量の点から深度 1 000 m 以深の地下帯水層への貯留が有望視されている。

地中熱利用 ちちゅうねつりよう ［自-地］
underground thermal utilization 地表の温度は年変化および日変化をするのに対して, 地中の温度はある程度の深さまでいくと年間を通して一定となる。この温度差を利用し, 直接あるいはヒートポンプを用いて地下への蓄熱や地下からの熱抽出を行い, 利用するのが地中熱利用である。地温こう配の低いヨーロッパでは, 数百 m 以深の地層や帯水層を利用した蓄熱や熱水利用が普及しており, このような深部の蓄熱や熱利用も含まれるが, わが国では深度 100 m 付近までの表層を対象とした蓄熱, 熱抽出を指すことが多い。地中熱利用は熱抽出を行う流体の循環形態によって閉回路型と開回路型に分類でき, 前者はさらに地下の熱交換器の形状で U チューブ型と同軸型に分類できる

窒素 ちっそ ［燃-元］
nitrogen (N) 石炭中には 0.2～3 % 程度の窒素分が含まれている。原油中にもインドール類およびピリジン類の形態で 0.1～1 % 程度の窒素分が含まれる。燃料中の窒素分は燃焼中に酸化されて窒素酸化物 (NOx) となる。空気中の窒素も燃焼中に一部酸化されて NOx に転換するが, その濃度は燃焼条件に大きく依存し, 高温空気 (低酸素) 燃焼などの NOx の生成を抑制する燃焼法が知られている。

窒素酸化物 ちっそさんかぶつ ［環-室］
nitrogen oxides (NOx) ⇒ NOx
⑯ 酸化窒素

チトクロームｃ ちとくろーむしー ［生-化］
cytochrome c 分子量 12 000 で, 1 分子に 1 分子のヘム鉄を含む。このヘム鉄が生理的に酸化還元することにより電子伝達系の成分となる。 ⑯ シトクロム c

地熱エネルギー ちねつえねるぎー
［理-自］, ［自-地］
geothermal energy 地殻内に存在する熱エネルギーを地熱エネルギーという。地殻内に侵入した雨水や地下水などが, マグマだまりなどの近くで熱せられ, 高温の地熱流体となっている場合もある。

地熱エネルギー直接利用 ちねつえねるぎーちょくせつりよう ［自-地］
geothermal direct-use 地熱エネルギーは, わが国では浴用として用いられて

いる場合がよく知られているが、その温度によりさまざまな用途に用いられている。200℃以上の熱水や蒸気は地熱発電に用いられており、100℃以上であれば木材乾燥、食品加工、セメント乾燥に、70℃前後であれば植物園や建物の暖房や給湯に、50℃前後であれば園芸栽培のための温室暖房や浴用に、また20℃程度になれば養魚場の温水、温水プール、道路融雪などに幅広く利用されている。このように地熱エネルギーは多段階にわたり熱源として利用可能なエネルギーであり、最近では20℃以下の地熱エネルギーをヒートポンプによって冷暖房に利用することも可能となっている。

地熱井 ちねつせい [自-地]
geothermal well 地熱地帯の地下に存在する高温の地熱流体(熱水や蒸気)を利用するために掘削される坑井。発電に利用する地熱井は、地熱流体を地表に採取する生産井と、利用した後の地熱流体を地下に戻す還元井とに大別される。わが国における生産井の深度と最高地層温度は、おおむね1000～3000 m、200～350℃である。生産井1本当りの平均発電出力は、おおむね2000～5000 kWに達している。地熱井の掘削は石油井の掘削にも用いられている回転掘削と呼ばれる方法によって行われており、生産井の最終口径は215.9 mm (8.5インチ)が一般的である。地熱井と石油井掘削における大きな相違点の一つとして、地熱井掘削は高温、硬質の地層を対象とすることがあげられる。 ⇒地熱発電

地熱探査 ちねつたんさ [自-地]
geothermal exploration 地熱探査では、ほかの資源探査と同様に、広域調査から有望地域を絞り込む手法が使われる。概査では、地表付近に温泉、湯沼、変質帯などで地熱資源に関連する異常がみられる地域を抽出し、地下の熱水対流系が発達している場所を重力、比抵抗、弾性波などの手法により精査として特定する。例えば、貯留層上部のキャップロックが変質のため低比抵抗であることが比抵抗による探査基準の一つとなっている。地表探査で地熱資源の存在確度が高い場合には調査坑井を掘削し、検層や坑井利用探査法でより詳細な地熱系モデルを作成する。坑井が貯留層に遭遇した場合には、水理試験などにより貯留層の能力を評価して有望な場合には開発に着手する。

地熱地域 ちねつちいき [自-地]
geothermal area, geothermal field 地熱資源を有する地域。地熱地帯ともいう。一般的には、火山周辺地域で、地下に高温のマグマあるいは高温の岩体があり、地下温度が異常に高くなっている地域を指す。また、それらによって熱せられた流体(温泉水、蒸気など)が地下に存在し、地表には噴気孔、高温の温泉の湧出などの地熱兆候が認められることが普通である。この場合は高温の地熱資源を有する地域ということになるが、近年利用が進んでいる深層熱水のような低温の地熱資源を有する地域も、広い意味では地熱地域と見なすことができる。
⇒深層熱水、地熱兆候

地熱兆候 ちねつちょうこう [自-地]
geothermal manifestation 地熱活動の影響が地表に現れたもの。具体的には、温泉の湧出、噴気、地温異常、熱水変質帯などがあげられる。噴気は高温の蒸気と熱水の噴出しのことであり、噴出し口を噴気孔と呼ぶ。蒸気の大部分は水蒸気からなり、二酸化炭素や硫化水素などのガスも含まれる。地温異常がある場合には、多雪地域でありながら雪が積もらないといった現象がみられる。熱水変質帯は、熱水と岩石が化学反応して粘土化、ケイ化、溶脱などが起きた場所のことを指す。ただし、これは現在の地熱活動と必ずしも直接対応するとは限らない。なお、深層熱水のような低温の地熱資源に関しては、地表兆候が認められることが少ない。 ⇒深層熱水、地熱地域

地熱貯留層　ちねつちょりゅうそう
[自-地]
geothermal reservoir　地下に発達する熱水対流系の部分系であり、地熱流体を貯留する浸透性の高い領域のこと。地熱流体の大部分は天水起源であり、地下深部へ浸透して熱源である固結マグマなどにより暖められ、浮力により上昇する。この高温流体の上昇流は通常、鉛直性の断層などを通して割れ目に富んだ岩体領域に流れ込み、数千年から数万年の時間を経て岩体を暖め貯留層を形成する。経済的な観点からは、深度1～3 kmの坑井を掘削して数十年にわたって高温の流体を生産できる場合に貯留層という呼称が使われ、内部に含まれる流体の性状から熱水卓越型と蒸気卓越型とに区分される。貯留層の熱エネルギーは大部分が岩石中に蓄えられているが、地熱流体の生産(と還元)に際して、貯留層内では岩石から流体への熱移動の諸過程が発生する。

地熱熱水　ちねつねっすい　[自-地]
geothermal fluid　地熱地域の地下深部に賦存する高温の熱水資源。地熱発電に利用される熱水は地下1～3 kmの地熱貯留層におおむね200～350 ℃で賦存するものが多い。熱水の起源として、マグマが冷却する過程で分離するマグマ起源、あるいは地上での降雨(天水)が地下に浸透して貯留層に到達する天水起源が考えられるが、利用されている熱水の多くは天水起源である。そして、その熱水は地熱貯留層に滞留する間に岩石-水反応やマグマ起源物質の混入により、シリカやNa, Ca, Clなど多種の化学成分を含有するようになり、pHなどの性状も変化する。これらの成分が多い熱水を利用するときは配管腐食やスケール沈着に対応する必要がある。

地熱発電　ちねつはつでん　[自-地]
geothermal power generation　地下深部の地熱貯留層から地熱井(生産井)によって蒸気や熱水を取り出し、タービンを回すことによって発電を行うこと。国外では1913年にイタリアのラルデルロ、国内では1966年に松川において本格的な地熱発電が開始された。現在、国内では事業用12地域で14発電機、自家用6発電機があり、設備容量は両者を併せて約549 MWである。マグマだまりの近くや高温岩体中に水を送り込み、地熱エネルギーを抽出して発電する火山発電や高温岩体発電も検討されている。また、近年では、生産流体の温度が低い場合にブタンやプロパンなどの低沸点媒体を低温熱水によって加熱し、媒体蒸気でタービンを回して比較的小規模の発電を行うバイナリーサイクル発電も用いられる。　⇒ 地熱エネルギー、地熱井

着　火　ちゃっか　[燃-気]
ignition　燃焼反応が可能な反応物質で構成された気体が急速に燃焼状態に移行する過程。高温のエネルギー供給源を用いて、燃焼反応開始に必要なエネルギーを供給する方法のほか、パイロット火炎や、電極によるスパーク、レーザによるプラズマなどが着火源としてよく利用される。　⇒ 点火

着火温度　ちゃっかおんど　[理-内]
ignition temperature, spontaneous ignition temperature　点火温度、発火温度ともいうがいずれも同じ意味。火花や火面などの点火源なしに着火するいわゆる自己着火(自発点火ともいう)が発生する最小の温度。自己着火には予混合気、液滴、噴霧などがある温度圧力条件下で着火が成立するなど種々の様態があり、また着火に至る誘導期間である着火遅れの現象など詳細な研究が行われている。種々の燃料の自己着火性を表す指標として着火温度の用語が用いられるが、一般にはアメリカ工業規格(ASTM)で定められた、るつぼ法による値が使われている。これは、磁製るつぼに試料を入れ、加熱して着火が成立する温度を計測するというものであり、液体または固体燃料に対してしか用いられない。

中央式固体蓄熱 ちゅうおうしきこたいちくねつ [熱-蓄]
centralized solid thermal storage　固体蓄熱，熱源機器あるいはそのいずれかが集中的に配置され，二次側空調機などへ熱媒体を搬送する方式。蓄熱媒体としては，岩石，コンクリート，土壌などが利用される。

中温発酵 ちゅうおんはっこう [自-バ]
methane fermentation with mesophile　メタン発酵には35℃程度で行われる中温発酵と55℃程度で行われる高温発酵がある。高温発酵は中温発酵よりも2倍近い処理能力が得られるが，温度の変動に対して安定であり，発酵槽の加温が少なくて済むなどの利点から中温発酵が広く用いられている。これに対して高温発酵は近年開発，導入が進められており，反応時間が短くて済むために反応器容積を小さくできる利点がある。ただし，北海道など寒冷地では反応器の保温に生成したメタンのかなりの量を使わなくてはならないこともあり，各種条件を考慮してどちらを適用するかを決める必要がある。高温発酵と中温発酵では作用する菌群が異なっており，それぞれ高温メタン菌群，中温メタン菌群と呼ばれる。　同 中温メタン発酵

厨芥 ちゅうかい [廃-個]
kitchen waste　⇒ 生ごみ

中カロリーガス化 ちゅうかろりーがすか [燃-ガ]
medium calorific gasification　石炭のガス化剤として空気ではなく酸素を利用するガス化法。生成ガスは一酸化炭素および水素よりなり，窒素を含まないため，空気によるガス化に比べ発熱量が高く中カロリーガス化と呼ばれる。
⇒ 低カロリーガス化

中間処理 ちゅうかんしょり [廃-処]
intermediate treatment　廃棄物あるいは使用済製品に対し，減量化，減容化，有価物回収，無害化・安定化を行うため，焼却，脱水，破砕，分別，破砕，分離，選別，圧縮，加工などの操作を行うこと。その施設を中間処理施設という。わが国においては，多湿でかつ処分用地が少ないという条件下での生ごみ処理の観点から，焼却施設が多いのが特徴である。廃棄物を処理することから，環境負荷物質の二次的な排出源とならないよう注意して運営する必要がある。また，従来，埋立処分などの最終処理を行う際の事前処理としての位置付けが大きかったが，現在は，リサイクルを行うための一次処理としての意義も大きい。

中間貯蔵 ちゅうかんちょぞう [原-廃]
spent fuel storage　⇒ 使用済核燃料貯蔵

抽気タービン ちゅうきたーびん [熱-機]
bleeder turbine　蒸気タービンのタービン内膨張過程から蒸気を抽出し，作業用として利用することができるようにしたもの。

中揮発分瀝青炭 ちゅうきはつぶんれきせいたん [石-炭]
medium volatile bituminous coal　瀝青炭のうち，揮発分が中程度のもの。アメリカ工業規格(ASTM)による分類では揮発分22〜31％(dmmf)の石炭とされ，mvbと略される。

中空重力式コンクリートダム ちゅうくうじゅうりょくしきこんくりーとだむ [自-水]
hollow gravity dam　堤体の中心部を空洞にしたコンクリートダムをいう。堤体の中心部の応力が小さいことから中空にしたもので，構造的な作用は重力式コンクリートダムに準じる。ただし，中空で自重が少ないので，上流面にもかなりこう配(1：0.5)をつける必要がある。一般に60m程度以下の低いダムでは型枠などの施工が煩雑で堤体たい積の減少効果を上回るため，経済性が得られなくなっている。　⇒ ダム

中空重力ダム ちゅうくうじゅうりょくだむ [自-水]
hollow gravity dam　⇒ 中空重力式コ

ンクリートダム

中質原油 ちゅうしつげんゆ ［石-油］
middle crude oil 中程度の質を有する原油の総称。

抽出 ちゅうしゅつ ［理-操］
extraction 液体あるいは固体の混合物から適当な溶剤を用いて溶解度の差を利用して目的物質を溶かし出して分離する操作。抽出法は蒸留で分離できない場合や濃度が非常に薄い場合などに適用される。現在，溶解能力を圧力や温度により自在に変えられる超臨界流体抽出が注目されている。

中小ガス田 ちゅうしょうがすでん
［石-ガ］
small and medium gas well 究極可採埋蔵量が少ないガス田のこと。その埋蔵量は一般的に，0.3〜0.5 tcf(ton cubic feet)未満である。中小ガス田の数は非常に多いが，資源量からみると全体の12％程度にすぎない。輸送用の液化天然ガス(LNG)製造大規模プラントの建設が困難であり，これまで開発が遅れている。しかし，天然ガスの需要増加とともに中小天然ガス田を開発するための新しい技術が期待されている。

中小水力発電 ちゅうしょうすいりょくはつでん ［自-水］
medium and small hydro power, minor hydro power 一般に発電出力が1000〜100000 kW程度の中小規模の水力発電とされているが，近年は100〜10000 kW程度をいう場合が多い。自然(再生可能)エネルギーである水力は，純国産で単位発電量当りの二酸化炭素排出量も格段に少なく，わが国が目指すエネルギーのベストミックスを担う貴重なエネルギーであるが，大規模な出力に適した地点の開発はほぼ終了しており，今後の開発の主体は，経済性に劣る中小水力発電となっている。しかし，新エネルギーなどのいっそうの普及を図るために2003年4月に施行された「電気事業者による新エネルギー等の利用に関する特別措置法」(RPS制度)では，対象エネルギーとして風力，太陽光，地熱，中小水力(水路式で1000 kW以下)，バイオマスの五つのカテゴリーが認定されており，中小水力発電の開発の可能性が高まっている。

中性子 ちゅうせいし ［資-原］，［原-核］
neutron (N, n, ^{1}n) 陽子とともに原子核を構成する基本的な粒子で，陽子と合わせて核子といわれる。核子の一種で，ニュートロンともいい，ふつうnまたはNで表す。中性子は電荷をもたず，1.67492×10^{-27} kg($=939.57$ MeV)の静止質量をもち，平均寿命は約1000秒である。^{12}Cの中性子の質量を12 uとする原子質量単位では1.008665 uである。原子核外では半減期10.5分で，β崩壊して陽子になる。1932年にキュリー夫人らにより中性子の存在が発見された。クーロン力の影響を受けないので，低いエネルギーでも原子核との核反応を引き起こすことができる。その運動エネルギーまたは速度によってつぎのように分類されている。① 高速中性子〔約0.1 MeV以上のエネルギーを有し(一般に10 keV〜20 MeVの範囲)，速度の大きい中性子を指し，例えば，核反応の際に放出される中性子は数MeVの運動エネルギーを有するので速度も大で，約3000 km/sで高速中性子に属する〕，② 低速中性子(高速中性子が物質中で減速して，keV程度以下の運動エネルギーとなったもの)，③ 中速中性子(運動エネルギーが低速中性子と高速中性子との間にある中性子。特に，媒質中の分子の熱運動と平衡に達したものを熱中性子，それよりやや高い運動エネルギーをもつものをエピサーマル中性子，また－250℃以下程度の熱中性子に相当するものを冷たい中性子という。中性子は陽子とともに荷電スピンの二重項をなし，原子核の重要な構成要素である)。

また，原子炉から得られる中性子を中性子線として取り出して，がん治療や固

体物理研究，化学反応の促進などにも利用される。

中性子源 ちゅうせいしげん [原-核]
neutron source　中性子を発生する物質または装置。単体の中性子発生物質としては，①自発核分裂に伴う中性子を出す超ウラン元素（^{252}Cf など）がある。二つの元素を組み合わせた中性子発生物質としては，②α崩壊核からのα線をほかの原子核に当てて（α, n）反応により中性子を出すもの（^{226}Ra–Be, ^{241}Am–Be など），③γ崩壊核からのγ線をほかの原子核に当てて（γ, n）反応により中性子を出すもの（^{124}Sb–Be など）がある。これらをカプセル中に密封して使用する。中性子発生装置としては，原子炉および加速器がある。　⇒ 中性子

中性子照射脆化 ちゅうせいししょうしゃぜいか [原-安]
neutron irradiation embrittlement (NIE)　高エネルギーの中性子照射により，炭素鋼，低合金鋼などのフェライト系材料の強さが低下する現象のこと。

中性点接地方式 ちゅうせいてんせっちほうしき [電-流]
neutral grounding system　星形結線の変圧器，発電機などの中性点を接地している方式のこと。中性点接地方式には直接接地と抵抗またはリアクトル接地があり，超高圧系では一般に直接接地方式を用い，故障の検出，除去を短時間に行う。60 000V 以上の系統には抵抗またはリアクトル方式を用い，送電線に併架している通信線の電磁誘導障害を減少させる。

中　和 ちゅうわ [理-操]
neutralization　酸と塩基を反応させると水素イオン（H^+）と水酸化物イオン（OH^-）の反応で水が生じ，酸と塩基の性質を打ち消す。これを中和という。この性質を利用して，濃度が不明の酸または塩基を濃度既知であるもう一方の溶液で中和する量（当量点）を見いだして濃度を求めることができる。

チューブ自動洗浄装置 ちゅーぶじどうせんじょうそうち [熱-交]
tube automatic cleaning system　熱交換器のチューブの内側にブラシを移動させ，チューブ内壁に付着したスケールやスライムを取り除くことにより熱交換器の伝熱性能を維持する装置。チューブ内の汚れは伝熱性能低下に伴う動力損失だけでなく，腐食事故の要因になるため，熱交換器は定期的な洗浄が必要である。本装置により異物の付着がなくなるので腐食トラブル解消にも効果的であり，各種冷凍機から一般のシェルアンドチューブ熱交換器に使用されている。本装置にはブラシ方式以外にボール方式がある。

超ウラン元素 ちょううらんげんそ [原-原]
transuranic elements, transuranics (TRU), transuranium elements　原子番号 92 のウランよりも大きな原子番号をもつ元素をいう。その中で，ネプツニウム ^{93}Np，プルトニウム ^{94}Pu，アメリシウム ^{95}Am，キュリウム ^{96}Cm，バーケリウム ^{97}Bk，カリフォルニウム ^{98}Cf，アインシュタイニウム ^{99}Es，フェルミウム ^{100}Fm，メンデレビウム ^{101}Md，ノーベリウム ^{102}No，ローレンシウム ^{103}Lr の 11 種の元素はウランと同じくアクチニドと呼ばれる元素である。

さらに，原子番号の大きなラザフォージウム ^{104}Rf，ハーニウム ^{105}Ha や，原子番号 106 の元素も知られている。これらの半減期は短いために，原子炉または加速器により人工的につくられる。
⇒ ウラン，半減期

長期エネルギー需給見通し ちょうきえねるぎーじゅきゅうみとおし [社-全]
long-term energy supply and demand outlook　総合資源エネルギー調査会が経済産業大臣に諮問するもので数年に一度改定し発表する。長期とは 10 年から 20 年先のことであるが，京都議

定書の二酸化炭素など地球温暖化ガスの削減目標が 2010 年(2008～2012 年平均)に設定されている。しかし，さらに 2020 年，2030 年も，2004 年 6 月に発表された見通しについて対象とすることが決まった。見通しという言葉は誤解を与えやすいが，むしろ政策目標値と考えたほうがよい。省エネルギー，新エネルギー，原子力などはあくまで政策目標であって，過大に見込まれる傾向にあり，見通しとしては上限に近いものである。
⇨ エネルギー政策，総合資源エネルギー調査会

長期電力需給見通し ちょうきでんりょくじゅきゅうみとおし [社-電]
long-term electricity supply and demand outlook 電力政策の基本となる将来需要，電力の設備容量や発電量などの見通しであり，長期エネルギー需給見通しと同時に改定されている。最新の見通しは，総合資源エネルギー調査会総合部会・需給部会で 2004 年に報告されたものであり，2010 年までのエネルギー需給見通しの中で電力需給も示されている。電気事業者の 2010 年度末の発電設備容量はいずれのケースも 24 408 万 kW，発電電力量はレファレンスケースで 10 199 億 kW・h，現行対策推進ケースで 9645 億 kW・h，追加対策ケースで 9420 億 kW・h となっている。　⇨ 長期エネルギー需給見通し

超高圧送電 ちょうこうあつそうでん [電-流]
extra high voltage power supply 超高圧送電とは 170 kV 以上の送電線を指し，わが国では 187～275 kV 系統が該当する。また，500 kV 以上の系統については超超高圧という。超高圧系統の送電線については，市街地への建設が禁止されている。

調光システム ちょうこうしすてむ [民-シ]
dimmer system 光源の明るさを調整するシステム。従来から劇場やスタジオなどのさまざまな場所で使用されていた。最近では事務所照明の省エネルギーの一手段として使われている。蛍光灯は設置初期には明るく，時間とともに暗くなる。事務所の照度は，この減光具合を考慮して器具の灯数を決定するが，初期の照度が出すぎるため，調光(減光)することができ，初期の電力を抑えることができる。

調整池式発電所 ちょうせいちしきはつでんしょ [電-水]
pondage type power plant 1 日のうちで数時間あるいは数日間程度の電気の需要の変化に応じて，河川の流量を調整して発電に使用する水力発電所。1 日間または 1 週間の流量調整ができる程度の容量の調整池をもつ。

調整能力 (水力発電の) ちょうせいのうりょく(すいりょくはつでんの) [電-水]
regulating ability 調整池式水力発電所において，1 日の出力調整を行う場合，その可能発電力の最大値と日平均可能発電力との差をいう。水力発電調整能力は，発電所の自然流量，調整池容量，運用方法などによって定まる。通常，電力供給計画や日常の運用においては，電力系統内の全調整池水力発電所の調整能力の合成値が用いられる。この際，調整能力を電力で表す場合と，日平均可能発電力を上回る時間における可能発電電力量合計で表す場合がある。

潮汐発電 ちょうせきはつでん [自-海], [電-他]
tidal power generation 潮汐は，地球，月および太陽の相対的な運動に起因し，約半日周期と約 1 日周期の現象が重なって海面が上下運動する波の一種である。潮汐発電は，潮の干満による潮差を利用する発電であり潮力発電ともいう。海岸に大きな貯水池をつくり，上げ潮のときに貯水池にたまった海水を引き潮で海に落として発電機を回す方式のものや，海水が貯水池に流れ込むときにも発電させたり，ポンプを使って貯水池の水

面を高くしたり低くしたりして発電する方式もある。単潮池を用いて海水放出時のみ発電する(単潮池型一方向発電方式)と考えると，潮池の単位面積当りの平均潮汐パワー P 〔kW/m²〕の算出式は，$P≒0.003H^2/T$ 〔H：最大潮差(m)，T：放出時間(h)〕となる。潮汐発電の経済性は，最大潮位差が 10 m 以上必要と考えられている。フランスでは，ランス川の河口にダムをつくり，川を大きな貯水池としたランス潮汐発電所を 1967 年に完成し，現在潮汐発電が行われている。ランスの最大潮差は 13.5 m 程度である。日本における最適地である有明海のそれは 5 m 程度であるから，わが国での潮汐発電の実現は困難である。

潮汐エネルギーの変換法としては，低落差用カプラン水車などを用いて発電する方法が一般的である。また発電出力の平滑化や高効率化のために，単潮池型両方向発電や二潮池型両方向発電方式の提案がなされている。　⇨ 潮流発電　㊒ 潮力発電

超伝導　ちょうでんどう　[理-物], [電-理]
superconductivity　ある温度以下で電気抵抗が 0 になる一部の金属，合金，化合物にみられる性質をいう。超電導と表記されることもある。超伝導状態では，一般には磁性をもたないとされている。近年では，超伝導状態の高温状態での実現化とともに磁性をもつ超伝導状態も観察されているようであり，継続的に研究が行われている。　㊒ 超電導

超伝導エネルギー貯蔵　ちょうでんどうえねるぎーちょぞう　[利-電]
superconducting magnetic energy storage　超伝導コイルに電流を流すとジュール発熱なしで永久に電流が流れつづける。この現象を利用して，超伝導コイル内に電気を貯蔵し，必要なときに取り出して供給する方法。電力の貯蔵効率は 90 % 以上(揚水発電：70 %)で，そのほかの電力貯蔵方式(新型電池，フライホイール，圧縮空気など)よりも高効率が期待されている。　⇨ 超伝導コイル

超伝導ケーブル　ちょうでんどうけーぶる　[電-機]
superconducting cable　臨界温度以下で電気抵抗が 0 になる金属をケーブル導体として利用し，回線当りの送電容量を飛躍的に増大させようとするもの。

超伝導コイル　ちょうでんどうこいる　[利-電]
superconducting coil, superconductive coil　超伝導物質でできたコイル。超伝導状態では抵抗が 0 となるため，超伝導コイルに電流を流すとジュール発熱なしで永久に電流が流れつづける。超伝導エネルギー貯蔵技術としての利用が期待されている。　⇨ 超伝導エネルギー貯蔵

超伝導発電機　ちょうでんどうはつでんき　[電-発]
superconducting generator　次世代の発電機として注目され，省エネ，コンパクト，系統安定度寄与などのメリットを有し，実用化への期待が高まっている発電機。準直流電流を流す回転子の界磁巻線のみを超伝導化する界磁超伝導発電機と，交流電流を流す電機子巻線まで超伝導化する全超伝導発電機がある。

潮流発電　ちょうりゅうはつでん　[自-海]
tidal current generation, tidal power generation　潮流は潮汐の干満に起因した周期的な海水の流れによるものであり，海峡などでは，通常 1 日に 4 回流れの方向が変わる。潮流エネルギーは，潮流を正弦波状の周期流と考えると，水車の単位面積当りの平均潮流パワー P 〔kW/m²〕の算出式は $P≒0.22V^3$ 〔V：潮流の最大速度(m/s)〕となる。日本近海の代表的な海峡における潮流の最大速度は，鳴門海峡で 5 m/s 程度，来島海峡や関門海峡で 3.5〜4 m/s 程度である。

潮流エネルギーの変換法としては，ダリウス型やクロスフロー水車を用いて発電する方法が一般的である。　⇨ 潮汐

発電

潮力 ちょうりょく [理-自]
tidal force　地球の自転に伴い月の引力によって海面が周期的に上下する現象を潮汐というが、このときに生じる潮の干満による力を潮力という。この現象を利用して水車を回し発電する潮力発電(潮汐発電ともいう)が考えられている。わが国では潮位の差が小さいために実用化されていないが、フランスのランス潮汐発電所などが稼働している。

超臨界 ちょうりんかい [理-物]
supercritical　物質の状態は、気体、液体、固体の状態に分けられる。物質は、温度と圧力によりそれぞれの状態に変化するが、これらの条件が整えば気体と液体は共存することができるようになる。この共存できる圧力と温度の上限状態を臨界状態と呼び、このときの条件を臨界点と呼ぶ。この臨界点を超えた状態を超臨界状態と呼び、気体と液体の区別がつかなくなる。超臨界状態では、気体の特性である拡散性と液体の特性である溶解性を併せもつため、医療、食品、環境分野などで注目されている。

超臨界圧火力発電 ちょうりんかいあつかりょくはつでん [電-火]
supercritical pressure steam power　火力発電設備の大容量化および効率化を図るため、超臨界圧蒸気で発電を行う汽力発電方式。蒸気圧力が水の臨界圧力である 22.0 MPa を超えるボイラを使用する。

超臨界抽出液化法 ちょうりんかいちゅうしゅつえきかほう [燃-炭]
supercritical extraction liquefaction process　イギリスの National Coal Board, Coal Research Establishment で開発されたプロセス。例えばトルエン(臨界温度 320 ℃、臨界圧力 4.2 MPa)を用い、反応温度 350〜400 ℃、反応圧力 10 MPa 以上の臨界温度、臨界圧力を超えた超臨界条件下で石炭を抽出し生成物を得る液化法。反応系から得られる抽出物からトルエンを回収するが、トルエンを回収した後の生成物は一般に重質である。

直接液化 ちょくせつえきか [燃-炭]
direct coal liquefaction　石炭を溶剤、触媒、水素とともに高温・高圧下で反応させ、直接的に石炭液化油を得る方法。石炭を一度ガス化して生成ガスから液化油を合成する方法は、石炭と製品液化油の間にガス化工程を経由することから間接液化と呼ばれるのに対して、石炭から直接的に液化油を得る方法は直接液化と呼ばれる。

直接型メタノール燃料電池 ちょくせつがためのーるねんりょうでんち [電-燃]
direct methanol fuel cell (DMFC)　メタノールを燃料として直接用いる燃料電池。メタノール水溶液を用いて直接、発電を行うことができるため、改質器が不要でシンプルかつコンパクトなシステム構成。電解質には陽イオン交換膜、電極には白金族金属を担持したカーボン触媒を用いたガス拡散電極が用いられ、燃料極にメタノール・水、空気極に空気を供給するとプロトン伝導に伴い電極反応が生じる。

直接水添液化 ちょくせつすいてんえきか [燃-炭]
direct hydro-liquefaction　石炭の直接液化法の一つで、石炭を溶剤と混合し、高温(400〜450 ℃)、高圧下(8〜15 MPa)にガス状水素を供給し、触媒を用いて石炭を分解、低分子化して液化油を得る方法。高温・高圧下で石炭の熱分解により生成する活性な低分子化合物は水素の添加(水添)により安定化され石炭液化油となる。

直接発電 ちょくせつはつでん [電-他]
direct electricity generation　熱あるいは光エネルギーなどを直接電気エネルギーに変換する発電方式。電磁流体力学発電(MHD)、燃料電池、熱電発電などがある。

直達日射 ちょくたつにっしゃ [自-太]

direct solar radiation 地表に到達する太陽からの放射エネルギーのうち、直接到達する成分である。　⇨ 散乱日射、全天日射

直噴ガソリンエンジン　ちょくふんがそりんえんじん　[輪-ガ]
direct injection gasoline engine (DI, GDI)　一般的なガソリンエンジンは、予混合気をシリンダ内に吸入するが、直噴ガソリンエンジンは、シリンダ内に空気のみを吸い込み、燃焼室に取り付けられた噴射ノズルからガソリンを燃焼室内に噴射して、電気火花によって点火する。燃焼室内に直接ガソリンを噴射するため、点火プラグ付近のみに適切な混合気を形成し、点火プラグから離れるに従い希薄になるような混合気をつくることができるために、一般的なガソリンエンジンではできない超希薄燃焼が可能になる。加えて、一般的なガソリンエンジンよりも、自己着火しにくい希薄混合気であるため、圧縮比を高くすることができ、燃費改善が可能になる。しかし、一般的な予混合気吸入方式のガソリンエンジンで使用している三元触媒を使用できないために、窒素酸化物(NOx)吸蔵触媒などを用いてNOxを低減する必要がある。　⇨ ガソリンエンジン

直噴ディーゼルエンジン　ちょくふんでぃーぜるえんじん　[輪-デ]
direct injection diesel engine (DI, DIDE)　燃焼室を分割せずに、主要な一つの燃焼室に噴射ノズルを取り付け、燃料を噴射させて燃焼させるディーゼルエンジン。大型車では従来から使用されていたが、最近は小型車から乗用車まで使用されるようになってきた。これまで小型車で多く使用されてきた副室式よりも、S/V比が小さく、燃費に優れている。また、始動時にグロープラグなどの予熱装置を必要としないなど、構造が簡略的である。ヨーロッパでは地球温暖化防止の観点から、直噴ディーゼルエンジンの導入以降、ガソリン乗用車に対するディーゼル乗用車の比率が年々増大している。　⇨ ディーゼルエンジン

直膨チラー　ちょくぼうちらー　[産-冷]
direct cooling system　ビルの冷房方式では、通常は冷凍機(チラー)で冷水をつくり、その冷水が建物の中を循環する。各フロアでは冷水空気熱交換器により空気を冷却する。これに対して直膨チラーでは、冷凍機で圧縮した冷媒をコンデンサで凝縮させた後、直接各フロアに送り、熱交換器の中で冷媒が蒸発して直接空気を冷却する方式である。小型のビルで使われることがある。

直　流　ちょくりゅう　[理-電]
direct current (DC)　大きさおよび方向が時間的に変化しない電圧および電流。直流の発生には、化学電池、太陽電池、燃料電池、核融合発電などの直接発電による方法と、交流電源からダイオードとコンデンサを用いて直流に変換する方法がある。この交流・直流変換で得た直流は、大きさが変化する脈動を含むこともあり、真の直流に近づけるためには平滑フィルタを必要とする。　⇨ 交流

直流遮断機　ちょくりゅうしゃだんき　[電-機]
direct current circuit breaker　直流電流は交流と異なり、電流の0値を利用できないため、限流方式や転流方式などで0値を発生させ遮断する装置をいう。

直流送電　ちょくりゅうそうでん　[電-流]
direct current transmission　基本的に電力系統は、変圧が容易な交流送電方式で構成されているが、直流送電には、交流に比べて送電ロスが少ないこと、交流の安定度による制限がないこと、ケーブル送電の場合充電電流を考慮する必要がないことなどのメリットがある。しかし、その一方で送電線の両端には交直変換所やフィルタ設備などを設置する必要があり、送電方式としての経済性評価では長距離送電の場合にメリットがある。

貯水池式発電所　ちょすいちしきはつでんしょ　[電-水]

reservoir type power plant 降水量および電気の需要の季節的な変化に応じて,河川の流量を貯水して発電に使用する水力発電所。流量の年間調整または季節調整ができる程度の大容量の貯水池をもつ。ダム式発電所あるいはダム水路式発電所がこれにあたる。天然の湖沼が貯水池として利用される場合もある。

貯 炭 ちょたん　[石-炭]
coal storage　石炭を貯蔵すること。貯炭に際しては石炭性状,貯炭量,周囲状況,気候などを考慮しなければならない。また,石炭の酸化,風化に伴う劣質化,自然発火,爆発,粉じんの発生など,勘案すべき事項も多い。貯炭方式には屋内貯炭,屋外貯炭,水中貯炭などがある。

地理情報システム　ちりじょうほうしすてむ　[社-経]
geographic information system (GIS)　ディジタル化された地図(地形)データと,統計データや属性情報など位置に関連するデータを統合的に扱う情報システムである。地図データとほかのデータを相互に関連付けたデータベースと,それらの情報の検索や解析,表示などを行うソフトウェアがシステムの構成要素である。データは地図上に表示されるので,解析対象の分布や密度,配置などを視覚的に把握することができる。企業などは,地図データに人口分布や商店の配置などを組み合わせて,商圏分析や新規顧客開拓などのエリアマーケティングに応用する。道路や建物に関するデータとGPS(全地球測位システム)を組み合わせたカーナビゲーションシステムもGISの応用例の一つである。

沈降分離　ちんこうぶんり　[理-操], [環-塵]
sedimentation, settling separation 重力または遠心力の作用で液体中に浮遊している固体あるいは液体粒子を液体から分離する操作。沈降分離はつぎのように分類されている。通常, ① 清澄・沈殿装置(懸濁している粒子群を沈降させて,泥の層と上澄み液とに分離する装置。水中の単一粒子が重力により自然沈降するとき,一定の終末沈降速度で落下することを利用しており,約 $10\mu m$ 以上の粗大な粒子の分離に広く活用される)。② 浮上分離(液体中の粒子に微小な気泡を付着させ,気泡の浮力により浮上させて分離する装置)。③ 分級装置(流体中の粒子の沈降速度の差を利用して粒径あるいは密度別に分ける装置)。
⇒ 重力集じん装置, 沈殿

沈 殿　ちんでん　[理-操]
precipitation, settling　① 液体中の固体粒子が密度差によって沈降してたい積すること。② 沈降分離の一つで懸濁物を重力沈降させて分離する操作。処理能力は面積で決まるので広い用地が必要だが,低エネルギーで効果的な固液分離ができる。凝集沈殿装置はおもに下水処理などに用いられ,懸濁物質を含む排水中にpH調整剤および凝集剤を添加し大きなフロック(多数の粒子が集合した塊)として沈降させ分離処理を行う。
⇒ 沈降分離

〔つ〕

翼角度制御 つばさかくどせいぎょ
 [電-設]
 turbine angle control system　流路に可変式の翼を設置し，この角度をコントロールすることにより圧力損失を制御する。これにより，流体の圧縮比を変えずに流量をコントロールすることができる。

〔て〕

deacon反応 であこんはんのう [環-ダ]
deacon action　ボイラヒータや集じん機内での飛灰上のダイオキシン発生において，ガス中に発生したフェノールのダイオキシン化促進反応をいう。フェノールは塩化水素の存在下では，クロロフェノールになりにくいが，塩素ガス(Cl_2)の存在下で容易にクロロフェノールが生成する。300℃以上で$CuCl_2$が酸素と反応してCl_2を発生し，そのCl_2でフェノールが塩素化してクロロフェノールになり，それがダイオキシン化するものと考えられる。

$$CuCl_2 + \frac{1}{2}O_2 \rightarrow CuO + Cl_2$$

酸化銅(CuO)上で下記のdeacon反応が起き，Cl_2の発生が酸素により促進される。

$$CuO + 2HCl \rightarrow CuCl_2 + H_2O \quad (1)$$
$$CuCl_2 + \frac{1}{2}O_2 \rightarrow CuO + Cl_2 \quad (2)$$

式(1)，(2)から

$$2HCl + \frac{1}{2}O_2 \rightarrow Cl_2 + H_2O$$

となる。
　飛灰上におけるダイオキシン生成に関する$CuCl_2$の作用，および酸素の作用はこの反応の促進による。　⇨ダイオキシン類の再合成

定圧燃焼ガスタービン ていあつねんしょうがすたーびん [利-利]
constant pressure gas turbine　定圧条件下で燃焼を行わせる形式のガスタービン。ガスタービンの大部分はこの形式である。　⇨ガスタービン

TRU廃棄物 てぃーあーるゆーはいきぶつ [原-廃]
transuranic waste　原子番号が92(ウラン)より大きい放射性核種〔超ウラン(TRU)核種〕を含有する放射性廃棄物で，使用済燃料の再処理施設および混合酸化物(MOX)燃料加工施設で発生する。TRU核種には，ネプツニウム ^{237}Np(半減期214万年)，^{239}Pu(半減期2万4000年)などのように半減期の長い核種が多く，ほとんどの核種がα線を放出する。射性核種の濃度は，低レベル放射性廃棄物と同程度のもののほか，それを上回るものもある。したがって，放射性核種の濃度に応じた処分方法が検討されている。　⇨再処理　㊞超ウラン廃棄物

低硫黄軽油 ていいおうけいゆ [石-油]
low-sulfur crude oil, low-sulphur crude oil　硫黄含量が低い軽油の総称。

低硫黄重油 ていいおうじゅうゆ [燃-製]
low sulfur fuel oil　JIS K 2205で第一種(A重油)第1号に分類される重油。硫黄分が0.5重量%以下と規定されている。おもに窯業，金属精錬用に利用される。　⇨A重油，重油

低位発熱量 ていいはつねつりょう [理-炉], [電-熱]
heat of combustion with gaseous water, lower calorific value, lower heating value (LHV), net heating value　標準状態の単位量の燃料が完全に燃焼(酸素と結合)して，標準状態の水蒸気(H_2O)と二酸化炭素(CO_2)などになるときに出す反応熱。単位として，化学的には，J/molを，工学的にはJ/kgを用いる。
　燃料が酸化燃焼の最終生成物質(H_2O, CO_2, SO_2, N_2, O_2)になるまで発熱する熱量であり，そのときの生成熱に等しい。対になる用語に高位発熱量があり，低位発熱量は反応で生成された水(H_2O)を気体の形態としたものであるが，高位発熱量は，H_2Oを液体とした

ものであり，水の凝縮熱を発熱量に加えたものとなる。実際の燃焼では，排ガスの多くは大気圧に近く100℃以上であるため，燃料から生成されるH_2Oは気体状態にある。そのため，蒸発熱(潜熱)を考慮する必要のある高位発熱量より，顕熱エンタルピーのみで熱計算できる低位発熱量が便利であるために使用される。しかし，一般に単に発熱量といえば，高位発熱量を示す。高位発熱量と低位発熱量の関係は次式である。

$$H^o = H_0^o - m_{H_2O} \Delta H_{vap}$$

ここで，H_0^o：(高位発熱量)J/mol，m_{H_2O}：燃料1molから生成されるH_2Oのmol数，ΔH_{vap}：標準状態でのH_2Oの蒸発熱44.043 kJ/mol，H^o：低位発熱量J/mol．

例えば，H_2Oの蒸発熱は44043.3J/mol(25℃，1 atm)であるので，メタン(CH_4)1 molが燃焼するときの高位発熱量890.943 kJ/molから生成されるH_2O 2 mol分の蒸発熱を引くと低位発熱量となり，802.856 kJ/molとなる。⇨生成熱，燃焼熱，ヘスの法則 同 低発熱量

DH半導体レーザ でぃーえいちはんどうたいれーざ [電-素]
double heterostructure laser アルミニウム・ガリウム・ヒ素(AlGaAs)ダブルヘテロ構造(DH)というまったく新しい構造のレーザ。

***T-s*線図** てぃーえすせんず [理-炉]
T-s chart, T-s plane, temperature-entropy diagram 温度(T)を縦軸，比エントロピー(s)を横軸にとって熱力学変化を表すために用いる線図。この線図では

$$Q = \int T ds$$

という定義から変化の曲線が表す面積は，出入りする熱量を表す。

理想気体のサイクルであるカルノーサイクルは，温度-エントロピー線図では方形の変化となる。実際の変化をこのカルノーサイクルと比較する際にも利用できる。T-s線図は，温度-エントロピー線図の略語。 ⇨ *h-s*線図，モリエ線図

DSD でぃーえすでぃー [環-制]，[廃-リ]
Duales System Deutschland ドイツで実施されている使用済容器包装材の回収，分別，リサイクルシステムのこと。従来，廃棄物処理は自治体が行ってきたが，容器包装廃棄物の回収，分別，リサイクルを行う企業として，Duales System Deutschland (DSD)社 (AG)が1990年に設立された。自治体が行う処理に加えて，容器包装廃棄物の処理はDSD社という企業も実施するシステムができ，二重(dual)のシステム(デュアルシステム)が設立されたことを意味する。

対象製品には緑のマーク(Gruene Punckt，グリューネプンクト)というマークが貼付され，DSD社が核となり，生産者，消費者，リサイクル業者の流れを管理，運営している。容器包装材の生産者や流通業は「緑のマーク」の使用料を支払って，回収，分別，リサイクルを代行してもらっている。現在では，同様のシステムがヨーロッパ内の多くの国にある。 ⇨ デュアルシステムドイッチェランド，緑のマーク

DME でぃーえむぃー [理-炎]
dimethyl ether (DME) 化学式はCH_3OCH_3。常温で無色・無臭の気体である。沸点は-25℃。0.6 MPa以上に加圧すると容易に液化する。空気中に放出されると数十時間で分解するため，温室効果やオゾン層を破壊することがないので，従来のフロンガスに代わって用いられている。現在，主としてスプレー缶の噴射剤として用いられているが，これを地球環境に優しいクリーンエネルギーとして，黒煙(すす)を排出しないディーゼルエンジンの代替燃料，家庭用液化石油ガス(LPG)の代替燃料，火力発電所など広い分野において，最近にわかに注

目されてきた21世紀のクリーン燃料である。DMEの製造方法として一酸化炭素と水素から直接合成する方法とメタノール脱水処理による方法がある。 ⇨ DME(自動車用燃料の), ジメチルエーテル

DME(自動車用燃料の) でぃーえむいー(じどうしゃようねんりょうの) [輸-燃] dimethyl ether(DME) 自動車用石油代替燃料としては, 自己着火性がよく(セタン価が高い), ディーゼルエンジンに適用できるとともに, 酸素含有燃料なので燃焼時に粒子状物質(PM)をほとんど排出しない。また, 硫黄分を含まないため硫黄酸化物(SOx)が発生せず窒素酸化物(NOx)の発生も最低限度に抑えることができる, などの特色を有しているおり, クリーン燃料として期待されている。ただし, 軽油に比べて粘性が低いため, 潤滑性, シール性が低くなること, また, 一部の樹脂製シール材を膨潤する性質をもっている。 ⇨ 合成燃料, DME

TOC てぃーおうしー [環-水] total organic carbon (TOC) 水質指標としての全有機炭素(TOC)は, 水中の有機物をその炭素量で表したものであるが, 水に溶けているもの〔溶存態有機炭素(dissolved organic carbon, DOC)〕と固形物〔懸濁態有機炭素(particulate organic carbon, POC)〕に分けられる。有機物指標にはほかに生物化学的酸素要求量(BOD), 化学的酸素要求量(COD)があるが, これらが汚染物質の酸化に必要な酸素量という間接的指標であるのに対し, TOCは定義が明白であり, 物質収支が計算しやすい。炭素は, 有機物の形のほか, 炭酸として水にとけるが, これは無機炭素(inorganic carbon, IC)として区別される。汚濁指標としては, TOCが高いほど水は汚れていると判断される。

低温乾留 ていおんかんりゅう [石-燃] low temperature pyrolysis 石炭の乾留を通常の乾留より比較的低温で行うこと。乾留を高温と低温に分ける場合は通常800℃が基準となるが, 中温乾留を加える場合は低温乾留は700℃以下とする。また, 両者を含めて900℃以下を低温乾留とする場合もある。非微粘結炭を原料として低温タール, 化学工業原料, ガス化用や活性炭用のチャー製造などを目的とする。

低温冷凍機 ていおんれいとうき [熱-冷] low temperature refrigerator 冷蔵庫は品物の保管温度により, わが国ではC級冷蔵庫とF級冷蔵庫に分類される。さらに, C級冷蔵庫は保管温度が−20〜−10℃はC1, −10〜−2℃はC2, −2〜+10℃はC3と分類される。同様に, F級冷蔵庫は温度域によりF1:−30〜−20℃, F2:−40〜−30℃, F3:−50℃未満〜−40℃, F4:−50℃以下に分類される。低温冷凍機の明確な基準はないが, 一般にはF級冷蔵庫で使用される冷凍機を指す場合が多い。F級冷蔵庫を冷凍機でみた場合, 蒸発温度が低いため, 吸入ガスの圧力も低く, 1段で圧縮すると著しく効率が低下する。そこで2段に分けて圧縮する2段圧縮機が使われる。例えば, アンモニアを冷媒として使用し蒸発温度を−30℃, 凝縮温度を40℃とすると, 圧力比は13となる。これを1段で圧縮すると効率の低下を招くため, 2段階に分けて圧縮することが望ましい。このことから, 低温冷凍機は2段で圧縮する冷凍機であるといえる。また, −40℃以下の冷蔵庫を超低温級冷蔵庫と呼ぶことがある。このような場合, 二元冷凍システムと呼ばれるシステムを採用する場合もある。

定格運転 ていかくうんてん [電-力] operation with rated output 定格出力で運転すること。

定格出力 ていかくしゅつりょく [電-力] rated power, rated power output 機器に保証された使用状態において, 出力に対する使用限度のこと。発電機にお

いては，電機子端子における電力を kW または kVA で表し，力率を並記する。電動機においては，機械的出力を kW で表す。

低カロリーガス化　ていかろりーがすか［燃-ガ］
low calorific gasification　石炭のガス化剤に空気を利用する方法であり，一酸化炭素，水素のほかに窒素を含むことからガスカロリーは低く，低カロリーガス化と呼ばれる。

低環境負荷型産業インフラストラクチャ　ていかんきょうふかがたさんぎょういんふらすとらくちゃ［環-リ］
low-environmental-impact industrial infrastructure　廃棄物，水質汚濁物質や大気汚染物質などの排出，騒音・振動の発生，森林の伐採や土地開発による土地の改変など，環境保全のうえで支障の原因になる恐れのあるものの発生を極力抑制した，運輸，通信，電力など社会経済，産業活動を維持し，発展を支える基盤。

定期検査　ていきけんさ［電-理］
periodical inspection　ある基準に照らして，運用上または性能上で定期的に一連のテストを行う活動。　⇨ 定期点検

定期点検　ていきてんけん［電-理］
periodical inspection　ある基準に照らして，運用上または性能上で定期的に一連のテストを行う活動。　⇨ 定期検査

低揮発分歴青炭　ていきはつぶんれきせいたん［石-炭］
low volatile bituminous coal　歴青炭のうち，揮発分が少ないもの。アメリカ工業規格（ASTM）による分類では揮発分14〜22％（dmmf）の石炭とされ，lvb と略される。

Take or Pay　ていくおあぺい［社-石］
take or pay　天然ガス開発の場合に採られている契約形態の一種で，一定期間一定数量引取義務を伴う契約を指す。ガス開発には膨大な投資とリスク負担などを伴うため，あらかじめ開発事業者，生産・供給事業者，需要家間で引取期間や数量を決めておくやり方である。日本の液化天然ガス（LNG）輸入の場合には大部分がこの方式によっており，形態としては20〜25年契約で一定数量を輸入する形態が多い。ただし，最近は，新規プロジェクト開発が進み，需給緩和やスポット市場の発展などもあり，契約条件もやや緩和されつつある。

抵抗　ていこう［理-電］
electric resistance　⇨ 電気抵抗

低公害自動車　ていこうがいじどうしゃ［輸-自］
low emission vehicle (LEV)　従来の自動車に比べて，排出ガス中の有害物質の大幅に少ない自動車。おもにソーラカー，電気自動車，メタノール自動車，天然ガス自動車，電気ハイブリッド自動車などをいう。触媒技術やエンジン制御技術の向上により，ガソリン車でも低公害自動車に該当するものも発売されている。なお，現行の排出ガス規制値と比べて25％，50％，75％減の自動車を優良低公害自動車として認定し，税の優遇が得られる。　⇨ 低排出ガス車
⓰ SULEV, ULEV

TCAサイクル　てぃーしーえいさいくる［生-反］
TCA cycle　好気性生物すべてにあり，細胞内物質代謝において最も普遍的な代謝経路。TCAサイクル1回転により，12分子のアデノシン三リン酸（ATP）が生成される。　⇨ クエン酸回路　⓰ クレブス回路，トリカルボン酸回路

定常燃焼　ていじょうねんしょう［燃-気］
steady combustion　熱の発生や燃焼生成物の生成など，燃焼に特有な現象が，時間的にも空間的にも定常である燃焼。気体燃料の燃焼形態はバーナ燃焼と容器内燃焼に大別される。

ディーゼルエンジン　でぃーぜるえんじん［輸-デ］

diesel engine (DI) 1892年にドイツのディーゼル (R. Diesel) が発明した内燃エンジン。空気のみをシリンダ内に吸い込み,その温度が燃料の発火点よりも高くなるまで圧縮し,燃料を噴射して自己着火させる。そのため,圧縮点火(あるいは圧縮着火)エンジンともいう。ディーゼルエンジンはガソリンエンジンに比べて,圧縮比が高いために,熱効率が高く燃費がよくなる。また,ガソリンエンジンと異なり吸気絞りがないために,燃費性能に優れ,二酸化炭素の削減には有利である。さらに,ディーゼルエンジンは圧縮点火燃焼方式であるため,ノッキングの制約がなく,高加給に適しており,さまざまな燃料での運転が可能である。しかし,窒素酸化物(NOx)や粒子状物質(PM)の排出量が多く,技術開発も容易でないことから,排出ガス規制が何度も行われてきた。ガソリンエンジンと同等の排出ガス性能を達成することが期待されている。 ⇒ 直噴ディーゼルエンジン 同 圧縮着火エンジン,圧縮点火エンジン,自己着火エンジン

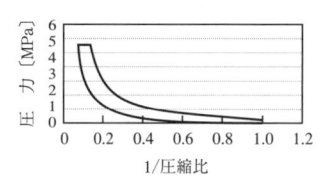

図1 ディーゼルサイクルの $p-v$ 線図
(圧縮比=16,締切比=2)

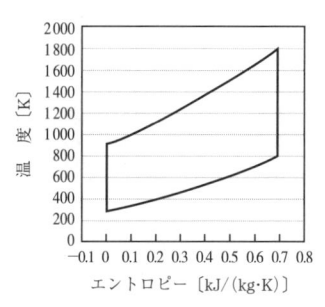

図2 ディーゼルサイクルの $T-s$ 線図
(圧縮比=16,締切比=2)

ディーゼルエンジン発電 でぃーぜるえんじんはつでん [電-他]
diesel power generation 原動機にディーゼルエンジンを使った発電方式。

ディーゼルサイクル でぃーぜるさいくる [理-内]
Diesel cycle 受熱過程が定圧変化なので定圧サイクルともいわれる。1893年にディーゼル (R. Diesel, ドイツ) がつくった圧縮点火機関にちなむ理想サイクルの一つ。断熱圧縮,定圧受熱,断熱膨張,定容排熱の四つの可逆変化からなる。熱効率はオットーサイクルのものに締切比(膨張始め体積と圧縮終り体積の比率)の変数が加わり,比熱比と圧縮比だけでは決まらない。この締切比は受熱量を表すことになるが,熱効率は受熱量が増加すればそれだけ低下する。ディーゼル機関(圧縮点火機関ともいわれる)の理想化されたサイクルとされることもある。オットーサイクルと比較すると,熱効率は圧縮比一定ではオットーサイクルが,最高温度一定ではディーゼルサイクルが勝る。

ディーゼル燃料 でぃーぜるねんりょう [石-油]
diesel fuel ディーゼルエンジンで使用される軽油留分。

ディーゼルパティキュレートフィルタ でぃーぜるぱてぃきゅれーとふぃるた [輸-排]
diesel particulate filter (DPF) ディーゼルエンジンから排出される微粒子を捕集するためのろ過装置。フィルタ構造としては,モノリスと呼ばれる蜂の巣構造の穴を交互に目詰めさせ,壁をろ過に使用するウォールスルーフィルタが代表的であり,素材としてはコーディライトあるいは炭化ケイ素を用いたものが多い。そのほかのフィルタ構造では,素材

繊維を布状に織り込んだもの，短繊維をマット状にしたもの，泡構造(フォーム状)にしたものがあり，この場合の材料としてはセラミックスや金属がおもに提案されている。また，再生方式には電気加熱，バーナ燃焼，燃料添加などの能動的再生方式と，自己再生方式が提案されている。自己再生式のディーゼルパティキュレートフィルタ(DPF)では，一定時間間隔で温度を上げていくと，初めは微粒子が蓄積される一方なので一般的に圧損の上昇がみられる。さらに温度を上げるとある温度から自己再生が始まり，圧損上昇が止まる温度が存在する。最近は，触媒を担持して自己再生温度を低下する触媒式DPFが使用されるようになってきた。　園 CDPF，CR-DPF

ディーゼル微粒子　でぃーぜるびりゅうし
[輸-排]
diesel particulate matter (DPM)　ディーゼルエンジンから排出される排気中の微粒子で，すす，SOF，サルフェートから構成される。排出重量分布ではその大部分は粒径 $0.1 \sim 0.3 \mu m$ の範囲内にあり，個数ではその大部分は粒径 $0.005 \sim 0.05 \mu m$ の範囲内にある。そのため各国では，総重量〔g/km または (g/kW・h)〕での排出量だけでなく，PM 2.5(2.5μm 以下の粒子)など，特に粒径の小さな超微粒子の個数や表面積を問題とする動きが出ている。
⇒ SOF, SPM

泥　炭　でいたん　[石-炭]
peat　石炭化作用の初期段階にある物質。日本では石炭の範囲外に区分している。植物質が水中に長時間浸されて生成したもので，水分が多く，発熱量は低い。また，フミン酸を多く含む。黄褐色または褐色で，木質が観察される。草本類からなる泥炭は草炭と呼ばれ，泥炭の大部分を占める。

ディッシュ・スターリング発電　でぃっしゅすたーりんぐはつでん　[自-熱]
Dish-Stirling power generation　太陽熱とスターリングエンジンを組み合わせて発電する方法。パラボリックディッシュ型集熱器で太陽光を焦点に集め，焦点近傍に支持体によって設置されたスターリングエンジンの加熱部に集光して発電する。タワー集光型やパラボリックトラフ型による太陽熱発電に比べて，1基の大きさが直径約 10 m 程度と小型であり，広大で平たんな敷地を必要とせず，配管系が短いため熱損失が小さく，起動時間も少ないという利点がある。アメリカでは 7 kW と 25 kW の商用発電システムが開発された。性能例としてボーイング社が開発した 25 kW のシステムを参考にすると，受光面積 $87.7 m^2$，反射率 90% で発電効率は約 25 % とされている。　⇒ 高温太陽熱集光方式，パラボリックディッシュ型

DDC　でぃーでぃーしー　[電-素]
direct digital control　制御用コンピュータを使い，ディジタル信号処理によって直接プロセス制御器に対する操作信号を発生するプロセス制御方式。

低 NOx 燃焼　ていのっくすねんしょう
[燃-燃]
low NOx combustion　窒素酸化物 (NO, NO_2) の生成を抑制する燃焼法の総称をいう。燃焼による NOx 対策は，運転条件の変更と新燃焼の採用とがあり，前者には運転空気比の低下，燃料と空気の混合状態の変更，燃焼用空気予熱温度の低減など，後者には低 NOx バーナの採用，排ガス再循環燃焼，二段燃焼，濃淡燃焼などがある。

低 NOx バーナ　ていのっくすばーな
[環-室]，[燃-燃]
low NOx burner　バーナの構造や空気あるいは燃料の供給量の調整などによって，火炎内で生成する窒素酸化物(NOx)濃度を制御できるバーナのことを指す。燃料の種類によってその原理は異なり，気体燃料の場合には，緩慢燃焼という方法があり，これは，燃料と酸化剤の混合を緩やかにして局所高温場の形

成を制御するものである。微粉炭燃焼では，高温還元燃焼という方法があり，これは，まず，バーナ先端領域でNOxを積極的に生成させ，その後流の高温還元領域で生成したNOxを還元するという方法である。そのほかに濃淡燃焼という方法もあり，これは上記の両方法の還元原理を利用したものである。　⇨ 炉内脱硝法

低排出ガス車　ていはいしゅつがすしゃ　[環-輸]
low emission vehicle (LEV)　窒素酸化物(NOx)，粒子状物質(PM)などの有害物質の排出が最新規制値より25％，50％，75％低減している自動車をそれぞれ「良-低排出ガス」，「優-低排出ガス」，「超-低排出ガス」と呼ぶ。国土交通省が自動車の型式ごとに認定し，その結果を公表している。　⇨ 低公害自動車

低発熱量　ていはつねつりょう　[理-炉]，[燃-管]
heat of combustion with gaseous water, lower calorific value, lower heating value (LHV), net heating value　⇨ 高位発熱量，低位発熱量

締約国会議　ていやくこくかいぎ　[社-温]，[環-国]
conference of the parties (COP)　さまざまな国際条約を締結した国の間で開催される会議の総称。気候変動枠組条約に関しては1995年のベルリン会議(COP 1)以降，毎年開催。議題は，気候変動枠組条約関連問題と，京都議定書関連問題に大別されている。COPのもとには，実施に関する補助機関(SBI)と科学的技術的助言に関する補助機関(SBSTA)が設置され，地球温暖化防止京都会議(COP 3)まではAGBMという議定書成立に向けての暫定的交渉プロセスが設置された。　⇨ 地球温暖化防止京都会議　⦿ COP

定流量システム　ていりゅうりょうしすてむ　[電-設]
constant flow regulator system　配管やダクト内の流体流量を一定に制御するシステム。

定流量弁　ていりゅうりょうべん　[電-設]
constant flow regulator valve　配管やダクト内の流体流量を一定に制御する弁。

ディレードコーキング法　でぃれーどこーきんぐほう　[燃-コ]
delayed coking process　石油精製から副生する重質油を500℃前後の温度下，加熱炉内で熱分解して石油コークスを生成するための方法で，一般的にコークスの収率が高いので広く採用されている。石炭のコークス製造において，コークス強度，塊性の増大，原料炭の節減効果のため，この方法で得られる石油コークスなどが石炭に配合され利用されている。通常は，石油精製の蒸留塔で副生する重質油を500℃前後の加熱炉に装入し，それをコークドラムに一定時間保持して熱分解反応を行わせた後，コークドラムの中にたい積したコークスを取り出して行う。

低レベル放射性廃棄物　ていれべるほうしゃせいはいきぶつ　[原-廃]
low level radioactive waste (LLW)　わが国では，原子力発電所や原子燃料サイクル施設の操業，およびそれら施設の解体に伴って発生する比較的放射能レベルの低い放射性廃棄物のことをいう。それらは，すべての放射性廃棄物のうち，高レベル放射性廃棄物を除いたものである。施設の解体などにより発生するレベルのきわめて低いコンクリートや金属，発電所の運転に伴って発生する廃棄材，廃液や消耗品から比較的レベルの高い制御棒など多種にわたる。それぞれの性状に応じて，セメント，アスファルトなどで固化，固定化され鋼製容器などに収納される。　⇨ 原子力発電　⦿ 低レベル廃棄物

テキサコガス化炉　てきさこがすかろ　[燃-ガ]

Texaco gasifier 日本でも宇部アンモニアが導入するなど典型的な高圧噴流層(気流層)ガス化炉。シェル・コッパースガス化炉などと比較しても、ガス化炉部分は単なる円筒形であり単純な構造となっている。 ⇒ シェル・コッパースガス化炉

デグリーデー でぐりーでー [民–原]
degree-day 暖房デグリーデーと冷房デグリーデーの和をいう。ある1日について平均気温と暖房設定温度の差が、その日の暖房デグリーデーとなる。これを暖房を必要とする年間日数について積算したものが暖房デグリーデーとなる。冷房デグリーデーも同様。暖冷房の必要度の強さを表す。

デシカント空調 でしかんとくうちょう [熱–冷]
desiccant air conditioning, desiccant air conditioning system 吸着剤や吸収液などデシカント(除湿剤)により空気中の湿分を吸湿除去または加湿して湿度を制御するプロセスと、空気の温度を熱交換器によって制御するプロセスから構成される空調システム。空気とデシカントの間の湿分移動は、空気中の水蒸気分圧とデシカント表面の蒸気圧の差が駆動力となって生じる。デシカントの再生には排熱エネルギーが活用できるので省エネ技術として位置付けられる。

一般的なデシカント空調機は、図に示すように、フィルタ、除湿ロータ、熱交換ロータ、冷却コイル、給気ファン、ヒータ、排気ファンで構成される。外気中の塵じんをフィルタで除じんした後、水分を除湿ロータ(除湿剤)に吸着させ、高温低湿度の空気〔45〜50℃(DB)、10〜15%(RH)程度〕を得る。このとき、吸着反応により、除湿剤は発熱し、通過空気の温度が上昇する。熱交換ロータで室内排気と熱交換し、さらに、冷却コイルなどで冷却して、高温低湿〔28℃(DB)、30%(RH)程度〕の空気を室内に給気する。室内からの排気は、フィル

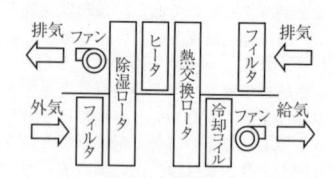

デジカント空調機

タで除じんし、除湿ロータを通過した高温の外気と熱交換し、中温中湿度の空気となる。この空気を、燃料電池やマイクロガスタービンの排熱などを利用したヒータで加熱する。そして高温となった排気は、除湿ロータを通過する際に、水分を吸着して能力が低下した除湿剤中の水分を蒸発させて除湿剤を再生した後、排気ファンによって屋外へ排気される。

鉄浴ガス化 てつよくがすか [燃–ガ]
molten iron bath gasification 溶融した鉄浴に空気、酸素などとともに石炭を供給し、石炭をガス化する技術。石炭は容易にガス化されるが、炉内の耐火物の損耗などの課題があり、実用化されていない。その応用技術としてさらに鉄鉱石粉を吹き込むことによる鉄鉱石の溶融還元法(DIOS)が開発されているが、現在のところ実用化に至っていない。
⇒ 溶融還元製鉄

デトネーション でとねーしょん [燃–気]
detonation 可燃性予混合気の燃焼において、未燃予混合気に対する火炎の伝ぱ速度が音速を超える現象をデトネーション(爆轟)と呼ぶ。デトネーション波は衝撃波を伴った燃焼波である。そのデトネーション波では、火炎面の背後で気体の圧力、密度、温度が増大し、流速は減少する。これに対し、未燃予混合気に対する火炎の伝ぱ速度が亜音速の火炎を、燃焼波(デフラグレーション)と呼ぶ。燃焼波では火炎面の背後で期待の圧力、密度が減少し、温度と流速は増大する。 同 爆轟

デノボ合成 でのぼごうせい [環–ダ]
de novo action ⇒ ダイオキシン類の

再合成

デバイの比熱式 でばいのひねつしき [理-熱]
Debye's specific heat formula　原子または簡単な分子からなる等方性固体の比熱は，原子または分子の弾性振動モードの自由度の総数に等しいとすることから導かれる，比熱およびその理論式である。

デポジットシステム でぽじっとしすてむ [廃-集]
deposit refund system　容器(びんや缶)入り飲料を販売するにあたり，消費者から一定金額を預り金として徴収し，消費者がこれら飲料の容器を返却したときに預り金を払い戻す制度である。この制度は，ごみの散乱防止と資源回収に有効といわれており，海外ではアメリカ，ヨーロッパなどで飲料容器での事例が多い。

デポジット制度 でぽじっとせいど [環-制]，[社-廃]
deposit system　容器に入れて販売される製品に対して，販売価格に預かり金(デポジット)を上乗せして販売し，内容物を消費した後に容器が返却されると預かり金を消費者に返却する制度。消費者に使用済容器の回収への経済的な動機(回収に協力することでの利益あるいはしないことでの不利益)を与えることで，消費者の容器の回収，リサイクル活動を促進することを目的とする。例えば，日本におけるビールびんの保証金がこれに相当する。

デマンド監視制御 でまんどかんしせいぎょ [電-素]
demand supervisory control　電気使用時，最大需要電力を一定の値以下に制御し，電力設備の高効率運転と省エネルギー化を図る。

デマンドサイドマネジメント でまんどさいどまねじめんと [民-策]，[電-理]
demand side management (DSM)　需要(デマンド)側の電力の使用状況を改善して供給側である発電設備の負荷率を改善する方法。デマンドサイドマネジメント(DSM)のおもな方法として，ピーク発生時の需要電力を削減するピークカット，オフピーク時の負荷を増加させるボトムアップ，ピーク時からオフピーク時へ負荷を移行させるピークシフトなどがある。併せて省エネルギー，省電力のさまざまな方法が実施されている。日本でも今後の発電設備の増強には困難が予想される。既設の設備の有効な活用が求められ，税制上の優遇措置も設けられている。

デュアルシステムドイッチェランド でゅあるしすてむどいっちぇらんど [環-制]
Duales System Deutschland AG (DSD)　ドイツで使用済み容器・包装の回収，分別，リサイクルのため設立された会社であり，容器・包装材生産者・流通業者が回収，リサイクルを代行してもらい，その費用を「緑のマーク(Gruene Punkt)」使用料の形で支払う方式をとっている。現在では同様の制度がヨーロッパ内の多くの国にある。
⇨ DSD，緑のマーク

電　圧 でんあつ [電-気]
voltage　ある基準からの電気的な圧力を電位といい，2点間の電位の差を電圧という。単位はボルト(V)である。
⑩ 電位差

電圧・無効電力制御 でんあつむこうでんりょくせいぎょ [電-系]
voltage and reactive power control (VQC)　監視点における系統電圧が適正でない場合，無効電力を制御し適正な電圧に維持する必要がある。発電機，同期調相機，電力用コンデンサ，分路リアクトルなど電圧維持機能をもつ機器により需要端の電圧を適正値に維持し，電圧・無効電力制御系統内の無効電力バランスを保つための制御。総合的な電圧・無効電力制御を行う総合制御システムを電圧・無効電力制御(VQC)と呼ぶ。

電位差 でんいさ [電-気]

点 火 てんか [燃-気]
ignition 人為的に着火現象を引き起こすことを,特に点火と呼ぶ場合がある。 ⇨ 着火

電解質 でんかいしつ electrolyte
[理-名] ①溶媒中でイオンに解離し,イオン導電性を付与させるようになる物質。酸,アルカリ,塩の多くは電解質である。②溶融状態や固体の状態でイオン導電性を示す物質。高分子のパーフルオロカーボンスルフォン酸はプロトン(H^+)導電性,溶融状態のLi_2CO_3やNa_2CO_3などの溶融アルカリ炭酸塩は炭酸イオン導電性,安定化ジルコニアは酸化物イオン導電性をもち,それぞれ燃料電池の電解質として用いられる。βアルミナはNa^+導電性をもちナトリウム硫黄電池の電解質に用いられる。
[生-性] 水その他の溶媒に溶解してイオンを形成し,溶液が電導性をもつような物質をいう。生体内では,例えば食塩という電解質はナトリウムイオンと塩素イオンとに解離しており,これらのイオンそのものを電解質と慣用することが多い。

点火プラグ てんかぷらぐ [輸-電]
spark plug 混合気を燃焼爆発させる着火源として高電圧の放電火花を供給する装置。中心を貫通するプラス電極の周りをセラミックで覆って絶縁し,エンジンに取り付けるねじにアース電極を設けて両電極間に火花を飛ばす構造となっている。ガソリンエンジン(火花点火エンジン)のように火炎伝ぱ主体で燃焼が進行するエンジンで使用されている。
㊥ イグニッションプラグ,点火栓,プラグ

電化率 でんかりつ [電-理]
electrification rate 石油などを含めた総エネルギー需要に対し,電気エネルギーとして使用する割合。電力化ともいう。 ⇨ 電力化率

転 換 てんかん [原-燃]
conversion ウランの精錬により得られた,イエローケーキを,濃縮が容易に行えるように六フッ化ウラン(UF_6)に転換する工程と,それをさらに酸化物や金属ウランにする工程を転換という。後者は再転換ともいわれる。転換後のウランの濃縮は,ガス拡散法や遠心分離法などでウラン化合物は気体にして行われる。このため60℃程度で気体になるUF_6に転換する。また,UF_6は化学的に活性であるため,安定な二酸化ウラン(UO_2)や金属ウランに転換したうえで核燃料に成型される。 ⇨ イエローケーキ,ウラン濃縮,六フッ化ウラン

転換率 てんかんりつ [産-プ]
conversion ratio 化学プロセスで,原料1に対し目的とする成分がどれだけ生成したかを表す。ナフサからエチレンを生成させる反応,天然ガスから水素を生成する反応,石炭から燃料ガスを生成する反応など,いろいろの反応で転換率を高める努力がなされている。

電気温水器 でんきおんすいき [民-器]
electric water heater 熱源に電気ヒータを用いた貯湯式給湯器。エネルギー効率は1.0として取り扱われることが多いが,厳密にはタンクの断熱性,制御機器の電力,循環などにポンプを用いるタイプではその動力などを考慮する必要がある。電気利用による安全性,クリーン性,静音性,割安な夜間電力で湯を沸かせることなどがユーザに選ばれるメリットとなる。ガス給湯器と同様に,風呂給湯の機能(自動湯張り,保温,足し湯)をもつものもある。

電気化学当量 でんきかがくとうりょう [理-反]
electrochemical equivalent 電極反応で,1Cの電荷が電極相と溶液相の界面を通過するときに析出または溶解する原子や原子団のグラム数を,その原子あるいは原子団の電気化学当量という。化学当量をファラデー定数で割った値に等しい。

電気化学ポテンシャル　でんきかがくぽてんしゃる　[理-反]
electrochemical potential　荷電粒子の化学ポテンシャルを電気化学ポテンシャルという。電荷をもつ化学種 A の電気化学ポテンシャル μ_A は，1 mol の化学種 A を真空中で無限遠の点から，化学種 A を n_A だけ含む相に可逆的に運び込むときに要する仕事として定義される。電気化学ポテンシャルは，化学組成の変化に対応する化学ポテンシャルのみならず，静電的な仕事の寄与も含む。

電気管理指定工場　でんきかんりしていこうじょう　[電-料]
electricity management designated factory　エネルギーの使用の合理化に関する法律(省エネ法)で定められた工場で，年間1200万 kW・h 以上を使っている第一種電気管理指定工場と，年間600万 kW・h 以上を使っている第二種電気管理指定工場があり，毎年エネルギー使用状況などを報告する義務を負う。

電気事業者　でんきぎょうしゃ　[電-料]
electric power utility　一般電気事業者と卸電気事業者に分類される。一般電気事業者は一定の供給区域をもち，その区域内の需要者に電気の供給を行う既存の10電力会社。卸電気事業者は，200万 kW を超える発電設備を所有し，一般電気事業者に対し電力を供給する事業者。

電気事業法　でんきぎょうほう　[社-電]
Electricity Utilities Industry Law　電気事業に関する基本的法律であり，電気需要家の利益を保護するとともに，わが国電気事業の健全な発展を図るために必要な規制や，電気の保安に関する規制について定めている。電気事業法制は1891年の電気営業取締規制の制定に始まり，1911年に旧電気事業法が制定され，1931年には全面改正された。現在の電気事業法は1964年に制定されたものであるが，エネルギー産業の規制緩和に伴い，1995年に事業規制および保安規制のあり方などが見直されて大幅に改正された。1999年にも改正され，2000年小売の部分自由化が始まった。さらに小売自由化範囲の拡大や送電系統の中立機関創設などを含めて2003年にも改正されている。

電気自動車　でんきじどうしゃ　[輸-他]
electric vehicle (EV)　電気モータによって駆動される自動車。一般に，車載されたバッテリや蓄電装置のみからエネルギーを供給する純電気自動車を指すが，ハイブリッド電気自動車や燃料電池自動車も電気モータを使用するため電気自動車の一種ととらえられている。走行時に有害ガスを排出せず，特に市街地走行では高効率であるといった長所を有するが，バッテリによるコストアップや重量増加，短い航続距離(200 km 以下)，長い充電時間，充電インフラストラクチャの未整備といった問題がある。使用方法によってこれらの欠点を補うため，近年はゴルフカートや近距離シティコミュータなどの超小型車両がもっぱら開発されている。

電気集じん器　でんきしゅうじんき　[転-塵]
electric pulverize (EP)　焼却によって発生する燃えかすや排ガス中のダストを，静電気により集める装置の略。電気集じん機。 ⇒ 電気集じん装置
⑩ ESP, EP

電気集じん装置　でんきしゅうじんそうち　[環-塵]，[産-装]
electrostatic precipitator (EP, ESP)　含じんガス中の微粒子を静電気を利用して分離捕集する装置。発明者の名を冠してコットレル(装置)とも呼ばれる。放電極と両端の集じん極で構成される。放電極に対して数万 V の高電圧が印加されると，コロナ放電が発生して電極と同符号の負イオンが集じん極板に向かうが，その過程で微粒子を荷電させ，荷電粒子が集じん極板に到達，分離される。集じん極にたい積したダスト層は一定の厚さ

になったとき、槌打ちにより機械的衝撃を与えて落下させる。

集じん極を円筒形としてその内表面に水膜を形成し、連続的に到達した粒子を洗い流す湿式法も採用される。

集じん率は見掛け電気抵抗率により大きく左右されるが、$10^2 \sim 10^9$ Ω・m の正常領域にあれば集じん率99%以上を達成でき、圧力損失も 0.1～0.2 kPa ときわめて低いので、広範な産業分野で活用される。　⇒コロナ放電、電気集じん器　同 ESP, EP

電気出力　でんきしゅつりょく　[電-理]
electrical output　発電機端子から供給される電力。また、電動機の軸に供給される動力。

電気抵抗　でんきていこう　[理-電]
electric resistance　物質に電流 I を流すとその両端には電流に比例した電位差 V が発生するが、その比例係数 $R=V/I$ を電気抵抗という。単に抵抗ともいう。単位は Ω で与えられ、値は導体の長さに比例し、断面積に反比例する。一定温度では、単位長さ、単位断面積当りの電気抵抗の値は物質固有で、比電気抵抗、比抵抗、抵抗率と呼ばれる。電気抵抗は、電子が結晶格子の熱振動や周期性の乱れ(格子欠陥、不純物で発生)によって散乱されるために生じる。したがって、金属では温度を下げる、ないしは不純物の減少とともに電気抵抗は減少する。
⇒電気伝導率　同抵抗

電気伝導率　でんきでんどうりつ　[理-電]
electric conductivity　物質の両端に電位差 V を加えると電位差に比例した電流 I が流れるが、その比例係数に含まれる物質固有の定数。電気伝導度、導電率ともいう。単位は $1/(Ω\cdot m)$ ないし S/m。物質両端間の長さを l、断面積を S とするとき、電流は $I=(\sigma S/l)V$ によって与えられ、ここに含まれる σ が電気伝導率を表している。電気抵抗 R は、$R=l/(\sigma S)$ で与えられる。　⇒電気抵抗
同 電気伝導度、導電率

電気二重層キャパシタ　でんきにじゅうそうきゃぱした　[電-池]
electric double layer capacitor　電気二重層キャパシタは、従来の電解コンデンサと比較して、①繰返し充放電に強く寿命が長い、②メンテナンスの必要がない、③環境にやさしい、④充放電効率が高い、などの特徴をもっていることから、小型バックアップ電源として注目され、通信機器におけるメモリバックアップ用途を中心に幅広い分野で用いられている。さらに近年では、内部抵抗を低減させ、容量を大きくしたパワー電気二重層キャパシタの開発が進められている。

電気分解　でんきぶんかい　electrolysis
[理-操]、[産-プ]　イオン性の溶液(電解液)に電極を通じて電流を流すと、電解液中のイオンが液中を移動しプラスイオンは陰極に至って電気を失い析出する。マイナスイオンは陽極に至って電気を失い析出する。これを電気分解または電解という。水を分解して水素をつくる、金属をめっきする、アルミニウムを製造する、粗銅から純銅を製造するなどのプロセスに利用されている。
[理-反]　一対の電極を電解質溶液などのイオン伝導体(イオンによる電気伝導を有する物体)に入れて、外部電源より電流を流して化学反応を起こさせる操作を電気分解という。電極から溶液に向かって正電荷が流れるアノードでは酸化反応が、溶液から電極に向かって正電荷が流れ込むカソードでは還元反応が進行する。外部から電気エネルギーを加えることにより、通常は起こりえないギブスのエネルギーが増大する反応も起こさせることができる。

電気便座　でんきべんざ　[民-器]
electric toilet seat　洋式便器の便座部に電気ヒータを付加したもの。最近は温水洗浄機能の付いたものも普及してきている。その普及度と、電気消費量から省エネ法の特定機器に追加された。

⇒ 暖房便座，特定機器

電気モータ でんきもーた [輸-電]
motor 直流または交流の電力を機械動力に変換する電気機械。直流モータは電圧に比例して速度が変わるので可変速モータとして使われ，交流モータは周波数を変えないと変速できないので一定速度で使われる場合が多い。自動車分野では，積載した蓄電池によって直流モータを駆動しそれを動力源とする電気自動車が実用化されている。しかし，蓄電池の性能向上やその充電設備をはじめとするインフラストラクチャ設備などまだ解決すべき点も多い。　⇒ 電動機

電球型蛍光ランプ でんきゅうがたけいこうらんぷ [民-器]，[産-機]
compact fluorescent lamp (CFL) 白熱ランプのサイズ，形状に蛍光管を曲げて納め，同じソケットで使えるようにしたもの。従来の白熱ランプに対して数分の一に消費電力を削減できる。ソケットを従来のまま使用できることも普及の要因である。しかし，専用照明器具でない場合，ラピッドスタートのような機構をもたないため照度が上がるまでに時間がかかる。門灯など夜間連続点灯する箇所には最適な省エネ機器である。近年，種類も増えたことにより，その普及による省エネが期待される。

電気料金 でんきりょうきん [社-電]
electricity rate わが国の電気料金制度は，負荷の特性や負荷態様の差異を基準にした物理的用途別，つまり電灯か動力かによって需要区分を設定している。この需要区分を供給電圧，計量方法，使用期間などの差異で細分化したものを電気供給約款において契約種別として定めている。

　小売部分自由化の前は，すべての需要者に供給約款または選択約款で定められた料金が適用されていた。自由化後は，特別高圧需要家の料金は自由交渉になるとともに，規制部門の料金については，値下げの場合，届出による料金改定が可能となった。1999年の電気事業法改正により，選択約款(規制部門)については，従来の負荷平準化に資する場合に加え，効率的な事業運営に資する場合についても設定が可能となった。電力会社からは，2000年以降，多様な選択約款(料金メニュー)が設定されている。

電気炉 でんきろ [産-炉]
electric furnace 製鋼用アーク炉ともいう。耐火物で覆われた炉体があり，その上部から下げた3本の黒鉛製電極の間にアーク放電を行い，その熱で主として鉄くず(スクラップ)を原料に鋼を製造する装置である。転炉が主として銑鉄を用いて鋼を製造するのに対し，電気炉は鉄くずを主原料とするので，資源のリサイクルの面から役に立っている。

電源開発促進税 でんげんかいはつそくしんぜい [社-電]
electric power development tax 一般電気事業者の販売電力量に課せられる目的税(国税)であり，「電源開発促進税法」に基づく。2003年3月に電源開発促進税法が改正され，10月から税率が現行の0.445円/(kW·h)から0.425円/(kW·h)に下がっている。「電源開発促進対策特別会計法」で設定された特別会計に入り，「発電用施設周辺地域整備法」の規定に基づく交付金(電源立地促進対策交付金)，ならびに発電用施設の設置の円滑化に資するための財政上の措置および石油に代替するエネルギーの発電のための利用を促進するための財政上の措置に要する費用にあてられる。　⇒ 電源三法

電源三法 でんげんさんぽう [社-電]
three electric power development low 長期的な電力の安定供給を図るためには，発電用の用地を確保する必要がある。電源立地地域における地域振興を図ることにより，電源開発を円滑に進めることを目的として1974年に制定された「電源開発促進税法」，「電源開発促進対策特別会計法」，「発電用施設周辺地域

整備法」という三つの法律を指す。これらが相互に機能して電源立地の制度を形成している。電力会社から販売電力量に応じた税を徴収し、これを歳入とする特別会計を設け、この特別会計からの交付金などで発電所立地地域の整備振興を行っている。

電子 でんし [理-量]
electron 物質を構成する素粒子の一つで、電気素量に等しい大きさの負の電荷($-1.6021765 \times 10^{-19}$ C)をもち、静止時の質量(静止質量)は9.109382×10^{-31} kg$=0.5110$ MeV である。電荷の符号は正・負あり、通常、負の電荷をもつ電子(陰電子)を単に電子といい、正の電荷をもつ電子を陽電子と呼ぶ。陽電子は陰電子の反粒子である。素粒子の分類上は、中性子や陽子とは違って、軽粒子(レプトン)族に属する。電流は電子の流れである。また、電子はスピン 1/2 をもつフェルミ粒子であるために、パウリの排他原理により、スピンを含めて同一の量子力学的状態を2個以上の電子で占めることはできない。さらに、電子は波動性を示し(電子波)、波長λは、プランク定数をh、電子の運動量をpとして、ド・ブロイの関係式$\lambda = h/p$で与えられるが、その値は可視光に比べてはるかに短い。 ⇨ 原子、自由電子

電磁エネルギー でんじえねるぎー [理-電]
electromagnetic energy 電界に起因する静電エネルギーと磁界に起因する磁気エネルギーを合わせた、電気磁気的な全エネルギー。ある空間に電荷や電流があって電磁界ができているとき、そのエネルギーは空間の各点にエネルギー密度$w = (\varepsilon E^2 + \mu H^2)/2$ (ε:誘電率、μ:透磁率)で分布していると考えることができる。系全体で考えると、電磁エネルギーについても、「全電磁エネルギーの減少=仕事や熱などで消費されるエネルギーの増加」というエネルギー保存則が成り立つ。 ⇨ 磁気エネルギー、静電エネルギー

電子制御燃料噴射装置 でんしせいぎょねんりょうふんしゃそうち [輸-エ]
electronic controlled fuel injection system エンジンの運転状況(エンジン回転数、各部温度など)を各種センサよりエンジン制御用コンピュータへ送り、電子回路によって電気的に検出された吸入空気量をもとに、燃料の噴射量や噴射時期などを電気的に算出して制御する燃料噴射方式。吸入空気量、吸入空気温度、スロットル(吸気絞り)開度、冷却水温度、エンジン回転数、排出ガス中の酸素濃度などの多くのデータを採取し、走行状態に最も適した燃料噴射量を計算し、各シリンダまたは吸気管集合部に設けたインジェクタから燃料を供給する方式で、従来のキャブレタ方式と比べて燃費や排出ガス浄化などの面で優れている。

電磁調理器 でんじちょうりき [民-器]
IH cooking heater 電磁誘導加熱方式を用いた加熱調理器具。磁力線が鍋を通るとき、鍋底に渦電流を発生させ、その電流により加熱する。効率がよく、安全性も高い。近年、機種、機能も充実し、対応可能な鍋の材質も増えている。

電子伝達系 でんしでんたつけい [生-反]
electron-transport chain 連続的に行われる酸化反応による電子移動の系をいい、エネルギーを捕捉する反応系の一つである。高エネルギー状態から低エネルギー状態へと電子が移動する結果放出された自由エネルギーが、ミトコンドリアの膜で起こる精巧な電子伝達経路に存在する水素イオン(H^+)ポンプの駆動に用いられる。

電子熱伝導率 でんしねつでんどうりつ [理-半]
electronic thermal-conductivity 金属中などの伝導電子に起因する熱伝導現象(電子熱伝導)の定式化で用いる、熱エネルギーの流れと温度こう配の間の比例係数。金属中にある多数の伝導電子はそ

の中を運動することによって電流(電気伝導)となるが，それと同時に熱エネルギーを伝えている。金属でも通常の固体と同じようにフォノンによる熱伝導もあるが，常温では電子による熱伝導のほうがはるかに大きい。一般に，電気伝導率の大きい金属(例えば金や銅)ほど電子熱伝導率も大きい。 ⇒ 熱伝導率

電子ビーム法 でんしびーむほう [環-室], [環-硫]
electron beam method 排ガス中にアンモニアを加え，電子ビームを照射して窒素酸化物(NOx)を硝酸アンモニウムにする技術。なお，本方法は，硫黄酸化物(SOx)を硫酸アンモニウムにも変換でき，同時脱硝脱硫が可能となる。 ⇒ 排煙脱硝法

電磁流体発電 でんじりゅうたいはつでん [電-他]
magneto-hydro-dynamics generation ⇒ MHD発電

電 池 でんち [電-池]
battery 電池とは，化学反応，放射線，温度差，光などにより電極間に電位差を生じさせ，電気エネルギーを取り出す装置である。一般的に広く用いられているものは，化学反応による化学電池で，充電の不可能な一次電池と，充電可能で繰り返し使用できる二次電池とがある。 ⇒ バッテリ

電動機 でんどうき [電-機]
electric motor 電流と磁界の作用により生じた力を利用して，電気エネルギーを機械的回転運動エネルギーに変換する機械をいう。

伝導伝熱 でんどうでんねつ [理-伝]
heat conduction 物体内に温度差があれば，固体，液体あるいは気体を問わず，温度の高い場所から低い場所へ熱エネルギーがひとりでに流れる現象をいう。物体内を単位時間に伝達される熱流量はフーリエの法則に従う。熱伝導と一般にいわれているが，この伝導の機構は物体内の分子や原子，電子の挙動に支配される。

伝 熱 でんねつ [理-伝]
heat transfer 温度差のあるところには必ず熱の移動が生じる。このエネルギーの移動現象に注目し，これを移動速度の概念を導入して扱うエネルギー伝達の過程をいう。伝熱には熱伝導と熱放射の二つの移動形態がある。熱伝導による熱の移動に対して，流体の保有するエンタルピーの移動がからむとき，このような現象を生じる流れを対流と呼び，温度の異なる壁面と流動流体間での熱の授受を熱伝達と呼んでいる。熱伝達で単位時間に伝達される熱流量は壁面と流動流体間の温度差に熱伝達率を掛けた値で，この関係式をニュートンの冷却の式と呼んでいる。 ⇒ 熱移動

電 熱 でんねつ [電-熱]
electric heating 電流によって生じる熱。利用形態として抵抗体に電流を通じて発熱させて被熱物を間接的に加熱する方法と，直接目的物に電流を通じて熱する方法とがある。

伝熱効率 でんねつこうりつ [理-伝]
heat transfer efficiency 熱は完全に交換が可能なエネルギーであり，その移動を扱う伝熱過程において，入力熱エネルギーと出力熱エネルギーとはまったく同じであり損失がない。したがって，エネルギーの交換と授受のみで外部へ仕事をしない熱交換器の例は熱機関のような意味での熱効率は意味をもたない。しかし，普通の熱交換器では，低温側流体の出口温度は高温側流体の入口温度よりも低くなる。したがって，熱交換後の流体のエネルギーの仕事として使うための有効さは減少すると考えられるから，熱交換器において，有効エネルギーの伝達効率すなわち熱交換器の変換効率を表示する値として，高温流体の有効エネルギーの減少量に対する低温流体の有効エネルギーの増加量の割合として，熱交換有効率が定義されている。これは，熱エネルギーの変換効率とは無関係である。

熱交換器の場合に限らず，流体の流動を伴う熱通過過程で伝熱効率という言葉が盛んに使用されているが，例えば，何らかの理由で流れの速度が減少したり，加熱面に気泡や蒸気膜などが生じたために熱流量が減ったことに対して，これは伝熱効率が悪化したなどと表現すれば，誤りである。この場合は流体と加熱面間での熱伝達率が悪化したために熱流量が減ったのであり，効率とはまったく無関係なことである。

天然ウラン てんねんうらん ［資-原］
natural uranium 天然の同位体組成をもつウラン，つまりウラン濃縮操作(同位体分離)を受けない天然のままのウラン物質，法律的には ^{235}U の ^{238}U に対する比率が天然合成率であるウランと定義されている。天然ウランは通常，^{234}U が0.0054％，^{235}U が0.72％で，残り99.275％あまりが ^{238}U からなる。原子番号92，原子量238.03，原子記号Uがウランで，1798年に発見される。金属ウランは銀白色，反応性が強く，粉末状のものは空気中で自然発火し，水を分解する。水素と250℃で直接反応する。ほとんどの酸に溶け，水，アルカリ水溶液に不溶。^{235}U，^{233}U は核燃料として用いられる。天然ウランより ^{235}U 含量を高めたものを濃縮ウラン，低くなったものを劣化ウランという。

燃料として天然ウランを用いる原子炉では，ウランの濃縮が不要なこと，核分裂性物質の生成量が大きいことが特長である。

天然ガス てんねんがす ［輸-燃］，［石-ガ］
natural gas メタン(CH_4)を主成分とする無色透明，高カロリーの可燃性ガス。ガス田や油田から産出し，発電用燃料や都市ガス燃料として使用される。1997年度の世界の一次エネルギー供給に占める割合は約18％であるが，燃焼時に発成する二酸化炭素量が石油や石炭と比較して少ないなど，環境面から天然ガスへの期待が高まっている。また，窒素酸化物(NOx)は30～40％少なく，硫黄酸化物(SOx)も発生しない。近年，天然ガス自動車への適応など，自動車用燃料としての需要が増加している。
⇒ 圧縮天然ガス自動車，液化天然ガス
㊷ メタンガス

天然ガス高度利用技術 てんねんがすこうどりようぎじゅつ ［石-ガ］
utilization technology of natural gas メタンを主成分とする天然ガスを単に燃焼して用いるクリーンな燃料としてだけでなく，さらに有用な有機化合物への物質合成材料として利用する技術のこと。一例として，メタンからベンゼンなどの石油化学製品を直接合成する技術があげられる。

天然ガスコジェネレーションシステム てんねんがすこじぇねれーしょんしすてむ ［石-ガ］
natural gas cogeneration system 天然ガスを燃料とし，原動機としてガスタービンを用いたコジェネレーションシステムのこと。ガスコジェネレーションの一つ。

天然ガス再燃焼法 てんねんがすさいねんしょうほう ［転-ボ］
natural gas re-firing method 天然ガスを燃焼させてガスタービンを駆動させ，排気ガスを火力ボイラに導き，発電させる高効率な発電方法。

天然ガス自動車 てんねんがすじどうしゃ ［石-ガ］，［輸-自］
natural gas vehicle (NGV) 天然ガスを燃料として走行する自動車。天然ガス専用車，バイフューエル車〔ガソリン，液化石油ガス(LPG)〕，デュアルフューエル車(軽油)に分類される。天然ガスはメタン(CH_4)を主成分としており，燃料中の水素割合が高く，硫黄分そのほかの不純物を含まない。そのため，燃焼させた際に，発熱量当りの二酸化炭素(CO_2)の排出がガソリンや軽油よりも25％程度少なく，硫酸ガスを生成しない。埋蔵量も可採年数60年以上が確認

されており，地球温暖化物質であるCO$_2$の排出が少ないクリーンエネルギーとして期待されている。天然ガスはオクタン価が高いために，火花点火機関に適用しやすく，現在走行している車両のほとんどが火花点火機関を搭載している。天然ガスは常温で気体燃料であるため貯蔵方法の小型・軽量化が課題となるが，自動車用にはおもに圧縮天然ガス(compressed natural gas，CNG)が用いられる。また，より大量の貯蔵を狙った液化天然ガス(liquefied natural gas，LNG)と，より低圧での貯蔵を狙った吸着天然ガス(adsorbed natural gas，ANG)のシステムがある。 ㊜ CNG自動車

天然ガス専用車 てんねんがすせんようしゃ [石-ガ]
natural gas vehicle (NGV)　天然ガスを自動車エンジンの燃料として活用するものを天然ガス自動車と呼称し，このうち天然ガスのみを燃料として積載するものを天然ガス専用車と呼称する。その燃料積載方法により，圧縮天然ガス自動車，液化天然ガス(LPG)自動車，吸着天然ガス自動車に分類される。

天然ガス中の不純成分 てんねんがすちゅうのふじゅんせいぶん [石-ガ]
impurity component in natural gas　天然ガス中に含まれる窒素，二酸化炭素，硫化水素などの不純成分ガスのこと。

天然ガス貯蔵 てんねんがすちょぞう [石-ガ]
natural gas strage　⇨ 天然ガスの輸送・貯蔵システム

天然ガス貯蔵技術 てんねんがすちょぞうぎじゅつ [石-ガ]
storage technology of natural gas
⇨ 天然ガスの輸送・貯蔵システム

天然ガスの分解輸送プロセス てんねんがすのぶんかいゆそうぷろせす [石-ガ]
transportation process of decomposed natural gas　天然ガスを輸送，貯蔵するために新たに提案された天然ガスを固形化する方法。天然ガスをまず炭素と水素に分解し，水素は水素吸蔵合金または金属酸化物と反応させて固体中に保持させ，炭素は固体炭素として，両者を消費地まで海上輸送した後，メタンを再生させるプロセス。

天然ガスの輸送・貯蔵システム てんねんがすのゆそうちょぞうしすてむ [石-ガ]
transportation and storage system of natural gas　天然ガスの輸送法としては，液化天然ガス(LNG)，パイプラインなどがあり，ガス田の規模および消費地との距離によりその経済性が左右される。貯蔵のためには圧縮ガスとして貯蔵する方法が一般的である。近年，ガスハイドレートやジメチルエーテル(DME)を用いた新しい輸送・貯蔵システムも考案されている。

天然ガスハイドレート てんねんがすはいどれーと [石-ガ]
natural gas hydrate　天然ガス(メタン，エタン，プロパンなど)をゲスト分子とするガスハイドレート。メタンを主成分として含むため，メタンハイドレートと称されることも多い。

天然ガスパイプライン てんねんがすぱいぷらいん [石-ガ]
natural gas pipeline　⇨ ガスパイプライン

天然ガス貿易量 てんねんがすぼうえきりょう [石-ガ]
trade amount of natural gas　他国との間の天然ガスの貿易量。天然ガスの輸送手段により，パイプライン貿易量，液化天然ガス(LNG)貿易量とに分けられる。

天然ガス輸送 てんねんがすゆそう [石-ガ]
natural gas transportation　天然ガスを輸送する手段として，パイプライン(陸上，海上)，液化天然ガス(LNG)とがある。ガス田の規模および消費地との距離によりその経済性が左右され，パイ

プラインは1000 km程度の近距離に，LNGは長距離輸送にそれぞれ適している。

天然資源 てんねんしげん ［資-全］
natural resources　自然環境の中に存在して何らかの形で人間の生活および経済活動に役に立つ事物の中で，まだ採取されていないものをいう。それらは人間による使用方法や性質によって，①金属鉱物，石炭，土石，石油，天然ガス，放射性物質などの非更新資源と②太陽光線，宇宙線，大気，潮汐，降水量，動植物，景観などの更新資源に大別することができる。蓄積資源はいったん採取すればなくなる性質をもつ。一方の更新資源は，人間の利用度合いとは無関係にその量が増減する性質をもつ。

10・15モード てんふぃふてぃーんもーど ［環-輸］，［輸-排］
10・15 mode　自動車の燃費，排ガス測定時の，市街地の運転を模擬した走行パターンで，加速，一定速度走行，減速の10のモードを組み合わせたもの3サイクルと，高速道路の走行を想定した40～70 km/hの加減速を含む15モード1サイクルを組み合わせたもの。10モードに代わって1991年から適用が始まった。また，そのほかの運転モードとして，過渡運転モードのUST (US transient cycle)，ETC (European transient cycle)，定常運転モードのD13 (Japan diesel 13 mode)，ESC (European stationary cycle) などがある。

電　離 でんり ［理-物］
electrolytic dissociation　解離反応により，イオンを生じる現象のことをいう。イオン化と同義。気体放電の場合，原子あるいは分子を構成する電子 (核外電子) が，外部からエネルギーを与えられ，原子や分子の束縛を離れて自由電子になることを指す。つまり，電離により，原子，分子は正イオンと電子になる。

電離エネルギー でんりえねるぎー ［理-物］
electrolytic dissociation energy　電離させるために必要な最低のエネルギー。ふつう電子ボルト (eV) で表すことから電離電圧ともいう。　㊙ イオン化エネルギー，イオン化ポテンシャル

電離気体 でんりきたい ［理-流］
ionized gas　気体が電離して，正負の電荷をもった荷電粒子が共存して自由に運動しているものを電離気体という。プラズマと同義語として用いられることが多いが，プラズマは荷電粒子が共存して電気的に中性となっている状態をいうのが一般的である。　⇨ 電離，電離エネルギー

電　力 でんりょく ［電-力］
electric power　単位時間 (1秒) 当りに発生，伝送，消費または変換される電気エネルギーのこと。単位はW。交流回路では皮相電力ともいわれ，その皮相電力は有効電力と無効電力に分けられる。

電力卸市場 でんりょくおろししじょう ［社-規］，［電-自］
power market, wholesale competition　発電所から発電される電気を取引する市場。大きく取引所取引，相対取引，金融的取引系統運用者の調達市場取引，とに分けられる。取引所取引および相対取引では，事前の発電所稼働スケジュール調整のための卸電力取引が行われ，現物取引を伴わない先物取引などの金融的取引も登場してきている。系統運用者の調達市場取引では，マクロの需給バランス達成のためのリアルタイム市場，アンシラリー用電力調達市場がある。

電力化率 でんりょくかりつ ［社-電］，［電-理］
electrification rate　一次エネルギー総供給量と，その中で電力向けに投入されるエネルギー比率(%)のことで，(発電ロス＋発電量)÷(一次エネルギー総供給量)〔式(1)〕で表される。これを一次エネルギー基準の電力化率という。

また，最終エネルギー消費量の中で電力が占める割合をいう場合もある。これを二次エネルギー基準の電力化率といい，(電力の最終エネルギー消費)÷(最終エネルギー消費の合計)〔式(2)〕で表される。

式(1)は資源の立場から，式(2)は需要の立場からみたものである。石油やガスなどに比べて電気は使いやすいエネルギーであることから，この電力化率は増えており，現在では一次エネルギー基準の電力化率は約4割になっている。電力への依存は今後もますます強まる傾向にあり，電力化率は伸びつづけると予想されている。なお，二次エネルギー基準は，発電効率が4割程度と低いため，2割程度となる。　⇨ 電化率

電力系統　でんりょくけいとう　[電-流]
electric power system　電力系統は，水力，火力，原子力などの発電所から送電線，変電所，配電線を経由して需要者に至るまでのすべての要素が有機的に密接に連系されたものの総称で，電力の発生から消費までを包括する一大システムである。

電力ケーブル　でんりょくけーぶる　[電-機]
power cable　電力ケーブルは導体，絶縁層，金属シース，さらに内部層を保護する外装から構成されている。電力ケーブルとしては，油浸紙絶縁ケーブル，架橋ポリエチレン絶縁ケーブル，高油圧パイプ型ケーブルなどが用いられている。現在，高電圧用のケーブルとしては架橋ポリエチレン絶縁ケーブルがよく用いられている。

電力小売市場　でんりょくこうりしじょう　[社-規]
electricity retail market　従来，地域独占とされ，規制下に置かれてきた電力の小売部門に，1990年代初頭にイギリス，ノルウェーを中心に共同原理の導入が図られ，その後世界的に広がっている。わが国でも1999年の電気事業法改正により2000年3月から部分自由化が開始され，2003年同法改正で2005年4月に50kWまでその範囲が拡大されている。また，産業部門大口需要者などに限られてきた自家発電の設置が近年，業務用などにも広がりをみせており，電力会社に対する値下げ圧力となっている。

電力自由化　でんりょくじゆうか　[社-規], [電-自]
deregulation, electricity market reform　電気事業の一部分，発電，小売部門などで規制を緩和し，競争原理を導入することを電力自由化と呼ぶ。従来，電気事業は，1社が独占して生産を行うことが最も効率的，経済的であると考えられ，多くの国で料金規制をする代わりに独占的に発電から販売する制度をとってきたが，1980年代になりこれまでの規制では，非効率性や過剰投資を生み出すという批判が高まる一方，発電技術の進歩により発電分野への新規参入が可能となってきたことなどから，1990年代初頭よりイギリス，ノルウェーを中心に民営化および競争原理の導入が試みられ，その後全世界的に広がった。わが国でも1995年，電気事業法改正で独立発電事業者(IPP)導入，1999年改正で2000年3月より小売部門の部分自由化(約3割)が行われている。　⇨ 規制緩和

電力需要　でんりょくじゅよう　[電-系]
electric power demand　電力需要には，一般の家庭用電灯・電気器具からデパートやオフィスビルの冷暖房，電気鉄道，工場用動力などさまざまなものがあり，産業構造や人口密度などによって地域別にそれぞれ異なった特徴をもつ。
⇨ 電力負荷

電力潮流　でんりょくちょうりゅう　[電-系]
power flow　電力系統は，供給側から需要側へ電力を流通させるシステムであり，送電線など電力設備における電気の流れを電力潮流という。

電力貯蔵 でんりょくちょぞう [電-池]
energy power storage 電力は貯蔵が困難なため需要と供給の同時性が特徴とされ、年間の最大ピーク需要に見合う発電設備を保有しているが、電力消費量の少ない夜間は、十分に活用されていない。そこで夜間の余剰電力を貯蔵し、昼間のピーク時に放出することで、電源設備の効率的な運用や供給コストの低減が可能となるため、電力貯蔵による発電設備の負荷率向上は電力会社にとって重要な課題とされてきた。既存の電力貯蔵技術には、揚水発電があるが、立地的な制約があり、現在、大容量二次電池、フライホイール、超電導エネルギー貯蔵技術の研究開発が進められている。

電力負荷 でんりょくふか [電-系]
electric power load 動力、照明、制御機器など電力を消費する設備の電力量。⇒電力需要

電力負荷平準化 でんりょくふかへいじゅんか [電-系]
electric load leveling 負荷率の改善は、電気事業者にとって最重要課題の一つである。冷房需要の増加により昼間と夜間の電力需要格差が拡大しているため、夜間の原子力発電の余剰電力を揚水発電やナトリウム・硫黄電池(NAS 電池)などに用い、1日の電力需要の昼夜間格差を縮小すること。電力負荷平準化には、ピークシフト、ピークカットや夜間需要造成がある。

電力負荷平準化対策 でんりょくふかへいじゅんかたいさく [社-電]
measures for electric load leveling 電力需要は冷房機器の普及拡大などにより昼夜間、季節間格差が拡大傾向にあり、年負荷率は低下している。電力負荷平準化対策は、電力負荷を電力需給のひっ迫した時期(夏季平日昼間など)から緩慢な時期(夜間、休日など)に移行させるピークシフト、あるいは需給のひっ迫した時期における電力を削減するピークカットなどにより最大需要電力を抑制して負荷を平準化する対策が講じられている。電力負荷平準化には、電力安定供給確保への寄与、電力供給コストを中長期的に低減する基盤の確立、省エネルギーおよび二酸化炭素の排出抑制による地球環境問題への寄与などの意義がある。

電力量 でんりょくりょう [理-池]
amount of electric power 電流による仕事量。電力と時間の積。単位は $W \cdot h$。単位系では $W \cdot h = (J/s) \cdot h$ となるが、電力量をエネルギーの単位である J で表す場合には秒と時間の換算が必要になる。

転 炉 てんろ [産-鉄]
basic oxygen furnace 転炉は、鉄鋼の製造工程で、高炉でつくられた銑鉄を精錬して鋼にする工程に用いられる。溶けた銑鉄を転炉に入れ、酸素を吹き込んでカーボンや硫黄リンなどを燃焼させ、鋼をつくる。はじめは転炉は底吹きであったが、上部からランスを通して酸素を吹く LD 転炉になって大いに普及した。転炉は吹煉時に多量の高温ガスを発生する。この高温ガスを回収してボイラで蒸気を発生させ、さらに冷却したガスは製鉄所内の燃料として利用されている。転炉は鋼の製造工程の時間を短縮しコストを低下することに大いに貢献している。

〔と〕

等圧変化 とうあつへんか　[理-熱]
isobaric change　圧力一定のもとでの状態変化をいう。熱力学第一法則により、等圧変化では系に加えた熱量分だけエンタルピーが増加する。理想気体では等圧変化においてシャルルの法則 $V/T=$ 一定が成立する。また、等圧状態における温度変化に伴う体積変化から体膨張係数
$$\beta = \frac{1}{V}\left(\frac{\partial V}{\partial T}\right)_p$$
が物性値として定義されて用いられる。
⇨ エンタルピー、シャルルの法則、熱力学第一法則

同位元素 どういげんそ　[原-核]
isotopes　⇨ 同位体

同位体 どういたい　[理-放]、[原-核]
isotopes　原子番号(陽子数)は同じだが、中性子数が異なる(したがって質量数が異なる)核種を同位体という。例えば、質量数1の水素と質量数2の重水素は原子番号はともに1であるが、質量数が異なるので同位体である。物理化学的にはほぼ同じ特性を示すが、詳細には同位体効果がある。天然ウランには同位体として、質量数234、235および238が存在する。軽水炉の燃料として利用するためには、ウラン^{235}Uを濃縮(同位体分離)する必要がある。　⇨ 原子核、中性子、陽子　⑩ アイソトープ、同位元素

等エンタルピー過程 とうえんたるぴーかてい　[理-熱]
isenthalpic process　エンタルピーの変化を伴わない流動過程を一般に等エンタルピー過程という。断熱された流路中に設けられた絞り弁のような狭いすきまを流れが通過する際には、運動エネルギー変化を無視すれば外部への仕事もないため、隙間前後でエンタルピーが保存される等エンタルピー過程となる。物質が理想気体の場合には、等エンタルピー過程では温度一定である。実在気体では、等エンタルピー膨張時に温度変化を生じ、ジュール・トムソン効果という。等エンタルピー膨張時の圧力変化に対する温度変化の割合をジュール・トムソン係数という。

等エントロピー変化 とうえんとろぴーへんか　[理-熱]
isentropic change　エントロピー一定のもとでの状態変化をいう。可逆断熱変化は等エントロピー変化であり、外部との熱交換がなく、摩擦などによる熱発生もない。また、気体の流れが断熱で、さらに摩擦がないような流れを等エントロピー流れという。

等温圧縮 とうおんあっしゅく　[理-熱]
isothermal compression　温度一定の条件下における圧縮操作である。理想気体では、圧縮によって加えられた仕事を熱として系外に取り出すことが等温圧縮には必要である。

等温変化 とうおんへんか　[理-熱]
isothermal change　温度一定のもとでの状態変化をいう。理想気体では等温変化においてボイルの法則 $pV=$一定が成立する。理想気体では、内部エネルギーは温度のみの関数であることから、等温変化では内部エネルギー一定の状態変化である。この場合、熱力学第一法則により、系に加えた熱量分だけ外部に仕事を行う。また、等温状態における圧力変化に伴う体積変化から等温圧縮率
$$\alpha = -\frac{1}{V}\left(\frac{\partial V}{\partial P}\right)_T$$
が物性値として定義されて用いられる。
⇨ 熱力学第一法則、ボイル・シャルルの法則

同期発電機 どうきはつでんき　[電-発]
synchronous generator　機械エネ

ギーを受けて磁極の数と交流の周波数で定まる一定の回転速度(同期速度)で回転し,単相あるいは多相の電力を発生する同期機で,単に交流発電機ということが多い。同期発電機は,一般に三相であって,運転する原動機の種類によって水車発電機,タービン発電機,エンジン発電機などに分類できる。

糖質代謝 とうしつたいしゃ [生-活]
carbohydrate metabolism 食物として摂取された糖質は,消化管内で消化酵素により単糖にまで分解され,肝臓に入り,解糖系に導入され,続くクエン酸回路で酸化されATP産生のためのエネルギーが引き出される。これを糖質代謝という。

動植物性残さ どうしょくぶつせいざんさ [廃-個]
animals and plants waste 「廃棄物の処理および清掃に関する法律」で定める産業廃棄物の動植物性残さは,食品製造業,医薬品製造業など限定された業種から発生する有機性残さである。全国で毎年約400万tが発生しているが,再利用率は30％程度と低い状況にある。製造業以外の製造業や食品流通・小売業からも大量の生ごみが排出されており,食品リサイクル法の施行により肥飼料化,バイオマス利用が進められている。

糖新生 とうしんせい [生-反]
gluconeogenesis 炭素数5ないしそれ以下の化合物からグルコースおよび六単糖またはその誘導体を合成する過程をいう。糖新生は解糖反応を逆行する,すなわちピルビン酸からグルコースをつくるには,三つのバイパスを付けなければいけないので,化学エネルギーを投入して坂を登らせることのできる酵素反応に置き換える必要がある。

灯心燃焼 とうしんねんしょう [燃-燃]
wick burning 液体燃料の燃焼方式の一つ。布やひもで液だめから燃料を吸い上げ,火炎からの対流伝熱やふく射伝熱によって蒸発させて燃焼させる。ランプや石油ストーブに使用される。

動粘度 どうねんど [理-操]
kinematic viscosity 流体の粘度 μ 〔Pa·s〕を密度 ρ〔kg/m³〕で割った値であり,単位は m²/s となる。流体内でのせん断応力 τ〔Pa〕はニュートンの粘性の法則

$$\tau = -\mu \frac{dv_x}{dx}$$

で表せる。この速度 v_x を単位体積当りの運動量 ρv_x として変形すると

$$\tau = -\nu \frac{d\rho v_x}{dx}$$

となり,せん断応力が運動量こう配に比例するときの比例定数が動粘度となる。したがって,流体の粘性が実際に運動(流れ)に及ぼす影響は動粘度で支配されている。 ⇒ 粘度 同 動粘性係数,動粘性率

動物 どうぶつ [生-種]
animal 感覚および運動能力をもつもの。

灯油 とうゆ [燃-製]
kerosene 石油留分のうち,ナフサより高沸点の沸点範囲150～300℃の留分。JIS K 2203では精製度の高い1号灯油,低い2号灯油の2種類が規定されており,前者を白灯油,後者を茶灯油と呼ぶ。用途は,白灯油は暖房用・厨房用燃料,茶灯油は発動機用・溶剤など。 同 ケロシン

当量比 とうりょうひ [理-燃],[燃-管]
equivalence ratio 可燃混合気中の空気と燃料の質量比を空燃比という。実際の燃空比と完全燃焼に必要十分な理論燃空比との比を当量比という。つまり,二酸化炭素と水のみが生成する量論燃空比に対して燃料が多いか少ないかを示すパラメータ。空気比または空気過剰率の逆数。量論混合気で1,燃料過剰の過濃混合気では1より大きく,希薄混合気では1より小となる。 ⇒ 空燃比,空気比

動力 どうりょく [理-動]
motive power, power ⇒ 仕事率

動力炉 どうりょくろ ［原-炉］
power reactor 動力を生産することを目的とした原子炉のこと。発電用，船舶用などの原子炉があるが，ふつうは，発電用原子炉のことをいう。 ⇨発電炉

トカマク型 とかまくがた ［原-炉］
Tokamak ドーナツ型（トーラス型）の磁場によるプラズマを閉じ込める核融合炉の一種である。国際熱核融合実験炉(ITER)はこの形式で，重水素・トリチウム(D-T)反応によるプラズマをドーナツ型真空容器の周りに配置された超伝導コイルによる磁場とプラズマ中に流れる電流との作用により，閉じ込めて制御する炉である。

トカマク型は旧ソ連で開発されたものであるが，世界各国で研究が進められ，現在最も成果をあげている核融合装置であり，日本原子力研究所の核融合実験装置JT-60もこの形である。

なお，Tokamakの名は，ロシア語の電流，容器，磁場の合成語である。 ⇨核融合

特定化学物質(第一種，第二種) とくていかがくぶっしつ（だいいっしゅ，だいにしゅ） ［環-制］
specific chemical substance (class I designated chemical substances, class II designated chemical substances), specified chemical substances (class I specified chemical substances, class II specified chemical substances) 法令名としてはつぎの①，法令によって指定されている物質群としてはつぎの②。

①「特定化学物質の環境への排出量の把握等および管理の改善の促進に関する法律(PRTR法)」において，人の健康を損なう恐れまたは動植物の生息もしくは生育に支障を及ぼす恐れがあるものまたはそのようなものに自然に転化するもの，オゾン層を破壊するもので，環境中に広く継続的に存在するものが「第一種指定化学物質」として354物質，環境中にはそれほど多くないものが「第二種指定化学物質」として81物質，それぞれ政令で定められている。PRTR法の対象は第一種である。また，化学物質等安全データシート(MSDS)の対象は第一種と第二種の両方である。

②「化学物質の審査および製造等の規制に関する法律(化審法)」では，難分解性の性状を有し，かつ，人の健康を損なう恐れまたは動植物の生息もしくは生育に支障を及ぼす恐れがある化学物質として「第一種特定化学物質」，「第二種特定化学物質」，「指定化学物質」が政令で定められている。 ⇨PRTR法

特定家庭用機器再商品化法 とくていかてい ようききさいしょうひんかほう
［環-制］
Law for Recycling Special Home-Electronic Goods 日本で2001年より本格施行された。廃棄物の適正な処理および資源の有効な利用を目的として，小売業者，製造業者などによる特定家庭用機器(エアコン，テレビ，冷蔵庫，洗濯機)の廃棄物の収集，再商品化などを適正かつ円滑に実施するための措置を定めている。小売業者には特定家庭用機器の排出者からの引取りおよび製造業者など(もしくは指定法人)への引渡しを義務付け，引取り，引渡しを行う際に，特定家庭用機器廃棄物管理票を発行，保存することを定めている。製造業者などには，自らが製造した対象機器の廃棄物の引取り，およびある基準以上の再商品化などのリサイクル実施を義務付けている。また，消費者には，適切な引渡しと収集，再商品化などに関する料金の支払いに応じることへの協力を定めている。

特定機器 とくていきき ［民-策］
specified equipment 省エネ法(エネルギーの使用の合理化に関する法律)第4章で，特に自動車などわが国で大量に使用され，使用に際し相当量のエネルギーを消費する機器で，性能向上が特に必要なものを特定機器と定め，トップラン

ナー方式による省エネ性能向上を求めている。現在,特定機器に該当するものは,乗用自動車,エアコンディショナ,蛍光ランプを主光源とする照明器具,テレビジョン受信機,複写機,電子計算機,磁気ディスク装置,貨物自動車,ビデオテープレコーダ,電気冷蔵庫,電気冷凍庫。さらに2003年4月1日より,ストーブ,ガス温水機器,石油温水機器,ガス調理機器,電気便座,物品自動販売機,変圧器が追加された。 ⇨ エネルギー消費効率,トップランナー方式

特定規模電気事業者 とくていきぼでんきじぎょうしゃ [電-自]
power producer and supplier (PPS) 2000年3月からの部分自由化対象となった,特別高圧(2万V以上)の需要者に,電力会社の送電網を利用して電気を小売する事業者。

特定供給 とくていきょうきゅう [社-規]
special supply 1995年,電気事業法改正により,自家発電自家消費の延長線上として直接的に電力を供給することが認められた制度。電気の供給者と需要者が「密接な関係(生産工程,資本関係,人的関係など)」にある場合,経済産業大臣により許可が与えられるもの。もっぱら同一建物内の需要に対して供給する場合には許可は不要とされている。

特別管理廃棄物 とくべつかんりはいきぶつ [廃-分]
hazardous, specially controlled waste 爆発性,毒性,感染性,そのほか人の健康,生活環境に被害を生じる性状をもつ廃棄物である。有害廃棄物の越境移動に関するバーゼル条約へ対応のため,1990年に「廃棄物の処理および清掃に関する法律」に導入された。特別管理産業廃棄物には易燃性廃油,強酸,強アルカリ,感染性廃棄物,廃PCB(ポリ塩化ビフェニル),飛散性石綿,塩素系有機溶剤,有害物質を含む汚泥などが,特別管理一般廃棄物にはごみ焼却炉からの煤じん,燃えがら,汚泥,感染性廃棄物,家電製品からのPCB部品が指定されている。特別管理廃棄物は排出から処分まで,ほかの廃棄物と区分し,性状に応じた保管,収集運搬,処分が必要となる。

特別高圧受電 とくべつこうあつじゅでん [電-料]
extra-high voltage electric power receiving 7000Vを超える電線路から受電すること。配電線の場合は,22kVまたは33kV。大規模な工場など設備容量が大きい場合は66kV,154kVの送電線から受電する。

特別排出基準 とくべつはいしゅつきじゅん [環-制]
special discharge amount standard 汚染物質の排出施設で,工業地帯など特に排出施設が多い地区に新規に設置される施設についてのみ適用される,一般排出基準より厳しい排出基準。 ⇨ 一般排出基準,上乗せ基準

特別要件施設 とくべつようけんしせつ [環-制]
specific requirement facility 「特定化学物質の環境への排出量の把握等および管理の改善の促進に関する法律」(PRTR法)の該当要件で,PRTR法対象物質の年間取扱量の要件とは別に,この施設がある事業所をもつことが届出対象事業者の要件の一つとなっている。鉱山保安法により規定される建設物,工作物そのほかの施設,下水道終末処理施設,廃棄物の処理および清掃に関する法律により規定される一般廃棄物処理施設および産業廃棄物処理施設,およびダイオキシン類対策特別措置法により規定される特定施設が政令で定められている。 ⇨ PRTR法

独立栄養生物 どくりつえいようせいぶつ [生-種]
autotroph 自養生物,無機栄養生物ともいう。生育に必要な有機物を無機物から合成して賄う生物を指す。

独立系発電事業者 どくりつけいはつでん

じぎょうしゃ　[電-自]
independent power producer (IPP)　発電機のみを所有し，送電系統は所有していない卸売発電事業者の総称。
⇨ IPP 入札制度

都市エネルギー活用システム　としえねるぎーかつようしすてむ　[社-都]
systems for making the best use of unused energy　下水処理水の保有熱，清掃工場の廃熱，ビル廃熱などの未利用エネルギーを回収，運搬，制御し，都市のエネルギーとして活用するシステム。複数の未利用エネルギー源と，エネルギーの需要地区をネットワーク化し，効率的なエネルギー利用を図るものである。

都市ガス　としがす　[石-ガ]
city gas, manufactured gas, town gas, utility gas　天然ガス，液化石油ガス(LPG)を原料として生産され，ガス導管を通じて供給される民生用ガスのこと。　⇨ 都市ガス 13A

都市ガス 13A　としがすじゅうさんえい　[石-ガ]
city gas　現在日本で供給されている都市ガスのうち，標準熱量が 10 000～15 000 kcal/m^3 の範囲のもの。ほかに 12A，6A，5C，L1，L2，L3 がある。都市ガスの分類のための用語。　⇨ 都市ガス

都市型産業団地　としがたさんぎょうだんち　[社-都]
urban industrial development　市街地に近接し，工場，事業所，情報産業関連施設，エネルギー関連施設など諸産業施設が複合的に集積した一団の土地。産業育成，経済発展を促し，効率的土地利用を市街地に近接した地区で行うもの。

都市気候　としきこう　[環-都]
urban climate　人口の増大，建物の増大，産業活動の増大など，地域の都市化の拡大に伴って生じる特殊な気候。顕著な現象には，都市周辺部(郊外)より気温が高くなるヒートアイランド現象，最低気温の上昇，湿度減少による乾燥化，熱帯夜の増大などがある。都市部の気温上昇は大気汚染にも関連する。都市部では人工排熱により上昇気流が生じ，それが上空で冷やされ，郊外に下降する。そして下降した気流はまた温度の高い都市部へと流れるという循環流が生じる。この循環流により都市内に大気汚染物質が滞留する。この汚染物質が都市をドーム状に覆う現象をダストドームという。そのほかの特殊な現象には，局所的な集中豪雨の発生，大気中の汚染物質などによる日射量の変化，高層の建物によって生じるビル風などがある。

都市計画基礎調査　としけいかくきそちょうさ　[社-都]
basic survey for city planning　都道府県が都市計画を策定するために必要となる現在および将来における都市の性格や規模を把握するため，都市計画区域についておおむね 5 年ごとに実施する調査。人口規模，就業人口の規模，市街地の面積，土地利用，交通量，そのほか国土交通省令で定める事項に関する現況および将来の見通しについて調査を行う。近年では，ヒートアイランド現象の緩和など都市気象，省エネルギーなどに配慮した都市計画を行うため，気象，地形，土地利用，植生などの関連項目調査の重要性が高まっている。

都市ごみのガス化　としごみのがすか　[燃-廃]
gasification of municipal waste　家庭，オフィスおよび飲食店から排出されるプラスチック，紙，木片，生ごみなどの都市ごみを加熱し，熱分解および化学反応を用いて水素，一酸化炭素，二酸化炭素，および炭化水素ガスを生成させること。ロータリーキルンなどの無酸素下でガス化する外熱式熱ガス化法と，流動床などの空気や酸素を添加して部分酸化させる内熱式ガス化法がある。1 300 ℃以上の高温下でごみ中の金属や無機物を溶融させた後に生成ガスを急冷するガス

都市ごみの熱分解 としごみのねつぶんかい [燃-廃]
thermal decomposition of municipal waste 家庭系ごみおよびオフィスや飲食店から発生する事業系ごみを加熱して分解すること。一般に，都市ごみのガス化や油化を示す。都市ごみ中に含まれるプラスチック，バイオマス，紙などの有機物を400〜700℃で熱分解した場合には液状生成物が得られる。都市ごみを700℃以上で熱分解した場合，廃棄物の組成にもよるが，水素，一酸化炭素，二酸化炭素，メタンなどのガス状生成物が得られる。ロータリーキルンなどの外熱式熱分解では，無酸素状態で熱分解するために通常17〜25 MJ/Nm^{3}程度の高カロリーガスが得られる。一方，空気などのガス化剤を添加して部分燃焼させる内熱式熱分解では，熱分解ガスが希釈されて4〜8 MJ/Nm^{3}程度の低カロリーガスが得られる。

都市廃熱 としはいねつ [熱-シ]
urban waste heat 都市活動に伴って廃棄される熱のこと。外からもち込まれたエネルギーが消費された後，最終的に熱となって環境中に放出される分が，都市廃熱を増加させる。都市廃熱には建物や施設などの固定発生源，および交通に伴う移動発生源から排出されるものに分けられ，熱環境への影響，廃熱利用の観点から，その場所，時刻，形態（空気，水，土中および潜熱と顕熱の別），温度，量が重要である。地域冷暖房などでは固定発生源からの廃熱であるごみ焼却施設，工場などの高温廃熱，下水，地中送電線，建物の冷房などによる低温廃熱を利用することができ，エネルギーの有効利用，都市熱環境の保全を図ることができる。 ⇨ 地域冷暖房

土壌汚染 どじょうおせん [環-都]

化溶融炉では，灰がスラグ状態となるために重金属の溶出が防止でき，減容化率も大きく，ダイオキシンの発生も低減化される。

soil contamination 土壌が人間の活動の結果生じた有害物質によって汚されること。最初は鉱山廃水による農地汚染が多かったが，近年では工場などからの有害物質により一般市街地における汚染も増えている。また産業廃棄物の投棄による場合もある。土壌汚染は大気汚染や水質汚染に比べて，移動性，拡散性が少なく，長期間にわたって有害物質が蓄積する。有害物質の人体への汚染経路には，汚染された土地が宅地や公園として利用され口や皮膚から人体に直接的に取り込まれる場合，有害物質が溶け出した地下水を飲み人体に間接的に取り込まれる場合などがある。汚染物質は，大きく重金属類（カドミウム，ヒ素，水銀など），揮発性化合物（トリクロロエチレン，テトラクロロエチレン，ベンゼンなど），ダイオキシン類に分けられる。

都市緑化 としりょっか [環-都]
urban green 都市に新たな緑を創出することを意味する用語として多用されているが，明確な定義はない。また広義には都市内の既存の緑地の保全も含まれる。都市の緑地は，国や地方公共団体が整備する都市公園，道路の街路樹，学校など公共施設内の庭，個人住宅の庭，ビルの敷地や屋上，河川敷，農地など広範囲に及ぶ。緑化には，景観および都市住民に対する心理的効果，火災時の防火帯や雨水貯留機能などの防災効果などがある。さらに，都市部のヒートアイランド問題を背景に緑地の冷却効果による環境改善やエネルギー問題の解決への寄与なども期待されている。都市では緑の絶対量が少ないことから量の確保が優先課題であったが，近年では都市住民にとって快適な緑の整備など質の追求も推進されている。

トータルエネルギー方式 とーたるえねるぎーほうしき [熱-シ]
total energy system 建物や工場などのエネルギー供給設備において，熱源設備などが個別のシステムとして独立した

運転を行うのではなく，コジェネレーションシステムなどを採用し熱と電気をバランスさせて総合的に効率のよい運用を目指すシステムのあり方。

土地利用モデル とちりようもでる [利-社]

land use model 地球環境と人間社会の関係を定量的に評価するため，森林・化石資源，食糧，水・大気循環などをシミュレーションしたグローバルモデルの総称。エネルギー利用としては，再生可能エネルギー，特にバイオマスエネルギーの潜在量評価などを推定するために利用されている。

トップランナー基準 とっぷらんなーきじゅん [社-省]

top-runner standards 「エネルギーの使用の合理化に関する法律(通称：省エネ法)」において規定されているトップランナー方式(「エネルギー消費機器(自動車，電気機器，ガス・石油機器など)のうち省エネ法で指定するもの(特定機器)の省エネルギー基準を，おのおのの機器において，エネルギー消費効率が現在商品化されている製品のうち最も優れている機器の性能以上にする」)で設定されているエネルギー消費効率基準。平成11年3月31日に従来の判断基準に代わる基準として告示され，以後，対象機器が増加してきている。生産量や輸入量に基づいた一定要件に該当する製造事業者は，当該基準を満たす商品の開発・販売を行うとともに，販売に際して指定された効率に関する内容を表示しなければならない。また，当該事業者が正当な理由なしに努力義務を怠った場合，所管官庁の大臣は事業者に対して勧告，公表，ならびに勧告に基づいた措置に関する命令をすることができる。 ⇒ トップランナー方式

トップランナー方式 とっぷらんなーほうしき [民-策]，[環-制]

top-runner method 特定機器にあげられた機器については，省エネ法(エネルギーの使用の合理化に関する法律)第18条により，当該性能の向上に関し製造事業者などの判断の基準となるべき事項を定めている。1999年4月の法改正時に，この基準値の決め方としてトップランナー方式を導入したもので，基準年に業界の最高レベルであった機器を勘案して定めたエネルギー消費効率を，特定機器ごとに定められた目標年には出荷製品の加重平均値として達成することを目標とするものである。例えば，冷房能力2.5kW以下の直吹き型，壁掛け型のエアコンディショナは，エネルギー消費効率(エアコン場合成績係数と同じ値になる)を，2004年冷凍年度には区分ごとに定められた基準冷暖房平均エネルギー消費効率5.27を上回らなくてはならない。 ⇒ エネルギー消費効率，特定機器，トップランナー基準

トムソン係数 とむそんけいすう [理-物]

Thomson's coefficient 不均一な温度分布を有する導体や半導体に電流を流すとき，ジュール熱以外の熱の発生や吸収が生じる。これをトムソン効果という。このトムソン効果による単位時間当りの発熱量をQ，電流をI，温度差を$\varDelta T$とするとつぎの式が成り立つ。

$$Q = \alpha I \varDelta T$$

このときの比例定数αがトムソン係数である(トムソンはケルビンと同一人物)。

ドライガス どらいがす [石-ガ]

dry gas プロパン以上の高分子炭化水素ガスの含有量が少なく，常温・常圧下で液体分が凝縮しない(100 m^{3}当り1.3以下)ガス。天然ガスの組成上の分類のための用語。

ドライフィード どらいふぃーど [燃-ス]

dry feed 乾式搬送方式のこと。石炭を燃焼ボイラやガス化反応器などに装入する際，微粉にした石炭を窒素あるいは窒素-酸素の混合ガス中に分散させ気流搬送する方式のこと。石炭・水スラリー(CWS)あるいは油スラリーにして搬送

する湿式搬送方式に対して，乾燥した石炭をそのまま搬送する方式のこと。

ドラフト どらふと ［電-理］
draft, draught 冷却塔や煙突などの閉じられた空間の空気の流れ。閉じられた空間で気圧差によって生じる空気流をいう。

トランスファプライス とらんすふぁぷらいす ［社-価］
transfer price トランスファプライスとは，グループ企業間における財サービスの受渡し価格のことをいう。わが国では，多国籍企業のように本社と海外子会社間で行われる国際的な取引価格については「移転価格」と呼び，同一国内におけるグループ企業間での取引価格は「振替価格」と呼んでいる。いずれの場合でも，連結決算における財務諸表の透明性確保や利益に対する適正な課税額算出のために，トランスファプライスは「アームズレングスプライス」基準が採用される。 ⇨ アームズレングスプライス
⦿ 移転価格，振替価格

トリウム とりうむ ［原-原］
thorium (Th) 原子番号90の元素であり，原子記号はTh。天然には^{232}Th (半減期1.40×10^{10}年) だけが存在する。核分裂(α崩壊)により最終的には安定な^{208}Pbになる。また，^{232}Thは，中性子捕獲によって^{233}Thを経て，引き続き2回のβ崩壊^{233}Th→^{233}Pa→^{233}Uにより核分裂性核種である^{233}Uに転換される。そのため，熱中性子増殖炉の燃料(Th–U系)として利用される。ちなみに，高速中性子を利用する高速増殖炉の燃料は(U–Pu系)を用いる。 ⇨ β線，γ線，半減期

トリチウム とりちうむ ［原-原］
tritium (^{3}H, T) 水素の同位体の一つで，1個の陽子と2個の中性子とから構成される質量数3の原子核(トリトン，またはトライトンとも呼ばれる)をもつ。水素および重水素は安定であるが，三重水素は半減期12.3年でβ崩壊し^{3}Heになる。しかし，上層大気中の窒素^{14}Nに宇宙線の中性子nが衝突することによるn+^{14}N→^{3}H+^{12}C反応や，大気中の重水素に中性子が捕獲されることにより，自然界ではわずかだが絶えず補給されている。原子炉燃料中でも，UやPuの三体核分裂によりわずかに生成される。トリチウムはD–T核融合反応の燃料としても重要であり，^{6}Liに中性子を照射することにより生産される。 ⇨ 核分裂，原子，原子核，三重水素，重水素

トルク とるく ［理-機］
torque ねじりを与えるモーメント(＝力×腕の長さ)をいう。例えば，棒などにハンドルを取り付けてねじるとき，ハンドルの長さlの点に直角に加える力をFとしたとき，$T=Fl$がトルク(ねじりモーメントともいう)である。

トンネル炉 とんねるろ ［産-炉］
tunnel kiln れんがの焼成，陶磁器の焼成などに用いられる炉。被加熱物は台車に載せて，炉内を水平に移動させる。被加熱物はつぎつぎにゾーンを通過して，所定の温度履歴を経る。最も簡単なものは，予熱ゾーン，加熱ゾーン，冷却ゾーンよりなる。冷却ゾーンでは被加熱物のもつ顕熱の回収が行われ，予熱ゾーンでは，燃焼ガスがもち去る顕熱の回収が行われる。そのため，きわめて熱効率がよい。

〔な〕

内外価格差　ないがいかかくさ　[社-価]
price differences between Japan and abroad　内外価格差とは，類似する財サービスの国内価格と海外価格との間に生じる価格差をいう。実際の比較では，為替レートや購買力平価による通貨交換レートを用い，通貨単位を同一にして財ごとに計算される。わが国では，土地，食料品，交通費，エネルギー費などが，諸外国と比べて割高な財とされる。人為的な輸入制限や規制措置の存在が内外価格差をもたらす原因の一つと考えられ，その解決手段として規制緩和政策が求められてきている。

内燃機関の熱効率　ないねんきかんのねつこうりつ　[理-内]
thermal efficiency in internal combustion engines　内燃機関には，火花点火機関やディーゼル機関のような往復動機関とガスタービンがあり，ロケット機関も原理的には入るがやや特殊である。ここでは，熱効率が明確に定義できる軸出力として仕事を取り出し機関について述べるので，ガスタービンのなかのジェット機関とロケット機関は含めない。熱効率には，正味，図示の二つがある。図示とは作動流体が行う仕事に対する供給したエネルギーの比率であり，正味とは軸端で取り出せる仕事に対する比率である。この二つの間には，作動流体がピストンやタービンなどの力を受ける機構部品に仕事をしてから，その機構部品が軸端まで仕事を伝達する間の効率，これを機械効率という，が介在することになる。往復動内燃機関の場合にはこの機械効率にネットとグロスがあり，ネットとは摩擦仕事以外に作動流体の吸入と排出のための仕事，これをポンプ仕事という，を含んだものであり，グロスとはポンプ仕事を含まないものである。したがって，機械効率にもネットとグロスがある。動作流体が行った仕事がどのように使われるかを考察するためにはグロスが便利であるため，グロスを使うのが一般的である。このように，正味熱効率は図示熱効率と機械効率の積として表される。先のネットとグロスの違いは，図示仕事でもネットとグロスが定義できることになるが，図示熱効率と機械効率がネットはネットで，グロスはグロスでというように対応していれば，ネットでもグロスでもどちらでもよい。また，燃料から熱に変換されるのが燃焼効率であるが，図示熱効率にはこの燃焼効率が含まれることになる。それぞれのおおまかな値は，燃焼効率が96～99.9％，図示熱効率が15～55％，正味熱効率が10～52％程度である。なお，内燃機関の場合は排気温度が100℃以上であることがほとんどであるから，熱効率の分母には低位発熱量を用いる。　⇒ 正味熱効率

内燃力発電　ないねんりょくはつでん　[電-他]
power generation by internal　ディーゼルエンジンなどの内燃機関を使って電気をつくる発電方式。ボイラがいらないので建設費が安く，運転や保守なども簡単。

内部エネルギー　ないぶえねるぎー　[理-熱]
internal energy　内部エネルギーとは分子の並進運動エネルギー，回転運動エネルギー，振動エネルギーおよび分子間に作用する力による位置エネルギーとして物質内部に蓄えられたエネルギーをいう。単原子分子からなる理想気体の内部エネルギーは分子の運動エネルギーのみとなる。このときの比内部エネルギーは $u=(3/2)RT$(単位 J/kg)であり，温度のみの関数である。単位質量当りの内部エ

内部結露 ないぶけつろ [民-ビ]
internal condensation 壁体内のある層の表面温度が，その部分にある湿り空気の露点温度より低いとき，その層で結露(結霜，氷結も含む)すること。

内部発熱負荷 ないぶはつねつふか [熱-冷]
internal heat load 空気調和負荷の一部分で，おもに冷房時の人体，照明，室内機器からの発熱による熱負荷。一般に，人体発熱負荷は在室人員と作業レベルから，照明発熱負荷は照明タイプと使用率から，機器発熱負荷は機器ごとの発熱量と使用率から推定する。 圓室内発熱負荷

内部被ばく ないぶひばく [原-放]
internal exposure 放射性物質を含むものを口からなど体内に取り入れたときに，身体の内部から放射線を受けることをいう。人はふつう飲食物(^{40}K などの自然の放射性物質を含む)から，年間約 0.24 mSv(ミリシーベルト)の内部被ばくを受けている。 ⇨ 外部被ばく 圓体内被ばく

内部利益率 ないぶりえきりつ [社-価]
internal rate of return (IRR) 投資の経済性を評価する方法の一つとして，利益割引法がある。その具体的な計算方法として，この内部利益率法と現在価値法とがある。内部利益率法では，ある設備投資をした場合に得られる毎年の利益(キャッシュフロー)の現在価値の合計と投資額とが等しくなる割引率(つまり内部利益率)を計算し，その割引率の高低によって投資案件の優劣を判断する。内部利益率が資本コスト(金利など)よりも大であればその投資は有利であり，資本コストよりも小であれば不利と判定する。内部利益率法では，投資額(I)，毎年の利益(S，ここでは各年同一)，割引率(r)，経済年数(n：回収年)の4者の関係を次式のように示す。

$$I = \frac{S}{(1+r)} + \frac{S}{(1+r)^2} + \cdots + \frac{S}{(1+r)^n}$$
(1)

$$\frac{S}{I} = \frac{r(1+r)^n}{(1+r)^n - 1} = 資本回収係数$$
(2)

式(1)において，rを固定しnを求めれば回収年数が，nを固定してrを求めれば内部収益率が得られる。実務上では，あらかじめ式(2)で示される資本回収係数をnとrとの組合せよって計算した「資本回収係数表」を作成しておき，該当する利益率を見つける方法がとられる。 ⇨ キャッシュフロー，資本回収法，単純回収年数

NAESCO なえすこ [社-省]
National Association of Energy Service Companies (NAESCO) 全米エネルギーサービス協会。アメリカにおけるエスコ(ESCO，エネルギーサービス企業)事業者をはじめ，電力会社，エネルギー関連機器製造企業，コンサルタントなど，エスコ事業に関連する企業のメンバシップによる団体。1997年の創立で，本部は首都ワシントン。エスコ事業の発展や将来的にあるべき姿などを検討することを目的とする。機関誌の発行やセミナーの開催などを通して関連企業における情報交換などを推進するとともに，会員企業におけるサービスの向上と社会的な啓蒙，そして連邦政府や地方政府のエスコ事業に関連する政策への提言も行っている。 ⇨ ESCO

流込式発電所 ながれこみしきはつでんしょ [自-水]
run-of-river type hydro power station, run-to-river type hydro power plant 河川の自然流量を調整せずに取り入れ，そのまま発電に使用する形式の水力発電所をいう。水の利用方法による分類の一つであり，河川流量の変化に伴って発電力も変動するため，電力需要の負荷変動に応じた発電ができないという特性をもっている。比較的規模の小さ

い水力の場合によく用いられ，図に示す需要の日負荷曲線のベース部の一部を分担する。なお，貯水池や調整池を有していても，ほかの利水(農業用など)の運用条件により，調整運転ができない場合は，流込式の分類に入る。

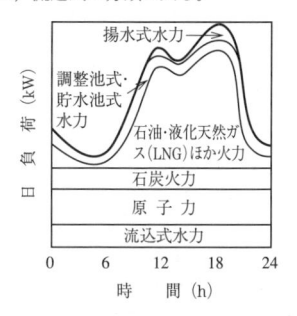

需要の日負荷曲線

ナショナルトラスト　なしょなるとらすと　[環-制]
national trust　自然や文化財などの保護対象を保全して次世代に引き継ぐことを目的として，財団あるいは非営利活動法人(NPO)などが保護対象を買い取りあるいは贈与を受けて所有し，維持管理すること。

NAS電池　なすでんち　[電-池]
sodium–sulfur storage battery　⇨ ナトリウム・硫黄電池

ナチュラルアナログ　なちゅらるあなろぐ　[原-廃]
natural analogue (NA)　高レベル放射性廃棄物の地層処分の安全評価では，その結果を直接証明することはできない。そのため，長期間にわたる評価結果の信頼性を支援するものとして，類似する現象を自然の営みに求め，現象を解明することにより適用性などについて検討するナチュラルアナログがある。天然ウラン鉱床におけるウランや娘核種の移行など，天然の類似現象を使う場合と人工バリヤ材料の腐食に対して考古学的鉄製品の腐食事例などを使う場合がある。
⇨ 高レベル放射性廃棄物，地層処分

ナトリウム　なとりうむ　[原-原]
sodium (Na)　原子番号11の元素であり，原子記号はNa。銀白色の金属で，融点97.81℃，沸点882.9℃。液体金属ナトリウムの熱伝導度は大きく，その比重は1よりやや小さく，動粘性係数もほぼ水に近い。^{23}Naだけが安定である。中性子を比較的吸収しにくく，また減速させにくいので，高速炉の冷却材として最適である。しかし，水と激しく反応して発熱するので，水と接触させないことが必要である。また，ナトリウムは燃料ピンの中で，燃料ペレットと被覆管の間(ギャップ)にボンドとして封入し，熱伝導性を高めるために利用される場合もある。　⇨ 中性子

ナトリウム・硫黄電池　なとりうむ・いおうでんち　[電-池]
sodium–sulfur storage battery　ナトリウム・硫黄電池(NAS電池)は，大容量の電力をコンパクトに貯蔵することができる新型二次電池であり，負極にナトリウム，正極に硫黄を使用し，電解質としてベータアルミナ管を用いた高温作動型である。ベータアルミナはナトリウムイオンのみを通す性質があり，ベータアルミナを介して正負極間をナトリウムイオンが移動することで充放電を行う。
同 電池

ナフサ　なふさ　[燃-製]
naphtha　原油を精製して得られる沸点30〜170℃程度の留分。さらに軽質ナフサ(沸点30〜130℃)と重質ナフサ(沸点90〜170℃)に区分される。溶剤や工業ガソリン，エチレンなどの化学原料製造，接触改質の原料などに使用される。
⇨ ガソリン，粗製ガソリン

ナフテン基原油　なふてんきげんゆ　[石-油]
naphthalene base crude, naphthalene base crude oil　原油の基による分類の一つで，ナフテン系炭化水素に富んだ原油をいう。ガソリンのオクタン価

は比較的高く,軽油のセタン価は低く,潤滑油の粘度指数は低く安定性はよくないが,流動点は低く清浄性に優れている。特性係数は11.0～11.5を示す。

生ごみ なまごみ [廃-個]
garbage 食料輸入国の日本では,生ごみは全国の家庭,事業所(製造,流通,外食)から年間約2000万tが発生している。食品製造業からの動植物性残渣は1/2近くが肥料化,飼料化などされてきたが,流通・外食産業からの売れ残り,食べ残し,重量で家庭ごみの3割を占める生ごみの再利用実績は0.5%未満で,大半は焼却,埋立処分されてきた。生ごみの80%以上は水分であり,減量化と生物系有機資源としての有効利用が課題である。2001年5月には食品リサイクル法が施行された。

鉛蓄電池 なまりちくでんち [電-池]
lead storage battery 鉛蓄電池とは,負極に鉛,正極に二酸化鉛,電解質溶液には硫酸化水溶液などを用いる二次電池である。

南海トラフ なんかいとらふ [石-ガ]
Nankai trough フィリピン海プレートとユーラシアプレートの境界に位置する,海底のプレートの潜り込み域。四国の御前崎沖において天然ガスハイドレートの存在が確認されている。

南海トラフの基礎試錐 なんかいとらふのきそしすい [石-ガ]
basic trial of Nankai trough 石油公団が,国内石油天然ガス基礎調査の一環として,1999年11月より南海トラフにおいて掘削を開始した基礎試錐。海面下1110～1272mの砂岩層からコアサンプルを回収し,サンプルから発生するガスの分析,サンプル温度,地層水の塩分濃度の測定から,海面下1152～1210m区間中に3層(合計約16m)のメタンハイドレート層の存在を確認している。

軟化溶融性 なんかようゆうせい [石-炭],[石-コ]
fusibility 石炭を加熱したときに軟化溶融状態になる性質。粘結炭のみが軟化溶融性を示す。ギーセラープラストメータ,ジラトメータなどにより測定する。

〔に〕

二元燃料ディーゼル機関 にげんねんりょうでぃーぜるきかん [電-設]
dual-fuel diesel engine 一つの装置で発熱量や性質の異なる2種類の燃料を一方から他方へ、または、その逆に切り換えて使用する場合の燃料を二元燃料という。二元燃料ディーゼル機関とは、異なる2種類のディーゼル燃料をそのときどきに応じて使い分けが可能なディーゼル機関のことである。

二酸化硫黄 にさんかいおう [環-硫]
sulfur dioxide, sulphur dioxide 化学式はSO_2。大気汚染および酸性雨の原因物質。硫黄を含んだ燃料を燃焼する際に出てくる硫黄の酸化物は大半がこの形となる。酸素共存下で高温では平衡的にSO_2が安定であり、温度は低いと平衡的に三酸化硫黄(SO_3)が生成しやすくなるので、排煙を導く煙道中に触媒作用をもつものがあるとSO_3が生成することがある。なお、火山の噴火でも排出される。 ⇨ SOx 同 亜硫酸ガス

二酸化ウラン にさんかうらん [原-燃]
uranium dioxide (UO_2) ウラン^{235}U濃度を高めた二酸化ウラン(UO_2)のペレットが軽水炉の燃料として使われる。濃縮度を高めた六フッ化ウラン(UF_6)を再転換して得られるUO_2は粉末である。粉末状では原子炉の燃料に適さないため、これを成型し、焼き固めてセラミックのペレットとし、軽水炉の燃料とする。燃料のもつべき特性の一つである物理的形状の安定性に関し、UO_2粉末のもつ成型性と焼結性が有効である。 ⇨ 転換、六フッ化ウラン

二酸化炭素 にさんかたんそ [環-温]
carbon dioxide (CO_2) 化石燃料の燃焼、生物の呼吸・発酵、火山の噴火などによって発生する無色無臭の気体。化学式CO_2。炭酸ガスは俗称。固体はドライアイス(昇華点-78.5℃, 1気圧)。水に溶けてわずかに酸性を示す。助燃性がなく消火剤に用いられるほか、清涼飲料水や化学品の製造に利用される。化石燃料の急速な消費拡大に伴い、大気中のCO_2濃度は産業革命以前の推定280 ppmから371 ppm (2001年) へと、最近は年間約1.6 ppmの割合で増加している。赤外線を強く吸収するため、最重要な温室効果ガスとして対策が求められている。 ⇨ 温室効果ガス、炭酸ガス 同 CO_2

二酸化炭素回収 にさんかたんそかいしゅう [環-温]
capture of carbon dioxide, CO_2 capture ⇨ 二酸化炭素の分離技術

二酸化炭素隔離 にさんかたんそかくり [環-温]
carbon sequestration 地球温暖化問題は、化石燃料の消費により発生する大量の二酸化炭素(CO_2)を大気中に放出していたことから生じた問題である。CO_2を大気中に放出せずに一時的に隔離して貯留することにより、地球温暖化の進展を抑制することができる。CO_2の隔離場所としては、深海底、地中、炭層、油田などが候補にあげられており、環境影響評価技術の研究が進められている。 ⇨ 地中貯留、二酸化炭素の海洋固定

二酸化炭素貯留技術 にさんかたんそちょりゅうぎじゅつ [環-温]
CO_2 sequestration technology ⇨ 地中貯留、二酸化炭素の海洋固定

二酸化炭素の海洋固定 にさんかたんそのかいようこてい [環-温]
ocean disposal of CO_2 大気中に放出された二酸化炭素(CO_2)の約30%は最終的に海洋により吸収されている。海洋のCO_2溶解能力は莫大であるが大気中から海洋中への移動速度は遅い。海洋固

定法は，人為的にこの速度を加速することにより，大気中のCO_2濃度の上昇を抑制する方法である。代表的な方法としては，液体CO_2を水深500 m以深の海域に放出して広く拡散させる中層放流法，水深3 000 m以深の深海底にハイドレートとして固定する深海貯留法が存在する。

二酸化炭素の分離技術 にさんかたんそのぶんりぎじゅつ ［環-温］
CO_2 capture technology 火力発電所，高炉などから放出される燃焼排ガスから二酸化炭素(CO_2)を分離する技術である。燃焼排ガス中には，通常10〜15％程度のCO_2が含まれており，これを分離回収することにより地球温暖化の防止に大きく貢献することができる。代表的な方法としては，化学吸収法であるアミン法，物理吸着法であるゼオライト法，膜分離法があげられる。 ⇨ 二酸化炭素隔離

二酸化炭素排出量 にさんかたんそはいしゅつりょう ［環-温］
carbon dioxide emission 最も重要な温室効果ガスである二酸化炭素の排出量。全世界では炭素換算で年間62.3億t(1999年)であり，日本はこの5.1％を占める。国内では産業部門からの排出が横ばいであるのに対して，運輸・民生部門の伸びが著しく，省エネルギーの必要性が指摘されている。排出量の算定方法には気候変動に関する政府間パネル(IPCC)のガイドラインなどがある。 ⇨ 温室効果ガス，気候変動に関する政府間パネル，二酸化炭素 ⓔ CO_2排出量

二酸化炭素ハイドレート にさんかたんそはいどれーと ［理-名］，［環-温］
carbon dioxide hydrate ゲスト分子として二酸化炭素(CO_2)を包蔵したガスハイドレート。構造Ⅰの結晶構造を形成し，水和数は約7.3である。温室効果ガスであるCO_2をハイドレートとして海洋に処理する方法が注目されてきている。

二酸化炭素リサイクル にさんかたんそりさいくる ［環-温］
carbon dioxide recycling 燃焼施設から回収した二酸化炭素(CO_2)を有機物に変換して再び燃料として用いること。有機物への変換としては例えば，太陽光発電で水を電気分解し，得られる水素でCO_2をメタンに還元するなど。理想的にはCO_2を排出せずに燃料を使用できることになるが，エネルギー変換時の損失が少なくなく，燃料使用と太陽光発電の場所が異なる場合(大都市と砂漠など)は輸送エネルギーが必要。最適なエネルギー媒体の選択も鍵となる。 ⇨ 温室効果ガス，炭酸ガス

二酸化炭素冷媒ヒートポンプ にさんかたんそれいばいひーとぽんぷ ［熱-ヒ］
heat pump using the refrigerant of carbon dioxide 二酸化炭素(CO_2)を冷媒として用いるヒートポンプのこと。CO_2の臨界点を超えた領域で使用される点に特徴がある。通常のヒートポンプでは凝縮過程で過熱蒸気が飽和蒸気となり液化するので，熱回収時の温度は一定となるのに対し，CO_2ヒートポンプでは超臨界状態であるため熱回収時に冷媒温度が低下する。このため，ガス冷却器として対向流型熱交換器を用いることにより，90℃の熱を効率的に回収することができる。家庭用給湯器として商品化されており，*COP*(成績係数)は3.0〜3.5程度である。 ⇨ 自然作動媒体，ヒートポンプ

二酸化窒素 にさんかちっそ ［環-室］，［輸-排］
nitrogen dioxide (NO_2) 1個の窒素原子と2個の酸素原子が結合して生成される窒素酸化物(NO_x)で，褐色の空気より重い気体。一般に，高温燃焼場で生成した一酸化窒素(NO)を含む排ガスが，冷却過程で排ガス中に残存酸素と反応し生成される大気環境汚染物質である。

自動車の排気管から大気中にNOxが排出される段階では、そのほとんどは一酸化窒素(NO)が占めているが、大気中を移動する過程で酸素と反応して二酸化窒素(NO_2)に酸化されるため、大気中ではNOとNO_2が共存している。NO_2は道路沿道において発生しているぜん息の原因物質とされているとともに、窒素酸化物は炭化水素とともに太陽の紫外線により光化学反応を起こして光化学オキシダントを生成し、光化学スモッグの原因ともなる。そのため、NO_2は、代表的な大気汚染物質の一つとして、大気汚染防止法で規制・監視の対象となっている。 ⇨ 一酸化窒素,NOx

二酸化鉛法 にさんかなまりほう [電-理]
lead dioxide method 大気中の硫黄酸化物(SOx)の測定方法の一つで、二酸化鉛を塗布した布をシェルタに入れて大気中に置いておくことにより、SOxが硫酸鉛として固定することを利用したもの。

二次エネルギー にじえねるぎー [全-社]
secondary energy 電器製品や自動車などの稼働に必要なエネルギーの形態へ転換されたエネルギー源。例えば、原油を用いて製油所で生産されたガソリン、石炭を用いて発電所において生産される電気は二次エネルギーである。それに対して、原油や石炭は一次エネルギーと呼ばれる。 ⇨ 一次エネルギー

二次空気 にじくうき [熱-加]
secondary air 気体燃焼の場合、予混合用空気として用いられる一次空気に対し、いったん着火した火炎を完全燃焼させるために燃料供給装置より下流側で混合気に供給される空気。

二軸型ガスタービン にじくがたがすたーびん [電-タ]
two-shaft gas turbine タービンが圧縮機を駆動する高圧タービンと、出力を発生する低圧タービンとに分かれ、それぞれ別軸となっているガスタービン。高圧タービンにより圧縮空気が生成され、高圧タービンを出た燃焼ガスは低圧タービンで膨張し、出力を発生する。

二次電池 にじでんち [輪-自], [理-池], [電-池]
rechargeable battery, secondary battery, storage battery 充放電を繰り返し使用できる電池。蓄電池ともいわれる。二次電池は、アルカリ電池、鉛酸系電池、有機電解液電池、ポリマ電池、電力貯蔵電池に分類される。アルカリ電池の代表的なものとして、ニッケル水素電池などがある。鉛酸系電池には、鉛蓄電池がある。有機電解質電池の代表的なものとして、リチウムイオン電池などがある。ポリマー電池は、リチウムポリマー電池がある。電力貯蔵用電池の代表的なものとして、ナトリウム・硫黄電池などがある。通常の自動車には鉛電池が使用されているが、ハイブリッド電気自動車ではニッケル・水素電池、リチウム・イオン電池が多く使用されている。 ⇨ バッテリ

二次燃焼室 にじねんしょうしつ [電-設]
secondary combustion chamber 一次燃焼室において生成した未燃ガスや未燃カーボンを再度高温で完全燃焼(再燃焼)させる室。一次燃焼室と二次燃焼室との明確な区分のないものもある。一般的には、二次空気吹込口から上部の燃焼室が二次燃焼室にあたる。燃焼室とは、一次燃焼室および二次燃焼室などを合わせた燃焼室全体をいう。

二重効用蒸気吸収冷凍機 にじゅうこうようじょうききゅうしゅうれいとうき [熱-冷]
double-effect steam operated absorption chiller 再生圧力の異なる2個の再生器を有しており、加熱源に使用する高圧蒸気(0.8 MPa)を高圧再生器に導き0.08〜0.09 MPaの蒸気を冷媒として発生させ、さらにこの冷媒蒸気により低圧再生器で再度冷媒を発生させる。このように多重効用蒸発の原理を利

用して吸収サイクルを運転することにより，成績係数を1.4～1.5に向上させた吸収冷凍機。 ⇨ 温水吸収冷凍機，成績係数，第一種吸収ヒートポンプ

二段液化 にだんえきか ［燃-炭］
two stage liquefaction (TSL) 一段で石炭を液化するこれまでの方法は，液化油収率を高めるために比較的高温が指向されていたが，反応温度が高温になるとガスなどの生成も多くなり液化油収率は期待するほど向上しない場合が多い。二段液化法は，この欠点を解消するために開発されたプロセスで，第一段目の反応器では，石炭を熱分解によりできるだけ低分子化する反応，第二段目の反応器では，高活性な触媒の存在下に水素化分解して液化油を得る反応の二段階で構成される液化法である。各反応段階で炭種に応じた最適条件(反応温度，触媒の有無)の設定が可能となっている。

二段燃焼 にだんねんしょう ［環-室］，［燃-環］
two-staged combustion 燃焼用空気を炉内の2か所から供給し，炉全体として窒素酸化物(NOx)の生成を抑制させる方法である。通常，バーナの空気量を化学量論以下に抑え，不足分の空気を炉上部から供給し，完全燃焼をさせている。 ⇨ 炉内脱硝法

日常点検 にちじょうてんけん ［社-企］
daily check 工場などで1日1回以上巡視などして機器の点検をすることを日常点検という。例えば，主要な配管の日常点検は，蒸気の漏洩，配管の振動点検，火炉の日常点検は，燃焼状況，火炉内部の異常点検，回転機器の日常点検は，本体の振動・異音・温度・軸受け油温・油の漏洩点検，タービンの日常点検は振動，異音，蒸気の漏洩，ボルトナットの緩み，排油の状態点検などがある。

ニッカド蓄電池 にっかどちくでんち ［電-池］，［利-電］
NiCd battery, nickel-cadmium alkaline battery 20～30%水酸化カリウム溶液を電解液とし，カドミウム(負極)と水酸化ニッケル(正極)を電極とする蓄電池。放電時の生成物が電解質と反応しないため，電解液の劣化やガス発生が少ない。起電力は1.2V，内部抵抗が小さく大電流を取り出しやすい。手軽に扱えるため，鉛蓄電池とともに古くから代表的な蓄電池であった。しかし，ナトリウム・水素電池の出現により生産量は頭打ちである。 🔁 ニッケル・カドミウム電池

ニッケル・カドミウム電池 にっけるかどみうむでんち ［電-池］，［利-電］
nickel-cadmium storage battery ⇨ ニッカド蓄電池

ニッケル・水素電池 にっけるすいそでんち ［電-池］
nickel-hydrogen battery ニッケル・水素電池とは，正極はニッケル・カドミウム電池と同じくニッケル化合物だが，負極に水素吸蔵合金を用いているのが特徴である。負極の充放電反応は，水素の吸蔵放出であって，電池全体としてみると負極と正極の間で水素原子が移動するだけである。

日射強度 にっしゃきょうど ［自-太］
sunlight intensity 単位表面積当りに太陽から単位時間に入射する放射エネルギー(単位：W/m^2)。 ⇨ 日射量

日射遮へい係数 にっしゃしゃへいけいすう ［自-太］
shading coefficient 冷房負荷の削減効果を表すもので，部位を通り抜けて室内に侵入する日射熱量を3mmの普通板ガラスを基準として規格化した指標。

日射量 にっしゃりょう ［自-太］
solar irradiation ある一定期間(1時間，1日，1週間，1月，1年など)の日射強度の積分値である。 ⇨ 日射強度
🔁 積算日射量

ニューサンシャイン計画 にゅーさんしゃいんけいかく ［産-全］
New Sunshine Project 経済産業省の推進する，エネルギー技術開発プロジェ

クトの呼び名。1993年度からそれまでのサンシャイン計画，ムーンライト計画，地球環境開発の個別プロジェクトを一本化し，エネルギーセキュリティの確保と，地球環境問題への対応を図りつつ，国民経済の健全な発展を図る観点から，エネルギー，環境領域の技術開発を，長期的観点から総合的かつ計画的に推進することを基本として実施されている。燃料電池，水素エネルギー，高効率ガスタービンなどの開発プロジェクトがこの中で実施されている。

ニュートン にゅーとん [理-単]
newton (N) SI単位系における力の単位である。質量1 kgの物体に1 m/s^2の加速度を生じさせる力が1 Nである。すなわち，$1 \text{ N} = 1 \text{ kg} \cdot \text{m/s}^2$となり，SI単位系の組立単位で表される。重力単位系の力の単位であるkgf(キログラム重)との間には$1 \text{ kgf} = 9.80665 \text{ N}$の関係がある。

二流体サイクル発電 にりゅうたいさいくるはつでん [電-他]
binary cycle power generation 圧縮機より抽気した高温の圧縮空気と蒸気を混合してタービンに注入するシステム。

認可最大出力 にんかさいだいしゅつりょく [社-電]
authorized maximum capacity, approved maximum capacity 発電設備の最大出力は，電気事業法において許可対象事項であったが，1995年の改正後は届出対象事項として規制されている。この届出による出力の値を発電所の設備容量として使用している。

人間環境宣言 にんげんかんきょうせんげん [環-国]
Declaration of the United Nations Conference of the Human Environment 1972年にストックホルムで開催された国連人間環境会議で採択された。自然のままの環境と人によってつくられた環境は，ともに人間の福祉，基本的人権ひいては，生存権そのものの享受のため基本的に不可欠であることを宣言した。市民および社会，企業および団体が，すべてのレベルで責任を引き受け共通な努力を公平に分担することが必要であり，各国政府と国民に対し，人類とその子孫のため，人間環境の保全と改善を目指して，共通の努力をすることが要請された。 ⇨ ストックホルム宣言

〔ぬ〕

ヌッセルト数 ぬっせるとすう [理-伝] Nusselt number (Nu) 物体と流体間で熱の授受を行うとき,主として流体の種類やその流れ具合によって熱量を授受する能力が異なる。この能力を表す係数は熱伝達率と定義されているが,この係数は物性値ではなく,技術係数ともいわれているもので,次元を有している。これを無次元化した値,すなわち流体側に選んだ代表長さを流体の熱伝導率で割った値をこの熱伝達率に掛けたものである。ヌッセルト数の物理的意味は,静止流体中を熱伝導のみで熱の授受が行われるとしたときの値に対する,流体が流動しているときの熱の授受量との比と考えることができる。

〔ね〕

ネガワット理論 ねがわっとりろん
[電-理]
nega-watt theory　1998年初めにロッキーマウンテン研究所のエイモリー・ロビンスが提唱した理論。エネルギーの生産量を増やすより、まずハードウェアのエネルギー効率を見直し、漏れを防いだほうが効果的である。これにより節約されたエネルギーが「ネガワット」というものである。省エネルギーにより電力消費を節約することにより発電所を新たに建設するのと同じ効果があり、社会的なコストを抑えることができるということである。

熱 ねつ　[理-熱]
heat　温度差がある場合に移動するエネルギーの形態のこと。熱の移動形態は、熱伝導、対流熱伝達およびふく射熱伝達の三つがある。熱力学で対象とする系では、外部とのエネルギー交換は熱および仕事の形態で行われる。一般に系に入る場合の熱量を正とする。外部との熱交換のない場合の状態変化を断熱変化と呼ぶ。⇨熱量

熱移動 ねついどう　[利-理]
heat transfer　水が高いところから低いところへ流れるように、熱も高温熱源から低温熱源に移動する。このような現象を熱移動という。熱移動には、熱伝導、対流熱伝達、放射の形態がある。⇨伝熱

熱エネルギー ねつえねるぎー　[理-熱], [燃-燃]
thermal energy　エネルギー形態の一種。熱エネルギーのほかに力学的エネルギー、電磁気的エネルギー、光エネルギー、化学エネルギー、核エネルギーがある。ミクロ的には、分子や原子の並進、回転、振動などのエネルギーにより構成される内部エネルギーの移動するエネルギーである。

熱汚染 ねつおせん　[社-都]
thermal pollution　火力・原子力発電、電気製品や自動車の利用などに伴って発生する熱エネルギーが、大気中や海水中に放出され、気温や海水温を上昇させる現象。東京など都市部では、自動車や空調からの廃熱が多く、都市化の進展に伴って気温が上昇するヒートアイランド現象が深刻化している。

熱回収 ねつかいしゅう　[熱-熱], [熱-交]
heat recovery　高温熱媒体の熱エネルギーをより低温熱媒体に移動させてほかの設備で利用できる形態に変換する操作をいう。例えば、高温反応による生成ガスをつぎのプロセスステップに供給する前に冷却する必要がある場合、水噴射や放熱器などで単純に冷やすのではなく、排熱ボイラを使ってユーティリティー蒸気を発生させたり、熱交換器を使って低温流体を加熱するような操作を行ってその熱の有効利用を図ることをいう。

熱回収形ブラインチラー ねつかいしゅうがたぶらいんちらー　[熱-冷]
heat recovery brine chiller　氷蓄熱システムなどの熱源機として、ブライン(不凍液)を例えば－5℃前後に冷却し、その製氷時排熱を利用し同時に温水を製造する冷凍機を熱回収形ブラインチラーという。熱回収ブラインチラーは冷凍・冷房負荷と暖房負荷が同時に存在するコンピュータ室、恒温恒湿などを有する建物の空調に最適であり、年間を通して冷凍、冷房、暖房の同時使用が可能である。特に冷暖房同時の場合は、暖房で必要な熱を冷凍、冷房の排熱利用で賄い、エネルギーの利用効率を高めている。

熱回収線図 ねつかいしゅうせんず
[熱-交]
heat recovery chart　排熱ボイラや熱

交換器などにおいて熱回収が行われている様子を線図に示したもの。加熱側(高温)熱媒体および被加熱側(低温)熱媒体のそれぞれの温度を縦軸に、それぞれの温度に到達するまでの交換熱量を横軸にとったグラフで、それぞれの熱媒体の温度差が視覚的に表される。排熱ボイラや熱交換器の必要伝熱面積は温度差に逆比例するので、極端な温度接近は避けなければならない。熱回収線図は熱媒体の温度差を適正に設定するために有効な手段として用いられる。

図は排熱ボイラ単体の熱回収線図の例を示す。臨界圧未満の圧力のボイラは、通常、給水の沸騰が始まるポイントでの温度差(ピンチポイント)が最も小さくなるので、沸騰温度(または飽和蒸気圧力)と交換熱量の関係から、回収可能な蒸気温度(または圧力)の上限を見極めるために有効である。

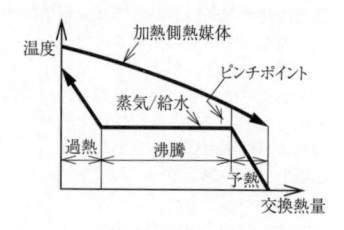

排熱ボイラ単体の熱回収線図の例

熱回収率 ねつかいしゅうりつ [熱-交]
heat recovery factor 熱源がもつ総エネルギー量(全入熱量)に対して被加熱流体が受け取ることができた熱エネルギー量(有効熱量)の割合。ボイラの熱回収率は一般的に、熱回収率(%) = {蒸気量×(蒸気出口エンタルピー-給水入口エンタルピー)}÷(燃料量×燃料発熱量)×100で表される。

燃焼用空気が別の熱源で予熱されている場合は分母に「燃焼用空気がもち込んだ熱エネルギー量」も加算する。なお、燃料発熱量には高位発熱量と低位発熱量があるので、どちらの発熱量で計算した熱回収率かを明記する必要がある。

熱解離 ねつかいり [燃-管]
thermal dissociation 高温によって吸熱反応が起こり、分子がより小さな分子、ラジカル、あるいは原子に分解すること。例えば、2 000 K 程度の高温では二酸化炭素(CO_2)の一部は CO, O_2, O などに分解している。高温の燃焼ガス中には、最終的な生成物である CO_2 や H_2O だけではなく、H, OH, O, CO, H_2, O_2 などの化学種が含まれている。これらの中間体が燃焼によって解放されるエネルギーの一部を有しているため、燃焼ガスの温度はその分低下している。
⇒ 断熱火炎温度

熱化学方程式 ねつかがくほうていしき [理-反]
thermochemical equation 化学反応に伴う熱の出入り(反応熱)を反応方程式に付け加えた式。反応熱は反応条件が圧力一定か、または体積一定かによって変わり、また温度によっても変化するので、標準反応エンタルピーを用いることが推奨される。標準反応エンタルピーは標準状態にある反応系が、標準状態にある生成物系に変化するときのエンタルピー変化である。これを用いた熱化学方程式は、例えば

CH_4 〔g〕 + $2O_2$ 〔g〕
= CO_2 〔g〕 + $2H_2O$ 〔l〕
ΔH^0 (298 K) = -890 kJ/mol

のように書く。

熱拡散係数 ねつかくさんけいすう [理-伝]
thermal diffusivity 熱拡散係数は熱伝導率を(密度×比熱)で割った値であり、単位としては m^2/s となり、流体の動粘性係数と同じ次元をもつ。熱と物質の移動過程のアナロジーを示す物理量として重要なプラントル数は

$$P_r = \frac{動粘性係数}{熱拡散係数}$$

で与えられている。プラントル数は気体

では1に近い値となるが(空気 $P_r ≒ 0.71$)、液体では10以上の値になることが多い。

熱画像 ねつがぞう　[熱-計]
thermogram　物体の表面温度を可視化した温度分布像。プランクの法則を利用し、赤外線の強さと波長を半導体素子により検出し画像化したもので、この計測装置を一般にサーモカメラあるいはサーモビジョンと呼ぶ。市販品の計測範囲は $-40 〜 2000 ℃$ 程度であり、工業、医療、天文、軍事などの応用分野は広範囲に及ぶ。エネルギー分野においては、おもに各種環境測定、設備監視、非破壊検査ならびに設備診断などにおいて利用されている。　⑩ 温度可視化

熱勘定 ねつかんじょう　[燃-熱], [熱-シ]
heat balance　熱源がもつ総エネルギー量が電気エネルギーや熱エネルギーとして回収されたり、さまざまな形態で系外に放出される熱損失の内訳を算定する行為または内訳表(またはグラフ)。熱源の有効利用方法、熱回収率改善策およびその限界などを知る手掛かりとして使われる。ボイラ、鋼材加熱炉などについては、個別にJISによる熱勘定法で定められている。　⇒ 熱収支　⑩ 熱精算

熱管理 ねつかんり　[産-全]
thermal energy management　各種製造業では、製品を製造するのに必要なエネルギーを減少させることに多大な努力をしている。熱がどのように使われているか、その熱の使い方の効率はよいのか、改善する余地はないのか、排熱をもっと有効に利用できないか、など工場で使用するすべての熱の使われ方を検討し、実際に省エネルギー効果を上げることを熱管理という。熱管理と電力の管理と合わせ、エネルギー管理という。第一種エネルギー管理指定工場となれば毎年、エネルギー消費量の報告書と翌年の消費エネルギー削減対策の計画を提出しなければならないので、熱管理は重要な仕事である。

熱管理指定工場 ねつかんりしていこうじょう　[産-全]
designated heat management factory　年間の燃料使用量が重油 $3000 kl$ 以上か、年間の電力使用量が1200万 $kW·h$ 以上の工場は第一種エネルギー管理指定工場となる。2003年度から第二種エネルギー管理指定工場の規定ができた。こちらはそれぞれ半分の量で、重油が $1500 kl$ 以上、電力が600万 $kW·h$ 以上である。第一種指定工場は国家資格であるエネルギー管理士の資格をもつ者を選任して、その任にあたらせなければならない。第二種指定工場には、エネルギー管理員を置くこと、エネルギー使用量などの定期報告を作成する義務がある。

熱機関 ねつきかん　[熱-機]
heat engine　継続的に外部から熱を受け取り、その一部を仕事に変換する装置のこと。熱機関では、作動媒体が圧縮、加熱、膨張、排熱の各過程を経て熱力学的なサイクルを行う。加熱方式の違いから内燃式と外燃式に、また、仕事の取出し方式の違いから、往復動式とターボ方式に分類される。熱力学第二法則の制約により、受け取った熱をすべて仕事に変換することはできない。　⇒ 原動機　⑩ エンジン

熱機関の効率 ねつきかんのこうりつ　[熱-機]
efficiency　熱機関の性能を表す指標の一つで、熱効率とも呼ばれ、次式で定義される。

$$熱効率 = \frac{正味出力}{受熱量} [kW/kW]$$

ここで、正味出力とは膨張過程で取り出される仕事から圧縮に要する仕事を差し引いたものであり、受熱量は外部から受け取った全熱量のことである。　⑩ サイクル効率, サイクル熱効率

熱起電力 ねつきでんりょく　[電-気]
thermoelectromotive force　2種類の金属を接合し、接合点の一方の温度を上

熱供給事業 ねつきょうきゅうじぎょう [社-都]
thermal energy supply project 熱源プラントで発生する蒸気，温水，冷水などを，パイプ配管を通じて一定地域内の建物群に対し送る事業。未利用エネルギーの有効活用，熱源設備を一括管理することによる大気汚染や公害の防止などのメリットがある。熱供給事業におけるごみ焼却廃熱などの未利用エネルギーの活用は，二酸化炭素などの排出抑制に寄与し，環境保全に貢献する。 ⇨ 地域冷暖房

熱蛍光線量計 ねつけいこうせんりょうけい [原-安]
thermo luminescence dosimeter (TLD) 放射線量を計測する線量計の一種で，ある種の半導体や絶縁体の結晶に放射線を照射し，照射後加熱すると熱蛍光(熱ルミネセンス)が発生する現象を応用したものである。 同 ルミネセンス線量計

熱交換 ねつこうかん [転-ボ]
heat exchange 加熱または冷却流体，または流動固体との直接または間接の接触によって，流体または流動固体を加熱または冷却すること。

熱交換器 ねつこうかんき [燃-燃]
heat exchanger 高温の流体から低温の流体に熱を伝達する装置の総称であって，ボイラや凝縮器，凝縮器のように相変化を生じるものから，温水加熱器や自動車のラジエータに至るまでその種類は多い。通常は，管壁や平板壁などを介して高温，低温の流体を流し，固体壁を通じて熱交換を行わせることが多い。

熱効率 ねつこうりつ [電-熱]，[輸-エ]
thermal efficiency 低熱源との間で熱機関を働かせて仕事をするとき，高熱源からこの機関がとった熱量のうちどれだけが外部への仕事に変わったかの割合をいう。カルノー効率より必ず小さい。自動車用エンジンについては，ガソリンエンジンでは25％程度，ディーゼルエンジンでは30％程度である。エンジンの運転に使用された燃料の熱量に対してエンジンが行った仕事の比率。エンジンに与えられた熱量のうち，どれだけが仕事に変わったかでエンジンの効率を示すもので，仕事に変換された熱量を供給された熱量で割って得られる。与えられた熱量は供給された燃料が完全に燃焼したときの発熱量で，このときにできる水は気体の状態のままとして計算される(低位発熱量)。

熱サイクル ねつさいくる [理-動]
heat cycle 蒸気サイクルのこと。1854年にイギリスのランキンによって提唱されたことから，このサイクルはランキンサイクルと呼ばれている。 ⇨ 蒸気機関

熱しゃく減量 ねつしゃくげんりょう [廃-性]
ignition loss 廃棄物を高温で加熱することによって揮発，減量する部分をいう。おもに有機成分，可燃成分に由来するものであるが，そのほかに，塩化物，硫酸塩，硝酸塩，アンモニウム塩などの揮発，成分を含む。

　ごみ中の可燃分，焼却残さの未燃分，固形分中の有機成分を測定したり，最終処分の基準の適否を確認したりするために検定される。目的によって加熱温度，加熱時間が異なる。「昭和52年11月4日付環整第95号厚生省環境衛生局水道環境部環境整備課長通知」別紙2において，ごみ中の可燃分の測定は，800℃，2時間，焼却残さの未燃分(熱しゃく減量)は，600℃±25℃，3時間，工場排水試験方法(JIS K 0102)の強熱減量(揮発分)は，600℃±25℃，30分である。 同 強熱減量，しゃく熱減量

熱収支 ねつしゅうし [理-動]，[燃-熱]
heat balance ある系での熱の出入りの計算。熱勘定ともいう。蓄熱＝(流入

＋加熱＋発生)－(流出＋加熱＋発生)－(流出＋損失＋消失)で与えられる。プラントなどでは，必要加熱量の算出などのために用いられる。熱機関などでは，供給した熱エネルギーがどのように使われているかを評価するために使われる。熱機関などで，燃焼室などを冷却するための冷却損失，排気に棄てられる排気損失，動力伝達機構の摩擦に費やされる機械損失，燃焼が不完全であることによる未燃焼損失，そしてこれらの損失を差し引いたものが正味の動力として取り出されることになる。すべての要因を正確に測定することは困難であるが，燃焼室壁温の計測による冷却損失，駆動運転による機械損失，排気分析による未燃焼損失の評価などが行われ，熱収支の見積りが試みられている。 ⇨ 熱勘定

熱出力 ねつしゅつりょく ［熱-機］
thermal output 火力や原子力発電所などの熱機関において燃料から単位時間当り発生する全熱量のことである。熱機関の総合効率と正味出力を用いて熱出力を次式のように表すことができる。

$$熱出力 = \frac{正味出力}{総合効率} \ 〔kW〕$$

熱消費率 ねつしょうひりつ ［熱-機］
heat consumption rate 原動機において，1 kW・h の出力を発生するのに要する熱量のこと。原動所のサイクル熱効率を使って次式で計算される。

$$熱消費率 = \frac{3600}{サイクルの熱効率} \ 〔kJ/(kW \cdot h)〕$$

熱 水 ねっすい ［転-変］
hot water (HW) 地下にある水蒸気と高温の水。圧力などの条件により相変化を伴うが区別しない。ある程度の広がりをもった岩石のすきまや割れ目の中を熱水は循環していると考えられている。循環する範囲を一つのまとまりとみて熱水系と呼ぶ。

熱 線 ねっせん ［熱-材］
heat ray 可視光線よりも波長が長く，およそ 0.75 μm～1 mm 程度の範囲にある電磁波。可視光線に比べ強い熱作用をもつ。周波数が物質を構成している分子の固有振動と同程度の範囲にあるため，物質に照射されると電磁的な共振が起こりエネルギーが吸収される。
⇨ 赤外線

熱線吸収ガラス ねっせんきゅうしゅうがらす ［熱-材］
heat-absorbing glass 板ガラスの組成の中に，微量のニッケル，鉄，コバルトなどの金属成分を加えて着色されたガラス。透明板ガラスに比べて日射熱をより多く吸収することによって，透過率を適度に抑え，冷房負荷を軽減する。建物の外装，家具，インテリア，自動車などに用いられる。 ⇨ 熱線反射ガラス
㊉ 熱吸ガラス

熱線反射ガラス ねっせんはんしゃがらす ［熱-材］
heat-reflective glass 表面に金属の薄膜を焼き付けたガラス。日射エネルギーを反射し，冷房負荷を低減するとともに，ハーフミラー効果がある。熱線吸収ガラスを素板として反射膜加工を施した高性能タイプもある。建物の外装，各種ガラススクリーンなどに用いられる。
⇨ 熱線吸収ガラス ㊉ 熱反ガラス

熱損失 ねつそんしつ ［熱-シ］
heat loss 熱源がもつ総エネルギー量のうち，被加熱流体が受け取ることができず，系外へ放出されてしまう熱量，または放出される現象。熱損失の形態としてはつぎのようなものがあげられる。①ボイラ壁や炉壁，配管などから外気への放熱，②排気ガスの保有熱や未燃の燃料が排気ガスとともに煙突などを経由して外気に放散，③復水蒸気タービン排気の潜熱が復水器を経由して冷却水に放出。

熱帯雨林の破壊 ねったいうりんのはかい ［環-温］
destruction of tropical rain forest
⇨ 森林破壊

熱帯林 ねったいりん　[環-温]

tropical forest　熱帯地方では乾湿度によって，砂漠，サバンナ草原，熱帯季節林，熱帯(多)雨林のように植生が変化するが通例，常緑広葉樹林である熱帯雨林を指す。アマゾン流域，コンゴ川流域，東南アジアなどに分布し，きわめて多種の生物種による生態系を形成している。生産力は高いが，過度の伐採などによる衰退が問題となっている。　⇨ 森林破壊　⑩ 熱帯雨林

熱中性子 ねっちゅうせいし　[原-核]

thermal neutron　核分裂から発生する中性子は，高速中性子である。高速中性子は，媒質(減速材)中の分子と衝突を繰り返すことにより減速し，その運動エネルギーが媒質中の分子の熱運動と平衡(中性子の速度がマックスウェル分布)に達する。これを熱中性子という。熱中性子の典型的な運動エネルギーは 0.025 eV (2200 m/s)である。減速材として軽水を利用する加圧水型原子炉，沸騰水型原子炉は熱中性子炉である。　⇨ 高速中性子

熱中性子炉 ねっちゅうせいしろ　[原-炉]

thermal neutron reactor, thermal reactor　核分裂によって発生した中性子は高いエネルギーをもち高速で走るため，これを高速中性子と呼んでいる。水などの減速材でこの高速中性子の速度を遅くした中性子を熱中性子と呼び，この熱中性子により核分裂連鎖反応を起こさせる原子炉を熱中性子炉という。高速増殖炉以外のすべての原子炉は熱中性子炉である。　⇨ 高速炉　⑩ 熱炉

熱通過率 ねつつうかりつ　[熱-交]

overall coefficient of heat transfer, overall heat transfer coefficient　熱交換器などの伝熱面を介して流体どうしが熱交換を行う場合，図に示すような高温側流体から低温側流体への伝熱を熱通過という。熱通過率 k 〔W/(m²·K)〕は，単位時間当り伝熱面単位面積当りの熱交換量 Q/A 〔W/m²〕を高低温流体の

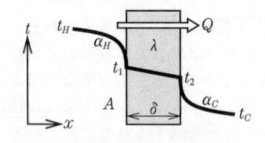

平板の熱通過

温度差 $t_H - t_C$ 〔K〕で割った移動係数である。平板一次元の熱通過率は，流体と伝熱面間の熱伝達と伝熱面材料内の熱伝導の関係式式(1)から伝熱面表面温度 t_1 と t_2 を消去して式(2)より求められる。

$$\left.\begin{array}{l} \dfrac{Q}{A} = \alpha_H(t_H - t_1) \\[4pt] \dfrac{Q}{A} = \dfrac{\lambda}{\delta}(t_1 - t_2) \\[4pt] \dfrac{Q}{A} = \alpha_C(t_2 - t_C) \end{array}\right\} \quad (1)$$

$$\begin{aligned} \dfrac{Q}{A} &= k(t_H - t_C) \\ &= \dfrac{t_H - t_C}{1/\alpha_H + \delta/\lambda + 1/\alpha_C} \end{aligned} \quad (2)$$

ここで，A：伝熱面積〔m²〕，k：伝熱通過率〔W/(m²·K)〕，Q：通過熱量〔W〕，t：温度〔K〕，α：伝熱達率〔W/(m²·K)〕，δ：伝熱面厚さ〔m〕，λ：熱伝導率〔W/(m·K)〕，添字の H は高温多湿，C は低温を表す。　⇨ 熱伝達率，熱伝導率　⑩ 総括伝熱係数，熱貫流率，熱通過係数

熱抵抗 ねつていこう　[熱-交]

thermal resistance　熱抵抗は，熱通過の式〔「熱通過率」の式(2)〕において熱通過量 Q〔W〕を電流，高低温流体の温度差 $t_H - t_C$〔K〕を電位差とおいて等価電気回路と見なすとき，式(1)のように温度差を通過熱量で割った値 R〔K/W〕である。図には「熱通過率」の式(1)に対応する熱抵抗を，またその関係を式(2)に示す。複数の伝熱過程が関与する積層の複合平面板や複合円管などの伝熱解析に熱抵抗を用いると，現象を容易に考えることができる。　⑩ 伝熱抵抗

平板一次元の等価電気回路

$$\text{電気抵抗} = \frac{\text{電位差}}{\text{電流}}$$
$$\text{熱抵抗} = \frac{\text{温度差}}{\text{通過熱量}} \quad (1)$$
$$R = \frac{t_H - t_C}{Q}$$

$$R = R_H + R_S + R_C$$
$$= \frac{1}{\alpha_H A} + \frac{\delta}{\lambda A} + \frac{1}{\alpha_C A} \quad (2)$$

熱電可変型コジェネレーション　ねつでんかへんがたこじぇねれーしょん [電-熱] thermo-electric variable cogeneration　一般的なガスタービンコジェネレーションは、排熱を排熱回収ボイラで蒸気として回収、利用するものだが、設置先で蒸気が100％の有効利用ができない場合にこの余剰蒸気をガスタービンに注入して発電出力をアップさせることで、蒸気を無駄なく利用できる(蒸気注入方式)。蒸気を熱として利用、または、ほぼ全量をガスタービンに入れて電力として利用するなど、熱電比をフレキシブルにコントロールできるものを熱電可変型コジェネレーションシステムと呼ぶ。

熱電気発電　ねつでんきはつでん [転-電] thermoelectric power generation　熱電対と同じ原理を利用して、二つの金属間(半導体間)に生じた電流を外部に取り出す方法が熱電気発電である。
⇨ 熱電発電

熱電効果　ねつでんこうか [転-電] thermoelectric effect　熱から電気への変換原理。ドイツの物理学者であるゼーベック(1770〜1831)により発見された。当時は2種の金属の接合点に温度変化を与え回路を閉じると磁針が振れ、回路を開くと両金属間に電位差がみられるというものであった。1821年、Prussian Academy of Science 誌上に発表され、のちに熱電流という考えがとられ、ゼーベック効果といわれるようになった。最近は環境汚染への問題が深刻になってきており、クリーンなエネルギーの開発が急がれている。このような中、廃熱エネルギーの有効利用として熱電変換素子が新たに見直されてきている。

熱電子　ねつでんし [転-電] thermo electron　固体を高温に加熱することによって放出される電子。例えば、加熱タングステンフィラメントから放出される電子。真空管では陰極を熱し、これから出てくる熱電子を陽極に集める。このほかブラウン管、X線管、電子顕微鏡など、熱電子は広く利用されている。

熱電素子　ねつでんそし [熱-材] thermoelectric element　両端に温度差を与えると起電力を発生したり、逆に電流を流すとその両端に発熱と吸熱を生じる固体材料で、半導体や金属が用いられる。電気の荷体により電子をキャリヤとするものを n 形素子、ホール(正孔)をキャリヤとするものを p 形素子という。温度計測用の熱電対と原理は同じであるが、恒温槽などの熱電冷却や排熱を利用した熱電発電の基本となるもので、大電流型であるため導電率が大きく熱起電力も大きいエネルギー素子で、特に区別して用いる。　⇨ 熱電対　同 熱電発電素子、熱電冷却素子

熱伝達係数　ねつでんたつけいすう [理-伝] heat transfer coefficient　固体表面とこれに接する流動している気体または液体間の熱移動を熱伝達という。この場合の移動熱量は

$$\dot{q} = \alpha(T_w - T_\infty)$$

によって表される。$\dot{q}$ は単位面積当りの熱流束、T_w は固体の表面温度である。流動している気体、または液体側の固体

表面近くの温度は流動状態によって異なるため、ここでは熱流速の評価基準温度として固体表面から十分離れた場所の温度 T_∞ を採用する。上式における比例定数 λ 〔W/(m²·K)〕が熱伝導率である。熱伝導率は流体の流れによって変化するため物性値ではない。　⇨ 熱伝達率

熱伝達率　ねつでんたつりつ　〔熱-交〕
coefficient of heat transfer, heat transfer coefficient　固体壁面と流体間に温度差がある場合、高温側から低温側に熱移動が生じる。熱伝達率は、単位面積、単位時間当りの移動熱量(流束)〔W/m²〕を流体の代表温度と壁面温度の差(駆動力)〔K〕で割って得られる移動係数〔W/(m²·K)〕であり、流体の流動条件や物性値および壁面との境界形状に依存する。壁面局所の流束と温度差で与えられる係数は局所熱伝達率と呼ばれ、伝熱面全体についてとったその平均値を平均熱伝達率という。　⇨ 熱伝達係数　㊗ 伝熱係数

熱電対　ねつでんつい　〔理-計〕,〔電-素〕
thermocouple　2種類の金属あるいは合金の接続点の温度差によって生じる熱起電力を利用した温度測定素子である。両接点の温度差に依存し、構成する二つの金属の形状と大きさには関係しない。使用温度によって7種類(B, R, S, K, E, J, T)の熱電対が規格化されており、使用条件によって適切な熱電対を選択することが重要である。素線の保護のために一体構造となったシース熱電対が広く用いられている。

熱伝導率　ねつでんどうりつ　〔理-伝〕,〔熱-交〕
thermal conductivity　熱伝導は、原子や分子のもつエネルギーが隣接部分との衝突により輸送される熱の移動機構の一つであり、熱伝導率は、均質等方な固体あるいは流体内部の任意の微小面を横切る熱流束 q 〔W/m²〕を、面の法線方向 n にとった負の温度こう配 $-\partial T/\partial n$ 〔K/m〕で割って定義される物性値 λ 〔W/(m·K)〕である。物質の種類、温度および圧力に依存する物性値の一つ。多孔質体や複合材料などでは見掛け上の値として有効熱伝導率が用いられる。また、希薄流体では分子どうしの衝突が生じにくいため気体の見掛け熱伝導率が用いられる。　⇨ フーリエの法則

熱電発電　ねつでんはつでん　〔理-電〕,〔電-他〕
thermoelectric power generation　2種類の金属あるいは半導体を接合して、一方を加熱し他方を冷却すると、加熱した側はプラスに、冷却した側はマイナスに帯電し起電力を生じる。ゼーベック効果を利用して、熱エネルギーを直接、電気エネルギーに変換する発電方式。高温部分と低温部分からなる温度差があれば、その温度差から電気エネルギーを得ることができるので、その応用分野は家庭用から地球規模のものまで幅広く考えられている。また、利用できる熱源温度も－200℃～＋2000℃程度と多肢にわたっている。　⇨ 熱電気発電

熱電半導体　ねつでんはんどうたい　〔電-素〕
thermal semiconductor　熱エネルギーを電気エネルギーに直接変換することのできる物質。クリーンな新しいエネルギー源が求められている現代において、廃熱として無駄に放出されている熱を有効に活用する手段として注目されている。また、逆の作用である電子冷却も、フロンを使わない冷却技術としてすでに実用されている。

熱電比　ねつでんひ　〔電-熱〕
thermo-electric ratio　需要(供給)側の熱需要(熱供給)と電力需要(電力供給)の比率のこと。

熱電併給　ねつでんへいきゅう　〔転-電〕
cogeneration　発電と同時に発生した排熱も利用して、冷暖房や給湯などの熱需要に利用するエネルギー供給システム。これにより、総合熱効率の向上を図る技術。火力発電など、従来の発電シス

テムにおけるエネルギー利用効率は40％程度で，残りは排熱として失われていたが，コジェネレーションシステムでは理論上，最大80％の高効率利用が可能となる。

北欧などを中心に，地域熱供給などで広く利用されている。日本では，これまでおもに，紙パルプ，石油化学産業などの産業施設において導入されていたが，近年はオフィスビルや病院，ホテル，スポーツ施設などでも導入されつつある。二酸化炭素(CO_2)の排出削減策としても注目されている。

具体的には，ガスエンジン，ガスタービン，ディーゼルエンジン（以上原動機）などを用いて，その軸動力を介して発電機を駆動して電力を得るとともに，これらの原動機から廃出される熱を温水や暖房などに利用して，エネルギーの有効活用を果たそうとするものである。

近年，コジェネレーションが脚光を浴びているのは，エネルギー効率が高く省エネルギーを図れることから，CO_2の廃出が削減でき，地球温暖化防止策の一つとしてあげられている。　⇨ コジェネレーション

熱電変換デバイス　ねつでんへんかんでばいす　[転-電]
thermoelectric device　半導体の熱電現象を利用して熱エネルギーを電気エネルギーに直接変換する熱電変換デバイスは，温度差さえあれば直接電力を得ることができ，騒音，振動，排出物をいっさい出さないゼロエミッション発電装置。低品位の未利用廃熱エネルギーを使いやすい電気エネルギーへとアップグレードするのに適した「エネルギーリサイクル」技術。　⇨ 熱電気発電

熱電モジュール　ねつでんもじゅーる　[電-熱]
thermoelectric module　2種の異なる金属または半導体の両端を接合し，両接点を異なる温度に保つとき両接点間に起電力が生じる。これを熱起電力と呼び，温度差1K当りの起電力は物質の種類に依存する。この原理を利用し，熱エネルギーを高効率で電力に変換する素子を熱電素子と呼ぶ。熱電モジュールとはこれらを多数組み合わせたもの。

熱電冷却デバイス　ねつでんれいきゃくでばいす　[転-電]
thermoelectric cooling device　熱電冷却または"ペルチェ効果"と呼ばれ，異なった半導体材質を使用することにより起こされる半導体熱交換方式。この現象は19世紀初めにフランスの時計会社により発見された。

熱電冷凍方式　ねつでんれいとうほうしき　[転-電]
thermoelectric cooling method　熱電冷却により冷凍する方式。

熱の仕事当量　ねつのしごととうりょう　[理-熱]
mechanical equivalent of heat　ジュールの実験により，仕事は熱に変換されることが明らかになった。従来の単位系では熱量はcalにより表されていたため，熱量の単位を仕事の単位に変換するための係数が必要であり，この変換係数を熱の仕事当量という。熱の仕事当量は4.1868 J/calである。現在のSI単位系では熱量も仕事と同じくエネルギーの単位であるJを用いる。また，熱と仕事の変換の関係を表すエネルギー保存則を熱力学第一法則という。　⇨ 仕事の熱当量，熱力学第一法則

熱爆発　ねつばくはつ　[燃-気]
thermal explosion　燃焼反応において，系内に熱が発生する速度が，発生した熱が系外に逃げる速度より大きいと考えられる場合，すなわち，系外に逃げる熱よりも，燃焼反応に伴って発生する熱が大きい場合に，燃焼が自発的に維持されるとする理論。自己着火と同義。

熱爆発限界曲線　ねつばくはつげんかいきょくせん　[燃-気]
thermal explosion limits　熱爆発の考え方によって導かれる，熱爆発限界を表

す曲線。燃焼に伴う熱発生速度がアレニウス型の式に従うと仮定すると，特に2分子反応の場合には，爆発の限界圧力の温度依存性が，近似式 $\ln P_c = A/T_0 + B$ (ただし，P_c：爆発の限界圧力，T_0：外部温度，A および B：定数)で表すことができるとされ，この関係曲線のことを指す。Semenov の爆発限界と呼ぶ場合がある。

熱負荷シミュレーション ねつふかしみゅれーしょん [熱-冷]
heat load simulation　コンピュータを用いて，1年365日時々刻々について冷暖房負荷計算を行い年積算負荷を求める，あるいは，ある期間の室温や負荷の変動特性を調べるシミュレーション。熱源機や空気調和機の設備容量を決定するための設計用最大熱負荷計算も，ある特定条件での負荷や室温のシミュレーションであると見なされ，これは場合により手計算で行われることもある。　⇨熱負荷計算

熱分解 ねつぶんかい [理-化]
pyrolysis, thermal cracking, thermal degradation, thermolysis　熱によって分子が解裂することをいう。原油を熱分解してガソリンをはじめとする種々の物質が製造されている。ガソリンの製造では，金属-固体酸，シリカ-アルミナ，ゼオライトなどの触媒が用いられる。ガソリン留分(ナフサ)は遊離基(フリーラジカル)的に熱分解されエチレンやプロピレンなどの工業的に重要な原料が製造される。ラジカル重合開始剤として重要な過酸化ベンゾイルやアゾビスイソブチロニトリルは，60～80℃において2分子に熱分解してラジカルとなる。プラスチックのような有機化合物は，空気中では酸化を伴って熱分解するため窒素中より熱的に不安定である。

熱分解ガス ねつぶんかいがす [石-ガ]
thermogenic gas　天然ガスのうち，ケロジェン，石炭および石油，ビチューメンの熱分解起源のもの。商業規模の天然ガス鉱床の約80%を示す。天然ガスの分類のための用語。

熱併給火力発電 ねつへいきゅうかりょくはつでん [電-火]
heat and power co-generation　内燃力，汽力などにより発電を行うとともに，タービンからの排熱を利用して蒸気や温水などを発生させ，地域暖房などの熱エネルギーの再利用を図る発電方式。

熱平衡 ねつへいこう [理-科]
thermal equilibrium　物資の状態を示す。高温と低温の物体を接触させると，高温物体から低温物体へ熱が移動し，しばらく経過すると両者の温度が等しくなって熱の移動がなくなる。これを熱平衡の状態という。物体が熱平衡にあれば，物体の状態を示す物理量である状態量(温度 T，圧力 P，体積 V，内部エネルギー U，エントロピー S など)が指定される。多数の系の集合体では，すべての系の温度，圧力，全種類の粒子の化学ポテンシャルが共通の値をとることが熱平衡の条件となる。

熱放射 ねつほうしゃ [理-放]
thermal radiation　熱ふく射ともいう。物体は熱せられたとき，その表面からいろいろな波長の電磁波を放射することをいう。そのエネルギーとスペクトル分布は，物体の種類と温度だけで決定される。特に黒体からの熱放射(黒体放射)はプランクの放射法則に従う。　⇨プランクの放射法則

熱容量 ねつようりょう [理-熱]
heat capacity　系の温度を1K上昇させるのに必要な熱量。熱容量が大きい場合，同量の熱を供給しても温度上昇が小さい，つまり温まりにくい。物質1kg当りの熱容量が比熱，また，物質1mol当りの熱容量がモル比熱である。比熱と熱容量を区別せず用いることもある。　⇨比熱

熱力学温度 ねつりきがくおんど [理-熱]
thermodynamic temperature　温度は暖かさ，冷たさといった感覚を客観的

に表す指標として導入された。温度を測る際には，物質の物性(例えば熱膨張率)の温度変化を利用する温度計が用いられるが，その尺度は物質により異なる。ケルビンは可逆カルノーサイクルの概念に基づき，物質の種類に依存しない温度を導入した。この熱力学により定義された物質の種類に依存しない温度を熱力学温度と呼び，絶対温度ともいう。熱力学温度の単位はKである。理想気体において体積一定のもとで温度を低下させていき，圧力が0となる点が絶対零度0K，水の三重点が273.16Kとなる。

熱力学第一法則 ねつりきがくだいいちほうそく [理-熱]
the first law of thermodynamics 熱力学におけるエネルギー保存則。系に供給された熱量をδQ，系の内部エネルギー増加をdU，外部になす仕事をδWとすると$\delta Q = dU + \delta W$の関係がある。これを熱力学第一法則の微分形と呼ぶ。これを1サイクルにわたって積分すると，$\oint \delta Q = \oint \delta W$となり，外部に仕事をしつづけるためにはそれと等しい熱の供給が必要であること，つまり，第一種永久機関は不可能であることがわかる。 ⇨ 内部エネルギー，熱量

熱力学第三法則 ねつりきがくだいさんほうそく [理-熱]
the third law of thermodynamics 絶対温度(0K)におけるエントロピーは物質によらず0である，という法則。エントロピーは系の無秩序さを示すことから，絶対零度である0Kでは系の秩序は最大となる。また，この法則により，ある温度Tにおける絶対エントロピーを定義することが可能となる。 ⇨ エントロピー

熱力学第二法則 ねつりきがくだいにほうそく [理-熱]
the second law of thermodynamics 熱は高温側から低温側へと移動することを示している法則。この法則の本質を定量的に表す量がエントロピーであり，熱力学第二法則は，孤立系ではエントロピーは増大し平衡状態において最大となることを示している法則ともいえる。 ⇨ エントロピー

熱流束 ねつりゅうそく [理-伝]
heat flux 単位時間当りのエネルギー(熱)の流れる量を熱流(熱流量)といい，SI単位ではこれをJ/sまたはWで表す。また熱流の方向を熱流線といい，この熱流線に垂直な微小面積を選び，その面を通過する熱流，すなわち単位面積当りの熱流を熱流束といい，単位はW/m²で表す。この大きさと流れる方向を考えたものは熱流束ベクトルである。

熱量 ねつりょう [理-熱]
quantity of heat 熱をエネルギーの物理量で表したもの。一般に系に入る場合の熱量を正とする。従来，熱量の単位としてcalが用いられてきたが，熱と仕事は等価であり熱力学ではSI単位のJを用いる。1 calは4.1868 Jに相当する。また，1 kgの物質の温度を1 K上昇させるのに必要な熱量のことを比熱と呼ぶ。 ⇨ 熱

熱量計 ねつりょうけい [理-計]
calorimeter カロリーメータともいい，比熱，潜熱，反応熱，吸着熱，湿潤熱，そのほかの熱量を測定する装置の総称である。測定時に圧力変化のない定圧熱量計(炎熱量計など)と一定容積のもとで測定される定容熱量計(ボンベ熱量計など)に分けられる。測定は試料の温度変化あるいは相変化量から求めるものがある。また，地域冷暖房システムや給湯システムにおいて，「供給熱量＝温度×流量」を測定する器具をカロリーメータと呼ぶこともある。

NEDO ねど [社-新]
New Energy and Industrial Technology Development Organization (NEDO) 新エネルギー・産業技術総合開発機構。「石油代替エネルギーの開発および導入の促進に関する法律(石油代替エネルギー法)」に基づき，1980年

10月に設立された特殊法人。石油代替エネルギーに関する技術でその企業化の促進を図ることが特に必要なものの開発，地熱資源および海外における石炭資源の開発に対する助成，そのほか石油代替エネルギーの開発等の促進のために必要な業務を総合的に行うことなどを目的とする。設立に際し，政府は安定的で計画的な財源措置を講じるために「石炭および石油特別会計」を「石炭ならび石油および石油代替エネルギー対策特別会計」に改めるとともに，「電源開発促進対策特別会計」に「電源多様化勘定」を新設した。その後，1982年にアルコール製造事業，1988年に産業技術の研究開発業務が追加された。2003年度の予算規模(案)は約2600億円である。 ⇨ 新エネルギー・産業技術総合開発機構，石油代替エネルギーの開発および導入の促進に関する法律

NEF ねふ [社-新]
New Energy Foundation (NEF) 新エネルギー財団。エネルギー供給企業，新エネルギー技術に関連する企業の協賛のもと，1980年9月に設立された公益法人。新エネルギーの開発・利用に関する調査・研究，情報の収集・提供，関係機関などへの建議・意見具申，資金助成などの事業を行うことにより，新エネルギーに関する国民意識の向上と新エネルギー産業および地域経済の発展を図り，わが国のエネルギー自給の改善などに寄与することを目的とする。2002年度の予算規模は約300億円である。 ⇨ 新エネルギー財団

年間コスト ねんかんこすと [社-価]
annual cost 年間コストとは，投資された設備の運転や維持に必要な経常的な費用のことである。設備本体にかかる費用はイニシャルコストと呼ばれるが，できあがった設備を運転したり維持したりするための費用はランニングコストと呼ばれる。設備投資がもたらす純利益は，「現金流入額－現金流出額」と定義されるキャッシュフローであるが，ランニングコストは現金流出額を構成する費用項目となる。 ⇨ イニシャルコスト 同 ランニングコスト

年間コスト法 ねんかんこすとほう [社-価]
annual cost method 同一の目的や機能をもつ投資案件が複数存在するとき，どの案件を選択すべきかの判断材料として，年間コスト法を用いることがある。この方法は，おのおのの投資案件にかかわるすべての費用(イニシャルコストやランニングコスト)を，設備の耐用年1年間当りの費用に換算して，案件相互の費用規模を比較する。年間コストとして計上されるものは，イニシャルコストに対応する資本コスト(減価償却費など)，ランニングコストを構成する原材料費，人件費，保守管理費などである。
⇨ イニシャルコスト，資本回収法，内部利益率 同 ランニングコスト

年間熱負荷係数 ねんかんねつふかけいすう [民-原]
perimeter annual load ⇨ PAL

粘結炭 ねんけつたん [石-炭]
coaking coal 石炭を乾留したときに軟化溶融状態になり，粘着性，流動性，膨張性を示すことを粘結性といい，粘結性をもつ石炭を粘結炭という。おもに歴青炭がこれに相当し，コークス原料に用いられる。

燃焼温度 ねんしょうおんど [理-燃]
combustion temperature 一般的に燃焼後の燃焼ガスの温度を燃焼温度と呼ぶ。正確には断熱火炎温度あるいは断熱燃焼温度で定義されるべき言葉。
同 断熱火炎温度

燃焼ガス成分 ねんしょうがすせいぶん [燃-管]
composition of burned gas N_2, CO_2, H_2O, CO, O_2などの燃焼ガス中に含まれる化学種をいう。2000 K以上の高温では熱解離により，H, H_2, O, OH, NOなどの化学種の存在も無視で

きなくなる。また，酸素不足の不完全燃焼では，これに燃料である炭化水素が分解して生成したH_2, CH_4, C_2H_6などと，すすに至る多環芳香族炭化水素が加わる。

燃焼管式硫黄分試験法 ねんしょうかんしきいおうぶんしけんほう [環-硫]
testing method for sulfur combustion tube 燃料中の硫黄分を計測する方法。燃焼硫黄を四酸化硫黄として水に吸収，水酸化ナトリウムで中和滴定する。

燃焼計算 ねんしょうけいさん [燃-管]
calculation of combustion 断熱火炎温度，平衡燃焼ガス組成，あるいは層流燃焼速度などを計算によって求めること。断熱火炎温度や燃焼ガス組成の計算には化学種の熱力学的なデータを必要とする。層流燃焼速度の計算では，このほかに，多くの素反応とその速度定数からなる詳細反応モデルが必要となる。最近では，計算機コードとしてChemkin IIIが広く使われている。

燃焼性硫黄 ねんしょうせいいおう [環-硫]
combustible sulfur 燃えて揮発する硫黄分。石炭では，電気炉で815 ± 10℃で2時間熱したときに残る硫黄量（不燃性硫黄）を全硫黄から引いたもの。なお，不燃性硫黄とは，この測定条件で灰中に残るものであり，実際の燃焼・ガス化炉内では，条件によって不燃性硫黄までがガス側に排出される場合もある。

燃焼速度 ねんしょうそくど [理-燃]，[燃-気]
burning velocity 可燃性媒質中を定常的に伝ぱする平面的燃焼波の未燃部に対する相対的速度。つまり，未燃物質の速度を0としたときの燃焼波の速度。この値は未燃物質の熱力学的性質，化学的性質だけで決まる物性値で，断熱状態の平面状一次元火炎の燃焼速度は，理論的に予混合気の組成，温度，そして圧力の条件が決まれば，一意的に決定される固有の値である。しかし，厳密な平面状の一次元火炎を実験的に形成することは難しく，燃焼速度の真値を測定することはきわめて難しい。 ⇨ 燃速

燃焼熱 ねんしょうねつ [理-燃]
heat of combustion 燃焼反応における反応熱のこと。 ⇨ 高位発熱量 ⇨ 高発熱量，発熱量

燃速 ねんそく [理-燃]
burning velocity ⇨ 燃焼速度

粘度 ねんど [理-操]
viscosity 流体の流れの抵抗であり，ある物体に力を加えたときにその物体がどれほど速く変形するかを表す目安となる量。図に示すように，液体を2枚の板の間に挟み，上の板をx軸方向に等速運動させると，ずり流動と呼ばれる流れが起こる。このときの流体層間に運動量の移動が起こり，x軸方向にせん断応力τ_{xy}が作用する。これは速度こう配（dv_x/dx）に比例して次式で表される。

$$\tau_{xy} = -\mu \frac{dv_x}{dx}$$

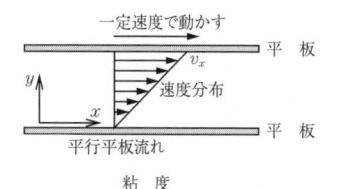

この式の比例定数μが粘度であり，単位はPa·sとなる。 ⇨ 動粘度 ⇨ 粘性率，粘性係数

粘度

燃料 ねんりょう [燃-全]
fuel 燃焼させてその熱エネルギーを利用するための材料を指す。狭義には化石燃料を意味する。石油，天然ガス，石炭などが主要な燃料であるが，近年，バイオマス，廃棄物なども燃料として利用されつつある。燃料はその形状により固体燃料，気体燃料，液体燃料に大別される。広義には核燃料も含める。 ⇨ 化石燃料

燃料極 ねんりょうきょく　［電-素］
anode　⇒ アノード

燃料系廃棄物 ねんりょうけいはいきぶつ　［燃-廃］
fuel usable waste　燃焼させることにより，容易に燃料として利用できる廃棄物の総称であり，一般に廃タイヤ，廃プラスチック，廃油，紙くず，木くず（バイオマス），繊維くず，ゴムくずなどを指す。廃棄物を直接ボイラ用燃料として利用する場合もあるが，通常は燃料として不適当な金属やガラスなどを取り除き，固体や液体および気体燃料などに転換して発熱量や燃焼性を均一にした後に利用する場合が多い。

燃料蒸気圧 ねんりょうじょうきあつ　［輸-燃］
fuel vapor pressure　燃料の蒸発性の指標であり，燃料と平衡状態にある蒸気の圧力をいう。ガソリンの場合，蒸気圧が高すぎると貯蔵，運搬，そのほか取扱い時に蒸気の損失が増大し，引火の危険性も大きくなる。また，使用時にベーパロック（燃料が過熱され，燃料パイプの中に燃料蒸気がたまり，閉塞される現象）を起こす恐れがある。一方，蒸気圧が低すぎるとエンジンの始動性（特に低温時）が悪化するために，蒸気圧が一定範囲内にあることが要求される。
　石油類の蒸気圧は，一般にリード法によって測定される（JIS K 2258を参照）。密閉された容器の中に0～1℃に冷やした試料を封入し，37.8℃にまで容器を温め，圧平衡となったときの蒸気の圧力を測定する。これをリード蒸気圧（RVP）という。

燃料消費率 ねんりょうしょうひりつ　［輸-エ］
specific fuel consumption　エンジンが単位時間に単位出力当り消費する燃料の量。例：① 単位馬力単位時間当りの消費質量〔g/(PS·h)〕，② 単位 l 当りの走行距離（km/l），③ 単位 kW 単位時間当りの消費質量〔g/(kW·h)〕，④ 単位 W 単位秒当りの消費質量 g/(W·S)。ヨーロッパでは100 km走行時に消費された燃料を l で表す。3リッターカーとは，3 l で100 km走行できる自動車で，わが国では33km/l となる。
⇔ 燃費

燃料添加物 ねんりょうてんかぶつ　［燃-製］
fuel additives　燃料の性状向上，使用上の問題回避のために燃料に添加される物質の総称。代表的なものとして，オクタン価向上剤，セタン価向上剤，酸化防止剤，腐食防止剤などがある。

燃料転換 ねんりょうてんかん　［環-温］
fuel conversion　① 固体，液体，気体燃料を別の液体，気体燃料に転換し，使いにくい形態の燃料を使いやすくしたり，使用する熱機関に適した性質をもつ燃料に変換する。石炭のガス化，液化，ガス化ガスからのメタノールやジメチルエーテルの合成などが例。② ボイラなどで使用する燃料を当初のものから別のものに替えること。　⇒ GTL　⇔ 液化，エネルギー転換，改質，ガス化

燃料転換（エネルギー利用における） ねんりょうてんかん（えねるぎーりようにおける）　［社-全］
fuel switching　一次エネルギー供給源を，あるものからほかのものに変更すること。本来，原子力，水力などは燃料とはいわないが，広義にはこれらを含める。第一次石油危機以降，石油からガス，石炭，原子力（ウラン）へ転換が急速に進んだ。設備はそのままで，燃料だけが転換したのはまれで，むしろほかの燃料を使う新設設備ができることを通して転換が進んだ。石油が，一次エネルギー供給の77%（1973年度）から49%に低下したのは燃料転換によるもので，特に発電部門では石油は1973年度の約8割を占めていたが2001年度には7%に縮小している。最近では，環境対策などの理由で燃料，原料を石炭から天然ガスへ切り換えることが燃料転換の主流である。

⇒ エネルギー政策，総合エネルギー統計，長期エネルギー需給見通し

燃料電池 ねんりょうでんち [転-電]
fuel cell (FC) 水素と酸素を反応させることで，電気を発生させるエネルギー変換装置。水の電気分解と逆の電気化学反応を利用しているため，水素と酸素をエネルギー源とし，水と電気，熱を発生させる。エネルギー効率が高いうえ，排出される物質が水だけなので，環境にもやさしいエネルギーとして注目されている。燃料電池は燃料を補充すれば使いつづけることができる。つまり，屋外でも持ち運ぶことはもちろん，燃料を補充しつづければ半永久的に電気を発生させることができる。燃料電池には，利用される電解液や燃料などによりいくつかの方式がある。リン酸を電解質として使うリン酸形燃料電池 (phosphoric acid fuel cell, PAFC) はコジェネレーション用などに，イオン交換樹脂膜を利用する固体高分子形燃料電池 (polymer electrolyte fuel cell, PEFC) は自動車などに，イットリア安定化ジルコニアという酸化物を利用して，発電に 1000 ℃ 近い高温が必要な固体酸化物形燃料電池 (solid oxide fuel cell, SOFC) は中規模な発電所のような役割が期待されている。携帯機器で主流になると考えられているのは，メタノールを利用した燃料電池で，固体高分子形燃料電池の一種である「ダイレクトメタノール方式 (direct methanol fuel cell, DMFC) 燃料電池」と呼ばれる方式である。ちなみに "ダイレクト" とは，メタノールと水の混合物を使って発電を行う過程で，気体の水素そのものを発生させる「改質」という工程を踏まずに発電することを示す。DMFC 燃料電池の仕組みとしては，触媒電極に白金が混ぜられており，メタノールが白金に触れて分解され，水素イオンと二酸化炭素が発生する。反対側の電極に達した水素イオンは空気中の酸素と結合して水となり，このときに電気が発生する。 ⇒ 燃料電池発電

燃料電池コジェネレーションシステム ねんりょうでんちこじぇねれーしょんしすてむ [電-燃]
fuel cell cogeneration system 燃料電池を原動機とした，燃料電池本体 (セルスタック)，燃料改質器，インバータ，排熱回収装置の四つの主要な機器から構成されるコジェネレーションシステムのこと。

燃料電池自動車 ねんりょうでんちじどうしゃ [輸-他]
fuel cell powered vehicle 燃料電池で発生させた電気でモータを駆動して走る自動車。燃料電池は，1839 年にイギリスのグローブ卿によって発明され，宇宙船の電源として開発が進められた。燃料電池の原理は水の電気分解の逆反応を利用したものである。すなわち，水素と大気中の酸素を反応させて電気を発生させる。反応で排出されるのは水のみであり，内燃機関のように窒素酸化物 (NOx) などの有害物質は排出されない。効率は最大で 60 ％ 前後に達し，内燃機関自動車の 2 倍程度の燃費が得られる。燃料電池で必要になる水素は，天然ガス，メタノール，石油・石炭ガス，バイオマス，水力などさまざまな物質から製造可能である。そのため，将来にわたって資源を確保しやすいとともに，再生可能エネルギーから製造した場合には製造時の二酸化炭素の排出も抑制可能である。21 世紀中後期における自動車として最も期待されているが，技術課題も多く，各国の自動車メーカが開発競争にしのぎを削っている。 同 FCEV，燃料電池電気自動車

燃料電池発電 ねんりょうでんちはつでん [電-燃]
fuel cell power generation (FC) 水の電気分解の逆の反応を利用し水素のほか，天然ガス，メタノール，石油・石炭ガスなどを燃料として改質生成した水素と酸素を反応させて電気をつくる。使用

する電解質によってリン酸型, 溶融炭酸塩型, 固体電解質型, 固体高分子型などがある。 ⇨ 燃料電池

燃料電池複合発電 ねんりょうでんちふくごうはつでん [電-燃]

fuel cell combined power generation 約1000℃の高温ガスを排出する高温作動型の固体電解質型燃料電池(SOFC)と, ガスタービンと組み合わせた複合サイクルを構成し, 効率を向上させる発電方式。

燃料噴射ノズル ねんりょうふんしゃのずる [輸-燃]

fuel injection nozzle エンジンの燃焼室に燃料を噴射する噴射口(ノズル)をいう。ディーゼルエンジン用には, 副室式エンジン用に単孔ノズルと直接噴射式用で3～6個の孔をもつ多孔ノズルがある。また, ガソリンエンジン用としては吸気管にガソリンを噴射する噴射ノズルと, 低燃費, 高出力を目的とした直接噴射式ガソリンエンジンで燃焼室内にガソリンを噴射する噴射ノズルがある。直接噴射式ガソリンエンジンでは, 燃焼の安定化を目的としてスワールノズル, スリットノズルなどの研究, 開発および実用化が進んでいる。 ⇨ 燃料噴射ポンプ

燃料噴射ポンプ ねんりょうふんしゃぽんぷ [輸-燃]

fuel injection pump 燃料を圧縮して噴射ノズルへ圧送するポンプ機構。ディーゼルエンジンでは高圧の燃焼室内に燃料を噴射するため, 200～400気圧に噴射圧を高める必要があることから, 燃料噴射ポンプによって加圧される。さらに, 燃料を高圧で噴射すると粒子状物質(PM)の発生を抑えられることから, 2000気圧まで燃料噴射圧を高める高圧化の研究, 開発が行われている。直接噴射式ガソリンエンジンにおける燃料噴射ポンプは, ディーゼルエンジンのそれと比較して噴射圧力が低く, 吸気管噴射方式の噴射ポンプの噴射圧力はさらに低い。 ⇨ インジェクタ

燃料油再生 ねんりょうゆさいせい [燃-製]

oil regeneration 廃植物油, 廃潤滑油や廃プラスチックなど, 炭化水素系廃棄物を原料にして燃料油を製造すること。再生油はおもに潤滑油や重油として利用される。

〔の〕

濃縮ウラン のうしゅくうらん　[原-技]
enriched uranium　天然ウラン中の同位体 ^{238}U に対する ^{235}U〔天然存在比 0.720 %(原子数比), 0.711 %(質量比)〕の濃度を人工的に高めたウランのこと。軽水炉用としては5%未満に濃縮されたウランが燃料となる。一般的に、濃縮度が20%未満のものが低濃縮ウラン、20%以上のものが高濃縮ウランと分別される。また、兵器用としては90%以上の濃縮ウランが適しているといわれている。 ⇨ 天然ウラン, 同位体

濃縮操作 のうしゅくそうさ　[理-操]
thickening　溶液中にある固体粒子などの濃度を高くする操作。懸濁している粒子群を沈降させて、泥の層と上澄み液とに分離する装置で、連続沈降濃縮装置の代表としてシックナーがある。シックナーは古くから水処理場などで用いられており、泥の層をできるだけ濃厚な状態で取り出すことを目的としている。 ⇨ 沈降分離, 沈殿

濃淡電池 のうたんでんち　[電-池]
concentration cell　濃淡電池とは、電極または電解質溶液の種類が同じであり、電解質の濃度だけが異なる二つの半電池から構成させる電池である。

濃淡燃焼 のうたんねんしょう　[燃-燃]
off stoichiometric combustion　低NOx燃焼法の一つ。複数のバーナのうち何基かを燃料過剰で燃焼させ、残りを空気過剰で燃焼させて二段燃焼と同様の効果により低NOx化を図る。

NOx のっくす　[環-室]
nitrogen oxides (NOx)　多くの燃焼プロセスで生成する大気環境汚染物質である窒素酸化物の総称。環境問題になるNOxとしては一酸化窒素(NO), 二酸化窒素(NO_2)と亜酸化窒素(N_2O)がある。このうち、NOとNO_2は光化学スモッグ、酸性雨の原因物質であるとともに、人体への影響のある汚染物質である。排煙などに含まれるNOxという場合には、通常、NOとNO_2の和を指す。NOは高温で生成する排ガスNOxの中の多くを占めるが、常温の大気中でNO_2に転化する。N_2Oは低濃度では人体への影響はないが、温室効果ガスであるとともに、成層圏オゾン層の破壊にも関与するガスである。NOxの生成機構には、酸化剤(空気など)中の窒素から生成するNOxと燃料中の窒素から生成するものとに分類でき、前者をサーマルNOx、後者をフューエルNOxと呼ぶ。 ⇨ 亜酸化窒素, 一酸化窒素, サーマルNOx, 酸化窒素, 窒素酸化物, 二酸化窒素, フューエルNOx

NOx吸蔵触媒 のっくすきゅうぞうしょくばい　[輸-排]
NOx absorber catalyst　リーンバーンエンジンやガソリン直接噴射式エンジンにおいて、空燃比リーン時に、窒素酸化物(NOx)を酸化して硝酸塩として吸蔵し、リッチ時に吸蔵されたNOxを炭化水素や一酸化炭素との反応により還元浄化する触媒。この触媒は、一般的なガソリン車において使用されている三元触媒(TWC)が機能しない希薄燃焼領域において、NOxの浄化ができる有効な技術であり、ディーゼル車にも適用可能であるが、排気温度を精密に制御する必要があるとともに、触媒の劣化を防ぐために燃料中の硫黄分をゼロレベルにまで低減する必要がある。 ⓔ ANC, NSR, LNT

ノンフロン冷蔵庫 のんふろんれいぞうこ　[民-器]
CFC-free refrigerator　地球温暖化問題から冷媒の転換を図った冷蔵庫。従来の代替フロンに代えて、自然冷媒を使う

ことから「ノンフロン」と呼ばれる。冷蔵庫で使われているものはR 600 aという可燃性ガス。従来の冷媒より冷凍効率は優れているが,可燃性ゆえの課題,例えば結露防止のためのヒーティングなどを解決し,冷媒切換えを実現した。加えて冷凍サイクルや断熱材など各社独自の開発技術が盛り込まれ,最も省エネタイプのものでは年間平均すると20 W程度(小型蛍光灯1本相当)にまで消費電力量が少なくなっている。ノンフロンに限らず電気冷凍冷蔵庫全般が省エネ法の特定機器対象である。　⇨ 特定機器

〔は〕

バイアス燃焼 ばいあすねんしょう
[燃−燃]
bias combustion ⇨ 濃淡燃焼

煤煙 ばいえん [環−塵]
smoke 燃料などの燃焼に伴って発生する煤じん(すす)を含んだ煙。「大気汚染防止法」では、「煤煙」をつぎのように定義している。

① 燃料そのほかの物の燃焼に伴い発生する硫黄酸化物(SOx)、

② 燃料そのほかの物の燃焼または熱源としての電気の使用に伴い発生する煤じん、

③ 物の燃焼、合成、分解そのほかの処理に伴い発生する物質のうち、カドミウム、塩素、フッ化水素、鉛そのほかの人の健康または生活環境にかかわる被害を生じる恐れがある物質で政令で定めるもの。

煤煙を発生する施設に対して、その施設の設置される地域、施設の種類と規模、燃料の種類や量などに応じて排出規制がかけられている。また、煤煙のうちSOxと窒素酸化物(NOx)については指定煤煙として、指定地域に対して総量規制基準が定められている。 ⇨ SOx, NOx, 煤煙の排出基準, 煤煙発生施設, 煤じん

煤煙処理施設 ばいえんしょりしせつ
[環−塵]
smoke treatment system 煤煙発生施設から排出される煤煙を処理して浄化する施設。排煙脱硫装置、集じん装置、排煙脱硝装置、有害物質処理装置などを総称していう。「特定工場における公害防止組織の整備に関する法律」では、選任される公害防止管理者の行うべき業務内容として、煤煙処理施設の操作、点検および補修を定めている。 ⇨ 煤煙, 煤煙発生施設

排煙脱硝法 はいえんだっしょうほう
[環−窒]
exhaust-gas denitration 排煙脱硝法には、乾式と湿式があるが、実際は、乾式法が多く採用されている。乾式法には、アンモニア接触還元法、無触媒還元法、活性炭法、電子線照射法などがある。いずれもアンモニアを窒素酸化物(NOx)の還元剤として吹き込む方法である。

煤煙の着地濃度 ばいえんのちゃくちのうど [環−塵]
ground level concentration of smoke 煙突から排出された煤煙が大気中で拡散しながら地表面に到達したときの濃度。地上濃度または地表濃度ともいう。着地濃度の最大値を最大着地濃度 C_m、そのときの距離を最大着地濃度距離 x_m といい、サットン(Sutton)によれば、つぎの簡単な式で表現される。

$$C_m = \frac{2Q}{e\pi u He^2}\left(\frac{C_z}{C_y}\right)$$

$$x_m = \left(\frac{H_e}{C_z}\right)^{2/(2-n)}$$

ここで、π は円周率、u は風速(m/s)、H_e は有効煙突高さ(m)、Q は排出ガス流量(m^3/s)、C_y, C_z は拡散パラメータである。硫黄酸化物では $C_y=0.47$, $C_z=0.07$, $n=0.25$ が使われる。

二酸化硫黄(SO_2)の K 値による排出規制において、1本の煙突から排出できる SO_2 の量を H_e^2 に比例させているのは、この式の考え方に依拠している。
⇨ SOx, 煤煙の排出基準

煤煙の排出基準 ばいえんのはいしゅつきじゅん [環−塵]
emission standards of smoke 煤煙発生施設において発生する煤煙の排出許容限度。「大気汚染防止法」では煤煙を硫黄酸化物(SOx)、煤じん、有害物質

に大きく3分類し、それぞれに異なった方式で規制している。硫黄酸化物については、サットン(Sutton)の拡散式に基づいて地域ごとに指定されたK値と煙突の有効高さにより許容限度(g/h)を算出するK値規制を採用した。有害物質については、カドミウムや塩素など物質ごとに、施設の種類によって異なる許容限度〔mg/m^3_N、下付き N は 0℃、101.325kPa(1気圧)の標準(ノーマル)のガス状態を意味する〕を定め、窒素酸化物(NOx)については施設の種類、規模、燃料の種類などにより異なる許容限度(ppm)を定めている。煤じんおよび有害物質については、都道府県によって上乗せ基準を設定できることになっている。また、SOx と NOx については指定煤煙として、地域により総量規制基準が適用される。　⇒ 煤煙発生施設、煤じんの排出基準

煤煙発生施設　ばいえんはっせいしせつ
[環-塵]
smoke emitting facility　大気汚染の原因となる煤煙を発生する施設。「大気汚染防止法」ではボイラ、加熱炉、焼結炉、溶解炉など31種類を指定し、一定規模以上の施設を規制の対象としている。煤煙発生施設を設置する際は、代表者の氏名、施設の種類、構造、使用方法、煤煙の発生量などを都道府県知事に届け出ることになっている。また、「特定工場における公害防止組織の整備に関する法律」において、煤煙発生施設や粉じん発生施設などをもつ工場を特定し、国家試験または国の資格認定講習により資格を得た公害管理管理者を選任し配置することを定めている。　⇒ 煤煙

バイオガス　ばいおがす　[自-バ]
biogas　厨芥、動物の排泄物などのバイオマスに嫌気性メタン発酵菌を働かせて得られる高濃度のメタンを含むガスで、燃料として用いられる。

主成分はメタンと二酸化炭素で、原料によって異なるが、メタンの分率は50〜80%程度である。低位発熱量は21〜23 MJ/(N・m^3)程度であり、中カロリーガスとなる。ガスの発生量も原料に大きく依存し、食品系では効率よく消化ガスが得られるが、下水汚泥や畜産ふん尿ではガスの生成量が少なく、エネルギープロセスとして成立しないこともある。発展途上国では直接燃焼して調理などに用いられるが、先進国ではガスエンジンやマイクロガスタービンで発電の用途に用いられる。この場合、ガス中に微量に含まれる硫化水素やシロキサンが問題となり、原料によってガスの精製が必要となる。　⇒ メタン発酵

ハイオクガソリン　はいおくがそりん
[石-油]
high octane-value gasoline　オクタン価が95以上と高いガソリンの総称。

バイオマス　ばいおます　[環-温]
biomass　エネルギー源または工業原材料として利用できる生物体の集積を指す。太陽エネルギーを蓄積した有機物と考えられ、基本的に再生可能で、炭素中立である。エネルギー利用の方法としては、石油成分の抽出、熱分解などによるガス化、液化、メタン発酵、アルコール発酵による燃料化などがある。バイオマスの利用拡大により、化石燃料の節減が可能になる。適正な管理が行われれば、環境保全や資源循環型社会の構築にも有効である。　⇒ 炭素中立

バイオマスアルコール　ばいおますあるこーる　[自-バ]
bioethanol　文字どおりに解釈すれば、バイオマスから生産されるアルコールであり、バイオマスのガス化ガスから合成するメタノールやアセトン・ブタノール発酵で得られるブタノールも含まれるが、一般的にはバイオマスを原料としてエタノール発酵によって生産したエタノールのことを指す。すでにブラジルではサトウキビから、アメリカではトウモロコシから生産が行われており、ガソリンに添加した形で用いられているほか、

いくつかの国で導入が進められている。資源量の多い木質系バイオマスを加水分解してバイオマスアルコール生産の原料とする技術開発が進められている。
⇨ 間接液化　⑩ バイオエタノール

バイオマスエネルギー　ばいおますえねるぎー　[自-バ]

bioenergy　木や草、畜産ふん尿、下水汚泥、食品廃棄物など、もともと生物活動に由来して発生し、原料や燃料として利用することのできる有機物をバイオマスと呼び、このバイオマスから取り出されるエネルギーをバイオマスエネルギーと呼ぶ。新エネルギーの利用などの促進に関する特別措置法においては、バイオマスを「動植物に由来する有機物であってエネルギー源として利用することができるもの(原油、石油ガス、可燃性天然ガスおよび石炭ならびにこれらから製造される製品を除く)」と定義している。性状からのみ議論をすれば、泥炭や草炭などもある程度の類似性が認められるが、再生可能性ならびに炭素中立性をバイオマスの特徴と見なせば、これらはバイオマスからは除外されるべきであろう。なお、英語ではバイオエネルギーと呼ぶのが一般的である。　⑩ バイオエネルギー

バイオマスエネルギープランテーション　ばいおますえねるぎーぷらんてーしょん　[自-バ]

plantation of biomass for energy production　エネルギー利用する目的でバイオマスを人工的に生産することを指す。この意味で、製紙原料とするための植林や食糧を得るためのプランテーションとは区別される。実施例としては、エタノールを得るためのブラジルにおけるサトウキビ生産、アメリカにおけるトウモロコシを生産があげられる。また、菜種などを栽培してバイオディーゼルを得ることも行われている。廃棄物系のバイオマスや未利用系のバイオマスに比べて経済的に不利になることが多く、また、製品も食料としてのほうが高く売れることもあり、おもに政策的に実施されている。

バイオマス資源　ばいおますしげん　[自-バ]

biomass resources　木や草、畜産糞尿、下水汚泥、食品廃棄物など、もともと人間活動に由来して発生し、原料や燃料として利用することのできる有機物をバイオマスと呼び、これを資源として取り扱うときにバイオマス資源と呼ぶ。バイオマスの利用にはエネルギー利用と原料利用があるが、いずれの場合にも再生可能でカーボンニュートラルな資源として取り扱われる。ただし、カーボンニュートラルな特性(炭素中立性)は、バイオマスが再生的に利用されたときにのみ成立するので注意が必要である。その量を議論するときには、究極的な生産量とその中で実際に回収、利用できる利用可能量とに分けて議論する。　⑩ 生物資源

バイオマス燃料　ばいおますねんりょう　[自-バ]

biofuel　生物から得られる燃料という意味だが、一般的にはバイオマスを原料とした液体燃料の意味で用いられることが多い。バイオマスから液体燃料を得るには、バイオマスを瞬間的に高温にして液化する急速熱分解、高温高圧の水の中で処理する水熱液化、一度ガス化して得られた合成ガスからメタノールを合成する間接液化、でんぷんや糖からエタノールを得るエタノール発酵、油脂をメタノールと反応させてメチルエステルを得るバイオディーゼル生産などがある。このうち、エタノールとバイオディーゼルは、近年、自動車用燃料として導入が進められている。　⇨ バイオマスエネルギー　⑩ バイオフューエル

[輸-燃]

biomass fuel　バイオマス(生物量を意味する用語であるが、最近では、まとまった量を集積してエネルギー、化学工業原料などに使うことができる動植物資

源を指す)をさまざまな方法で燃料にしたものをいう。バイオマスは生体活動によって生成する動物または植物，微生物を物量換算した有機物を指すが，実用性を考慮すると木材，廃材，生ごみ，家畜ふん尿などの有機系廃棄物がその原料になる。したがって，地域によらず生産が可能で，わが国においても入手可能な資源であるが，収獲，集荷，処理，輸送などに費やすエネルギーやコストが問題である。　㊁ FAME，バイオマスエタノール，BDF

バイオマス発電　ばいおますはつでん　[廃-発]
biomass power generation　バイオマスは「植物起源の再生可能エネルギー資源」であり，農業および畜産廃棄物，林業資源，産業および一般廃棄物の一部にまたがっている。バイオマスを直接燃料として用いる火力発電が主流である。熱分解，メタン発酵などにより得られたガスを用いて，ガスエンジン，燃料電池による発電も行われている。

バイオリアクタ　ばいおりあくた　[産-プ]
bioreactor　本来，生物が生産する酵素あるいは微生物を固体に担持し触媒としてリアクタに入れ，繰り返し使用できるようにした反応装置をバイオリアクタという。

排ガス再循環　はいがすさいじゅんかん
exhaust gas recirculation (EGR)
[環-室]，[燃-環]
　燃焼炉の燃焼用空気に燃焼排ガスの一部を用いる方法であり，これにより燃焼空気中の酸素濃度を相対的に低下させ，低窒素酸化物(NOx)燃焼が可能となる。通常，排ガスの混入量は，燃焼用空気の20〜30%である。　⇨ 炉内脱硝法
㊁ 排気ガス再循環

[輸-エ]
　エンジンの排気ガスの一部を排気管から取り出して吸気系統に再循環させることによって，窒素酸化物(NOx)の発生を低下させる手法。燃焼室内へ送り込ま

れる吸入吸気の酸素濃度を低下できるとともに，排気ガス再循環(EGR)によるガスの熱容量が大きいために，燃焼時の火炎温度が低減し，火炎温度が高くなると多く生成されるNOxの排出量を減少させることができる。ガソリンエンジンで多く採用されていたが，ディーゼルエンジンに対する排出ガス規制の強化に伴って，ディーゼルエンジンにおいても採用されるようになってきた。　㊁ 排気ガス再循環

排気セントラル換気方式　はいきせんとらるかんきほうしき　[環-都]
central for exhaust ventilation　⇨ 計画換気

排気損失　はいきそんしつ　[熱-加]
heat loss by exhaust gas　燃焼後の排気に含まれる熱量(顕熱)が利用されないまま煙道から外部へ排出されることにより発生した熱量損失。必要以上の過剰空気を減少させたり，廃熱を燃焼用空気の予熱に用いるなどの手法により排気損失は改善できる。

廃棄物　はいきぶつ　[廃-分]
solid waste, waste　「廃棄物の処理及び清掃に関する法律」の定義では廃棄物とは「ごみ，粗大ごみ，燃えがら，汚泥，ふん尿，廃油，廃酸，廃アルカリ，動物の死体そのほかの」の固形状または液状の汚物であり，放射性廃棄物や残土などは除外される。不要物とは有償取引できないものと解釈されている。一方，循環基本法では使用済品，廃棄品，副産物などを「廃棄物等」，有用なものを「循環資源」と定義している。廃棄物の定義には，資源循環の促進と生活環境の保全の観点から相反する意見がある。なお，日本語の「ごみ，塵，屑，芥，滓」と同様，英語でも garbage, refuse, dust, rubbish, residue と多様である。

廃棄物資源化　はいきぶつしげんか
[廃-資]
recycle, resource recycling　廃棄物

の中に含まれる有価物を資源として利用すること。自治体によっては、ごみ(廃棄物)を焼却や埋立などによって処理するものと、資源として回収するものに区分するため、資源物と呼んで別に回収しているところもある。自治体が回収しているのは、びん、缶が最も多く、古紙、プラスチック、古布などを資源物(資源ごみ)としているところもある。容器包装リサイクル法では、市町村などの自治体、事業者、消費者それぞれの役割が定められている。原料として利用するマテリアルリサイクルだけではなく、製鉄所においてプラスチックボトルを還元材として利用するケミカルリサイクルや、燃料として利用するサーマルリサイクルなどがある。資源循環型社会とは、発生したごみを適正に処理するだけではなく、不用物をできるだけ発生させないようにし、排出された不用物をできるだけ資源として利用する社会のことである。 ⇒ リサイクル

廃棄物焼却炉 はいきぶつしょうきゃくろ [廃-焼]
refuse incinerator, waste incinerator 焼却する廃棄物性状の相違に対応して、流動層式、ストーカ式などが実用化されている。難燃性や病原菌が含まれる廃棄物の焼却には補助燃料を用いるが、一般には、廃棄物の自燃が可能な構造となる。焼却量 50 kg/h 以上については、「ダイオキシン類対策措置法」が適用され、200 kg/h 以上では「大気汚染防止法」および「廃棄物の処理および清掃に関する法律」が適用される。これらの法律により規定された、排ガス、排水、灰の排出基準値を守るために焼却炉構造、排ガス・排水・灰処理装置を適切に選定する必要がある。 同ごみ焼却炉, 産廃焼却炉, 都市ごみ焼却炉

廃棄物処理 はいきぶつしょり [廃-処]
waste treatment, waste management 廃棄物に対して、分別、収集、運搬、再生、処分、保管などの処理を施すこと。再生処理としては、減量、減容のための焼却、脱水、圧縮やリサイクルのための分解、分離、有価物回収などの中間処理が行われる。また、処分としては処分場での埋立処理などの最終処分が行われる。 ⇒ 廃棄物

廃棄物ゼロ循環型社会 はいきぶつぜろじゅんかんがたしゃかい [環-制]
recycling-based society, sound material-cycle society ⇒ 循環型社会, ゼロエミッション

廃棄物中継施設 はいきぶつちゅうけいしせつ [廃-集]
refuse transfer plant ごみを小型収集車で収集し、中間処理施設や最終処分場までの距離が長く、運搬効率が低い場合に大型運搬車や船舶に積み替えるための施設である。一般廃棄物の場合、本施設には大型のごみ圧縮機(コンパクタ)を設置し、密閉型コンテナ($17 \sim 20 \text{m}^3$)にごみを圧縮・詰め込むコンパクタコンテナ方式が最も普及している。ほかに、コンテナ積替え方式、圧縮装置付輸送車方式などがある。コンパクタコンテナ方式では、受入設備、圧縮機、コンテナ移動装置、集じん装置などで構成され、コンテナを運搬するための脱着装置付コンテナ専用車が用いられる(図)。

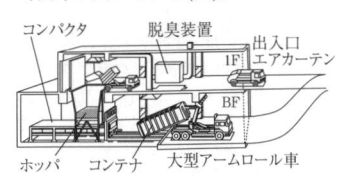

中継施設例(コンパクタコンテナ方式)

廃棄物燃料利用 はいきぶつねんりょうりよう [廃-燃]
utilization of refuse derived fuel 廃棄物の中には炭素、水素、硫黄の三つの可燃性元素が含まれている。これらの可燃性元素を利用して廃棄物を燃料として利用すること。そのまま燃やすこともあ

るが，運搬などを効率的にするため家庭系や産業系の固形廃棄物を一定の大きさに加工して，ごみ固形化燃料(RDF)と呼ばれる固形燃料として利用することもある。

また，クラフトパルプの製造工程から排出される黒液と呼ばれる液状廃棄物(排水)は，リグニンなどの有機分が20％程度含まれている。これを70％程度まで濃縮することによってバイオマスとしてエネルギー利用されている例もある。　⇨ RDF，サーマルリサイクル

廃棄物発電　はいきぶつはつでん
[廃-発]

waste power generation　廃棄物の焼却による発生熱を，蒸気エネルギーに変換し，蒸気タービンと発電機を回転させることにより発電する方式が一般的である。廃棄物の燃焼ガス中に含まれる塩素による高温腐食環境に耐える高ニッケル(Ni)系合金を熱交換器に用いた場合，500℃程度の蒸気発生が可能で，発電効率30％達成可能とされている。

廃棄物の熱分解，または発酵ガスを用いて，ガスエンジン，燃料電池などによる発電が実用化され，発電効率40％達成が目標となった。　⑮ ごみ発電，都市ごみ発電

廃棄物利用火力発電　はいきぶつりようかりょくはつでん　[電-火]

waste product recovery power　ごみを焼却する際の熱で高温の蒸気をつくりその蒸気でタービンを回して発電する。発電効率を上げるためボイラの高温高圧化への取組みが行われている。

廃止措置　はいしそち　[原-廃]

decommissioning　操業を終了した原子力施設を解体し撤去するなどの一連の行為を廃止措置という。原子炉の場合，特に廃炉という。原子力施設の解体撤去にあたっては，放射性物質の取扱いに特段の注意が必要である。廃止措置は，放射能のレベルに応じて適切に施設の解体と撤去が行われる必要があることのほ

か，発生する放射性廃棄物の処理処分，法令により放射性物質としての取扱いをしなくてもよいとされるものの特定と再利用など有効な活用策の検討，施設が撤去された後の跡地の利用など，いくつかの課題を総合的に検討しておく必要がある。アメリカなどの海外では原子力発電所の廃止措置が実際に行われており，日本では，研究目的であった動力試験炉の廃止措置が行われた。　⑮ 廃炉

排出権取引　はいしゅつけんとりひき
[環-国]

emissions trading　気候変動枠組条約締約国会議で決められた各国の温暖化ガス排出枠を達成するために，排出枠に余裕のある国と余裕のない国が排出枠を国際的に売買すること。同様に，国内企業間などで温暖化ガス排出枠の取引をすることも含む。クリーン開発メカニズム，共同実施と並んで京都議定書に盛り込まれた措置の一つ。　⑮ 排出量取引

焙焼炉　ばいしょうろ　[産-炉]

roasting furnace　焙焼とは，鉱石を適当な温度および雰囲気で加熱して，結晶水の除去，炭酸塩を分解して二酸化炭素の除去，硫黄，ヒ素などの揮発性有害成分の除去，質の緻密な鉱石は多孔質に変えることなどを目的とする操作である。これを行う炉には，縦型炉，流動層焙焼炉などがある。焙焼では，金属の酸化は目的外であるので，酸化を防ぐためには温度を酸化反応が起こらない範囲に調節すること，不活性ガス雰囲気とすることなどが必要である。

廃食用油　はいしょくようあぶら
[自-バ]

waste food oil　天ぷらやフライなどの調理に用いた後の廃棄される油。下水に流されたり，固化して廃棄されたりするが，回収してエネルギー利用すれば再生可能エネルギーとしての利用が可能となる。そのままでは粘性が高く，既存の自動車のエンジンで用いることができないため，おもにメチルエステル化されて

ディーゼルエンジン燃料として用いられる(バイオディーゼル)。日本のバイオマスの利用可能量に占める割合は1％以下と考えられるが、利用にあたって比較的住民の協力を得やすく、また小規模でも比較的安価に変換利用ができることから、自治体や民間非営利団体(NPO)が中心となって利用が進められている。
㊂ 廃棄食用油

煤じん　ばいじん　[環-塵]
dust, soot　一般に燃焼過程で発生する固体粒子。古くから「すす」の語も用いられたが、すすは不完全燃焼による未燃炭素分が主となる。「大気汚染防止法」では「燃焼または熱源としての電気の使用に伴い発生する」ものを煤じんと定義し、一方、「物の破砕、選別、その他の機械的処理またはたい積に伴い発生し、または飛散する物質」としての「粉じん」とは明確に区別している。煤じんについては施設の種類や規模によって異なる排出基準を定めており、特定粉じんである石綿は施設の敷地境界で基準を定めているが、一般粉じんには排出基準は定めていない。

工場などの固定発生源施設から大気環境中に排出されると、浮遊粉じんとか浮遊粒子状物質(SPM)と呼ばれるが、粗大な粒子を対象として降下煤じんという表現が用いられ、大気汚染の評価のため測定が古くから行われている。　⇨ 浮遊粒子状物質、フライアッシュ、飛灰
㊂ ダスト

煤じん濃度　ばいじんのうど　[環-塵]
dust concentration　ダスト濃度
⇨ ダスト濃度、煤じんの排出基準

煤じん濃度測定方法　ばいじんのうどそくていほうほう　[環-塵]
measuring method of dust concentration　燃焼や加熱工程から発生する煤煙の中に含まれる煤じんの濃度を測定する方法。「大気汚染防止法」において排出基準が定められ、JIS Z 8808(排ガス中のダスト濃度の測定方法)により質量濃度を測定することが求められている。この方法では、等速吸引によりろ過捕集をしてろ紙上の捕集煤じんを秤量し、同時に、吸引した試料ガス量を標準状態〔0℃、10.325 kPa(1気圧)〕に換算して濃度を算出する。最終的には酸素濃度を測定したうえで、煤煙発生施設ごとに定められた標準酸素濃度により得られた煤煙濃度を補正する。一方、燃焼管理の目的で光学的方法などを用いて煤煙の自動連続測定も行われる。　⇨ ダスト濃度自動計測器、リンゲルマン煤煙濃度表

煤じんの排出基準　ばいじんのはいしゅつきじゅん　[環-塵]
emission standard of dust　「大気汚染防止法」の第3条で「排出基準は、煤煙発生施設において発生する煤煙について、環境省令で定める。」として、煤じんの排出限度を定めている。煤煙発生施設は、ボイラ、加熱炉、焼成炉などのうちそれぞれ一定の規模以上の施設について規定しており、全国に適用される一般の排出基準と、汚染が進行している地域に適用される特別排出基準とがある。排出基準値は0.03〜0.4 g/m^3_N(下付きのNは標準〔0℃、101.325 kPa(1気圧)〕のガス状態を意味する)の範囲にある。ただし、単位体積は0℃、1気圧の状態に換算して求め、さらに、排ガス中の酸素濃度を測定して標準酸素濃度により補正することになっている。　⇨ 煤煙の排出基準

廃タイヤ　はいたいや　[産-廃]
waste tire　タイヤには天然ゴム、合成ゴム、合成繊維、カーボンブラック、軟化剤など多くの材料が使用されているが、主成分は炭化水素である。その発熱量は製品の種類により異なるが、およそ7 200〜8 500kcal/kg程度であり、これはほぼ良質の石炭か、これより少し石油に近い値である。石炭だきボイラや平炉、セメントキルンなど、およそ、石炭を用いる燃焼設備において石炭の代替と

配電 はいでん [電-流]
distribution feeder 配電線路とは,「発電所,変電所もしくは送電線と需要設備との間または需要設備相互間の電線路およびこれに付属する開閉所そのほかの電気工作物」と定義されるが,一般的には,配電用変電所から需要者引込口に至るまでの部分が配電系統として取り扱われる。

買電・売電価格 ばいでんばいでんかかく [電-料]
purchasing price of power, selling price of power 太陽光や風力で発電した電力の電力会社による購入単価。

配電方式 はいでんほうしき [電-流]
distribution system 配電方式は経済性,保安,ほかの電気設備への影響などを考慮して,電圧階級別にさまざまな方式が取り入れられている。電灯負荷に対しては単相2線式,単相3線式,動力負荷に対しては三相3線式,灯動共用負荷に対しては三相4線式が適用される。

ハイドレート はいどれーと [理-名],[石-ガ]
hydrate 水和物のこと。エネルギーの分野では,特に天然ガスハイドレートやガスハイドレートの意味で用いられる場合がある。

ハイドレートコア はいどれーとこあ [石-ガ]
hydrate core ハイドレートの存在を直接確認するために,ハイドレート層の掘削により得られるハイドレートを含む円筒状の岩石(コア)のこと。近年では,マッケンジーデルタ(カナダ),南海トラフ(日本)での掘削により,ハイドレートコアの取得に成功している。

ハイドレート層からのガス生産 はいどれーとそうからのがすせいさん [石-ガ]
gas production from hydrate layer ハイドレートを分解させ,天然ガスを生産する方法。ハイドレート層からのガス生産法の概念モデルには,熱刺激法(水蒸気や熱水の圧入などによりハイドレート層の温度を上昇させ,ハイドレートを分解させる方法),減圧法(減圧によりハイドレートを分解させ,ガスを採取する方法),インヒビタ圧入法(塩類,メタノールなどをハイドレート層に注入し,ハイドレートの平衡曲線を低温・高圧側にシフトさせて,分解を促進する方法)の3種類があげられている。

ハイドレートの結晶の単位構造 はいどれーとのけっしょうのたんいこうぞう [理-性],[石-ガ]
unit structure of hydrate crystal ハイドレートを形成する水分子からなるケージには五角12面体(5^{12}),五角12面六角2面体($5^{12}6^2$),五角12面六角4面体($5^{12}6^4$)の3種類があげられる。ハイドレート結晶の単位構造は,これらの多面体の組合せであり,構造I型(2個の5^{12},6個の$5^{12}6^2$)と構造II型(16個の5^{12},8個の$5^{12}6^4$)とが存在し,天然ガスハイドレートは,ほとんどI型またはII型の結晶構造をとることが知られている。これらの構造のほかに,構造H型(3個の5^{12},2個の$4^35^66^3$,1個の$5^{12}6^8$)が存在している。

ハイドロクロロフルオロカーボン はいどろくろろふるおろかーぼん [環-オ]
hydrochlorofluorocarbon (HCFCs) 炭素C,フッ素F,塩素Clに加え,水素Hも構成元素となる,フロンに代わる(フロンよりオゾン層破壊係数が小さい),代替フロンとして位置付けられるが,オゾン層破壊能力は皆無ではなく,かつ温室効果ガスでもある。HCFC-22(CF_2HCl),123($C_2F_3HCl_2$),124(C_2F_4HCl)などが知られている。モントリオール議定書での削減対象ガス。
⇒ オゾン層破壊係数

ハイドロタービン はいどろたーびん

[転-タ]
hydraulic turbine ⇨ 水タービン

ハイドロフルオロカーボン はいどろふるおろかーぼん [環-オ]
hydrofluorocarbon (HFCs) 新代替フロン。

クロロフルオロカーボンやハイドロクロロフルオロカーボンと異なり塩素を含まないため，オゾン層破壊能は認められず，したがってモントリオール議定書では削減対象となっていない。そのため，最近フロンなどに代わるガスとして使用量が増大している。しかし，温暖化係数は非常に高いため，京都議定書では削減対象ガスとして指定されている。⇨ 温暖化係数，京都議定書，クロロフルオロカーボン，ハイドロクロロフルオロカーボン

バイナリーサイクル発電 ばいなりーさいくるはつでん [電-発]
binary cycle generation 未利用となっている中高温水（150〜200 ℃）を有効に利用するため，熱水のもつ熱エネルギーを低沸点媒体と熱交換し二次媒体の蒸気により発電する方式。

廃　熱 はいねつ [熱-シ]
wasted heat 工場や発電所などの熱利用プラントから排出される熱のうち，再び利用されることなく環境に廃棄される熱を廃熱と呼ぶ。　⇨ 排熱

排　熱 はいねつ [熱-シ]
discharged heat 熱力学の第一法則により熱エネルギーはつねに保存されている。すなわち，熱を利用する場合，化学反応や相変化により物質内部に熱エネルギーが取り込まれる場合を除いて，投入した熱量に等しい熱量が必ず排出される。それを排熱と呼ぶ。排熱は水（蒸気），排気あるいはふく射などの形態で外部に放出される。工場などでは排熱を回収して温水や蒸気を発生させ，再度利用する工程が組み込まれている場合が多い。　⇨ 廃熱

排熱投入型ガス吸収冷温水機 はいねつとうにゅうがたがすきゅうしゅうれいおんすいき [熱-冷]
gas absorption refrigerating machine with exhaust heat recovery 従来のガス吸収冷温水機で，吸収液ラインの低温熱交換器と高温熱交換器の間に排熱回収熱交換器を設置したもの。ガスエンジンなどコジェネレーションからの排熱温水で吸収液を加熱することで，高温再生器で消費する燃料ガス量を削減できる。

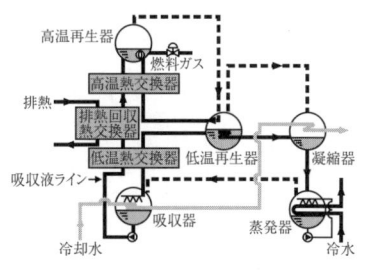

排熱投入型ガス吸収冷温水機

排熱ボイラ はいねつぼいら [熱-加]
waste heat boiler 排熱の熱回収を行うボイラ。廃熱ボイラとも表示されるが，役に立たないあるいは使用しないという意味の「廃」ではなく，「排」を使用する傾向にある。発生源は製造プラント，廃棄物焼却施設，原動機などがある。排熱源の形態によって，気体排熱，液体排熱および固体排熱に分けられる。排熱ボイラの計画にあたっては，排熱量，温度，圧力，ダストの含有量，腐食性ガス，臭気ガス，有毒物質の有無，排熱量の時間変化などの条件を十分加味して行うことが重要である。

廃熱利用火力発電 はいねつりようかりょくはつでん [電-火]
waste heat recovery power generation 蒸気を発生させる熱源として高炉や焼却炉などの排熱を利用して行う発電方式。

ハイパーコール はいぱーこーる [石-炭]

hyper-coal 1999年度より研究が進められている完全無灰炭製造技術。石炭中の灰分濃度を選択粉砕により低減させた後、溶剤抽出して不溶成分と溶解成分を分離し、溶解成分から溶剤を除去して灰分を含まないハイパーコールを得る。収率、脱灰率は溶剤、抽出温度、炭種などによって異なり、最適抽出条件の探索が行われている。灰分が十分に除去されているので、直接ガスタービンで燃焼させることができ、石炭の高効率利用と発生する二酸化炭素量の削減が期待できる。

バイフューエル ばいふゅーえる ［輸-エ］
bi-fuel 一つのエンジンで、2種類の燃料を状況や目的に応じて任意に切り換えてどちらでも走行できること。ガソリンと液化石油ガス(LPG)、ガソリンと圧縮天然ガス(CNG)、ガソリンと液化水素などの組合せが実用化されている。ガソリンとアルコールなどを混合して用いる方式はこれに該当しない。

パイプライン ぱいぷらいん ［石-ガ］
pipeline 石油を産地から製油所へ、また天然ガスを産地から消費地へ輸送するために敷設された管。

パイプラインガス ぱいぷらいんがす ［石-ガ］
pipeline gas 液化天然ガス(LNG)に対して、気体状でパイプラインを通じて輸送される天然ガスのこと。

パイプライン貿易量 ぱいぷらいんぼうえきりょう ［石-ガ］
trade amount of pipeline gas 液化天然ガス(LNG)による輸送手段を用いた場合の天然ガス貿易量に対して、パイプライン輸送による貿易量のこと。

パイプライン輸送 ぱいぷらいんゆそう ［石-ガ］
pipeline transportation 天然ガスを産地から消費地までパイプラインにより輸送すること。

廃プラスチック はいぷらすちっく ［廃-個］
waste plastics 廃プラスチックは合成樹脂、繊維、ゴムなどの合成高分子化合物廃棄物の総称である。産業廃棄物、一般廃棄物ともに年間約500万tが排出されているが、再利用率は30％以下である。家庭ごみ中の廃プラスチックは容積比で6割を占める。熱可塑性と熱硬化性の樹脂があり、前者はポリエチレン、ポリプロピレン、ポリ塩化ビニル、ポリスチレンで8割を占める。リサイクルには素材利用・原料化、油化、ガス化、高炉還元剤、サーマルリサイクルがある。プラスチックは原油、ナフサから合成され、リサイクルによる化石燃料の節約が期待されている。

ハイブリッドサイクル はいぶりっどさいくる ［熱-冷］
hybrid cycle 吸収サイクルに圧縮機を組み込んだサイクルをハイブリッドサイクルまたは吸収・圧縮サイクルという。その特徴を示すと、① 圧縮比を任意に設定することにより入熱温度や出熱温度を自由に変えられ、これにより、いままで利用できなかった低温度熱源の利用と高い昇温幅が実現できる。② わずかな圧縮動力でサイクルの効率が向上する。ハイブリッドサイクルにはさまざまな形式のサイクルがくふう提案されており、アンモニア-水系で実現している。

ハイブリッドシステム はいぶりっどしすてむ ［自-風］
hybrid system 風力発電設備とほかの電源や動力駆動システム、エネルギー貯蔵システムとを組み合わせた設備。風がないとき、あるいは電力負荷が低下したときなど、風車単独では電力の需給バランスの維持ができないときに、ハイブリッド化によってその弱点を解消する。太陽電池とのハイブリッドでは、風が吹かないときの風車の弱点と、夜間や降雨にため日照がなくて発電しない太陽光発電の弱点とを相互に補完し合う。さらに蓄電池でバックアップすれば、電源としての信頼性が増す。反面、設備投資が多重となりコスト増となる。

ハイブリッド自動車 はいぶりっどじどうしゃ ［環-輸］，［輸-自］
hybrid vehicle, hybrid car　エンジンと発電機，モータなどの複数の動力源を組み合わせて駆動する自動車。エンジンは回転数，負荷によってエネルギー効率が異なるので，加速，一定走行，減速などの負荷変化をする場合にはエンジン単体では最適条件だけで動くことはできない。しかし，発電機付きエンジンで発生した電力を蓄電池などで蓄え負荷に応じて使用することによって，エンジンをエネルギー効率の高い条件で動かす割合を増やすことができ，さらには，制動時にエネルギー回収も可能となるためエネルギー効率向上と二酸化炭素発生抑制など環境対応性向上が可能である。シリーズ方式，パラレル方式，両方を兼ね備えたシリーズパラレル方式がある。パラレル方式はエンジンを基本にし，加速時のように負荷が高くなると電気モータでこれをアシストする。シリーズパラレル方式は両方の機能を備えており，発進時は電気モータで駆動され，通常運転時はエンジンで駆動されるが，適時，電気モータと併用して最適な動力分担を行う。

ハイブリッド暖房 はいぶりっどだんぼう ［民-器］
hybrid heater　ガスファンヒータの送風電力を内蔵した熱電素子の起電力で賄うタイプの暖房器具。熱の温度差で起電する熱電素子がヒータ前面の高温部に取り付けられている。ファンヒータでは商用電力が必要なタイプが一般的であるが，新しい素子を素材面から開発し従来の暖房器具と組み合わせたもの。起電力の弱さから総風量は多くないが，風量と体感温度との関係から弱く風を送ることを商品の特徴とし，先の弱点をカバーしている。新種のカテゴリーとしての進化が期待される。

ハイブリッド発電システム はいぶりっどはつでんしすてむ ［電-他］
hybrid generation system　自然エネルギーは小密度で不安定であるので，これらを安定したエネルギーとして構築するために，自然エネルギーの相互間の得失を補う利用方法。

灰分 はいぶん，かいぶん ［石-燃］，［燃-コ］，［燃-管］
ash content　石炭，コークスなどを燃焼させた際に固体として残留する無機・金属酸化物などの混合物，または，その割合。JIS M 8812において灰分の求め方は規定されている。具体的には，石炭の恒湿試料1gを室温から500℃まで60分，500℃から815℃までは30〜60分かけて加熱し，その後815±10℃で恒量になるまで熱して有機物を焼き切った後の残留分を指す。石炭中にもともと含まれる無機の鉱物質が酸化された形のものが大部分である。灰分の組成は粘土鉱物とほぼ同じで，シリカ，アルミナを主成分として，そのほかFe，Ca，Mg，Naなどの金属が酸化物の形で含まれている。燃焼過程で試料中の無機物質は酸化されるなどして変化するので，灰分は試料中に存在する無機物質とは組成，質量は一致しない。石灰の灰分含有量は石炭によりかなり異なり，およそ5〜30％含まれている。灰の融点はその成分により1200℃〜1500℃の範囲にある。

廃油 はいゆ ［廃-個］
waste oil　鉱物性油，動植物性油脂を含む非水溶液の総称であり，産業廃棄物として年間約300万tが排出されている。潤滑油，絶縁油，切削油などがあり，石油系燃料や溶剤類はもとより，アルコール類，食用油脂も廃油に分類される。潤滑油，絶縁油などは油水分離・精製して再生油になり，動植物性油も工業原料化されるが再生利用率は3割程度で，焼却処理される廃油も多い。有機塩素系溶剤は難燃性であり，高温焼却炉を必要とする。

廃炉 はいろ ［原-廃］
decommissioning　⇒ 廃止措置

パイロットモデル事業 ぱいろっともでるじぎょう [社-新]
pirot model project 公立学校を対象に，都道府県や市町村が事業主体となり，太陽光発電，太陽熱利用などの新エネルギー技術を導入したり，建物緑化，中水利用などの整備を推進するものである。児童生徒のエネルギー・環境教育にも役立てる。基本計画の策定および施設整備については文部科学省が補助を行い，太陽光発電などの新エネルギー関係予算は経済産業省が優先的に補助することとしている。

パイロット炉 ぱいろっとろ [燃-概]
pilot furnace 実証炉に至る前の，数分の一のスケールの大きさの炉。技術的な問題点を洗い出すという目的に用いられる。

バガス ばがす [自-バ]
bagasse サトウキビから砂糖を生産するときに，収穫したサトウキビを絞って糖を含んだ液体を取り出し，これから砂糖を精製するが，この過程においてサトウキビの絞りかすが発生する。この絞りかすは砂糖を生産するうえでは不要であるが，これを燃焼することによって砂糖の精製プロセスに必要な熱を供給することができ，この熱回収は海外でもわが国でも一般的に行われている。このサトウキビの絞りかすをバガスと呼び，その燃焼による熱回収は代表的な廃棄物系のバイオマスの利用事例である。

パークアンドライド ぱーくあんどらいど [輪-自]
park and ride 最寄り駅まで自動車でアクセスし，駅に近接した駐車場に駐車し，公共交通機関(おもに鉄道やバス)に乗り換えて勤務先まで通勤する方法。車を使う時間が減るので，燃料節約，環境対策として有効とされる。

白 煙 はくえん [環-ス]
white plume emission ⇨ 白煙防止

白煙防止 はくえんぼうし [環-ス]
prevention of white plume emission 排ガス温度が露点以下または三酸化硫黄ヒューム(硫酸ミスト)があると，煙突から白煙が生じる。防止するためには加熱，湿式電気集じん機，アルカリ中和剤注入などで対応する。

爆 轟 ばくごう [燃-気]
detonation ⇨ デトネーション

バクテリア起源ガス ばくてりあきげんがす [石-ガ]
bacterial gas, microbial gas バクテリアによる，酢酸発酵および二酸化炭素(CO_2)還元により生成したメタンを主成分とするガスのこと。貯留層ガス資源となっているのは，反応式 $4H_2 + CO_2 \rightarrow CH_4 + 2H_2O$ で表される，CO_2還元を起源とするものである。

爆 発 ばくはつ [理-燃]
explosion 局所的瞬間的にエネルギーが放出され，その媒体中に衝撃波または圧力波が発生し，その媒体中を広がって伝ぱする現象。一般的には広い意味で圧力の急上昇する現象をいう。

バグフィルタ ばぐふぃるた [環-塵]
bag filter, fabric filter 含じんガスを織布または不織布(フェルトなど)に通過させることによりその表面にダストをろ過分離する装置で，ろ過集じん装置の代表。ろ布は円筒状または封筒状に縫製され，これを多数懸架させることで大容量ガス処理にも対応できる。以前から円筒状のバグ形式が使われてきたのでバグフィルタの名称が使われるが，英語では最近はfabric filter が多用される。ろ布表面上にダストによるたい積層が形成され圧力損失が高くなるので，一定周期でダスト層の払落し操作を行う。機械的振動形，逆気流形，パルスジェット形などが活用される。見掛けろ過速度は$0.3 \sim 10 \, cm/s$ の範囲にとり，集じん率は99%以上，圧力損失は$1 \sim 2 \, kPa$ で操作される。 ⇨ ろ過集じん装置

薄膜 pn 接合 はくまくぴーえぬせつごう [電-素]
pn junction n形半導体の単結晶基板

上にp形半導体の単結晶薄膜を成長させるとpn接合をつくることができる。単結晶半導体基板上に単結晶の薄膜を成長させる技術をエピタキシャル成長という。　⇨ pn接合

破砕機　はさいき　[廃-破]
crusher for solid waste, shredder　圧縮，切断・せん断，衝撃などの力学的な作用により，数mから数cmまでの粗大な固体を数cmから数mm程度に粗破壊する機械。単体分離やサイズ調整を行う粉砕の前処理，あるいは運搬や貯留を容易にするための減容を目的としている。
　固定歯と可動歯の間で強力な圧縮力を加え対象物をかみ砕くように押しつぶす圧縮型粉砕として，ジョークラッシャ，コーンクラッシャ，ジャイレトリークラッシャ，ロールクラッシャがあり，おもに粗大なぜい性物の破壊に用いられている。刃の往復，あるいは，回転によるせん断により対象物を引き裂き，切り取り，切断する切断型破砕機には，ギロチン式切断機，往復式カッタ，二軸あるいは三軸せん断破砕機などがあり，じん性や延性に富む廃棄物の処理に用いられている。　⇨ 圧縮破砕，せん断破砕
⑯ 粉砕機

バージン資源　ばーじんしげん　[資-全]
virgin resources　人間が日常生活において使用する資源のうち，新たに採取された「新品」の資源のことを指す。「バージン資源」の反対の概念は「再生資源」である。さらには，製品を生産する際に使用するエネルギー資源，地下資源，森林資源などの「一次原料」も意味している。　⇨ 資源

バージン資源税　ばーじんしげんぜい　[資-全]
tax on virgin resources　環境税の一種であり，再生資源の利用促進を目的として地球から採取したエネルギー資源，地下資源，森林資源などの「一次原料」に対して課税するもの。一般に多くの発展途上諸国において生産されるバージン資源は価格が安い。そのため，再資源化にかかる費用を上乗せすると再生資源は価格の面で不利になる。これを解消すべく課税によってバージン資源の価格を引き上げて，再生資源の利用を促進しようとするものである。

パスカル　ぱすかる　[理-単]
pascal (Pa)　SI単位系における圧力の単位である。圧力は単位面積当りに作用する力の大きさによって定義されるので，SI基本単位を用いると圧力の単位は $kg/(m \cdot s^{-2})$ となる。この単位に固有の名称を与えたものがPaである。

はずみ車　はずみぐるま　[電-設]，[産-機]
flywheel　フライホイールともいう。エネルギーを回転(慣性)エネルギーの形で蓄えることができる。また，エンジンなどのトルク変動を平滑化する効果もある。蓄えられるエネルギーは $(1/2)I\omega^2$ に比例する。ここで I は慣性モーメント，ω は回転速度である。　⇨ フライホイール

バーゼル条約　ばーぜるじょうやく　[社-廃]
Basel Convention on the Control of Transboundary Movements of Hazardous Wastes and their Disposal　名称は，「有害廃棄物の国境を越える移動およびその処分の規制に関するバーゼル条約」。1989年にスイスのバーゼルにおいて作成され，1992年に発効された国際条約〔締約国数は162か国，1国際機関(EC) (2004年9月時点)〕。これにより日本では1992年に「特定有害廃棄物等の輸出入等の規制に関する法律」が定められた。

ばっ気　ばっき　[環-水]
aeration　排水処理において，水に空気を吹き込むことをばっ気(エアレーション)という。ばっ気は，水中の揮発成分を空気で追い出すためや，水中の微生物の利用する酸素を供給するために行われる。後者では，酸素供給により，排

水中の有機物が，一部は二酸化炭素に，一部は微生物に取り込まれることにより，水が浄化される。好気性の生物処理法(活性汚泥法，接触ばっ気法，オキシデーションディッチ法)では，そのプロセスの中心を占める操作になる。下水処理において，ばっ気に用いられるエネルギーは施設の全使用エネルギーの40～50%を占めるとされており，環境効率の観点からはその省エネルギー化が課題である。 ⇨ TOC ⑳ エアレーション

パッケージ型空気調和機 ぱっけーじがたくうきちょうわき [民-シ]
packaged air conditioner 小規模事務所ビルや業務用ビルなどの空調ユニットで，水冷型と空冷型がある。水冷型は送風機，空気熱交換器，圧縮機，凝縮機，制御機構，エアフィルタの構成である。空冷型は室内機，室外機に分かれており，冷媒配管，各電源線，制御線で結合される。

白血病 はっけつびょう [原-放]
leukemia 血球をつくる細胞すなわち造血幹細胞が，骨髄の中でがん化して無制限に自律性の増殖をする病気。がん細胞とは遺伝子に傷がつき，その結果，死ににくくなっている細胞をいうが，遺伝子を傷つけるものには，タバコ，ウイルスや健康診断のときなどに浴びる放射線，さらに自然界にも存在する発がん性をもつ化学物質や薬物などがある。

発 酵 はっこう [生-他]
fermentation 糖類が微生物によって嫌気的に分解される現象。1分子のグルコースが解糖系で分解されるたびに2分子のNAD^+が使われ，これはニコチンアミドアデニンジヌクレオチド(NADH)から水素化物イオンを移すことでNAD^+に再生する。この過程で遊離するエネルギーを利用し，アデノシン三リン酸(ATP)がつくられる。

発光ダイオード はっこうだいおーど [理-光]
light emitting diode (LED) 順方向pn接合を用い，電子，正孔の再結合に伴う光の放出機能をもつダイオード。ガリウム・リン(GaP)を用いて赤，黄または緑，ガリウム・ヒ素(GaAs)を用いて赤外領域の発光に使用されている。

パッシブソーラ ぱっしぶそーら [民-装]
passive solar 太陽光発電や太陽熱温水器のように，装置を使って太陽エネルギーを取り入れることをアクティブソーラと呼び，一方，パッシブソーラは，建物そのもののエネルギー効率を高め，昼間に蓄えた太陽熱を夜の暖房に利用したり，夜間の涼しい空気で日中の暑さを和らげたりすることをいう。パッシブソーラの基本は日射で得られた熱で壁の中の空気に対流を起こして，住宅に均一な温度の空気を循環させ，これを夜間まで蓄えて利用することにある。そのためには，高断熱化や高気密化を図るほか，コンクリートなど熱容量の高い材料を用いての蓄熱に配慮する。次世代住宅基準は，パッシブソーラの考えを取り入れている。また，庭への植栽などによる，夏冬の日射のコントロールや蒸発散作用によって夏に周りの気温を下げる効果もパッシブソーラの一手段である。パッシブソーラだけで暖冷房を賄うことはほとんど不可能であるが，暖冷房のためのエネルギーの低減に貢献する。

発送電分離 はっそうでんぶんり [社-規]，[電-自]
unbundling 電気事業の規制緩和とともに，発電，小売は自由化が進む一方で，ネットワーク部門(送配電部門)は，共通インフラストラクチャとしての役割が重要となっている。そこでネットワーク部門の公平な利用のために，諸外国ではほかの発電・小売部門とネットワーク部門を分離する例が多いが，運用分離(会計分離，情報分離)，機能分離(系統運用機能の分離)，法的分離(子会社化)，資本分離など，さまざまな形態がある。 ⇨ アンバンドリング

バッチ式焼却炉 ばっちしきしょうきゃく

ろ [廃-焼]
batch type incinerator 1日に8時間以内の短時間，不定期に運転する焼却炉。機械化バッチ燃焼式と固定火格子バッチ燃焼式があり，小規模の廃棄物焼却に用いられる。　圓機械バッチ式焼却炉，機バ，固定炉，バッチ炉

バッチ燃焼方式 ばっちねんしょうほうしき [燃-燃]
batch type combustion 燃焼方式の一つで，連続運転しない方式のものをいう。例えば，燃焼器を長時間にわたり連続運転するのではなく，運転と休止をある間隔ごとに繰り返す場合もこれにあたる。これに対して，連続燃焼方式がある。

バッテリ ばってり [電-池]
battery 電気エネルギーを得るために一つまたはそれ以上の電池を電気的に接続した電池群のことである。　⇒電池

発 電 はつでん [電-発]，[電-力]
power generation 水の位置エネルギー(水力発電)，化石燃料や天然ガスを燃焼した際に発生する熱エネルギー(火力発電)，および原子核が分裂する際に発生する熱エネルギーなどを，原動機(タービン)と発電機を用いて電気エネルギーをつくり出すこと。

発電機 はつでんき [電-発]
generator 入力された機械エネルギーを電磁作用により電気エネルギーに変換して電力を得る電気機械のこと。

発電原価 はつでんげんか [社-電]
power generation cost 発電原価は，総経費(資本費＋燃料費＋運転維持費)を総発電電力量で割った値(1kW・h当り何円)として示される。資本費は主として発電所の建設に要した費用を回収するためのコスト(減価償却と金利)で，回収する年数によって変動する。燃料費は発電のために燃やす石油やガス，原子力発電の場合は核燃料サイクルコスト全体(ウラン調達，濃縮，燃料加工，再処理，廃棄物処理)を含む。運転維持費は毎日の発電に要する人件費や修繕費がおもな項目である。1999年に総合エネルギー調査会原子力部会で実施された試算では，1kW・h当り原子力5.9円，水力13.6円，石油火力10.2円，液化天然ガス(LNG)火力6.4円，石炭火力6.5円となっている。

発電効率 はつでんこうりつ [電-気]
power generating efficiency ガス，石油などの化学エネルギーや風力，太陽光の自然エネルギーなどがもっているエネルギーに対する発電に利用できるエネルギーの割合。

発電所効率 はつでんしょこうりつ [電-力]
power plant thermal efficiency 火力発電所熱効率と同一のこと。火力発電所で使われる燃料が，どれだけ電気エネルギーに変換されたかを示す指標。式はつぎのとおり。火力発電所熱効率＝{発生電力量(kW・h)－所内消費動力量(kW・h)}×{熱の仕事当量3 600kJ/(kW・h)}÷{燃料消費量(kg/h)×燃料の発熱量(kJ/kg)}。

　燃料の発熱量には高位発熱量(燃焼排気中の水蒸気の凝縮潜熱を含む)と低位発熱量(含まず)がある。

発電端熱効率 はつでんたんねつこうりつ [電-力]
thermal efficiency at generator terminal 火力発電所で使われる燃料が，発電機の出力としてどれだけ電気エネルギーに変換されたかを示す指標。式はつぎのとおり。発電端熱効率＝{発生電力量(kW・h)×熱の仕事当量3 600kJ/(kW・h)}÷{燃料消費量(kg/h)×燃料の発熱量(kJ/kg)}。

　燃料の発熱量には高位発熱量(燃焼排気中の水蒸気の凝縮潜熱を含む)と低位発熱量(含まず)がある。

発電電動機 はつでんでんどうき [電-発]
generator motor 揚水発電では，ポンプ水車として水をくみ上げるときは系統から電源を受けて電動機として働き，水

の落差を利用して水力発電として動作するときは発電機として働く。回転方向を変えることで発電機あるいは電動機として使用される両方の機能をもつ機械。

発電電力量 はつでんでんりょくりょう [電-理]
generated power 発電機出力の瞬時電力の時間積分値。実効電力と時間間隔の積となる。

発展途上国の参加問題 はってんとじょうこくのさんかもんだい [社-温]
developing countries' participation 京都議定書は「共通だが差異のある責任」の原則に基づき、途上国の目標は存在しない。ただ、将来的には、おそらく所得水準の高い国から、何らかの目標設定のある枠組み(京都議定書とは限らない)に組み込まれると期待されている。また、これは途上国の不参加を表向きの理由にしているアメリカの離脱問題とも絡んでくる。マラケシュ以降の最大の交渉テーマである。 ⇨ アメリカの離脱問題, 京都議定書

発電用ボイラ はつでんようぼいら [電-設]
electric power plant boiler 発電用に用いる蒸気を発生させるための装置。

発熱体 はつねつたい [電-加]
heating element 通電などにより自身が発熱する熱発生源。用途によりさまざまな形状の発熱体があり、その形状から線状発熱体や面状発熱体などがある。単に発熱体と呼称する場合、工業用炉、実験用加熱炉などに用いられる発熱材料を指す場合が多い。

発熱反応 はつねつはんのう [理-反]
exothermic reaction 熱の放出を伴う反応のこと。反応熱を、「反応エンタルピー=生成物のエンタルピー−反応物のエンタルピー」で定義すると、発熱反応とは反応エンタルピーが負の反応のことである。吸熱反応の逆反応である。

発熱量 はつねつりょう [理-燃], [廃-性], [燃-全]
calorific value 大気圧下で標準的な温度(25℃)で燃料が燃焼した場合の反応熱。総発熱量と高発熱量、真発熱量と低発熱量は同義語である。さらに定圧発熱量と定容発熱量の別がある。

総発熱量は燃焼によって生成した水がすべて凝縮した場合の発熱量であって、水蒸気の凝縮の潜熱(25℃で2.44MJ/kg)を加算した値である。通常、ボンブ法発熱量測定により得られる値は、定容総発熱量である。真発熱量は総発熱量より水蒸気の凝縮潜熱を差し引いたもので、燃焼ガス温度の計算にはふつう、真発熱量が用いられる。

発熱量の測定法はJISにより規定されている。

固体燃料の発熱量 JIS M 8814(ボンブ法)

液体燃料の発熱量 JIS K 2279(ボンブ法)

気体燃料の発熱量 JIS K 2303(ユンケルス法)

廃棄物など通常燃料といわれないものでも状態に応じ、上記の方法が採用できる。また、発熱量を知れば組成がわからなくても、燃焼に必要な空気量、燃焼ガス量を推定することができる(ロジンの式)。 ⇨ 熱量計, 燃焼熱

(各物質の発熱量)

燃 料 例	真 発 熱 量	
瀝青炭	27〜33	MJ/kg
重 油	40〜44	〃
都市ガス	15〜19	MJ/(N·m^3)
天然ガス	25〜33	〃
ポリエチレン	43.1	MJ/kg
ポリプロピレン	42.6	〃
ポリスチレン	40.4	〃
塩化ビニル	21.2	〃 (総発熱量)

波動エネルギー はどうえねるぎー [理-物]
energy of wave 何らかの変化が時間とともに媒質中を伝わっていく現象を波あるいは波動というが、これによってエネルギーが運ばれる。この波のもつエネ

バナジウム　ばなじうむ　[産-錬]
vanadium (V)　バナジウムはいわゆる遷移金属に属する物質であり，特殊鋼の成分として重要である。排煙脱硝用の触媒の成分としても使われる。エネルギーの分野では，バナジウムは重質油の不純物として含まれ，重質油をガスタービンで燃焼するとバナジウムが灰分となってガスタービンを腐食することで知られている。

パネルヒータ　ぱねるひーた　[民-器]
panel heater　局所暖房器具の一つ。電気式，オイル式，温水循環式などがある。パネルヒータのある室内だけでみれば，発生した熱はすべて室温の上昇に使われており効率1.0と考えられる。熱源を含めた効率は必ずしも高いとはいえないが，室内で燃焼行為を伴わないためクリーン性のメリットがある。ただし，部屋全体を暖めるのが目的ではないので，部屋の構造からの配慮，ほかの器具との組合せなどの検討が必要である。

パフォーマンス契約　ぱふぉーまんすけいやく　[社-省]
performance contract　出来高契約。特にエスコ(ESCO，エネルギーサービス産業)事業において，省エネルギー事業の実施に伴うエネルギー費用の削減から，工事費や金利，工事に関する諸費用がすべて賄われること。不足する場合は，省エネルギー事業の請負事業者が不足分の補てんを行うことを保証する契約を指す。パフォーマンス契約には「省エネルギー量保証契約」と「省エネルギー量分与契約」とに大別される。前者は，契約者に対して省エネルギー量を保証するもので，後者は顧客とエスコ事業者があらかじめ一定量の省エネルギー量を定め，それを上回る部分については両者で分け合うというものである。アメリカでは前者による契約が大半を占め，ヨーロッパでは後者の契約形態が多いといわれている。　⇨ ESCO

パーフルオロカーボン　ぱーふるおろかーぼん　[環-オ]
perfluorocarbon (PFCs)　ハイドロフルオロカーボン (HFCs) と同様，クロロフルオロカーボンやハイドロクロロフルオロカーボンと異なり塩素を含まないため，オゾン層破壊能は認められず，したがってモントリオール議定書では削減対象となっていない。そのため，最近フロンなどに代わるガスとしてHFCsほどではないものの，特に半導体用洗浄剤として使用量が増大している。しかし，HFCs同様温暖化係数は非常に高いため，京都議定書では削減対象ガスとして指定されている。　⇨ ハイドロフルオロカーボン

パラフィン基原油　ぱらふぃんきげんゆ　[石-油]
paraffin base crude, paraffin base crude oil　炭化水素の基による原油分類の一つで，パラフィン炭化水素に富んだ原油である。アメリカのペンシルベニア原油はこの代表的な原油で，ガソリンのオクタン価は比較的低く，軽油のセタン価は高く，潤滑油の粘度指数は高く，安定性はよいが，ろう分が多いため流動点は高い。特性係数は12.2〜12.5を示す。

パラフィン族炭化水素　ぱらふぃんぞくたんかすいそ　[石-油]
paraffin hydrocarbons　鎖状の飽和炭化水素。炭素数4以上には枝鎖異性体があり，その数は炭素数とともに幾何級数的に増加する。一般式は C_nH_{2n+2}。メタン列炭化水素ともいう。

パラボリックディッシュ型　ぱらぼりっくでぃっしゅがた　[自-熱]
parabolic dish type　放物線をその軸

を中心に回転させてできる方物面鏡で焦点に集光する高温太陽熱集光方式。図のように反射鏡が皿の形に似ているのでディッシュ型といわれる。集光倍率は1 000～1 500倍で，到達可能温度は1 500℃を超える。集中型やパラボリックトラフ型と比べると，その容量は数kW～数百kWと小型である。アメリカではスターリングエンジンと組み合わせたディッシュ・スターリング発電システムが開発された。オーストラリア国立大学にはビッグディッシュと呼ばれる反射鏡面積400 m^{2}の集熱器がある。このタイプの集熱器は発電へ利用する以外に，太陽熱を天然ガス改質のプロセス熱に使用して合成ガスや水素を製造するというソーラ改質システムの開発にも応用されている。　⇨ 高温太陽熱集光方式

パラボリックディッシュ型

パラボリックトラフ型　ぱらぼりっくとらふがた　[自-熱]

parabolic trough type　高温太陽熱集光方式の一つ。放物線を垂直方向に移動させてできる，図のような半円筒，すなわちトラフ(樋)の内側に鏡を張り，集線上の集熱管に集光する。分散型，あるいは単にコレクタともいわれる。集光倍率は30～100倍。太陽追尾装置を付け，到達温度は熱媒体油の場合は200～400℃，水蒸気製造や空気を媒体としたときは500℃まで期待できる。

アメリカのカルフォルニア州のモハベ砂漠に建設された大型商用太陽熱発電であるSEGSプラントで，この集光方式が採用されている。SEGSでは9プラントが建設され，合計で約350 MWの発電が行われている。開口幅が2.5～5.8 mのコレクタを長さ48～99 mに連結し，これを平行に何本も並べて集熱する。太陽熱が不足した場合は天然ガスボイラを併用するが，この場合の年間最大プラント効率が25%，太陽熱のみで発電した場合は21%と報告されている。
⇨ 高温太陽熱集光方式

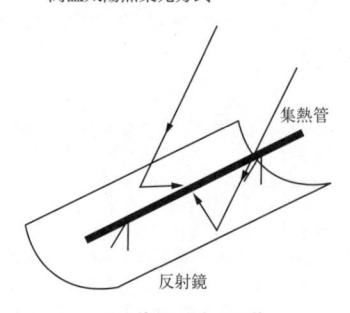

パラボリックトラフ型

馬力　ばりき　[理-動]

horsepower　単位はPSまたはHP。物理的には仕事率，動力，出力と同じ内容である。1 PS＝0.735 5 kWの関係がある。

波力発電　はりょくはつでん　[自-海]

wave power generation　太陽エネルギーによって発生する風により海面が変形して(風波)復元力(ポテンシャルエネルギー)と海中水の流体粒子の運動(運動エネルギー)が生じ，進行波として波のエネルギーは伝ばされる。風波が風のない海域に進行するものをうねりといい，風波とうねりを合わせて一般に波浪と呼ぶ。単位時間にある検査面を移動する波浪エネルギーの時間平均値 P (波の単位

幅当りの波浪パワー，単位：kW/m）の工学的な算出式は，$P≒0.5H^2T$〔H：波を波高の大きい順に並べた場合の上位1/3の波高平均値であり，有義波高(m)と呼ばれている。T：平均周期(s)〕である。日本周辺における波浪パワーの平均値は，7〜10 kW/m といわれている。

波浪エネルギーの変換法としては，波の上下動のエネルギーを空気圧に変換し，往復流型空気タービンを用いて発電を行う振動水柱型と呼ばれる方法が有望視されている。

バレル ばれる [理-単]
barrel ヤード・ポンド法に基づく体積の単位で，おもに石油などの体積を表す単位として用いられており，barrel で表される。単位記号は bbl であり，1 bbl はおよそ $0.159 m^3$ である。
⇨ bbl

半減期 はんげんき [原-核]
half life 原子核(親核)が，$α$ 崩壊などの特定の放射性崩壊によって，別の原子核(娘核)に変化するときに，親核の数が初期値の1/2になるまでに必要な時間を半減期 $t_{1/2}$ という。言い換えれば，放射能が1/2にまで減少するのに必要な時間である。親核の数密度の t 時間後の時間変化は $\exp(-λt)$ に従う。 ⇨ 親核種，崩壊，放射能，娘核種

反射材 はんしゃざい [原-技]
reflector 炉心からの中性子を反射して炉心に送り返し，炉心から漏れ出る量を減らし，反応度を維持するために，炉心の周囲に置かれる物質のこと。この反射材により，炉心を小さく設計することが可能となる。中性子吸収面積が小さく，散乱断面積が大きい重水(D_2O)，ベリリウム(Be)が用いられる。多くの場合，減速材と同じ物質が用いられることが多い。 ㊙ 反射体

反動式タービン はんどうしきたーびん [電-タ]
reaction turbine 動翼および静翼とも反動翼を使用しているタービン。反動翼とは，蒸気の圧力降下の約半分を動翼部で行わせて，動翼から噴出する蒸気の反動力を利用してタービンを回転させる翼のこと。

反動水車 はんどうすいしゃ [電-水]
reaction water turbine 水の運動エネルギーと圧力エネルギーとを利用する水車。水がランナ(羽根車)を通過する間に，その圧力および速度を減らすことで水車にエネルギーを与え，これを回転させる方式のもの。流水に対するランナの通路はつねに水によって満たされる必要がある。フランシス水車およびプロペラ水車がこれに属する。

半導体 はんどうたい [理-半]
semiconductor 室温付近の電気伝導率がガラスや磁器などのような絶縁体〔$10^{-18}〜10^{-10} (Ω·m)^{-1}$〕より大きく，金属のような導体〔$10^6〜10^8 (Ω·m)^{-1}$〕よりは小さい材料の総称。半導体の特徴は，電気伝導率の大小というより，電気的性質が温度や微量の不純物の存在などによって大きく変化することであり，また，整流現象，増幅現象，光電現象，発光現象などを示す。これらの特徴のために用途はきわめて広く，固体電子デバイスの大半を占めるに至っている。 ⇨ 電気伝導率

半導体レーザ はんどうたいれーざ [理-光]
semiconductor laser 半導体の電子と正孔の再結合による発光を利用したレーザ。pn接合部に順方向の電圧を与え，伝導帯および充満帯における疑似フェルミ準位から，キャリヤを注入する注入形レーザが一般的に用いられている。レーザ作用を生じるためには，疑似フェルミ準位の差が放出される光子エネルギーよりも大きい反転分布を生じるような強い励起が必要である。

反応進行度 はんのうしんこうど [理-反]
extent of reaction, reactivity 化学反応が進行する程度を表す量。反応方程式

$$aA + bB + cC \cdots$$
$$\rightarrow hH + iI + jJ + \cdots$$

に対して，反応進行度 ξ は次式で定義される。

$$\xi = \frac{[A]_0 - [A]_t}{a}$$

ここで，$[A]_0$ および $[A]_t$ は化学種 A の時刻 0 および t における濃度である。

反応帯 はんのうたい [燃-気]
reaction zone 予混合火炎の火炎帯において，燃焼反応に伴い，活発な発熱と中間生成物質の生成が行われている領域。 ⇨ 予熱帯

反応度事故 はんのうどじこ [原-事]
reactivity initiated accident (RIA) 原子炉において，核分裂が想定以上に活発になり，出力が異常に大きくなる事故のこと。わが国で利用している軽水炉では出力反応度係数が負であるので，大きな事故にはなりにくいが，チェルノブイリ原発事故を起こした原子炉はこれが正であり，大きな事故となった。
⇨ チェルノブイリ原発事故

反応熱 はんのうねつ [理-反]
heat of reaction 化学反応に伴って発生あるいは吸収される熱。反応が体積一定で定温の条件下で進行する場合には生成物と反応物の内部エネルギーの差に等しく，反応が定圧で定温の条件下で進行する場合にはエンタルピー差に等しい。通常，反応熱は標準反応エンタルピーで表す。標準反応エンタルピーは標準状態にある反応系が，標準状態にある生成系に変化するときのエンタルピー変化である。反応の種類によって生成熱，燃焼熱，中和熱，重合熱，などと呼ばれる。

半無煙炭 はんむえんたん [石-炭]
semi-anthracite 無煙炭の中で石炭化度の低いもの。ASTM による分類では揮発分 8〜14%(dmmf) の石炭とされる。

半歴青炭 はんれきせいたん [石-炭]
semi-bituminous coal 石炭化度による石炭の分類において，石炭化度が歴青炭より高く半無煙炭より低いもの。その範囲ははっきりせず，現在はあまり用いられていない。

〔ひ〕

火　ひ　[理-炎]

　fire　熱と光を発して燃えているものを火というが，火は人類が太古の昔から生活の中で用いられてきており，人類がほかの動物と最も区別されるところといわれる。火すなわち燃焼はきわめて急激な化学反応，発光，流れ，伝熱などの複雑な現象を含んでいる。この熱を利用し熱機関を駆動させたり，物体を加熱したりする。すなわち燃焼では化学エネルギーを熱エネルギーに変換している。
　⇨ 火炎

PRTR法　ぴーあーるてぃーあーるほう　[環-制]

　Law Concerning Pollutant Release and Transfer Register　「特定化学物質の環境への排出量の把握等および管理の改善の促進に関する法律」いわゆるPRTR法は，日本では1999年に公布され，事業者が事業活動に伴う化学物質の環境への排出量および廃棄物に含まれての移動量を国に報告する制度である。さらに国が中小事業所，家庭などからの推定排出量を加えてデータベースを作成し，行政，事業者と国民が情報を共有すること(リスクコミュニケーション)によって対策方法の決定および対策の効果の把握ができるようにするものである。

PAH　ぴーえいえいち　[環-ダ]

　polycyclic aromatic hydrocarbon　有害多環芳香族炭化水素。六角のベンゼン環を2個以上もつ化合物の総称で，ベンゼン環2個からなるナフタレン，3個のアントラセンおよびフェナントレン，4個のピレンなどが代表で，環境中でよく検出されるのは，6環ぐらいまでである。　⇨ 多環芳香族炭化水素

PAL　ぴーえいえる　[民-原]

　perimeter annual load　建築物の外壁や，開口部からの熱損失を示す係数。屋内周囲空間(ペリメータ)での年間熱負荷をペリメータで割った値。省エネルギー法では，告示「建築物にかかわるエネルギーの使用の合理化に関する建築主の判断の基準」の一項目として，建築物の外壁，窓などを通しての熱の損失の防止についての基準を設けており，特定建築物の建築に際してはPAL計算結果の届出を要する。　⇨ CEC　㊙ 年間熱負荷係数

pn接合　ぴーえぬせつごう　[理-半]

　pn junction　正孔を有するp形半導体(p領域)と，自由電子を有するn形半導体(n領域)との電気的な接合。p領域からn領域へは電流を流すが，逆方向には流しにくいという整流作用を有する。これはつぎのように説明されている。

　　接合部においては電子と正孔の濃度差があるため，正孔がp領域からn領域に，電子がn領域からp領域にそれぞれ拡散し，電位障壁が生じる。p領域を正，n領域を負になるように外部電圧を印加すると，電位障壁は減少して電流が流れる。逆方向に電圧を印加すると，電位障壁は増大して電流が微少量に限定される。　⇨ 自由電子，正孔，薄膜pn接合，半導体

PM　ぴーえむ　[環-塵]

　particulate matter　大気中に浮遊する粒子状物質の粒径分布は，粒径2～3μmに谷をもつ2山分布の形をとることが多い。粗大側の粒子は土壌粒子や海塩粒子など主として自然起源のものが多く，微細側には燃焼過程(ディーゼル自動車，ボイラ，焼却炉など)など人為起源によるものが多い。アメリカでは環境基準を1987年にPM10(分離粒径として空気力学的粒径10μmで50%分離)方式に切り換えたが，微細粒子側に特に

人体に有害な発がん性を示す成分が多く含まれることから，1997年にPM 2.5にかかわる環境基準を追加，設定した。新しいPM 2.5の標準測定方法は，粒径2.5μmで50%の分離特性をもつインパクタ式分粒器を装着したローボリュームエアサンプラにより測定するものである。 ⇒ SPM, 浮遊粒子状物質

比エンタルピー ひえんたるぴー [理-熱]
specific enthalpy 単位質量当りのエンタルピー。単位はJ/kgである。比エンタルピーhを用いると，定圧比熱は

$$C_p = \left(\frac{\partial h}{\partial T}\right)_p$$

と表される。系を分割しても変わらない示強性状態量である。 ⇒ エンタルピー

比エントロピー ひえんとろぴー [理-熱]
specific entropy 単位質量当りのエントロピー。単位はJ/kgである。系を分割しても変わらない示強性状態量である。 ⇒ エントロピー

BOT びーおうてぃー [社-経]
build-operate-transfer 国や自治体が実施する公共事業に関して計画から運営までを民間に委ねる手法がPFI (private finance initiative)である。このPFIによるプロジェクト推進形態の一つがBOTである。BOTの推進形態は，プロジェクトの事業主体が，①自ら資金を調達して施設を建設(build)し，②一定期間の管理・運営(operate)を行って資金回収後，③施設を公共に移転(transfer)するというものである。公的債務を伴わないため，債務国，途上国を中心に採用された。最近は，先進国の公共事業でも民間活力の導入という視点から採用されている。発注者が運営収入をいかに保証するかが鍵で，事業主体は金融機関，運営専門家との緊密な協力でリスクを回避する。通常は提示された複数のBOTプロポーザルから発注者がベストなものを選択する。

POPs ぴーおうぴーえす [環-国]
persistent organic pollutants (POPs) 残留性有機汚染物質の略。毒性，難分解性，生物蓄積性および長距離移動性を有するものとして，アルドリン，クロルデン，ディルドリン，エンドリン，ヘプタクロル，ヘキサクロロベンゼン，マイレックス，トキサフェン，PCB，DDT，ダイオキシン，ジベンゾフランを対象とし，これらの製造，使用の禁止・制限，非意図的排出の削減を盛り込んだ「残留性有機汚染物質に関するストックホルム条約」が2001年に採択された。

Bガス びーがす [全-利]
blast furnace gas (BFG) ⇒ 高炉ガス

被加熱体 ひかねつたい [熱-加]
heating material ある物体を加熱することを目的としたときの，その対象物。外部の熱源からの熱の移動により昇温される場合や，電磁波加熱により被加熱体そのものが内部から昇温する場合もある。

光 ひかり [理-光]
light 波長が約1 nm～1 mmの範囲にある電磁波を光と呼ぶ。可視光線に限定することもあるが，一般的には紫外線，赤外線を含む。それぞれの波長に応じたエネルギーをもつ光子の集まりとして取り扱われることもある。

光エネルギー ひかりえねるぎー [理-光]
light energy 電磁波である光のもつエネルギー。光子エネルギーともいう。振動数νの光の光子は，エネルギー$h\nu$をもつ。光電効果を利用した太陽電池などにより電気エネルギーへ変換でき，また，植物の光合成や光触媒反応で化学エネルギーに変換することができる。

光起電力 ひかりきでんりょく [理-光]
photo-electromotive force 光が照射されることによって発生する起電力。光電効果の一種である。pn接合あるいは金属と半導体の接触部には界面電位が存在するため，価電子帯と伝導帯の間隔

を超えるエネルギーを有する光子を入射させると，形成された電子と正孔とが引き分けられて電位差(光起電力)を生じる。フォトダイオードなどに利用されている。

ビキニ環礁 びきにかんしょう [原-核]
Bikini atoll 太平洋マーシャル諸島にある環状の珊瑚礁。1954年にアメリカがこの環礁で実施した水爆実験による放射性降下物(珊瑚礁が破壊された細かいちりと核分裂生成物を含む白い灰で，通称「死の灰」と呼ばれる)により，付近で操業中の第五福竜丸と乗組員は被ばくした。23人の被ばく者のうちの1人，久保山愛吉氏が帰国後死亡した。

ピークカット ぴーくかっと [電-系]
peak cut 電力が多く使われる昼間のピーク時間帯に，熱源動力や機器の運転を停止して電力負荷を削減すること。日中のピーク需要を減らすことは，二酸化炭素排出量の多い火力発電所の電力を減らすことにつながる。

ピーク時間調整契約 ぴーくじかんちょうせいけいやく [電-系]
peak hours adjustment contract 年々先鋭化しつづける夏季ピーク電力の抑制と負荷平準化の推進を図るため，夏季(7～9月まで)の午後1～4時までの間の負荷を調整する契約をいう。契約に基づく調整を実施した場合，契約による割引額をその月の電気料金から割り引かれる。

ピークシフト ぴーくしふと [電-系]
peak shift 電力が多く使われる昼間のピーク時間帯を中心とする負荷を，電力の使用が少ない夜間帯やピーク時間帯以外に蓄熱などの方法により移行すること。昼間電力消費の一部を夜間電力に移行させることで電力設備をより効率的に利用できる。

ピーク負荷 ぴーくふか [電-系]
peak load 日負荷曲線における重負荷部分で，昼間のピーク時間帯の負荷で負荷変動が大きい。

ピークロード用電源 ぴーくろーどようでんげん [電-系]
peak load supply, power source for peak load 揚水式水力，貯水池式水力，調整池式水力，小容量火力などで運転費が高く連続運転に不適なものであっても負荷追従性能がよく，頻繁な起動停止が可能で昼間のピーク時間帯の供給に用いる電源。

火格子燃焼 ひごうしねんしょう [燃-固]
grate firing 粒径3～30mm程度の固体燃料を火格子の上に人力あるいは機械により投入，散布して燃焼させる方式。ストーカ燃焼と同義語。燃焼装置の形態としては固定床燃焼の形式となる。火格子燃焼は中小規模の燃焼装置で使用され，固体燃料を粗粉砕のまま燃焼させるため付帯設備が少なくてすむという特徴がある。かつては石炭などにも使用されたが，現在は都市ごみの焼却炉としての使用が多い。火格子の種類としては固定式，移動式，揺動式がある。また，燃料の供給方式としては，下込め式，散布式がある。 ⇨ 移床ストーカ，階段ストーカ，散布式ストーカ 同 ストーカ燃焼，ストーカ燃焼装置

非在来型天然ガス ひざいらいがたてんねんがす [石-ガ]
unconventional gas 在来型天然ガスに対して，これまで生産性が低いなどの理由から商業的生産が困難であったタイトサンドガス，コールベッドメタン，シェールガス，地圧水溶性ガス，メタンハイドレートなどの総称。将来，技術開発の進歩，ガス価格の上昇，生成優遇処置などがあれば，採掘対象になりうる資源として注目されている。

PCB ぴーしーびー [環-ダ]
polychlorinated biphenyl PCBとはビフェニル基に塩素が1～10個置換した塩素化ビフェニルの総称で，置換塩素の数や位置によって理論的には209種類の異性体が存在する。PCBの特性としては化学的に安定，熱に安定，酸化されに

くい，酸，アルカリに安定，高沸点，不燃性，絶縁性がよい。このため熱媒体やトランスコンデンサ用の絶縁オイル，潤滑剤などに使用されている。現在，環境省が適正処理のため処理技術を認定し，事業団での処理事業が立ち上がろうとしている。PCBの処理には，焼却処理，ナトリウム還元処理，プラズマ処理などが知られている。 ⑮ ポリ塩化ビフェニル

比重選別 ひじゅうせんべつ [廃-破]
density separation 物質の最も代表的な特性は密度であり，その差異を利用した比重選別は，鉱物からの金属と脈石の分離や資源リサイクル技術として広く利用されている。比重選別には，媒液に対する比重の大小で浮沈分離する重液選別をはじめ，粒子層を流体中で上下脈動させて密度ごとに粒子を成層，分離するジグ選別，水平あるいは傾斜した板上を流れる薄流中に供給された粒子の沈降速度と板上の移送速度の差異を利用して分離する薄流選別，サイクロンなどの流体選別などがある。また，乾式のエアテーブルも比重分離法である。比重選別の基礎となる物理現象は粒子の沈降である。密度が異なる2成分の固体粒子 ($\rho_{pA} > \rho_{pB}$) を密度 ρ_f の流体中で分離する場合，等速沈降比 $\alpha_g = \{(\rho_{pA} - \rho_f)/(\rho_{pB} - \rho_f)\}^m$ が両者の分離性を与える重要なパラメータである。ここに，べき m はストークスの抵抗則領域で 1/2，ニュートン領域で 1 である。分離の精度を高めるためには，粒子径範囲をあらかじめ $x_{min} < x < x_{max}$，$x_{max} < \alpha_g x_{min}$ に調整しておくことが必要である。言い換えると，α_g が大きいほど分離が容易であり，また，粗粒子ほど比重選別が有効である。 ⑮ 密度差選別

B重油 びーじゅうゆ [燃-製]
fuel oil B JIS K 2205で第二種に分類される重油。動粘度，流動点，残留炭素分，硫黄分の規定があるが，A重油よりは緩い。最近では燃料油としてはほとんど利用されない。 ⇨ 残留炭素分，重油

比出力 ひしゅつりょく [電-火]
specific power 電力業界では，単位燃料当りの発電出力を指す。火力発電では，ガスタービン中を流れる流体の単位質量流量，原子力発電では，原子燃料の単位重量となる。

非晶質 ひしょうしつ [理-素]
amorphous 物質を構成する原子の配列に短距離秩序があるが，結晶のような長距離秩序のないものをいう。無定形ともいう。種類や製造方法によって結晶構造とはならず非晶質(無定形)となるものや融液からの急冷によって非晶質になるものもある。非晶質固体は局所的な分子運動性が低くもろい性質のガラス状態であるが，昇温によってガラス転移温度以上で弾性率の急激な低下が起こりゴム弾性の性質を示し，さらには流動状態となる。 ⇨ アモルファス

非常用炉心冷却装置 ひじょうようろしんれいきゃくそうち [原-技]
emergency core cooling system (ECCS) 原子炉において原子炉冷却系の配管破断などの冷却材喪失事故 (LOCA) などが発生した場合に，速やかに冷却材を注入して炉心を冷却する装置のこと。これにより，核分裂生成物からの崩壊熱などによる燃料棒の破損を防止する。

ヒステリシス損 ひすてりしすそん [電-気]
hysteresis loss 交流磁界によって強磁性体を周期的に磁化させると，磁化方向がそのたびに変化するのでエネルギー損失を伴って熱が発生する。この損失をヒステリシス損という。

ビスブレーキング びずぶれーきんぐ [石-油]
visbreaking process, viscosity breaking process 高粘度減圧残さ油を，加熱炉で高温，高圧に加熱し蒸発塔内で分解し，低粘度の油に変化させるプ

非生物起源ガス ひせいぶつきげんがす [石-ガ]
abiogenic gas 熱分解起源の天然ガスや地球深層ガス(地下数十 km に賦存する地球誕生に起源したガスであるが, 商業規模での量は明らかとなっていない)のこと。

微生物浄化 びせいぶつじょうか [生-他]
biological remediation 広義には生物の働きを利用して汚染前の環境に修復すること。狭義には微生物の活動を制御して汚染前の環境を取り戻すことおよびそのための手法をいう。

微生物分解 びせいぶつぶんかい [自-バ]
degradation by microorganism 微生物の作用によって有機物が小さい分子に分解されること。発酵と同義。空気がある条件で進行するものを好気性発酵, 空気の存在しない条件で進行するものと嫌気性発酵と呼ぶ。生成物によってメタン発酵, エタノール発酵, アセトン・ブタノール発酵, 乳酸発酵などと呼ばれることが多い。有用成分を得るための操作としても重要であるが, 自然界において生物の遺体や有機廃棄物を二酸化炭素に分解していく作用としても重要である。反応速度は遅いが, 比較的穏和な条件で進行する利点があり, 各種の生物化学的変換技術として利用される。　⇨ 呼吸, 発酵

皮相電力 ひそうでんりょく [電-気]
apparent power 交流回路の(有効)電力 P は, 電圧 V と電流 I の位相差を θ とするとき, $P = VI\cos\theta$ である。このとき VI は見掛け上の電力と考えることができ, これを皮相電力という。電気機器の容量を表すのに用いられる。

ビチューメン びちゅーめん [石-油]
bitumen オイルサンド(タールサンド)から分離された C/H 比の低い, 高粘度, 高比重, 高硫黄含有量などの性質を示す油。

ピッチ制御 ぴっちせいぎょ [自-風]
blade pitch control, pitch control, variable pitch control ブレードの取付角を変化させることをピッチ制御という。ピッチ角を変化させる機構を可変ピッチ機構という。風車ロータの駆動力は, ブレードに発生する揚力であり, ピッチ角を変化させることにより, 揚力を制御し, 結果として風車出力および回転数を制御する。一般に, 可変ピッチ機構は, モータまたは油圧装置により, ピッチ角をブレードの軸周りにアクティブに回転させるが, メカニカルガバナなどによりパッシブに制御する技術もある。ブレード全体を付け根でねじるフルスパンピッチ制御に対し, ブレードの一部だけ(主として効果が大きな先端部)をねじるパーシャルスパンピッチ制御もある。最近の数 MW 級の大型機のほとんどはピッチ制御を行っている。なお, 失速制御(またはストール制御)はピッチ制御と異なる制御方式であり, ブレードに発生する失速現象を制動力に利用する。

非定常燃焼 ひていじょうねんしょう [燃-気]
unsteady combustion 熱の発生や燃焼生成物の生成など, 燃焼に特有な現象が, 時間的, 空間的に非定常となる燃焼。気体燃料の燃焼形態はバーナ燃焼と容器内燃焼に大別される。

BTU びーてぃーゆー [理-単]
British thermal unit (BTU) イギリス熱量単位を表す記号。1 BTU は 1 ポンド(約 453 g)の水を 1℃上昇させるのに必要な熱量である。1 BTU = 1.055 1 kJ である。　⑩ BthU, Btu

ヒーティングタワーヒートポンプ ひーてぃんぐたわーひーとぽんぷ [熱-ヒ]
heating tower heat pump ヒーティングタワーヒートポンプはヒートポンプとヒーティングタワーから構成される。暖房運転時は空気のもつ熱をヒートポンプの熱源としてヒーティングタワーからとり, 温水を製造する。冷房運転時にはヒートポンプで冷水を製造してその排熱

をタワーから大気に捨てる。すなわち，ヒーティングタワーをクーリングタワー(冷却塔)として使用する。汎用空気熱源ヒートポンプの欠点である着霜による暖房能力の低下がなく，年間を通して優れたシステム成績係数が得られる。大規模用途に使用される。

ヒートアイランド現象 ひーとあいらんどげんしょう [環-都]
heat island 都市部の気温が都市周辺部(郊外)に比べて高くなる現象。これは地図上に等温線を描くと，都市部(特に都心部)が地図上で海に浮かぶ島の等高線のように見えることからヒートアイランド(熱の島)と呼ばれている。原因としては，建築物や工場などで使うエネルギーや交通量の増大による人工排熱の増大と，都市化に伴う道路の舗装や建築物の増大による都市の地表面性状の変化や緑の減少，風の減衰などがある。ヒートアイランド現象の影響には，熱帯夜の増大による都市生活の快適性の低下，熱中症の増大，局所的な集中豪雨被害などがある。また，夏季の気温上昇は冷房用の電気消費量の増大をまねくとともに，冷房時の排熱がヒートアイランド現象をさらに進行させる悪循環をまねくこととなる。

ヒートカスケーディング ひーとかすけーでぃんぐ [熱-シ]
heat cascading 熱流体から熱を回収利用すれば流体の温度は低下する。そこで，燃料の燃焼から得た熱を逐次温度レベルが低下する順に熱需要に使用し，最終的に環境温度に近い温度まで低下した熱を環境に放出する熱利用形態をヒートカスケーディングと呼ぶ。本システムはまだ利用可能な熱エネルギーを廃棄せずに用いることにより省エネルギーを実現するだけでなく，熱のもつエクセルギーを有効利用しつくすことに寄与する。例として，工場排熱の有効利用，コンバインドサイクル(複合発電)，コジェネレーションなどがあげられる。　⇨ エクセルギー

人検知センサ ひとけんちせんさ [民-家]
sensor for human detection ある場所に人がいるか否か，あるいは動いているかなどを検知する目的のセンサ。光学式，熱感知式などがある。家電機器，ホームエネルギーマネジメントシステム(HEMS)などに使われ，省エネ推進の常套手段である。　⇨ ホームエネルギーマネジメントシステム

ヒートシンク ひーとしんく [熱-シ]
heat sink 冷房や工場のプロセスなどのシステムで発生する廃熱は，適切にシステムの外に除去する必要があり，その際の熱の引取先をヒートシンクという。ヒートシンクには大気，水，地中などがある。建物の冷房では屋外に設置した冷却塔や室外機で熱を大気に放出するのが一般的であり，地域冷房では下水や河川水，海水を利用する例も多い。熱を環境中に放出することはヒートアイランド問題につながるので，廃棄する熱の場所，季節や時刻，形態(大気，水，地中および潜熱と顕熱の別)，温度，量が重要である。　⇨ 地域冷暖房，都市廃熱

ヒートパイプ ひーとぱいぷ [熱-ヒ]
heat pipe 金属管の内壁に金網や焼結金属のような多孔物を付け，熱媒体を封入して密閉する。この管の一方の端を加熱すると熱媒体は蒸発する。管の他端を冷却すると，管中央を媒体蒸気は冷却部に移動して凝縮する。媒体液は管内壁の多孔物部を毛細管現象で加熱部に戻り，再び加熱されて蒸発する。このように，媒体の蒸発，凝縮の相変化を繰り返すことにより，加熱部から冷却部に熱を伝えることができる。伝熱量は，金属の熱伝導よりも大きい。使用にあたっては，使用温度によって，管材料，熱媒体などを選ぶ必要がある。ここで，多孔物はウィックといわれる。

ヒートポンプ ひーとぽんぷ [熱-ヒ], [民-装]
heat pump 熱を低温から高温にくみ

上げること、あるいは方法。冷媒液が蒸発する際に周りから吸熱する。蒸発した冷媒蒸気を液体に戻さなければならないが、蒸気を飽和圧力まで圧縮すると、この高圧蒸気は飽和温度で凝縮し放熱して液体になる。次いで、冷媒液は膨張して低圧で蒸発する。このように、冷媒は低温で蒸発して吸熱し、高温で凝縮して放熱する。冷房時は室内に蒸発器、室外に凝縮器を置いて蒸発器で気化した低温冷媒により冷風を得る。暖房時には蒸発器を室外に、凝縮器を室内に置く構成にすれば温風を得ることができる。これが広義のヒートポンプである。このうち、低温を冷凍に利用し高温を環境温度に近づけるのが冷凍機であり、低温を環境温度に近づけ、高温を暖房や加熱に利用するのが、狭義のヒートポンプである。ヒートポンプ成績係数 COP_h は

$$COP_h = \frac{出\ 力}{入\ 力} = \frac{凝縮熱(kW)}{圧縮動力(kW)}$$

となる。また、サイクルの熱収支から

凝縮熱 = 圧縮動力 + 蒸発熱

であり、上の2式から

$$COP_h = 1 + \frac{蒸発熱(kW)}{圧縮動力(kW)}$$
$$= 1 + COP_c$$

となる。ここで、COP_c は冷凍機の成績係数である。本式から、ヒートポンプ成績係数は、冷凍成績係数に1プラスした数になり、必ず1以上になる。 ⇨ 成績係数

比 熱 ひねつ [理-熱]
specific heat 1 kg の物質の温度を1K上昇させるのに必要な熱量 $(\partial q/\partial T)_x$ を比熱という。単位は J/(kg·K) である。一定圧力のもとでの状態変化における比熱を定圧比熱 C_p、一定体積のもとでの状態変化における比熱を定積比熱 C_v と呼ぶ。熱力学第一法則により、それぞれ比エンタルピー h および比内部エネルギー u を用いて $C_p = (\partial h/\partial T)_p$、および $C_v = (\partial u/\partial T)_v$ と表される。また、理想気体においては、気体定数を R とすると $C_p - C_v = R$ のマイヤーの関係が成立し、比熱比を κ とすると $C_p = \kappa R/(\kappa-1)$ および $C_v = R/(\kappa-1)$ と表すことができる。定積比熱 C_v より定圧比熱 C_p が大きいのは、等圧変化では膨張仕事分だけ多くの熱を加える必要があることを表している。熱膨張の小さい液体や固体では気体の場合に比べて熱膨張が無視できるほど小さいため、C_p と C_v とを区別せず、単に比熱として用いる。 ⇨ 熱容量、熱力学第一法則、熱量

比熱比 ひねつひ [理-熱]
specific heat ratio 定圧比熱 C_p と定積比熱 C_v との比 $\kappa = C_p/C_v$ のこと。理想気体の比熱比は温度に依存せず分子の自由度 ν を用いて $\kappa = (\nu+2)/\nu$ と表されるため、単原子分子で $\kappa = 5/3$、2原子分子で $\kappa = 7/5$、3原子以上の分子で $\kappa = 4/3$ である。実際には高温になると分子内の振動エネルギーが無視できなくなり比熱比は温度依存性を示す。 ⇨ 比熱

非粘結炭 ひねんけつたん [石-炭]、[石-産]、[産-燃]
non-caking coal 石炭には、乾留により固形のコークスになるものと、固形のコークスにならないものとがある。コークスになる石炭を粘結炭、ならないものを非粘結炭と呼ぶ。産出量の関係から粘結炭のほうが高価である。そこで、わが国では、粘結炭の性質を維持する範囲で非粘結炭を配合して、コークスを製造する技術が確立され、製鉄のコスト削減に貢献している。通常の石炭は非粘結炭であり、非粘結炭を一般炭とも呼ぶ。

飛 灰 ひばい [廃-灰]
fly ash 廃棄物などを焼却処理する際、排ガスに同伴されてボイラや熱交換器下部、ガス冷却室下部ならびに集じん装置で捕集された固形物をいう。発生量は焼却炉の型式と酸性ガスを中和する薬剤の投入量により異なる。火格子を用いるストーカ炉では投入される廃棄物の3%程度であり、流動床炉では灰分の大半が飛灰となる。

化学的には低沸点重金属やダイオキシン類の含有率が焼却灰よりも高いことより、集じん灰は特別管理廃棄物に指定されており、焼却灰との分離貯留を行い廃棄物処理法に基づいて溶融固化、セメント固化、薬剤処理および酸、そのほかの溶媒による安定化などの指定された処理を行うことが義務付けられている。廃棄物処理法施行令第1条二(1991年)。
⇨ 集じん灰、フライアッシュ

火花点火 ひばなてんか [輸-電]
spark ignition 可燃混合気(例えば、燃料と空気の混合物)を電気火花によって点火すること。ガソリンエンジン(火花点火エンジン)で採用されている着火方式であり、点火後、予混合気中の火炎伝ぱで燃焼が進行する。点火エネルギーが小さい場合、火炎核に対する電極の冷却作用や燃焼室内の乱れにより初期火炎核が消滅する。そのため、安定した伝ぱ火炎を得るにはある大きさ以上のエネルギー(最小点火エネルギー)が必要となる。

ppm ぴーぴーえむ [輸-排]
parts per million (ppm) 100万分の1のこと。排気ガスなどの濃度を表す単位として使われており、1%は1万ppmに相当する。

bbl びーびーえる [石-油]
barrel バレル。石油に使用する容量の単位。1 bbl = 42 米 gal = 35 英 gal = 159 l。 ⇨ バレル

BP統計 びーぴーとうけい [資-石]
BP-Amoco statistical review of world energy BP統計とは、BP(British petroleum)に関する主要統計データである。石油価格が二度の石油危機で一気に高騰し、国際市場での石油輸出国機構(OPEC)の支配力が高まった結果、供給の不安定性が強く認知されるところとなり、エネルギー資源が今後どれくらい供給されるのか、という問題がクローズアップされるようになった。これらエネルギー資源の量は、実際、正確に把握することはほとんど不可能ではあるが、石油、石炭などの化石エネルギーについては、採鉱開発実績をもとに統計的解析を用いてエネルギー資源の賦存量(埋蔵量)を推定している。これがBP統計データである。

PPP ぴーぴーぴー [環-制]
polluter pays principle ⇨ 汚染原因者負担の原則

PV ぴーぶいー [自-電]
photovoltaic (PV) 「光起電力」の意であり、「太陽光発電」を表す略語として広く用いられる。太陽電池モジュール(PVモジュール)、太陽光発電システム(PVシステム)など。 ⇨ 太陽光発電

被覆管 ひふくかん [原-技]、[電-設]
clad pipe, cladding pipe, cladding tube 原子炉燃料の構成要素の一つで、核燃料物質が納められている薄肉円管のこと。核燃料を酸化や侵食から保護し、発生した核分裂生成物(FP)の外部漏出を防止する役目を果たす。被覆材としては、耐高温高圧性、機械的特性などに優れている材料が適しており、ジルコニウム合金、ステンレス鋼、アルミニウム合金などが用いられる。耐放射線性、冷却材および核分裂生成物の耐食性、機械的強度と延性を備えた材料が選択され、寸法、製造に関して高品質が要求される。 ⇨ 燃料被覆管

微粉炭機 びふんたんき [電-機]
coal pulverizer 衝撃、摩擦および圧砕によって石炭を微粉化する機械をいう。大別してチューブミル、ボールミル、ローラミル、およびビータミルがある。 ⇨ 微粉炭ミル

微粉炭燃焼 びふんたんねんしょう [燃-固]
pulverized coal combustion (PCC) 石炭を微粉砕機により200メッシュ(約74μm)以下の微粉を80%以上としてから、空気流に同伴させてバーナから燃焼室に吹き込んで、空間燃焼させる方式の燃焼装置。固体燃焼であるが、ガス燃

焼，油燃焼と類似の燃焼形態となり，火炎を形成して燃焼する。燃焼温度は1200～1400℃で，燃焼効率は高い。大型機では複数のバーナを使用するが，バーナの配置の代表的なものは，壁面配置とコーナ配置である。灰の大部分は排ガスに同伴するフライアッシュとなる。微粉炭燃焼では，微粉炭機，集じん装置，排煙脱硫・脱硝装置などの付帯設備が必要であり，小容量の燃焼装置としては不向きである。 ⇨ 微粉炭機，微粉炭バーナ ⇦ 微粉炭燃焼ボイラ

微粉炭燃焼ボイラ　びふんたんねんしょうぼいら　[燃-固]
pulverized coal combustion boiler
燃焼装置の形式として微粉炭燃焼装置を使用したボイラのこと。ボイラは，微粉炭機，火炉，過熱器，再生器，節炭器で構成されるが，このほかに大気汚染防止のための集じん装置，排煙脱硫・脱硝設備などの付帯設備が必要となる。このため設備費が高くなり，中小ボイラには不向きなため，主として発電用の大型ボイラに使用される。石炭炊きの大型発電用ボイラでは，ほとんど微粉炭燃焼ボイラが採用され，1缶で100万kWの発電量まで対応可能である。ボイラとしては燃焼の調節が容易で負荷変動にも容易に対応できる。 ⇨ 微粉炭燃焼

微粉炭燃焼方式　びふんたんねんしょうほうしき　[電-設]
pulverized coal firing system　石炭を細かく砕いて燃焼させる方式。大きくはつぎの二つの種類がある。① 細かく砕いた石炭(微粉炭)と二次空気とを混合・旋回させながら炉内に噴出させ比較的短い火炎を形成させる方式(旋回流バーナ方式)，② おもに水管群の間にバーナを取り付け，扁平な長い火炎を形成させる方式(平流バーナ方式)。

微粉炭バーナ　びふんたんばーな　[燃-固]
pulverized coal combustion burner
微粉炭燃焼に使用されるバーナ。微粉炭を効率的に燃焼させるためには，着火の安定性を保つことと，微粉炭と燃焼用空気の混合を促進させることが重要である。さらに低NOx(窒素酸化物)性が要求される。微粉炭バーナは微粉炭と空気の混合物を火炉に吹き込む部分と，それを取り囲む二次空気，三次空気吹込ノズルおよび火炎を安定化させるための保炎リングより構成される。スワーラ(旋回羽)を設けて混合を促進させるための旋回流を生じるようにすることが一般的である。低NOx化のためには一次燃焼領域を理論酸素量以下の還元雰囲気にして，一次燃焼領域で発生する未燃炭化水素，アンモニアなどの物質によりNOxを分解する方式が採用される。低NOx微粉炭バーナを使用すると，従来600ppm以上であったNOx値を半減化させることが可能となっている。 ⇨ 微粉炭燃焼

微粉炭ミル　びふんたんみる　[燃-固]
coal mill, coal pulverizer　微粉炭燃焼に使用される微粉炭を製造する石炭の粉砕機。粉砕方法としては，すりつぶす方式と衝撃により粉砕する方式とがある。前者の例としてはリングボールミル，後者の方式としてはチューブミルがある。リングボールミルは鋼球を上下のリングで挟み，リングを回転させながら鋼球とリングの間際で石炭をすりつぶすものである。チューブミルは横型の回転容器内に鋼球を充てんし容器を回転することにより鋼球を容器内で上下運動させ，その衝撃と鋼と石炭との相互作用によるすりつぶしにより粉砕するものである。リングボールミルは歴青炭，亜歴青炭の粉砕に使用されチューブミルは高灰分炭，低粉砕性炭の粉砕に適している。粉砕能力としてはリングボールミルのほうが大きく，大容量微粉炭燃焼装置に使用される。 ⇨ 微粉炭機，微粉炭燃焼，微粉炭バーナ

氷　室　ひむろ　[自-雪]
himuro　氷室の夏期の運用状態を示す鳥瞰図を図に示す。倉庫内に保存した農

産物の一部を正月野菜，春野菜として出荷し，3月下旬までに空いた空間へ雪を搬入し冷熱源としての雪を確保し，夏期には低温貯蔵庫としての運用を行う。庫内温度は1〜4℃，湿度は85〜95%で推移し非常に安定している。この低温度，高湿度の条件は多くの農産物の貯蔵に適した条件となっている。なお，氷室は，150 mm程度の断熱材(フォームポリスチレンなど)により囲い断熱を施し，その構造，運用は簡明であり，建設，運用，維持，管理が容易である。また，年一度の雪の搬入時以外には，照明以外の動力を必要としない。

氷室型農産物保冷庫(夏期の運用状態)

氷室型農産物保冷庫 ひむろがたのうさんぶつほれいこ [自-雪]
himuro type storage shed ⇒ 氷室

非メタン有機物 ひめたんゆうきぶつ [輸-排]
non-methane organic gas (NMOG) メタン以外の有機炭化水素。アメリカでは，メタンは大気に対して非活性であるために，規制対象から外し，大気に対して活性な炭素数2以上の炭化水素(有機物)を規制対象としており，わが国でも2005年規制からNMHC(非メタン炭化水素)として規制導入される。

費用効果分析 ひようこうかぶんせき [社-価]
cost-benefit method analysis 費用便益分析は，一般に，時間的・空間的な影響範囲の大きな投資プロジェクトについて行われる。例えば，交通，教育，住宅，都市，エネルギーなどの公益的投資計画がもたらす費用や便益の影響範囲は，時間的にも空間的にも広い。そのため，こうしたプロジェクトでは，単に投資がもたらす直接的な費用や便益だけでなく，環境影響など地域社会に及ぼす間接的な費用や便益も考慮する必要がある。それを行うのが費用便益分析である。実際の評価では，すべての間接的な影響を網羅するのは不可能であるため，時間的，空間的な影響範囲を限定したうえで検討される。 ⇒ 資本回収法，内部利益率

標準電圧 ひょうじゅんでんあつ [電-流]
standard voltages 送配電線路の標準的に定めた電圧値のことをいい，JEC(日本電気規格調査会標準規格)によって定められている。

比容積 ひようせき [理-熱]
specific volume 単位質量当りの物質の占める容積のことで密度の逆数である。比体積ともいう。単位はm^3/kgであり，系を分割しても変わらない示強性状態量である。

表面張力 ひょうめんちょうりょく [理-物]
surface tension 気体と液体の界面(境界)において，液体は液体分子相互に働く力(分子間力)のために，液体の表面を縮め，最小にしようとする性質をもつ。このときに働く力を表面張力と呼ぶ。表面張力のために，気体中の自由な液体は，球状になる性質がある。表面張力は液体の物性値として定義される。

表面燃焼 ひょうめんねんしょう [燃-固]
surface combustion 固体燃料の燃焼形態の一つ。揮発分をほとんど含まないコークス，木炭，熱分解残さであるチャーの燃焼でみられる。酸素やほかの酸化剤(CO_2, H_2O)が外部表面や固体内部の空隙に拡散して固体表面で酸化反応を生じる形態の燃焼である。表面燃焼では燃焼速度は酸化剤の拡散速度に支配されるため，固体燃料の燃焼課程の中では最も遅い燃焼過程となる。 ⇒ いぶり燃焼，分解燃焼

表面復水器 ひょうめんふくすいき

[電-設]
surface condenser　冷却水が復水器冷却管内を通り，タービン排気がその管の外面に触れて冷却復水する装置。タービンで排気を冷却して復水する装置(復水器)には，表面式と直接接触式がある。

ピリジン　ぴりじん　[環-化]
pyridine　ピリジンはベンゼンの炭素の一つが窒素に置き換わっただけであるが，独特のにおいを有している。コーヒーの香りの成分は600種類以上知られているが，量的にはこのピリジンが最も多く含まれているようである。

微粒化　びりゅうか　[燃-燃]
atomization　噴霧ともいい液体燃料を微細な油滴に粉砕して，単位質量当りの表面積を増加させるとともに，油滴の分散，周囲空気との混合を行わせることをいう。噴霧燃焼では最初の重要な段階である。

ビール仕込粕　びーるしこみかす　[生-他]
brewer's grains　ビール製造の工程では，ビール粕，麦芽根，ホップ粕，ビール酵母などの副産物が発生する。その中で，ビール粕は，麦根を除去した麦芽と副原料の米あるいはでんぷんを混合して糖化槽で糖化してから，麦汁をろ過した残さとして発生する。そのために，麦芽糖化粕またはモルトフィードとも呼ばれる。　⑩モルトフィード

ピルビン酸　ぴるびんさん　[生-化]
pyruvate, pyruvic acid　化学式は$C_3H_4O_3$。分子量88.06の最も小さいα-ケト酸。動物細胞では，フォスフェノールピルビン酸，乳酸，アラニン，およびリンゴ酸から生成され，乳酸，オキサロ酢酸，アセチルCoAの生成に消費される。代謝系では，解糖系の終末産物であり，TCAサイクル，アミノ酸合成，糖新生の出発点に位置した代謝中間体である。

ビル用マルチエアコン　びるようまるちえあこん　[熱-冷]
multi-split type air conditioning unit　1台の室外機に対して複数台の室内機が冷媒管で結ばれた型式の冷暖房兼用あるいは冷房専用の個別分散型空気調和機。室外機は空冷式と水冷式がある。中規模以下の店舗や事務所建物に多く採用される。加湿器やエアフィルタなどの組込みや全熱交換器との連動ができるもの，複数台の室内ユニットをビル管理システム(集中監視盤など)に接続して課金も含めて一括管理できるものなどが開発されている。　⑩ビルマル，ビル用マルチパッケージ型空気調和機

疲労　ひろう　[原-事]
fatigue　材料に力が繰り返し加えられもろくなる現象である。原子力発電所などでは，疲労損傷の評価を行い，これによって破損に至らないことを確認している。

品位　ひんい　[資-利]
grade　一般に製品の性状を表す用語。エネルギー分野においては燃料の品質を表す用語として用いられるが，実際には気体燃料や液体燃料に用いられることはきわめて少なく，主として固体燃料，特に石炭に用いられる。

[ふ]

ファクター4 ふぁくたーふぉー
[社-全]
factor 4 地球環境の悪化が今後50年で4倍増になるという警告で，1972年に出た「成長の限界―ローマクラブ：人類の危機レポート」，1992年に出た「第一次地球革命―ローマクラブリポート」に次いで1995年にエイモリー・ロビンス，ハンター・ロビンスが全世界の代表的なエネルギー効率専門家たちの成果を野心的な解決戦略としてまとめ上げたものを，ローマクラブ会員であるエルンスト・フォン・ワイゼッカーが，素材・輸送生産性における新たな地平をエネルギー問題群と接合したものとされている。ローマクラブの大きな国際会議(1995年3月開催)で討議され，会員，特に途上国会員の提案をも組み入れた報告書としてローマクラブに献呈したと当時のローマクラブ会長が承認したものである。

ファラデー定数 ふぁらでーていすう
[理-電]
Faraday's constant 電気分解などの電気化学反応において，電気量と反応物質量を結び付ける単位量。反応生成物を1化学当量(1 mol)得るのに必要な電気量は，$9.648\,530\,9 \times 10^4$ C/molであることを，19世紀にイギリスの科学者，ファラデーが見いだした(ファラデーの法則)。この定数をファラデー定数という。 ⇒ ファラデーの電気分解の法則

ファラデーの電気分解の法則 ふぁらでーのでんきぶんかいのほうそく [理-池]
Faraday's law of electrolysis ファラデー(イギリス，1791～1867)が発見した電気分解に関する法則。電気分解によって電極に析出する物質の量は流れた電気量に比例し，同一の電気量によって生成する物質の質量はその物質の化学当量(原子量をその原子価で割った値)に比例するというもの。その比例定数の逆数をファラデー定数(F)と呼び，実験の結果，$F=9.65\times10^4$ C/molであることがわかっている。

ファーレンハイト温度 ふぁーれんはいとおんど [理-熱]
Fahrenheit temperature ドイツのファーレンハイトが1724年に定めた温度目盛りのことで，現在でもアメリカ合衆国などにおいて日常生活で用いられている。華氏温度とも呼ばれ，単位に°Fを用いる。塩化アンモニウムを寒剤として用いた場合の最低温度を0°F，人間の体温を96°Fとした。1°Fの温度幅はセルシウス温度の1℃の温度幅とは等しくなく，ファーレンハイト温度Fはセルシウス温度Cと$F=(9/5)C+32$の関係にある。 ⇒ セルシウス温度

ファンデルワールス状態方程式 ふぁんでるわーるすじょうたいほうていしき
[理-熱]
van der Waals's equation of state ファンデルワールス状態方程式は実在気体効果を含んだ状態方程式の最も基本的なものであり，理想気体の状態方程式において圧力pおよび比体積(比容積)vに補正を加えた$(p+a/v^2)(v-b)=RT$という形をしている。ここで，a/v^2は分子間力による圧力低下を考慮した補正項であり，bは分子の体積による自由空間の減少を表している。圧力，比体積および温度の代わりにそれぞれ，物質の臨界値に対する相対値である$p_r=p/p_c$, $v_r=v/v_c$および$T_r=T/T_c$を用いると，ファンデルワールス状態方程式は$(p_r+3/v_r^2)(v_r-1/3)=(8/3)T_r$と表され，物質によらない関係式となる。このことを対応状態原理と呼ぶ。ファンデルワールス状態方程式を改良することにより，臨界点近

傍においても定量的に物質の状態を記述することが可能な種々の状態方程式が提案されている。 ⇨ 状態方程式，臨界圧力

VAV ぶぃーえいぶぃー [民-機]
variable air volume system (VAV) 可変風量方式の意。送風動力の削減などを目的として，空調用給気をその室内の冷暖房負荷の変動に対して変化させる方式をいう。この場合，送風温度は一定とする。単一ダクト方式，二重ダクト方式などがある。 ⇨ VWV

VOC ぶぃおうしー [環-ダ]，[環-ス]
volatile organic compounds (VOC) 揮発性を有する有機化合物の総称。世界保健機関(WHO)の分類では沸点が50〜100℃から240〜260℃程度の範囲にある有機化合物をいう。VOCは悪臭物質，有害大気汚染物質や化学物質過敏症やシックハウス症候群の原因など，人間に対して健康影響を及ぼすものが多く，環境基準値が設けられている。VOCの処理には，吸着法や燃焼分解，光触媒法が実用化されている。

VWV ぶぃーだぶりゅーぶぃー [民-機]
variable water volume system (VWV) 可変水量方式の意。搬送動力の削減などを目的として，空調用冷温水の循環水量を負荷の変動に応じて変化させる方式をいう。水量を変化させるためには，ポンプの回転数制御，台数制御などが行われる。 ⇨ VAV ㋹変流量方式

フィルダム ふぃるだむ [自-水]
fill dam 堤体本体材料として水密性の均一な土質材料や石塊(ロック材)を積み上げて構造的な強度をもたせたダムをいい，前者をアースダム，後者をロックフィルダムと呼んでいる。フィルダムの堤体は変形性があり，高いダムの場合でも基礎に応力を広く分散できるので，コンクリートダムに比べて比較的軟弱な地盤でも築造できる。また，堤体材料がダムサイトの近くにあればコンクリートダムより経済的である。また，フィルダムは洪水時にも堤体を絶対に越流させないことが設計条件の一つとなっているため，余剰水を下流に安全に流下させる洪水吐という設備が設けられている。 ⇨ ダム

フィルムバッジ ふぃるむばっじ [原-安]
film badge 個人の外部被ばく量を測るものの一つである。放射線によりフィルムが黒くなる性質を利用したもので，被ばく線量，放射線の種類などを推定することが可能である。

風化 ふうか [石-炭]
weathering 地表またはその付近で空気中の酸素，雨水，紫外線などの作用により石炭の物理的，化学的性質が変化すること。風化により石炭の物性は大きく変化する。特に粘結性の低下，発熱量の減少，紛状化が著しい。

風況シミュレーション ふうきょうしみゅれーしょん [自-風]
wind flow simulation 風車の立地選択の第一義的な条件は風況の良し悪しである。今日，RISOE研究所(デンマーク)が開発したWASPという風況シミュレータが国際的に利用されている。しかしながら，大気流れの解析が線形モデルであり，山などの後方のはく離流が発生するような複雑地形には適さない。また解析領域も10km四方内というおおよその目安がある。近年，複雑地形でもより正確に大気流をシミュレートできる各種の非線形モデル(ANEMOS, LOCALS, LAWEPS, MASCOTなど)が開発されている。

風況精査 ふうきょうせいさ [自-風]
wind measurements 風力プラント開発の計画段階では，設置予定地の風況を計測する，風況精査が必要である。すなわち，気節変動を考慮して，1年間の風況データを計測する。計測データとしては，年間平均風速，風速出現頻度分布，風配図が必要で，風況データの項で述べたそのほかの情報も計測するのが望まし

い。独立行政法人新エネルギー・産業技術総合開発機構(NEDO)は1990年代から風況精査を実施してきており、その成果は日本の風況マップの作成に役立った。風況精査の誤差が少ないほど、発電量予測の信頼度は高くなるが、風況の年変化も考慮しなければならない。
⇨ 風況データ　⇔ 風況調査

風況データ　ふうきょうでーた
[自-風]
wind characteristics data, wind data
風車設置点の風特性にかかわる観測データであり、風車の設計・輸送・運転・保守・経済性に至るまでを支配する。風特性を示すデータとして、年平均風速、月平均風速、日平均風速、風速出現頻度分布、乱流強度、瞬間最大風速、風配図、ウインドシアーなどがある。平均風速はおもに風エネルギーの賦存量の評価に、風速出現頻度分布は風車定格風速の決定に、乱流強度や瞬間最大風速は風車の疲労設計、強度設計に利用される。風配図は卓越風向の有無の判断、ウインドシアーは高度方向の風速分布の把握に有用である。気象にかかわるデータの多くは10分平均であるのに対し、風車の運転制御には少なくとも秒単位の時系列データが要求される。国際エネルギー機関(IEA)の国際研究協力のもとで風特性データベースを作成した。

風況マップ　ふうきょうまっぷ
[自-風]
wind atlas, wind energy map　ある国やある地域の平均風速または風エネルギーの賦存量(エネルギー密度)の分布を表す地図をいう。風況マップは、風力発電可能性の推計や風力発電に適した強風地帯の探索の目安となる。日本の風況マップは独立行政法人新エネルギー・産業技術総合開発機構(NEDO)がホームページで公開している。風況マップの活用にあたっては、風速の高度補正を行って、風車のハブ高さにおける風速を把握しなければならない。

風　車　ふうしゃ　[自-風]
wind turbine (WT)　風を利用してある仕事を行う機械装置。人類は古代から風車をつくり、製粉や揚水に利用してきた。風は枯渇することのない再生可能エネルギーであり、また二酸化炭素を発生しないクリーンなエネルギー資源である。一方、自然の風に支配されるために、出力変動が大きく、また風車単独では必要なときの電力が約束されないという欠点がある。風車出力を大きな電力系統に連係することによってこの欠点が解決されている。風車出力は風速の3乗に比例し、またロータ(回転翼)の投影面積に比例する。そのため、強風地帯ほど年間発電量が大きい。現在開発されている大型機は定格出力5 000 kW、ロータ直径120 mにも達する。　⇨ 風力発電機

風車クラス　ふうしゃくらす　[自-風]
wind turbine class　風車の設計パラメータ、特に定格風速は設置場所の風特性の関数である。したがって、最適な定格風速は設置場所の風特性に依存し、場所に応じて千差万別である。しかし、国際市場における標準化の観点から、風のクラス分けに基づく風車クラスが国際電気会議(IEC)国際標準で定められた。

現在は年間平均風速が6 m/s 未満のクラスIV、その上7.5 m/s 未満のクラスIII、その上8.5 m/s 未満のクラスII、10 m/s 未満のクラスIに分類されている。また、平均風速15 m/s 時の乱流強度に応じてカテゴリーA(乱流強度18％まで)とカテゴリーB(乱流強度16％まで)に分けられている。これらの数値をはみ出す場合にはクラスS(特別)として設計者が規定する。わが国は台風の来襲があり、総じて地形の起伏が大きいため、乱流強度も高いので、風車導入時には慎重なクラス分けが必要である。

風車の出力　ふうしゃのしゅつりょく
[自-風]
power output for wind turbine generator　風車の発電出力。風車ロータは

大気流の運動エネルギーを軸動力に変換し，この動力によって発電機を駆動する。風車の出力は風速の3乗に比例するため，風速の関数である。定格出力とは，発電機が定格状態にあるときの出力をいい，定格出力を与える最小の風速を定格風速と呼ぶ。定格風速は年間平均風速の1.3～1.5倍程度であり，13 m/s前後で設計された風車が多い。なお，風力発電機が発電を開始する風速をカットイン風速，強風のために運転を停止する風速をカットアウト風速という。前者は3 m/s前後，後者は25 m/s程度が一般的である。

風車の性能 ふうしゃのせいのう
[自-風]
power performance of wind turbine
風のエネルギーを風車動力に変換する効率(パワー係数)は，理想状態では59.3%(Betzの限界値)と高いが，実在流体では45%前後である。システムの効率はパワー係数に伝達系の効率，発電機効率を掛けたものとなる。小型風車はレイノルズ数変化の影響を強く受けるため，大型機と小型機との性能は異なる。大型機の性能を高い信頼性をもって把握するためには，国際電気会議(IEC)国際標準やJIS規格にのっとったフィールド試験サイトにおける性能試験の実施が必要である。

風力エネルギー ふうりょくえねるぎー
[理-自]
wind power energy 自然風がもつエネルギーを風力エネルギーといい，自然エネルギーの一つである。自然風がもっている運動エネルギーの一部を機械的仕事に変える回転装置を風車といい，さまざまなタイプの風車が考案されている。また，風力エネルギーを用いて発電を行うことを風力発電という。

風力発電機 ふうりょくはつでんき
[自-風]
wind turbine generator (WTG) 風車によって発電を行う装置。デンマークのエジソンと呼ばれるポール・ラクールの技術開発によって，20世紀のはじめに風車で発電機を駆動する風力発電機が出現した。この電力への変換形態が今日の風車利用形態の主流となっている。自然エネルギーを電気エネルギーに変換することにより，電力系統を通じて風車から離れた人々も利用できるようになった。大気の変動風に支配される風車の出力は変動が大きいが，大規模な電力系統に併入した利用形態は，電池などのバックアップが不要で最も経済的な方法である。しかし，風力発電の投入割合が高くなり，あるいは弱小な系統であったりすると，電力品質への悪影響が生じる。

フェイルセーフシステム ふぇいるせーふしすてむ [原-安]
fail-safe system 失敗があってもそれがシステム全体の故障や事故に拡大しないようになっているシステムのこと。原子力施設ではこのシステムが採用されている。例えば，停電になっても，原子炉の出力を制御する制御棒が重力により落下し，出力が下がり，安全が保たれるようになっている。

フェノール ふぇのーる [環-化]
phenol フェノールとは，フェノール(石炭酸)やその誘導体であるクレゾールなどを総称したものである。フェノールは白色または淡紅色の結晶塊状で，大気より水分を吸収して液状になる。灼くような味と特有な臭気をもつ。フェノールはおもに消毒剤，防腐剤として，また合成樹脂，合成繊維，爆薬，農薬，染料などの原料としても利用される。フェノール自体は0.1 mg/l程度では異臭を感じないが，フェノールを含む原水を塩素処理すると反応してクロロフェノールを形成し，水道水に異臭味を与える。1941年，多摩川のわかもと製薬の火災によるフェノールの流出による環境汚染事例がある。さらに1957年淀川，1967年木曾川，1971年利根川など多発しているが，特に1976年の利根川での郡栄化学

工業によるフェノールたれ流しでは，埼玉，千葉，東京の水道事業者にきわめて大きい被害を与えた。

フェノール類は自然水に含まれることはなく，フェノールやクレゾールを原料とする化学工場や石炭ガスプラントなどの排水に含まれている。また，アスファルト舗装の道路に流れた雨水などから検出されることがある。フェノール類は，人の組織に著しい腐食作用をもつ。皮膚そのほかの粘膜から吸収され，中枢神経系に毒作用を及ぼす。多量の内服は，消化器系粘膜の炎症のほか，腹痛，嘔吐，血圧降下，過呼吸，痙攣などの急性中毒症状をもたらす。水質基準は異臭味発生防止の観点から定められた。処理はオゾン，活性炭吸着などがある。

フェノールジスルホン酸吸光光度法 ふぇのーるじするほんさんきゅうこうこうどほう [環-室]
phenol disulfonic acid absorptiometry 燃焼排ガスをオゾンの共存下で硫酸酸性溶液に吸収させ，排ガス中の二酸化窒素(NO_2)を硝酸イオン(NO_3^-)にさせる。それをフェノールジスルホン酸と反応させ，得られた呈色液の吸光度よりNO_2を定量する方法である。 ⇒ 二酸化窒素

フェルミエネルギー ふぇるみえねるぎー [理-量]
Fermi energy 自由電子や価電子がパウリの排他律（排他原理ともいう。2個以上の電子が同一の状態を取ることができないという量子力学の基本原理の一つ）に従ってエネルギーの低い準位から順にその準位を占有していく場合，占有する最高の準位のエネルギー値をフェルミエネルギーという。

フォトダイオード ふぉとだいおーど [民-装]
photo-diode 半導体にわずかの不純物を混ぜることで，不純物の種類によりp形，n形の半導体ができこれを接合することによりダイオードができる。このpn接合部に逆電圧をかけたとき電流は流れないが，接合部に光を当てると起電力を発生する。これを光電効果といい，この原理を応用したのがフォトダイオードである。起電力が弱いので使用するとき信号の増幅が必要であるが，応答が速いので光ファイバ通信の受信素子として広く使われている。また，光の強さに比例した起電力を発生するので照度計にも使われる。応答性改善のためp形とn形の間に真性半導体を挿入したpinフォトダイオード，起電力の弱さを改善したものとしてなだれ現象を応用したアバランシフォトダイオードなどが広く用いられている。

負荷 ふか [電-気]
load 照明，動力，電気機器など電力を受電する装置。発電システムに接続されている機器によって使用される電力。

負荷曲線 ふかきょくせん [電-系]
load curve 時々刻々変動する電力需要を時間の流れに沿って示したもの。負荷曲線には，その対象期間によって日負荷曲線，月負荷曲線，年負荷曲線などがある。日負荷曲線は，1日の負荷の変動状況を時間ごとに表したもので，電力需要の基礎的な変動特性を表すものとしてよく用いられる。

負荷損 ふかそん [電-気]
load loss 機器に負荷電流を流すことにより発生する損失を負荷損という。抵抗損および渦電流損などの直接負荷損，ならびに構造物，外箱などに発生する漂遊負荷損などで構成される。

負荷抵抗 ふかていこう [電-気]
load resistance 負荷インピーダンスの抵抗成分。

負荷変動 ふかへんどう [電-系]
load fluctuation 負荷変動には，冷房や暖房需要のように四季の変化に伴う季節的変動，一般の社会活動や工場の操業により発生する週間変動，昼間は活発で深夜に停滞するといった日常生活の日間変動などがある。また，暑さ，寒さな

負荷率 ふかりつ [電-系]
load factor　最大需要電力に対する平均需要電力の割合。

不完全燃焼 ふかんぜんねんしょう [理-燃]，[燃-管]
imperfect combustion　燃料が完全燃焼せずに，一酸化炭素，水素，すすなど，燃焼の中間生成物を排出すること。完全燃焼とは燃焼後，二酸化炭素，水(または水蒸気)，余剰の酸素，窒素のみが生成する燃焼。一般に固体燃料や液体燃料を理論空気量で完全燃焼させることは困難であり，空気過剰の条件が必要となる。石炭燃焼の場合にはおおむね1.3〜1.4の，液体燃料の燃焼では1.1〜1.3の空気比がとられる。　⇨ 完全燃焼　⊜ 理論空気量

複合汚染 ふくごうおせん [環-水]
combined pollution, complex pollution　二つ以上の汚染物質，要因による汚染が同時に同位置で起こっている環境汚染を指す。単一の要因，物質によるものを単一汚染と呼ぶこともある。例えば，土壌汚染における重金属と揮発性有機化合物による同時汚染や，大気における，煤じん，硫黄酸化物(SOx)，一酸化炭素などによる同時汚染や，光化学オキシダントと硫酸ミストが反応して生じる光化学スモッグのような汚染に対して用いられる。しばしば，二つ以上の汚染が同時に関与することで，相乗効果により深刻な健康被害などを引き起こす意味に用いられるが，光化学スモッグのように2種の物質の関与で初めて汚染が生じる場合を除いて，いわゆる相乗効果については，科学的には明らかにはなっていない。

複合放物面鏡型集熱器 ふくごうほうぶつめんきょうがたしゅうねつき [自-熱]
compound parabolic concentrator (CPC)　太陽光をわずかに集光する集光器で，二つの放物面を組み合わせて構成された反射鏡で集光する。略してCPCといわれる。図にCPCの放物面の垂直断面を示した。この放物線を回転させてできる筒状，あるいは垂直方向に移動させてできる樋状の面の内面に反射鏡が張られ，上部の開口部から入射した光が，下部の開口部で集光される。したがって集光倍率はCPCの上開口部の面積を下開口部の面積で割れば求められる。太陽光を直接集光すれば低温用の集熱器になるが，高温用のタワー集光型，パラボリックディッシュ型，ダブル集光型のレシーバ入口に集光度を上げるためにも用いられる。　⇨ 集熱効率

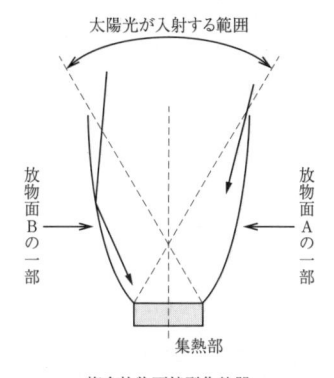

複合放物面鏡型集熱器

ふく射伝熱 ふくしゃでんねつ [理-伝]
radiation heat transfer　媒体の有無にかかわらず，また物理的接触のない物体間においては，その物体の温度に応じた電磁波の形で内部エネルギーを放出し，また到達する電磁波を吸収して内部エネルギーの増加分とする。両者のやりとりするエネルギーの差引きの形で，高温物体から低温物体へ熱の移動が生じる。これを放射またはふく射伝熱という。この熱エネルギーの伝達波長は0.1〜1000μmの範囲にあり，2点間の熱交換量は絶対温度の4乗差に比例し，物体の

表面の形状や材料特性(放射率)に強く依存する。 ⇨ 放射伝熱

復水器 ふくすいき [原-技], [電-設]
condenser, steam condenser 蒸気タービンで使用した水蒸気を冷却して，水に戻す熱交換器。復水器は，タービン排気圧力を低くしタービンの熱効率を向上させるため，高真空にしている。形式は，大別して蒸気と冷却水が直接接触する噴霧式復水器と冷却管を介して蒸気を凝結させる表面冷却式復水器がある。一般に火力発電所では，表面冷却式復水器が用いられる。原子力プラントの場合，冷却には多量の冷却水が必要であるが，わが国では海水が使われている。復水器によりつくられた水は，沸騰水型原子炉(BWR)の場合は原子炉へ，加圧水型原子炉(PWR)などの二次冷却系をもつプラントの場合は蒸気発生器に戻される。 ⇨ コンデンサ

復水タービン ふくすいたーびん [電-タ]
condensing turbine タービン駆動蒸気をタービン出口で復水器(真空)により凝縮させた後，ボイラ(蒸気発生装置)給水として使用するタービン。原子力タービンおよび事業用火力タービンは本タービンに含まれる。

ふげん ふげん [原-炉]
Fugen 動力炉・核燃料開発事業団(現，核燃料サイクル開発機構，JNC)が開発した，福井県敦賀市に設置されている重水減速沸騰軽水冷却型の原型炉(熱出力 557 MW，電気出力 165 MW)である。新型転換炉(ATR)とも呼ばれる。燃料に 1.5 %濃縮ウラン(UO_2)と天然ウランおよび 0.5%プルトニウム混合酸化物(PuO_2/UO_2)のいわゆるプルトニウム富化天然ウラン燃料を用いている。1978 年 5 月臨界，1979 年 3 月定常運転に入ったが，プルトニウム利用技術の確立に貢献し，2003 年に運転停止，現在は，廃止措置計画中である。ふげんの名は，文殊菩薩とともに釈迦如来の脇侍で白象に乗って仏の右側にはべる，普賢菩薩に由来する。 ⇨ もんじゅ

腐食 ふしょく [原-事]
corrosion 化学反応や水の流れにより材料が溶けるようになくなっていく現象である。また，塩水などの腐食性の強い環境中では疲労強度が著しく低下する現象がみられ，これを腐食疲労という。原子力発電所などでは，腐食の原因になる水中の酸素の量を極力低く抑えたり，塩分を混入させないなどの対策がとられている。

附属書 I 国と非附属書 I 国 ふぞくしょいちこくとひふぞくしょいちこく [社-温]
Annex I countries and non-Annex I countries (AI & NAI) 気候変動枠組条約および京都議定書で約束のレベルの異なる国のカテゴリー。より厳しい国は，ほぼ 1992 年時点の経済協力開発機構(OECD)加盟国＋経済移行国で，条約の附属書 I に記載されている。非附属書 I 国は，それ以外でほぼ途上国のカテゴリーとなる。京都議定書では，附属書 I 国には数値目標が課せられている一方，京都メカニズムを活用し目標達成をすることもできる。 ⇨ 京都議定書，京都メカニズム

賦存量 ふそんりょう [資-全]
endowments 石炭，石油，原子力などの枯渇性エネルギーおよび太陽熱，風力，地熱などの再生可能エネルギーについて，人間がその生活，経済活動に利用することが可能であるとされる量のことをいう。 ⇨ エネルギー源，エネルギー賦存，資源量

ブタン ぶたん [理-炎]
butane 化学式は C_4H_{10}。パラフィン炭化水素に属し，ノルマルブタン (n-ブタン) $CH_3CH_2CH_2CH_3$ とイソブタン $(CH_3)_3CH$ の二つの異性体である。常温で気体。

付着火炎 ふちゃくかえん [燃-気]
attached flame, stable flame 予混合

バーナ火炎において，燃焼速度と未燃予混合気の流速が適切に保持され，安定な円すい状の火炎がバーナ近傍に形成される場合，浮上り火炎と区別するため，これを付着火炎と分類する場合がある。拡散火炎においても同様な火炎形態が観察される。　⇨ 浮上り火炎

フッ化水素　ふっかすいそ　[環-化]
hydrogen fluoride (HF)　フッ化水素とは水素とフッ素からなる化合物で，水にフッ素を反応させると，激しく反応してフッ化水素と酸素が生じる。またフッ化水素は，蛍石 (CaF_2) と濃硫酸を混合して加熱することでも生じる。フッ化水素の水溶液(フッ化水素酸)は濃度により強酸で，ガラスなどに含まれるケイ酸 (SiO_2) と反応して，これらを腐食させる。皮膚に接触すると体内に浸透して体内の組織や骨を侵したいへん危険である。濃度の薄いフッ化水素酸が付着すると，数時間後にうずくような痛みに襲われる。歯科治療においては，人工歯の形成にフッ化水素が使われる一方で，虫歯予防にフッ化ナトリウムが使われることがあり，注意が必要である。実際に，両者の取違いによる死亡事故が報告されている。

物質移動　ぶっしついどう　[理-流]
mass transfer　物が移動すること。通常高温で反応(例えば燃焼)が生じるときには，物質移動が律速，すなわち燃焼速度が物質移動速度により決定されることが多い。

物質収支　ぶっしつしゅうし　[理-解]
material balance　質量保存の法則を開放系に適用して得られる，注目する物質の系への出入りおよび反応などによる系内での生成・消費の量的関係。「流入量＝流出量＋蓄積量－生成量＋消費量」の関係がある。全質量，注目原子の量など，生成，消費がないものについては「流入量＝流出量＋蓄積量」となる。プロセスの出入口における流量や組成を明らかにするのに利用できるなど，化学プロセスの設計や解析などに不可欠である。　🔄 物質収支

物質量　ぶっしつりょう　[理-分]
amount of substance　化学では質量より物質を構成する粒子の数を使って物質を表すほうが普通である。単位はmol。1 molは，質量数 12 の炭素 0.012 kg の中に存在する炭素原子の数 (約 6.02×10^{23}) と定義されている。物質の量を示す SI 単位の一つでもある。いくつかの成分を含むものの物質量は，各成分の物質量の合計で表す。

沸騰　ふっとう　[理-伝]
boiling　液中から気泡の形で蒸気が生成される過程を沸騰と呼びならわしている。この場合，液体内部の温度が飽和温度以上に過熱されている必要がある。気泡の発生は一般に沸騰面上の微細なくぼみなどに捕捉された気泡核が成長して気泡発生に至ると考えられている。他方，急減圧させた液体ではその液中に気泡の発生が認められる。また，過熱液体中で平均よりも高いエネルギーの分子が熱的な揺らぎによって気泡が形成される自発核生成による場合もある。

沸騰水型原子炉　ふっとうすいがたげんしろ　[原-原]
boiling water reactor (BWR)　炉心で発生した熱により原子炉冷却水が原子炉容器内で沸騰した状態で炉外へ取り出され，その蒸気で直接タービンを回して発電する軽水炉である。燃料に低濃縮ウラン，減速材と冷却材に軽水 (H_2O) を用い，アメリカのゼネラルエレクトリック社が開発した。
　熱交換器を使用しないために，加圧水型原子炉(PWR)に比べてシステムは火力と同様に単純であるが，一次冷却水は放射化された微量元素を含んでおり，タービン系機器の保守管理には，被ばくが伴うために放射線遮へいが施されている。　⇨ 加圧水型原子炉，軽水炉　🔄 沸騰水炉

沸騰伝熱　ふっとうでんねつ　[理-伝]

boiling heat transfer 沸騰は液相から気相への相変化を伴う現象で，蒸発潜熱を奪うことに加え，気泡の発生により，伝熱面上の温度境界層がかく乱され伝熱が促進される。また，気泡の離脱により温度境界層が薄くなり，伝熱が促進される。さらには気泡付着面内に過熱された薄い液膜が存在し，その液膜を介しての大きな熱伝導効果によって促進されると考えられており，これらが沸騰伝熱を特徴付けるもので，ここでの熱伝達率が単相流伝熱と比べて1けたも大きい理由である。

浮動充電 ふどうじゅうでん [電-池]
floating charge 直流電源に対して負荷と電池が並列に接続された状態をフロート(浮動)という。定電圧の直流電源とフロートの接続状態で負荷を使用しながら同時に一部の電流で二次電池を充電する方式を浮動充電という。

ブドウ糖 ぶどうとう [理-科]
glucose 動物や植物の活動のエネルギーになる物質の一つでグルコースとも呼ばれる代表的な単糖。分子式は$C_6H_{12}O_6$で示されるが，水溶液中ではαグルコース，鎖式グルコース，βグルコースの3種類の構造が一定の割合で存在する平衡状態となる。常温常圧で白色の粉末状結晶，水に溶けやすく甘い。水溶液中では一部が鎖式構造を示し，末端にアルデヒド基があるため還元性を示す。グルコースは酵素群によりアルコール発酵し，エタノールと二酸化炭素に分解される。 ⇨ グリコーゲン

不燃ごみ ふねんごみ [廃-分]
non-combustible municipal waste, non-combustible waste ごみ分別収集で，「可燃ごみ」と「不燃ごみ」を区分する市町村が多い。不燃ごみは金属，ガラスだけでなく，燃焼により有害ガスを発生し炉を損傷するプラスチック，ゴム・皮革類を含むので，「焼却不適ごみ」，「燃やさないごみ」と呼ぶ自治体もある。不燃ごみは破砕・選別処理によ り有価金属などを回収し，残さを埋立処分(一部は焼却)する。 ⇨ 焼却不適ごみ

不燃性硫黄 ふねんせいいおう
[電-理]
incombustible sulfur 石炭燃焼中に硫黄の一部が石炭灰中に硫酸塩の形で残留したもの。

部分自由化 ぶぶんじゆうか [社-規], [電-自]
partial liberalization 1999年，電気事業法改正により，2000年3月から特別規模需要(特別高圧需要かつ2000kW以上)を対象に，供給事業者の自由な選択が可能となった。これに対し新規参入者(特定規模電気事業者)として，ダイヤモンドパワー(商社系)，エネット(情報通信・ガス系)，新日本製鐵などといった企業が参入を果たしている。2005年4月に自由化範囲は50kWまで拡大され，2002年7月時点で，新規参入者は自由化対象需要者の0.7%を獲得している。

部分負荷 ぶぶんふか [電-理]
partial load 定格時(負荷100%)より小さい負荷で運転している状態。ピーク時間負荷より小さい時間負荷をいい，その発生する時刻を部分負荷時という。日単位では1日積算最大負荷(ピーク負荷日)に対応する用語で，ピーク負荷日より小さい日負荷をいう。

部分予混合燃焼 ぶぶんよこんごうねんしょう [燃-気]
partially premixed combustion 非予混合燃焼であっても，例えば高強度乱流下などの条件では強い乱流混合の存在などにより，反応気体が燃焼領域に到達する前に，酸化剤と燃料とが，空間的に一部あらかじめ予混合され燃焼に至る場合がある。このような一部予混合状態の中で非予混合燃焼に準じる燃焼が起きる条件を，従来の予混合燃焼と拡散燃焼の分類には属さない燃焼として，部分予混合燃焼と呼ぶ場合がある。

不法投棄 ふほうとうき [社-廃]
illegal dumping 廃棄物を定められた場所以外に不法に廃棄すること。廃棄物を処理する場所については、廃掃法(廃棄物の処理および清掃に関する法律)に定められている。不法投棄の中には大規模なもの、技術的に不適正なものが含まれる。不法投棄は、ごみの処理費用が高騰するに従って増加する傾向にあり、その防止や現状回復のための措置が廃掃法の大きな課題となっている。

フマックス法 ふまっくすほう [環-硫]
fumaks process ガスから硫化水素(H_2S)を除去する方法で、ピクリン酸(触媒)を添加したアンモニアまたは炭酸ソーダ溶液でH_2Sを吸収した後、空気酸化で硫黄を単体硫黄として取り出す方法。

浮遊粉じん ふゆうふんじん [環-塵]
suspended particulate (SP) 空気中に浮遊している固体粒子の総称。大気汚染との関連では環境基準として$10\mu m$以下の粒子を対象として浮遊粒子状物質(SPM)が定められており、これに対して$10\mu m$以下を分粒装置を備えていないハイボリュームエアサンプラ(HVAS)などを用いて測定して、総浮遊粉じん(TSP)として大気汚染の評価をし、また化学分析結果を論じることもある。
⇒ SPM, PM(PM10, PM2.5), 浮遊粒子状物質

浮遊粒子状物質 ふゆうりゅうしじょうぶっしつ [環-塵], [環-輸], [輸-排]
suspended particulate matter (SPM) 大気中に浮遊する粒子状の汚染物質。旧公害対策基本法の第9条の規定に基づき、1973年に環境庁告示25号により環境基準として定められた。大気環境基準は、空気力学的粒子径で$10\mu m$以下のもの(PM10)について1時間値の1日平均値が$0.10 mg/m^3$以下であり、かつ、1時間値が$0.20 mg/m^3$以下であることとしている。この大きさでは簡単に大気中に浮遊し、健康に直接的な被害をもたらす可能性が指摘されている。
測定方法は、ろ紙捕集による重量濃度測定方法、すなわち粒径$10\mu m$以上の粒子をあらかじめ除去する分粒装置を取り付けたローボリュームエアサンプラ(LVAS)を標準方法としている。さらに、この方法では1時間値の測定が事実上不可能のため、このLVASと直線的な関係を得られる連続自動測定装置として、光散乱式、β線吸収式および圧電てんびん式の粉じん計を用いることができることが定められている。
自動車排気ガスの浮遊粒子状物質(SPM)は、すす、潤滑油、硫黄分から燃焼生成した硫酸ミストなどから構成される。SPMには、粒子として発生源から直接排出される一次粒子と、窒素酸化物(NOx)、硫黄酸化物(SOx)、塩化水素、炭化水素などのガス状物質が大気中での光化学反応で粒子化する二次生成粒子とが存在する。この二次生成粒子は、沿道におけるSPMの20〜40%を占めており、自動車以外に工場、土壌、海塩など、発生源は多岐にわたる。
⇒ SPM, PM(PM10, PM2.5), 浮遊粉じん

フューエルNOx ふゅーえるのっくす [環-室]
fuel NOx 燃焼プロセスにおいて、燃料中の窒素から生成する窒素酸化物(NOx)のことを指す。一般に、燃料中に窒素分を含むような固体燃料、廃棄物などを燃焼する際に生成し、揮発分NOxとチャーNOxの2種類がある。揮発分NOxの生成起源は、揮発分中の窒素含有化学種であるアンモニア(NH_3)およびシアン化水素(HCN)であることが報告されている。 ⇒ 揮発分NOx, サーマルNOx

フューエルリサイクル ふゅーえるりさいくる [燃-概]
fuel recycle 燃料リサイクル。廃棄物のリサイクル法の一つのカテゴリー。リサイクル様式は通常マテリアルリサイク

ルとエネルギーリサイクルに分けられるが、エネルギーリサイクルのうちで燃料に戻して使用する方法。石油の例でもわかるように、特に液体燃料として使用可能である物質については、輸送用燃料や化学原料としての用途も考えられ、用途によってはマテリアルリサイクルにも転用可能な点から、発電やサーマルリサイクルよりも上位のリサイクルと位置付けられることが多い。

フライアッシュ　ふらいあっしゅ　[廃-灰]
fly ash　⇨ 飛灰　⑮集じん灰

フライアッシュセメント　ふらいあっしゅせめんと　[廃-資]
fly-ash cement　フライアッシュは、廃棄物の焼却によって発生する灰の中で、細かくて気体に付随しているものをいう。飛灰とも呼ばれ燃焼物によって性状が異なる。これをセメントと均一に混合した混合セメントのことで、5～30％程度のフライアッシュを含む。硬化時の熱発生が少ない、乾燥収縮が小さい、長期強度が大きいなどの特長があるが、初期強度が低いなどの欠点もある。
⇨ 飛灰

プライスキャップ制　ぷらいすきゃっぷせい　[社-規]
price cap regulation　価格規制方式の一つ。規制当局が各種財貨、サービスの価格に上限を課し、その範囲であれば各事業者の裁量に基づく価格設定を行うことができる制度。コスト削減を行うことで利潤を増やすことができることから、企業の自主的なコスト削減インセンティブを促す制度として注目されている。イギリス送電会社である National Grid Company の託送費用の算定に一部この制度が導入されている。

フライホイール　ふらいほいーる　[電-設]、[産-機]、[輸-エ]
flywheel　慣性でクランク軸の回転エネルギーを吸収、放出し、回転変動を抑える回転円盤。クランクシャフトに取り付けられた鋳鉄製のはずみ車で、外周にリングギヤが刻まれスタータモータのピニオンギヤとかみ合ってエンジンを起動するときにも使われるのが普通。クランクシャフトには混合気の燃焼によって発生した回転力が間隔をおいて伝えられるが、フライホイールは慣性によって一定のスピードで回ろうとするので結果として連続した回転力が得られる。外径が大きく重いほど慣性力が大きくなるのでエンジンの回転数が変わりにくくなるが、アクセルの開閉に対して反応が鈍く、レスポンスが悪くなる。また、エンジンが重くなるだけでなく軸受けなどへの負担が大きくなる。このため、エンジンの性格に合わせて適当な大きさのものが選ばれる。　⇨ はずみ車

ブライン温度　ぶらいんおんど　[熱-蓄]
brine temperature　ブラインスラリー式蓄熱システムにおけるブライン水溶液の温度。温度を低くしすぎると氷結するため、スラリー状態を保つためブライン温度管理が重要である。　⇨ ブラインスラリー式

ブライン顕熱蓄熱　ぶらいんけんねつちくねつ　[熱-蓄]
brine sensible heat storage　ブラインを利用した蓄熱システムにおいて、ブライン水溶液の温度変化(顕熱分)によって熱が蓄積されること、あるいはその熱量。

ブライン式　ぶらいんしき　[熱-蓄]
brine storage system　ブライン(一般にエチレングリコール水溶液を用いる)を利用する蓄熱システムの方式。氷蓄熱システムにおいては清水を凍らすために氷点下の温度が必要になるため、ブライン濃度を調整して氷点下の液体を得る。そのほかの方式として製氷用の冷媒(代替フロンなど)を利用する冷媒液循環方式や直接膨張方式がある。

ブラインスラリー式　ぶらいんすらりーしき　[熱-蓄]
brine-slurry system　水あるいはブライン水溶液から晶出した氷晶とブライン

との混合物でシャーベット状の氷を利用する蓄熱システムの一方式。氷の割合を適切に調整すればスラリーをそのまま熱媒としてポンプで熱交換部へ送ることができる。体積当りの搬送可能熱量が大きく，配管サイズの縮小が可能な場合がある。ブラインスラリーの生成方法にはブライン水溶液晶出型，過冷却水型，直接接触型などがある。 ⇨ 氷・水搬送システム，清水氷スラリー式

ブラウン運動 ぶらうんうんどう [理-科]
Brownian movement 1827年，イギリスの植物学者ロバート・ブラウンが発見した粒子の不規則運動のこと。水や空気などの流体中に微小粒子(ブラウン粒子，大きさは数 μm 以下)があると，熱運動している空気や水の粒子がこれに衝突して力を与え，粒子を動かす。温度が高いほど，粒子が小さいほど，流体の粘性が小さいほど活発になり，時間が経っても，粒子の濃度とか組成によっても挙動は変わらない。このブラウン運動は，拡散過程によって理論的に記述され，水や空気の分子の存在を証明した。

ブラシ式 ぶらししき [電-機]
brush formula 発電機や電動機で，整流子などに接触して電流を取り出し，あるいは供給する方式である。材料には黒鉛などが用いられる。

ブラシレス直流モータ ぶらしれすちょくりゅうもーた [電-機]
brushless DC motor 一般の直流(DC)モータとは逆に永久磁石の界磁を回転子，電機子を固定子として，界磁の位置をホール素子などの位置センサで検出し，電機子への励磁電流を制御する。ブラシや整流子がないことから，回転による摩擦が少なく，摩耗による保守や火花放電による影響がない。

プラスチック系断熱材 ぷらすちっくけいだんねつざい [熱-材]
closed cell insulation, plastic type insulation ポリスチレンやポリエチレンといった合成樹脂を発泡剤により発泡させた断熱材。代表的なものとして，ビーズ法ポリエチレンフォーム，押出法ポリエチレンフォーム，硬質ウレタンフォーム，フェノールフォームなどがある。ボード状のものと直接吹付けによる現場発泡のものがある。 ⇨ 発泡プラスチック系断熱材

プラスチックの油化 ぷらすちっくのゆか [産-廃]
liquefaction of plastics プラスチック廃棄物は，焼却炉内で溶けて燃焼を阻害したり，高温の燃焼ガスが炉材を傷めることなどから，燃焼に適さないということで埋立処理に回されてきた。しかし埋立て処理にしても，かさばること，自然界で生物により分解されないことなどの問題がある。プラスチックは元来，石油が原料であるから，化学的に分解すればもとの石油のような液体に戻すことができる。そのプロセスでは触媒を用い，溶融したプラスチックを適切な温度に加熱することにより，プラスチックの分子は分解し，より低分子量の物質に変化する。液体燃料を得るためには適切な分子量をもつことが必要で，分解しすぎない程度の反応が適当である。

プラスチック廃棄物の燃焼利用 ぷらすちっくはいきぶつのねんしょうりよう [燃-廃]
energy recovery from waste plastics by combustion プラスチックを直接あるいはいったん気体，液体，および固体に転換した後に燃焼させ，熱エネルギーを利用すること。廃プラスチックの平均発熱量 (29.3MJ/kg) は原油(38.2 MJ/kg)と同程度であり，重要なエネルギー資源と見なすことができる。プラスチック中に含まれる硫黄や灰分は少ないが，直接燃焼させた場合には，溶融炭化したプラスチックによる通気孔の目詰まりや塩化水素などの腐食性ガスへの対策が必要になる。プラスチックをいったん各種燃料に転換すると，原料組成の変動

による影響を受け難く、安定したエネルギー回収が可能になる。　㈠プラスチックのサーマルリサイクル

プラズマ　ぷらずま　[理-物]
plasma　正、負の荷電粒子が共存して電気的中性になっている物質の状態をいう。1928年にラングミュアが希薄気体放電管の電気的に中性な部分に荷電粒子群の振動が起こることを発見し、この振動をプラズマ振動と呼んだことが始まりである。

プラズマガス化法　ぷらずまがすかほう　[燃-ガ]
plasma gasification　プラズマ化したガス中に粉化した石炭を送り込むことより石炭をガス化する方法で、アメリカ、旧ソ連(現ロシア)などで試験が行われたが、実用化されていない。

プラズマ加熱　ぷらずまかねつ　[熱-加]
plasma heating　石油、石炭、核分裂などのエネルギー源に代わって、水という無限な資源から、無公害なエネルギー源として期待されている核融合を実現するための加熱法である。この核融合によるエネルギー源は、重水素または三重水素原子核からなるプラズマを1億度以上に加熱し、また一定時間閉じ込めることによって実現する。その閉じ込め方式によって、プラズマ加熱方法は異なる。磁場閉じ込め方式による代表的な加熱法としては、①ジュール加熱、②磁気断熱圧縮加熱、③高周波共鳴加熱、④高エネルギー粒子ビーム加熱、などがあり、また慣性閉じ込め方式による代表的加熱法としては、①レーザビーム加熱、②電子ビーム加熱、③重・軽イオンビーム加熱、などがある。　⇒核融合

プラズマ熱電対　ぷらずまねつでんつい　[熱-材]
plasma thermocouple　1960年ごろより原子炉の熱の直接変換のためにアメリカのロス・アラモス研究所で開発された概念。実体は熱電子発電であるが、空間電荷制限を超えた電流値を取り出すため、高温のエミッタ電極と低温のコレクタ電極の間に電離しやすいセシウムなどを入れてプラズマ化している。宇宙探査機のアイソトープ電源などと組み合わせて利用されている。

プラズマの熱電能　ぷらずまのねつでんのう　[熱-材]
thermoelectric power of plasma　強い磁場中や細長いチャネル中に保持されたプラズマ内に温度こう配が存在するとゼーベック効果により電位こう配も形成される。この電位差を温度差で割ったものを熱電能といい、熱起電力の大小を表す目安になる量である。核融合プラズマのダイバータでもこの効果で電流が流れることが観測されている。　⇒ゼーベック効果

フラッシュ蒸気　ふらっしゅじょうき　[電-熱]
flash evaporation　混合溶液の瞬間的な蒸発という意味で自己蒸発ともいう。温度および圧力が高い缶からそれらが低いフラッシュ蒸発器に送入されると、溶液の温度はその圧力における飽和温度まで下がり、瞬間的な蒸発が起こる。

プラットフォーム　ぷらっとふぉーむ　[石-油]
platform　海洋油田開発において、生産もしくは掘削、生産の両方の作業を実施するため海上構造物。一般的に固定式のジャケット型プラットフォームが用いられるが、経済的にそのタイプの使用が困難な場合には、重量型、浮遊式、甲板昇降型のプラットフォームが用いられる。

フラーレン　ふらーれん　[石-産]
fullerene　グラファイト、ダイヤモンドに次ぐ第三の炭素同位体であり、炭素が球状のネットワーク構造を形成しているものの総称。薬品、燃料電池、化粧品など多様な分野での利用が期待されている。

プランクの放射法則　ぷらんくのほうしゃ

ほうそく　[理-光]
Planck's law of radiation　プランクが1900年に導いた黒体(注がれる放射エネルギーを全部吸収する物体)放射のエネルギー密度の分布法則。絶対温度 T で放射平衡にある黒体から放射されるエネルギー密度 $u(\nu, T)d\nu$ は、振動数が ν と $\nu+d\nu$ との間にある場合

$$u(\nu, T)d\nu = \frac{8\pi h}{c^3} \frac{\nu^3 d\nu}{\exp\{h\nu/(kT)\}-1}$$

となる。

ブランケット　ぶらんけっと　[原-技]
blanket　核融合炉において、炉心のプラズマ容器を取り囲む部分である。ブランケットはリチウムを含んでおり、このリチウムは核融合反応で発生した中性子を吸収して、燃料となる三重水素を生成する。また、放射線遮へいの役割も果たす。

　高速増殖炉では、核分裂性物質に転換する目的で炉心内またはその周囲に置かれる親物質(^{238}U など)を含む層のことをいう。^{238}U をブランケットに用いれば中性子を吸収して核分裂性物質の ^{239}Pu が得られる。

フーリエの法則　ふーりえのほうそく　[理-伝]
Fourier's law　物体内を単位時間に伝達される熱流量は熱の流れる方向の温度こう配、流れに垂直な断面積、および熱を伝える能力を表す物体固有の特性値(熱伝導率)との積で表すことができる。これをフーリエの法則という。

フリーガス　ふりーがす　[石-ガ]
free gas　天然ガス貯留層や石炭層において、孔隙表面に吸着することなく、孔隙内にトラップされたガスのこと。
⇒ 自由ガス　⑩ 遊離ガス

ブリケット製造　ぶりけっとせいぞう　[燃-コ]
coal briquetting production　石炭にタール、ピッチなどの各種バインダを添加して、一定の形に常温あるいは熱をかけて加圧成型して成型炭を製造する方法で、非微粘結炭や一般炭も使用可能である。また、水分量が多く、カロリーの低い亜瀝青炭や褐炭などの低品位炭を原料として、無煙、無臭で硫黄固定率の高い煉炭、豆炭を製造する方法もある。このブリケット化により、石炭を粉炭で輸送する際の粉炭の飛散や自然発火などの問題が避けられ、また、圧縮して製造することにより褐炭などに多く含まれる水分が抜けて、エネルギー密度も向上する。さらに近年、石炭粉に、砕いたトウモロコシの茎や稲わら、および石灰を混ぜて固めてブリケットとするバイオ(コール)ブリケットの製造も行われている。
⇒ 成型炭

ブリーズソレイユ　ぶりーずそれいゆ　[民-ビ]
brise-soleil [仏]　直達日射を避けるための外部日除け。水平フィン、ルーバひさし、袖壁など。コルビュジエが積極的に用いた。

フリーラジカル　ふりーらじかる　[生-性]
free radical　軌道電子は対になることが多いが、対をつくらず、単一の電子で占められた軌道(不対電子をもつ)をもつ分子種(または原子)をいう。　⑩ 遊離基

ふるい選別　ふるいせんべつ　[廃-破]
screening, sieving　ふるい分けは、基本的に粒子を大きさで分ける分級操作であるため成分分離ではないが、形状分離と同様に単体分離された素材の大きさが、素材の機械的特性などに関係する場合に成分分離に用いることができる。また、ほかの成分分離の前処理、例えば、等速沈降比に基づいた粒度調整に使用される。廃棄物処理では、回転型(トロンメル)や振動型のふるいがよく利用されている。

プルサーマル　ぷるさーまる　[原-廃]
plutonium thermal　混合酸化物(MOX)燃料としてプルトニウムを熱中性子(サーマルニュートロン)炉で使うと

いうことからプルサーマルと呼ぶ。限りあるウラン資源および原子力発電によって新たに生成する核分裂性物質である^{239}Puを有効に利用することを目的にしている。現在の発電容量の延長上で世界で原子力発電が継続されると仮定すると，^{235}Uは今後，約40〜50年で使い尽くされるとの予測がある。プルサーマルの導入によりウラン資源を約30％節約でき，ウランの利用可能性が70年程度に延びるとの試算がある。 ⇨混合酸化物燃料

プール市場 ぷーるしじょう [電-自]
pool market 電気の価格を決定する電力取引市場の一形態。一般に，一定の時間ごとに売り側の入札と買い側の入札を集め，売り側と買い側の量(kW・h)がバランスする価格を市場価格とし，この価格ですべての参加者が売り買いをするという取引ルールを採用している。プールですべての取引を行うものを強制プール市場と呼び，相対取引などプール外での取引も認めるものを任意プール市場と呼び区別する場合もある。 ⇨相対取引

プール貯蔵 ぷーるちょぞう [原-廃]
pool type storage 使用済燃料は，含まれている核分裂生成物からの放射能および崩壊熱を発生させるため，放射能の遮へいと崩壊熱の除去をする必要がある。その一つの方法がプール貯蔵であり，使用済燃料は，貯蔵プールに満たされた水の中で金属製のラックに定置され，遮へいと除熱が行われる。ほとんどの原子力発電所における使用済燃料の貯蔵方法であり，長い貯蔵実績を有する安全な方法である。 ⇨使用済燃料

プルトニウム ぷるとにうむ [原-原]
plutonium (Pu) 原子番号94の元素であり，原子記号はPu。天然には存在しない人工の元素である。じつは，Puも太陽系生成時にできた超ウラン元素の一つなのであるが，半減期が比較的に短いので，崩壊して現在では天然には存在していない。唯一の例外は^{244}Puであり，自然界に極微量存在する(半減期$8×10^7$年)。ウランを燃料とする原子炉では，例えば，^{238}U (n, γ) → ^{239}U (β崩壊) → ^{239}Np (β崩壊) → ^{239}Puの過程を経て，^{239}Puが生成される。^{239}Puはさらに中性子をつぎつぎと吸収して^{240}Pu→^{241}Pu→^{242}Puとなる。これらはすべてプルトニウム同位体であるが，特に^{239}Puと^{241}Puとは核分裂性プルトニウムと呼ばれる。 ⇨超ウラン元素

プルトニウムリサイクル ぷるとにうむりさいくる [原-廃]
plutonium recycle 原子炉の運転中には，燃料の中で^{235}Uの核分裂反応のほかさまざまな核反応が起きている。その中で注目されるのは，核分裂性でない^{238}Uが^{235}Uの核分裂反応の際に発生する中性子を吸収して，^{239}Uから^{239}Npになり，さらに核分裂性の^{239}Puになる反応である。プルトニウムは，その半減期が約2万4000年と長いことから，原子炉の運転に伴って，燃料中にたまりつづける。使用済燃料の再処理によってプルトニウムを取り出し，再度原子力発電所の燃料として利用することをプルトニウムリサイクルという。 ⇨再処理

プルドーベイ油田 ぷるどーべいゆでん [石-油]，[石-ガ]
Prudhoe Bay oil field アラスカのノーススロープ地域に位置する油田。この地域ではメタンハイドレートの賦存が推定されており，プルドーベイ油田の油ガス層からガスが断層を伝わって上部に移動集積して天然のハイドレートを生成したと解釈されている。

ブレイトンサイクル ぶれいとんさいくる [電-熱]
Brayton cycle 定圧燃焼を行うガスタービンの基本サイクル。動作流体を空気として，なおかつ損失がないと考えて圧縮，膨張は断熱変化，受熱と放熱は定圧変化のもとで行われる理想的なサイクルである。このサイクルは，はじめ内燃機関のサイクルとして提案されていたが設

備が大きくなること，オットーサイクルが現れたことで長い間実用価値がなかった。しかし，ヘリウム冷却型高温原子炉(高圧ガス炉)の出現により，原子炉冷却材であるヘリウムを作動流体とし，原子炉を熱源とするブレイトンサイクルが見直されるようになった。すなわち高温ガス炉閉サイクルガスタービン発電である。この発電方法は発電効率が高いこと，空気冷却が不要なことなどの特徴をもっている。　⇨ オットーサイクル

フレオン　ふれおん　[燃-製]
Freon　フッ化炭化水素類の商品名で，メタンやエタンの水素を塩素やフッ素に置換したものを指す。無味無臭，不燃性なため，冷凍機の冷媒やエアゾール噴霧剤として使用されたが，大気中に放出されるとオゾン層破壊を引き起こすことから，使用されなくなった。　同 フロン

ブレーカ　ぶれーか　[電-機]
breaker　定められた以上の電流が流れると回路を自動的に遮断する装置をいう。

フレキシブルコンテナ　ふれきしぶるこんてな　[廃-集]
flexible container　粉粒状廃棄物の運搬に使用され，ランニング用とワンウェイ用の2種類がある。ランニング用は反復使用を，ワンウェイ用は使い捨てもしくは数回程度の使用を目的としている。フレキシブルコンテナは，日本工業規格(JIS)で規定されており，材質は樹脂加工布，プラスチックフィルムが使用されている。折畳みができるため回送費が割安になる。　同 フレコン

フレコン　ふれこん　[廃-集]
flexible container　⇨ フレキシブルコンテナ

プレート型熱交換器　ぷれーとがたねつこうかんき　[転-ボ]
plate type heat exchanger　水-水などの熱交換器で凹凸状板を何枚も重ね，その間に液体を通す熱交換器。容易に分解，清掃ができ，また能力の増減がやりやすい。

プロジェクトファイナンス　ぷろじぇくとふぁいなんす　[社-企]
project finance　資源開発，大型プラント，大規模土木工事など巨大な独立したプロジェクトに融資することをプロジェクトファイナンスという。当該プロジェクトの事業収益で借入れの元利を返済するもので，融資する金融機関からみると企業への融資(コーポレートファイナンス)よりリスクが大きいといわれている。そのため，融資先の銀行は，計画の立案段階からプロジェクトに参加し，収益性や債務返済能力などを評価・分析する。特徴として，融資規模が大きいため，多数の金融機関による協調融資の形態をとる場合が多い。最近ではこの形態の融資が，商業銀行でも増えつつあるが，日本では日本国際協力銀行，世界では世界銀行やアジア開発銀行などがプロジェクトファイナンスに多くの実績を有している。　⇨ コーポレートファイナンス

プロジェクトマネジメント　ぷろじぇくとまねじめんと　[社-企]
project management　プロジェクトとは，必要な資源と人材を集め，一つの目標に向かって，効率的に業務を推進する方法で，循環性をもたないのが特徴である。プロジェクトマネジメントとは，時間，資金および品質について一定の制約下で，プロジェクトの仕事を目標どおりに完成させることを目的として，人・物・金・時間の資源や技術，情報を組織化し，調整し，統制するなどして管理運営すること，または，その手法のことである。

プロパン　ぷろぱん　[理-炎]，[理-名]，[石-油]
propane　化学式は C_3H_8。パラフィン炭化水素の一つ。天然ガス，石油分解ガスなどに含まれる。無色，無臭の可燃性気体。標準状態における密度は1.854 kg/m^3，比熱は1.675 $kJ/(kg \cdot K)$ であ

る。融点−190 ℃，沸点−45 ℃。液化石油ガス (LPG) の一つで，家庭用燃料，工業用燃料，自動車用燃料として使われる。

プロパンハイドレート　ぷろぱんはいどれーと　[石-油]，[理-名]
propane hydrate　ゲスト分子としてプロパンを包蔵したガスハイドレート。比較的高温・低圧の条件で生成する。構造Ⅱ型の結晶構造を形成し，その水和数は約 17 である。

プロペラ型風車　ぷろぺらがたふうしゃ　[自-風]
propeller-type wind turbine　外見が飛行機のプロペラに類似している風車。しかし，プロペラにあってはエンジンでロータを駆動し，これによって空気を増速して推力を得るが，風車にあっては空気のエネルギーにより風車ロータを駆動し，機械的動力を得るのであり，流体と機械との間のエネルギー授受の方向は正反対である。プロペラ型風車は，ロータの回転軸がおおむね水平面内にある水平軸風車の代表である。一方，ロータの回転軸が風向に垂直である風車を垂直軸風車と呼ぶ。水平軸風車は，技術的経験が長く，完成度が高いため，商業機の大半を占め，特に中・大型機ではほぼ 100 % である。

プロペラ水車　ぷろぺらすいしゃ　[自-水]
propeller turbine　圧力水頭をもつ流水が水車に流入し出るときの反動によって回転力を得る反動水車の一つで，プロペラ形の羽根をもち，流水が羽根の軸方向から流入し，軸方向に流出する構造となっている。プロペラ形の羽根を使用し

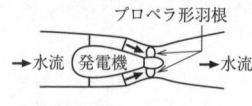

プロペラ形羽根
→水流　発電機　→水流

プロペラ水車（チューブラ水車）の模式図

ているために高速回転が得られ，低落差で流量の多い場合に適した水車である。プロペラ水車の羽根は固定されているが，可動のものをカプラン水車と呼んでいる。また，発電機も円筒の中に格納し水中部に設置するタイプをチューブラ水車という。季節単位のゆっくりした流量変化の場合には水車を複数台設置し，運転台数を変更することで，水の利用率を高めることもできる。水流は流入，流出とも水車の軸方向なので配管直線部に挿入する機器配置が可能である。

プロメテウス　ぷろめてうす　[社-経]
Prometheus　プロメテウスは，神々の姿に似せて創造された人類に「火」を伝えたとされる。人間は，それ以来，寒いときには体を温めたり食べ物を煮たり焼いたりできるだけでなく，銅や鉄の道具をつくるなど火を使いこなしてほかの動物とは違う文明をもてるようになった。「火」の利用開始は，人間活動におけるエネルギー利用の象徴といえる。プロメテウスに象徴される「火」の利用開始は，第一のエネルギー革命とも呼ばれる。他方，プロメテウスの神話は，天上の火を盗んだことがゼウスの怒りに触れ，たいへんな苦しみを味わう展開となる。このエピソードは，「火」が人類にとってたいへんな恵みであると同時に，時に大きな災いをもたらすことを示唆するといわれる。　⇒ エネルギー革命

prompt-NOx　ぷろんぷとのっくす　[環-窒]
prompt-NOx　空気中の窒素を窒素源とする。　⇒ プロンプト NOx

プロンプト NOx　ぷろんぷとのっくす　[環-窒]
prompt NOx　燃焼プロセスにおいて，空気中の窒素から生成する窒素酸化物 (NOx) の生成機構の一つを指す。これは，比較的低温で生じる NOx であり，低級炭化水素ガス燃料の燃料過濃条件で生成しやすい。主要なプロンプト NOx の生成機構の前駆反応は

$$CH_2 + N_2 \leftrightarrow HCN + NH$$
$$CH + N_2 \leftrightarrow HCN + N$$

であり，これらの反応の温度依存性は弱く，1,000℃程度の火炎でも反応が進行する。　⇨ サーマルNOx，ゼルドビッチNOx

分圧　ぶんあつ　[理-化]
partial pressure　多成分混合気体において，各成分気体が単独で混合気体と同温度で同体積を占めたとしたときに示す圧力をいう。各成分の分圧の和が混合気体が示す圧力に等しいというドルトンの分圧の法則がある。分圧の法則が成り立つ混合気体を理想混合気体ともいう。

分解ガソリン　ぶんかいがそりん
[燃-製]
cracked gasoline　エチレン製造の副産物や重油の熱分解，接触分解で生成したナフサ留分から製造されたガソリン。直留ガソリンと比べ，芳香族やオレフィンが多く不安定だが，オクタン価は高い。ベンゼン・トルエン・キシレン(BTX)など芳香族系溶剤の原料としても利用される。

分解燃焼　ぶんかいねんしょう
[燃-固]
decomposition combustion, pyrolysis and combustion of volatiles　固体燃料の燃焼形態の一つ。固体燃料の蒸発温度よりも分解温度が低い場合に，加熱により熱分解を起こし，揮発しやすい成分が固体燃料表面から離れたところで燃焼する現象を指す。木材などの燃焼がこれにあたる。　⇨ いぶり燃焼，表面燃焼

粉砕　ふんさい　[産-機]，[理-操]
crushing, grinding, pulverization　固体をただ砕くことは破砕であり，粉砕では，非常に細かく砕くことになる。粉砕に用いる装置は，ボールミル，ローラミル，ジェットミルなどがある。ボールミルは回転する円筒の中に鉄製のボールが入っており，回転する間にボールと壁の間で原料をすりつぶす。原料は何度でもすりつぶされるので，非常に細かい粒子になる。ローラミルは回転するローラと平面の間を原料が1回通過する間にすりつぶされる。粉砕が不十分な粒子は分離して再度ローラの間を通過させる。ローラミルはエネルギー効率が高い。ジェットミルは粒子と粒子が高速で衝突するときの衝撃で細かく粉砕されるものである。粉砕操作により，①凝集粒子の解砕，②数種類の粉体の混合，分散，③粒子の表面改質，活性化，なども同時に行われることがある。

微粉炭燃焼ボイラでは，ボイラと粉砕機が一体であり，供給された塊炭は粉砕されると直ちにバーナで燃焼する構造になっている。このとき石炭の粒径は80 μm以下にされる。

分散型　ぶんさんがた　[資-利]
dispersed, distributed　集中型と対比される概念。エネルギー分野では，集中型発電・配電システムとのアンチテーゼとしてコジェネレーションシステムや燃料電池をベースとした個別分散型エネルギーシステムが多く提唱されている。しかしながら最近の電子技術の進歩により，個別分散型システムへの劇的転換が起こった情報システムとは異なり，集中型発電技術も依然として規程の優位を保っており，個別分散型システムは日本においては依然10%程度にとどまっている。

分散型エネルギー　ぶんさんがたえねるぎー　[資-利]
dispersed energy　エネルギーが消費される場所(需要地)に近接・隣接した場所において生産されるエネルギーのことをいう。具体的には，熱と電力を同時に供給するコジェネレーション(熱電併給)，燃料電池などがあげられる。

分散型電源　ぶんさんがたでんげん
[電-力]，[民-シ]
dispersed power source, local type power supply　大型の火力発電所，原子力発電所，水力発電所などと異なり，

電力消費地域内に分散して設置する方式などの電源(発電)設備。一般家庭にある太陽光発電や，高圧配電線(6 600V)系統につながるコジェネレーション・燃料電池発電，そして系統の末端につながる風力発電などが代表例。

分別技術 ぶんべつぎじゅつ [資-廃]
separation technologies 不純物が混入した材料から，有用なものだけを選択的に分ける技術のことを指す。分別システムは，対象とする物質を選別するの個別技術を合理的に組み合わせて，全体として有価物を効率よく回収できるように設計する必要がある。廃棄物中の鉄およびアルミニウムを分別する技術が，ごく一般的なものである。近年では，プラスチック容器をその素材別に分別する技術や，びんのガラス色を6分類(透明，茶，緑，青，黒，その他)するものも開発されいる。 ⇨ 選別システム，分別回収

分別収集 ぶんべつしゅうしゅう [廃-集]
collection of source separated 廃棄物の適正処理，減量化，および資源化を目的として，ごみを2種以上に分けて集めることをいう。ごみの組成は多様であり，ごみの処分および資源化の方法，自治体の地域特性に応じていくつかの種類に分けて収集される。3R(リサイクル，リユーズ，レデュース)の促進策の一つである容器包装リサイクル法の施行以来，分別形態は燃えるごみ，燃えないごみ，そのほか廃プラスチック，資源ごみ(空き缶，空きびん，ペットボトル，新聞・雑誌など)と自治体における分別の種類は確実に増加している。 ⇨ 容器包装リサイクル法

噴霧燃焼 ふんむねんしょう [燃-燃]
spray combustion 液体燃料の燃焼方式の一つ。噴霧器によって液体燃料を数 μm ～ 数百 μm の油滴に微粒化して表面積を増加するとともに空気との混合をよくして燃焼させるものである。工業的にはこの方法が最も多く利用されている。

分離操作 ぶんりそうさ [理-操]
separation 混合物の中から目的物だけを選び純粋な状態で取り出したり，目的物に含まれる微量の不純物を取り除いたりする操作。分離操作は原料を精製する上流工程と，反応器後の不純物を分ける下流工程に分けられ，さまざまな分離法がいかに純粋かつ能率よく分けるかという観点から検討されている。分離操作は以下のように機械的分離操作，拡散的分離操作，輸送的分離操作に大別できる。① 機械的分離操作(サイクロン，電機集じん器，ろ過などの粒子の大きさや密度などの機械的な性質を利用する分離操作)，② 拡散的分離操作(蒸留，抽出，ガス吸収，吸着などの相平衡からの偏りを推進力として分離する操作)，③ 輸送的分離操作(逆浸透，膜分離，電気泳動，電気透析などの移動速度の違いを用いた分離操作)。 ⇨ 分離精製

分留 ぶんりゅう [理-操]
fractional distillation 蒸留も分留も同じ原理を利用したものだが，蒸留はある特定の一つの成分を取り出すために使われ，分留は蒸留温度を変えながら複数の成分を一つずつ分けて取り出すために使われる。特に石油精製のときの精留を分留と呼び，揮発性の高い低沸点成分から，ガソリン，軽油，最後は重油などの高沸点成分に分けて取り出す方法である。最後の残留物はコールタールやピッチとなる。 ⇨ 蒸留 ⇨ 分別蒸留

噴流拡散火炎 ふんりゅうかくさんかえん [燃-気]
jet diffusion flame 酸化剤雰囲気中に燃料気体を噴出し，その拡散混合領域に形成される火炎。流れ場を乱流とすることで，単純な装置を用いて容易に高負荷燃焼を実現でき，また予混合火炎の逆火のような危険な特性がなく，比較的安全に火炎の取扱いができることから，工業上用いられる燃焼の形態として，最も一

般的である。

噴流床 ふんりゅうしょう [燃-ガ]
entrained bed 粒子をガス流に同伴させながら反応させる様式の気固反応あるいは気固接触反応装置。現在，最も精力的に進められているガス化技術である。 ⑩ 気流層，墳流層

噴流床ガス化 ふんりゅうしょうがすか [燃-ガ]
entrained bed gasifier 空気または酸素と水蒸気の気流に石炭の微粒子を同伴させ，千数百℃でガス化する様式。灰は通常溶融させてスラグとして取り出す。 ⑩ 気流層ガス化

〔へ〕

兵器級プルトニウム　へいききゅうぷるとにうむ　[原-核]
weapon-grade plutonium, weapons-grade plutonium　ウランの場合には，単純に核分裂性の^{235}Uの割合(濃縮度)90％以上の高濃縮ウランを兵器級ウランというのとは異なり，プルトニウムは，核分裂性ではないが，核分裂可能な^{240}Pu割合が3％未満，7％未満および18％超に従って，それぞれスーパー級，兵器級および原子炉級と分類される。

^{240}Pu割合が基準になる理由は，偶数質量数の同位体，特に^{240}Pu(^{238}Puおよび^{242}Puも同様)の自発核分裂による高エネルギー中性子と$α$崩壊による発熱のために，核兵器設計が困難になるからである。高エネルギー中性子は，プルトニウム中での連鎖反応を未熟な状態で開始してしまうため，核兵器の完全な爆発は失敗し，その核出力が減るからである。　⇨ ウラン，核分裂，中性子，プルトニウム

平均自由行程　へいきんじゆうこうてい　[理-物]
mean free path　気体分子は，自由に空間を運動している。このとき，分子どうしはたがいに衝突し，速度の向きを変更する。一つの分子が，衝突して速度の向きを変えた後，別の分子に衝突するまでの平均距離を平均自由行程と呼ぶ。いま，簡易的に気体分子を剛体球と仮定し投影面積(断面積)を$σ$，単位体積当りに存在する分子数をm_nとすると，平均自由行程$λ$は

$$λ = \frac{1}{\sqrt{2}\,σm_n}$$

で求められる。　⇨ 気体分子運動

平均粒径　へいきんりゅうけい　[燃-燃]
mean diameter　分布をもっている粒子や滴の平均的な直径を表す。分布をもつ粒子径の代表のさせ方には個数平均径，長さ平均径，面積平均径，体積平均径，平均表面積径，平均体積径がある。

平衡温度　へいこうおんど　[燃-管]
equilibrium temperature of burned gas　燃焼ガスに含まれる化学種間で化学平衡が成立していると仮定した場合の温度をいう。2000 K以上の高温になると熱解離が顕著になり，H，OH，H_2，CO，O，O_2などの化学種の存在を考慮する必要がある。　⇨ 熱解離，平衡組成

平行クランク機構　へいこうくらんくきこう　[電-機]
parallel crank mechanism　相対するリンクの長さの等しい四節回転機構で平行運動を行う機構をいう。

平衡組成　へいこうせい　[燃-管]
equilibrium composition of burned gas　燃焼ガスに含まれる化学種間で化学平衡が成立していると仮定した場合の分率をいう。燃焼ガスは必ずしも化学平衡状態にないが，高温になると化学反応が進行しやすくなり平衡状態に達しやすくなると考えられる。平衡組成を計算するためには化学種の熱力学的データを必要とする。　⇨ 断熱火炎温度，平衡温度

平衡通風方式　へいこうつうふうほうしき　[電-設]
balanced draft system　押込ファンと煙道側に設置した誘引ファンを併用して，炉内圧を大気圧近くの負担に保ちながら運転する通風方式。高炉ガスだきボイラ，COガスだきボイラ，微粉だきボイラにおいて，ガス圧力および安全性を考慮して採用される。

米国原子力規制委員会　べいこくげんしりょくきせいいいんかい　[原-政]
Nuclear Regulatory Commission

(NRC) 1974年米国原子力委員会の規制機能を移管して独立の機関として設立された。その使命は，原子炉，核物質，核廃棄物施設からの放射線から，公衆の健康と安全ならびに環境を保護することである。また，この使命は国民の防衛と安全保障を守ることも含む。任期5年の5人の委員は大統領が合衆国上院の助言と同意を得て任命される。

平水量 へいすいりょう [自-水]
normal flow ある河川の年間の流況特性を表す指標の一つで，流況曲線で大きいほうから185日目の流量をいう。185日流量ともいい，この流量を下回らない日数の発生確率が約50%に相当する。
⇨ 流況曲線　⑩ 185日流量

ベクレル べくれる [原-放]，[理-物]
becquerel (Bq) 放射能(放射線を出す能力)を表す単位で，1ベクレル(Bq)は，1秒間に1個の原子が壊れ，放射線を放出することを表す。放射能を発見したフランスの物理学者ベクレル(H. Becquerel)に由来する。SI単位系導入以前の放射能の単位はキュリー(Ci)で，1Ciはラジウム(Ra)1gから1秒間に放射される放射線の量，3.7×10^{10} = 370億と定義される。

ベストミックス(エネルギーの) べすとみっくす(えねるぎーの) [電-理]
best energy mix 電力需要に対して，安定した電気を送るために，燃料確保の安定性，経済性，環境への影響，運転特性などを総合的に考えながら，原子力，火力，水力の各種電源をバランスよく組み合わせることを電源のベストミックスと呼んでいる。

ヘスの法則 へすのほうそく [理-化]
Hess's law どんな化学反応でも内部エネルギーやエンタルピーの変化(反応熱)は，反応の経路や反応の段階数に無関係で，原系と生成系の物質の状態のみによって決まるという法則をヘスの法則という。この原理は，熱力学の第一法則から導かれるが，歴史的には古く，1840年ヘスによって実験的に確立され，一定熱和の法則と呼ばれた。

ベース負荷 べーすふか [電-系]
base load 日負荷曲線において基底となっている負荷で，1日を通して負荷変動が少なく原子力など長時間連続運転で供給する。

ベースロード用電源 べーすろーどようでんげん [電-系]
power source for base load 原子力，石炭などの大容量火力，流込式水力などで，負荷に追従した運転をするより長時間定負荷出力で連続運転するほうが経済性，供給安定性に優れていて，電力でベース負荷部分に対して供給する電源。

β線 べーたせん [理-量]，[理-放]，[生-放]，[原-核]
beta rays, β-rays 電子で構成される放射線で，陰極線と同じく高速電子の流れである。原子核の崩壊の際にその質量の一部が電子として放出される現象がβ崩壊であり，その際に放出される高速の電子の流れがβ線である。⇨ α線，γ線，原子，原子核，中性子　⑩ 電子線

PETボトル ぺっとぼとる [廃-個]
PET bottle 繊維やビデオテープに使われるポリエステルと同じポリエチレンテレフタレート(polyethyelene terephatarate)でつくられたボトル。透明で軽く衝撃性に強いので，飲料・食品容器としてガラス容器に代わり急速に普及し，2002年度には45万tが製造された。容器包装リサイクル法による市町村の分別回収，事業者による再商品化体制により，再生処理工場で破砕，洗浄して繊維などの再生樹脂原料(フレーク)に加工されるが，高炉還元剤としての使用もある。より高位リサイクルであるPET to PETが目標とされている。PETの発熱量はポリエチレン，ポリプロピレンの半分の21 MJ/kgである。

ペトロコーク法 ぺとろこーくほう [環-硫]

Giammarco–Vetrocoke processes, Vetrocoke process　ガスから硫化水素，二酸化炭素を除去する方法で，炭酸カリウムを用いる方法。触媒にヒ素を用いている。

ベーパロック　べーぱろっく　[輸-エ]
vapor lock　液体を使った系において，外部からの熱などによって配管内の液体が蒸気となり，配管内のある部分に閉じ込められ，その蒸気の気泡によって液体の流動が阻止されること(気泡による閉塞)。おもな原因は液体の加熱や外気圧の低下による。液体が気体になると自由に圧縮，膨張するのでポンプなどが働いても気泡が伸び縮みすることになり，液体の供給ができなくなる。① 燃料系でフューエルパイプの中に燃料蒸気がたまり，フューエルポンプが燃料を供給できなくなってエンジン停止や再始動困難になること。② 油圧式ブレーキのホイールシリンダやブレーキパイプの中でブレーキ液が気化し，ペダルを踏んでも，ふかふかの状態となりブレーキが効きにくくなること。　同 蒸気閉塞

ヘビーオイル　べびーおいる　[石-油]
heavy oil　重油。重質油ともいう。
⇒ 重質油，重油

HEMS　へむす　[民-家]
home energy management system (HEMS)　⇒ ホームエネルギーマネジメントシステム　同 家庭用エネルギーマネジメントシステム

BEMS　べむす　[環-都]，[民-シ]
building and energy management system　ビルの室内環境とエネルギー性能の最適化を図るためのビル管理システムのこと。ビルの建築設備を対象とし，各種センサやメータにより，室内環境や設備の状況をモニタリングし，運転管理および自動制御を行う。一般的には，基本機能である設備機器の監視制御システム(building automation system, BAS)，エネルギー管理システム(energy management system, EMS)，設備管理支援システム(building management system, BMS)，施設運用支援システム(facility management system, FMS)などの機能を含んでいる。しかし，その範囲やシステム内容は時代とともに流動的である。ビルの省エネルギーの観点からは特に省エネルギー制御機能やエネルギー管理機能が重要である。

ヘリウム・ネオンレーザ　へりうむねおんれーざ　[民-装]
helium–neon laser　ガスレーザの一種。ヘリウムとネオンの混合ガスを封入した管内で電圧をかけて放電させヘリウム原子を励起させる。これが基底状態に戻るとき放出されるエネルギーでネオン原子を励起して赤い光を取り出すもの。この基底状態に戻るとき放出されるエネルギーはネオン原子の励起エネルギーより少し高いので励起しやすいという性質を利用し，これを対面する鏡で増幅したものがヘリウム・ネオンレーザである。周波数は 632.8 nm，1.15μm，3.39μm。出力は 50 mW 以下と弱いが，安定性が高く干渉性がよい。また 1 mm 以下の細いビームが比較的容易に得られる。取扱いが簡単なため光干渉計測用光源，長さの標準器，光学機器の調整用光源，レーザプリンタの光源，バーコードリーダの光源など広く用いられる。

ペリメータゾーン　ぺりめーたぞーん
[環-都]
perimeter zone　建築平面において，空調域でかつ外壁からの熱的影響を受ける領域のこと。一般に外壁や窓面から 3～5 m 程度内部の部分を指す。この部分は太陽位置の時刻変化による日射や外気温などによる外乱の変動による影響を受けやすいため，熱負荷は時々刻々激しく変化する傾向にある。これに対して建物内部の領域をインテリアゾーンという。各方位のペリメータゾーンとインテリアゾーンを分けて空調計画をすることにより，それぞれの熱負荷特性に応じた

空調機器運転が可能となる。建物の窓際の断熱・日射遮へい性能を改善することにより，ペリメータゾーンとインテリアゾーンの熱負荷に差がでないようにし，空調システムにおけるインテリアゾーンとペリメータゾーンの区分を必要としないペリメータレス空調方式もある。

ベルギウス法 べるぎゅーすほう [燃-炭], [石-炭]
Bergius method　Bergius(ドイツ)が1913年に得た特許をもとにした石炭液化法。石炭を温度400〜450℃，圧力200気圧の条件下，高温高圧水素により接触分解，液化して，液体燃料を製造する。触媒として初期にはモリブデン系，タングステン系，のちには鉄系のものが用いられた。1920年代ドイツで工業化され，第二次大戦中まで製造が行われた。また，イギリスでも一時実用化され，日本でも試験が行われた。本法は現在も石炭液化の基本の一つとなっている。

ペルチェ係数 ぺるちぇけいすう [熱-材]
Peltier coefficient　温度 T の一定に保った異種の導電体を接合し，そこに電流 I を流したとき片方に発熱，もう一方に吸熱が起こる，これをペルチェ熱というが，その熱量 Q〔W〕は電流 I〔A〕にその方向を含めて比例する。その際の比例定数をその物質のペルチェ係数 π という。ペルチェ係数 π はゼーベック係数 α〔V/K〕(温度差当りに発生する熱起電力または熱電能)と接合部の温度 T〔K〕の積 αT で表される。したがって，ペルチェ係数の次元は〔V〕である。
⇒ ゼーベック係数，トムソン係数

ペルチェ効果 ぺるちぇこうか [熱-材]
Peltier effect　異種の導電体(半導体または金属)を接合し閉回路をつくり，そこに電流を流すとその電流の方向に依存して接合部の片方で発熱，もう一方で吸熱が生じる現象をいう。その発熱，あるいは吸熱は電流と接合部の温度および物質の形状などに依存しない固有の物性値に比例する。この熱量をペルチェ熱といい，熱電冷却・加熱に利用する。
⇨ 熱電冷却効果

ペルトン水車 ぺるとんすいしゃ [自-水]
Pelton turbine, Pelton wheel　ジェット水流を水車の羽根に衝突させて回転力を得る衝動水車の一つで，一般に流量が少ない150m程度以上の高落差に適し，小型機から大型機まで多く採用されている。多数の羽根を円盤に取り付けたものをランナといい，ノズルからのジェット水流をランナの接線方向から入射し回転させる構造となっている。通常，1個のランナに16〜30個の羽根，4〜6本のノズルという構成となっている。また，運転時にノズル数を変えることにより出力調整ができるので，低流量域での高効率運転が可能となり，河川流量が大きく変化する場合に有利である。

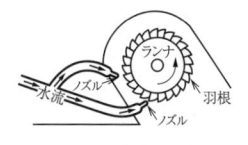

ペルトン水車の模式図

ベルヌーイの定理 べるぬーいのていり [理-流]
Bernoulli's theorem　定常な完全流体において，同一流線上では流体の圧力のエネルギー，運動エネルギー，位置エネルギーの和が一定となるという定理。p を圧力，ρ を流体の密度，h を高さ，v を速度とすると，同一流線上で次式が成り立つ。
$$p + \frac{1}{2}\rho v^2 + \rho gh = \text{一定}$$
ここで，g は重力加速度である。

ヘルプガス へるぷがす [石-油]
help gas　構造H型ハイドレートを安定に存在させるために，5^{12}, $4^3 5^6 6^3$ といった小さなケージ内に包接されたメタンや硫化水素などの小さなガス分子のこ

と。

ヘルムホルツの自由エネルギー　へるむほるつのじゆうえねるぎー　[理-熱]
Helmholtz's free energy　ヘルムホルツの自由エネルギー F は内部エネルギー U およびエントロピー S を用いて, $F = U - TS$(単位 J) と定義される。TS は束縛エネルギーであり仕事として取り出すことが不可能なエネルギーである。等温・等積条件では $dF \leqq 0$ であり, 不可逆変化のもとではヘルムホルツ自由エネルギーは減少する。ヘルムホルツ自由エネルギーが最小値となると $dF=0$ の平衡状態となる。　⇨ 自由エネルギー

変圧運転　へんあつうんてん　[電-火]
sliding pressure operation　低負荷時の熱効率の向上を図るため, タービン入口の蒸気圧力を負荷に応じて変化させて運転する。蒸気圧力を低下させることにより蒸気体積流量を一定にでき, 蒸気加減弁の絞り損失の減少と給水ポンプの稼働率が減少することにより熱効率の向上が図れる。

変圧器　へんあつき　[電-機]
transformer　トランスとも呼ばれ, 電磁誘導作用を利用して交流電圧を昇降させる装置である。発電所の発電機でつくられる電力は, 出力電圧が 15 kV 程度であるが, 変圧器により 500 kV などに昇圧され, 送電線で消費地まで効率よく送られる。

変換効率　へんかんこうりつ　[電-熱]
conversion efficiency　状態の変化に伴って変化する物理量の変化割合のこと。a 種の現象から b 種の現象への変換効率は, それぞれの現象に特有なエネルギー E_a, E_b を用いると変換効率は $E_b \div E_a$ で表される。

返還廃棄物　へんかんはいきぶつ　[原-廃]
returned wastes　日本の電気事業者は, フランス原子燃料会社(COGEMA)とイギリス原子燃料会社(BNFL)にそれぞれ使用済燃料の再処理を委託している。2 社での再処理により発生する放射性廃棄物については, 再処理を委託した国に返還できることになっている。これに基づき, 第 1 回目として COGEMA での再処理により発生した高レベル放射性廃棄物が, 1995 年 4 月に日本へ返還され, それ以降返還されたものも含め, 青森県六ヶ所村にある日本原燃(株)の高レベル放射性廃棄物貯蔵管理センターで管理されている。再処理過程で発生する低レベル放射性廃棄物も返還される見込みである。　⇨ 再処理, 六ヶ所村核燃料サイクル基地

変性アルコール　へんせいあるこーる　[理-炎]
denaturated alcohol　エチルアルコールにメチルアルコールを添加して非飲料用にしたもの。工業用アルコール。飲用に転用されないように不快なにおい, 味がつけてある。　㊒ メタノール変性アルコール

ベンゼン　べんぜん　[燃-製]
benzene　化学式 C_6H_6 で示される芳香族化合物。おもにナフサのリフォーミング, エチレン製造の副産物として製造される。石油化学の重要な基礎原料の一つで, アルキルベンゼンなど数多くの化成品の原料, 溶剤として利用される。近年, その毒性が問題になり, 燃料からの除去や代替溶剤への転換が図られている。　㊒ ベンゾール

ベンチュリスクラバ　べんちゅりすくらば　[環-塵]
Venturi scrubber　加圧水式に分類される洗浄集じん装置の一種。ベンチュリ管を用いる。高速で含じんガスが通過するスロート部に水を注入すると, 水は高速気流により微粒化され, 拡大管で減速したガス中のダストが微細液滴と衝突し, 捕捉される。液滴はサイクロンまたは慣性衝突方式で容易に捕集される。液ガス比は 0.5〜1.5 l/m^3 の範囲で, 10 μm 以下の微粒子や疎水性のダストに対しては約 1.5 l/m^3 と大きめにとる。圧力損失は一般に 3〜8 kPa と大きく, し

ベンチレーション窓　べんちれーしょんまど　[民-機]

ventilation window　二重ガラスの中空部分にブラインドを内蔵し、室内側窓枠下部のスリットから室内空気を吸引し、窓上部からダクトを介して屋外へ排気することによって日射による熱負荷を低減させる構造の窓。　㊜エアフローウィンドウ

変電所　へんでんしょ　[電-流]

substation　発電所でつくられた電気は、効率的に送電するために500 kV、275 kVなどの高電圧の送電線によって需要家地域の変電所まで送られ、そこで順次66 kV、22 kV、6 kVなどに降圧され、さらに一般家庭には柱状変圧器により、100 Vに変えられて配電される。これらの系統において、電圧を昇圧もしくは降圧するための設備が変電所である。

ベンフィールド法　べんふぃーるどほう　[環-硫]

Benfield process　ガスから硫化水素(H_2S)を除去する方法。炭酸カリウム+ジエタノールアミンでH_2Sを吸収する化学吸収方法。

ヘンペル分析法　へんぺるぶんせきほう　[理-析]

Hempel analytical method　ガス分析法の一種。特定の気体成分を吸収する液体に試料ガスを接触させ、吸収に伴う体積変化を求めてその成分の定量を行う方法。二酸化炭素や炭化水素、酸素などは吸収法を用いるが、水素やメタン類の定量には燃焼法を用いる。

ヘンリーの法則　へんりーのほうそく　[理-化]

Henry's law　理想気体の法則が成り立つ低い圧力範囲の気体の液体への溶解度Cが、一定温度のもとで気体の圧力pに比例し、$C=kp$ (k、ヘンリー係数)で表されることをいう。海中での潜水によって血液中の気体の溶解度が高くなり、水面に浮上したときの潜水病になりやすいのはこの現象によるものである。

変流量システム　へんりゅうりょうしすてむ　[自-水]

variable water system　一般に冷温水配管などにおいて、負荷の変動に応じて流量を変化させる制御システムを指すが、水力発電の分野では、河川流量の変動(変流量)に応じて、水力エネルギーを効率よく電気エネルギーに変換する制御システムをいい、つぎの二つの方式がある。① プロペラ水車の羽根を可動させることにより変流量に対応する方式で、低流量域での効率が格段に向上し、定格流量の30〜110％程度(従来は80〜110％程度)までの変流量対応が可能となる。しかし、制御が複雑であるため固定羽根より割高となる。② 落差や流量の変動に伴う水車の回転速度の変動に対し、インバータにより発電機の回転数を制御して発電効率を最大にする方式。⇨VWV　㊜変流量方式

変流量方式　へんりゅうりょうほうしき　[自-水]

variable water volume system (VWV)　⇨VWV、変流量システム

〔ほ〕

保安規定　ほあんきてい　[社-都]
safety regulation　保安規定とは，原子力発電所の運転管理全体について，安全を確保するために順守すべき事項を規定しているもの。原子炉設置者は保安規定を定め，国の認可を受けることが原子炉等規制法で定められている。東海村ウラン加工工場の事故を踏まえ，2000年には，同法が改正され，原子力関連施設を安全に運転するために従業員に行う教育(保安教育)を保安規定に明記すること，国の原子力保安検査官により保安規定順守状況の確認(保安検査)の実施が定められた。

ボイド係数　ぼいどけいすう　[原-技]
void coefficient　炉心内で水が沸騰する沸騰水型原子炉(BWR)では，熱出力や冷却材流量などの変化に伴って，炉心内に発生する気泡(ボイドという)量が変化する。BWRでは，燃料集合体の下部から上部にいくにつれてボイド率(気体と液体の二相系の体積に占める気泡体積率)が大きくなる。炉心全体の平均ボイド率の変化量に対する反応度の変化量の比をボイド係数といい，反応度係数の一つである。BWRでは，ボイド率が増加すれば中性子の減速が少なくなるので，反応度が下がる。すなわちボイド係数は負である。ボイド係数は原子炉の安全性や安定性に重要な量であり，原子炉の自己制御性保持のために運転状態ではつねに負の値をとるように設計される。
⇨ 沸騰水型原子炉

ボイラ　ぼいら　[産-ボ]
boiler　燃料を燃焼しスチームを発生させる装置が本来のボイラであるが，温水ボイラや電気ボイラという用語もある。クリーニング店用の小型のものから，火力発電所の大型ボイラ，舶用ボイラなど，幅が広い。ガスタービンの排ガスなど，高温排ガスからスチームを発生する排熱ボイラもある。ボイラは安全性，低NOx(窒素酸化物)性，負荷変動に合わせるレンジアビリティの広さ，総合熱効率などの評価を行い，用途に合った適切な機種を選定することが肝要である。

ボイラ内再熱器設置方式　ぼいらないさいねつきせっちほうしき　[熱-加]
reheater installation system in the boiler　中・大型ボイラに設置される再熱器は発電プラント効率の向上を目的とし，高圧タービン排蒸気(300～350℃程度)を，ボイラの排気ガスにより540～600℃程度まで加熱させる機器のことをいう。再熱器は通常，ボイラの伝熱部下流側に配置されるが，その配置方式によってシングルパス方式とパラレルパス方式に分けられる。前者は，一つの排気ガス流路で構成している方式である。後者は排気ガス流路を二つに分け，片側のみに再熱器を配置する方式である。下流に設けたダンパによって，再熱器を通過する排気ガス量を調整することにより蒸気温度を制御できる。このため，近年後者が主流になっている。

ボイルオフガス　ぼいるおふがす　[石-油]
boil off gas (BOG)　⇨ 蒸発ガス

ボイル・シャルルの法則　ぼいるしゃるるのほうそく　[理-熱]
Boyle–Charle's law　ボイル・シャルルの法則とは，一定量の理想気体の圧力 p は絶対温度 T に比例し，体積 V に反比例する，つまり，$pV/T=$一定が成立するという法則である。この関係は理想気体の状態方程式 $pv=RT$ (v は比体積)においても確認できる。ここで，一定温度のもとでは理想気体の圧力 p は体積 V に反比例し，$pV=$一定の関係が成立する，ということをボイルの法則と呼び，一定圧力のもとでは理想気体の体積 V

は温度 T に比例し，$V/T=$ 一定の関係が成立する，ということをシャルルの法則と呼ぶ。　⇨ シャルルの法則

崩　壊　ほうかい　[原-核]
decay　原子核がエネルギー的に安定な状態へ，自発的に変化すること。その際，放射線を出すので放射性崩壊とも呼ぶ。γ 崩壊，β 崩壊，α 崩壊に伴い，それぞれ，γ 線，β 線，α 線が放出される。また β 崩壊の一種である軌道電子捕獲の際には X 線やオージェ電子が放出されることもある。ウランなどの重い原子核は，おもに α 崩壊をするが，きわめてわずかな分岐比で自発核分裂を起こすものもある。　⇨ アインシュタインの式，原子核，半減期，放射線，放射能

崩壊系列　ほうかいけいれつ　[原-核]
decay chain　通例は，α 崩壊の系列を指す。重い原子核が α 崩壊をする場合，親核に比べて娘核の質量数は 4 だけ少なくなる。したがって，α 崩壊と β 崩壊とが組み合わさって，最終的に安定な原子核にたどり着くまでの崩壊系列は，最初の親核の質量数が $4n$(トリウム系列)，$4n+1$(ネプツニウム系列)，$4n+2$(ウラン・ラジウム系列)，または $4n+3$(アクチニウム系列)に対応して 4 種ある。それぞれの最初の親核は ^{232}Th，^{237}Np，^{238}U，および ^{235}U であり，最終的な安定核はそれぞれ，^{208}Pb，^{209}Bi，^{206}Pb および ^{207}Pb である。　⇨ α 線，親核種，β 線，崩壊，娘核種

包括的核実験禁止条約　ほうかつてきかくじっけんきんしじょうやく　[原-政]
Comprehensive Test Ban Treaty (CTBT)　核兵器のすべての実験的爆発およびほかの核爆発を禁止する条約。1996 年 9 月 10 日の国連総会で圧倒的多数の賛成で採択され，日本は核兵器を保有する 5 か国に続き署名を行った。また，日本は 4 番目の批准国となったが，アメリカは批准していない(2002 年 12 月現在)。また，1998 年 5 月にはインドおよびパキスタンが，続けて核実験を行った。

帽　岩　ぼうがん　[石-油]
cap rock　石油鉱床において輸送またはガス層の上を覆って，石油の上方への移動を阻止している不浸透性の岩石のこと。　⑰ キャップロック

芳香族　ほうこうぞく　[理-名]，[石-全]
aromatic　分子構造中にベンゼン環をもつ炭化水素化合物の総称。単環式と多環式とに大別される。広義には酸素，窒素，硫黄原子を含むフラン，ピロール，チオフェンなども含まれる。芳香や特異臭を放つものが多い。　⑰ アロマティク

芳香族炭化水素　ほうこうぞくたんかすいそ　[理-名]
aromatic hydrocarbon　ベンゼン，トルエン，ナフタレンなどのベンゼン環をその構造内に有する炭化水素の総称。置換反応を起こしやすいという特徴があり，基礎化学原料として用途が広い。工業的には石炭や石油の精製過程で生じる粗軽油やコールタール，分解ガソリン，改質油などから製造される。　⑰ アレーン，ベンゼン系炭化水素

防災安全街区支援システム　ぼうさいあんぜんがいくしえんしすてむ　[社-都]
support system for disaster resistant safety block　次世代都市整備事業の対象システムの一つ。道路，公園などの都市基盤の整備と合わせて，医療，福祉，行政，避難，備蓄などの機能を有する公共公益施設を集中整備し，その相互連携により，被災した市街地にあっても最低限の都市機能を維持して地域の防災活動の拠点となる防災安全街区において，災害時ライフラインが切断された場合もその機能を維持することを目的に，エネルギー，水などを自ら供給する自立型のシステム。　⇨ 次世代都市整備事業

防災公園　ぼうさいこうえん　[社-都]
parks as preventive means of disasters　都市公園，緑地などは一般に防災機能を担っているが，その中でも，大規

模震災などの災害時において，国民の生命，財産を守り，大都市地域などにおいて都市の防災構造を強化するために整備される広域防災拠点，広域および一次避難地，避難路ならびに石油コンビナート地帯と背後の一般市街地を遮断する緩衝帯としての役割をもつ都市公園，緑地を国土交通省が，防災公園として整備を推進している。特に1998年度以降，災害時の機能強化を目的とし自然エネルギー活用型発電施設を公園施設として位置付け，整備を図っている。

防災対策 ぼうさいたいさく　[原-安]
disaster prevention measures　1979年3月のスリーマイル島原子力発電所事故から，原子力安全委員会は原子力発電所などの周辺における防災活動がより円滑に実施されるように検討しこれを「防災指針」として決定した。さらに，1999年9月30日に発生したジェー・シー・オー(JCO)臨界事故の反省から，原子力災害対策特別措置法が制定され，防災対策の内容が修正された。　⇒ 災害対策基本法

放射エネルギー ほうしゃえねるぎー　[理-放]
radiant energy　電磁波の形でエネルギーを放出したり吸収したりする現象である熱放射(温度放射ともいう)によって，放出，伝送または吸収されるエネルギー。可視域は$0.38～0.76\mu m$の波長であるが，熱放射で重要であるのはふつう$0.3～10\mu m$(およびそれ以上)の比較的長い波長域である。大部分は赤外域であるため，熱線ともいわれる。物体表面から単位面積，単位時間当り放出される熱放射エネルギーを射出能といいW/m^2で表す。

放射性エアロゾル ほうしゃせいえあろぞる　[原-安]
radioactive aerosol　長時間にわたり空気中に浮遊する$1\mu m$前後の放射性物質を含んだ微粒子を放射性エアロゾルという。原子炉の事故などで高温に熱せられて気化した放射性物質が空気中で冷却されてできることがある。

放射性同位元素 ほうしゃせいどういげんそ　[理-放]
radioactive isotope　放射性同位体，ラジオアイソトープあるいは略してRIともいい，同位体のうち原子核が不安定で，α線，β線，γ線のような放射線を放出して別の原子核に変わる性質がある元素をいう。

放射性廃棄物 ほうしゃせいはいきぶつ　[原-廃]
radioactive waste　原子力利用に伴って発生する放射性核種を含む廃棄物である。発生源で大きく二つに分けると，原子力発電所の運転に伴って発生するものと核燃料サイクル施設の操業に伴って発生するものに大別される。前者の多くは半減期が比較的短いβおよびγ核種をおもに含む低レベル放射性廃棄物である。後者は施設によって分類すると，再処理施設からの高レベル放射性廃棄物，再処理施設および混合酸化物(MOX)燃料加工施設からの超ウラン(TRU)廃棄物，ウラン燃料の加工施設やウラン濃縮施設で発生するウラン廃棄物などである。　⇒ 原子力発電，再処理

放射性廃棄物処理と処分 ほうしゃせいはいきぶつしょりとしょぶん　[原-廃]
radioactive waste treatment and disposal　原子力発電所の操業，使用済燃料の再処理，核燃料製造関連施設など，原子力利用活動に伴って発生する放射性廃棄物を，減容や固化により貯蔵および処分に適した安定な形態にすることを処理という。放射能のレベル，含まれる放射性核種など，放射性廃棄物の性状に応じて適切に区分管理され，減容や固化などの処理が行われる。処分についても，放射能レベルや含まれる放射性核種の種類などに応じた適切な方法が選択，あるいは検討されている。再処理施設で発生する高レベル放射性廃棄物はガラス固化され地層処分，原子力発電所の操業によ

放射性物質 ほうしゃせいぶっしつ
[理-放]
radioactive material 原子核が不安定で放射線を放出して崩壊する核種を含む物質。

放射線 ほうしゃせん [原-核]
radiation 電磁波(γ線, X線, 紫外線など), 粒子(電子線, α線, β線, 中性子線, 陽子線, 重粒子線など)などの流れをいう。X線発生装置, 加速器や原子炉などにより人工的につくられる放射線と, もともと自然界(地殻や宇宙)からくるものとがある。太陽光線もまた放射線である。人体内でも地球形成以来存在する^{40}Kが放射線(β線とγ線)を出している。X線発生装置はスイッチを切ればX線は出さないが, 放射性物質からの放射線は絶えず出ている。しかしその発生量は半減期に従い減衰する。^{40}Kのように人体内にある放射性物質からの放射線は遮へいできないが, 人体外部からの放射線は, 紫外線除けのサングラスのように, そのエネルギーに応じた遮へいを施すことにより遮へいすることができる。
⇨ α線, X線, γ線, 半減期, β線, 放射能

放射線管理区域 ほうしゃせんかんりくいき [原-安]
radiation controlled area 放射線障害防止法によって, 放射線により基準以上の汚染の恐れがある区域は, 管理区域とすることになっている。管理区域は, 外部被ばくだけが問題になる区域(放射線管理区域)と内部被ばくも問題になる区域(汚染管理区域)とに分けられる。放射線管理区域は管理区域と同じ意味で用いられることがある。

放射線治療 ほうしゃせんちりょう
[生-病]
radiotherapy 物質と作用して直接または間接的に電離を引き起こす性質を有する電離放射線を照射して, そこの細胞増殖を停止(細胞死)させ治療すること。一般に細胞内のターゲットはDNA分子である。

放射能 ほうしゃのう [原-核]
radioactivity 物質が放射線を出す能力があることを放射能という。したがって, 放射能とは概念であって, 実体ではない。 ⇨ 放射線

豊水量 ほうすいりょう [自-水]
wet flow ある河川の年間の流況特性を表す指標の一つで, 流況曲線で大きいほうから95日目の流量をいう。95日流量ともいい, この流量を下回らない日数の発生確率が約25%に相当する。
⇨ 流況曲線 ⓔ 95日流量

包接構造 ほうせつこうぞう [理-性], [石-ガ]
clathrate 2種の分子が適当な条件のもとでともに結晶し, 一方の分子がトンネル形, あるいは層状, または立体網状構造をつくり(包接格子), そのすきまに分子が入り込んだ結晶構造のこと。

包接氷 ほうせつひょう [石-ガ]
caged ice ⇨ ガスハイドレート

包蔵水力 ほうぞうすいりょく [自-水]
hydropower potential ある河川あるいは地域に存在する水力(または水力エネルギー)のポテンシャル量をいう。石炭, 石油, 天然ガスなどのエネルギー資源の埋蔵量に相当するものであり, 通常, 年間発電電力量(kW·h)で表すが, 出力(kW)で表すこともある。包蔵水力(包蔵水力エネルギーともいう)には, 理論包蔵水力と技術的・経済的包蔵水力があり, 一般に包蔵水力といえば後者を指す。技術的・経済的包蔵水力とは, 技術的, 経済的に開発可能なエネルギー量のことをいい, そのときどきの開発可能量として算出されるものであるため, 技術の進歩や経済情勢の変化によって変動するものであり, 2001年度末では1353億kW·h(2001年度実績値, 資源エネルギ

包蔵水力エネルギー　ほうぞうすいりょくえねるぎー　[自-水]
hydropower potential
⇒包蔵水力

膨張比　ぼうちょうひ　[輸-エ]
expansion ratio　ピストンが上死点から下死点まで膨張する割合。膨張終りの容積と膨張始めの容積との比のこと。エネルギーが大きくなると外部に放出するエネルギーが少なくなるために、熱効率は向上する。通常、膨張比は圧縮比とほぼ同じであるが、ミラーサイクルでは、膨張比が圧縮比より大きくすることによって燃費向上を狙っている。　⇒圧縮比

膨張弁　ぼうちょうべん　[電-機]
expansion valve　冷凍サイクルやエアコン、ヒートポンプなどを構成する基本機器の一つで、液化した高圧の冷媒を低圧の蒸発器側に等エンタルピーで膨張させて流量調整を行う弁をいう。

放電容量　ほうでんようりょう　[電-池]
service capacity　電池を放電して、端子間電圧が放電禁止電圧になるまでに得られる電力量である。

飽和圧力　ほうわあつりょく　[理-熱]
saturation pressure　純物質が気液平衡にある状態(飽和状態)での圧力を飽和圧力という。飽和蒸気圧力ともいう。温度一定の状態で気体の圧力を上昇させていくと、飽和圧力において気体の一部が液体となる。擾乱の小さい場合には、液体を生じることなく飽和圧力を超えて加圧される場合もあり、このような気体を過飽和蒸気と呼ぶ。　⇒飽和温度，飽和蒸気

飽和温度　ほうわおんど　[理-熱]
saturation temperature　純物質が気液平衡にある状態(飽和状態)での温度を飽和温度という。蒸気圧が標準圧力となる場合の飽和温度を標準沸点と呼ぶ。圧力一定の状態で液体を加熱していくと温度が上昇し、飽和温度において液体の一部が気体となる。さらに加熱し、すべて気体となると再び温度は上昇し、過熱蒸気となる。擾乱の小さい場合には、気体を生じることなく飽和温度を超えて加熱される場合もあり、このような液体を過熱液体と呼ぶ。逆に、液体を生じることなく飽和温度以下に冷却される場合もあり、このような気体を過冷却蒸気と呼ぶ。　⇒飽和圧力，飽和蒸気

飽和蒸気　ほうわじょうき　[理-熱]
saturated vapor　純物質が気液平衡にある状態(飽和状態)での蒸気を飽和蒸気という。この状態では液体と気体が共存しており、湿り蒸気と呼ばれる。飽和状態の物質を加熱していくと、液体がすべて蒸発して蒸気のみが存在する状態となるが、この状態の蒸気は乾き飽和蒸気と呼ばれる。それ以上加熱すると、温度が上昇し過熱蒸気となる。　⇒飽和圧力，飽和温度

保炎　ほえん　[燃-気]
flame stabilization　火炎を空間的に特定の場所に安定に保持することをいう。特に高速気流中に形成される火炎では、予混合火炎、拡散火炎を問わず、何らかの保炎機構を用いて火炎を定在させる必要があるが、その場合ブラフボディや後ろ向きステップなどを燃焼器に用いて流れ場に低速の再循環領域を形成させ、火炎を維持する方法などが一般的である。

ポケット線量計　ぽけっとせんりょうけい　[原-安]
pocket dosimeter　ポケットに入る程度に小さくした小型の線量計のこと。放射線により電極から放電が起きる原理を利用し、電位の減少量から放射線の量を計る。

ボサンケの式　ぼさんけのしき　[環-ス]
Bosanquet formula　有効煙突高さを計算するために必要な、浮力による上昇高さ、ガスの運動量による上昇高さを計算する式。

ホスゲン　ほすげん　[環-化]
phosgene　ホスゲンはCAS No.75-

44-5で二塩化カルボニル硫黄。毒性が強く，特定化学物質第三類物質。水または熱を加えることにより，人体に重大な障害をもたらすガスを発生するなど消火活動に重大な支障を生じる物質。吸気すると人体は，めまい，頭痛，吐き気，皮膚障害，気管障害を生じる。

保存力 ほぞんりょく ［理-力］
conservative force 物体(質点)に力が働いている状態で，物体を移動させるとき，力を移動経路に沿って積分することで，物体にした仕事が求められる。ここで，重力に代表されるように，始点と終点だけが決定すれば，移動経路によらず物体にした仕事が等しくなる力がある。このような力を保存力と呼び，保存力が働く場を保存力場と呼ぶ。保存力場には，重力場のほか，電場，磁場などがある。保存力場では，物体の位置により，エネルギーが規定できる。このエネルギーをポテンシャルエネルギーと呼ぶ。　⇨ ポテンシャルエネルギー

北海油田 ほっかいゆでん ［石-油］
North Sea well 北海近辺の大規模な油田。

ポテンシャルエネルギー ぽてんしゃるえねるぎー ［理-力］
potential energy 狭義には，位置エネルギーのこと。広義には，物体(質点)内部に蓄えることができるエネルギーを総称してポテンシャルエネルギーと呼ぶことがある。保存力場において，物体が移動する場合，移動経路によらず始点と終点によって，物体にした仕事が決定するが，ポテンシャルエネルギーはこの仕事の符号が逆転した値となる。広義の場合，ポテンシャルエネルギーには位置エネルギーのほかに，ばねエネルギーなどが含まれる。　⇨ 位置エネルギー，運動エネルギー，保存力

ホームエネルギーマネジメントシステム ほーむえねるぎーまねじめんとしすてむ ［民-家］
home energy management system (HEMS) 情報技術(IT)の活用により，人に代わって家庭でのエネルギー需要のマネジメント(省エネ行動)を支援する省エネシステムのこと。人検知センサなどで住人の有無を判定し，自動的に電気機器の電源を切ることにより待機時使用電力を削減したり，外出先から携帯電話などを利用して屋内の状態が確認することができ，適応型の電気機器であれば，携帯電話などから電源のON/OFFも行えるシステム。　⇨ 人検知センサ，BEMS ㊇家庭用エネルギーマネジメントシステム，HEMS

ボランティア活動 ぼらんてぃあかつどう ［社-経］
volunteer activities ボランティア活動とは，自発的に他者や社会のために行う金銭的な利益を第一に追求しない活動のことである。だれもが暮らしやすい豊かな社会を目指して，さまざまな人や団体とつながり，ネットワークをつくりながら社会の課題の解決に取り組む活動といえる。ボランティア活動の形態としては，個人で行う活動のほか，グループ・組織を発足したり，所属メンバとなって活動する場合もある。具体的な活動は，①話し相手，②散髪，食事・外出の介助，③教育・学習，④国際交流・援助，⑤地域活動・環境美化・自然保護，⑥文化・伝承活動などきわめて広い範囲に及ぶ。

ボルタの電池 ぼるたのでんち ［理-池］
Volta's battery ボルタ(イタリア，1745～1827)が発明した電池。プラス極に銅，マイナス極に亜鉛，電解液として希硫酸を用いたもの。ボルタは，2種類の金属と電解液によって電気が発生することを発見した。電圧の単位である「ボルト」はボルタの名前に由来。

ホルミシス ほるみしす ［原-放］
hormesis 生物に対して通常有害な作用を示すものが，微量であれば，逆に有益な刺激作用を示す場合があり，この生理的刺激作用をホルミシスという。低線

ボールミル ぼーるみる [産-機]
ball mill　ボールミルは，回転する横型円筒の中に堅いボールが装てんしてあり，横型円筒を回転することにより，中に入れた原料を微粉砕する装置である。ボールと筒との間で原料をすりつぶすように粉砕する。原料は何度もボールと接触するため非常に細かい粒子を得ることができる。処理能力では，もっと高速な粉砕機がある。かつて微粉炭ボイラにも使用されたことがある。

ホルムアルデヒド ほるむあるでひど [理-名]
formaldehyde　化学式 HCHO で表される鋭い刺激臭を有する常温で無色の気体。粘膜に鋭い刺激を与え発がん性がある。融点−92℃，沸点−19.5℃。石炭や木を燃やしたときの煙の中に含まれる。接着剤に含まれる成分でもあり，シックハウス症候群の原因物質とされている。工業的には触媒存在下でメタノールを空気酸化して製造される。水によく(55％まで)溶け，30〜40％溶解した水溶液はホルマリンとして知られる。容易に酸化され，ギ酸となる。　同 オキシメチレン，オキソメタン，メタナール，メチレンオキシド

ポンピング ぽんぴんぐ [理-量]，[転-ボ]
electronic pumping, pumping　光波の増幅，発振などを行わせるため，光領域，赤外領域，マイクロ波領域の適切な放射によってレーザなどの活性媒質を励起させること。放射の吸収によって原子や分子の高いエネルギー状態の分布が増加する。一般的には光による励起のことを指しているが，半導体レーザのような電流注入も指す。

ポンプ水車 ぽんぷすいしゃ [自-水]
reversible pump−turbine　一般的に使われるポンプ(渦巻ポンプあるいは軸流ポンプ)に水を逆に流し，ポンプを逆方向に回転させることで発電に使用する水車。羽根形状以外はポンプと同じ部品を使えるので安価であるが，効率はほかの水車よりも低い。渦巻ポンプには，回転軸の横方向から水が流入し，水車内で軸方向に向きを変えて流出するタイプ(片吸込形)と，流入，流出とも回転軸の横方向となるタイプ(両吸込形)がある。軸流ポンプは流入，流出のいずれかを発電機を設置する側で水流を直角に曲げる必要がある。

ボンベ式硫黄分試験法 ぼんべしきいおうぶんしけんほう [環-硫]
testing method for sulfur by bomb combustion method　燃料中の硫黄分を計測する方法。燃焼硫黄を水に吸収し硫酸バリウム沈殿をつくり，重量を測定する。おもに高濃度用。

ボンベ熱量計 ぼんべねつりょうけい [熱-計]
bomb calorimeter　ボンベ(密閉容器)の中で高圧酸素を用いて試料を完全燃焼させ，発生した熱を一定量の水に吸収させ，その水温上昇により，試料の燃焼熱(発熱量)を求めるもの。

〔ま〕

マイクロガスタービン まいくろがすたーびん [電-タ]

micro gas turbine (MGT) ガスタービンと発電機を一体化させて小型にしたもの。燃焼させたガスの力で，永久磁石発電機と一つの軸でつながるタービンを高速で回転させて発電する。環境性能に優れ，小型，シンプルで保守性もよく，分散電源として普及が拡大する可能性のある発電装置として注目されている。従来のディーゼルエンジンやガスエンジンと比較すると，効率は同等か若干劣るが，コンパクト性や環境性で優れているので，都心部で導入される可能性がある。

マイクロガスタービンコジェネレーションシステム まいくろがすたーびんこじぇねれーしょんしすてむ [電-タ]

micro gas turbine cogeneration system マクロガスタービンを原動機としたコジェネレーションシステム。中小規模民生用分野にも適したシステムにするためには，ガスエンジンと同程度以上の発電効率が得られることが必要である。

マイクロ水力発電 まいくろすいりょくはつでん [自-水]

micro hydro power 一般に発電出力規模が100 kW程度以下の水力発電とされている。仕組みは従来の水力発電と同じであるが，未利用落差のある既存設備を利用し，これに簡易な発電設備を設置することにより水力発電を行うもので，つぎのような利用形態がある。①渓流水利用，②農業用水利用，③上下水道利用，④既設ダムからの河川維持流量，⑤砂防ダムからの流水利用，⑥その他(工業用水など)。マイクロ水力は規模が小さいため，発電設備を設置する際の地形の改変が小さく，また，使用する水量も少ないことから，河川水質や水生生物などの周辺生態系に及ぼす影響が小さいという特徴をもつ自然にやさしい環境調和型エネルギーである。 ⇨ 中小水力発電

マイクロ波加熱 まいくろはかねつ [産-炉]

microwave heating マイクロ波が物質の中に浸透し，物質内部で吸収され熱に変わる原理を用いた加熱装置である。小型のものは家庭用電子レンジであり，工業用にも，その特徴を生かして木材乾燥，接着剤加熱乾燥などの用途がある。周波数は300 MHz～300 GHzであるが，通常2450 MHzが使われる。

マイクロ波加熱炉 まいくろはかねつろ [産-炉]

microwave heater ⇨ マイクロ波加熱

埋蔵量 まいぞうりょう [資-全], [石-全]

reserves 一般的には，ある範囲に存在していると推定される地中にある物質の埋蔵鉱量をいう。埋蔵量は地下資源の種類に応じて埋蔵鉱量(埋蔵している鉱石の量)と呼ぶ。特に原油と天然ガスについては，油(ガス)層中に存在する原油と天然ガスを地表における状態に換算した量を指しており，ともにその密度が一定ではないために体積量で表す。この埋蔵量は油(ガス)層内に存在する原油(ガス)の総量を表す「原始埋蔵量」と原始埋蔵量の中で現行の技術水準および経済的条件で生産可能な量を表す「可採埋蔵量」に大別される。さらにこの可採埋蔵量は，確定度の高い順に「確認埋蔵量」，「推定埋蔵量」，「予想埋蔵量」の三つに分けることができる。 ⇨ 確認埋蔵量

薪 まき [自-バ]

firewood 木材を適度に乾燥させて，適切な大きさに裁断し，燃料として利用

する薪は，木質バイオマスの最も原始的かつ簡単な利用法として古くから用いられ，また現在でも発展途上国で多く用いられている。通常，家庭での熱供給や調理用などに小規模で用いられるため，エネルギー効率が低く，発生する煙の害があるために，木質バイオマスの利用法としては木炭やガス化と比べて劣った利用法と考えられるが，安価であり，発展途上国などでは容易に入手ができるため，広く用いられる。貯蔵に場所をとり，ハンドリングもよくないといった欠点もあり，日本ではほとんど用いられないが，おがくずを固めて薪のように利用するオガライトなどはおがくずの有効利用として用いられている。

膜分離法 まくぶんりほう ［産-分］
membrane separation process 膜を物質が透過する速度は，膜と透過する物質との相互作用によって定まる。膜分離は混合物を膜透過させるときの物質による透過速度の差を利用して分離を行う方法である。膜の形態により，平膜形，スパイラル形，管形，中空繊維形，プリーツ形などがある。膜を透過させる駆動力には，圧力差，温度差，電位差，濃度差などが利用される。

マグマ まぐま ［理-自］
magma 地殻内部の造岩物質が溶融したものをいう。主成分は SiO_2，Al_2O_3，Fe_2O_3，FeO，MgO，CaO などであり，揮発成分として H_2O，CO_2，CO，H_2，SO_2，HCl なども含まれている。マグマが冷却されるときに結晶沈積物が生じ，さまざまな岩石の層をつくると考えられている。また，これが固化したものが火成岩である。

マグマ発電 まぐまはつでん ［自-地］
magma power generation 地球の中心は 6 000 ℃以上の高温であり 99 ％以上が 1 000 ℃を超えている。この地球がもつ莫大なエネルギーを利用することの象徴としてマグマ発電という言葉が用いられている。マグマの利用として，1960年代にハワイの溶岩湖で掘削ののち清水を循環することにより熱抽出に成功している。このハワイでの実験の成功を受けて，火山などからの熱抽出がすぐに行われたわけではない。1995年に地熱地域で 500 ℃を超える温度での掘削に成功したことから，火山体を掘削する計画が現実味を帯び，2002 年から雲仙普賢岳で噴火火道の掘削が行われた。この掘削は，噴火災害の軽減や火山活動の地球環境変動への影響など科学的な目的での掘削であるが，いままでは夢物語として象徴的に使われてきたマグマ発電が次第に現実のものなってきている。　⇨ 高温岩体発電

膜輸送 まくゆそう ［生-活］
membrane transport 生体膜または人工膜を通っての物質輸送をいう。生体膜は主として脂質とたんぱく質から構成されており，脂溶性物質は前者から，水溶性物質は後者を経路として透過する。特に，水溶性物質の輸送には，担体，チャネル，イオン交換ポンプなどの膜輸送装置が介在し，輸送様式は，ある物質の電気化学ポテンシャルこう配に従って起こる受動輸送と，逆らって起こる能動輸送に大別される。

マイクロ波送電 まくろはそうでん ［電-流］
microwave power transmission マイクロ波を用い無線で電力を送電する方式である。送電線路を必要としないため，移動体へのエネルギー電送も可能なことから，宇宙発電衛星からの送電，飛行機へのエネルギー供給などへの適用が検討されている。マイクロ波送電を実現するためには，効率の向上とコストの低減が最重要課題であるが，これ以外にもマイクロ波による電離層や生体系への影響などへの配慮が必要である。

摩擦伝導機構 まさつでんどうきこう ［電-理］
friction conduction mechanism 円板や円柱などを組み合わせ，接触面に作

用する摩擦力を利用して駆動側の回転運動で受動側を駆動させる機構。

摩擦伝動装置 まさつでんどうそうち
[電-機]
friction gearing　潤滑油のない空冷下で作動する転動体を用いて、力と速度を伝えるもの。摩擦伝動による変速機には2種類のものがあり、回転体の1か所に接触する回転円板を半径方向に移動して可変速することと、表面硬化された円板上をゴム製のタイヤで接触部を半径方向に移動して変速するものがある。

マッフル炉 まっふるろ　[産-炉]
muffle furnace　金属の熱処理に際して、燃焼ガスが直接材料に触れないようする間接加熱方式のうち、耐熱性があり伝熱もよいカバー(マッフル)をかぶせて加熱する方式の炉をマッフル炉という。

マテリアルフロー まてりあるふろー
[理-解]
material flow　原材料採取から、生産、流通、消費、リサイクル、処分に至るまでの、環境と人間社会との間の物質の流れ。注目する物質についてこれを定量的に把握することで、環境保全の取組みや廃棄物処理対策をするうえでの基本的な情報が得られる。

マテリアルリサイクル まてりあるりさいくる　[廃-リ]
material recycling　廃棄物や使用済製品から、再資源化が可能な素材を分別回収し、洗浄、粉砕、ペレット化などの処理を行い、その後、同一製品の素材あるいは関連製品の素材へ加工、再利用すること。廃金属製缶から金属製品、廃ガラスからガラス製品を製造するリサイクルなどがこれにあたる。廃プラスチックのリサイクルにおいても、素材の組成が単純である場合にはマテリアルリサイクルが有効であり、ポリ塩化ビニル(PVC)やペットボトルなどは、マテリアルリサイクルが行われている。ただ、マテリアルリサイクルの場合、再利用を重ねていくにつれ、強度や純度などが劣化することから、より質の低い製品にリサイクルされることが多い。　⇒ケミカルリサイクル、サーマルリサイクル

マニフェスト制度 まにふぇすとせいど
[廃-集]
manifest system　産業廃棄物管理票のことをいう。排出事業者がその処理を委託した産業廃棄物の流れを把握し、その性状などに関する情報を委託業者に正確に伝達することによって、不法投棄などの不適正処理の防止、産業廃棄物の処理過程における事故の防止および適正な移動管理を確保することを目的としている。産業廃棄物の処理を他人に委託する排出事業者は、処理業者にマニフェストを交付することが義務付けられている。また、マニフェスト制度は、1990年に行政指導によって導入され、1998年からすべての産業廃棄物に義務付けられた。同時に、従来の複写式伝票(紙マニフェスト)に加えて、電子情報を活用する電子マニフェスト制度も導入された。

マラケシュアコード まらけしゅあこーど
[社-温]
Marrakech Accords (MA)　2001年のマラケシュ会議(COP 7)において合意に至った京都体制のルールブック。最大のイシューの京都メカニズムならず、数値目標の順守にかかわるインベントリーなどの各種制度インフラストラクチャ、吸収源などが主要なアイテムとなっている。途上国への資金移転など、議定書以外の条約関連も含んでいる。そのコア部分は、ボン合意(COP 6再開会合)で決定されていた。　⇒インベントリーとレジストリー、温室効果ガスユニット、京都議定書、京都メカニズム

マルチサイクロン まるちさいくろん
[環-塵]
multi-cyclone　多数の小形サイクロンを併置することにより、大容量のガス処理ができるようにした遠心力集じん装置の一種。遠心力を利用した集じんでは、原理的に回転半径が小さいほど微細な粒

子の分離が可能となるので，小形サイクロンを基本ユニットとして，処理が求められるガス流量に応じた数のサイクロンが並べられる。一般に含じんガスは軸方向に導入され，外筒と内筒の間に設けられた多数の案内羽根により内部で旋回運動が与えられる。入口流速は $8\sim15$ m/s で，圧力損失は $0.8\sim1.5$ kPa とやや少なく，捕集ダストの粒径は数 μm まで可能である。 ⇨ 遠心式集じん装置，サイクロン

マンガン乾電池 まんがんかんでんち
[理-池]，[電-池]
manganese dry battery プラス極に二酸化マンガン，マイナス極に亜鉛，電解液として塩化亜鉛水溶液を採用した一次電池。代表的な一次電池。エネルギー密度は 150 W・h/l，70 W・h/kg 程度，起電力は 1.5 V 程度。

〔み〕

未規制物質 みきせいぶっしつ [輸-排]
non-regulated substance 規制対象以外の物質。自動車排出ガスの規制は，大気汚染防止法および道路運送車両法により，一酸化炭素，炭化水素，窒素酸化物(NOx)，および粒子状物質(PM)について実施されている。未規制物質とは大気中の濃度が低濃度であっても人が長期的に暴露された場合には健康影響が懸念される有害大気汚染物質。環境省は，ある程度健康リスクが高いと考えられる22種類の物質(優先取組物質)を選定し，これらの物質に重点を置いて有害大気汚染物質対策を推進することを提言した。また，優先取組物質の中から，一般環境調査として，ダイオキシン類，揮発性有機化合物9物質およびアルデヒド類2物質の合計12物質，道路沿道調査として，自動車排出ガスに含まれると考えられるホルムアルデヒド，アセトアルデヒド，1,3-ブタジエン，ベンゼン，ベンゾ[a]ピレンの5物質を対象としている。

水エマルジョン燃料 みずえまるじょんねんりょう [輸-燃]
water emulsion fuel 通常では混じりにくい油と水を，超音波やせん断力によって，あるいは界面活性剤などを添加することによって，水または油が微細な液滴になり，油または水相の中に分散した乳化状の燃料。水エマルジョン燃料は黒煙，窒素酸化物(NOx)，硫黄酸化物(SOx)分の発生を抑える性質をもち，クリーンな燃料として注目されている。ただし，水による錆の発生や始動性を悪化させる問題があり，これらの解決に向けて研究が進められている。水もしくは燃料の分散化には種々の方法が提案され，研究が進められている。 ⓔ乳化燃料

水・蒸気噴射法 みずじょうきふんしゃほう [産-燃]
water/steam injection method ガスタービンの窒素酸化物(NOx)排出量を削減するため，燃焼室に水あるいはスチームを噴射する方法をいう。ガスタービンは良質な燃料を用いているので，フューエルNOxは少ないが，高温高圧の燃焼過程でサーマルNOxが生成しやすい。水・蒸気は燃焼温度を下げる効果があり，NOx生成の抑制に効果がある。また，ガスタービンでは，吹き込んだ水・スチームは，ガス温度は下げるが，ガス量が増えて下流のタービンでの回収エネルギー量を増やす方向に働くので，効果的なNOx低減方法である。

水タービン みずたーびん [転-タ]
hydraulic turbine 水力発電に利用される原動機の総称で，当初は水車と呼ばれていたが，現在は水車，ポンプ水車を含めて水タービン(ハイドロタービン)と称される。水タービンは主として水の位置エネルギー(落差)，すなわち貯水池の取水口と水タービンの放水口の水位差を速度エネルギー(流速)や圧力エネルギー(水圧)に変えることにより，回転動力に変換する原動機である。水力発電所に設置される大型の水タービンから，水配管などの落差を利用して動力を回収する小型の水タービンまで多くの種類があるが，大別して落差をすべて速度エネルギーに変換して動力を発生させる衝動水タービンと，速度と圧力の両方のエネルギーを利用して動力を発生させる反動水タービンに分類できる。衝動水タービンの代表例がペルトン水車である。反動タービンには，遠心形のフランシス水車(図1)，斜流形の水車および軸流形(プロペラ形)のカプラン水車(図2)などがある。ポンプ水車は，夜間の余剰電力を利

用して下流の貯水池から上流側の貯水池にポンプ運転によって揚水し，昼間のピーク負荷時に上池から放水して発電する，いわゆる揚水発電所に設置される水タービンで，遠心形(フランシス形，図3)，斜流形，軸流形(プロペラ形)のポンプ水車がある。 ⇨ 衝動水車，水車，ハイドロタービン

図1 フランシス水車　図2 カプラン水車

図3 遠心形ポンプ水車

ミスト みすと [環-塵]
mist 気体中に含まれる微細な液滴。蒸気の凝縮や液体の機械的分散・噴霧などによって発生し，一般には $10\mu m$ 以下の細かな粒子をいう。洗浄集じんや湿式排煙脱硫などの操作に伴い排ガス中に同伴するので，慣性力や遠心力を利用した比較的簡単なミスト分離装置により，ダストを捕捉したミスト粒子を捕集する。 ⇨ 洗浄集じん装置　回 液滴，スプレイ

水の過冷却 みずのかれいきゃく [理-物]
supercooling of water 固体(氷)への相転移が生じる温度以下に冷却しても，もとの水の状態を保っているとき，この状態を水の過冷却という。一般に，静かにゆっくりと冷却させた場合に実現される。この状態は準安定状態であり，安定な固体(氷)に転移しやすく，不純物など微小物体などを投入すると直ちに固体(氷)に転移する。

ミッシングシンク みっしんぐしんく [環-温]
missing sink 二酸化炭素(CO_2)の人為的排出量に対して，大気への蓄積量が少なく，CO_2 の吸収先が不明なこと。排出量，大気蓄積量，海洋による吸収量はそれぞれ，7.1, 3.2, 2.0 GtC/y (GtCy，C：炭素換算量) と推定されており，残る 1.9 GtC/y が長らく不明とされてきた。気候変動に関する政府間パネル(IPCC)の報告書では，北半球での森林再生，CO_2 濃度上昇による植物生育速度向上(施肥効果)などで説明できるとしている。 ⇨ 二酸化炭素

密閉サイクルガスタービン みっぺいさいくるがすたーびん [電-火]
closed cycle gas turbine 燃焼器により発生した燃焼ガスを用いてタービンを回転させた後，排気を大気中に放出せず，放熱(冷却)器で冷却し，再度圧縮機に吸入して燃焼ガスを循環させて使用する方式のガスタービンのこと。 ⇨ ガスタービン，クローズドサイクルガスタービン

ミティゲーション みてぃげーしょん [環-制]
mitigation 緩和をすること。① 開発行為による自然環境，生態系への影響を緩和するために，計画変更などにより影響を回避あるいは最小化する，または開発対象とは別の場所に同様の生態系を設ける，あるいは破壊された部分を修復する措置のこと。② 地震などの災害が発生したときにその損害を最小限にするため，状況把握，救援，復旧活動などの施策をとること。 回 緩和措置

ミトコンドリア みとこんどりあ [生-組]
mitochondria 真核細胞のエネルギー

生産の場であり、大きさは細菌程度。食物の分子の酸化反応に際して得られるエネルギーでアデノシン三リン酸(ATP)をつくる。

緑のマーク みどりのまーく [環-制]
Green Dot, Gruene Punkt【独】 もともとは、ドイツの容器・包装材生産者・流通業者がDSD(デュアルシステムドイッチェランド)社に容器・包装の回収、リサイクルを代行してもらうためにマーク使用料の形で費用を支払い、それに対してDSDが生産者、流通業者に対して使用許可を与えたマーク。この方式がヨーロッパ各国に広がり、各国の回収・リサイクル会社・機関に包装の生産者、流通業者がマーク使用料の形で回収コストを負担していることをPRO−EUROPEが認めるマーク。なお、Gruene Punktでない緑色のマークで、環境対応を示しているものもあり(例えば改正省エネ法に基づく「省エネラベリング制度」で、定められた基準を100％達成している製品に付いている緑色のマークなど)、単に「緑のマーク」というと異なったものを意味する場合があるので注意されたい。 ⇨ DSD, デュアルシステムドイッチェランド

ミドルロード用電源 みどるろーどようでんげん [電-系]
power source for middle load 石油火力、液化天然ガス(LNG)火力、調整池式水力によって、ベース負荷供給とピーク負荷供給の中間部分を分担する電源で、毎日起動停止が可能であるか、これに準じた運用が可能で運転負荷曲線に沿ってスケジュール運転ができる電源。

ミナス原油 みなすげんゆ [石-油]
Minas crude oil ミナス産の原油。

ミラーサイクル みらーさいくる [輸-エ]
Miller cycle 吸気弁が閉じるタイミングを変えることで実効圧縮比を変え、圧縮比と膨張比を非対称に(圧縮比を膨張比より小さく)したサイクル。1940年代にアメリカ人ミラーが考案したサイクル。リショルム式過給システムなどに適用されるサイクルで、過給機と吸入工程のカムの作用角を従来のものより大きくとることによって、出力を高めることができる。吸気工程の途中で吸気バルブを閉じることによって混合気の流入を早めに止め、圧縮比を下げることにより過給エンジンの燃費の向上を図るもの。吸気弁が閉じるタイミングを変えることによるポンピング損失の低減、高膨張比化による排気損失の低減により、エンジン効率の高効率化を図るもの。

未利用エネルギー みりようえねるぎー [自-全]
unutilized energy われわれの環境には、利用されていないエネルギーが数多く存在する。これらのエネルギーを積極的に利用することを目的として未利用エネルギーと呼んでいる。具体的には、地域熱供給を対象として、大気の温度差利用、河川、海水の熱利用、生活排水・下水からの熱利用、工場排熱利用がヒートポンプ、蓄熱システム、熱搬送システム技術により利用されている。また、地下の熱や、雪氷の冷熱利用も行われている。 ⇨ 新エネルギー

未臨界核実験 みりんかいかくじっけん [原-核]
subcritical nuclear test 核分裂連鎖反応を起こす寸前まで圧縮(爆縮)し、プルトニウムの時間経過による劣化を調べる実験である。核爆発を起こさずにプルトニウム核兵器の信頼性を高めること、および核兵器開発のためのシミュレーションデータを得るためといわれている。 ⇨ 核実験, 核爆発

民活法 みんかつほう [社-経]
Private Participation Promotional Law 「民間事業者の能力の活用による特定施設の整備の促進に関する臨時措置法」の略称である。経済など社会環境の変化に対応し社会基盤の充実に資する特定施設の整備を民間の事業者の能力を活用して促進する目的で1986年に制定

された。さまざまな規制の緩和・撤廃によって民間活力を引き出し，事業の発展を目指すものである。技術革新，情報化，国際化などを重点施策に，研究開発施設，国際会議場，再生資源の利用促進施設，大規模スタジアムなどの産業施設を特定して，資金保証など金融面の政策的助成措置が講じられている。事業主体は，民間企業のほか第三セクタなどによって行われる場合もある。民活法適用の代表例としては，関西国際空港などがあげられる。　⇨ 規制緩和

〔む〕

無煙炭　むえんたん　　[石-炭]
anthracite　石炭化度が最も高い石炭。揮発分が少なく燃焼時に煙を出さないので，こう呼ばれる。分類法にもよるがおおむね炭素含有量は90(wt%.daf)以上である。アメリカ工業規格(ASTM)による分類では揮発分14%(dmmf)以下としている。通常，非粘結炭であり，おもに練炭，豆炭，炭素材料用原料に用いられる。　⇨ 無灰無水基準

無機資源　むきしげん　　[資-全]
inorganic resources　無機物である金，銀，銅，鉛，鉄鉱石，ダイヤモンドなどの「鉱物資源」を指す。鉱物資源はその埋蔵量に限りがあり，使用すればするほど枯渇していく性質をもつ資源である。　⇨ 有機資源

無効エネルギー　むこうえねるぎー　　[理-変]
unavailable energy　物質が保有する熱的エネルギーを仕事に変換するためには，それを高温源とし，適切な低温源，例えば大気との間で熱機関を作動させる必要がある。高温源から熱を受けても，このときカルノー効率以上の熱効率で仕事に変換する可能性はない。仕事に有効に変えられるのはその一部であり，残りのエネルギーは低熱源に捨てなければならない。この捨てるエネルギーを無効エネルギーと呼ぶ。

無効電力　むこうでんりょく　　[電-気]
reactive power　電圧 V と電流 I の位相差を θ とするとき，有効電力 $P = VI \times \cos\theta$ に対し，コイルなどに蓄えられて消費されない電力を無効電力 Q という。単位はバール(var)を用い $Q = VI \times \sin\theta$ 〔var〕で表される。

無触媒還元法　むしょくばいかんげんほう　　[環-室]
selective non-catalytic reduction (SNCR)　本方法は，窒素酸化物(NOx)と酸素(O_2)が共存する燃焼排ガスの800～1000℃の温度域にアンモニアあるいは尿素を還元剤として吹き込み，一酸化窒素(NO)を窒素(N_2)へ還元するものである。アンモニアの場合は
$4NO + 4NH_3 + O_2$
$\to 4N_2 + 6H_2O$
尿素の場合は
$4NO + 2(NH_2)_2 + CO + O_2$
$\to 4N_2 + 4H_2O + 2CO_2$
という反応となる。なお，本反応は，温度依存性が強く，適切な温度域でないと，逆に NO が生成してしまう場合がある。　⇨ 排煙脱硝法

娘核種　むすめかくしゅ　　[原-核]
daughter, daughter nuclide　親核種の放射性崩壊によって生成される核種のこと。核種とは，特定の陽子数 Z，中性子数 N，質量数 $A = Z + N$ の原子または原子核 X であって，その平均寿命がある程度長いために一つの種類として観測できるものをいう。表記方法としては $^A_Z X_N$，$^A X_N$，または $^A X$，あるいは X-A などがある。　⇨ 親核種，崩壊，崩壊系列

無段変速装置　むだんへんそくそうち　　[輸-自]
continuously variable transmission (CVT)　複数段のギヤはもたず，ギヤ比を無段階に可変できるもの。2対のプーリを用いたものやプラネタリーギヤを用いたものがある。変速ショックがなく，エンジンを高効率で運転することも可能。近年では，大排気量，大トルクの自動車にも適用されるようになった。

無停電電源装置　むていでんでんげんそうち　　[電-機]
uninterruptible power supply　通常の入力電源が停電あるいは所定の品質か

ら逸脱すると，電気の供給源が瞬時に蓄電池に切り換わるため，負荷電力が入力電源の影響を受けずに連続して供給されるシステムをいう。

無灰無水基準 むはいむすいきじゅん [理-解]，[石-燃]，[石-炭]，[燃-管]
daf, dry ash-free base, maf, moisture-ash free base 石炭やバイオマスなどの燃料の性状を試験する際，例えば 1 g 当りの炭素量(g)などを測定するが，この 1 g として，乾燥させて水分を，さらに灰分を除いた重量を基準とすることが多い。これは水分が保管状況に，また灰分量がサンプルにより変化しやすいためである。 ⇨ 水分，灰分

無負荷損 むふかそん [電-気]
no-load losses 変圧器において二次側を開放した(つまり無負荷で仕事をしていない)ときに一次側で消費される電力。変圧器の鉄損と銅損が原因。

ムルロア むるろあ [原-核]
Mururoa 南太平洋にあるフランス領ツアモツ諸島最南端の環礁。フランスは過去にも核実験を行っていたが，1995 年に，国連総会の「核実験即時中止」を求める決議を無視，計 5 回の核実験を強行した。シミュレーション(模擬核実験)技術のデータ収集が目的としている。包括的核実験禁止条約(CTBT)が国連で採択される前の駆け込み核実験であった。 ⇨ 核実験，核爆発

ムーンライト計画 むーんらいとけいかく [全-社]
Moonlight Project 1970 年代に国によって開始された省エネルギー技術開発を推進するための計画。同様に国の主導により進められた新エネルギー開発のためのサンシャイン計画，さらには化石燃料の燃焼により発生する地球温暖化ガスである二酸化炭素の排出抑制・固定を目的とした地球環境技術研究開発と併せ，1993 年からニューサンシャイン計画に統合された。

〔め〕

メソヤハガス田 めそやはがすでん
[石-ガ]
Messoyakha gas field 西シベリアに位置するガス田。現在までにメタンハイドレート層からガスを生産した唯一の事例。

メタノール めたのーる [燃-製], [輸-燃]
methanol 化学式 CH_3OH で示される化合物。可燃性で毒性の強い液体。メタンの部分酸化，一酸化炭素と水素からの合成などで製造される。ホルマリンや樹脂など石油化学製品の原料，溶剤などに利用される。分子内に水素を多く含むため，燃料，水素キャリヤ，ガス・トゥー・リキッド(GTL)による合成燃料製造の中間体として注目されている。

　原料となる天然ガス(メタン)の資源量は比較的豊富にあり，さらに，生産技術，コスト，流通機構の面でも代替燃料としての必要な条件を満たしている。

　自動車用燃料としては，オクタン価が高く，排出ガスがクリーン，黒煙が出ないなどの利点があるが，発熱量がガソリンの約半分であることと，腐食性が強く，ゴムや樹脂を劣化させる，などの欠点があることから実用の可能性は低くなってきた。最近では，燃料電池用燃料の一つとして注目されているが，上記問題をクリアする必要がある。 ⇨ メチルアルコール

メタノール合成 めたのーるごうせい
[燃-新], [理-反]
methanol synthesis 一酸化炭素と水素を主成分とする合成ガスからメタノールを生成する反応。反応式 $CO+2H_2 = CH_3OH+90.4 kJ/mol$ で表される分子数減少反応かつ高発熱反応である。

メタノール製造プロセス めたのーるせいぞうぷろせす [燃-新]
production process of methanol 合成ガスを生成する天然ガスの改質工程，合成ガスをメタノール合成反応圧力まで昇圧する圧縮工程，合成工程，不純物を除去する蒸留工程の4段階からなるメタノール製造のためのプロセスのこと。

メタン めたん [理-炎]
methane 化学式は CH_4。最も簡単なパラフィン炭化水素で，天然ガスや石油分解ガス，水性ガス，石炭ガスなどの主成分である。無色の可燃性気体。標準状態における密度は $0.657 kg/m^3$，比熱は $2.232 kJ/(kg\cdot K)$ である。沼沢の底より発生するガス中や腐敗した動植物からも発生する。ごみ処分場では廃棄物中に含まれる有機物が生物分解反応によって発生するガスの主成分がメタンや二酸化炭素である。生物分解反応が活発な時期にはメタンが40～60％になるといわれている。また，メタンは石炭層内にも含まれており，炭坑内で発生した場合，爆発の危険がある。

メタンガス発電 めたんがすはつでん
[電-他]
methane gas power generation 生ごみ，家畜ふん尿，下水道汚泥などの処理の過程で，微生物が有機物を分解するときに生じる大量のメタンガスを燃やして発電する方式。

メタン細菌 めたんさいきん [石-ガ], [生-種]
methane bacteria 水素，ギ酸，酢酸，メタノールを酸化してできる電子を用いて，二酸化炭素を還元してメタンをつくる嫌気性細菌。地下の比較的浅い部分に存在するメタンの多くが，メタン細菌による生物発酵起源のものと考えられている。

メタン直接改質技術 めたんちょくせつかいしつぎじゅつ [石-ガ]
direct reforming thechnology of

methane 天然ガスであるメタンから直接水素を取り出すとともに、ベンゼンやナフタレンなどの石油化学製品を製造する技術。水素製造に伴う二酸化炭素の排出がまったくないという利点があげられる。　同 メタン直接改質プロセス

メタン直接改質プロセス めたんちょくせつかいしつぷろせす　[石-ガ]
direct reforming of methane 天然ガスやバイオガスなどのメタン原料から、水素とベンゼンやナフタレンなどの石油化学原料を製造するプロセス。　⇒ メタン直接改質技術

メタンパイオニア号 めたんぱいおにあごう　[石-ガ]
Methane Pioneer 1959 年に世界で初めてアメリカからイギリスへの液化天然ガス (LNG) 海上輸送に成功した LNG 輸送実験船。

メタン排出量 めたんはいしゅつりょう　[環-温]、[石-ガ]
methane emission 大気中へのメタンの放出量を二酸化炭素換算で評価したもの。

メタンハイドレート めたんはいどれーと　[石-ガ]
methane hydrate メタンをゲスト分子とするハイドレート。天然ガスハイドレートと同義で用いられることもある。

メタンハイドレートの結晶構造 めたんはいどれーとのけっしょうこうぞう　[石-ガ]
crystal structure of methane hydrate ハイドレートは、ゲスト分子であるガスの種類によってⅠ型、Ⅱ型、H 型の 3 種類の結晶構造を形成する。メタンハイドレートの結晶構造はⅠ型であり、ケージがすべてメタン分子で満たされた場合、8 個のメタン分子と 46 個の水分子からなる単位胞を形成する。理論的には 1 m^3 の固体メタンハイドレートに、約 172 m^3 のメタンガスを包蔵している。

メタンハイドレートの自己保存効果 めたんはいどれーとのじこほぞんこうか　[石-ガ]
self-preservation effect of methane hydrate 常圧でメタンハイドレートが安定するには、熱力学的な相平衡からは -80 ℃の低温が必要になるが、相平衡以上の温度条件 (-15 ℃程度) でも、分解速度が非常に遅くなる現象のこと。この現象を利用したハイドレート輸送が検討されている。

メタンハイドレートの分布 めたんはいどれーとのぶんぷ　[石-ガ]
distribution of methane hydrate いままでに実施された掘削や物理探査結果から、海域では太平洋の海溝内側大陸斜面、大西洋の大陸斜面〜コンチネンタルライズ、南極大陸周辺海域などの水深 500〜5500 m の範囲に、陸域ではシベリア、カナダおよびアラスカの永久凍土域、西南極などの区域に分布していることが確認または推定されている。

メタン発酵 めたんはっこう　[生-反]
methane fermentation 微生物による有機廃棄物の嫌気性消化のこと。60 % のメタンと 40 % の炭酸ガス、ごく微量の硫化水素、水素、窒素からなるバイオガスを発生させるプロセス。し尿、汚泥、生ごみなどの処理およびエネルギー回収を目的とした利用が考案されている。

メタンプリンセス号 めたんぷりんせすごう　[石-ガ]
Methane Princess 1964 年より、アフリカからヨーロッパへの液化天然ガス (LNG) 輸送に用いられた輸送船。

メタン分解 めたんぶんかい　[石-ガ]
methane decomposition 無酸素条件下で飽和炭化水素を触媒として用い、メタンを水素と炭素に直接分解するプロセス。

メチルアルコール めちるあるこーる　[理-炎]
methyl alcohol 化学式は CH_3OH。最も簡単なアルコールで無色透明の液体。沸点 64.56 ℃。エチルアルコール

のような芳香をもつが毒性は強く，飲用量によっては失明または死亡する。工業的には一酸化炭素と水素から合成する。低公害車としてメタノールを燃料とした自動車がある。　⇨ メタノール

メルカプタン　めるかぷたん　[環-化]
mercaptan　七大悪臭とは肉の腐敗臭(アンモニア)，卵の腐敗臭(硫化水素)，野菜の腐敗臭(メチルメルカプタン)，魚の腐敗臭(トリメチルアミン)，タバコのにおいの主成分(酢酸，アセトアルデヒド，ピリジン，アンモニア)のにおいで，このうち肉，卵，野菜，魚のそれぞれの腐敗臭は四大悪臭とも呼ばれる。

〔も〕

木質系廃棄物 もくしつけいはいきぶつ [自-バ]
waste wood　建設発生木材，製材工場などの残材，剪定枝など，廃棄物として発生する木質系の物質。廃棄物であるために間伐材などの未利用系の木質バイオマスや植林によるプランテーション系の木質バイオマスよりも安価であり，また比較的まとまって発生することも多く，さらにそのまま直接燃焼などに利用できるために，その利用が進められている。利用にあたっては，安価な収集の実現，CCA処理をされた廃材の適正処理，ダイオキシン類の発生の抑制などが問題となりうる。材料利用としてはパーティクルボード，製紙原料，たい肥化のための水分調整材，エネルギー利用としては直接燃焼やガス化の原料として用いられることが一般的である。　同 廃材，廃木材

木炭 もくたん [自-バ]
charcoal　空気を断った状態で木を加熱して炭化し，発熱量を高めたもの。木をそのまま燃やすと，発熱量が20 MJ/dry-kg程度しかないことと，含まれている水分の気化熱に燃焼熱の一部が浪費されることから効率よく高温を得ることができないのに対し，木炭にすれば発熱量は26〜28 MJ/dry-kgとなり，ほとんど含水率がない状態で得られるので，高い効率で利用することが可能となる。発展途上国では広く用いられている。日本でも以前は一般的に用いられたが，固体であるためにハンドリング性に劣り，また化石燃料が安価に入手できたために，その利用量は低下し，近年の燃料利用はバーベキューや茶道などの特殊な場合に限られる。燃料利用のほか，活性炭や土壌改良材としての利用も行われる。
同 チャーコール

MOX燃料 もっくすねんりょう [原-燃]
mixed oxide fuel (MOX)　⇒ 混合酸化物燃料

元売り もとうり [石-油]
supplier　石油精製業者および石油輸入業者，そのほかこれに準ずるもので，製品の販売を業とするもの。

モニタリングステーション もにたりんぐすてーしょん [原-安]
monitoring station　原子力発電所などの周辺に設置される放射線監視場所のこと。施設周辺の住民などの安全確保のため，空気中や水中の放射性物質濃度，放射線量率，積算線量などを測定する。

モービル法 もーびるほう [燃-新]
Mobil process　モービル社によって開発されたZSM-5ゼオライトを触媒として，メタノールを芳香族成分に富む高オクタン価ガスに変換するプロセス。

モーメント もーめんと [理-機]
moment　空間中にある基準点(原点)Oを設定する。空間中の任意の点Pにベクトル量Aが働いている場合，OからPへの位置ベクトルrとAのベクトル積をAのモーメントと呼ぶ。例えば，ベクトル量が力の場合は力のモーメントとなり，回転運動を記述するときによく使用する量である。

モラルハザード もらるはざーど [社-経]
moral hazard　政府の規制を整備する際に，それに伴って発生した行政機関と対象企業との癒着や仲介役の政治家の利権行動などにおいて，モラルの欠如した行動が発生することが少なくない。このような規律の喪失，倫理観の欠如した状態のことを指す。金融の場合には，セーフティネットが存在する中で，金融機関の経営者，株主や預金者らが，経営や資産運用などにおける自己規律を失うことを指す。具体的には，例えば，公的資金

による救済をあてにして信用供与や資産運用で慎重を欠く経営を行うといった問題が考えられる。

モリエ線図　もりえせんず　[理-動]
Mollier chart, Mollier diagram　モリエ (R. Mollier, ドイツ) によって提唱された線図。蒸気線図には圧力-比体積 (P-v), 温度-比エントロピー (T-s) などがあるが、これは比エンタルピー-比エントロピー (h-s) 線図で、縦軸に比エンタルピー h, 横軸に比エントロピー s をとって蒸気の状態を表した線図。P-v, T-s 線図では臨界点が飽和線の頂点にあるが、h-s 線図では左下にずれる。ランキンサイクルのように受熱と放熱過程が等圧変化の場合、第一法則の式 $dq=dh-vdp$ から $dq=dh$ となり、熱の授受がエンタルピー変化だけとなる。また、仕事を取り出す断熱変化では $dq=0$ より、$dh=vdp$ となり、垂直方向で表され工業仕事がやはりそのままエンタルピー変化だけとなる。このように、蒸気を使ったサイクルなどですべてが縦軸の長さで表されることが大きな特長で利便性が高い。また、絞り過程のような等エンタルピー変化では、横軸に平行な変化として表される。線図には等圧線、等温線、等比体積線、等乾き度線が入っていて、蒸気の状態がビジュアルにわかるようになっている。　⇨三重点, 水蒸気

モル質量　もるしつりょう　[理-分]
molar mass　物質1 mol の質量のことで原子量や分子量 (式量) の数値に等しい。例えば炭素原子 C のモル質量は 12.011 g/mol, 原子量は 12.011。混合物なら、各成分の物質量の総計で混合物の質量を割ったものをその混合物の平均モル質量という。

モル体積　もるたいせき　[理-分]
molar volume　物質1 mol の占める体積のこと。モル容積、分子容ともいう。理想気体のモル体積は圧力1 atm, 温度 0 ℃ のとき, 22.4140 dm^3 (リットル) である。ある温度, 圧力における気体のモル体積は気体の状態方程式によって決まる。液体と固体のモル体積は物質によって特有の値を示し、温度および圧力による変化は小さい。

モル比熱　もるひねつ　[理-熱]
molar specific heat　1 mol の物質の温度を1 K 上昇させるのに必要な熱量をモル比熱という。単位は J/(mol・K) である。一定圧力のもとでの状態変化におけるモル比熱を定圧モル比熱 C_p', 一定体積のもとでの状態変化におけるモル比熱を定積モル比熱 C_v' と呼ぶ。理想気体においては、一般気体定数を R' (= 8.314 J/(mol・K)) とすると $C_p'-C_v'=R'$ のマイヤーの関係が成立し、比熱比を κ とすると $C_p'=\kappa R'/(\kappa-1)$ および $C_v'=R'/(\kappa-1)$ と表すことができる。一般気体定数は物質の種類によらない定数であることから、理想気体のモル比熱は比熱比のみの関数である。1 kg の物質の温度を1 K 上昇させるのに必要な熱量である比熱とは、分子量を通して関係付けられる。　⇨比熱

もんじゅ　もんじゅ　[原-炉]
Monju　動力炉・核燃料開発事業団 (現, 核燃料サイクル開発機構, JNC) が開発した、福井県敦賀市に設置されている高速増殖炉の原型炉 (熱出力 714 MW, 電気出力約 280 MW) である。1994 年に臨界を達成したが、1995 年の二次冷却系ナトリウムの漏洩事故により停止中。現在は、運転再開を目指し安全審査中。もんじゅの名は、普賢菩薩とともに釈迦如来の脇侍で獅子に乗って仏の左側にはべる、文殊菩薩に由来する。もんじゅ以前の高速増殖炉としては、初の実験炉として「常陽」が茨城県大洗工学センターに建設され、1977 年に臨界を達成している。

〔や〕

焼玉機関 やきたまきかん　[転-ボ]
fire ball cycle　始動時に外から焼き玉を加熱し, 赤熱状態になったときに焼き玉に燃料を噴射, 気化, 燃焼させるもの。製造, 運転ともに容易で運転経費も安いため小型船舶に多く使用される。

薬剤処理 やくざいしょり　[廃-灰]
chemical treatment　焼却処理により生じた飛灰を加湿混練する際に, 重金属固定剤(硫化ソーダ系や液体キレートなど), 凝集剤などの薬品, および必要な場合にはpH調整剤を添加し, 重金属が溶出しないよう化学的に安定した状態にする方法である。

YAGレーザ やぐれーざ　[理-光]
YAG laser　不純物を添加した固体レーザに分類され, イットリウム, アルミニウム, ガーネットに微量の不純物を加えることで, 不純物イオンが活性物質となりレーザ発振を行うもの。代表的なレーザとして, ネオジウムイオン(Nd^{3+})を添加物として加えたNd:YAGレーザがあり, 波長1.064 μmのレーザ発振が可能である。 ⇨ 固体レーザ

ヤードスティック査定 やーどすてぃっくさてい　[社-規]
yardstick regulation　価格規制方式の一つ。対象企業群の中で最も優れた経営実績をあげた企業を基準に, 査定企業を比較基準(ヤードスティック)することで費用削減努力を誘発する間接競争を実現させるための方法。1995年, わが国の電気事業法改正時に導入されたもので, 電気事業者が料金改定の際に, 規制当局が各社の効率化度合いを比較し, 効率化の小さな企業に対して減額査定を行う。

屋根空気集熱 やねくうきしゅうねつ　[環-都]
roof solar air collection　⇨ ソーラハウス

山元還元 やまもとかんげん　[廃-資]
resource recovery　焼却や溶融処理において発生する飛灰(フライアッシュ)から, その中に含まれる非鉄金属を回収すること。通常, 鉱山から採掘, 精錬によって得られる金属は, 製品として流通, 消費された後は拡散してしまうが, 廃棄物として処理することによって飛灰の形で捕集することができる。廃棄物の溶融飛灰には, 鉛, 亜鉛, カドミウム, 銅などの非鉄金属が, 2～12%の高濃度で含まれている。そこで, これらの溶融飛灰を非鉄金属の原料として精錬工場(鉱山)に還元して回収することから山元還元と呼ばれている。溶融飛灰にはナトリウム塩, カリウム塩が多く含まれているため, 湿式処理によって塩分離を行い, 有価金属の濃度を高めておくことが必要である。

〔ゆ〕

油圧式エレベータ　ゆあつしきえれべーた　[民-機]
hydraulic elevator　上昇時に油圧ポンプで油を油圧ジャッキに送り込み，プランジャを押し上げ，下降時は弁を開き，かごの重量で油をタンクに戻して行う方式のエレベータ。機械室を昇降路上部に必要とせず，油ポンプの設置場所にあまり制限がないため，高さ制限のある建物や，地下と地上を連絡するエレベータなどに有効である。

有害元素の揮発　ゆうがいげんそのきはつ　[環-リ]
volatilization of harmful elements　有害元素(鉛，亜鉛，水銀など)の揮発が特に問題となるのは，廃棄物の高温加熱操作を行う焼却処理や溶融処理である。有害元素は冷却過程，集じん過程で飛灰に移行する。飛灰は安定化処理して埋立処分されることが多い。逆にこれら処理施設で発生した飛灰中には重金属が濃縮されるので，貴重な資源と見なすこともでき，精錬会社の技術を使って重金属を回収しようとする試みが成されているところである。

有害元素の溶出　ゆうがいげんそのようしゅつ　[環-リ]
dissolution of harmful elements　人の健康や生活環境に悪影響を与える元素として，水銀，カドミウム，鉛，亜鉛，セレン，ヒ素，クロム，銅，フッ素などがある。これらを含み，または含む恐れのある廃棄物を埋立処分したり，あるいは有効利用する場合にも直接土壌に接することを考慮し，それぞれの溶出基準で環境への安全性を担保することが原則である。有害元素の溶出防止のため，さまざまな安定化策が講じられる。

有害大気汚染物質　ゆうがいたいきおせんぶっしつ　[環-制]
hazardous air pollutants　大気中に微量存在する気体状，エアロゾル状，粒子状の物質であって，人，生態系，物に悪影響を及ぼす場合，この物質を汚染物質と呼ぶ。大気汚染防止法では，継続的に摂取される場合には人の健康を損なう恐れがある物質で大気の汚染の原因となるものと定義されており，硫黄酸化物(SOx)，煤じん，カドミウムとカドミウム化合物，塩素(Cl_2)，塩化水素(HCl)，フッ素(F)，フッ化水素(HF)など，鉛と鉛化合物，窒素酸化物(NOx)，一般粉じん，特定粉じん(石綿)，特定物質28種類〔アンモニア，フッ化水素，シアン化水素，一酸化炭素，ホルムアルデヒド，メタノール，硫化水素，リン化水素，塩化水素，二酸化窒素，アクロレイン，二酸化硫黄，塩素，二硫化炭素，ベンゼン，ピリジン，フェノール，硫酸(SO_3を含む)，フッ化ケイ素，ホスゲン，二酸化セレン，クロルスルホン酸，黄リン，三塩化リン，臭素，ニッケルカルボニル，五塩化リン，メルカプタン〕，有害大気汚染物質234物質，うち「優先取組物質」として22物質〔アクリロニトリル，アセトアルデヒド，塩化ビニルモノマー，クロロホルム，酸化エチレン，1,2-ジクロロエタン，ジクロロメタン，ダイオキシン類，テトラクロロエチレン，トリクロロエチレン，1,3-ブタジエン，ベンゼン，ベンゾ[a]ピレン，ホルムアルデヒド，水銀およびその化合物，ニッケル化合物，ヒ素およびその化合物，ベリリウムおよびその化合物，マンガンおよびその化合物，六価クロム化合物，クロロメチルメチルエーテル，タルク(アスベスト様繊維を含むもの)〕と「指定物質」としてベンゼン，トリクロロエチレン，テトラクロロエチレン)が定められている。粉

じん，煤じんとしては，これまでは10 μm 以下のもの(PM10)がこれまで注目されていたが，最近ではより肺に入りやすいものとして 2.5 μm 以下のもの(PM2.5)が注目されている。

有害廃棄物 ゆうがいはいきぶつ [廃-分]
hazardous waste 毒性，爆発性，感染性，腐食性などの性状により人の健康や生活環境，生態に影響を及ぼす廃棄物の国際的な総称である。1980年代に有害廃棄物の国境を越えた不適正処理が顕在化し，1989年にバーゼル条約が採択された。同条約では有害特性，有害物質，排出経路の組合せにより有害廃棄物が定義される。1991年の「廃棄物の処理および清掃に関する法律」改正では同条約対応のため特別管理廃棄物が導入された。有害廃棄物は排出から処分まで，ほかの廃棄物と区分した特別管理が必要であり，マニフェストが義務付けられている。

有害物質 ゆうがいぶっしつ [環-制]
hazardous substance, toxic substances, toxics 人の健康にかかわる被害を生じる恐れがある物質。

有価物 ゆうかぶつ [廃-集]
valuable resource 資源ごみのうちアルミニウム，鉄，古紙類，古布類など，他人に有償で売却できるものをいう。ただし，有価物であっても，資源価格/相場の変動により，無料で引取りまたは逆にお金を支払って引き取ってもらう場合(逆有償)があることに留意する必要がある。

有機資源 ゆうきしげん [資-全]
organic resources 生物体から生成された「化石燃料(おもに石油)」と「バイオマス(草，木，そのほかの生物資源)」，さらには「食物残さ(生ごみ)」，「各種汚泥」，「畜ふん」，「木質系廃棄物」などを指す。

化石燃料はその埋蔵量に限りがあり，使用すればするほど枯渇していく性質をもつ資源である。一方，バイオマスは，草木による光合成をエネルギー源としている。そして，この光合成は太陽光のエネルギーによってもたらされるものであるため，バイオマスは毎年新たに生み出され，半永久的に枯渇することのない持続可能なエネルギー源(再生可能エネルギー)である。 ⇨ 無機資源

有効エネルギー ゆうこうえねるぎー [理-変]
available energy 物質が保有する熱的エネルギーを仕事に変換するためには，それを高温源とし，適当な低温源，例えば大気との間で熱機関を作動させる必要がある。高温源から熱を受けても，このときカルノー効率以上の熱効率で仕事に変換される可能性はない。仕事に有効に変えられるのはその一部であり，高温源からの熱量にカルノー効率を掛けた値で，このエネルギーを有効エネルギーと呼ぶ。

有効煙突高さ ゆうこうえんとつたかさ [環-ス]
effective height of stack 煙の有効上昇高さともいう。煙は煙突出口からガス自体の上向きの運動量と，ガス温度と大気温度との差による浮力によって上昇する。したがって，大気拡散の始まる高さは実際の煙突高さに，煙上昇高さを加えたものになる。有効煙突高さの計算にはボサンケの式などが使われる。 ⇨ K値規制

有効貯水容量 ゆうこうちょすいようりょう [自-水]
effective storage capacity 貯水池の満水位と低水位との間にある貯水容量で，安定的かつ確実に利用できる貯水容量をいう。流入量の多い時期に貯水するなど，この貯水容量を有効に利用し，変動の大きい河川流量を年間調整または季節調整することにより，① 年間を通じ平均した流量を得ること，② 渇水期の流量増加，③ 1日の需要の負荷変動への対応(ピーク発電)，などの運用ができる。満水位は主としてダムの安定性や上

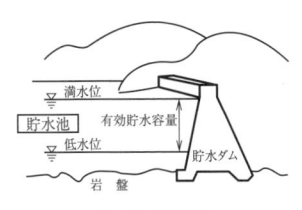

貯水池の模式図

流部への影響を考慮し，低水位は想定堆砂量に基づくたい砂敷高ならびに安全かつ確実に取水できる位置を考慮して設定される。

有効電力 ゆうこうでんりょく ［電-気］
activated power 電圧 V と電流 I の位相差を θ とするとき，有効電力 $P = VI \times \cos\theta$ 〔W〕で表される。実際に取り出すことのできる電力。

有効落差 ゆうこうらくさ ［自-水］
effective head, net head 河川の2地点間の標高差(総落差)を利用する水力発電では水の流下に伴うエネルギー損失が生じるが，これを標高差(総落差)から差し引いたものを有効落差といい，水車に有効に働く落差である。また，理論水力を求めるときに用いる。なお，水の流下に伴うエネルギー損失(損失落差)とは，水路などによる摩擦損失，流速による速度損失，圧力水路による圧力損失の和を高さで表したものである。 ⇨ 理論水力

優先取組物質 ゆうせんとりくみぶっしつ ［環-制］
substances requiring priority action to be tackled by priority 有害大気汚染物質に該当する可能性のある物質のうち，人の健康にかかわる被害が生じる恐れの程度がある程度高いと考えられる物質。大気汚染防止法に基づき，アクリロニトリル，塩化ビニルモノマー，ジクロロメタンなど22物質が選定されている。地方公共団体によるモニタリングなどが規定されている。 ⇨ 有害大気汚染物質

誘電加熱 ゆうでんかねつ ［産-炉］
dielectric heating 誘電体(電圧をかけると電流は流れないが，内部で分極して帯電する物質)に高周波の電波を当てると，誘電体の内部でプラス，マイナスの分極を交互に起こすため，変化に伴う損失が熱になる。周波数により高周波誘電加熱(4〜80 MHz)とマイクロ波誘電加熱(2450 MHz)がある。工業用は高周波が使われ，家庭用はマイクロ波加熱を用いる電子レンジが普及している。木材，プラスチックスなど電気を通さない材料を電気で加熱できる特徴がある。ただし，誘電体でないと加熱はできない。

誘電損 ゆうでんそん ［電-気］
dielectric loss 誘電体に交流電解を加えると誘電体内の分子中の電子，原子，双極子，イオンなどが電解に従って振動し，その際エネルギーの一部が熱エネルギーになる。これを誘電損という。

誘電体 ゆうでんたい ［理-素］
dielectric 電界を加えると電荷が正負の極に分かれる誘電分極を生じる物質を誘電体という。絶縁体は電界を加えると誘電分極を生じるので誘電体となる。分極率は周波数に依存するため，誘電率は周波数の変化により大きく変化する。

誘導加熱 ゆうどうかねつ ［産-炉］
induction heating 誘電加熱に対して，誘導加熱は電気を通すが，抵抗が大きい金属を加熱対象とする技術である。被加熱物に当てる電界の周波数は低周波誘導加熱では 0.2〜1 kHz であり，高周波誘導加熱では 1〜100 kHz までが使われる。加熱の原理は，電界の作用で金属中に誘導電流が流れ金属の電気抵抗による発熱と，磁場が変化するときのヒステリシス損による発熱である。用途としては金属の焼入れ，焼鈍，焼はめ，溶解などである。

誘導電動機 ゆうどうでんどうき ［産-プ］
induction motor 産業用，家庭用の交流モータはほとんど誘導電動機である。

原理は，交流により回転する磁場ができ，これに応じて回転子に電磁誘導の原理で渦電流が生じ，渦電流が周りの回転磁場に引かれて，回転子が回転する。構造が簡単で故障がないので広く使われる。モータの回転数は交流のサイクルとモータの極数によって決まる。

最近ではインバータ制御が普及し，インバータにより交流の周波数を変え，モータの回転数を自由に制御できるようになった。

誘導発電機 ゆうどうはつでんき [電-発]
induction generator 誘導電動機の回転子に外力を加え，固定子側の同期周波数より高い回転数で運転することによりエネルギーを電源側に戻して発電機として作動する。同期発電機に比べ励磁機を必要とせず，構造が簡単で保守が容易などの利点がある。

融灰式燃焼装置 ゆうはいしきねんしょうそうち [燃-固]
ash melting combustor 固体燃料に含まれる灰を高温で溶融させ液体状で連続的に取り出す燃焼方法。灰の溶融特性は組成で変化するが，石炭の灰では1400～1600℃で溶融する。このため，燃焼室をこの温度に保つ必要があり，火炉の熱負荷を大きくする。燃料は微粉炭よりやや粗い粗粉を使用し，燃料は空気とともに燃焼室に吹き込まれる。溶融した灰は炉底部より連続的に流れ出る構造とし，通常水槽で急冷しガラス状の水砕スラグとして回収する。灰をスラグとして回収するため，大幅な減容化が可能でまた，灰中の有害金属類を固定化する作用もある。高温燃焼を行うため，炉内壁の耐火材の損傷が大きくなり，NOx排出量が大きくなる。 ㊀湿式燃焼，スラグタップ燃焼

遊離ガス ゆうりがす [石-ガ]，[石-炭]
free gas ⇨ 自由ガス，フリーガス

遊離炭素 ゆうりたんそ [理-解]
free carbon (FC) ①化合炭素以外にグラファイトやアモルファスカーボンとして遊離している炭素。②タールやピッチの成分中の有機溶媒に溶解しない炭素成分。

UNEP科学アセスメント ゆーえぬいーぴーかがくあせすめんと [環-国]
Scientific Assesment of Ozone Depletion by UNEP 世界気象機関(WMO)と国連環境計画(UNEP)が成層圏オゾン層破壊に対する人間活動の影響，オゾンと気候の関連などについて，実測およびモデル計算を用いて現状や今後の見通しについて行った評価。1988, 1989, 1991, 1994, 1998, 2002年に報告書が提出された。

UNFCCC ゆーえぬえふしーしーしー [環-国]
United Nations Framework Convention on Climate Change ⇨ 気候変動に関する国際連合枠組条約

Uガスガス化炉 ゆーがすがすかろ [燃-ガ]
U-gas gasifier 通常の流動層ガス化炉では困難とされた灰の融着が始まる温度以上での運転を目指し，積極的に灰を凝集させて排出させることを特徴とするガス化炉。ガス化温度は1000℃程度。⇨ ウェスティングハウスガス化炉

床暖房 ゆかだんぼう [民-家]
floor heating 部屋の床内部に暖房を目的とする機器を備えたもの。代表的なものは，パイプを張り巡らせ温水を循環させている。ほかにヒートパイプを用いたものもある。部屋の暖房方式には，さまざまなタイプがあるが，人の下部から伝熱とふく射により暖房を行う当方式は，省エネの視点からも理にかなっている。ただし，熱源の選択，温水などを循環させる動力，制御電力など各所にエネルギーの無駄を省く配慮が必要である。補助的暖房に使われる電気カーペットなども床暖房として説明される場合もある。

床暖房器具 ゆかだんぼうきぐ [民-器]
floor heating equipment 建築物の設

計に組み込まれた本来の床暖房以外に，後から設置するタイプも存在する。熱源はガス，電気ともあるが，ヒートポンプの原理を用いたものが効率が高い。
⇒ 床暖房

雪保存用雪山たい積 ゆきほぞんようゆきやまたいせき [自-雪]
snow pile for conservation ⇒ 雪山

雪 山 ゆきやま [自-雪]
snow pile for conservation たい積した雪の山を 30 cm の籾がら，あるいは，バーク材(樹皮のチップ材)により覆い，断熱を施すだけの図に示す簡単な施設である(沼田式雪山と呼ぶ)。雪国各地の試験ではこれだけの断熱で自然融解する雪の厚さは 1.5〜2 m 程度であり，例えば，高さ 10 m の雪山では 8 割程度の雪を自然融解させず通年保存でき，この雪は，夏期などに冷房などの冷熱源として利用できる。この方法によると数万t〜数百万tの雪捨て場の雪をそのまま夏まで保存することもでき(雪捨て場の高度化)，雪国における巨大な冷熱産業の展開に寄与できるとともに，冬期の除排雪経費の回収が可能となる。 ㊥ 雪保存用雪山たい積

沼田式雪山 (バーク材 30 cm と防風ネット)

雪冷房 ゆきれいぼう [自-雪]
air-conditioning system by stored snow 雪を貯める倉庫(貯雪庫と呼ぶ)において直接，雪と空気とが熱交換を行うシステム(全空気方式雪冷房)を図に示す。冷房区域へ供給する冷風の温度の制御のため，戻りの温風を雪に接触し冷や

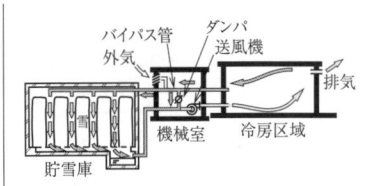

全空気方式雪冷房システムの基本構成図
(β 制御＝温度のみの制御の例)

された空気に混合し適当な温度とする簡素なシステムである。空気を雪に直接接触させることから，融解しつつある雪表面で水溶性のガスやごみを吸収，吸着することができる。老人の健康施設などにおいて広く利用しはじめている。湿度の制御も温度と同様に行うことができ，米の貯蔵施設において利用されている。なお，全空気方式の雪冷房は集合住宅のような個々のプライバシーを保護しなければならない施設においては，必ずしも適した方法とはならない。このような場合には，冷水を熱媒体としたシステム(冷水循環式雪冷房)が利用されている。

油井ガス ゆせいがす [石-油]，[石-ガ]
oil field gas, associated gas 油井から原油に伴って生産されるガス。地下に存在する原油にはガスが溶解しており，地上に生産され圧力が下がると，その溶解ガスが遊離して油井ガスとして生産される。 ⇒ 随伴ガス

油層内回収法 ゆそうないかいしゅうほう [石-油]
recovery of in-well crude oil 原油が連続相をなす貯留層の内部で，流体の圧力や流動状態などを制御して，油分を回収する方法。

ユニバーサルガスバーナ ゆにばーさるがすばーな [電-設]
universal gas burner ノズル，空気調節器などの簡単な調整だけで，多くの種類のガスを燃焼させることができるガスバーナである。

ユンカース熱量計 ゆんかーすねつりょう

けい　[理-計]

Junker's calorimeter, Junker's gas calorimeter　気体燃料の燃焼熱を測定する熱量計の一つである。気体燃料をガスバーナで燃焼し，その発生する燃焼熱を流水に伝える。流水の流量と温度上昇から燃焼熱を測定する。ユンカースが1892年に作製したものである。

ユングナー電池　ゆんぐなーでんち　[理-池]

Jungner battery　プラス極に酸化ニッケル，マイナス極にカドニウム化合物，電解液に水酸化カリウム水溶液を採用した二次電池。ニッカド(ニッケル・カドミウム)電池。エネルギー密度は150 W・h/l, 40 W・h/kg 程度。電圧は公称1.2 V。　⇒ニッカド電池

〔よ〕

陽イオン よういおん [理-化], [理-分]
cation　電子を失って正の電荷をもつもの。カチオンともいう。気体状のカチオンは中性物質に放射線照射によって，溶液状態のカチオンは電解質を誘電率の高い溶媒に溶かすと生成する。ルイス酸として働く傾向が強く，水溶液中では水和イオンの形になりやすい。　⇨ 正イオン

溶液導電率法 ようえきどうでんりつほう [理-分]
conductimetric analysis　化学分析法の一つで電解質溶液の導電率測定に基づいて分析を行うもの。電解質溶液の電気伝導度は，温度一定であれば電解質の種類と濃度により固有の値を示すので，濃度または導電率を測定して化学分析を行う。同じ温度で一定種類のイオンであれば，導電率は濃度に比例する。導電率は2枚の白金板を電極とし，コールラウシュブリッジを用いて測定される。直流を通じると分極や電解が起こるので，低周波交流を使用するのが普通である。

溶　解 ようかい [理-操]
dissolution　溶媒に気体，液体，固体が混合して均一な液相を形成する現象。溶解には物理溶解と化学溶解がある。吸収操作は気体の溶解度の違いを用いて分離を行う操作であり，抽出操作は液体あるいは固体の中の特定成分を選択的に溶解するような溶媒を加えて分離する操作である。　⇨ 抽出

溶解炉 ようかいろ [産-炉]
melting furnace　鋳物を製造するために，アルミなどの金属を溶解し，貯留しておく炉である。熱源により燃焼炉と電気炉があり，燃焼炉には直接加熱式の反射炉，急速溶解炉，および間接加熱式のるつぼ炉，ポット炉などがある。電気炉には，誘導加熱炉と抵抗加熱炉がある。鉄の鋳物を鋳造するときは，キューポラが溶解炉である。これは縦型の炉で，コークスを熱源とする。

要監視項目 ようかんしこうもく [環-制]
monitored substances　水質に関して人の健康に関連する物質であるが，公共用水域などにおける検出状況などからみて，現時点では直ちに環境基準健康項目とはせず，引き続き知見の集積に努めるべきと判断され，環境庁水質保全局長通知により「要監視項目」として位置付けられたもの。国などにおいて物質の特性，公共用水域などの水質測定を行うとともに，知見の集積状況を勘案しつつ，環境基準健康項目への移行などを検討することとされている。

容器包装リサイクル法 ようきほうそうりさいくるほう [環-制]
The Containers and Packaging Recycling Law　「容器包装に係る分別収集および再商品化の促進等に関する法律」，1995年に制定された。容器包装廃棄物の分別収集およびこれにより得られた分別基準適合物の再商品化を促進することなどにより，一般廃棄物の減量および再生資源の十分な利用などを通じて，廃棄物の適正な処理および資源の有効な利用の確保を図ることを目的としている。事業者および消費者には，繰り返して使用することが可能な容器包装の使用，容器包装廃棄物の排出抑制，容器包装廃棄物の分別収集，分別基準適合物の再商品化などを促進する努力が求められている。市町村には容器包装廃棄物の分別収集への努力が求められ，また，特定容器を利用，製造する事業者および特定包装利用事業者には再商品化義務を課されている。

溶剤精製炭 ようざいせいせいたん [石-炭]

solvent refined coal (SRC) 石炭を高温高圧下，溶剤抽出水添し，未溶解の鉱物質，および固形物，軽質油分，溶剤を除去して得た固体状の物質。アスファルテン，プレアスファルテンを主成分とする。

溶剤抽出水添液化 ようざいちゅうしゅつすいてんえきか [石-炭]，[石-燃]
solvolysis liquefaction 石炭を液化する一方法であり，溶剤抽出および水素化分解の両作用によって行う方法。

陽子 ようし [理-量]，[原-核]
proton (H, ^{1}H, P, p) 中性子とともに原子核を構成する素粒子の一つである。水素の原子核に等しく電荷+1をもつ質量数1の素粒子であり，質量は中性子よりもわずかに軽い1.67262×10^{-27}kg=938.3 MeVである。^{12}Cの中性原子の質量を12uとする原子質量単位では1.007276 uである。スピン1/2のフェルミ粒子である。中性子とともに核子と総称される。中性子とは異なり，安定している。電荷があるので，陽子加速器によって直接加速して得られる高エネルギー陽子線は多方面で利用されている。 ⇒ 原子，原子核，中性子

洋上風車 ようじょうふうしゃ [自-風]
offshore wind turbine 水域に設置された風車。洋上に開発されたウインドファームは洋上ウインドパークと呼ぶ。洋上は地表と比べ，障害物が少なく，したがって平均風速が地上よりも高く，風車の設置には有利である。しかし，海底設置のための建設費アップや波浪荷重の問題を伴う。最初の洋上風力は1991年にデンマークのVindebyに開発された(4.95 MW)が，21世紀には急速な開発が進め，デンマーク西岸沖合いには160 MW(2 MW，80基)のプラントが開発されている。海底設置ができない深海域ではフローティングタイプとなる。

ヨウ素 ようそ [原-原]
iodine (I) 原子番号53の元素であり，原子記号はIのハロゲン。Iは，黒紫色の非金属結晶であり，常温で昇華したガスには刺激性がある。アルコールや水には溶けやすい。天然には安定した^{127}Iだけが存在する。原子力発電では，核分裂生成物として^{129}I(半減期1.6×10^7年)と^{131}I(半減期8.040日)とが重要である。いずれもβ崩壊してキセノンXeになる。

また，短半減期の^{123}I(半減期13.1時間)と^{124}I(半減期4.17日)は，医療用に人工的に製造されている。 ⇒ 核分裂生成物，半減期，β線

ヨウ素剤 ようそざい [原-安]
stable iodine pill 原子力施設などの事故に備えて，放射能をもたないヨウ素剤(安定ヨウ素剤)が服用のために用意されている。放射線事故で環境中に放出された放射性のヨウ素による甲状腺障害を予防するために用いる。

溶媒抽出法 ようばいちゅうしゅつほう [原-廃]
solvent extraction method 使用済燃料の再処理において，使用済燃料を硝酸溶液によって溶解し，中に含まれているウランおよびプルトニウムを抽出し，ほかの成分から分離して精製する方法をいう。使用する溶媒によって，代表的な三つの方法，レドックス法，ブテックス法，ピューレックス法がある。このうちウランとプルトニウムが安定して抽出，分離され，かつ，放射性廃棄物発生量も少ないピューレックス法は，溶媒としてリン酸トリブチル(TBP)を用いる。なお，この工程で発生する放射能濃度の高い廃液が高レベル放射性廃液である。 ⇒ 再処理，使用済燃料

溶融 ようゆう [理-操]
fusion, melting 固体を加熱し液状にすること。溶融を用いた工業プロセスの代表に溶融炉がある。廃棄物の溶融炉は燃焼熱や電気から得られた熱エネルギーにより，被溶融物を加熱，減容するもので，炉内は1200～1500℃程度の高温状態で被溶融物中の有機物は熱分解，燃

溶融塩液化 ようゆうえんえきか [石-炭]
molten salt liquefaction 石炭を液化する一方法であり，石炭と循環油のスラリーを高圧水素とともに高温の溶融床に送入して行う方法。溶融床としては水素化分解効果の大きい触媒である，$ZnCl_2$ や $SnCl_2$ などが用いられる。

溶融還元製鉄 ようゆうかんげんせいてつ [産-鉄]
direct iron ore smelting reduction process 高炉とコークスを使用しない製鉄法である。わが国では，1988年度から1994年度まで，日本鉄鋼連盟が国の補助金を受けて研究を実施した。本プロセスでは，転炉のような形態の炉体を用い，燃料の石炭を酸素で燃焼して高温をつくり予備還元された鉄鉱石を原料が溶融状態になっている炉内で一気に鋼まで製造するものである。炉内の溶融した原料は底から窒素ガスをすき出すことによりかくはんする構造である。高炉法と異なる多くの特徴がある。　⇨ 鉄浴ガス化

溶融炭酸塩型燃料電池 ようゆうたんさんえんがたねんりょうでんち [電-燃]
molten carbonate type fuel cell (MCFC) 電解質としてアルカリ金属炭酸塩の混合塩をもつ。燃料極側では水素が電解質中の炭酸イオンと反応し，水と炭酸ガスになる。空気極側では酸素と炭酸ガスが反応して炭酸イオンとなり，燃料極側へ移動する。燃料極で生じた電子が外部回路を通して空気極へ流れることで電気を取り出している。電池運転温度は650℃程度とリン酸型に比べ高温であることから，電池排熱を利用した複合プラント化が可能である。電極での反応はつぎのとおり。(燃料極)：$H_2 + CO_3^{2-} \rightarrow H_2O + CO_2 + 2e^-$，(空気極)：$CO_2 + (1/2)O_2 + 2e^- \rightarrow CO_3^{2-}$，(全体)：$H_2 + (1/2)O_2 \rightarrow H_2O$。

溶融飛灰 ようゆうひはい [廃-灰]
fly ash from melting furnace 焼却灰などを溶融炉で溶融処理する際に発生する飛灰で，施設からもち出されるものをいう。不完全な溶融状態にあり溶融炉に戻して処理するものや，集じん後の排ガス中の酸性ガスを処理した副生成物は該当しない。　⇨ 飛灰

葉緑素 ようりょくそ [生-化]
chlorophyll ⇨ クロロフィル，葉緑体

葉緑体 ようりょくたい [生-組]
chloroplast 光合成を行う細胞の組織で真核植物細胞のみにみられる構造である。クロロフィル分子が太陽光を吸収し，生じた励起状態の電子を光化学系が捕捉することにより高エネルギー電子を獲得する。　⇨ クロロフィル

汚れ係数 よごれけいすう [熱-交]
fouling factor 熱交換器の伝熱面は使用に伴いスケーリング，微粒子汚れ，スライム(生物汚れ)，腐食汚れなどの汚れが付着し，伝熱性能が悪くなる。伝熱面に付着した汚れの伝熱抵抗を汚れ係数といい，その単位は $m^2 \cdot K/W$ である。熱交換器の設計にあたっては，伝熱性能が劣化する速さと清掃間隔およびその経費と設備費などの経済的要因との釣合いを考慮し，実測値，経験値に基づいた汚れ係数の値を使用する。

予混合燃焼 よこんごうねんしょう [燃-気]
premixed combustion 気相の燃料と酸化剤があらかじめ混合されている燃焼形態。反応物質の混合領域と反応領域が空間的に分離された火炎構造をもつ。火炎構造が比較的単純であり，ブンゼンバーナなどの簡単な燃焼装置を用いて，容易に火炎を形成させることができるため，燃焼の基礎的な研究に広く用いられている。また，燃焼ガスが清浄であることから，ガスコンロや瞬間湯沸器など，家庭用の燃焼器具ではおもに予混合燃焼方式が採用されている。

余剰電力 よじょうでんりょく [廃-発]

surplus electric power 発電設備を併設した廃棄物焼却プラントにおいて, プラント内で消費する電力量を上回って発電された電力。電気事業者により提示される余剰電力購入メニューに定められた単価で買い取られる。

余剰電力購入制度 よじょうでんりょくこうにゅうせいど [社-電]
surplus power purchase system 太陽光発電, 風力発電, 廃棄物発電, コジェネレーションシステムなどの新エネルギーにより発電された余剰電力を電力会社が自主的に購入する制度で, 1992年4月に開始された。買取単価は通常の電力販売価格と同等に設定されているため, 新エネルギーの普及に貢献している。契約は単年度ごとに結ばれる。電力会社は余剰電力購入メニューに加えて, 事業化が進んでいる風力発電について長期かつ安定的に購入する事業用風力購入メニューを1998年より導入している。契約期間は15年または17年であり, 買取単価は火力燃料費相当の4〜5円の2倍近い11円台に設定されている。2003年4月より「電気事業者による新エネルギー等の利用に関する特別措置法(RPS法)」が施行されたことにより, 購入条件は変化している。

余剰プルトニウム よじょうぷるとにうむ [原-廃]
surplus plutonium 解体された核兵器から発生するプルトニウムのことをいう。戦略兵器削減条約に従い, アメリカとロシアは戦略核兵器を部分的に削減することに合意してきている。核兵器解体に伴うプルトニウムをアメリカ, ロシアとの戦略兵器削減合意に従い, 当初は高レベル放射性廃棄物に混合して固定化し処分することで合意した。その後, ブッシュ政権のもと, 核兵器に転用されることのないように, 混合酸化物(MOX)燃料に加工し原子炉で燃焼させて処分することとされた。 ⇨ 混合酸化物燃料, 地層処分

予熱帯 よねつたい [燃-気]
preheat zone 予混合火炎の火炎構造では, 燃焼領域(火炎帯)は大きく分けて予熱帯と反応帯に分けられる。予熱帯は, 反応帯からの熱伝導によって未燃混合気の温度が受動的に上昇する領域であり, 化学的なエネルギーの放出を伴わずに混合気の温度が上昇することから, 過剰エンタルピー状態となっている。
⇨ 反応帯

四輪駆動車 よんりんくどうしゃ [輪-自]
four wheel drive (4 WD) 前後輪の四輪で駆動する自動車。悪路走破がおもな目的であったが, 近年は車両安定性向上のために用いられることも多い。フルタイム式, パートタイム式, 電気式などがある。フルタイム式は常時四輪駆動で走行するもので, 旋回時の前後輪間の回転差を打ち消すためのセンターディファレンシャルギヤを装備している。摩擦損失の増大に伴う燃費悪化が欠点である。パートタイム式は, 通常は二輪駆動で必要なときだけ四輪駆動になるもので, 最も古くから採用されている。電気式は, 近年採用されはじめたもので, 通常の駆動輪以外は, 電気モータで駆動するもの。プロペラシャフトが不要になるため, 摩擦損失が低減するとともに重量を軽減できることから燃費悪化を抑制できる技術である。 ⇨ 全輪自動車

〔ら〕

ライフサイクルアセスメント らいふさいくるあせすめんと [全-環], [環-ラ]
life cycle assessment (LCA)
⇨ LCI, LCIA, LCA

ライフサイクルインベントリー らいふさいくるいんべんとりー [全-環]
life cycle inventory (LCI) 製品や技術などのライフサイクルにおいて排出される環境影響物質量および消費される資源量を、物質・資源ごとに積算した結果をまとめたもの。製品や技術の環境側面における一種のプロファイル。
⇨ LCI

ライフサイクルエネルギー らいふさいくるえねるぎー [全-社], [民-ビ]
life cycle energy ライフサイクルとは導入から廃棄に至る寿命のことであり、ライフサイクルエネルギーは、その間に消費する全エネルギー。例えば、自動車のライフサイクルエネルギーは、鉄鉱石などの資源採取や自動車の製造に必要なエネルギー、走行に必要なエネルギーなどの積算値として求められる。ライフサイクルエネルギーについては、関連する人のために必要なエネルギー(食物用、居住用、通勤用など)は通常含まない。また建物使用にかかるエネルギー、すなわち冷暖房、照明などのエネルギーは含むが、それ以外のエネルギーである機材、輸送などに比べて数倍となるので、これを別立てとする。
　同様に計算されるライフサイクルコストとライフサイクルエネルギーの内容は類似しているが、大きな差は、人間関係項目と金融関連項目の有無である。
⇨ LCA, LCC

ライフサイクルコスト らいふさいくるこすと [全-社], [環-ラ]
life cycle cost, life cycle costing (LCC) ⇨ LCC

ライフサイクルCO_2 らいふさいくるしーおうつー [環-ラ]
life cycle CO_2 (LCCO_2) ⇨ LCCO_2

ライフスタイル らいふすたいる [社-省]
life style 生活様式。特に、衣食住をはじめ、娯楽、人付き合いなど個々人の独自性を表すような生活の仕方や生き方を指す。ライフスタイルの変化は、生活における保有する機器の特性(数量、大きさ、機能など)やその稼働時間に大きな影響を与えるため、エネルギー政策の立案、もしくはエネルギーに関連する機器の製造販売を行う場合に、さまざまな角度から分析されることになる。具体的には、健康・清潔志向の高まりによるトイレや洗面でのエネルギー消費機器の普及、日常生活の多様化に伴う買い物頻度の減少や冷凍食品など加工食品の開発などに伴う冷蔵庫の大型化、家庭内における生活の個人化とテレビの複数保有などが例としてあげられる。

ラムジェットエンジン らむじぇっとえんじん [民-装]
ramjet engine ジェットエンジンの一種。空気の流路を入口から燃焼部に至る間で絞り(ディフューザ)、その後広がる形状とすると、空気はエンジンの前進駆動により圧縮される。そのため、空気圧縮機をもつ必要がない。空気はディフューザを通り、燃料と混合されて燃焼し、排気ガスは後部開口部からジェットとして排出される。超音速ジェット機のエンジンとして使用される。ただし、ディフューザが圧縮に十分な前進運動に入るまでは補助の圧縮機が必要になる。

ランキンサイクル らんきんさいくる

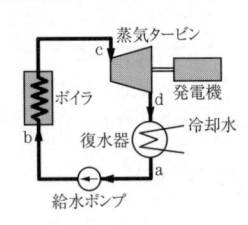

ランキンサイクルの構成

[熱-機], [理-炉]
Rankine cycle　蒸気動力プラントの最も基本的なサイクルで，ボイラ，蒸気タービン，復水器，給水ポンプの四つの機器から構成される（図）。給水ポンプで加圧した作動流体をボイラで加熱し，高温高圧の蒸気をつくり，それを蒸気タービンで膨張させて動力を発生される。タービン出口の蒸気は復水器で液体に戻され，ポンプにより再循環させる。ポンプ動力が小さいので高い熱効率を得ることができる。

このサイクルは，ガスタービンのサイクルであるブレイトンサイクルの変化であるが，蒸発という糖温過程を二つの等圧過程に組み込み，給水ポンプとタービンに断熱過程を組み込んだサイクルであり，最高熱効率を実現するカルノーサイクルに近づけたサイクルである。さらに，蒸気から液体の水に戻る復水過程を利用して，タービンの入口出口の圧力差を大きくして，熱効率を高くしている。最高温度が水の臨界点を超えたサイクルを構成するものを超臨界ランキンサイクルもしくは超臨界蒸気サイクルという。また，熱効率をさらに高くするためには高温化したり，復水過程での損失熱を減少させるくふうがある。サイクルの最高温度は，蒸気条件で決まり，その温度はボイラの燃焼ガスよりも低温であるために，燃焼ガスのエンタルピーを重複して利用する再熱サイクル，復水過程での排出熱を減少させるために，タービン途中で抽気する再生サイクルなどがある。

理論熱効率は図の各点のエンタルピーを用いて

$$\eta = \frac{h_3 - h_4 - (h_2 - h_1)}{h_3 - h_2}$$
$$= 1 - \frac{h_4 - h_1}{h_3 - h_2}$$

で表される。ここで，タービンで得られた動力(電力)を給水ポンプ動力に供給しているとして，正味の出力を用いている。

ランニングロス　らんにんぐろす　[輸-排]
running loss　市街地での平均的走行またはその模擬走行の結果，車両自体や道路からのふく射熱を熱源として放出される燃料蒸発ガスのこと。そのほかに，ダイアナルブリージングロス(昼夜を含む長時間の駐車時において外気温を熱源として放出されるガス)やホットソークロス(エンジン停止直後から排出されたガス)がある。燃料蒸発ガスの抑制対策としては，自動車構造上の対策だけではなく，燃料の蒸発性を抑えることも有効である。　⇨ランロス

乱流燃焼　らんりゅうねんしょう　[燃-気]
turbulent combustion　燃焼が存在する領域の流れ場の特性による燃焼状態の区分の一つ。予混合燃焼，拡散燃焼を問わず，乱流中に形成される火炎は乱流燃焼に分類される。乱流領域における熱や物質の輸送過程や火炎の形状などが，乱れ(渦)の存在によって大きく変化するなど，乱れの特性に火炎の性質が大きく依存している。一般に高負荷燃焼に適しており，工業用燃焼器内で形成される気相燃焼のほとんどにおいて，乱流燃焼方式が用いられている。

乱流予混合火炎　らんりゅうよこんごうかえん　[燃-気]
turbulent premixed flame　乱流未燃混合気中に形成される予混合火炎。乱流予混合火炎は，乱流輸送による輸送過程の著しい促進に起因して，時間平均的に高い伝ぱ速度(乱流燃焼速度)をもつという特徴があり，特にガソリンエンジンに

おいてこの特性が有効に活用されている。火炎の特性や構造に関しては，未燃混合気の乱流特性に大きな影響を受けることが知られているが，火炎と乱流との相互干渉の詳細なメカニズムについては解明されていない点が多く残されており，乱流条件に応じたいくつかの有力な火炎モデルを用いて，実燃焼場の現象を説明する試みが盛んに行われている。
⇨ 乱流燃焼

〔り〕

リオ宣言 りおせんげん ［環-国］
Rio declaration on environment and development ⇨ 地球サミット

力学的エネルギー りきがくてきえねるぎー ［理-力］
mechanical energy 力学的エネルギーは, 運動エネルギーと位置エネルギーを加えたエネルギーのことを指す。運動エネルギーと位置エネルギーの総和は一定となることが知られており, これを力学的エネルギー保存の法則と呼ぶ。また, 力学的エネルギーには, ばねの弾性力によるエネルギー(弾性エネルギー)を含む場合もある。 ⇨ 位置エネルギー, 運動エネルギー, 機械的エネルギー

力率 りきりつ ［電-気］
power-factor 交流回路の電力 P は, 電圧 V と電流 I の位相差を θ とするとき, $P = VI\cos\theta$ である。$\cos\theta$ を力率といい, 電力になる割合を示す。

力率改善 りきりつかいぜん ［電-気］
power-factor improvement 電圧 V と電流 I の位相差を θ とするとき, 有効電力 $P = VI\cos\theta$ 〔W〕で表され, 力率 $\cos\theta$ が大きいほど使えるエネルギーが大きくなる。コンデンサとリアクトルを回路に挿入する。

リサイクル りさいくる ［廃-処］
recycle, recycling 広義には, 廃棄物や使用済み製品に処理を施し, 循環, 再利用することをいう。狭義には, リデュースおよびリユースと区別して, 廃棄物や使用済製品に対し, 破砕, 分離, 有価物回収, 精製, 加工などの処理を加え, それらを原材料やエネルギーとして再利用することをいう。この場合, 再資源化, 再生利用とほぼ同義である。リサイクルには, マテリアルリサイクル, ケミカルリサイクル, サーマルリサイクルなどがある。 ⇨ ケミカルリサイクル, サーマルリサイクル, 廃棄物資源化, マテリアルリサイクル, リデュース, リユース

リサイクル型エネルギー りさいくるがたえねるぎー ［環-リ］
recycled energy, recycled waste source energy 新エネルギーの一つで, 廃棄物を資源として活用したエネルギーやエネルギーの新たな利用形態。プラスチックの固形燃料化, ごみ焼却熱の利用, ごみ処分場のメタンガス利用などがある。ほかに新エネルギーとして, 無尽蔵で再生が可能な「再生可能エネルギー」,「従来型エネルギーの新利用形態」がある。

リサイクル型社会システム りさいくるがたしゃかいしすてむ ［社-廃］
recycling-oriented social system リサイクルは, 排出された使用済みの製品を, 回収し, 原材料化し, 製品化する流れで行われる。回収する際に, 廃棄物と, リサイクル可能な製品をあらかじめ分別して, 原材料化しやすくするための法体系の整備や, 回収した製品を原材料化するための設備の導入や, 解体しやすい製品設計の採用などが進められた社会のあり方。

「リサイクル」は, 使用された製品を原料あるいは素材に戻した後, 再び製品などに加工して利用することをいう。広義には, 使用済みの製品を同じ目的のために繰り返し使用する「リユース」, 使用済製品を回収して原材料化して利用する「マテリアルリサイクル」, 燃料などのエネルギー源として利用する「サーマルリサイクル」が含められる。 ⇨ リサイクル

リサイクルプラン21 りさいくるぷらんにじゅういち ［社-廃］
recycle plan 21 1994年に, 建設物の

リサイクルを促進するために建設省(現国土交通省)が建設副産物に対し策定した計画(「建設副産物対策行動計画」)。①設計のくふうなどによる徹底した発生抑制，②工事間の情報交換などによる最大限のリサイクル推進，③再利用が困難な廃棄物に対する適正処理の推進，④積極的な技術開発の推進についての具体的な方策を取りまとめたもの。

リサイクル法・条例 りさいくるほうじょうれい [社-廃]
The Recycle Law/A Municipal Ordinance 地方公共団体(都道府県・市町村など)がその権限に属する事務に関し，リサイクル法(資源の有効な利用の促進に関する法律)の範囲内で議会の議決を経て制定する自治立法のこと。

リサイクル率 りさいくるりつ [社-廃]
recycling ratio 廃棄物の再生利用に関する指標で，マテリアルリサイクルの進捗状況を示すもの。市町村における資源化と集団回収を合わせたリサイクル率は次式による。

$$\text{リサイクル率} = \frac{\text{市町村の資源化総量} + \text{集団回収量}}{\text{市町村の計画処理量} + \text{集団回収量}} \times 100(\%)$$

「マテリアルリサイクル」は使用済製品を回収して原材料化して利用することである。 ⇨ マテリアルリサイクル

リスクアセスメント りすくあせすめんと [社-企]
risk assessment 科学的なリスクの見積りと評価を行うことをリスクアセスメントという。リスク分析の考え方として「リスク段階論」があるが，リスクアセスメントは，リスク段階論の一段階でもある。すなわち，第一段階のリスクの構造的把握(risk identification)，第二段階のリスクの見積りと評価(risk assessment)，第三段階の関係主体間の情報交換や了解事項の伝達(risk communication)，第四段階のリスクの軽減，未然防止，補償などの対応策の構想(risk management)のうち，第二段階のことである。 ⇨ リスクマネジメント

リスクコミュニケーション(化学物質の) りすくこみゅにけーしょん(かがくぶっしつの) [環-制]
risk communication 化学物質による健康や環境のリスクの程度，そのリスクの管理計画などの環境に関するリスクの情報を行政，事業者，国民などのすべての者が共有して相互に意思疎通を図ること。 ⇨ PRTR法

リスクマネジメント りすくまねじめんと [社-企]
risk management 将来発生が予想される危険や危機の軽減，未然防止，補償などの対応策のこと。また，企業経営でのリスクマネジメントとは，事業活動に伴う各種のリスクを最小のコストで食い止める管理活動のことを意味している。この中には，法務・訴訟リスク，環境リスクなどが重要なリスクマネジメントとなっている。一方，実際に起きた危機に対応することを「crisis management (危機管理)」というが，リスクマネジメントとは区別している。 ⇨ リスクアセスメント 同 リスク管理

リターナブル容器 りたーなぶるようき [廃-集]
returnable container 代表的なリターナブル容器は，ビールびん，一升びんやコーラびんがある。ガラスびんの場合，空きびんを回収して中身を詰め替え，繰り返し使用することを前提に製造されている。メーカやボトラが小売店と直結した独自の回収システムをもっていて，びんの洗浄や検査体制が整っている。

リチウムイオン電池 りちうむいおんでんち [電-池], [理-池]
lithium ion battery プラス極にコバルト酸リチウム，マイナス極に黒鉛，電解液として有機電解液を用いた二次電池(充電池)。エネルギー密度が高く，370

W·h/l, 170 W·h/kg 程度，起電力は 3.6V/3.7V であり乾電池などと電圧が異なるため互換性はないが，携帯機器などの分野で広く使用されている充電式電池である。電池材料は，正極にリチウム金属酸化物，負極に炭素材料を使用しており，充放電によりリチウムイオンが正極と負極の間を移動するものである。

リッチンガーの法則 りっちんがーのほうそく [資-全]
Rittinger's law 石炭などの固体を粉砕する際に要するエネルギーに関する理論の一つ。粉砕エネルギーは，粉砕によって生じる新しい表面積に比例するという考え方に基づいて導かれた理論。したがって，単位重量当りの粉砕エネルギーは粉砕前後の重量基準の比表面積の差，あるいは平均粒径の逆数の差に比例することになる。なお，リッチンガーの法則とともに多用される法則に，粉砕エネルギーが粉砕比(粉砕前後の平均粒子径の比)の対数に比例するというキックの法則，両者の中間的な関係を式にし，また最も実用的ともいわれるボンドの法則も知られている。 ㊀ リッチンガーの理論

リデュース りでゅーす [廃-リ]
reduce, reducing 生産，製造の段階で，投入する原材料の利用効率(資源生産性)を高め，廃棄物となる量そのものの低減を図ることをいう。すなわち，同様の機能を発現するために投入する資源量を低減し，また，製品や素材を長寿命化することによって，原材料の投入，使用量を抑制する。このことによって，天然資源の消費量が抑制される。また，全体の物質生産量を減らし，製品の利用効率を増大させる立場からレンタルシステムの展開も提案されている。 ⇨ リサイクル，リユース

リード蒸気圧 りーどじょうきあつ
[理-内]
Reid vapor pressure ガソリンに要求される蒸気圧は周囲温度に対して調整する必要がある。高すぎる蒸気圧はキャニスタの過負荷，燃料配管系の蒸気閉塞(ベーパロック)そして燃料蒸気そのものによる大気汚染となるし，低すぎると機関の始動性や暖機性能に問題を生じる。そのために，燃料の実用的な蒸気圧特性を規定する必要があり，蒸留特性とは別に JIS K 2258 に定められている。これはアメリカの ASTM D323 とほぼ同一で，試料液体(ガソリン)と空気とが 1：4 の容積割合となるような圧力容器にそれぞれ充てんし(試料液体はほぼ 0 ℃で充てん)，37.8 ℃(100 °F)の水槽に浸したときに測定される蒸気圧である。

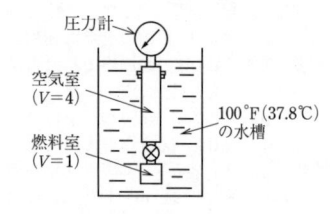

リード蒸気圧測定装置

リービッヒ法 りーびっひほう [生-他]
Liebig method, Liebig's method 酸素ガス気流中で試料を徐々に加熱して炭素および水素を定量する方法。

硫化水素 りゅうかすいそ [環-硫]
hydrogen sulfide 化学式は H_2S。可燃性，有毒性，無色の気体。不快臭をもつ。沸点－60 ℃。水，アルコールに可溶。分析試薬，硫黄の原料，塩酸や硫酸の精製に用いられる。含硫黄燃料の不完全燃焼，ガス化のときに生成する。また，炉内脱硫時に炉内で酸素不足領域があるとカルシウムと H_2S が反応して硫化カルシウム(CaS)を生成するが，CaS を含む灰などを環境中に置くと水と反応して H_2S を放出する。

流況曲線 りゅうきょうきょくせん
[自-水]
flow duration curve 河川の流量の特質を表すもので，ある期間における流量

を大きいものから日単位に順に並べ，縦軸に流量，横軸に日数をとり図示したものをいう。期間は1年単位が一般的である。流況曲線では，大きいほうから95日目(約25%の発生確率)，185日目(約50%の発生確率)，275日目(約75%の発生確率)，355日目(約97%の発生確率)の流量を指標として設け，それぞれ豊水量(95日流量)，平水量(185日流量)，低水量(275日流量)，渇水量(355日流量)と呼んでいる。また，水力発電における水の利用面からみると，流況曲線で高水量(年に1〜2回起こる洪水量)が小さく，渇水量が大きく，豊水量が年平均流量より大きい場合が経済性に優れているといえる。

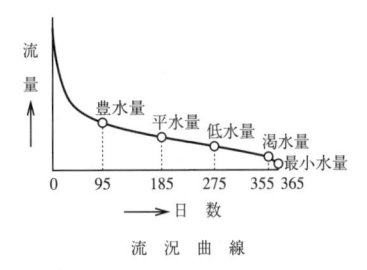

流況曲線

硫酸 りゅうさん ［産-化］
sulfuric acid, sulphuric acid 硫酸は，重質油の直接脱硫に伴って得られる大量の硫黄を原料とし，鉛室法および接触法によって大規模に製造される。硫酸は基本的な化学原料であり，硫安などの肥料や，多種多様なプロセスの副原料として大量に使用される。

硫酸ミスト りゅうさんみすと ［環-硫］
sulfulic acid mist, sulphulic acid mist 廃ガス処理設備や硫酸プラントなどで発生するミスト。三酸化硫黄(SO_3)ヒュームとも呼ぶ。SO_3がガス中の水蒸気と反応して生成する。燃焼設備から発生する硫酸ミストは石灰石膏法などの湿式排煙脱硫装置では除去しにくい。湿式電気集じん機で除去できるが高価である。 ⇨ 白煙防止

粒子充てん層フィルタ りゅうしじゅうてんそうふぃるた ［環-塵］
granular bed filter ろ過材として数mm程度の砂，砂利，セラミックスなどの粒状物を充てん層としたろ過集じん装置。ダストの捕集，たい積による圧力損失の増加に対処して，充てん層を移動する形式も採用される。捕集のメカニズムは，主として慣性，拡散，さえぎり，重力の作用による。セメント工場など高温の排ガスの集じんのために開発され，一部で活用される。 ⇨ 高温集じん，ろ過集じん装置

流体継手 りゅうたいつぎて ［輸-自］
fluid coupling トルク増幅作用をもたない流体の粘性を利用した動力伝達装置。動力伝達媒体として，油を用いるため，クラッチの機能や緩衝機能がある。出力トルクは入力トルクに等しく，回転数は出力軸に対して数%低い状態で運転される場合が最も効率が高い。

流動床 りゅうどうしょう ［燃-燃］
fluidized bed 固体を充てんした装置の下部から多孔質板などの整流器を経て，流体を吹き上げ，固体粒子群を空間に浮遊懸濁の状態に保つことにより，流体と固体との接触を効率よく行わせる装置。流動床では装置内部で粒子と流体が均一に混合されて両者間の接触がよく，かつ大量の流体を一定温度下で大量に連続処理できる。流動床は，各種の固体反応器，燃焼装置，乾燥装置，固体の焙焼など，固体を連続的に処理できる装置として使用されている。 ⇨ 流動層

流動層 りゅうどうそう ［産-プ］
fluidized bed 円形または方形の炉の底に分散板，あるいは空気分散装置があり，分散板の上部に流動媒体の砂が入れてある。分散板の下部から均一に空気を送り込み，その量を増やしていくと，あるところで砂全体が軽く浮き上がる。さらに増やすと砂の層は沸騰状態のような激しい動きをするようになる。この状態

が流動層である。さらに流量を増やすと砂はすべて吹き飛ばされる。吹き飛ばされない範囲が流動層の運転範囲である。石炭の燃焼、汚泥、都市ごみなどの燃焼、ガス化、いろいろな化学反応などにこのプロセスが使用されている。
⇨ 流動床

流動層焼却炉 りゅうどうそうしょうきゃくろ [廃-焼]

fluidized bed incinerator 高温化したケイ砂、石灰石、燃焼灰などを燃焼空気により流動させた流動層に、廃棄物を供給し焼却する。液状から固体状にまたがる広範囲の廃棄物焼却に適用可能であるが、廃棄物の大きさには制約があり、前処理として破砕を行う場合がある。1炉当りの最大焼却量は、都市ごみ焼却炉で200 t/日規模となる。 ⓢ 流動床焼却炉

流動層燃焼 りゅうどうそうねんしょう [燃-固]

fluidized bed combustion (FBC) ケイ砂などの固体粒子層に下から上向きに流体を流していくと、ある流速以上では固体粒子が流体の抗力により浮遊状態となり、自由に動ける状態となりこれを流動層と呼ぶ。流動層燃焼は空気によりケイ砂などで流動層を形成し、これを高温に保ち、この流動層へ燃料を連続的に供給して燃焼させるものである。流動層燃焼では燃料と固体粒子(流動媒体)との間で熱の授受があるため、比較的低温でも安定な燃焼が可能で広範囲の固体燃料の燃焼が可能となる。このため、窒素酸化物(NOx)の生成量が少なくなる。さらに水分を多量に含む燃料の燃焼も可能である。また、流動媒体に石灰石などの脱硫剤を加えることにより炉内脱硫が可能になる。おもに石炭、廃棄物、バイオマスなどの燃焼、焼却装置としてよく用いられる。 ⇨ 加圧流動層燃焼、微粉炭燃焼

粒度分布 りゅうどぶんぷ [燃-燃]

size distribution 粉粒体や噴霧の基本的な性質を表す量の一つ。粒度は粒子の大きさの程度を表すものであり、その粒径によって個数の分布を示したものである。

リユース りゆーす [環-リ], [社-廃], [廃-リ]

re-use, re-using 使用済製品や部品に修理や洗浄などの処理を施し、同様の製品あるいは部品として再利用することをいう。再使用とほぼ同義。リターナブルびんはその典型である。原材料として再生利用するリサイクルに比べ、より少ないエネルギーで循環利用することができる。リユースを有効にシステムとして維持するには、製品の解体容易化、部品の長寿命化、共通化など、製品および部品の設計、製造においての技術開発や、消費者サイドでの同システムを受容する消費・利用行動が必要となる。なお、身近な例としてガレージセールやリサイクルショップで販売する、知人に譲る、などの方法をこれに含めることもあるが、一般論として評価対象とすることは難しい。 ⇨ リサイクル、リデュース

量子化エネルギー りょうしかえねるぎー [理-量]

quantized energy 量子化されたエネルギーのことをいう。一般的に、量子化とは古典的な物理量を量子力学的な量で置き換えること、あるいは連続的な量を離散的な数値で表すことをいう。量子化エネルギーの典型的な例として、一定振動数 ν の光におけるエネルギー $h\nu$ などがあげられる。

量子効率 りょうしこうりつ [自-電]

quantum efficiency (QE) 光などの量子性をもつエネルギーの変換における効率。太陽光などで光エネルギーを電気エネルギーに変換する場合は、照射された光子数に対して発電して得られたキャリヤ数の割合を量子効率という。また、表面反射の影響により、照射された光子数と太陽電池内に入射する光子数が異なるため、照射光から表面反射分を差し引いて求めた量子効率を内部量子効率と呼

んで区別することがある。　㊍ 量子収量

利用率　りようりつ　[社-電]
utilization factor　発電設備の稼働状況を表す指標の一つであり，一定期間中，つねに定格出力で発電した場合の仮想の発電量に対して実際に発電した電力量を％で表す。設備利用率とも呼ばれる。

$$\text{利用率} = \frac{\text{実際の発電量}}{\text{定格出力} \times \text{その期間の時間数}} \times 100(\%)$$

電力需要は気象変化によって変動するため，原子力発電や水力発電による電力供給を基本とし，不足分が生じた場合に火力発電で調整される。したがって，原子力発電や水力発電に比べて火力発電の利用率は低めになっている。

理論乾き燃焼ガス量　りろんかわきねんしょうがすりょう　[燃-管]
theoretical quantity of dry combustion gas　⇨ 理論湿り燃焼ガス量

理論空気量　りろんくうきりょう　[燃-管]
theoretical quantity of air　⇨ 理論酸素量

理論酸素量　りろんさんそりょう　[燃-管]
theoretical quantity of oxygen　燃料の酸素による燃焼が化学量論に従って進行すると仮定したときに必要な酸素量。通常，空気による燃焼が一般的であるので，理論酸素量を空気量に換算したとき，理論空気量という。例えば，炭化水素（C_mH_n）1 mol が最終酸化物である二酸化炭素（CO_2）と水（H_2O）になるのには，燃焼反応式：$C_mH_n + (2m+n/2) \times O_2 = mCO_2 + (n/2) H_2O$ より，$(2 \times m + n/2)$ mol の理論酸素量が必要となる。この値を空気中の酸素（O_2）のモル分率 0.2095 で割った値が理論空気量である。

理論湿り燃焼ガス量　りろんしめりねんしょうがすりょう　[燃-管]
theoretical quantity of wet combustion gas　単位量の燃料が理論酸素量にて完全燃焼したと仮定したときに生成する燃焼ガス量を理論燃焼ガス量という。特に，燃焼ガス中の水蒸気の量を含める場合を理論湿り燃焼ガス量といい，含めない場合を理論乾き燃焼ガス量という。

理論水力　りろんすいりょく　[自-水]
theological hydro power　水力発電において，水路などでつながった標高差のある2地点間を水が移動（流下）したときに行う仕事量から，水の流下に伴う損失分（損失落差）を差し引いたものをいい，kW で表す。理論水力 P_e〔kW〕は次式で表される。

$$P_e = \rho \times g \times Q \times H_e \times 10^{-3}$$
$$H_e = H_g - H_L$$

ここに，P_e：理論水力(kW)，ρ：水の密度（kg/m^3），g：重力加速度（m/s^2），Q：使用水量（m^3/s），H_e：有効落差(m)，H_g：総落差（2地点間の標高差）(m)，H_L：水の流下に伴う損失（損失落差）(m)

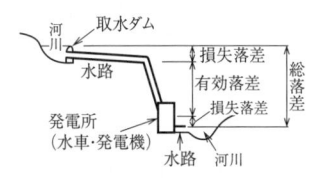

有効落差の概念図

また，理論水力に水車，発電機の効率を乗じたものを発電力といい，次式で表される。

$$P = \eta \times P_e$$

ここに，P：発電力(kW)，P_e：理論水力(kW)，η：水車，発電機の合成効率

理論包蔵水力　りろんほうぞうすいりょく　[自-水]
theological hydropower potential　地表に降った雨や雪が蒸発，浸透などの損失なくすべて海に注ぐものとしたとき，海面に対してもっている位置エネルギーの総和をいい，通常，年間発電電力

量(kW・h)で表すが，出力 (kW) で表すこともある。1986 年 6 月にとりまとめられた通商産業省(資源エネルギー庁公益事業部)の第五次発電水力調査(水力開発地点計画策定調査報告書) によれば，わが国の理論包蔵水力は 7.176 億 kW・h と推計されている。また，世界の理論包蔵水力は約 48 兆 kW・h と推計されている。　⇒ 包蔵水力

臨　界　りんかい　[原-核]
critical　核分裂性物質を含む体系において，核分裂連鎖反応を維持するための中性子の数が，増えもせず減りもせずに核分裂連鎖反応が持続している状態をいう。これは，中性子の実効増倍率が 1 に対応している。臨界には，即発中性だけによる即発臨界と，遅発中性子も含めてはじめて臨界となる遅発臨界とがあるが，通常は遅発臨界のことを臨界という。　⇒ 核分裂連鎖反応, 中性子

臨界圧力　りんかいあつりょく　[理-熱],[電-理]
critical pressure　物質の状態が臨界点に達すると気体と液体との区別がなくなる。臨界点における圧力，温度および体積をそれぞれ，臨界圧力，臨界温度および臨界体積と呼び，物質に固有の量である。臨界圧力未満の圧力を亜臨界圧力と呼び，臨界圧力を超える圧力を超臨界圧力という。亜臨界圧力では気体と液体との間に密度差があり，両者には明確な区別が存在する。亜臨界圧力のもとでは飽和温度において気体と液体とが共存し，液体を気体にするためには蒸発潜熱が必要となる。臨界点において蒸発潜熱は 0 となり，超臨界圧力においては相変化は連続的に行われる。　⇒ 臨界状態

臨界安全管理　りんかいあんぜんかんり[原-安]
criticality control　核分裂性物質は，核分裂連鎖反応が始まる臨界状態に達すると，核分裂反応が急増し，臨界事故を起こす。核燃料の取扱いでは臨界事故を防止する管理を行っており，これを臨界安全管理という。臨界を防止するには，核分裂性物質の形状や質量に制限を加えるなどさまざまな方法がある。これを怠ったためにジェー・シー・オー(JCO)臨界事故は起きた。

臨界温度　りんかいおんど　[電-理]
critical temperature　⇒ 臨界状態

臨界状態　りんかいじょうたい　[電-理]
critical state　飽和蒸気と飽和液体の比体積が一致する状態を臨界点といい，気液二相が存在しうる最高の温度・圧力状態を臨界状態という。このときの温度，圧力をそれぞれ臨界温度，臨界圧力という。

臨界点　りんかいてん　[電-理]
critical point　⇒ 臨界状態

林業からのバイオマス　りんぎょうからのばいおます　[自-バ]
biomass from forestry　日本の国土の 2/3 は森林であり，ここから林業に伴って発生するバイオマスの有効利用が検討されている。林業において，間伐材，末木・枝条など材木としての利用価値が低い部位の発生は避けられず，これをエネルギー利用することは可能であるが，現在のところ，間伐材やほかの材として不要な部分は森林に放置されているのが現状である。また，これらの部材を利用するために森林から取り出すにはコストがかかり，エネルギー価格が安い現在は経済的に見合わないためである。さらに国産材そのものの利用の低減や，間伐が進んでいないことから，実際の利用の促進には困難も多いのが実情である。　⇒ 森林バイオマス

リンゲルマン煤煙濃度表　りんげるまんばいえんのうどひょう　[環-塵]
Ringelmann chart　煙突から排出される煤煙の濃度を比較測定するための濃度表。濃度について白地を 0 度とし，黒の割合をしだいに高め，全黒地を 5 度として 6 段階に分けている。煙突に対して一定距離に立てた濃度表と煙突からの煙の黒さとを比較して，濃度を定める。「大

気汚染防止法」の制定以前にはしばしば使用されたが、現在は用いられない。
⇒ 煤じん濃度測定方法、煤じんの排出基準

リン酸型燃料電池 りんさんがたねんりょうでんち　phosphoric acid fuel cell (PAFC)

[理-池]　燃料(水素)と空気中の酸素から直流電流を連続的に取り出す発電装置(燃料電池)であり、高濃度リン酸を電解質に採用したもの。水素をイオン化させる目的で白金触媒を用いているため、燃料中の一酸化炭素含有率に制限がある。作動温度は150〜220℃であり、排熱利用が可能。最も早く商品化段階に到達した燃料電池。

[電-燃]　電解質がリン酸水溶液であり、水溶液中でリン酸イオンと水素イオンに解離し、水素イオンがイオン導電種として働く($H_3PO_4 \rightarrow H^+ + H_2PO_4^-$)。燃料極での電極表面では水素が水素イオンと電子になり、空気極では電解質を移動してきた水素イオンが電子と酸素と反応して水を生成する。この電極間の電子のやりとりを、外部回路を通して行うことで電気を取り出すことができる。電池運転温度は、200℃程度。なお、電極反応は発熱反応であり、さらに電流に応じてセル内の反応抵抗、電気抵抗が生じるため、実際の発電装置の電池部分で電力に変換できるのは投入水素エネルギーの約50〜60%である。残りはすべて熱となり電池冷却系などで熱回収を行うことにより給湯や冷暖房に有効利用できる。電極での反応は (燃料極)：$H_2 \rightarrow 2H^+ + 2e^-$、 (空気極)：$(1/2)O_2 + 2H^+ + 2e^- \rightarrow H_2O$ となる。

臨時電力 りんじでんりょく　[電-料] temporary service　建設工事など、契約使用期間が1年未満の臨時的な動力需要、または電灯・動力併用需要に適用される契約種別。

〔る〕

ルーフポンドシステム　るーふぽんどしすてむ　[環-都]
roof pond system ⇨ ソーラハウス

ルーメン　るーめん　[民-原]
lumen　人間の目に見える光(可視光線)の量(光束)を表す単位。光は電磁波の一種で波長は360〜780 nm である。電磁波のエネルギーはワット(W)で表されるが,光は同じエネルギーでも波長により目の感じ方(感度)が違うので,光の量はこのままエネルギー量で表すよりそのエネルギーを目に見える感度で補正した量で表すほうが現実的である。感度曲線は波長360〜780nm の範囲で555 nm をピークとした,お椀を伏せたような形をしておりこの感度を比視感度という。ある面を単位時間(秒)に通過する光のエネルギーを,波長ごとの比視感度で補正して合計したものをランプ光束の量として単位をルーメンとしている。

ルルギガス化炉　るるぎがすかろ　[石-ガ]
Lurgi gasifier　1930年代に開発され,石炭から都市ガスを製造するために用いられた固定層石炭ガス化炉。南アフリカの石炭液化用合成ガス製造装置としても知られる。

〔れ〕

冷炎 れいえん　[理-燃]

cool flame　低温（150〜450℃）の火炎。炭素数が2以上の炭化水素でみられる。縦軸に温度，横軸に圧力をとった発火限界曲線で低温域に特異な冷炎領域を生じ，その圧力領域では冷炎から熱炎に移行する二段燃焼がみられ，エンジンのノッキングと関連するとされている。

励起状態 れいきじょうたい　excited state

[理-量]　エネルギー準位のうち，基底状態よりエネルギーの高い状態のことをいう。基底状態から，ほかの粒子との衝突または光の照射により外部からエネルギーを受け取る際に生じる。励起状態には，いろいろなエネルギー準位があるが，その中には安定度が高く，寿命の長いものもある。これを準安定準位といい，準安定状態にあるという。

[燃-管]　分子などの固有状態のうち，最低のエネルギーをもつ状態を基底状態というのに対し，それ以外のより高いエネルギーをもった状態を励起状態という。不輝炎の火炎ふく射の中で，赤外域のふく射は振動励起した CO_2，H_2O などの分子がより低い振動励起状態あるいは基底状態に遷移するのに伴うものである。紫外域から可視域の発光の多くは，OH，CH，C_2 などのラジカル種の電子励起状態から基底状態への遷移によるものである。

冷却材（原子炉の） れいきゃくざい（げんしろの）　[原-技]

coolant　核燃料の発生熱を効率的に原子炉外部に取り出して，タービンなどを介して発電するための媒体であり，炉心の主要構成材料の一つ。一般的は，水〔軽水（H_2O），重水（D_2O）〕，ナトリウム（Na），二酸化炭素（CO_2），ヘリウムガス（He），鉛・ビスマス合金などが使用される。軽水炉においては，冷却材の軽水が減速材の役割も兼ねている。ガス炉では，黒鉛ブロックなどの減速材の間を冷却材が流れる。沸騰水型原子炉（BWR）のように炉心中の一次冷却水の蒸気部分が直接タービンを駆動するものと，加圧水型原子炉（PWR），高速炉およびガス炉のように蒸気発生器を介して二次冷却水を加熱するものとがある。また，ヘリウムガスタービン炉は，BWRのように冷却材としてのヘリウムガスで直接ガスタービンを駆動する。　⇨減速材　⓯一次冷却材

冷却材喪失事故 れいきゃくざいそうしつじこ　[原-事]

loss of coolant accident (LOCA)　原子力発電は，原子炉の炉心で発生した熱を外に取り出し，その熱で発電機のタービンを回して行っているが，この熱を炉心から炉外に取り出すための媒体を冷却材という。したがって，原子炉冷却系の配管が破断して冷却材喪失事故(LOCA)が起こると，炉心の熱が取り出せなくなり炉心温度が上昇するが，非常用炉心冷却系（ECCS）の働きにより事故の拡大を防ぐことができる。

冷却水（原子炉の） れいきゃくすい（げんしろの）　[原-技]

coolant　⇨冷却材（原子炉の）

冷却水（発電所の） れいきゃくすい（はつでんしょの）　[電-設]

cooling water　発電所が抱える熱負荷用の冷却水。大きくは，メインの復水器を冷却するものと，そのほかの補機を冷却するものとがある。

冷却塔 れいきゃくとう　[産-プ]

cooling tower　冷搭塔は，冷却水を繰り返し使用する目的で，温度の上がった冷却水の熱を大気中に放出するための装置である。温水と空気を直接接触させて

冷却すると，それと同時に水の一部が蒸発して蒸発潜熱を奪うため，気温より低い温度まで水を冷却できる。直接接触式は伝熱効率がよく小型で冷却能力が高い。ただし，直接接触式では水が汚れやすい，蒸発分する水分を補給しなければならない，という欠点がある。一方，水の熱を熱交換器の伝熱管を通して空気に逃がす方式は間接式といわれる。わが国では直接接触式の冷却搭が多い。

冷 蔵 れいぞう　[産-冷]
refrigerating　冷蔵は，0℃以上10℃以下程度の温度で食品などを保存することをいう。食品は凍ると変質するので，冷蔵も重要である。

冷 凍 れいとう　[産-冷]
freezing　食品などを0℃以下の温度で保存すること。

冷凍機 れいとうき　[産-冷]
chiller, refrigerator　英語でチラーというと，単に空調用5℃の冷水をつくる冷凍機を指す。日本ではチラーも冷凍倉庫用冷凍機も同じく冷凍機である。冷凍機には，圧縮式，吸収式，吸着式がある。

冷凍サイクル　れいとうさいくる　[産-冷]
refrigerating cycle　冷媒を循環して冷却する冷凍機のサイクルの総称である。圧縮式，吸収式などいろいろある。この場合，冷凍サイクルでは，氷点以上であっても冷却するサイクルは冷凍サイクルと称する。

冷凍トン　れいとうとん　[産-冷]
refrigeration ton　24時間で0℃の水1tを0℃の氷にすることができる冷凍能力を表す。水の凝固点の潜熱は79.68 kcal/kg (333.6 kJ/kg)であるので，79.68×1000÷24＝3320 kcal/hである。アメリカの場合は1tを2000ポンドにするので，1米冷凍トンは3024 kcal/hである。

冷凍年度　れいとうねんど　[産-冷]
HVAC's fiscal year　空調機の需要は冬から始まるので，空調・冷凍機の販売状況の統計は10月から翌年の9月を1年として作成される。これを冷凍年度という。

冷 熱　れいねつ　[熱-冷]
cold energy　高熱源から低熱源への熱流では，低熱源の温度が環境温度付近であることが多い。高熱源が環境温度かそれ以下の熱流の場合，低熱源へ流入する熱を冷熱という。液化天然ガス(LNG)は約-160℃で気化するので，この蒸発潜熱を用いた冷熱利用技術として，冷熱発電，液酸・液窒製造などがある。また，熱供給においては冷熱が流入する物質(冷水など)を冷熱と表現することがあり，冷熱搬送，冷熱供給などの用語が使われる。

冷熱エクセルギー　れいねつえくせるぎー　[理-変]
cold exergy　冷熱源から取り出すことのできる全仕事量(エクセルギーまたは有効エネルギー)。熱機関は外界より高温の高温熱源と低温熱源である外界の間で作動する機関であるが，外界より低温の冷温熱源がある場合，外界と冷温熱源の間で熱機関を作動させることができる。この場合に冷温熱源には冷熱エネルギーが存在していると解釈される。この冷熱エネルギーのうち，熱機関で仕事に変えうる最大の熱量を冷熱エクセルギーという。

例えば，液化天然ガス(LNG)の場合は，1kgのLNGで2.5kgの水を氷に変えることができる。またそのLNGの半分近くは，もとの気体の天然ガスに戻るときに体積が600倍に膨らむ。この力で，ガスとして勢いよく吹き出させてタービンを回して発電することもできる。このように冷たい温度の物体が有するエネルギーを冷熱エネルギーと呼んでいる。

熱源の保有するエクセルギーの定義は，ある熱源の温度が外界の温度より高い場合，その熱源の熱量をカルノー機関へ与える仕事，すなわちその熱量とカル

ノー効率との積で表されるが,外界の温度より低い熱源は熱を吸収することでエネルギー源としての価値がある。上記の積において,熱量の符号を熱源から熱が出る場合を正とすれば,外界の温度より低い熱源の有するエクセルギー(冷熱エクセルギー)は外界の温度より高い場合の熱源の有するエクセルギーと同等に扱ってよい。 ⇨ エクセルギー

冷 媒 れいばい　[産-冷]
refrigerant　冷凍機において相変化をしながら循環して冷凍の作用をする物質の総称である。圧縮式冷凍機では,フロン,代替フロン,アンモニア,二酸化炭素などであり,吸収式冷凍機では冷媒は水である。

歴青炭 れきせいたん　[石-炭]
bituminous coal　石炭化度が亜歴青炭より高く,無煙炭より低い石炭。分類法により異なるが,おおむね炭素含有量は80〜90(wt%.daf)程度であり,発熱量は8 000cal/g(daf)以上。粘結性を有し,おもにコークス製造原料に用いられている。

レーザ送電 れーざそうでん　[理-電]
laser power-transmission　レーザビームを用いて電気エネルギーを伝送する方式。送電線を敷設できない環境において,電力を伝送するために考えられている。発電された電気エネルギーをレーザ装置で光エネルギーに変換した後,レーザビームの形で空間を伝送し,受光した場所で光電変換デバイスを用いて再び電気エネルギーに戻して利用する。宇宙空間に設置した太陽電池パネルで得た電力を地球に送電するアイデアとして,マイクロ波送電とともに検討されている。

レーザ濃縮法 れーざのうしゅくほう [原-燃]
laser enrichment　遠心分離法もガス拡散法も,ウラン^{235}Uと^{238}Uのわずかな質量差を利用して,同じ方法を何回も繰り返すことにより徐々に^{235}Uの濃縮度を高めていく方法である。これに対しレーザ濃縮法は,レーザと^{235}Uを直接反応させ^{235}Uだけを選択的に分離抽出する方法である。原料として金属ウランを用いる原子法は,天然ウラン金属を加熱して発生するウラン蒸気にレーザ光を当て,^{235}Uだけをプラスイオンにして,マイナス電極に集める方法である。六フッ化ウラン(UF$_6$)を用いる分子法は,UF$_6$に赤外線レーザを当てると,^{235}Uのフッ化物が化学変化を起こして五フッ化ウラン(UF$_5$)になりやすいことを利用し,UF$_6$(気体)とUF$_5$(固体)とを分離して濃縮する方法である。 ⇨ ウラン濃縮,六フッ化ウラン

レシプロエンジン れしぷろえんじん
[理-内]
reciprocating engine　往復動機関のことであるが,かたかな日本語の広がりとともに広く用いられるようになっている。スライダクランク機構によってピストンの往復直線運動を曲軸(クランク軸)の回転運動として機械的仕事を取り出す型の熱機関。往時は蒸気機関に使われていたが,現在は火花点火機関やディーゼル機関などの内燃機関に用いられるのみとなった。また,逆に曲軸をモータで回転させて流体を圧縮したりするポンプ仕事を取り出すために比較的小型の空気圧縮機などに同様の機構が用いられている。　⑥往復式エンジン,往復動内燃機関,ピストン式熱機関

劣化ウラン れっかうらん　[原-核]
depleted uranium　濃縮プラントにウランを供給して,さらに濃縮度の高い製品を取り出すときには,質量保存則から,逆に供給ウランよりも^{235}U濃度が低いウランを廃棄しなければならない。この廃棄ウランを劣化ウランという。通例,天然ウランを濃縮する場合には,劣化ウラン中の^{235}U濃度は0.2〜0.3％である。この値は,天然ウラン価格と濃縮価格との相対的な関係から最適廃棄材濃度として決められる。劣化ウランは高速増殖炉のブランケット,混合酸化物

(MOX)燃料の母材などに利用されている。

レッドウッド粘度 れっどうっどねんど [理-計]
Redwood viscosity 主として石油化学工業において用いられる実用的な粘度計の一種であり、イギリスでよく用いられる。試料を底部に流出孔のある容器に入れ、流出孔から一定量の試料を流出させる。流出に要した時間(レッドウッド秒という)を測定し、その秒数で粘度を表す。

連鎖反応 れんさはんのう chain reaction
[理-反] いくつかの素反応からなる反応系で、ある素反応により生成した反応性に富む中間体(連鎖担体)が、別の素反応の反応物となってこの素反応により、また連鎖担体が生成して進行する反応をいう。このような反応では連鎖担体が生成、消滅を繰り返しながら反応が進行する。炭化水素の燃焼反応やビニル化合物の重合反応などが代表的な例である。連鎖反応は連鎖担体を生成する連鎖開始反応、連鎖担体を再生する連鎖成長反応、連鎖担体が消滅する連鎖停止反応よりなる。
[燃-管] ある反応で生成した活性化学種がつぎの反応を引き起こし、その反応で新たに活性化学種が生成し、さらにつぎの反応を引き起こす。このように、活性化学種によって反応が数珠繋ぎに起きて進行していく一連の反応のことを連鎖反応といい、個々の反応のことを素反応、活性化学種のことを連鎖担体と呼ぶ。燃焼の場合、H, O, OH, HO_2などの原子、ラジカルが連鎖担体となる。

連続がま れんぞくがま [産-紙]
continuous reactor 一般的な用語であるが、特に紙パルプ業界では、パルプの蒸解工程を連続的な工程に変えて省エネルギー効果を上げたので、連続がまとは連続蒸解がまを指す。

連続焼鈍 れんぞくしょうどん [産-鉄]
continuous annealing and normalizing furnaces 焼鈍は各種加工をした鋼板の残留ひずみを取り除く工程である。本設備は帯状の鋼板を連続的に流して焼鈍を行う炉である。連続して行うことにより、大幅な省エネルギーと大きな生産量を上げることができる。また、連続焼鈍炉では、前処理や後処理などの工程も連続して行うことができ、生産の合理化に寄与している。

連続鋳造 れんぞくちゅうぞう [産-鉄]
continuous casting 製鉄所では、炉で精錬された溶鋼から圧延用のスラブを直接、連続鋳造で製造している。連続鋳造では、溶けた鋼をタンディッシュという容器から徐々に取り出し冷却して固めながら引き出して固体のスラブを連続して製造している。大変高度の技術を必要とするプロセスである。連続鋳造技術により、大幅な省エネルギーが達成されることはいうまでもない。

連続燃焼式焼却炉 れんぞくねんしょうしきしょうきゃくろ [廃-焼]
continuous feed incinerator 廃棄物の供給、燃焼、灰の搬出を連続的に行うことのできる焼却炉である。通常24時間以上の連続運転を行うものを全連続燃焼式、おおむね16時間程度の連続運転を行うものを准連続燃焼式と呼称する。焼却炉の起動停止時には、不安定な燃焼状態となり、ダイオキシン類に代表される有害物質の生成量が増大するので、数か月にわたって運転を続ける全連続燃焼式が優位とされる。 同 准連続式焼却炉、准連炉、全連炉、連続式焼却炉

練炭 れんたん [燃-コ], [石-炭]
briquette 石炭、コークス、木炭、バイオマスなど固体燃料の粉末を、タール、ピッチ、石灰などと練り合わせて加圧成型したもの。工業用と家庭用があり、家庭用は乾留や良質石炭の配合を行うので、工業用より揮発分や悪臭ガスの発生は少ない。穴のない小型のものは豆炭と呼ばれ、ほかに穴あき練炭、棒炭、

たどん，などがある。

レンツの法則　れんつのほうそく　[理-物]
Lenz's law　誘導起電力は，誘導電流のつくる磁場がコイルを貫く磁束の時間変化を妨げる向きに発生するという法則をいう。ロシアの物理学者レンツが1834年に発見した。

レントゲン線　れんとげんせん　[理-物]
Roentgen-rays　X線ともいう。1895年，レントゲンが発見したことにちなむ。波長が0.01～数十nm程度の範囲の電磁波のことを指す。短波長側では透過力が強くγ線に移り，長波長側では透過力が弱く紫外線に移る。　⇨X線

〔ろ〕

ローアッシュオイル　ろーあっしゅおいる　[輸-燃]

low ash oil　灰分含有量が少ない油脂の総称。近年，ディーゼルエンジンを搭載した自動車では，排出ガス中の粒子状物質(PM)を低減するためにディーゼル微粒子捕集フィルタ(DPF)を搭載するようになってきたが，PMの一要素であるオイル中の灰分(金属系添加剤の燃焼残さ物)は除去されずにフィルタ上にたい積し，目詰まりによる燃費悪化，出力低下が発生する。ローアッシュオイルを使用することによって，DPFの早期目詰まりを防ぎ，寿命を延ばすことができる。　⇨ 低灰分オイル

ろ過集じん装置　ろかしゅうじんそうち　[環-塵]

bag filter, fabric filter　含じんガスをろ過材に通過させることにより，ろ過材表面または内部でダスト(粉じん，煤じん)を分離捕集する装置。低濃度の含じんガスをろ過捕集するエアフィルタでは，ろ過材として繊維充てん層やろ紙，不織布が用いられる。工業プロセスや環境保全のために，高濃度の含じんガスをろ過捕集するバグフィルタでは，織布または不織布を円筒状に縫製し，これを多数懸架して使用される。高温集じんなどの分野ではセラミックフィルタや粒子充てん層をろ過材として使うこともある。

エアフィルタではろ過材の内部で粒子捕集が行われるのに対し，バグフィルタではろ過材の表面にダストが付着たい積するので表面ろ過とも呼ばれ，いずれもろ過材とろ過速度の選定が適切なら集じん率99%以上を容易に達成できる。工業集じんの分野では，バグフィルタは電気集じん装置と並んで高性能集じん装置として評価され，広範な産業分野で使用される。　⇨ 高温集じん，集じん装置，バグフィルタ　㊂ エアフィルタ

ローカルエネルギー　ろーかるえねるぎー　[利-民]，[民-策]

local energy　各地域に分散して存在するエネルギーの需要と供給が地域と密接に結び付いた小規模なエネルギー源。太陽光，太陽熱，風力，中小水力，地熱，バイオマス，雪氷，水温度差，海洋などの自然エネルギーや，廃棄物，下水・し尿汚泥，排熱といった廃エネルギーは，一般にローカルエネルギーとして用いるほうが適する。また，使用システムとしては，コジェネレーション，燃料電池，クリーンエネルギー自動車などが考えられる。新エネルギーとされているものが多い。利用形態は小規模分散型である。発電の場合には，全国ネットワークに接続されることが多いが，供給の多様性から安定供給に寄与するという考えと，逆に接続部の弱さから，不安定になるという考えもある。　⇨ 分散型電源

六フッ化ウラン　ろくふっかうらん　[原-燃]

uranium hexafluoride (UF_6)　核燃料の製造工程において，ウラン濃縮を行うのに適した形にイエローケーキをまず精製して不純物を除いてからつくるウラン(U)とフッ素(F)の化合物である。常温では固体であるが，温度と圧力の条件によって，気体，液体，固体に変化する。60℃程度で気体となり，この状態でガス拡散法や遠心分離法によってウランの濃縮が行われる。濃縮された六フッ化ウラン(UF_6)は，燃料として成型，加工するため，二酸化ウラン(UO_2)に再び転換される。　⇨ イエローケーキ，ウラン濃縮，転換

炉心　ろしん　[原-技]

core, reactor core　原子炉の中心部にあって，核燃料と冷却材(および必要

な場合には減速材)とから構成され，核分裂連鎖反応が行われる部分。炉心には，反応度を制御するための制御棒が挿入される空間が用意されている。
⇨ 原子燃料，制御棒，冷却材(原子炉の)

炉心溶融 ろしんようゆう [原-事]
meltdown 原子炉の炉心温度が上昇し，溶融する事故のこと。冷却材喪失事故(LOCA)が起こった後，安全装置である非常用炉心冷却系(ECCS)が作動しなかった場合などに起こる。

ロジン・ラムラー分布式 ろじんらむらーぶんぷしき [環-塵]
Rosin−Rammler's distributive equation 石炭の粉砕物や微粉炭燃焼による煤じんなど，工業生産活動において発生するダスト(粉じん，煤じん)の粒径分布がかなりよく合致するとされている分布式で，積算ふるい上 R 〔wt%〕は次式により表現できる。

$$R = 100 \exp(-\beta d_p^n)$$

ここで，d_p の係数 β と指数 n はダストの種類によって異なる定数であり，β を粒度特性係数，n を均等数または分布係数と呼ぶ。

横軸に $\log d_p$，縦軸に $\log \{\log (100/R)\}$ をとれば，上式は直線で表示でき，図表から β および n の値を得ることができる。 ㊦ R-R 分布方式

ローソン条件 ろーそんじょうけん [原-技]
Lawson criterion 核融合反応において，燃料である重水素(D)などが核融合反応を起こすための条件のこと。核融合による発生エネルギーとプラズマからの損失エネルギーが等しい状態を「臨界プラズマ」と呼び，このときのプラズマの状態を表すものを，最初の提唱者であるイギリスの J. D. Lawson の名にちなんでローソン条件と呼んでいる。例えば，温度1億度，密度100兆個/m³，閉じ込め温度1秒以上をいう。

ロータシャフト ろーたしゃふと [電-設]

rotar shaft タービンなど回転体の主軸のこと。

ロータリーエンジン ろーたりーえんじん [輸-エ]
rotary combustion engine, rotary engine ロータ，ハウジングなどの構成部品が軸心の周りに円運動を行う間欠燃焼のロータリーピストンエンジン。1959年に NSU 社から初めて発表され，その後世界各国で研究開発が行われ実用化された。① シリンダ内で回転子を回して動力を得る内燃機関。② 通常では，バンケルロータリーエンジンの略として使われている。クランクを用いず，混合気の爆発力をロータによって直接回転力に変えて動力を得るエンジン。レシプロエンジンと比べて容積当りの出力が大きく，振動がない利点がある。また，クランク機構と吸排気バルブがないために，小型，軽量でシンプルという特徴をもつが，燃焼室が扁平で冷却損失が大きく，シール機構が複雑なためオイル消費量が多く，普及は拡大しなかった。自動車用としてはドイツ人のフェリクス・バンケルによって実用化され，日本のマツダで量産されたが，現在これを量産しているのは世界でもマツダのみ。
㊦ RE，バンケルロータリーエンジン

六ヶ所村核燃料サイクル基地 ろっかしょむらかくねんりょうさいくるきち [原-廃]
Rokkasho nuclear fuel cycle facilities 核燃料サイクルを構成する重要な施設が，青森県六ヶ所村に設置されていることから呼ばれる。1984年4月，電気事業連合会会長が青森県知事にウラン濃縮施設，低レベル放射性廃棄物埋設施設，再処理施設の立地について包括申入れを行い，青森県は検討の結果，翌1985年に受入れを決定した。ここには，使用済燃料の再処理施設，ウラン濃縮施設(1992年操業開始)，低レベル放射性廃棄物の埋設施設(1992年操業開始)，さらに，高レベル放射性廃棄物の

貯蔵管理施設(1995年操業開始)が設置されている。 ⇨ 原子力発電,再処理

露天掘 ろてんぼり [資-石]
surface mining おもに石炭の採掘方法のことを指し,地表付近に埋蔵されている石炭層を直接掘削する方法を意味する。深度が深いところに埋蔵されている石炭を採掘する方法のことを坑内掘と呼ぶ。

炉内圧力 ろないあつりょく [全-利]
furnace pressure 燃焼炉,ボイラ,ガス化炉など,さまざまな燃焼・反応炉内部のガス圧力。プロセスに応じて,負圧から高圧に至るさまざまな炉内圧力で運転される。

炉内滞留時間 ろないたいりゅうじかん [燃-燃]
residence time in furnace 連続式の反応装置において,投入された原料が,炉の内部に留まる時間(反応器の内容積÷単位時間当りに供給される反応流体の体積)。空間速度の逆数。

炉内脱硝 ろないだっしょう [燃-燃]
de-NOx combustion 低NOx燃焼法の一つである。主燃焼域の後段に二次燃料を吹き込み燃焼させて,この領域を還元雰囲気にすることによってNOxをN_2に還元する。

炉内脱硝法 ろないだっしょうほう [環-室]
in-furnace denitration method 燃焼炉内で窒素酸化物(NOx)を窒素へ還元する方法を指す。低NOxバーナ,二段燃焼,排ガス再循環,濃淡燃焼,気体燃料の場合は水あるいは水蒸気噴射などの方法がある。 ⇨ 低NOxバーナ,二段燃焼,排ガス再循環

炉内脱硫 ろないだつりゅう [環-硫]
in-furnace sulfur removal, in-situ desulfurization, in-situ sulfur removal capture 燃焼炉内において燃料の燃焼で生成する二酸化硫黄(SO_2)を無害な固体にする方法。通常はカルシウム系脱硫剤〔生石灰(CaO),石灰石($CaCO_3$),消石灰($Ca(OH)_2$),ドロマイト($CaMg(CO_3)_2$)〕を用いて,最終的には石膏($CaSO_4$)とする方法が使われる。常圧のFBC(流動層燃焼),循環流動燃焼では$CaCO_3$を媒体粒子に混入して脱硫反応に最適な850℃前後の温度で燃焼させ,$CaCO_3$がCaOに熱分解してからSO_2と反応する。また,10気圧程度に加圧された加圧流動層燃焼では二酸化炭素分圧が高いので直接$CaCO_3$がSO_2と反応する。微粉炭燃焼で微粉脱硫剤を吹き込む方法も検討されているが,温度が高く,滞留時間が短いので炉内での脱硫は限定的である。燃料にあらかじめ脱硫剤をイオン交換,物理混合などで担持させてから燃焼させる方式も研究されている。また,火格子燃焼炉(ストーカ炉)用には,燃料と脱硫剤をあらかじめ混合して整形したブリケットを用いる方法がある。流動層ガス化炉において燃料を一酸化炭素,水素にガス化するとき,生成ガス中の硫化水素をCaOと反応させ硫化カルシウムとして除去する場合もある。 ⇨ 流動層燃焼

ローマクラブ ろーまくらぶ [環-国]
The Club of Rome 世界各国の科学者,経済学者,プランナ,教育者,経営者などによって構成される民間組織。1970年設立。その活動目的は,天然資源の枯渇,環境汚染,人口増加,軍事力の脅威などによって想定される人類の危機をいかに回避するかを模索することにある。 ⇨ 成長の限界

ローレンツ力 ろーれんつりょく [理-電]
Lorentz's force 荷電粒子が電界および磁界中を運動する時に受ける力で,ローレンツによって導かれた。電界E,磁界Bの中を,電荷qが速度vで運動している場合に受けるローレンツ力Fは,$F=qE+qv\times B$で表される。この式の右辺第2項,磁界による力のみをローレンツ力ということもある。

〔わ〕

ワイブル分布 わいぶるぶんぷ [理-解]
Weibull distribution 正規分布が $-\infty$ から $+\infty$ に分布するのに対し，負の値をとらない変量の分布に対して提唱された分布．材料強度や部品の寿命などに対してよく用いられる．その分布関数 $F(x)$ および密度関数 $f(x)$ は次式で与えられる．
$$F(x) = 1 - \exp\left(-\frac{x^m}{\alpha}\right),$$
$$f(x) = \frac{mx^{m-1}}{\alpha}\exp\left(-\frac{x^m}{\alpha}\right) \quad (x \geq 0)$$
ここで，m は形状パラメータ，α は尺度パラメータ．

ワット わっと [理-単]
watt (W) SI単位系における動力(仕事率)の単位である．単位時間当りにする仕事を動力という．毎秒1Jの仕事をするときの動力を1Wで表し，1W = 1 J/s = 1 kg・m^2/s^3 となる．動力の単位として馬力(PS)も用いられるが，1 PS = 0.7355 kW(metric unit, フランス馬力)である．Wは電力の単位としても用いられる．

ワット時容量 わっとじようりょう [理-指]
watt-hour capacity 電池において供給可能な電力の総量，すなわち電池の容量を「供給電力×時間」として表現したものである．

ワンウェイ容器 わんうぇいようき [廃-集]
one-way container 1回だけの使用で使い捨てされる容器(スチール缶，アルミニウム缶，ペットボトル，紙パック，ガラスびんなど)をいい，種類，量ともに増加傾向にある．ワンウェイ容器の代表例はペットボトルで 200～500 ml 程度の小容量のものが市場に投入され，急増している．分別収集されたペットボトルはシート，作業衣などに再利用されている．ガラスびん類や缶類は選別され原料として再使用されている．リサイクル率は，スチール缶85.2%，アルミ缶82.8%，ガラスびん類82.0%(2001年)である．また，ペットボトルの回収率は40.1%(2001年)である．

湾岸危機 わんがんきき [社-石]
gulf crisis 1990年8月に起きたイラクのクウェート侵攻による世界的な石油供給不安や原油価格の急騰の事態を指す．戦争により両国の油田が破壊されたため供給力が激減し原油輸出が途絶えた．一部の石油輸出国機構(OPEC)諸国が肩代わり増産を図ったが供給不安は払拭できず，国際エネルギー機関(IEA)は創設後初めて250万バレル/日の備蓄の協調取り崩しを行った．一方，原油価格も供給不安を背景に一気に2倍に急騰し，アラビアンライト原油でバレル当り15ドルから34ドルに急上昇した．事態は翌年，1991年2月にアメリカを中心とした多国籍軍の軍事力の展開により終結した．

ワンススルー わんすするー [原-廃]
once through 燃料を原子炉で一度だけ使用し，使用済燃料を再処理せずに廃棄物として直接処分することをワンススルーという．したがって，使用済燃料は容器に固定化などの処理をした後，直接処分されることになる．2004年時点で，アメリカ，スウェーデンなどがワンススルーを政策としている．もう一つの原子力政策が核燃料サイクル路線であるが，どちらを選択するかは，それぞれの国のエネルギー資源状況，発電コストなどを総合して評価，判断される．
⇒ 核燃料サイクル

索引
(英和対訳)

〔A〕

A Law Concerning Rational Use of Energy and Recycled Resources Utilization		
省エネリサイクル支援法		167
AA 原子吸光法		105
AAS 原子吸光法		105
abiogenic gas 非生物起源ガス		335
absolute system of units		
絶対単位系		207
absorbed dose 吸収線量		90
absorbed natural gas vehicle		
吸着ガス天然ガス自動車		91
absorption coefficient 吸収係数		90
absorption heat pump		
第一種吸収ヒートポンプ		220
absorption refrigeration cycle		
吸収冷凍サイクル		90
absorption refrigerator		
吸収式冷凍機		90
absorption spectrophotometry		
吸光光度分析法		90
ABWR 改良型沸騰水型原子炉		59
AC 交 流		120
AC-DC converter 交直変換装置		119
AC feedback control		
交流帰還制御		121
acceleration 加速度		70
accident at the Chernobyl nuclear power plant		
チェルノブイリ原発事故		240
accident of Three Mile Island nuclear power plant		
スリーマイル島原発事故		195
accountancy		
計量管理(核物質の)		102
accumulator アキュムレータ		4
acetaldehyde アセトアルデヒド		6
acetyl CoA アセチル CoA		5
acid rain 酸性雨		141
acid smut アシッドスマット		5
ACP ACP		27
Action program to arrest global warming		
地球温暖化防止行動計画		241
activated carbon 活性炭		71
activated carbon method		
活性炭法		71
activated power 有効電力		393
activation energy		
活性化エネルギー		71
active oxygen 活性酸素		71
active solar system		
アクティブソーラシステム		5
activities implemented jointly		
共同実施活動		92
adenosine 5'-triphosphate		
アデノシン 5'-三リン酸		8
adiabatic change 断熱変化		237
adiabatic compression		
断熱圧縮		237
adiabatic expansion 断熱膨張		238
adiabatic flame temperature		
断熱火炎温度		237
adsorption gas 吸着ガス		91
advanced boiling water reactor		
ABWR		28
改良型沸騰水型原子炉		59
advanced configuration and processor ACP		27
advanced power management		
APM 規格		28
advanced pressured fluidized bed combustion		
改良型加圧流動床複合発電		59
advanced pressurized water reactor APWR		29
Advisory Council of Natural Resources and Energy		
総合資源エネルギー調査会		214
aeration ばっ気		323
aerobe 好気性生物		115
aerobic decomposition		
好気性分解		116
aerobic organism 好気性生物		115

English	Japanese	Page
aerosol	エアロゾル	27
afforestation	植 林	178
after burner	再燃焼バーナ	136
Agenda 21	アジェンダ 21	5
aggregate	骨 材	127
aging	高経年化	116
agreement for cooperation between the government of Japan and the government of the USA concerning peaceful uses of nuclear energy	新日米原子力協定	183
AI & NAI	附属書I国と非附属書I国	348
AIJ	共同実施活動	92
air-conditioning system by stored snow	雪冷房	395
air-cooled engine	空冷エンジン	95
air-fuel ratio	空燃比	95
air pollutants	大気汚染物質	223
air pollution	大気汚染	223
air pollution source	大気汚染源	223
air pre-heater	空気予熱器	95
air ratio	空気比	95
air turbine system	エアタービン方式	27
alcohol	アルコール	11
alcohol vehicle	アルコール自動車	11
alcoholic fermentation	アルコール発酵	12
aldehyde	アルデヒド	12
aliphatic hydrocarbon	脂肪族炭化水素	156
alkali soil	アルカリ土壌	11
alkaline battery	アルカリ乾電池	11
alkane	アルカン	11
alkene	アルケン	11
Alliance of Small Island States AOSIS		27
alpha-rays	α 線	13
alternating current	交 流	120
alternative energy	代替エネルギー	224
alternative fuel	石油代替燃料	205
aluminum	アルミニウム	13
aluminum-plastics complex structure for heat insulation	アルミ樹脂複合断熱構造	13
Am	アメリシウム	10
amalgamated treatment	ごみの広域処理化	129
amendment on energy conservation law	省エネルギー法の改正	168
American Petroleum Institute API		28
American Society of Mechanical Engineers	アメリカ機械学会	10
americium	アメリシウム	10
amine absorption	アミン吸収法	9
amine chemical absorption	アミン吸収法	9
ammonia	アンモニア	14
ammonia absorption refrigerating machine	アンモニア吸収冷凍機	14
amorphous	アモルファス	10
	非晶質	334
amorphous solar cell	アモルファス太陽電池	10
amount of electric power	電力量	274
amount of global solar radiation	全天日射量	211
amount of substance	物質量	349
ampere-hour capacity	アンペア時容量	14
an hour value	1 時間値	19
anaerobic decomposition	嫌気性分解	104
analytic hierarchy process	AHP 法	27
analytic hierarchy process	階層分析法	57
ancillary service	アンシラリーサービス	13
anergy	アネルギー	9
angle of repose	安息角	13

animal 動物	276	融灰式燃焼装置	394
animals and plants waste		ASME アメリカ機械学会	10
動植物性残さ	276	associated gas 随伴ガス	189
Annex I countries and		associated gas 油井ガス	395
non-Annex I countries		AT 自動変速機	155
附属書I国と非附属書I国	348	atmospheric diffusion 大気拡散	223
annual cost 年間コスト	304	atmospheric distillation	
annual cost method		常圧蒸留	166
年間コスト法	304	atom 原子	105
anode アノード	9	atomic adsorption spectrometry	
燃料極	306	原子吸光法	105
anthracite 無煙炭	383	Atomic Energy Commission	
APFBC 改良型加圧流動床複合発電	59	原子力委員会	106
API oil separator		Atomic Energy Fundamental Act	
API オイルセパレータ	28	原子力基本法	107
apparent power 皮相電力	335	atomic power energy	
approved maximum capacity		原子力エネルギー	106
認可最大出力	291	atomic power generation	
Arabian crude oil アラビア原油	10	原子力発電	108
Arabian light アラビアンライト	10	atomic reactor 原子炉	108
arc discharge アーク放電	5	atomization 微粒化	341
arc furnace アーク炉	5	atomizer アトマイザ	9
arc lamp アーク灯	5	ATP アデノシン 5'-三リン酸	8
argon ion laser		ATP synthesis ATP 合成	28
アルゴンイオンレーザ	12	attached flame 付着火炎	348
アルゴンレーザ	12	authorized maximum capacity	
argon laser アルゴンレーザ	12	認可最大出力	291
ark heating アーク加熱	4	auto-ignition 自己着火	148
arm's length price		automatic dust monitor	
アームズレングスプライス	9	ダスト濃度自動計測器	231
aromatic 芳香族	369	automatic fault direct and	
aromatic base crude		separate 自動故障区間分離方式	155
アロマティック基原油	13	automatic transmission	
aromatic base crude oil		自動変速機	155
アロマティック基原油	13	autotroph 独立栄養生物	278
aromatic hydrocarbon		available energy 有効エネルギー	392
芳香族炭化水素	369	available power 可能発電電力	72
artificial lightweight aggregate		average power of top three	
人工軽量骨材	181	最大3日平均電力	134
AS アンシラリーサービス	13	Avogadro's law	
Asahi coak method		アボガドロの法則	9
旭コークス法	5	axial flow turbine 軸流タービン	147
ash content 灰分	321		
ash melting combustor			

(B)

bacterial gas
 バクテリア起源ガス 322
bag filter バグフィルタ 322
  ろ過集じん装置 418
bagasse バガス 322
baking kiln 焼成炉 174
balanced draft system
 平衡通風方式 362
ball mill ボールミル 374
barrel バレル 329
  bbl 338
basal metabolism 基礎代謝 86
base load ベース負荷 363
Basel Convention on the Control of Transboundary Movements of Hazardous Wastes and their Disposal バーゼル条約 323
basic guide lines for new energy introduction
 新エネルギー導入大綱 180
basic oxygen furnace 転炉 274
basic survey for city planning
 都市計画基礎調査 279
basic trial of Nankai trough
 南海トラフの基礎試錐 286
batch type combustion
 バッチ燃焼方式 325
batch type incinerator
 バッチ式焼却炉 324
battery 電池 269
  バッテリ 325
BE 結合エネルギー(化合物の) 103
becquerel ベクレル 363
Benfield process
 ベンフィールド法 367
benzene ベンゼン 366
benzoic acid 安息香酸 14
Bergius method ベルギュース法 365
Bernoulli's theorem
 ベルヌーイの定理 365

best energy mix
 ベストミックス(エネルギーの) 363
beta rays β 線 363
BFG 高炉ガス 121
  Bガス 332
bi-fuel バイフューエル 320
bias combustion バイアス燃焼 311
Bikini atoll ビキニ環礁 333
bilateral contract 相対取引 3
binary cycle generation
 バイナリーサイクル発電 319
binary cycle power generation
 二流体サイクル発電 291
binding energy
 結合エネルギー(化合物の) 103
 結合エネルギー(原子核内の) 103
bioenergy バイオマスエネルギー 313
bioethanol バイオマスアルコール 312
biofuel バイオマス燃料 313
biogas バイオガス 312
biological diversity 生物多様性 200
biological fixation 生物固定 200
biological remediation
 微生物浄化 335
biological shield 生体遮へい壁 198
biomass バイオマス 312
biomass from forestry
 林業からのバイオマス 410
biomass fuel バイオマス燃料 313
biomass power generation
 バイオマス発電 314
biomass resources
 バイオマス資源 313
bioreactor バイオリアクタ 314
BIPV 建材一体型太陽電池 104
bitumen ビチューメン 335
bituminous coal 歴青炭 415
black liquor 黒液 122
blackbody 黒体 125
blade pitch control ピッチ制御 335
blanket ブランケット 355
blast furnace 高炉 121
blast furnace gas 高炉ガス 121
  Bガス 332

blast furnace slag 高炉スラグ	121	
bleeder turbine 抽気タービン	246	
BOG ボイルオフガス	368	
boil off gas 蒸発ガス	175	
ボイルオフガス	368	
boiler ボイラ	368	
boiling 沸騰	349	
boiling heat transfer 沸騰伝熱	349	
boiling water reactor		
沸騰水型原子炉	349	
bomb calorimeter ボンベ熱量計	374	
bond energy		
結合エネルギー(化合物の)	103	
Bosanquet formula		
ボサンケの式	372	
bottom ash 主 灰	164	
bottom feed stoker		
下込式ストーカ	152	
Boyle-Charle's law		
ボイル・シャルルの法則	368	
BP-Amoco statistical review of		
world energy BP 統計	338	
Bq ベクレル	363	
brake thermal efficiency		
正味熱効率	176	
Brayton cycle		
ブレイトンサイクル	356	
breaker ブレーカ	357	
brewer's grains ビール仕込粕	341	
brine sensible heat storage		
ブライン顕熱蓄熱	352	
brine-slurry system		
ブラインスラリー式	352	
brine storage system		
ブライン式	352	
brine temperature		
ブライン温度	352	
briquette 練 炭	416	
brise-soleil [仏]		
ブリーズソレイユ	355	
British thermal unit BTU	335	
brown coal 褐 炭	71	
Brownian movement		
ブラウン運動	353	

brush formula ブラシ式	353	
brushless DC motor		
ブラシレス直流モータ	353	
BTU BTU	335	
build-operate-transfer BOT	332	
building and energy management		
system BEMS	364	
building environment assessment		
建築環境評価	109	
building frame thermal storage		
躯体蓄熱	96	
building integrated photovoltaic		
module 建材一体型太陽電池	104	
building integrated photovoltaic		
system 建材一体型太陽電池	104	
bulk density かさ比重	66	
burning velocity 燃焼速度	305	
燃 速	305	
business waste 事業系ごみ	146	
butane ブタン	348	
BWR 沸騰水型原子炉	349	

〔C〕

C 炭 素	236	
C_1 chemistry technology		
シーワン化学技術	178	
C_2H_4 エチレン	35	
cage occupation ケージ占有率	102	
caged ice 包接氷	371	
cal カロリー	74	
calcination 石灰石焼成	207	
calculation of combustion		
燃焼計算	305	
calorie カロリー	74	
calorific value 発熱量	326	
calorimeter 熱量計	303	
cancer が ん	75	
cap rock 帽 岩	369	
capacitor motor		
コンデンサモータ	131	
capture of carbon dioxide		
二酸化炭素回収	287	

carbohydrate metabolism	
糖質代謝	276
carbon 炭素	236
carbon assimilation	
炭素同化作用	236
carbon balance	
カーボンバランス	73
carbon dioxide 二酸化炭素	287
carbon dioxide emission	
二酸化炭素排出量	288
carbon dioxide hydrate	
二酸化炭素ハイドレート	288
carbon dioxide recycling	
二酸化炭素リサイクル	288
carbon formation reaction	
カーボン生成反応	73
carbon hydrogen ratio	
炭化水素比	234
carbon monoxide 一酸化炭素	19
carbon monoxide shift reaction	
一酸化炭素変成反応	19
carbon nano tube	
カーボンナノチューブ	73
carbon neutral	
炭素ニュートラル	236
carbon residue 残留炭素分	142
carbon sequestration	
二酸化炭素隔離	287
carbon sinks 炭素吸収源	236
carbon tax 炭素税	236
carbonic acid gas 炭酸ガス	235
carbonization 乾留	82
carburetor 気化器	84
Carnot cycle カルノーサイクル	73
Carnot efficiency カルノー効率	73
carrying capacity 環境収容能力	78
cascade process	
カスケードプロセス	67
cascade use カスケード利用	67
cash flow キャッシュフロー	89
cask キャスク	89
catalyst 触媒	177
catalytic cracking 接触分解	207
catalytic reforming process	
接触改質法	207
cation 正イオン	197
陽イオン	397
CBM コールベッドメタン	130
CDM クリーン開発メカニズム	97
CDQ CDQ	154
cellulose セルロース	209
Celsius temperature	
セルシウス温度	209
cement セメント	208
cement industry セメント産業	208
cement kiln セメントキルン	208
central for exhaust ventilation	
排気セントラル換気方式	314
central receiver type	
タワー集光型	234
central system セントラル方式	212
central tower type タワー集光型	234
centralized solid thermal	
storage 中央式固体蓄熱	246
centralized system	
セントラル方式	212
centrifugal dewatering	
遠心脱水	46
centrifugal dust collector	
遠心式集じん装置	46
centrifugal extract 遠心脱水	46
centrifugal heat pump	
遠心ヒートポンプ	46
centrifugal refrigerating	
machine ターボ冷凍機	233
centrifugal refrigerator	
遠心式冷凍機	46
centrifuge separation method	
遠心分離法	46
ceramic engine	
セラミックエンジン	208
ceramic filter	
セラミックフィルタ	209
ceramic gas turbine	
セラミックガスタービン	209
cesium セシウム	206
cetane index セタン指数	206
cetane number セタン価	206

CFC-free refrigerator			citric acid cycle クエン酸回路	96
ノンフロン冷蔵庫		309	city gas 都市ガス	279
CFCs クロロフルオロカーボン		98	都市ガス13A	279
CFL 電球型蛍光ランプ		267	clad pipe 被覆管	338
CGS system of units			cladding pipe 被覆管	338
CGS 単位系		149	cladding tube 被覆管	338
chain reaction 連鎖反応		416	clarifying filtration 清澄ろ過	198
chamber oven 室炉式コークス炉		154	classification of new energy	
charcoal 木炭		388	新エネルギーの分類表	180
charge 充電		163	clathrate クラスレート	96
Charles's law シャルルの法則		159	包接構造	371
chemical adsorption 化学吸着		60	Clausius integration	
chemical battery 化学電池		60	クラウジウス積分	96
chemical energy 化学エネルギー		60	clean coal technology	
chemical heat pump			クリーンコールテクノロジー	97
ケミカルヒートポンプ		103	clean crude oil クリーン軽油	97
chemical heat storage 化学蓄熱		60	clean development mechanism	
chemical industry 化学産業		60	クリーン開発メカニズム	97
chemical potential			clean hydrogen クリーン水素	97
化学ポテンシャル		61	clear water 清水氷	156
chemical recycling			clear water slurry system	
ケミカルリサイクル		103	清水氷スラリー式	156
chemical thickness			Climate Change Policy Law	
ケミカルシム		103	地球温暖化対策推進法	240
chemical treatment 薬剤処理		390	closed cell insulation	
chemiluminescence 化学発光		60	プラスチック系断熱材	353
chemisorption 化学吸着		60	closed cycle gas turbine	
Cheng cycle チェンサイクル		240	クローズドサイクルガスタービン	98
chiller 冷凍機		414	密閉サイクルガスタービン	380
chlorofluorocarbon			closed gas turbine	
クロロフルオロカーボン		98	CO_2 ガス回収型ガスタービン	
chlorophyll クロロフィル		98	発電システム	144
葉緑素		399	CMS 石炭メタノールスラリー	203
chloroplast 葉緑体		399	CNG vehicle 圧縮天然ガス自動車	6
chlorosulfonic acid			CO 一酸化炭素	19
クロルスルホン酸		98	CO-steam process	
CIF CIF 価格		155	CO スチーム法	126
CIF cost CIF 価格		155	CO_2 炭酸ガス	235
CIF price CIF 価格		155	二酸化炭素	287
CIGS photovoltaic cell			CO_2 acceptor process	
CIGS 太陽電池		143	CO_2 アクセプタ法	144
CIGS solar cell CIGS 太陽電池		143	CO_2 capture 二酸化炭素回収	287
Citizens' Nuclear Information			CO_2 capture technology	
Center 原子力資料情報室		107	二酸化炭素の分離技術	288

CO_2 emission reduction			coal water mixture	
CO_2 削減効果	144		CWM	152
CO_2 fixation　CO_2 固定化技術	144		石炭・水混合燃料	202
CO_2 heat-pump hot water supply system			coal water paste process	
CO_2ヒートポンプ給湯機	145		石炭・水ペースト供給方式	203
CO_2 laser　炭酸ガスレーザ	235		coal water slurry	
CO_2 sequestration technology			石炭・水スラリー	203
二酸化炭素貯留技術	287		coefficient of energy consumption	
coagulation　凝　結	91		エネルギー消費係数	38
coak　コークス	124		CEC	143
coak oven　室炉式コークス炉	154		coefficient of heat transfer	
coak oven method　室炉法	154		熱伝達率	300
coaking coal　粘結炭	304		coefficient of performance	
coal　石　炭	201		成績係数	198
coal ash　石炭灰	202		cogeneration	
coal bed methane			コジェネレーション	125
コールベッドメタン	130		熱電併給	300
coal briquette　成型炭	197		coherence　可干渉性	61
coal briquetting production			coke dry quenching	
ブリケット製造	355		コークス乾式消火	124
coal conversion　石炭転化率	202		CDQ	154
coal derived liquids　石炭液化油	201		coke oven　コークス炉	124
coal field　炭田ガス	237		coking coal　原料炭	111
coal gas　石炭ガス	201		cold energy　冷　熱	414
coal gasification　石炭ガス化	201		cold exergy　冷熱エクセルギー	414
coal liquefaction　石炭液化	201		collection at every door	
coal methanol slurry			戸別収集	128
石炭メタノールスラリー	203		collection efficiency　集じん率	161
coal mill　微粉炭ミル	339		collection of source separated	
coal oil mixture			分別収集	360
COM	144		collector efficiency　集熱効率	163
石炭石油混合燃料	202		COM　COM	144
coal pulverizer　微粉炭機	338		石炭石油混合燃料	202
微粉炭ミル	339		combined cycle thermal power	
coal pyrolysis gas　乾留ガス	83		コンバインドサイクル	131
coal rank　石炭化度	201		combined gas turbine system power generation	
coal reserves　石炭の埋蔵量	202		ガスタービン複合発電	68
coal seam gas　炭田ガス	237		combined pollution　複合汚染	347
coal storage　貯　炭	253		combined water　化合水分	65
coal storage in water　水中貯炭	189		combustible municipal waste	
coal tar　コールタール	130		可燃ごみ	71
coal tar mixture			combustible sulfur　燃焼性硫黄	305
石炭タール混合燃料	202			

English	Japanese	Page
combustible waste	可燃ごみ	71
combustibles	可燃分	72
combustion of crude oil	原油生だき	110
combustion temperature	燃焼温度	304
commercial furnace	実用炉	154
commercial gasifier	実用炉	154
commercial generation plant	事業用発電	146
commercial plant	実用炉	154
commercial waste	事業系ごみ	146
compact fluorescent lamp	電球型蛍光ランプ	267
compactor	コンパクタ	131
complex pollution	複合汚染	347
composition of burned gas	燃焼ガス成分	304
composting	コンポスト化	131
compound parabolic concentrator	複合放物面鏡型集熱器	347
compound semiconductor solar cell	化合物太陽電池	65
Comprehensive Test Ban Treaty	包括的核実験禁止条約	369
compressed air energy storage power generation	圧縮空気貯蔵発電	6
compressed natural gas vehicle	圧縮天然ガス自動車	6
compression crushing	圧縮破砕	6
compression heat pump	圧縮ヒートポンプ	7
compression ratio	圧縮比	7
concentration	集光倍率	160
concentration cell	濃淡電池	309
concentration ratio	集光倍率	160
condensation heat transfer	凝縮伝熱	91
condenser	コンデンサ	131
	復水器	348
condensing turbine	復水タービン	348
condensive load	進相負荷	182
conductimetric analysis	溶液導電率法	397
conduit type hydro power plant	水路式	191
	水路式発電所	191
conference of the parties	締約国会議	261
Conradoson method	コンラドソン試験法	131
conservation of resources	資源保全	148
conservative force	保存力	373
consolidation synthetic fuel process	CSF法	143
constant flow regulator system	定流量システム	261
constant flow regulator valve	定流量弁	261
constant pressure gas turbine	定圧燃焼ガスタービン	255
construction mass	構造質量	118
containment vessel	格納容器	63
contaminant	汚染物質	50
continuous annealing and normalizing furnaces	連続焼鈍	416
continuous casting	連続鋳造	416
continuous feed incinerator	連続燃焼式焼却炉	416
continuous reactor	連続がま	416
continuously variable transmission	無段変速装置	383
contract demand	契約電力	102
control by immutable weight	総量規制	216
control of fission	核分裂の制御	64
control rod	制御棒	197
controlled type landfill site	管理型処分場	82
convection heat transfer	対流伝熱	229
Convention on Biological Diversity	生物多様性条約	200

conventional gas 在来型天然ガス	136
conventional petroleum resource 在来型石油資源	136
conversion 転換	264
conversion efficiency 変換効率	366
conversion ratio 転換率	264
cool flame 冷炎	413
coolant 冷却材(原子炉の)	413
冷却水(原子炉の)	413
cooling tower 冷却塔	413
cooling water 冷却水(発電所の)	413
COP 締約国会議	261
COP 3 地球温暖化防止京都会議	241
coplanar PCB コプラナ PCB	128
Coppers-Totzek gasifier コッパース・トチェック式ガス化炉	127
coppice 雑木林	214
core 炉心	418
core shroud シュラウド	165
corona コロナ	130
corona discharge コロナ放電	130
corporate finance コーポレートファイナンス	128
corrosion 腐食	348
cosmic rays 宇宙線	24
cost and insurance and freight price CIF 価格	155
cost-benefit method analysis 費用効果分析	340
cost of heat カロリー単価	74
Cottrell precipitation コットレル集じん器	127
Coulomb's force クーロン力	99
counter back electromotive force 逆起電力	88
countermeasures against dioxin ダイオキシン対策	221
CP 原価法	104
CPC 複合放物面鏡型集熱器	347
cracked gasoline 分解ガソリン	359
crank system クランク機構	96
critical 臨界	410
critical point 臨界点	410
critical pressure 臨界圧力	410
critical state 臨界状態	410
critical temperature 臨界温度	410
criticality control 臨界安全管理	410
crude gasoline 粗製ガソリン	217
crude oil 原油	110
crude steel 粗鋼	217
crusher for solid waste 破砕機	323
crushing 粉砕	359
cryogenic distillation process 深冷分離法	183
crystal structure of methane hydrate メタンハイドレートの結晶構造	386
Cs セシウム	206
CSF CSF 法	143
CTBT 包括的核実験禁止条約	369
CTM 石炭タール混合燃料	202
CV 格納容器	63
CVT 無段変速装置	383
CWM CWM	152
石炭・水混合燃料	202
CWP 石炭・水ペースト供給方式	203
CWS 石炭・水スラリー	203
cycloalkane シクロアルカン	147
cyclone サイクロン	132
cytochrome c チトクローム c	243

〔D〕

D 重水素	162
d 重水素	162
daf 無灰無水基準	384
daily check 日常点検	290
dam ダム	233
dam and conduit type power plant ダム水路式発電所	233
dam type power plant ダム式発電所	233
damper ダンパ	238
Darrieus rotor ダリウス風車	233
daughter 娘核種	383

daughter nuclide 娘核種	383	
day saving time サマータイム	138	
DC 直流	252	
de novo action デノボ合成	262	
de-NOx combustion 炉内脱硝	420	
deacon action deacon反応	255	
Debye's specific heat formula デバイの比熱式	263	
decay 崩壊	369	
decay chain 崩壊系列	369	
Declaration of the United Nations Conference of the Human Environment ストックホルム宣言 人間環境宣言	194 291	
decommissioning 廃止措置 廃炉	316 321	
decomposition combustion 分解燃焼	359	
deep earth carbon sequestration 地中貯留	243	
deep-seated hot water 深層熱水	181	
default service 最終保障約款	132	
defense-in-depth 多重防護	230	
deforestation 森林破壊	183	
degradation by microorganism 微生物分解	335	
degree-day デグリーデー	262	
degree of superheat 過熱度	71	
dehydrochlorination 脱塩化水素	231	
delayed coking process ディレードコーキング法	261	
demand and supply control 需給調整	164	
demand forecast 需要予測	164	
demand side management デマンドサイドマネジメント	263	
demand supervisory control デマンド監視制御	263	
demonstration furnace 実証炉	154	
demonstration gasifier 実証炉	154	
denaturated alcohol 変性アルコール	366	
density separation 比重選別	334	
deodorization 脱臭	231	
deoxidizing flame 還元炎	80	
depleted uranium 劣化ウラン	415	
depletion of resources 資源枯渇	147	
deposit refund system デポジットシステム	263	
deposit system デポジット制度	263	
deregulation 規制緩和 電力自由化	86 273	
desertification 砂漠化	137	
desiccant air conditioning デシカント空調	262	
desiccant air conditioning system デシカント空調	262	
design and construction guideline on the rationalization of energy use for houses 住宅の次世代省エネルギー基準	162	
designated heat management factory 熱管理指定工場	295	
designed ventilation 計画換気	100	
desorption 脱離	232	
destruction of tropical rain forest 熱帯雨林の破壊	297	
desulfurization of heavy oil 重油脱硫	163	
desulphurization of heavy oil 重油脱硫	163	
detonation デトネーション 爆轟	262 322	
developing countries' participation 発展途上国の参加問題	326	
developing country 開発途上国	57	
dewatered sludge 脱水ケーキ	232	
dewatering machine 脱水機	231	
DHC 地域冷暖房	239	
DI 直噴ガソリンエンジン 直噴ディーゼルエンジン ディーゼルエンジン	252 252 258	
diaphragm process 隔膜電解法	64	
DIDE 直噴ディーゼルエンジン	252	
dielectric 誘電体	393	

dielectric heating 誘電加熱	393	直接発電	251
dielectric loss 誘電損	393	direct gain system	
Diesel cycle ディーゼルサイクル	259	ダイレクトゲインシステム	229
diesel engine		direct hydro-liquefaction	
ディーゼルエンジン	258	直接水添液化	251
diesel fuel ディーゼル燃料	259	direct injection diesel engine	
diesel oil 軽油	102	直噴ディーゼルエンジン	252
diesel particulate filter		direct injection gasoline engine	
ディーゼルパティキュレート		直噴ガソリンエンジン	252
フィルタ	259	direct iron ore smelting	
diesel particulate matter		reduction process	
ディーゼル微粒子	260	溶融還元製鉄	399
diesel power generation		direct methanol fuel cell	
ディーゼルエンジン発電	259	直接型メタノール燃料電池	251
diffuse solar radiation 散乱日射	142	direct reforming of methane	
diffusion coefficient 拡散係数	62	メタン直接改質プロセス	386
diffusion combustion 拡散燃焼	62	direct reforming thechnology	
diffusive combustion 拡散燃焼	62	of methane	
digestion 消化	169	メタン直接改質技術	385
dimethyl ether		direct solar radiation 直達日射	251
ジメチルエーテル	156	Disaster Counter Measures	
DME	256	Basic Act 災害対策基本法	132
DME(自動車用燃料の)	257	disaster prevention measures	
dimmer system 調光システム	249	防災対策	370
dinitrogen monoxide		discharged heat 排熱	319
一酸化二窒素	20	Dish-Stirling power generation	
dioxin ダイオキシン	220	ディッシュ・スターリング発電	260
dioxin analysis		dispersed 分散型	359
ダイオキシン類の分析	222	dispersed energy	
dioxin control ダイオキシン規制	220	分散型エネルギー	359
dioxins ダイオキシン類	221	dispersed power source	
dioxins reformation		分散型電源	359
ダイオキシン類の再合成	221	dissociation energy	
direct coal liquefaction		解離エネルギー	58
直接液化	251	dissolution 溶解	397
direct cooling system		dissolution of harmful elements	
直膨チラー	252	有害元素の溶出	391
direct current 直流	252	dissolution of heavy metals	
direct current circuit breaker		重金属の溶出	160
直流遮断機	252	distillation 蒸留	176
direct current transmission		distillation characteristics	
直流送電	252	蒸留性状	177
direct digital control DDC	260	distillation under reduced	
direct electricity generation		pressure 減圧蒸留	104

distributed 分散型	359
distribution feeder 配電	318
distribution of methane hydrate メタンハイドレートの分布	386
distribution system 配電方式	318
district cooling and heating system 地域冷暖房システム	239
district heating and cooling 地域熱供給	239
地域冷暖房	239
DME DME	256
DME(自動車用燃料の)	257
DMFC 直接型メタノール燃料電池	251
DOC 酸化触媒	139
domestic waste 一般廃棄物	20
生活系ごみ	197
dose limit 線量限度	213
double concentration type ダブル集光型	232
double-effect steam operated absorption chiller 二重効用蒸気吸収冷凍機	289
double heterostructure laser DH半導体レーザ	256
down draft ダウンドラフト	229
down wash ダウンウォッシュ	229
DPF ディーゼルパティキュレートフィルタ	259
DPM ディーゼル微粒子	260
draft ドラフト	282
drain separator 気水分離器	85
drainer 脱水機	231
draught ドラフト	282
dry ash-free base 無灰無水基準	384
dry burned gas 乾き燃焼ガス	74
dry burnt gas 乾き燃焼ガス	74
dry cell 乾電池	82
dry combustion air 乾き燃焼ガス量	75
dry desulfurization 乾式脱硫法(ガスの)	81
dry distillation pyrolysis 乾 留	82
dry exhaust-gas denitration method 乾式排煙脱硝法	81
dry feed ドライフィード	281
dry gas ドライガス	281
dry mineral matter base 純炭ベース	166
dryer 乾燥機	82
DSD デュアルシステムドイッチェランド	263
DSM デマンドサイドマネジメント	263
dual-fuel diesel engine 二元燃料ディーゼル機関	287
Duales System Deutschland DSD	256
Duales System Deutschland AG デュアルシステムドイッチェランド	263
dust 煤じん	317
dust collector 集じん装置	161
dust concentration ダスト濃度	231
煤じん濃度	317
dye laser 色素レーザ	146
dye-sensitized solar cell 色素増感太陽電池	146

(E)

Earth Day アースデイ	5
earth deep gas 地球深層ガス	242
Earth Summit 地球サミット	242
earthquake 地 震	150
ECCJ 省エネルギーセンター	167
ECCS 非常用炉心冷却装置	334
eco-business エコビジネス	32
eco cement エコセメント	31
eco-city 環境共生都市	78
eco-design エコデザイン	32
eco-driving エコドライブ	32
eco-efficiency 環境効率	78
eco-energy city project エコ・エネ都市プロジェクト	30
eco energy town	

エコエネルギー都市	31	エネルギー消費のGDP弾性値	39
eco-label 環境ラベル	80	**electric conductivity**	
eco-life エコライフ	33	電気伝導率	266
eco-mark エコマーク	32	**electric double layer capacitor**	
eco-material エコマテリアル	33	電気二重層キャパシタ	266
eco-museum エコミュージアム	33	**electric furnace** 電気炉	267
eco-school エコスクール	31	**electric heating** 電 熱	269
eco-space 環境容量	80	**electric load leveling**	
eco-station エコステーション	31	電力負荷平準化	274
eco-town エコタウン	31	**electric motor** 電動機	269
ecological footprinting analysis		**electric power** 電 力	272
エコロジカルフットプリンティング分析	33	**electric power demand**	
		電力需要	273
economical thickness of insulating materials		**electric power development tax** 電源開発促進税	267
経済保温厚さ	100	**electric power generation by industrial wastes**	
economics of environment		産業廃棄物発電	140
環境経済学	78	**electric power load** 電力負荷	274
economizer エコノマイザ	32	**electric power plant boiler**	
eddy current separation		発電用ボイラ	326
渦電流選別	24	**electric power system** 電力系統	273
EDS EDS法	20	**electric power utility**	
effective dose 実効線量	153	電気事業者	265
effective head 有効落差	393	**electric pulverize** 電気集じん器	265
effective height of stack		**electric resistance** 抵 抗	258
有効煙突高さ	392		電気抵抗	266
effective storage capacity		**electric supply** 送 電	215
有効貯水容量	392	**electric toilet seat** 電気便座	266
effects on oil saving		**electric vehicle** 電気自動車	265
石油節減効果	205	**electric water heater**	
efficiency 熱機関の効率	295	電気温水器	264
efficiency of thermal storage tank 蓄熱槽効率	242	**electrical output** 電気出力	266
EGR 排ガス再循環	314	**electricity management designated factory** 電気管理指定工場	265
EIA 環境影響評価	76	**electricity market reform**	
	環境影響評価法	76	電力自由化	273
Einstein's mass energy formula アインシュタインの式	4	**electricity rate** 電気料金	267
ejector エジェクタ	34	**electricity retail market**	
EL エレクトロルミネセンス	45	電力小売市場	273
El Nino エルニーニョ現象	45	**Electricity Utilities Industry Law** 電気事業法	265
elastic energy 弾性エネルギー	235	**electrification rate** 電化率	264
elasticity of energy consumption to GDP			電力化率	272

electrochemical equivalent	
電気化学当量	264
electrochemical potential	
電気化学ポテンシャル	265
electroluminescence	
エレクトロルミネセンス	45
electrolysis 電気分解	266
electrolyte 電解質	264
electrolytic dissociation 電離	272
electrolytic dissociation	
energy 電離エネルギー	272
electromagnetic energy	
電磁エネルギー	268
electromotive force 起電力	87
electron 電子	268
electron beam method	
電子ビーム法	269
electron-transport chain	
電子伝達系	268
electronic controlled fuel	
injection system	
電子制御燃料噴射装置	268
electronic pumping ポンピング	374
electronic thermal-conductivity	
電子熱伝導率	268
electrostatic energy	
静電エネルギー	199
electrostatic precipitation EP	21
electrostatic precipitator	
電気集じん装置	265
electrostatic separator	
静電選別法	199
elemental analysis 元素分析	109
emalusion technology	
エマルジョン化技術	42
emergency core cooling system	
非常用炉心冷却装置	334
emergency gas station	
災害対応型ガソリンスタンド	132
emission standard of dust	
煤じんの排出基準	317
emission standards of smoke	
煤煙の排出基準	311
emissions trading 排出権取引	316
EMS 環境マネジメントシステム	80
emulsion fuel エマルジョン燃料	43
endothermic reaction 吸熱反応	91
endowments 賦存量	348
energy エネルギー	35
energy consumption rate	
エネルギー消費効率	39
energy balance table	
エネバラ	35
エネルギーバランス表	41
energy capacitor system	
エネルギー貯蔵	40
energy circulation	
エネルギー循環	38
energy conservation	
省エネルギー	167
energy conservation law	
省エネ法	166
energy consumption efficiency	
standard 省エネ基準値	166
energy consumption intensity	
エネルギー消費原単位	38
energy conversion	
エネルギー転換	40
エネルギー変換	41
energy conversion efficiency	
エネルギー変換効率	41
energy conversion factor	
エネルギー換算係数	36
energy crop エネルギー植物	39
energy density エネルギー密度	42
energy economics	
エネルギー経済学	37
energy efficiency	
エネルギー効率	37
energy endowments	
エネルギー賦存	41
energy factor エネルギー原単位	37
energy-GDP elasticity	
エネルギー弾性値	40
energy in vibrations	
振動におけるエネルギー	182
energy-intensive industries	
エネルギー多消費型産業	40

English	Japanese	Page
energy level	エネルギー準位	38
energy management	エネルギー管理	36
energy mix	エネルギーミックス	42
energy of wave	波動エネルギー	326
energy payback time	エネルギー回収年数	36
	エネルギーペイバックタイム	41
energy policy	エネルギー政策	40
energy power storage	電力貯蔵	274
energy productivity	エネルギー生産性	40
energy ratio	エネルギー収支比	38
energy recovery	エネルギー回収	36
	エネルギーリサイクル	42
energy recovery from waste plastics by combustion	プラスチック廃棄物の燃焼利用	353
energy recycle	エネルギー循環	38
energy regeneration	エネルギー再生	38
energy resources	エネルギー資源	38
energy revolution	エネルギー革命	36
energy-saving navi	省エネナビ	166
energy security	エネルギー安全保障	36
energy service company	ESCO	34
energy sources	エネルギー源	37
energy transport	エネルギーの輸送	41
energy unit consumption	エネルギー消費原単位	38
energy utilization in a cascading way	エネルギーのカスケード利用	40
engineering unit system	工学単位系	115
enriched uranium	濃縮ウラン	309
enthalpy	エンタルピー	46
enthalpy-entropy diagram	h–s 線図	28
entrained bed	噴流床	361
entrained bed gasifier	噴流床ガス化	361
entropy	エントロピー	47
environmental accounting	環境会計	76
environmental audit	環境監査	76
environmental capacity	環境容量	80
environmental economics	環境経済学	78
environmental education	環境教育	77
environmental estimate	環境評価	79
environmental hormone	環境ホルモン	79
environmental housekeeping book	環境家計簿	76
environmental impact assessment	環境アセスメント	75
	環境影響調査	75
	環境影響評価	76
Environmental Impact Assessment Law	環境影響評価法	76
environmental impacts	環境インパクト	75
environmental management system	環境マネジメントシステム	80
environmental performance	環境パフォーマンス	79
environmental pollution	公害	114
environmental quality standard	環境基準	76
environmental tax	環境税	78
environmentally considered building	環境配慮型建築	79
environmentally-harmonized cement	環境調和型セメント	78
environmentally symbiotic housing	環境共生住宅	77

enzyme　酵　素	118
EP　EP	21
電気集じん器	265
電気集じん装置	265
equation of state　状態方程式	174
equilibrium composition of burned gas　平衡組成	362
equilibrium temperature of burned gas　平衡温度	362
equivalence of mass and energy　質量とエネルギーの等価性	154
equivalence ratio　当量比	276
equivalent to coal　石炭換算	202
equivalent to oil　石油換算	203
ESCO　ESCO	34
エスコ	34
ESP　電気集じん装置	265
ethane　エタン	35
ethanol synthesis　エタノール合成	35
ethyl alcohol　エチルアルコール	35
ethylene　エチレン	35
EV　電気自動車	265
evaluation of unit requirement　原単位評価	109
evaporation　蒸　発	175
evaporative combustion　蒸発燃焼	176
evaporative gas　蒸発ガス	175
evaporator　エバポレータ	42
蒸発器	176
excess air　過剰空気	66
excess air ratio　空気過剰率	95
excited state　励起状態	413
exergetic efficiency　エクセルギー効率	30
exergie　エクセルギー	30
exergy　エクセルギー	30
exergy of the atmosphere　大気のエクセルギー	223
exhaust-gas denitration　排煙脱硝法	311
exhaust gas recirculation　排ガス再循環	314
exhausted petroleum gas well　枯渇油ガス田	122
exothermic reaction　発熱反応	326
expansion ratio　膨張比	372
expansion valve　膨張弁	372
experimental reactor　実験炉	153
explosion　爆　発	322
exposure　照射線量	173
expression　加圧脱水	55
extensive quantity　示量変数	178
extent of reaction　反応進行度	329
external condition　外部条件	57
external exposure　外部被ばく	58
external heat of vaporization　外部蒸発熱	57
externality　外部性	57
extinction　消　炎	168
extra-high voltage electric power receiving　特別高圧受電	278
extra high voltage power supply　超高圧送電	249
extraction　抽　出	247
Exxon-donor-solvent process　EDS法	20

(F)

fabric filter　バグフィルタ	322
ろ過集じん装置	418
fabrication　成型・加工	197
factor 4　ファクター4	342
factory survey　工場調査	117
Fahrenheit temperature　ファーレンハイト温度	342
fail-safe system　フェイルセーフシステム	345
Faraday's constant　ファラデー定数	342
Faraday's law of electrolysis　ファラデーの電気分解の法則	342
fast breeder reactor　高速増殖炉	118
fast neutron　高速中性子	119

英語	日本語	ページ
fast neutron reactor	高速中性子炉	119
	高速炉	119
fast reactor	高速炉	119
fatigue	疲 労	341
FBC	流動層燃焼	408
FBR	高速増殖炉	118
FC	燃料電池	307
	燃料電池発電	307
	遊離炭素	394
fermentation	発 酵	324
Fermi energy	フェルミエネルギー	346
fill dam	フィルダム	343
film badge	フィルムバッジ	343
final disposal	最終処理	132
final treatment	最終処理	132
fire	火	331
fire ball	輝 炎	84
fire ball cycle	焼玉機関	390
firewood	薪	375
firm discharge	常時使用水量	173
first grade pressure vessel	第一種圧力容器	220
fission	核分裂	63
fission chain reaction	核分裂連鎖反応	64
fission product	核分裂生成物	64
fission reactor	核分裂炉	64
fixed bed combustion	固定床燃焼	127
fixed carbon	固定炭素	128
flame	火 炎	59
flame propagation	火炎伝ぱ	60
flame stabilization	保 炎	372
flame velocity	火炎速度	60
flammable material	易燃性物質	21
flammable waste	易燃性廃棄物	21
	引火性廃棄物	21
flash back	逆 火	89
flash evaporation	フラッシュ蒸気	354
flexible container	フレキシブルコンテナ	357
flexible container	フレコン	357
floating charge	浮動充電	350
floor heating	床暖房	394
floor heating equipment	床暖房器具	394
flow duration curve	流況曲線	406
flue gas desulfurization process using magnesium hydroxide	水マグ法	189
fluid coupling	流体継手	407
fluidized bed	流動床	407
	流動層	407
fluidized bed combustion	流動層燃焼	408
fluidized bed incinerator	流動層焼却炉	408
fluorescence	蛍 光	100
fluorescence spectrometry	蛍光分光分析法	100
fly ash	集じん灰	161
	飛 灰	337
	フライアッシュ	352
fly-ash cement	フライアッシュセメント	352
fly ash from melting furnace	溶融飛灰	399
flywheel	はずみ車	323
	フライホイール	352
food chain	食物連鎖	178
food waste	食品廃棄物	177
forced circulation boiler	強制循環ボイラ	92
forced flue type heater	FF式温風暖房機	42
	強制給排気式温風暖房機	92
forest	森 林	183
forest biomass	森林バイオマス	183
formaldehyde	ホルムアルデヒド	374
fossil energy	化石エネルギー	69
fossil fuel	化石燃料	70
fouling factor	汚れ係数	399
four wheel drive	四輪駆動車	400
Fourier's law	フーリエの法則	355
fractional distillation	分 留	360

free carbon 遊離炭素	394		Fugen ふげん	348
free electron 自由電子	163		fullerene フラーレン	354
free energy 自由エネルギー	159		fumaks process フマックス法	351
free gas 自由ガス	159		fuming combustion いぶり燃焼	21
フリーガス	355		furnace pressure 炉内圧力	420
遊離ガス	394		fusibility 軟化溶融性	286
free radical フリーラジカル	355		fusion 核融合	64
freezing 冷凍	414		溶融	398
Freon フレオン	357		fusion reactor 核融合炉	65

〔G〕

frequency converting substation 周波数変換所	163
friction conduction mechanism 摩擦伝導機構	376
friction gearing 摩擦伝動装置	377
fuel 燃料	305
fuel additives 燃料添加物	306
fuel cell 燃料電池	307
fuel cell cogeneration system 燃料電池コジェネレーションシステム	307
fuel cell combined power generation 燃料電池複合発電	308
fuel cell power generation 燃料電池発電	307
fuel cell powered vehicle 燃料電池自動車	307
fuel conversion 燃料転換	306
fuel injection nozzle 燃料噴射ノズル	308
fuel injection pump 燃料噴射ポンプ	308
fuel NOx フューエル NOx	351
fuel oil 重油	163
fuel oil A A重油	27
fuel oil additives 重油添加剤	163
fuel oil B B重油	334
fuel oil C C重油	149
fuel recycle フューエルリサイクル	351
fuel switching 燃料転換(エネルギー利用における)	306
fuel usable waste 燃料系廃棄物	306
fuel vapor pressure 燃料蒸気圧	306

Gaia hypothesis ガイア仮説	55
Galvanic cell ガルバニ電池	74
gamma-rays γ線	82
garbage 生ごみ	286
gas 気体	86
gas absorption ガス吸収	67
gas absorption heat pump 吸収式ヒートポンプ	90
gas absorption refrigerating machine with exhaust heat recovery 排熱投入型ガス吸収冷温水機	319
gas analysis ガス分析	69
gas burner ガスバーナ	69
gas chromatograph ガスクロマトグラフ	67
gas constant 気体定数	86
gas cooking appliances ガス調理機器	68
gas-cooled reactor ガス炉	69
gas desaulferization ガスの脱硫	69
gas engine ガスエンジン	66
gas engine heat pump ガスエンジンヒートポンプ	66
gas field ガス田	68
gas fuel 気体燃料	86
gas generator ガス発生炉	69
gas hydrate ガスハイドレート	69
gas insulated switchgear ガス絶縁開閉装置	68
gas insulated transmission line	

管路気中送電線	83	GDI 直噴ガソリンエンジン	252
gas-liquid equilibrium separation 気液平衡分離	84	GDP 国内総生産	125
		GE ガスエンジン	66
gas odor addition ガスの付臭	69	**general gas utilities industry** 一般ガス事業	20
gas oil 軽 油	102	**general waste** 一般廃棄物	20
gas pipeline ガスパイプライン	69	**generated power** 発電電力量	326
gas production from hydrate layer ハイドレート層からのガス生産	318	**generation using ocean concentration** 海水濃度差発電	56
gas purification ガス精製	68	**generator** 発電機	325
gas radiation ガス放射	69	**generator motor** 発電電動機	325
gas-solid reaction 気固反応	85	**geo-pressure gas** ジオプレッシャガス	145
gas station ガソリンスタンド	71	
gas to liquid GTL	154	**geographic information system** 地理情報システム	253
gas turbine ガスタービン	68	**geological disposal** 地層処分	243
gas turbine cogeneration ガスタービンコジェネレーション	68	**geothermal area** 地熱地域	244
gas turbine combined cycle ガス複合発電	69	**geothermal direct-use** 地熱エネルギー直接利用	243
GTCC	155	**geothermal energy** 地熱エネルギー	243
gas turbine power generation system ガスタービン発電	68	**geothermal exploration** 地熱探査	244
gas utility industry 簡易ガス事業	75	**geothermal field** 地熱地域	244
Gas utility Industry Law ガス事業法	67	**geothermal fluid** 地熱熱水	245
gaseous diffusion process ガス拡散法	66	**geothermal manifestation** 地熱兆候	244
gaseous fuel 気体燃料	86	**geothermal power generation** 地熱発電	245
gasification efficiency ガス化効率	66	**geothermal reservoir** 地熱貯留層	245
gasification melting system ガス化溶融炉	67	**geothermal well** 地熱井	244
gasification of municipal waste 都市ごみのガス化	279	GHG 温室効果ガス	52
gasified coal 石炭ガス	201	GHG unit 温室効果ガスユニット	52
gasifier ガス化炉	67	**Giammarco-Vetrocoke processes** ベトロコーク法	363
gasifier power generation ガス化発電	67	**Gibbs free energy** ギブスの自由エネルギー	88
gasohol ガソホール	70	GIL 管路気中送電線	83
gasoline ガソリン	70	GIS ガス絶縁開閉装置	68
gasoline engine ガソリンエンジン	70	地理情報システム	253
gasoline tax 揮発油税	88	**global bio-methanol** GBM	155
GB グローブボックス	98	**global environment** 地球環境	241
GCR ガス炉	69	**global environmental problems**	

地球環境問題	241	green taxation　グリーン税	98
global solar radiation　全天日射	211	greenhouse effect　温室効果	52
global warming　地球温暖化	240	greenhouse gas　温室効果ガス	52
global warming potential		温暖化ガス	53
地球温暖化係数	240	greenhouse gas units	
地球温暖化指数	240	温室効果ガスユニット	52
地球温暖化ポテンシャル	241	greenhouse gases	
glove box　グローブボックス	98	地球温暖化の原因物質	241
gluconeogenesis　糖新生	276	grey body　灰色体	56
glucose　ブドウ糖	350	grinding　粉砕	359
glucose 6-phosphate		gross calorific value　総発熱量	216
グルコース6リン酸	98	gross domestic product	
glycogen　グリコーゲン	97	国内総生産	125
glycolytic pathway　解糖系	57	gross heating value　総発熱量	216
goal for oil alternative energy supply		gross vehicle weight　車両総重量	159
石油代替エネルギーの供給目標	205	ground level concentration of smoke　煤煙の着地濃度	311
goals for the use of new energy sources by kinds		ground state　基底状態	87
新エネルギー利用等の種類別の導入目標	181	Gruene Punkt【独】　緑のマーク	381
Gr　グラスホフ数	96	GTL　GTL	154
grade　品位	341	gulf crisis　湾岸危機	421
granular bed filter		GVW　車両総重量	159
粒子充てん層フィルタ	407	GWP　地球温暖化係数	240
graphite-moderated reactor		地球温暖化指数	240
黒鉛減速型原子炉	122	地球温暖化ポテンシャル	241
graphite nanofibers		gypsum board　石膏ボード	207
グラファイトナノファイバ	96		
Grashof number　グラスホフ数	96		
grate firing　火格子燃焼	333		

〔H〕

gravitational dust collector		H　陽子	398
重力集じん装置	164	h-s chart　h-s 線図	28
gravity dam　重力ダム	164	h-s plane　h-s 線図	28
gray body　灰色体	56	half life　半減期	329
green building　グリーンビル	98	harmonics　高調波	119
green consumer		hazard evaluation　災害評価	132
グリーンコンシューマ	97	hazardous　特別管理廃棄物	278
Green Dot　緑のマーク	381	hazardous air pollutants	
green GNP　グリーンGNP	97	有害大気汚染物質	391
green procurement		hazardous substance　有害物質	392
グリーン調達	98	hazardous waste　有害廃棄物	392
green purchasing　グリーン調達	98	HC　HC	28
green tax　グリーン税	98	炭化水素	234
		HCFCs	

ハイドロクロロフルオロカーボン	318	**heat of formation** 生成熱	198
HDR 高温岩体発電	113	**heat of reaction** 反応熱	330
heat 熱	293	**heat pipe** ヒートパイプ	336
heat-absorbing glass		**heat pump** ヒートポンプ	336
熱吸収ガラス	297	**heat pump using the refrigerant**	
heat amplifier		**of carbon dioxide**	
第一種吸収ヒートポンプ	220	二酸化炭素冷媒ヒートポンプ	288
heat and power co-generation		**heat ray** 熱線	297
熱併給火力発電	302	**heat recovery** 熱回収	293
heat balance 熱勘定	295	**heat recovery brine chiller**	
熱収支	296	熱回収形ブラインチラー	293
heat capacity 熱容量	302	**heat recovery chart** 熱回収線図	293
heat cascading		**heat recovery factor** 熱回収率	294
ヒートカスケーディング	336	**heat-reflective glass**	
heat collection efficiency		熱線反射ガラス	297
集熱効率	163	**heat rejection engine**	
heat conduction 伝導伝熱	269	遮熱エンジン	158
heat consumption rate		**heat sink** ヒートシンク	336
熱消費率	297	**heat storage adjustable**	
heat cycle 熱サイクル	296	**contracts** 蓄熱調整契約	242
heat engine 熱機関	295	**heat supply facilities such as**	
heat exchange 熱交換	296	**cascade heat utilization type**	
heat exchanger 熱交換器	296	カスケード利用型熱供給施設	67
heat flux 熱流束	303	**heat transfer** 伝 熱	269
heat insulating glass		熱移動	293
断熱ガラス	237	**heat transfer coefficient**	
heat insulating sash 断熱サッシ	237	熱伝達係数	299
heat island		熱伝達率	300
ヒートアイランド現象	336	**heat transfer efficiency**	
heat load simulation		伝熱効率	269
熱負荷シミュレーション	302	**heat transformer**	
heat loss 熱損失	297	第二種吸収ヒートポンプ	224
heat loss by exhaust gas		**heating element** 発熱体	326
排気損失	314	**heating material** 被加熱体	332
heat of combustion 高位発熱量	113	**heating toilet seat** 暖房便座	238
高発熱量	120	**heating tower heat pump**	
燃焼熱	305	ヒーティングタワーヒート	
heat of combustion with		ポンプ	335
gaseous water		**heavy crude oil** 重質原油	161
低位発熱量	255	**heavy hydrogen** 重水素	162
低発熱量	261	**heavy metal element**	
heat of condensation 凝縮熱	92	重金属元素	160
heat of evaporation 気化熱	84	**heavy metals** 重金属	160
蒸発熱	176	**heavy oil** 重質油	161

	重油	163	method 高周波点灯方式	117
	ヘビーオイル	364	**high intensity discharge lamp**	
heavy oil desulfurization			HIDランプ	27
重油脱硫		163	**high intensity escape lighting**	
heavy oil thermal power			luminaire 高輝度誘導灯	116
generation 重油火力発電		163	**high level of air sealing** 高気密	116
heavy water 重水		161	**high level of air tight** 高気密	116
heavy water reactor 重水炉		162	**high level radioactive waste**	
helium-neon laser			高レベル放射性廃棄物	121
ヘリウム・ネオンレーザ		364	**high level thermal storage**	
Helmholtz's free energy			system 高密度蓄熱システム	120
ヘルムホルツの自由エネルギー		366	**high octane-value gasoline**	
help gas ヘルプガス		365	ハイオクガソリン	312
Hempel analytical method			**high performance air tightness**	
ヘンペル分析法		367	**and heat-insulation housing**	
HEMS			高気密・高断熱住宅	116
家庭用エネルギーマネジメント			**high performance energy**	
システム		71	**conversion**	
HEMS		364	高効率エネルギー転換	117
ホームエネルギーマネジメント			**high pressure fuel injection**	
システム		373	高圧噴射	112
Henry's law ヘンリーの法則		367	**high-sulfur crude oil**	
Hess's law ヘスの法則		363	高硫黄重油	112
heterotroph 従属栄養生物		162	**high-sulphur crude oil**	
HF フッ化水素		349	高硫黄重油	112
HFCs ハイドロフルオロカーボン		319	**high-temperature gas-cooled**	
HHV 高位発熱量		113	reactor 高温ガス炉	113
	高発熱量	120	**high temperature gas dust**	
HID HIDランプ		27	collection 高温集じん	113
high calorific gasification			**high-temperature high-pressure**	
高カロリーガス化		115	**electrolysis of water**	
high-density heat			高温高圧水電解	113
transportation 高密度熱輸送		120	**high-tension distribution line**	
high effecient moter			高圧配電線	112
高効率モータ		117	**higher calorific value**	
high efficiecy power generation			高位発熱量	113
高効率発電		117	高発熱量	120
high efficiency transformer			**higher flammability limit**	
高効率変圧器		117	過濃可燃限界	72
high enriched uranium			**higher gross heating value**	
高濃縮ウラン		120	高位発熱量	113
high-frequency heating			**higher heating value**	
高周波加熱		117	高位発熱量	113
high-frequency lighting			高発熱量	120

highly inflammable waste			ハイブリッド発電システム	321
易燃性廃棄物	21	hybrid heater ハイブリッド暖房		321
引火性廃棄物	21	hybrid system		
himuro 氷室	339	ハイブリッドシステム		320
himuro type storage shed		hybrid vehicle		
氷室型農産物保冷庫	340	ハイブリッド自動車		321
HLW 高レベル放射性廃棄物	121	**HYDET**		
hole 正孔	197	水素分離型タービン発電システム		189
hole conduction material		hydrate ハイドレート		318
穴伝導型物質	9	hydrate core ハイドレートコア		318
正孔伝導型物質	198	hydraulic elevator		
hollow gravity dam		油圧式エレベータ		391
中空重力式コンクリートダム	246	hydraulic power generation		
中空重力ダム	246	水力発電		190
home energy management system		hydraulic turbine		
		ハイドロタービン		318
家庭用エネルギーマネジメントシステム	71	水タービン		379
HEMS	364	hydride 水素化物		187
ホームエネルギーマネジメントシステム	373	hydro-gasification 水添ガス化		189
		hydro power 水　力		190
hormesis ホルミシス	373	hydro power station[plant]		
horsepower 馬　力	328	水力発電所		190
hospital waste 医療廃棄物	21	hydrocarbon HC		28
hot dry rock power generation		炭化水素		234
高温岩体発電	113	hydrochlorofluorocarbon		
hot water 熱　水	297	ハイドロクロロフルオロカーボン		318
hot water operated absorption water chiller		hydrocracked gasoline		
		接触分解ガソリン		207
温水吸収冷凍機	53	hydrocracking of crude oil		
hot water storage stratum		原油の水素化分解		110
温水槽	53	hydrofluorocarbon		
household waste 生活系ごみ	197	ハイドロフルオロカーボン		319
HPFI 高圧噴射	112	hydrogen 水　素		186
HTGCR 高温ガス炉	113	hydrogen absorbing alloy		
HTGR 高温ガス炉	113	水素吸蔵合金		187
HTR 高温ガス炉	113	hydrogen burner 水素バーナ		189
HVAC's fiscal year 冷凍年度	414	hydrogen decomposed turbine		
HW 熱　水	297	水素分離型タービン発電システム		189
HWR 重水炉	162	hydrogen electrode 水素電極		188
hybrid car ハイブリッド自動車	321	hydrogen embrittlement		
hybrid cycle		水素脆性		188
ハイブリッドサイクル	320	hydrogen energy		
hybrid generation system		水素エネルギー		186
		hydrogen energy system		

水素エネルギーシステム	187	
hydrogen engine 水素エンジン	187	
hydrogen fluoride フッ化水素	349	
hydrogen gas turbine 水素ガスタービン	187	
hydrogen oxygen cell 酸水素電池	141	
hydrogen production 水素製造	188	
hydrogen production reaction 水素製造反応	188	
hydrogen production technologies from coal 石炭利用水素製造技術	203	
hydrogen production technology 水素製造技術	188	
hydrogen separation 水素分離	189	
hydrogen storage technology 水素貯蔵技術	188	
hydrogen storing alloy 水素吸蔵合金	187	
hydrogen sulfide 硫化水素	406	
hydrogen transportation 水素の輸送	188	
hydrogen vehicle 水素自動車	188	
hydropower potential 包蔵水力	371	
包蔵水力エネルギー	372	
hyper-coal ハイパーコール	319	
hypothetical accident 仮想事故	70	
hysteresis loss ヒステリシス損	334	

(I)

I ヨウ素	398
IAEA 国際原子力機関	124
ice and water transferring system 氷・水搬送システム	122
ice making 製氷融解	199
ice melting 製氷融解	199
ice on coil system アイスオンコイル式	3
ice storage 氷蓄熱	122
ice thermal storage 氷蓄熱	122
ICLEI 国際環境自治体協議会	123
ICRP 国際放射線防護委員会	124
idling stop アイドリングストップ	4
IEA 国際エネルギー機関	123
IGBT IGBT	3
IGCC 石炭ガス化複合サイクル発電	201
石炭ガス化複合発電	201
ignition 着 火	245
点 火	264
ignition loss 熱しゃく減量	296
ignition temperature 着火温度	245
IH cooking heater 電磁調理器	268
illegal dumping 不法投棄	351
illuminance sensor 照度センサ	175
impact crushing 衝撃破砕	172
impact milling 衝撃破砕	172
impact of global warming 地球温暖化の影響	241
impedance インピーダンス	22
imperfect combustion 不完全燃焼	347
impulse hydraulic turbine 衝動水車	174
impulse turbine 衝動水車	174
衝動タービン	174
impurity component in natural gas 天然ガス中の不純成分	271
in-furnace denitration method 炉内脱硝法	420
in-furnace sulfur removal 炉内脱硫	420
in-situ desulfurization 炉内脱硫	420
in-situ sulfur removal capture 炉内脱硫	420
incineration 焼 却	171
incineration residue 焼却残さ	171
incinerator ash 焼却灰	172
incombustible sulfur 不燃性硫黄	350
independent power producer IPP 入札制度	4
独立系発電事業者	278

independent system operator ISO	3	Liquefaction Process ITSL法	3
index plant 指標植物	155	intelligent transport systems 高度道路交通システム	120
indicator plant 指標植物	155	intensive quantity 示強変数	146
indirect desulfurization process 間接脱硫法	81	Intergovernmental Panel on Climate Change 気候変動に関する政府間パネル	85
indirect liquefaction 間接液化	81	interlock-system インターロックシステム	21
induction generator 誘導発電機	394	intermediate treatment 中間処理	246
induction heating 誘導加熱	393	intermetallic compound 金属間化合物	93
induction motor 誘導電動機	393	internal condensation 内部結露	284
industrial complex 工業団地	116	internal energy 内部エネルギー	283
industrial revolution 産業革命	139	internal exposure 内部被ばく	284
industrial solar power system 産業用太陽光発電システム	140	internal heat load 内部発熱負荷	284
industrial waste 産業廃棄物	139	internal insulation 内断熱	24
inert type landfill site 安定型処分場	14	internal rate of return 内部利益率	284
inertial dust collector 慣性力集じん装置	81	International Atomic Energy Agency 国際原子力機関	124
inertial force 慣性力	81	International Commission on Radiological Protection 国際放射線防護委員会	124
INES 国際原子力事象尺度	124	international cooperation 国際協力	123
infectious waste 感染性廃棄物	81	International Council for Local Environmental Initiatives 国際環境自治体協議会	123
inflammable natural gas 可燃性天然ガス	72	International Energy Agency 国際エネルギー機関	123
infrared radiation 赤外線	200	International Energy Star Program 国際エネルギースター制度	123
inherent safety 固有安全性	129	International Nuclear Event Scale 国際原子力事象尺度	124
initial cost イニシャルコスト	20	International Organization for Standardization ISO 国際標準化機構	3 124
injection molding 射出成型	157		
injector インジェクタ	21		
inorganic resources 無機資源	383		
input-output table IO表 産業連関表	3 140		
installed capacity 設備容量	208		
insulated gate bipolar transister IGBT	3		
integrated coal gastification combined cycle 石炭ガス化複合サイクル発電	201		
integrated gasification combined cycle system 石炭ガス化複合発電	201	International Panel on Climate Change IPCC	4
integrated steelworks 高炉一貫製鉄所	121		
Integrated Two Stage		International Union for	

Conservation of Nature and Natural Resources 国際自然保護連合	124
interregional network systems for energy utilization 広域エネルギー利用ネットワークシステム	112
inventory　インベントリー	22
inventory and registry インベントリーとレジストリー	22
inverse manufacturing　逆工場	88
inverter　インバータ	22
inverter appliance インバータ家電	22
inverter control　インバータ制御	22
inverter lighting system インバータ蛍光灯器具	22
高周波点灯型照明器具	117
iodine　ヨウ素	398
ion　イオン	16
ion exchange　イオン交換	16
ion exchange membrane electrolysis　イオン交換膜電解法	17
ion-exchange membrane process　イオン交換膜法	17
ion exchange resin イオン交換樹脂	16
ionic conductivity イオン伝導度	17
ionized gas　電離気体	272
IPCC 気候変動に関する政府間パネル	85
IPP　IPP入札制度	4
独立系発電事業者	278
IR　赤外線	200
Iranian crude oil　イラン原油	21
IRR　内部利益率	284
isenthalpic process 等エンタルピー過程	275
isentropic change 等エントロピー変化	275
ISO　ISO	3
国際標準規格機構	124
ISO 14000 environmental management system standards　環境ISO	75
ISO 14000 series of standards 環境ISO	75
iso-octane　イソオクタン	18
ISO14001　ISO 14001	3
ISO 9000　ISO 9000	3
isobaric change　等圧変化	275
isoparaffin　イソパラフィン	18
isopropyl alcohol イソプロピルアルコール	18
isothermal change　等温変化	275
isothermal compression 等温圧縮	275
isotope battery　アイソトープ電池	3
isotopes　同位元素	275
同位体	275
ITS　高度道路交通システム	120
ITSL　ITSL法	3
IUCN　国際自然保護連合	124

〔J〕

J　ジュール	165
jacket water heat exchanger ジャケット冷却水熱交換器	157
jet diffusion flame　噴流拡散火炎	360
jet fuel　ジェット燃料油	143
joint implementation　共同実施	92
joule　ジュール	165
Joule-Thomson effect ジュール・トムソン効果	165
Joule's heat　ジュール熱	165
Jungner battery　ユングナー電池	396
Junker's calorimeter ユンカース熱量計	395
Junker's gas calorimeter ユンカース熱量計	395

〔K〕

K　ケルビン	103

K-value regulation　*K*値規制	101
Kafji crude oil　カフジ原油	72
kelvin　ケルビン	103
Kelvin's relation	
ケルビンの関係式	104
kerogen　ケロジェン	104
kerosene　灯　油	276
kiln　キルン	93
kilo watt　キロワット	93
kilo watt hour　キロワット時	93
kilo watt hour value	
キロワット時価値	93
kilo watt value　キロワット価値	93
kinematic viscosity　動粘度	276
kinetic energy　運動エネルギー	26
kitchen waste　厨　芥	246
kraft pulp　クラフトパルプ	96
kraft pulping	
クラフト法パルプ製造	96
kW　キロワット	93
kW・h　キロワット時	93
Kyoto mechanisms	
京都メカニズム	92
Kyoto Protocol	
温暖化抑制に関する京都議定書	53
京都議定書	92

(L)

labeling rule for energy conservation	
省エネラベリング制度	166
labeling scheme for energy conservation	
省エネラベリング制度	166
laminar burning velocity	
層流燃焼速度	216
laminar combustion　層流燃焼	216
land- and sea-breeze　海陸風	58
land use model　土地利用モデル	281
landfill disposal　埋立処分	25
large energy-consuming industries	
エネルギー多消費型産業	40
large temperature-difference air-conditioning	
大温度差空調	222
large wind turbine　大型風車	49
laser enrichment　レーザ濃縮法	415
laser power-transmission	
レーザ送電	415
late-night electric power	
深夜電力	183
late-night power　深夜電力	183
latent heat　潜　熱	212
latent heat of evaporation	
蒸発潜熱	176
latent-heat recovery water heater　潜熱回収型給湯器	212
latent heat thermal energy storage　潜熱蓄熱	212
latent heat thermal energy storage material　潜熱蓄熱材	212
latent heat thermal storage	
顕熱蓄熱	110
Law Concerning Pollutant Release and Transfer Register　PRTR法	331
Law Concerning Promotion of the Use of New Energy	
新エネ法	179
新エネルギー法	181
新エネルギー利用等の促進に関する特別措置法	181
Law for Promotion of Recyclable Resources	
再生資源利用法	134
資源有効利用促進法	148
Law for Recycling Special Home-Electronic Goods	
特定家庭用機器再商品化法	277
law of gaseous reaction	
気体反応の法則	86
Law on Promoting Green Purchasing　グリーン購入法	97
Lawson criterion　ローソン条件	419
layer-built dry cell　積層乾電池	200

LCA LCA	44		**life cycle energy**	
ライフサイクルアセスメント	401		ライフサイクルエネルギー	401
LCC LCC	44		**life cycle impact assessment**	
ライフサイクルコスト	401		LCIA	44
LCCO$_2$ LCCO$_2$	44		**life cycle inventory**	
ライフサイクル CO$_2$	401		ライフサイクルインベントリー	401
LCI LCI	43		**life cycle inventory analysis**	
ライフサイクルインベントリー	401		LCI	43
LCIA LCIA	44		**life cycle NOx** LCNOx	45
LCNOx LCNOx	45		**life cycle SOx** LCSOx	44
LCSOx LCSOx	44		**life span of resources** 資源寿命	148
lead dioxide method 二酸化鉛法	289		**life style** ライフスタイル	401
lead storage battery 鉛蓄電池	286		**lifted flame** 浮上り火炎	24
lean burn 希薄燃焼	87		**light** 光	332
lean burn engine			**light emitting diode**	
希薄燃焼エンジン	87		発光ダイオード	324
lean flammability limit			**light energy** 光エネルギー	332
希薄可燃限界	87		**light hydrocarbon**	
LED 発光ダイオード	324		軽質炭化水素	101
length of depreciation 償却年数	172		**light oil** 軽質原油	101
Lenz's law レンツの法則	417		軽油	102
leukemia 白血病	324		**light water** 軽水	101
LEV 低公害自動車	258		**light water reactor** 軽水炉	101
低排出ガス車	261		**lime scrubbing process**	
LHTES 潜熱蓄熱	212		石灰石膏法	207
LHV 低位発熱量	255		**limestone gypsum process**	
低発熱量	261		石灰石膏法	207
licensing review of nuclear facilities 原子力施設の安全審査	107		**limestone scrubbing process** 石灰石膏法	207
Liebig method リービッヒ法	406		**liquefaction** 液化	29
Liebig's method リービッヒ法	406		**liquefaction of plastics**	
life cycle assessment			プラスチックの油化	353
LCA	44		**liquefaction plant** 液化プラント	29
ライフサイクルアセスメント	401		**liquefaction process**	
life cycle CO$_2$			液化プロセス	29
LCCO$_2$	44		**liquefaction unit** 液化工程	29
ライフサイクル CO$_2$	401		**liquefied petroleum gas**	
life cycle cost			液化石油ガス	29
LCC	44		**liquid** 液体	30
ライフサイクルコスト	401		**liquid fuel** 液体燃料	30
life cycle costing			**liquid fuel furnace** 液体燃料炉	30
LCC	44		**liquid natural gas** 液化天然ガス	29
ライフサイクルコスト	401		**liquid nitrogen** 液体窒素	30
			liquid surface combustion	

液面燃焼	30
liquified petroleum gas LPG	45
lithium ion battery	
リチウムイオン電池	405
LLW 低レベル放射性廃棄物	261
LNG 液化天然ガス	29
LNG cyrogenic power generation LNG冷熱発電	43
LNG fired power plant LNG火力発電所	43
LNG vehicle 液化天然ガス自動車	29
load 負荷	346
load curve 負荷曲線	346
load factor 負荷率	347
load fluctuation 負荷変動	346
load loss 負荷損	346
load resistance 負荷抵抗	346
LOCA 冷却材喪失事故	413
local energy ローカルエネルギー	418
local type power supply 分散型電源	359
long-term electricity supply and demand outlook 長期電力需給見通し	249
long-term energy supply and demand outlook 長期エネルギー需給見通し	248
Lorentz's force ローレンツ力	420
loss of coolant accident 冷却材喪失事故	413
lost exergy エクセルギー損失	30
low ash oil ローアッシュオイル	418
low calorific gasification 低カロリーガス化	258
low emission vehicle	
低公害自動車	258
低排出ガス車	261
low-environmental-impact industrial infrastructure 低環境負荷型産業インフラストラクチャ	258
low level radioactive waste 低レベル放射性廃棄物	261
low NOx burner 低NOxバーナ	260
low NOx combustion 低NOx燃焼	260
low-sulfur crude oil 低硫黄軽油	255
low sulfur fuel oil 低硫黄重油	255
low-sulphur crude oil 低硫黄軽油	255
low temperature pyrolysis 低温乾留	257
low temperature refrigerator 低温冷凍機	257
low volatile bituminous coal 低揮発分歴青炭	258
lower calorific value 低位発熱量	255
低発熱量	261
lower flammability limit 希薄可燃限界	87
lower heating value 低位発熱量	255
低発熱量	261
LPG 液化石油ガス	29
LPG vehicle LPG自動車	45
lumen ルーメン	412
Lurgi gasifier ルルギガス化炉	412
LWR 軽水炉	101

〔M〕

MA マラケシュアコード	377
maf 無灰無水基準	384
magma マグマ	376
magma power generation マグマ発電	376
magnetic energy 磁気エネルギー	145
magnetic hydrodynamics 磁気流体力学	146
magnetic separation 磁気選別	146
magneto-hydro-dynamics generation	
MHD発電	43
電磁流体発電	269
malodorous substance 悪臭物質	5
manganese dry battery マンガン乾電池	378

English	Japanese	Page
manifest system	マニフェスト制度	377
manufactured gas	都市ガス	279
marginal supply capability	供給予備力	91
Marrakech Accords	マラケシュアコード	377
mass defect	質量欠損	154
mass fragment analysis MFA		43
mass transfer	物質移動	349
material balance	物質収支	349
material flow	マテリアルフロー	377
material recycling	マテリアルリサイクル	377
mature compost	完熟たい肥	81
maximum ground level concentration	最大着地濃度・距離	134
maximum ground level concentration distance	最大着地濃度・距離	134
maximum surface concentration site	最大地表濃度地点	134
maximum three days average peak load	最大3日平均電力	134
MCFC	溶融炭酸塩型燃料電池	399
mean diameter	平均粒径	362
mean free path	平均自由行程	362
measures for electric load leveling	電力負荷平準化対策	274
measuring method of dust concentration	煤じん濃度測定方法	317
mechanical energy	機械的エネルギー	84
	力学的エネルギー	404
mechanical equivalent of heat	熱の仕事当量	301
medium and small hydro power	中小水力発電	247
medium calorific gasification	中カロリーガス化	246
medium volatile bituminous coal	中揮発分歴青炭	246
meltdown	炉心溶融	419
melting	溶融	398
melting furnace	溶解炉	397
membrane separation process	膜分離法	376
membrane transport	膜輸送	376
mercaptan	メルカプタン	387
mercury cell	水銀電池	185
mercury process electrolysis	水銀電解法	185
Messoyakha gas field	メソヤハガス田	385
metabolism	代謝	224
metal hydride	金属水素化物	94
meter-rate	従量料金制	164
meter-rate lighting service	従量電灯	164
methane	メタン	385
methane bacteria	メタン細菌	385
methane decomposition	メタン分解	386
methane emission	メタン排出量	386
methane fermentation	メタン発酵	386
methane fermentation with mesophile	中温発酵	246
methane gas power generation	メタンガス発電	385
methane hydrate	メタンハイドレート	386
Methane Pioneer	メタンパイオニア号	386
Methane Princess	メタンプリンセス号	386
methanol	メタノール	385
methanol synthesis	メタノール合成	385
methyl alcohol	メチルアルコール	386
methyl tertiary butyl ether MTBE		43
MGT	マイクロガスタービン	375
micro gas turbine	マイクロガスタービン	375

micro gas turbine cogeneration system
マイクロガスタービンコジェネレーションシステム　375

micro hydro power
マイクロ水力発電　375

microbial gas
バクテリア起源ガス　322

microwave heater
マイクロ波加熱炉　375

microwave heating
マイクロ波加熱　375

microwave power transmission
マイクロ波送電　376

middle crude oil　中質原油　247

Miller cycle　ミラーサイクル　381

Minas crude oil　ミナス原油　381

minimum ignition energy
最小点火エネルギー　133

minor hydro power
中小水力発電　247

minus value for sale　逆有償　89

misfire　失火　152

missing sink　ミッシングシンク　380

mist　ミスト　380

mitigation　緩和措置　83
　　　　　　　ミティゲーション　380

mitochondria　ミトコンドリア　380

mixed base crude　混合基原油　130

mixed base crude oil
混合基原油　130

mixed oxide fuel　混合酸化物燃料　130
　　　　　　　　　MOX 燃料　388

MKS system of units
MKS 単位系　43

Mobil process　モービル法　388

model city for the next generation　次世代都市　150

model factories for energy management
エネルギー管理指定工場　37

moderator　減速材　109

moisture-ash free base
無灰無水基準　384

moisture content　固有水分　129
　　　　　　　　　水分含有量　189

molar mass　モル質量　389

molar specific heat　モル比熱　389

molar volume　モル体積　389

Mollier chart　モリエ線図　389

Mollier diagram　モリエ線図　389

molten carbonate type fuel cell
溶融炭酸塩型燃料電池　399

molten iron bath gasification
鉄浴ガス化　262

molten salt liquefaction
溶融塩液化　399

moment　モーメント　388

monitored substances
要監視項目　397

monitoring station
モニタリングステーション　388

Monju　もんじゅ　389

mono-crystalline silicon solar cell
単結晶シリコン太陽電池　235

Montreal Protocol on Substances that Deplete the Ozone Layer
オゾン層保護に関するモントリオール議定書　50

Moonlight Project
ムーンライト計画　384

moral hazard　モラルハザード　388

motion of gas molecule
気体分子運動　86

motive power　動力　276

motor　電気モータ　267

mountain and valley winds
山谷風　142

mountain-valley winds　山谷風　142

moving grate stoker
移床ストーカ　17

MOX　混合酸化物燃料　130
　　　　MOX 燃料　388

MTBE　MTBE　43

muffle furnace　マッフル炉　377

muffler　消音器　168

multi barrier 多重バリヤ	230	natural gas 天然ガス	270
multi-cyclone マルチサイクロン	377	natural gas cogeneration system	
multi effect evaporator		天然ガスコジェネレーション	
多重効用缶	230	システム	270
multi-purpose use of nuclear		natural gas dissolved in water	
power 原子力の多目的利用	107	水溶性ガス	190
multi-split type air conditioning		水溶性天然ガス	190
unit ビル用マルチエアコン	341	natural gas hydrate	
multi-stage grate stoker		天然ガスハイドレート	271
階段ストーカ	57	natural gas pipeline	
multiple units control 台数制御	224	天然ガスパイプライン	271
municipal waste 一般廃棄物	20	natural gas re-firing method	
Mururoa ムルロア	384	天然ガス再燃焼法	270
muscle contraction 筋収縮	93	natural gas strage 天然ガス貯蔵	271
		natural gas substitute	
		代替天然ガス	224

〔N〕

		natural gas transportation	
		天然ガス輸送	271
N 窒　素	243	natural gas vehicle	
中性子	247	天然ガス自動車	270
ニュートン	291	天然ガス専用車	271
n 中性子	247	natural inflow type hydro	
NA ナチュラルアナログ	285	power plant 自流式発電所	178
Na ナトリウム	285	natural inflow type hydro	
NAESCO NAESCO	284	power station 自流式発電所	178
Nankai trough 南海トラフ	286	natural radiation 自然放射線	152
naphtha ナフサ	285	natural radioactivity	
naphthalene base crude		自然放射能	152
ナフテン基原油	285	natural refrigerant	
naphthalene base crude oil		自然作動媒体	151
ナフテン基原油	285	natural refrigerant CO_2	
National Association of		heat-pump hot water supply	
Energy Service Companies		system	
NAESCO	284	自然冷媒ヒートポンプ給湯機	152
national trust		natural resources 天然資源	272
ナショナルトラスト	285	natural uranium 天然ウラン	270
natural analogue		natural ventilation 自然換気	151
ナチュラルアナログ	285	NEDO	
natural-circulatory solar water		新エネルギー・産業技術総合	
heater 自然循環型温水器	151	開発機構	180
natural-convection solar water		NEDO	303
heater 自然循環型温水器	151	NEF 新エネルギー財団	180
natural draft 自然換気	151	NEF	304
natural energy 自然エネルギー	150	nega-watt theory	

日本語	英語	ページ
ネガワット理論		293
nergy sevice company エスコ		34
net head 有効落差		393
net heat efficiency 正味熱効率		176
net heating value 低位発熱量		255
低発熱量		261
net thermal efficiency		
送電端効率		215
送電端熱効率		216
neutral grounding system		
中性点接地方式		248
neutralization 中和		248
neutron 中性子		247
neutron irradiation embrittlement 中性子照射脆化		248
neutron source 中性子源		248
New Earth 21 地球再生計画		241
new energy 新エネルギー		179
New Energy and Industrial Technology Development Organization		
新エネルギー・産業技術総合開発機構		180
NEDO		303
New Energy Foundation		
新エネルギー財団		180
NEF		304
new energy technologies 新エネルギー技術		179
new energy vision 新エネルギー導入ビジョン		180
New Sunshine Project ニューサンシャイン計画		290
newton ニュートン		291
next-generation city 次世代都市		150
next generation standard 次世代基準		150
next-generation urban development project 次世代都市整備事業		150
NGV 天然ガス自動車		270
天然ガス専用車		271
NiCd battery ニッカド蓄電池		290
nickel-cadmium alkaline battery ニッカド蓄電池		290
nickel-cadmium storage battery ニッケル・カドミウム電池		290
nickel-hydrogen battery ニッケル・水素電池		290
NIE 中性子照射脆化		248
nitrogen 窒素		243
nitrogen dioxide 二酸化窒素		288
nitrogen monoxide 一酸化窒素		19
nitrogen oxides 酸化窒素		139
窒素酸化物		243
NOx		309
nitrous oxides 亜酸化窒素		5
NMOG 非メタン有機物		340
NO 一酸化窒素		19
no-load losses 無負荷損		384
NO_2 二酸化窒素		288
nominal voltage 公称電圧		118
non-associated gas ガス田ガス		68
non-caking coal 非粘結炭		337
non-combustible municipal waste		
焼却不適ごみ		172
不燃ごみ		350
non-combustible waste		
焼却不適ごみ		172
不燃ごみ		350
non-methane organic gas 非メタン有機物		340
non-premixed combustion 拡散燃焼		62
non-rechargeable battery 一次電池		19
non-regulated substance 未規制物質		379
non-renewable energy 再生不能エネルギー		134
non-reusable resources 消費型資源		176
normal flow 平水量		363
North Sea well 北海油田		373
NOx 酸化窒素		139
窒素酸化物		243
NOx		309

Term	Japanese	Page
NOx absorber catalyst NOx 吸蔵触媒		309
NOx removal process 脱硝設備		231
NPT 核不拡散条約		63
NRC 米国原子力規制委員会		362
NSP kiln NSP キルン		35
Nu ヌッセルト数		292
nuclear battery 原子力電池		107
nuclear energy 核エネルギー		61
nuclear explosion 核爆発		63
nuclear fission 核分裂		63
nuclear fission reactor 核分裂炉		64
nuclear fuel 核燃料		62
原子燃料		105
nuclear fuel cycle 核燃料サイクル		62
nuclear fuel transport 核燃料輸送		63
nuclear fusion 核融合		64
nuclear fusion reactor 核融合炉		65
nuclear inspection 核査察		61
nuclear power 原子力		105
nuclear power generation 原子力発電		108
nuclear proliferation resistance 核拡散抵抗性		61
nuclear-propelled ship 原子力船		107
nuclear reactor 原子炉		108
Nuclear Regulatory Commission 米国原子力規制委員会		362
nuclear safety standards 原子力安全基準		106
nuclear satellite 原子力衛星		106
nuclear ship 原子力船		107
nuclear steel making 原子力製鉄		107
nuclear test 核実験		62
nuclear thermal gasification 核熱利用ガス化		62
nuclear winter 核の冬		63
nucleus 原子核		105
NUSS 原子力安全基準		106
Nusselt number ヌッセルト数		292
nutrient 栄養塩		29

〔O〕

Term	Japanese	Page
O_2/CO_2 combustion O_2/CO_2 燃焼		48
ocean current generation 海流発電		59
ocean disposal of CO_2 二酸化炭素の海洋固定		287
ocean energy 海洋エネルギー		58
ocean fertilization 海洋施肥		58
ocean thermal energy conversion 海洋温度差発電		58
octane number オクタン価		49
odor concentration 臭気濃度		160
odor index 臭気指数		159
odor intensity 臭気排出強度		160
odor strength 臭気強度		159
ODP オゾン層破壊係数		50
OECD/NEA 経済協力開発機構/原子力機関		100
off gas オフガス		51
off-peak heating 蓄熱暖房		242
off-site emergency managing control center オフサイトセンター		51
off stoichiometric combustion 濃淡燃焼		309
offensive odor substances 悪臭物質		5
offshore natural gas オフショア天然ガス		51
offshore oil field 海底油田		58
offshore storage of crude oil 石油洋上備蓄		206
offshore wind turbine 洋上風車		398
oil オイル		48
oil ash オイルアッシュ		48
oil boom オイルフェンス		48
oil fence オイルフェンス		48
oil field gas 油井ガス		395
oil regeneration 燃料油再生		308

oil sand オイルサンド	48
oil separator 油分離器	9
oil shale オイルシェール	48
once through ワンスルー	421
one-way container ワンウェイ容器	421
onsite hydrogen production オンサイト水素製造	52
onsite power generation オンサイト発電	52
OPEC OPEC	51
石油輸出国機構	206
operation with rated output 定格運転	257
optic efficiency 光学効率	114
optical separation 光学選別	115
optical smoke dust analyzer 光学式煤煙濃度計	115
optical sorting 光学選別	115
optimal control 最適制御	135
optimal operation 最適運転	134
optimization model analysis 最適化モデル分析	134
organic resources 有機資源	392
Organization for Economic Cooperation and Development Nuclear Energy Agency 経済協力開発機構/原子力機関	100
Organization of Petroleum Exporting Countries OPEC	51
石油輸出国機構	206
orimulsion オリマルジョン	52
Orinoco tar オリノコタール	52
Orsat gas analyzer オルザットガス分析装置	52
osmotic pressure 浸透圧	182
OTEC 海洋温度差発電	58
Otto cycle オットーサイクル	50
ounce オンス	53
outdoor air cooling 外気冷房	56
outside insulation 外断熱	217
over air ratio 空気過剰係数	95
overall coefficient of heat transfer 熱通過率	298
overall heat transfer coefficient 熱通過率	298
overrate standard 上乗せ基準	26
oxidant オキシダント	49
oxidation 酸 化	138
oxidation catalyst 酸化触媒	139
oxidative phosphorylation 酸化的リン酸化	139
oxidizing flame 酸化炎	139
oxygen 酸 素	141
oxygen sensor 酸素センサ	141
ozone オゾン	50
ozone hole オゾンホール	50
ozone layer depletion オゾン層破壊	50
ozone layer depletion potential オゾン層破壊係数	50

〔P〕

P 陽 子	398
p 陽 子	398
Pa パスカル	323
packaged air conditioner パッケージ型空気調和機	324
PAFC リン酸型燃料電池	411
PAH 多環芳香族炭化水素	229
panel heater パネルヒータ	327
paper 紙	73
parabolic dish type パラボリックディッシュ型	327
parabolic-trough system 曲面集光方式	93
parabolic trough type パラボリックトラフ型	328
paraffin base crude パラフィン基原油	327
paraffin base crude oil パラフィン基原油	327
paraffin hydrocarbons パラフィン族炭化水素	327
parallel crank mechanism	

平行クランク機構	362	**performance contract**	
parent nuclide 親核種	52	パフォーマンス契約	327
park and ride		**perimeter annual load**	
パークアンドライド	322	年間熱負荷係数	304
parks as preventive means of		PAL	331
disasters 防災公園	369	**perimeter zone** ペリメータゾーン	
partial liberalization			364
部分自由化	350	**periodical inspection** 定期検査	258
partial load 部分負荷	350	定期点検	258
partial pressure 分 圧	359	**permissible dose** 許容線量	93
partially premixed combustion		**perpetual mobile** 永久機関	27
部分予混合燃焼	350	**persistent organic pollutants**	
particulate matter PM	331	POPs	332
parts per million ppm	338	**PET bottle** PETボトル	363
pascal パスカル	323	**Petroleum and Inflammable**	
passive safety 静的安全性	199	**Natural Gas Resources**	
passive solar パッシブソーラ	324	**Development Law**	
payback period method		石油および可燃性天然ガス資源	
資本回収法	156	開発法	203
PBP 資本回収法	156	**petroleum ash** 石油アッシュ	203
PCC 微粉炭燃焼	338	**Petroleum Association of Japan**	
PCCI 希薄予混合圧縮着火燃焼法	87	石油連盟	206
peak cut ピークカット	333	**petroleum coke** 石油コークス	204
peak electric power 最大電力	134	**petroleum exhaustion theory**	
peak hours adjustment contract		石油枯渇説	204
ピーク時間調整契約	333	**Petroleum Industry Law**	
peak load ピーク負荷	333	石油業法	203
peak load supply		**Petroleum Information Center**	
ピークロード用電源	333	石油情報センター	204
peak power 最大電力	134	**Petroleum Stockpiling Law**	
peak shift ピークシフト	333	石油備蓄法	205
peat 泥 炭	260	**petroleum-substituting energy**	
PEFC 固体高分子型燃料電池	126	石油代替エネルギー	205
pelletization 造 粒	216	**Petroleum Supply and Demand**	
Peltier coefficient ペルチェ係数	365	**Adjustment Law**	
Peltier effect ペルチェ効果	365	石油需給適正化法	204
Pelton turbine ペルトン水車	365	**petroleum tax** 石油税	204
Pelton wheel ペルトン水車	365	PFBC 加圧流動層燃焼	55
pentose phosphate cycle		加圧流動層ボイラ	55
五単糖リン酸回路	127	PFCs パーフルオロカーボン	327
perfect black body 完全黒体	81	**phenol** フェノール	345
perfect combustion 完全燃焼	81	**phenol disulfonic acid**	
perfluorocarbon		**absorptiometry**	
パーフルオロカーボン	327	フェノールジスルホン酸吸光	

光度法	346	plasma　プラズマ	354
phosgene　ホスゲン	372	plasma gasification	
phosphoric acid fuel cell		プラズマガス化法	354
リン酸型燃料電池	411	plasma heating　プラズマ加熱	354
photo-diode　フォトダイオード	346	plasma thermocouple	
photo-electromotive force		プラズマ熱電対	354
光起電力	332	plastic type insulation	
photochemical oxidant		プラスチック系断熱材	353
光化学オキシダント	114	plate type heat exchanger	
photochemical smog		プレート型熱交換器	357
光化学スモッグ	114	platform　プラットフォーム	354
photoelectric effect　光電効果	119	plutonium　プルトニウム	356
photomultiplier　光電子増倍管	119	plutonium recycle	
photon　光 子	117	プルトニウムリサイクル	356
photosynthesis　光合成	116	plutonium thermal	
photosynthesis of plants		プルサーマル	355
植物の光合成	177	pn junction　薄膜 pn 接合	322
photovoltaic　PV	338	pn 接合	331
photovoltaic cell　光電池	120	pneumatic transportation	
ソーラセル	218	system　空気輸送	95
太陽電池	226	pocket dosimeter	
photovoltaic power generation		ポケット線量計	372
太陽光発電	225	pollutant　汚染物質	50
photovoltaic power generation		polluter pays principle	
system　太陽光発電システム	225	汚染原因者負担の原則	49
piezoelectric device　圧電素子	8	PPP	338
piezoelectric effect　圧電効果	7	poly-crystalline silicon solar	
pig iron　銑 鉄	211	cell　多結晶シリコン太陽電池	229
pilot furnace　パイロット炉	322	polychlorinated biphenyl　PCB	333
pipeline　パイプライン	320	polycyclic aromatic	
pipeline gas　パイプラインガス	320	hydrocarbon　PAH	331
pipeline transportation		polycyclic aromatic	
パイプライン輸送	320	hydrocarbons	
pirot model project		多環芳香族炭化水素	229
パイロットモデル事業	322	polymer electrolyte fuel cell	
pitch control　ピッチ制御	335	固体高分子型燃料電池	126
PIUS　固有安全原子炉	129	pondage type power plant	
Planck's law of radiation		調整池式発電所	249
プランクの放射法則	354	pool market　プール市場	356
plant　植 物	177	pool type storage　プール貯蔵	356
plantation of biomass for energy		POPs　POPs	332
production		positive hole　正 孔	197
バイオマスエネルギープラン		potential difference　電位差	263
テーション	313	potential endowments	

潜在賦存量	210
potential energy	
位置エネルギー	18
ポテンシャルエネルギー	373
power　仕事率	149
動　力	276
power cable　電力ケーブル	273
power density　出力密度	164
power-factor　力　率	404
power-factor improvement	
力率改善	404
power flow　電力潮流	273
power generating at sending end　送電端電力量	215
power generating efficiency	
発電効率	325
power generation　発　電	325
power generation by internal	
内燃力発電	283
power generation cost　発電原価	325
power generation from biogas	
消化ガス発電	169
power market　電力卸市場	272
power output for wind turbine generator　風車の出力	344
power performance of wind turbine　風車の性能	345
power plant thermal efficiency	
発電所効率	325
power producer and supplier	
特定規模電気事業者	278
power reactor　動力炉	277
power source for base load	
ベースロード用電源	363
power source for middle load	
ミドルロード用電源	381
power source for peak load	
ピークロード用電源	333
power system interconnection	
系統連係	102
power system operation	
系統運用	102
power system separation	
系統分離	102
ppm　ppm	338
PPP　汚染原因者負担の原則	49
PPS　特定規模電気事業者	278
PR　加圧器	55
precipitation　沈　殿	253
preheat zone　予熱帯	400
premixed charge compression ignition	
希薄予混合圧縮着火燃焼法	87
premixed combustion	
予混合燃焼	399
pressure　圧　力	8
pressure drop　圧力損失	8
pressure head　圧力水頭	8
pressure swing absorption	
圧力スイング吸着法	8
pressurized coal storage	
圧縮貯炭	6
pressurized dewatering	
加圧脱水	55
pressurized extract　加圧脱水	55
pressurized fluidized bed boiler	
加圧流動層ボイラ	55
pressurized fluidized bed combustion　加圧流動層燃焼	55
pressurized water reactor	
加圧水型原子炉	55
pressurizer　加圧器	55
prevention of created dioxin	
ダイオキシン類の発生抑制	222
prevention of white plume emission　白煙防止	322
price cap regulation	
プライスキャップ制	352
price differences between Japan and abroad　内外価格差	283
price elasticity　価格弾力性	60
primary battery　一次電池	19
primary cell　一次電池	19
primary energy　一次エネルギー	18
primary energy conversion	
一次エネルギー換算値	18
primary energy production by region	

地域別の一次エネルギー生産量	239
primary energy supply	
一次エネルギー供給	18
primary oil crisis	
第一次石油危機	220
prime mover　原動機	109
principle of conservation of energy　エネルギー保存の法則	41
principle of work　仕事の原理	149
private electrical facility	
自家用電気工作物	145
Private Participation Promotional Law　民活法	381
probabilistic safety assessment	
確率論的安全評価	65
process inherent ultimate safety	
固有安全原子炉	129
production process of methanol	
メタノール製造プロセス	385
project finance	
プロジェクトファイナンス	357
project for establishing new energy visions at local level	
地域新エネルギービジョン策定等事業	239
project management	
プロジェクトマネジメント	357
Prometheus　プロメテウス	358
prompt NOx　プロンプトNOx	358
prompt-NOx　prompt-NOx	358
propane　プロパン	357
propane hydrate	
プロパンハイドレート	358
propeller turbine　プロペラ水車	358
propeller-type wind turbine	
プロペラ型風車	358
proton　陽子	398
prototype reactor　原型炉	104
proved recoverable reserves	
確認可採埋蔵量	62
proved reserves　確認埋蔵量	62
Prudhoe Bay oil field	
プルドーベイ油田	356
PSA　圧力スイング吸着法	8
確率論的安全評価	65
Pu　プルトニウム	356
public hearing　公開ヒアリング	114
pulverization　粉砕	359
pulverized coal combustion	
微粉炭燃焼	338
pulverized coal combustion boiler　微粉炭燃焼ボイラ	339
pulverized coal firing system	
微粉炭燃焼方式	339
pulverlized coal combustion burner　微粉炭バーナ	339
pumped storage power generation　海水揚水式発電	57
pumping　ポンピング	374
purchasing price of power, selling price of power	
買電・売電価格	318
pure pumped storage hydraulic power generation	
純揚水式水力発電	166
PV　太陽光発電	225
PV	338
PV system　太陽光発電システム	225
PWR　加圧水型原子炉	55
pyridine　ピリジン	341
pyrolysis　熱分解	302
pyrolysis and combustion of volatiles　分解燃焼	359
pyruvate　ピルビン酸	341
pyruvic acid　ピルビン酸	341

〔Q〕

QE　量子効率	408
quantity of dry combustion gas	
乾き燃焼ガス量	75
quantity of heat　熱量	303
quantity of wet combustion gas	
湿り燃焼ガス量	157
quantized energy	
量子化エネルギー	408
quantum efficiency　量子効率	408

quasi-static change　準静的変化	166

(R)

R-2000 home　R-2000住宅	12
R-2000 standard　R-2000住宅	12
R/P　可採年数	65
radiant energy　放射エネルギー	370
radiation　放射線	371
radiation biological shield	
生体遮へい壁	198
radiation controlled area	
放射線管理区域	371
radiation heat transfer	
ふく射伝熱	347
radioactive aerosol	
放射性エアロゾル	370
radioactive isotope	
放射性同位元素	370
radioactive material	
放射性物質	371
radioactive waste　放射性廃棄物	370
radioactive waste treatment and disposal	
放射性廃棄物処理と処分	370
radioactivity　放射能	371
radiotherapy　放射線治療	371
ramjet engine	
ラムジェットエンジン	401
Rankine cycle　ランキンサイクル	401
rated power　定格出力	257
rated power output　定格出力	257
ratio of reserve over production　可採年数	65
RC　格納容器	63
R&D　R&D	10
re-combustion cycle	
再燃サイクル	136
re-use　リユース	408
re-using　リユース	408
reaction turbine　反動式タービン	329
reaction water turbine	
反動水車	329
reaction zone　反応帯	330
reactive power　無効電力	383
reactivity　反応進行度	329
reactivity initiated accident	
反応度事故	330
reactor　原子炉	108
reactor container　格納容器	63
reactor core　炉心	418
reactor pressure vessel	
原子炉圧力容器	108
receiving system　受電方式	164
receiving voltage　受電電圧	164
rechargeable battery　二次電池	289
reciprocal refrigerator	
往復動冷凍機	48
reciprocating compressor	
往復動圧縮機	48
reciprocating engine	
レシプロエンジン	415
recoverable reserves	
可採埋蔵量	66
recovery of in-well crude oil	
油層内回収法	395
recovery of thermal energy	
サーマルリサイクル	138
recovery yield of crude oil	
原油回収率	110
recuperative heat exchanger	
回収式熱交換器	56
recuperator　再熱器	135
recyclable energy	
再生エネルギー	133
recyclables　資源ごみ	147
recycle　廃棄物資源化	314
リサイクル	404
recycle of carbon dioxide	
炭酸ガスリサイクル	235
recycle plan 21	
リサイクルプラン21	404
recycled energy	
リサイクル型エネルギー	404
recycled waste source energy	
リサイクル型エネルギー	404
recycling　リサイクル	404

recycling-based society			ごみの自区内処理	129
循環型社会	165		**refuse incinerator**	
廃棄物ゼロ循環型社会	315		廃棄物焼却炉	315
recycling in production process			**refuse paper and plastic fuel**	
工程内リサイクル	119		RPF	12
recycling industry　静脈産業	176		**refuse power plant**　ごみ発電所	129
recycling-oriented social system			**refuse transfer plant**	
リサイクル型社会システム	404		廃棄物中継施設	315
recycling-oriented society			**regenerative cycle gas turbine**	
循環型社会	165		再生サイクルガスタービン	133
recycling ratio　リサイクル率	405		**regenerative fuel cell**	
reduce　リデュース	406		再生型燃料電池	133
reducing　リデュース	406		**regenerator**　再熱器	135
reducing flame　還元炎	80		**regulating ability**	
reduction catalyst　還元触媒	80		調整能力(水力発電の)	249
reduction of waste volume			**reheat**　再　熱	135
減容化	110		**reheat cycle**　再熱サイクル	135
reduction of wastes　減量化	110		**reheat steam cycle**	
Redwood viscosity			再熱蒸気サイクル	135
レッドウッド粘度	416		**reheat turbine**　再熱タービン	136
refined gas　改質ガス	56		**reheater installation system**	
reflector　反射材	329		**in the boiler**	
reforestation　植　林	178		ボイラ内再熱器設置方式	368
reformed gasoline			**reheating cycle gas turbine**	
接触改質ガソリン	207		再熱サイクルガスタービン	135
refrigerant　冷　媒	415		**Reid vapor pressure**	
refrigerating　冷　蔵	414		リード蒸気圧	406
refrigerating cycle			**reignition burner**　再燃バーナ	136
冷凍サイクル	414		**remaining capacity**　残存容量	142
refrigeration compressor			**renewable energy**	
圧縮式冷凍機	6		再生可能エネルギー	133
refrigeration ton　冷凍トン	414		**reprocessing**　再処理	133
refrigerator　冷凍機	414		**research and development**	
refuse collection vehicle			R&D	10
ごみ収集車	128		**reserve of coal bed methane**	
refuse derived fuel			コールベッドメタンの資源量	130
RDF	12		**reserves**　埋蔵量	375
ごみ固形燃料	128		**reserves of resources**	
refuse derived fuel generation			資源埋蔵量	148
RDF発電	12		**reservoir type power plant**	
refuse disposal minimization			貯水池式発電所	252
ごみ減量化	128		**residence time in furnace**	
refuse disposal within the			炉内滞留時間	420
boundaries of each ward			**residue**　残　さ	140

resource recovery 山元還元	390	roof planting 屋上緑化	49
resource recycling 廃棄物資源化	314	roof pond system ルーフポンドシステム	412
resource saving 省資源	173	roof solar air collection 屋根空気集熱	390
resources 資源	147	Rosin-Rammler's distributive equation ロジン・ラムラー分布式	419
資源量	148	rotar shaft ロータシャフト	419
respiration 呼吸	122	rotary combustion engine ロータリーエンジン	419
retail competition 小売自由化	120	rotary engine ロータリーエンジン	419
returnable container リターナブル容器	405	RPV 原子炉圧力容器	108
returned wastes 返還廃棄物	366	run-of-river type hydro power station 流込式発電所	284
reverse power flow 逆潮流	89	run-to-river type hydro power plant 流込式発電所	284
reverse Rankine cycle 逆ランキンサイクル	89	running loss ランニングロス	402
reversible cycle 可逆サイクル	61	running resistance 走行抵抗	215
reversible pump-turbine ポンプ水車	374		
RIA 反応度事故	330		
rich flammability limit 過濃可燃限界	72		
Ringelmann chart リンゲルマン煤煙濃度表	410		

(S)

Rio declaration on environment and development リオ宣言	404	Sabathe cycle サバテサイクル	137
rising height of smoke plume 煙の上昇高さ	103	safety culture セーフティカルチャ	208
risk assessment リスクアセスメント	405	safety regulation 保安規定	368
risk communication リスクコミュニケーション (化学物質の)	405	safety requirements of wind turbine 安全要件(風車の)	13
risk management リスクマネジメント	405	salt accumulation 塩類集積	47
Rittinger's law リッチンガーの法則	406	Saltzman absorptiometry ザルツマン吸光光度法	138
river pumped storage hydraulic power generation 混合揚水式水力発電	130	sand oil サンドオイル	142
		saturated vapor 飽和蒸気	372
		saturation pressure 飽和圧力	372
roasting furnace 焙焼炉	316	saturation temperature 飽和温度	372
rock cave 岩盤空洞	82	SBS シックビルディングシンドローム	153
Roentgen-rays レントゲン線	417	SC ストランデッドコスト	194
Rokkasho nuclear fuel cycle facilities 六ヶ所村核燃料サイクル基地	419	SCC 応力腐食割れ	48
		scheduled maintenance スケジュールドメンテナンス	192

English	Japanese	Page
scheme for energy conservation instructors	省エネルギー普及指導員制度	167
Scientific Assesment of Ozone Depletion by UNEP	UNEP 科学アセスメント	394
SCR	アンモニア接触還元法	15
scram	スクラム	191
scrap pre-heater	スクラップ予熱	191
screening	ふるい選別	355
screw heat pump	スクリューヒートポンプ	191
screw refrigerating machine	スクリュー冷凍機	191
scroll refrigerator	スクロール冷凍機	191
scrubber	洗浄集じん装置	210
SEA	戦略的環境影響評価	213
sealed housing for evaporative determination SHED		143
secondary air	二次空気	289
secondary battery	二次電池	289
secondary combustion chamber	二次燃焼室	289
secondary energy	二次エネルギー	289
sedimentation	沈降分離	253
Seebeck effect	ゼーベック効果	208
selective catalytic reduction	アンモニア接触還元法	15
selective non-catalytic reduction	無触媒還元法	383
Selexol process	セレクゾール法	210
self-baking electrode	自焼成電極	150
self-developed crude oil	自主開発原油	149
self-heating	自然発熱	151
self-ignition	自己着火	148
self-preservation effect of methane hydrate	メタンハイドレートの自己保存効果	386
semi-anthracite	半無煙炭	330
semi-bituminous coal	半歴青炭	330
semiconductor	半導体	329
semiconductor laser	半導体レーザ	329
sensible heat	顕 熱	110
sensor for human detection	人検知センサ	336
separation	分離操作	360
separation technologies	分別技術	360
separator	選別装置	213
Series 14000 of ISO	ISO14000シリーズ	3
service capacity	放電容量	372
Session of the Conference of the Parties to the United Nations Framework Convention on Climate Change COP		145
settling	沈 殿	253
settling separation	沈降分離	253
severe accidents	シビアアクシデント	155
sewage sludge	下水汚泥	102
sewage treatment	下水処理	103
SF	使用済燃料	173
SG	蒸気発生器	171
shading coefficient	日射遮へい係数	290
shaft kiln	シャフト炉	159
shearing type crusher	せん断破砕	211
SHED	SHED	143
shell	シェール	144
shell & tube heat exchanger	シェル＆チューブ熱交換器	144
Shell-Koppers gasifier	シェル・コッパースガス化炉	144
shell oil	シェールオイル	144
shield	遮へい	159
shift converter	シフトコンバータ	156
shift reaction	シフト反応	156
shock wave	衝撃波	172

Term	Japanese	Page
shredder	破砕機	323
shredder dust	シュレッダダスト	165
Si	シリコン	178
SI unit	SI 単位	34
sick building syndrome	シックビルディングシンドローム	153
sick house syndrome	シックハウスシンドローム	153
sieving	ふるい選別	355
silencer	サイレンサ	136
	消音器	168
silicon	シリコン	178
silicon solar cell	シリコン太陽電池	178
simple hydrate formers	単純ハイドレート生成体	235
simple hydrates	単純ハイドレート	235
simple payback years	単純回収年数	235
simplify desulfurization equipment	簡易脱硫	75
simplify desulphurization equipment	簡易脱硫	75
single crystalline silicon solar cell	単結晶シリコン太陽電池	235
single-shaft gas turbine	一軸型ガスタービン	19
single stage liquefaction	一段液化	19
sintering	焼結	172
size distribution	粒度分布	408
skelton thermal storage	躯体蓄熱	96
slag	スラグ	195
slag cement	高炉セメント	122
slag tap combustion	スラグタップ燃焼方式	195
slag tap firing	湿式燃焼方式	154
slag tap gasifier	スラグタップ式ガス化炉	195
sliding pressure operation	変圧運転	366
slight light oil	軽質軽油	101
sludge	汚泥	51
	スラッジ	195
sludge incinerator	汚泥焼却炉	51
slurry	スラリー	195
slurry feed	スラリーフィード	195
small and medium gas well	中小ガス田	247
small-scale generation plant	小出力発電設備	173
small scale hydraulic power	小水力	173
smog	スモッグ	195
smoke	煤煙	311
smoke emitting facility	煤煙発生施設	312
smoke meter	スモークメータ	195
smoke treatment system	煤煙処理施設	311
SNCR	無触媒還元法	383
snow pile for conservation	雪保存用雪山たい積	395
	雪 山	395
SOC	SOC	34
society with an environmentally-sound material cycle	循環型社会	165
SOD	スーパーオキシドジスムターゼ	194
soda industry	ソーダ工業	217
sodic soil	アルカリ土壌	11
sodium	ナトリウム	285
sodium-sulfur storage battery	NAS電池	285
	ナトリウム・硫黄電池	285
SOF	SOF	34
SOFC	固体電解質型燃料電池	126
soft energy	ソフトエネルギー	217
soft energy path	ソフトエネルギーパス	217
soil contamination	土壌汚染	280
solar-assisted heat pump system	ソーラヒートポンプ	219
solar car	ソーラカー	217

solar cell	ソーラセル	218	solvent extraction method	
	太陽電池	226	溶媒抽出法	398
solar collector	太陽集熱器	226	solvent naphtha	
solar concentrating method for high temperature utilization			ソルベントナフサ	219
			solvent refined coal SRC	34
	高温太陽熱集光方式	114	溶剤精製炭	397
solar constant	太陽定数	226	solvolysis liquefaction	
solar energy	ソーラエネルギー	217	溶剤抽出水添液化	398
	太陽エネルギー	225	solvolysis liquefaction process	
solar furnace	太陽炉	228	ソルボリシス液化法	219
solar gain coefficient			sonic precipitator	
	夏期日射取得係数	61	音波集じん装置	54
solar heat	太陽熱	227	soot 煤じん	317
solar heat pump system			sorter 選別装置	213
	ソーラヒートポンプ	219	sound material-cycle society	
solar heating cooling and hot water supply system			循環型社会	165
			廃棄物ゼロ循環型社会	315
	太陽熱冷暖房・給湯システム	228	SOx 酸化硫黄	138
solar house	ソーラハウス	218	酸化硫黄	138
solar hydrogen	ソーラ水素	218	SP 浮遊粉じん	351
solar irradiation	日射量	290	SP kiln SP キルン	35
solar panel	ソーラパネル	218	space power generation	
solar pond power generation			宇宙発電	25
	ソーラポンド発電	219	space solar power satellite	
solar power generation system			宇宙太陽光発電システム	25
	太陽光発電システム	225	space solar power system	
solar power system			宇宙太陽光発電システム	25
	ソーラシステム	218	spark ignition 火花点火	338
solar system	太陽熱利用システム	227	spark plug 点火プラグ	264
solar thermal energy conversion			Special Against-Dioxin Legislation	
	太陽熱発電	227	ダイオキシン類対策特別措置法	221
solar water heater	太陽熱温水器	227	special discharge amount standard 特別排出基準	278
solid 固体		126	special supply 特定供給	278
solid electrolyte 固体電解質		126	specially controlled waste	
solid fuel 固体燃料		126	特別管理廃棄物	278
solid oxide fuel cell			specific chemical substance (class I designated chemical substances, class II designated chemical substances)	
	固体電解質型燃料電池	126		
solid-state laser 固体レーザ		127		
solid waste 廃棄物		314		
solidification by cement				
	セメント固化法	208	特定化学物質(第一種,第二種)	277
solidification transportation			specific enthalpy	
	固形化輸送	125	比エンタルピー	332
soluble organic fraction SOF		34		

specific entropy 比エントロピー	332	stack effect 煙突効果	47
specific fuel consumption 燃料消費率	306	staitional collection system ステーション収集	193
specific heat 比 熱	337	standard voltages 標準電圧	340
specific heat ratio 比熱比	337	standby power 待機電力	223
specific power 比出力	334	state of charge SOC	34
specific requirement facility 特別要件施設	278	station power source 所内電力	178
		station ratio 所内比率	178
specific volume 比容積	340	steady combustion 定常燃焼	258
specified chemical substances (class Ⅰ specified chemical substances, class Ⅱ specified chemical substances) 特定化学物質(第一種,第二種)	277	steam 蒸 気	169
		steam accumulator スチームアキュムレータ	193
		steam boiler 蒸気ボイラ	171
		steam coal 一般炭	20
specified equipment 特定機器	277	steam condenser 復水器	348
spent fuel 使用済燃料	173	steam condition 蒸気条件	171
spent fuel storage 使用済核燃料貯蔵	173	steam engine 蒸気機関	169
		steam generator 蒸気発生器	171
中間貯蔵	246	steam jet 水蒸気噴射	186
SPH スクラップ予熱	191	steam power 汽力発電	93
SPM SPM	34	steam power plant 蒸気原動所	170
浮遊粒子状物質	351	蒸気プラント	171
spontaneous combustion 自然発火	151	steam pressure 蒸気圧力	169
		steam prime mover 蒸気原動機	170
spontaneous ignition 自己着火	148	steam separator 気水分離器	85
spontaneous ignition material 自然発火性物質	151	steam turbine 蒸気タービン	171
		steam turbine cycle 汽力サイクル	93
spontaneous ignition temperature 着火温度	245	steel making 製 鉄	199
		Stefan-Boltzmann's equation ステファン・ボルツマンの式	193
spot network distribution スポットネットワーク受電	194		
		Stirling cycle スターリングサイクル	192
spot price スポット価格	194		
spray combustion 噴霧燃焼	360	Stirling engine スターリングエンジン	192
spray tower スプレイ塔	194		
spreader stoker 散布式ストーカ	142	stoker incinerator ストーカ焼却炉	193
SPS 宇宙太陽光発電システム	25		
Sr ストロンチウム	194	Stokes'equation ストークスの式	193
SRC 溶剤精製炭	397	storage battery 蓄電池	242
SSPS 宇宙太陽光発電システム	25	二次電池	289
stability of atmosphere 大気安定度	223	storage heating 蓄熱暖房	242
		storage of crude oil 原油備蓄	110
stabilization 安定化	14	storage technology of natural gas 天然ガス貯蔵技術	271
stable flame 付着火炎	348		
stable iodine pill ヨウ素剤	398		

stranded cost ストランデッドコスト	194
strategic environment assessment 戦略的環境影響評価	213
stratified charge engine 層状吸気エンジン	215
stratiform air conditioning 成層空調	198
stress corrosion cracking 応力腐食割れ	48
strictly controlled type landfill site 遮断型最終処分場	158
strontium ストロンチウム	194
sub-bituminous coal 亜歴青炭	13
sub coal 亜炭	6
sub-module サブモジュール	137
subcritical nuclear test 未臨界核実験	381
subsidy program for residential PV systems 住宅用太陽光発電導入基盤整備事業	162
substances requiring priority action to be tackled by priority 優先取組物質	393
substation 変電所	367
suction vane control サクションベーン制御	136
sulfate pulping クラフト法パルプ製造	96
Sulfinol process スルフィノール法	196
sulfulic acid mist 硫酸ミスト	407
sulfur 硫黄	16
sulfur content 硫黄分	16
sulfur dioxide 硫黄酸化物	16
SOx	217
二酸化硫黄	287
sulfur oxide 酸化硫黄	138
sulfuric acid 硫　酸	407
sulfurous acid gas 亜硫酸ガス	10
sulphulic acid mist 硫酸ミスト	407
sulphur 硫　黄	16
sulphur content 硫黄分	16
sulphur dioxide 硫黄酸化物	16
SOx	217
二酸化硫黄	287
sulphur oxide 酸化硫黄	138
sulphuric acid 硫　酸	407
sulphurous acid gas 亜硫酸ガス	10
sunlight intensity 日射強度	290
sunshine project サンシャイン計画	140
super refuse power generation スーパーごみ発電	194
supercharger 過給機	61
superconducting cable 超伝導ケーブル	250
superconducting coil 超伝導コイル	250
superconducting generator 超伝導発電機	250
superconducting magnetic energy storage 超伝導エネルギー貯蔵	250
superconductive coil 超伝導コイル	250
superconductivity 超伝導	250
supercooled water maker 過冷却器	74
supercooling of water 水の過冷却	380
supercritical 超臨界	251
supercritical extraction liquefaction process 超臨界抽出液化法	251
supercritical pressure steam power 超臨界圧火力発電	251
superoxide 活性酸素	71
superoxide dismutase スーパーオキシドジスムターゼ	194
supplier 元売り	388
supply capability 供給力	91
support system for disaster resistant safety block 防災安全街区支援システム	369
surface combustion 表面燃焼	340

surface condenser 表面復水器	340	
surface mining 露天掘	420	
surface tension 表面張力	340	
surge-tank サージタンク	136	
surplus electric power 余剰電力	399	
surplus plutonium 余剰プルトニウム	400	
surplus power purchase system 余剰電力購入制度	400	
survey meter サーベイメータ	138	
suspended particulate 浮遊粉じん	351	
suspended particulate matter SPM	34	
浮遊粒子状物質	351	
sustainable building 環境配慮型建築	79	
sustainable development 持続可能な発展	152	
Sutton's equation サットンの拡散式	136	
sweet gas スイートガス	189	
swirl burner スワール型バーナ	196	
swirler スワラー	196	
switching device 開閉装置	58	
symbiotic housing 環境共生住宅	77	
synchronous generator 同期発電機	275	
syngas 合成ガス	118	
synthesis procedure 合成工程	118	
synthesized crude oil 合成原油	118	
synthesized fuel 合成燃料	118	
synthetic natural gas 合成天然ガス	118	
system of the nine electric power companies 9電力体制	91	
systematic energy statistics 総合エネルギー統計	214	
systems for making the best use of unused energy 都市エネルギー活用システム	279	

(T)

T 三重水素	140
トリチウム	282
T-s chart *T-s*線図	256
T-s plane *T-s*線図	256
takahax process タカハックス法	229
take or pay Take or Pay	258
tank lorry タンクローリー	235
tank truck タンクローリー	235
tanker タンカー	234
tar sand タールサンド	234
task and ambient lighting system タスク&アンビエント照明	230
task light タスクライト	230
tax incentives for energy conservation エネルギー需給構造改革投資促進税制	38
tax on virgin resources バージン資源税	323
TCA cycle TCAサイクル	258
TDM 交通需要マネジメント	119
technical cooperation 技術協力	85
temperature 温度	53
temperature coefficient 温度係数	53
temperature-entropy diagram *T-s*線図	256
temperature sensor 温度センサ	54
temperature-stratified thermal storage stratum 成層型蓄熱槽	198
temporary service 臨時電力	411
testing method for sulfur by bomb combustion method ボンベ式硫黄分試験法	374
testing method for sulfur combustion tube 燃焼管式硫黄分試験法	305
tetraethyllead 四エチル鉛	143
TEWI 総合等価温暖化因子	215
Texaco gasifier	

テキサコガス化炉	261	thermodynamics	
Th トリウム	282	熱力学第三法則	303
The Basic Environment Law		the third sector 第三セクタ	224
環境基本法	77	the third session of the	
The Basic Environment Plan		conference of the parties	
環境基本計画	77	地球温暖化防止京都会議	241
The Club of Rome ローマクラブ	420	theological hydro power	
The Containers and Packaging		理論水力	409
Recycling Law		theological hydropower	
容器包装リサイクル法	397	potential 理論包蔵水力	409
the cost plus method 原価法	104	theoretical quantity of air	
the Day of Atomic Energy		理論空気量	409
原子力の日	108	theoretical quantity of dry	
The Energy Conservation Center		combustion gas	
Japan 省エネルギーセンター	167	理論乾き燃焼ガス量	409
the first law of thermodynamics		theoretical quantity of oxygen	
熱力学第一法則	303	理論酸素量	409
The Home Appliance Recycling		theoretical quantity of wet	
Law 家電リサイクル法	71	combustion gas	
the Keidanren voluntary action plan		理論湿り燃焼ガス量	409
on the environment		thermal boundary layer	
経団連環境自主行動計画	101	温度境界層	53
経団連自主行動計画	101	thermal conductivity 熱伝導率	300
The Law Concerning Rational Use of		thermal cracking 熱分解	302
Energy 省エネルギー法	168	thermal decomposition of	
The Law Concerning the		municipal waste	
Promotion of Development		都市ごみの熱分解	280
and Introduction of Oil		thermal degradation 熱分解	302
Alternative Energy		thermal diffusivity 熱拡散係数	294
石油代替エネルギーの開発および		thermal dissociation 熱解離	294
導入の促進に関する法律	205	thermal efficiency 熱効率	296
The Law for Recycling of		thermal efficiency at generator	
Specified Kinds of Home		terminal 発電端熱効率	325
Appliance		thermal efficiency in internal	
家電リサイクル法	71	combustion engines	
the limits to growth 成長の限界	198	内燃機関の熱効率	283
The Recycle Law / A Municipal		thermal effluent 温排水	54
Ordinance リサイクル法・条例	405	thermal energy 熱エネルギー	293
the second law of		thermal energy management	
thermodynamics		熱管理	295
熱力学第二法則	303	thermal energy storage 蓄熱	242
the second oil crisis		thermal energy supply project	
第二次石油危機	224	熱供給事業	296
the third law of		thermal equilibrium 熱平衡	302

thermal equivalent of work		熱電素子	299
仕事の熱当量	149	thermoelectric module	
thermal explosion 熱爆発	301	熱電モジュール	301
thermal explosion limits		thermoelectric power generation	
熱爆発限界曲線	301	熱電気発電	299
thermal insulating material		熱電発電	300
断熱材	237	thermoelectric power of plasma	
thermal neutron 熱中性子	298	プラズマの熱電能	354
thermal neutron reactor		thermoelectromotive force	
熱中性子炉	298	熱起電力	295
thermal NOx サーマル NOx	138	thermogenic gas 熱分解ガス	302
thermal output 熱出力	297	thermogram 熱画像	295
thermal pollution 熱汚染	293	thermolysis 熱分解	302
thermal radiation 熱放射	302	thickening 濃縮操作	309
thermal reactor 熱中性子炉	298	thicket 雑木林	214
thermal resistance 熱抵抗	298	third party access 託送制度	229
thermal semiconductor		Thomson's coefficient	
熱電半導体	300	トムソン係数	281
thermal storage 蓄 熱	242	thorium トリウム	282
thermal storage heating		three electric power	
蓄熱暖房	242	development low 電源三法	267
thermal storage medium		three principles on peaceful	
蓄熱媒体	242	uses of atomic energy	
thermal storage ratio 蓄熱率	242	原子力平和利用三原則	108
thermo-electric ratio 熱電比	300	three-way catalyst 三元触媒	140
thermo-electric variable		threshold value 閾 値	17
cogeneration		thylox process サイロックス法	136
熱電可変型コジェネレーション	299	tidal current generation	
thermo electron 熱電子	299	潮流発電	250
thermo luminescence dosimeter		tidal force 潮 力	251
熱蛍光線量計	296	tidal power generation	
thermochemical equation		潮汐発電	249
熱化学方程式	294	潮流発電	250
thermocouple 熱電対	300	tight sand gas タイトサンドガス	224
thermodynamic temperature		time of day rate system	
熱力学温度	302	時間帯別料金制度	145
thermoelectric cooling device		time-of-use schedule	
熱電冷却デバイス	301	季節別時間帯別電力	86
thermoelectric cooling method		TLD 熱蛍光線量計	296
熱電冷凍方式	301	TNT カーボンナノチューブ	73
thermoelectric device		TOC TOC	257
熱電変換デバイス	301	Tokamak トカマク型	277
thermoelectric effect 熱電効果	299	top-runner method	
thermoelectric element		トップランナー方式	281

top-runner standards トップランナー基準	281
torque トルク	282
total efficiency 総合効率	214
total energy loss ratio 総合損失率	214
total energy system トータルエネルギー方式	280
total enthalpy heat exchanger 全熱交換器	212
total equivalent warming impact 総合等価温暖化因子	215
total heat 全熱	212
total heat efficiency 総合熱効率	215
total moisture content 全水分	211
total organic carbon TOC	257
total sulfur 全硫黄	210
town gas 都市ガス	279
toxic substances 有害物質	392
toxics 有害物質	392
TPA 託送制度	229
trade amount of natural gas 天然ガス貿易量	271
trade amount of pipeline gas パイプライン貿易量	320
transfer price トランスファプライス	282
transformer 変圧器	366
transmission loss 送電ロス	216
transmission loss factor 送電損失率	215
transmission voltage 送電電圧	216
transportation and storage system of natural gas 天然ガスの輸送・貯蔵システム	271
transportation demand management 交通需要マネジメント	119
transportation process of decomposed natural gas 天然ガスの分解輸送プロセス	271
transuranic elements 超ウラン元素	248
transuranic waste TRU廃棄物	255
transuranics 超ウラン元素	248
transuranium elements 超ウラン元素	248
trapping efficiency 給気効率	89
traveling grate stoker 移床ストーカ	17
Treaty on the Non-Proliferation of Nuclear Weapons 核不拡散条約	63
triple point 三重点	141
tritium 三重水素	140
トリチウム	282
tropical forest 熱帯林	298
TRU 超ウラン元素	248
trunk transmission power system 基幹系統	84
TSL 二段液化	290
tube automatic cleaning system チューブ自動洗浄装置	248
tunnel kiln トンネル炉	282
turbine タービン	232
turbine angle control system 翼角度制御	254
turbine blade タービン翼	232
turbine efficiency タービン効率	232
turbulent combustion 乱流燃焼	402
turbulent premixed flame 乱流予混合火炎	402
turndown ratio ターンダウン比	237
TWC 三元触媒	140
two-shaft gas turbine 二軸型ガスタービン	289
two stage liquefaction 二段液化	290
two-staged combustion 二段燃焼	290
type I superconductor 第一種超伝導体	220
type II superconductor 第二種超伝導体	225
typhoon 台風	225

(U)

U ウラン	25
U-gas gasifier Uガスガス化炉	394
UF$_6$ 六フッ化ウラン	418
ultimate analysis 工業分析	116
ultimate oil reserues 究極可採埋蔵量	90
ultimate reserves 推定究極埋蔵量	189
ultraviolet radiation 紫外線	145
UN conference on environment and development 国連環境開発会議	125
unavailable energy 無効エネルギー	383
unbundling アンバンドリング	14
発送電分離	324
UNCED 国連環境開発会議	125
unconventional gas 非在来型天然ガス	333
underground gasification 地下ガス化	240
underground power station 地下発電所	240
underground thermal utilization 地中熱利用	243
unexploited energy of natural fluid 温度差エネルギー	54
UNFCCC 気候変動に関する国際連合枠組条約	85
uniformity standard 一般排出基準	20
uninter ruptible power supply 無停電電源装置	383
unit of force 力の単位	240
unit requirement 原単位	109
unit structure of hydrate crystal ハイドレートの結晶の単位構造	318
United Nations Framework Convention on Climate Change 気候変動に関する国際連合枠組条約	85
UNFCCC	394
universal gas burner ユニバーサルガスバーナ	395
unsteady combustion 非定常燃焼	335
unutilized energy 未利用エネルギー	381
UO$_2$ 二酸化ウラン	287
up-stream アップストリーム	8
uranium ウラン	25
uranium dioxide 二酸化ウラン	287
uranium enrichment ウラン濃縮	26
uranium from seawater 海水ウラン	56
uranium hexafluoride 六フッ化ウラン	418
uranium refining ウラン精錬	25
uranium resources ウラン資源	25
urban climate 都市気候	279
urban green 都市緑化	280
urban industrial development 都市型産業団地	279
urban waste heat 都市廃熱	280
utility gas 都市ガス	279
utilization factor 利用率	409
utilization of refuse derived fuel 廃棄物燃料利用	315
utilization technology of natural gas 天然ガス高度利用技術	270
UV 紫外線	145

(V)

V バナジウム	327
VA 自主協定と自主行動計画	149
vacuum melting 真空溶融	181
valuable resource 有価物	392
van der Waals's equation of state ファンデルワールス状態方程式	342
vanadium バナジウム	327
vapor 蒸気	169
vapor compression refrigerating system 蒸気圧縮冷凍方式	169

英語	日本語	ページ
vapor-liquid equilibrium separation	気液平衡分離	84
vapor lock	ベーパロック	364
variable air volume system VAV		343
variable geometry turbocharger	可変静翼ターボチャージャ	72
variable pitch control	ピッチ制御	335
variable turbocharger	可変ターボチャージャ	72
variable valve timing	可変バルブタイミング	72
variable water system	変流量システム	367
variable water volume system VWV		343
	変流量方式	367
VAV	VAV	343
velocity head	速度水頭	216
ventilation for duplicated wall	壁内通気	72
ventilation window	ベンチレーション窓	367
Venturi scrubber	ベンチュリスクラバ	366
vertical, thin air conditioning system	縦型薄型空調機	232
Vetrocoke process	ベトロコーク法	363
VGT	可変静翼ターボチャージャ	72
vibration meter	振動計	182
vibrometer	振動計	182
village forest	里山	137
vinyl chloride	塩化ビニル	45
virgin resources	バージン資源	323
visbreaking process	ビスブレーキング	334
viscosity	粘度	305
viscosity breaking process	ビスブレーキング	334
vitrified waste	ガラス固化体	73
VOC	VOC	343
void coefficient	ボイド係数	368
volatile matter	揮発分	88
volatile NOx	揮発分 NOx	88
volatile organic compounds	揮発性有機化合物	88
VOC		343
volatilization of harmful elements	有害元素の揮発	391
volcano energy	火山性エネルギー	66
Volta's battery	ボルタの電池	373
voltage	電圧	263
voltage and reactive power control	電圧・無効電力制御	263
voluntary action plan	自主行動計画	150
voluntary agreements and voluntary action	自主協定と自主行動計画	149
volunteer activities	ボランティア活動	373
VQC	電圧・無効電力制御	263
VT	可変ターボチャージャ	72
VVT	可変バルブタイミング	72
VWV	VWV	343
	変流量方式	367

(W)

英語	日本語	ページ
W	ワット	421
WANO	世界原子力発電事業者協会	200
waste	廃棄物	314
waste food oil	廃食用油	316
waste heat boiler	排熱ボイラ	319
waste heat recovery power generation	廃熱利用火力発電	319
waste incinerator	廃棄物焼却炉	315
waste management	廃棄物処理	315
waste oil	廃油	321
waste plastics	廃プラスチック	320
waste power generation	廃棄物発電	316
waste product recovery power	廃棄物利用火力発電	316
waste tire	廃タイヤ	317

waste to energy plant ごみ発電所	129
waste treatment 廃棄物処理	315
waste treatment concluded in a district 自区内処理	147
waste treatment conducted over a wide area 広域処理	112
waste wood 木質系廃棄物	388
wasted heat 廃熱	319
water-cooled engine 水冷エンジン	190
water emulsion fuel 水エマルジョン燃料	379
water flow rate 出水率	164
water gas shift reaction シフト反応	156
water-gas-shift reaction 水性ガスシフト	186
water gasification 水性ガス化	186
water hammer ウォータハンマ	24
water pollution 水質汚濁	185
water rights 水利権	190
water saving valve plug 節水こま	207
water tube boiler 水管ボイラ	185
water turbine 水車	185
water vapor 水蒸気	186
water/steam injection method 水・蒸気噴射法	379
waterway type hydro power station 水路式	191
水路式発電所	191
watt ワット	421
watt-hour capacity ワット時容量	421
wave power generation 波力発電	328
WE-NET 水素利用国際クリーンエネルギーシステム技術	189
WE-NET Project WE-NETプロジェクト	23
weapon-grade plutonium 兵器級プルトニウム	362
weapons-grade plutonium 兵器級プルトニウム	362
weathering 風化	343
Weibull distribution ワイブル分布	421
Westinghouse gasifier ウェスティングハウスガス化炉	24
wet burned gas 湿り燃焼ガス	157
wet burnt gas 湿り燃焼ガス	157
wet desulfurization 湿式脱硫	153
wet exhaust-gas denitration method 湿式排煙脱硝法	154
wet flow 豊水量	371
wet gas ウェットガス	24
wet-type absorption process 湿式吸収法	153
wet-type desulfurization absorption process 湿式ガス精製	153
wet-type desulfurization process 湿式ガス精製	153
wet type desulfurization process of gas 湿式脱硫法	153
wet type dust collector 湿式集じん装置	153
wetness 湿り度	157
wheeling 託送制度	229
white plume emission 白煙	322
wholesale competition 電力卸市場	272
wick burning 灯心燃焼	276
wide area coordinative system operation 広域運営	112
Wien's displacement law ウィーンの変位則	23
wind 風	69
wind atlas 風況マップ	344
wind characteristics data 風況データ	344
wind data 風況データ	344
wind energy map 風況マップ	344
wind farm ウインドファーム	23
wind flow simulation	

風況シミュレーション	343
wind measurements 風況精査	343
wind power energy	
風力エネルギー	345
wind turbine 風車	344
wind turbine class 風車クラス	344
wind turbine generator	
風力発電機	345
Winkler gasifier	
ウィンクラーガス化炉	23
withdrawal of the US	
アメリカの離脱問題	10
wood-fired boiler	
木屑だきボイラ	84
work 仕事	148
work function 仕事関数	149
working fluid 作動流体	137
World Association of Nuclear Operators	
世界原子力発電事業者協会	200
world energy network	
水素利用国際クリーンエネルギーシステム技術	189
WT 風車	344
WTG 風力発電機	345

(X)

X-ray fluorescence spectrometry	
蛍光X線分析法	100
X-rays X線	35
XF 蛍光X線分析法	100
XRF 蛍光X線分析法	100

(Y)

YAG laser YAGレーザ	390
yardstick regulation	
ヤードスティック査定	390
yellow cake イエローケーキ	16
yield of crude oil 原油得率	110

(Z)

Zel'dovich -von Neumann -Döring model ZNDモデル	208
Zeldovich mechanism	
ゼルドビッチ機構	209
Zeldovich-NOx	
ゼルドビッチNOx	209
zeolite ゼオライト	200
zero emissions ゼロエミッション	210
zero energy home	
ゼロエネルギー住宅	210
zinc air battery 空気亜鉛電池	95
zinc-reduction naphtylethylene-diamine absorptiometry	
亜鉛還元ナフチルエチレンジアミン吸光光度法	4
zirconia type oxygen analyzer	
ジルコニア式酸素計	178

(ギリシャ文字)

α-rays α線	13
β-rays β線	363
γ-rays γ線	82

(数字)

10・15 mode 10・15モード	272
^{1}H 陽子	398
^{1}n 中性子	247
^{2}H 重水素	162
3 Es for energy	
エネルギーをめぐる三つのE	42
^{3}H 三重水素	140
トリチウム	282
4 WD 四輪駆動車	400

エネルギー・環境キーワード辞典 — 分野別用語一覧付 —
Energy and Environment Keyword Dictionary — with categorized index —
© 社団法人 日本エネルギー学会　2005

2005年6月30日　初版第1刷発行

検印省略	編　者	社団法人　日本エネルギー学会 東京都千代田区外神田 6-5-4 偕楽ビル (外神田) 6F http://www.jie.or.jp
	発行者	株式会社　コロナ社 代表者　牛来辰巳
	印刷所	三美印刷株式会社

112-0011　東京都文京区千石 4-46-10

発行所　株式会社　コロナ社

CORONA PUBLISHING CO., LTD.

Tokyo　Japan

振替 00140-8-14844・電話 (03) 3941-3131 (代)

ホームページ　http://www.coronasha.co.jp

ISBN 4-339-06608-7　　　　　（金）　　（製本：愛千製本所）
Printed in Japan

無断複写・転載を禁ずる

落丁・乱丁本はお取替えいたします

地球環境のための技術としくみシリーズ

(各巻A5判)

コロナ社創立75周年記念出版

■編集委員長　松井三郎
■編　集　委　員　小林正美・松岡　譲・盛岡　通・森澤眞輔

配本順				頁	定価
1. (1回)	**今なぜ地球環境なのか**	松井三郎編著	230	3360円
	松下和夫・中村正久・高橋一生・青山俊介・嘉田良平 共著				
2.	**生活水資源の循環技術**	森澤眞輔編著		近刊
	松井三郎・細井由彦・伊藤禎彦・花木啓祐 荒巻俊也・国包章一・山村尊房 共著				
3. (3回)	**地球水資源の管理技術**	森澤眞輔編著	292	4200円
	松岡　譲・高橋　潔・津野　洋・古城方和 楠田哲也・三村信男・池淵周一 共著				
4. (2回)	**土　壌　圏　の　管　理　技　術**	森澤眞輔編著	240	3570円
	米田　稔・平田健正・村上雅博 共著				
5.	**資源循環型社会の技術システム**	盛岡　通編著		
	河村清史・吉田　登・藤田　壮・花嶋正孝 宮脇健太郎・後藤敏彦・東海明宏 共著				
6.	**エネルギーと環境の技術開発**	松岡　譲編著		近刊
	森　俊介・槌屋治紀・藤井康正 共著				
7.	**大気環境の技術とその展開**	松岡　譲編著		
	森口祐一・島田幸司・牧野尚夫・白井裕三・甲斐沼美紀子 共著				
8. (4回)	**木造都市の設計技術**		282	4200円
	小林正美・竹内典之・高橋康夫・山岸常人 外山　義・井上由起子・菅野正広・鉾井修一 吉田治典・鈴木祥之・渡邉史夫・高松　伸 共著				
9.	**環境調和型交通の技術システム**	盛岡　通編著		
	新田保次・鹿島　茂・岩井信夫・中川　大 細川恭史・林　良嗣・青山吉隆 共著				
10.	**都市の環境計画の技術としくみ**	盛岡　通編著		
	神吉紀世子・室崎益輝・藤田　壮・島谷幸宏 福井弘道・野村康彦・世古一穂 共著				
11. (5回)	**地球環境保全の法としくみ**	松井三郎編著	330	4620円
	岩間　徹・浅野直人・川勝健志・植田和弘 倉阪秀史・岡島成行・平野　喬 共著				

定価は本体価格+税5%です。
定価は変更されることがありますのでご了承下さい。

図書目録進呈◆

シリーズ 21世紀のエネルギー

(各巻A5判)

■(社)日本エネルギー学会編

			頁	定価
1.	**21世紀が危ない** — 環境問題とエネルギー —	小島 紀徳著	144	1785円
2.	**エネルギーと国の役割** — 地球温暖化時代の税制を考える —	十市　　勉 小川 芳樹 共著 佐川 直人	154	1785円
3.	**風 と 太 陽 と 海** — さわやかな自然エネルギー —	牛山　　泉他著	158	1995円
4.	**物質文明を超えて** — 資源・環境革命の21世紀 —	佐伯 康治著	168	2100円
5.	**Cの科学と技術** — 炭素材料の不思議 —	白石・大谷 京谷・山田 共著	148	1785円

以下続刊

深海の巨大なエネルギー源　奥田 義久著
— メタンハイドレート —

ごみゼロ社会は実現できるか　堀尾 正靱著

太陽の恵みバイオマス　松村 幸彦編著

		判型	頁	定価
ミクロ科学とエネルギー	日本原子力学会編	B5	200	2625円
エネルギー工学概論	伊東 弘一他著	A5	248	3360円
(機械系 教科書シリーズ 13) **熱エネルギー・環境保全の工学**	井田 民男 木本 恭司共著 山崎 友紀	A5	240	3045円
(新コロナシリーズ 45) **リサイクル社会とシンプルライフ**	阿部 絢子著	B6	160	1260円
(新コロナシリーズ 46) **廃棄物とのつきあい方**	鹿園 直建著	B6	156	1260円
廃棄物小事典 新訂版	日本エネルギー学会編 廃棄物小事典編集委員会	B6	414	5000円

定価は本体価格+税5％です。
定価は変更されることがありますのでご了承下さい。

図書目録進呈◆

辞典・ハンドブック一覧

編集委員会編
新版 電気用語辞典 —— B6 1100頁 定価6300円

文部科学省編
学術用語集 電気工学編（増訂2版） —— B6 1120頁 定価4536円

電子情報通信学会編
改訂 電子情報通信用語辞典 —— B6 1306頁 定価14700円

光産業技術振興協会編
光通信・光メモリ用語辞典 —— B6 208頁 定価2415円

映像情報メディア学会編
映像情報メディア用語辞典 —— B6 524頁 定価6720円

編集委員会編
新版 放射線医療用語辞典 —— B6 652頁 定価6825円

日本生体医工学会編
ＭＥ用語辞典 —— A5 842頁 定価23100円

文部科学省編
学術用語集 計測工学編（増訂版） —— B6 642頁 定価4095円

編集委員会編
機械用語辞典 —— B6 1016頁 定価7140円

日本ロボット学会編
新版 ロボット工学ハンドブック ―CD-ROM付― —— B5 1154頁 定価33600円

日本生物工学会編
生物工学ハンドブック —— B5 866頁 定価29400円

編集委員会編
モード解析ハンドブック —— B5 488頁 定価14700円

日本原子力学会編
原子炉水化学ハンドブック —— B5 326頁 定価9450円

日本エネルギー学会編
エネルギー便覧 ―資源編― —— B5 334頁 定価9450円

日本エネルギー学会編
エネルギー便覧 ―プロセス編― —— B5 850頁 定価24150円

精密工学会編
新版 精密工作便覧 —— B5 1432頁 定価38850円

安全工学会編
新安全工学便覧 —— B5 1042頁 定価31500円

―― 定価は本体価格＋税5％です。
定価は変更されることがありますのでご了承下さい。――